现代统计学系列丛书

试验设计与建模（第二版）

方开泰 刘民千 周永道

Design and Modeling of Experiments

中国教育出版传媒集团

高等教育出版社·北京

内容提要

本书阐述了各试验设计方法的统计思想、设计的构造方法及建模技术，系统地介绍了包括因子试验设计、正交试验设计、最优回归设计、均匀试验设计、计算机试验设计、序贯设计及混料试验设计等常用的试验设计方法。在内容上既考虑到工科和农科在应用上的需要，又考虑到理科特别是统计学专业对理论的要求，注重实际方法的应用，并兼顾试验设计的理论研究。

本书可作为高等学校统计学专业及有关专业本科生的教材，也可供试验工作者、相关专业的研究生和教师参考，还可供从事市场、金融、社会科学、政策决策的问卷调查设计人员参考。

图书在版编目（CIP）数据

试验设计与建模 / 方开泰, 刘民千, 周永道主编
. –– 2 版 . –– 北京：高等教育出版社, 2024.3
ISBN 978–7–04–061704–7

Ⅰ . ①试… Ⅱ . ①方… ②刘… ③周… Ⅲ . ①试验设计 – 高等学校 – 教材②建模系统 – 高等学校 – 教材 Ⅳ .
① TB21 ② TB114.1

中国国家版本馆 CIP 数据核字（2024）第 039119 号

Shiyan Sheji yu Jianmo

策划编辑	张晓丽	责任编辑	张晓丽	封面设计	易斯翔	版式设计	马 云
责任绘图	于 博	责任校对	王 雨	责任印制	高 峰		

出版发行	高等教育出版社	网　　址	http://www.hep.edu.cn	
社　　址	北京市西城区德外大街4号		http://www.hep.com.cn	
邮政编码	100120	网上订购	http://www.hepmall.com.cn	
印　　刷	北京市艺辉印刷有限公司		http://www.hepmall.com	
开　　本	787 mm ×960 mm　1/16		http://www.hepmall.cn	
印　　张	27.25	版　　次	2011 年 6 月第 1 版	
字　　数	500 千字		2024 年 3 月第 2 版	
购书热线	010–58581118	印　　次	2024 年 3 月第 1 次印刷	
咨询电话	400–810–0598	定　　价	59.00 元	

现代统计学系列丛书编委会

(按姓氏笔画排序)

主　编: 方开泰

副主编: 史宁中　何书元　陈　敏　耿　直

编　委: 马　洪　方开泰　史宁中　杨　虎　何书元　何晓群

　　　　　张爱军　张崇岐　陈　敏　郑　明　赵彦云　耿　直

　　　　　曾五一　缪柏其

总　　序

　　统计学是一门收集、整理和分析数据的科学和艺术。这里的"数据"通指"信息的载体"，涵盖了大千世界中的文本、图像、视频、时空数据、基因数据等。统计学是一个独立的学科，在历史上曾隶属于数学，但统计学与数学有着本质的区别，因此统计学教育有其自身的特点和要求，这些特点表现为：(1) 统计学研究的是随机现象，而数学研究的是确定性的规律; (2) 统计学是一门应用性很强的学科，许多概念和原理来自实际的需要，不是数理逻辑的产物; (3) 数据在统计学中扮演了重要的角色。目前，统计学已被列为一级学科。

　　在过去的 30 年中，随着生命科学、信息科学、物质科学、资源环境、认知科学、工程技术、经济金融和人文科学等众多学科的发展，产生了许多新的统计学分支，如风险管理、数据挖掘、基因芯片分析等。此外，计算机及其有关软件在统计教育和应用中扮演了越来越重要的角色，它们提供了越来越多的图形表达和分析的方法，使得许多原来教科书中重要的内容，现在已变得无足轻重。统计教育必须要改革才能适应高速发展的形势。

　　大学的统计教育可分为两大类，一类是非统计学专业的课程，另一类是统计学专业的教学设计。非统计学专业的学生学习统计的目的是应用，在大学阶段，课程不多，主要是学习基础的统计概念和方法，学会使用统计软件，培养其解决实际问题的能力。统计学专业的课程设置十分重要，应向国际靠拢，对教师队伍的要求也较高。虽然这两类学生的教育有很多共同点，但在课程设置中必须加以区分。

　　我国的统计教育在过去受苏联的影响很深，把统计学作为数学的一个分支，在内容上偏理论，少应用，过于强调概率论在统计中的作用。统计学是一门应用性很强的学科，应从实际问题、从数据出发，通过统计的工具来揭示数据内部的规律。用"建模"的思路来教统计，使学生能更加容易理解统计的概念和方法，知道如何将实际问题抽象为统计模型，反过来又指导实践。对非统计学专业的学生，要强调统计的应用。学生要能熟练地使用至少一个统计软件包。对于统计学专业的学生，要培养学生对实际问题的建模能力。有些实际问题可直接应用现有的统计方法来解决，如问卷调查的统计分析。有些问题在初次接触时并不像一个统计问题, 必须有坚实的统计基础和对实际问题的洞察力, 才能从中发掘出统计模型。要培养学生的这种能力及统计思想 (统计思想是统计文化的一部分, 是用统计学的逻辑思考问题), 教师在授课中要结合较多的应用例子, 要求学生做案例研究, 鼓励学生参加建模比赛, 参加企业的实际项目。

为满足我国统计教育发展的需要, 我们计划编写一套面向高校本科生, 特别是一般院校, 适用于统计学专业和非统计学专业的系列教材。系列教材的编写宗旨是: 突出教学内容的现代化, 重视统计思想的介绍, 适应现代统计教育的特点及时代发展的新要求; 以统计软件为支撑, 注重统计知识的应用; 内容简明扼要, 生动活泼, 通俗易懂。编写原则为: (1) 从数据出发, 不是从假设、定理出发; (2) 从归纳出发, 不是从演绎出发; (3) 强调案例分析; (4) 重统计思想的阐述, 弱化数学证明的推导。系列教材分为两个方向, 一个面对统计学专业, 另一个面对非统计学专业和应用统计工作者。

系列教材是适应形势的要求, 由高等教育出版社邀请专家组成 "现代统计学系列丛书编委会" 负责选题、审稿, 由高等教育出版社出版。

以上是我们编写这套教材的背景和理念, 希望得到读者的支持, 特别是高校领导和教学一线教师的支持。我们希望使用这套教材的师生和读者多提宝贵意见, 使教材不断完善。

现代统计学系列丛书编委会

第二版前言

本书第一版于 2011 年出版, 2013 年获得第十一届全国统计科学研究优秀成果一等奖。自第一版出版以来, 许多高校将其选用为本科生或者研究生教科书, 并给予好评。在此, 我们表示感谢。

10 余年来, 针对"面向世界科技前沿、面向经济主战场、面向国家重大需求、面向人民生命健康"这四个方面的需求, 各类试验设计新方法得以蓬勃发展, 尤其是计算机试验和筛选试验设计等方面的理论发展尤为迅速, 我们有必要对本书增添一些新的理论成果, 从而使读者可以更好地了解最新进展, 并把这些结果应用于实际问题, 故进行了这次修订。同时, 本次修订改正了第一版中的排版错误, 并对部分英文翻译做了修改。例如, 第六章中的 Latin hypercube design, 第一版译为"超拉丁方设计", 本版直译为"拉丁超立方体设计"; 第一版把 orthogonal array 译为"正交阵列", 本版译为"正交表"。

在内容方面, 第五章增加了混合偏差等均匀性度量的介绍, 增加 5.5.4 小节对好格子点做线性水平置换的构造方法, 增加 5.8 节扩充均匀设计, 包括行扩充均匀设计和列扩充均匀设计。第六章的计算机试验中, 增加 6.2.4 小节的分片拉丁超立方体设计和 6.2.5 的嵌套拉丁超立方体设计, 并增加 6.3 节在距离意义下的空间填充设计, 包括最大最小距离设计和最小最大距离设计。此外, 还增加第九章的筛选设计, 包括二水平和多水平的超饱和设计、三水平的确定性筛选设计, 以及正交表复合设计等多种设计类型。书中介绍了这些设计类型的理论以及建模方法。这些新增内容既完善了第一版中已介绍的设计理论, 又提供了新的设计类型, 让读者可以更全面地了解试验设计的理论进展。

本书适合作为本科生或者研究生教学用书, 一学期完成授课, 学生需要有统计和回归分析的基本知识。如果能结合数学软件和统计软件 (MATLAB, SPSS, R 或 Python), 那么会大大提高学习效果。教师可根据学生的专业特点对内容有所取舍, 对本科生可以忽略较多的章节, 对研究生某些内容可以让其自学。对工科和农科的专业, 许多理论证明可以略去; 对理科专业, 甚至对统计学专业的学生也可以略去一些章节, 如第二章的 2.1.3 小节和 2.1.5 小节, 2.2 节, 第三章的 3.6 节, 第四章的 4.4 节和 4.5 节, 第五章的 5.6 节、5.8 节和 5.9 节, 第六章的 6.2.4 小节和 6.2.5 小节, 以及第八章的 8.3.2 小节等。

我们十分感谢高等教育出版社张晓丽编辑的大力支持和帮助, 感谢中国科学院数学与系统科学研究院、南开大学统计与数据科学学院的关心和支持, 同时感谢北京师范大学 – 香港浸会大学联合国际学院提供了良好的工作条件。本书作者方开泰感谢中国科学院所获的国家科技奖励项目的奖励经费支持; 刘民千感谢国家自然科学基金 (批准号: 11771220 和 12131001) 的经费资助; 周永道感谢国家自然科学基金 (批准号: 11871288 和 12131001) 和天津市自然科学基金重点项目 (批准号: 19JCZDJC31100) 提供的资助。三位作者特别感谢家人的理解和支持。作者的次序按汉语拼音的顺序排列。

本书也系 "南开大学统计与数据科学丛书" 之一。

方开泰   北京师范大学 – 香港浸会大学联合国际学院;
　　　　　中国科学院数学与系统科学研究院, ktfang@hkbu.edu.hk
刘民千   南开大学统计与数据科学学院, mqliu@nankai.edu.cn
周永道   南开大学统计与数据科学学院, ydzhou@nankai.edu.cn

第一版前言

　　科学试验是人们认识自然、了解自然的重要手段, 特别是高科技的发展, 更是离不开科学试验。许多科学规律都是通过科学试验发现和证实的。从孟德尔的豌豆试验奠定了遗传学的基础到通过试验来验证爱因斯坦的广义相对论、物质和能量的相互转换, 试验设计都起了关键的作用。随着科技的发展, 试验要考察的因素越来越多, 各因素之间又有错综复杂的关系, 试验者对因素和目标函数 (在试验设计中叫做响应) 之间的关系 (文献中称为模型) 通常所知不多, 若没有一种有效的试验方法, 可能会劳而无获或事倍功半。当前, 我们大多数工科、农科及理科的专业均开设了试验设计课程, 这对于学生未来的发展起着重要的作用。

　　试验设计这个统计学分支有着悠久的历史, 但是新的理论和方法仍然不断涌现, 如何取材是编写本教科书的关键。我们既考虑到工科和农科在应用上的需要, 又考虑到理科特别是统计学专业对理论的要求, 同时还参考了国内外许多优秀教材, 最后确定了本书的内容。

　　本书共八章。第一章从孟德尔豌豆试验出发, 引出试验设计的基本概念, 并扼要介绍回归分析方法, 同时为了便于对本书其他章节的理解, 我们把一些有用的数学概念列于 1.4 节。第二章介绍历史最为悠久且极具生命力的因子试验设计, 详细讨论了单因素试验和双因素试验的各种分析及建模方法, 其中还提及随机效应模型的分析。为了减少试验次数, 部分因子设计是实际中常推荐的方法, 其中正交试验设计和均匀试验设计使用最为广泛, 并在第三章和第五章中分别详细介绍。正交试验设计是最早引入我国的试验设计方法, 且在实际应用中产生了广泛影响。第三章介绍正交试验设计的方法、数学模型及其数据分析, 同时也介绍比较正交设计的最优性准则, 设计的正交性在分析过程中提供了诸多便利。第四章最优回归设计是另外一种设计思想, 即假设模型的架构已知时, 如何确定试验点使得模型的参数得以最佳地估计。该章给出了等价性定理及其证明, 侧重讨论在常见的线性模型下的 D-最优设计及其构造方法。第五章介绍均匀试验设计, 它是在总体均值模型下的最佳选择, 并介绍均匀设计的诸多构造方法, 包括确定性的构造方法 (如好格子点法、方幂好格子点法、切割法等) 和随机优化算法 (门限接受法等)。该章还给出一些例子阐述均匀设计的具体应用过程。随着计算机性能的提高, 计算机试验也日趋重要, 第六章介绍了计算机试验中两类重要的设计方法, 即超拉丁方设计和均匀设计。第七章介绍了序贯设计方法中常见的优选法、响应曲面法及均匀序贯设计。第八章介绍了常见的混料试验设计方法, 包括混料均匀设计, 并介绍了有限制的混料试验的设计方法。

本书的内容适合于一学期完成授课, 学生需要有统计和回归分析的基本知识。如果能结合数学软件和统计软件 (MATLAB, SPSS, R 或 SAS), 会大大提高学习效果。教师可根据学生的专业特点对本书的内容有所取舍。对工科和农科的专业, 许多理论证明可以略去; 对理科专业, 甚至统计学专业的学生也可以略去一些章节, 如第二章因子试验设计中的 2.2 节、第三章的 3.6 节、第四章最优回归设计中的 4.4 节和 4.5 节、第五章均匀试验设计中的 5.6 节和 5.8 节等以及部分小节, 如第二章的 2.1.3 小节和 2.1.5 小节、第八章的 8.3.2 小节等。

我们十分感谢高等教育出版社李蕊编辑的大力支持和帮助, 感谢中国科学院数学与系统科学研究院、南开大学数学科学学院及四川大学数学学院的关心和支持, 同时感谢北京师范大学–香港浸会大学联合国际学院提供了良好的工作条件。本书方开泰作者感谢中国科学院所获的国家科技奖励项目的奖励经费支持; 刘民千作者感谢教育部 "新世纪优秀人才支持计划" (编号: NCET-07-0454) 和国家自然科学基金 (批准号: 10671099, 10971107) 的经费资助; 周永道作者感谢 HKBU-UIC Joint Institute of Research Studies 和数学天元基金 (批准号: 10926046) 提供的资助。三位作者特别感谢家人的理解和支持。

方开泰   北京师范大学–香港浸会大学联合国际学院;
        中国科学院数学与系统科学研究院, ktfang@hkbu.edu.hk
刘民千   南开大学数学科学学院统计学系, mqliu@nankai.edu.cn
周永道   四川大学数学学院, ydzhou@scu.edu.cn

目　　录

第一章

试验设计的基本概念

本章介绍试验设计的基本概念、思想和它们的数学模型, 简述了线性模型的理论和方法, 这些方法对其他几章是十分有用的. 同时, 也介绍了在本书中要用到的一些数学概念.

1.1 科学试验

1.1.1 试验的重要性

科学试验是人们认识自然、了解自然的重要手段. 许多重要的科学规律都是通过科学试验发现和证实的, 例如遗传学的奠基人孟德尔是通过豌豆试验发现生物遗传的基本规律的. 在工农业生产中, 希望通过试验达到优质、高产和低消耗, 所以科学试验是人类赖以生存和发展的重要手段. 随着科学和技术的发展, 试验涉及的因素越来越多, 它们之间的关系也越来越复杂, 特别是在高科技的发展中, 面对多因素、非线性、模型未知等复杂问题, 光凭经验已不能达到预期要求, 于是产生了试验设计这门学科. 设计一个试验涉及试验目的、试验方案、技术保证、分析数据以及有关的组织管理等. 这些环节有的属于管理科学, 有的则需要利用数学和统计学的方法来设计试验方案, 后者称为**统计试验设计**, 它是统计学的一个重要分支. 首先看几个例子.

例 1.1 (孟德尔豌豆试验) 在豌豆的品种中, 种子有圆粒的, 有皱粒的; 有开白花的, 也有开红花的等. 孟德尔把种子的圆与皱, 花色的红与白等同类又有差异的性状叫做相对性状. 他的试验就是用具有相对性状的两个品种进行杂交. 他把前一年获得的 253 粒种子种下, 令其白花授粉, 获得了 7324 粒第二代种子. 他发现其中 5474 粒是圆的, 1850 粒是皱的, 得到 "圆:皱 = 2.96:1" 的结果. 孟德尔又做了六个类似试验, 结果相对性状的比总是围绕 3:1 波动. 孟德尔继续完成了 2 对、3 对, 以及 n 对相对性状同时传递时, 子代各类型比例关系的研究, 结果显示各比例均大体符合 3:1 的 n 次方展开规律. 于是孟德尔认为, 每种生物的遗传性状决定于细胞中的某种遗传因子; 性状的遗传是由于遗传因子在亲子之间的传递; 在真核生物中, 遗传因子成对存在, 其中一个来自父方, 一个来自母方. 他的试验结论奠定了现代遗传理论的基础.

例 1.2 在某化工产品的合成工艺中, 考虑反应温度 (A)、压力 (B) 和催化剂用量 (C), 并选择了试验范围分别为:

温度 (A): 80℃～120℃;

压力 (B): 4～6 个标准大气压;

催化剂用量 (C): 0.5%～1.5%;

我们需要选择这三个因素的最佳组合, 以达到高产的目的.

例 1.3 为了制作色香味俱全的面包, 需要合理搭配其中的原料, 即确定面粉、水、牛奶、糖、鸡蛋等原料的比例. 此时, 显然所有原料的比例之和为 100%, 而面粉和水的比例较大, 其余的比例较少. 因此, 需要通过试验确定其最佳搭配比例. 这一类对因素有约束 (非负, 和为 1 等) 的试验, 称为**混料试验** (experiments with mixtures), 或通俗地称为配方试验.

例 1.4 在一项环保的研究中, 研究饮水中镉 (Cd)、铜 (Cu)、锌 (Zn)、铬 (Cr) 和铅 (Pb) 对人体的危害, 从而确定这些元素在水中的最大允许含量, 同时要考虑它们之间可能存在的交互作用.

上面几个例子说明了人们希望通过试验发现其中的规律, 从而可以进一步指导人们的行动. 如例 1.1 中孟德尔正是通过豌豆试验发现遗传学中著名的基因分离与自由组合法则, 从而奠定了现代遗传学的基础; 例 1.3 通过试验寻找最佳配方; 而例 1.2 和例 1.4 希望通过有限次试验分别得到工艺条件的最佳组合和饮水中微量元素的最大允许量.

在计算机变得日益快速、高效, 并能处理多媒体信息的形势下, 在过去的 30 年中, 借助计算机进行试验已发展为一门专门的学问, 称为 "计算机试验的设计和建模" (design and modeling for computer experiments). 本书第六章将介绍这方面的知识.

1.1.2 试验的重要元素

对于一个试验, 我们需要考虑如下 10 个方面: 试验的目标、因素及其试验范围、响应、试验误差、区组、随机化、重复性、统计模型、追加试验以及试验的组织和管理.

(1) 试验的目标

试验者应有明确的目标, 不同的研究项目有不同追求. 在工农业生产中, 高产、优质和低消耗是经常追求的目标; 在合金钢、橡胶产品、材料科学及食品工业中追求最佳配方; 在科学研究中则比较重视发现事物变化的规律; 在计算机试验中, 追求用简单的统计模型来近似系统的复杂模型. 一个成功的试验需要充分利用所有的先验信息, 清楚哪些是已知的, 问题是什么.

(2) 因素及其试验范围

试验中需考察的变量称为**因素**或**因子**, 这些变量必须是可以控制的. 有时, 我们也称因素为因子. 当一个因素的取值可以在某一区间内连续变化时, 称其**为定量因素**, 如反应温度、压力、机器速度等; 当一个因素只能取有限个类别时, 称其为**定性因素**, 如性别、催化剂品种等. 因素被考察的范围称为该因素的**试验范围**, 所有因素的取值集合称为**试验范围**. 在试验中未被考察的变量应当尽量固定, 它们在该试验中不称为因素. 因素常用 $A, B, C, \cdots$ 或 $x_1, x_2, x_3, \cdots$ 表示. 因素及其试验范围的确定在试验中至关重要. 在实验室做的试验, 试验范围可以适当大一些; 在工业在线的试验, 试验范围不宜太大; 而在计算机试验中, 试验范围有较大的选择空间.

一个因素被考察的值称为它的**水平**. 如例 1.2 中的因素反应温度, 记为 A, 若它的取值范围为 80℃ ～ 120℃. 在此范围内若选择在 80℃, 100℃, 120℃ 处试验, 则这些反应温度称为 A 的水平, 并记为 $A_1 = 80℃, A_2 = 100℃, A_3 = 120℃$. 不同因素的不同水平之间的组合称为**水平组合**或**参数组合**. 一个水平组合可以视为输入变量空间的一个点, 并称为**试验点**.

(3) 响应

试验的结果称为**响应**或**输出**, 常用 y 表示. 响应必须包含系统的重要信息而且是可测的. 一次试验中响应值可能有一个或多个, 分别称为**单响应试验**和**多响应试验**. 多响应试验的处理相对较复杂.

(4) 试验误差

在工业或实验室试验中存在两类误差: **系统误差**和**随机误差**. 试验中一些不可控制的因素, 如实验室温度、湿度的微小变化、原材料的不均匀性等, 这些因素的综合作用称为随机误差. 此时同一条件下的两次试验会得到不同的响应. 一般地, 我们假设随机误差服从正态分布 $N(0, \sigma^2)$, 其中方差 σ^2 用于衡量随机误差的大小.

在试验中没有被选为因素的变量有系统的偏差称为系统误差. 如工厂三班

试验人员的操作差异、高温和常温的试验中没有选择室温作为因素、测量仪器系统偏高或偏低等. 随机误差是不可避免的, 一旦试验环境确定, 它的误差方差 σ^2 是客观存在的, 我们需要估计它的大小. 然而系统误差是干扰试验成败的大敌, 必须尽力避免. 有些系统误差可以通过仪器调整、人为努力来避免. 但并不是所有的试验都可以避免系统误差, 此时, 通过精心设计试验, 可以减少系统误差的干扰, 例如下面介绍的区组概念.

(5) 区组

在农业、生物等试验中, 很难做到试验条件完全一样. 要使两块试验田的土壤、水分、通风等条件近似并不困难, 但如果有几十块试验田, 要使它们有近似的条件就不容易了. 在生物和医药试验中, 如果一次要使用太多的试验老鼠, 希望它们来自同一对父母, 是不容易的, 于是**区组**的概念成为古典试验设计中非常有用的工具, 同一区组的试验有十分近似的试验环境. **区组设计**可以避免或减少系统误差的干扰, 从而大大提高试验结论的可靠性. 当每个区组的试验单元数目足够多时, 用完全区组设计; 当区组中的试验单元不够多时, 产生**不完全区组设计**. 后者必须拥有区组与因素间的种种均衡性, **平衡不完全区组设计 (BIBD)** 就是让试验满足要求的均衡性. 在体育比赛中, 区组及有关设计已在普遍使用.

(6) 随机化

试验的环境随着时间的推移, 可能有趋势性的变化, 如室温渐高、湿度渐小、电压波动加剧等. 为了使试验的结论更加可靠, **随机化**是用来减少试验误差的重要手段. 常用的是对试验次序随机化, 哪个试验先做, 哪个试验后做, 随机决定. 若试验有区组, 要根据试验的具体情形采取所有试验的完全随机化或仅区组内的试验随机化.

(7) 重复性

同一个试验重复两次或多次是减少试验误差干扰的一种方法, 在传统的计算方法中经常使用. 若 $y_1, y_2, \cdots, y_m$ 是同一个试验条件下的响应 (常假定 $y_1, y_2, \cdots, y_m$ 独立同分布, 方差为 σ^2), 它们的均值为 $\bar{y} = \dfrac{1}{m} \sum\limits_{i=1}^{m} y_i$, 则 $\mathrm{Var}(\bar{y}) = \sigma^2/m$, 是单个试验响应方差的 $1/m$. 故强调试验的重复一直是古典试验的原则. 在许多教科书中将试验的 "重复性" "随机化" "分区组" 列为试验的三个基本原则. 但重复试验成倍地增加试验次数, 从而成倍地增加试验费用, 延长试验的周期, 故重复试验并不一定是最佳选择, 要根据实际情形来定.

(8) 统计模型

针对不同的试验, 试验者要选择合适的试验方法, 建立相应的统计模型, 在 1.2 节中将详细介绍各类统计模型.

(9) 追加试验

基于统计模型, 试验者可找到试验的最优点, 然而, 还需在算出的最优试验点处做追加试验, 以验证统计模型是否正确. 为了克服随机误差的影响, 追加试验需重复几次.

(10) 试验的组织和管理

一项试验, 特别是一项大型的试验, 涉及许多方方面面. 首先, 要有一支专业队伍, 由领导、工程师 (科学家)、技术员和工人组成. 要有明确的试验目标、科学的试验方案. 在试验过程中, 可控的因素要控制在要求的水平, 不可控的因素用随机化、区组等科学的方法去减少其干扰. 发现有异常现象时, 要慎重细致地研究, 给出处理意见.

试验是人类探索自然的过程, 想通过试验来追求真知. 用 "瞎子摸象" 来形容试验初期的状况是很形象的, 要通过不多的试验来获知大象的全貌是一个艰辛的工作. 如图 1.1 的曲面, 用 $y = f(x_1, x_2)$ 表示我们欲探索的模型, 在试验范围内的点 (在 x_1Ox_2 平面上) 是试验点, 它们在曲面上对应的值为响应值 y. 如何选试验点是试验的设计, 如何用试验的数据来建模或估计模型中的参数, 取决于试验的模型.

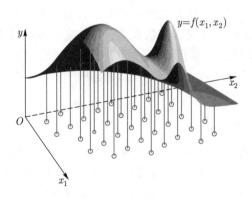

图 1.1   一个两因素试验

试验的数据要用科学的方法来分析处理, 特别是使用统计建模的方法. 本书随后的各章, 提供了诸多的数据分析和统计建模的方法.

1.1.3   试验的类型

由于实际的课题形形色色, 它们涉及的试验种类必然是多样化的. 本小节仅列举常见的试验类型, 更多的类型可见 Ghosh, Rao (1996) 主编的 "Handbook of Statistics" 第 13 卷及由 Khattree, Rao (2003) 主编的 "Handbook of Statistics" 第 22 卷.

(1) 试验实现方式

针对试验的具体环境不同, 一般可将试验分为两种类型: 实体试验和计算机试验.

实体试验: 是试验人员在实验室、工厂或农场具体实现这些试验的, 这一类试验在英文中被称为 physical experiments, 在中文里尚无对应的翻译, 我们不妨称为实体试验. 在这类试验中总存在随机误差, 由于随机误差的存在, 在相同的条件下做的试验, 其响应不尽相同, 它们的波动大小反映了随机误差的大小, 因此随机误差会给数据分析以及建模增加很大的复杂度. 由于随机误差的存在, 实体试验也分为**有重复试验**和**无重复试验**.

计算机试验: 计算机技术的飞速发展, 改变了我们的生活, 也改变了许多领域研究的方法和思路, 在试验设计领域也不例外. 由于传统的试验方法是在实验室或工农业生产现场进行, 需要经费、有关设备和材料、有经验的工程师和操作人员, 有的试验费时很长. 如果有些试验能在计算机上进行, 可达到多快好省的目的.

一般地, 计算机试验的模型分为两类, 一类总称为计算机模拟计算, 如用计算机产生正态分布的样本, 计算出所需要的统计量, 然后研究该统计量的表现; 另一类模型是确定的, 即不包含随机误差, 但是往往模型过于复杂以至于很难进行分析和处理. 因此, 计算机试验的目的之一是通过试验寻找一个比真模型简单的近似模型, 在实际应用中, 常用近似模型代替真模型, 尤其在系统在线控制中.

(2) 因素约束条件

根据试验中是否存在因素之间的限制, 试验可分为**无约束试验**和**混料试验**. 所谓无约束试验指的是, 对诸因素可以自由地选择试验的值, 不受其他因素约束. 假如一个试验有 s 个因素, 并设第 i 个因素的取值范围为 $[a_i, b_i]$, $i = 1, 2, \cdots, s$. 此时, 试验区域是一个超矩形 $J = [a_1, b_1] \times [a_2, b_2] \times \cdots \times [a_s, b_s]$. 在实际中, 这种试验很常见, 如例 1.2. 然而, 在一些试验中, 因素之间的取值会相互影响, 最典型的是混料试验. 如例 1.3 中各因素所占的比例都应该非负, 其各比例之和应该等于 100%. 假设混料试验有 s 个因素, 并设各因素所占比例为 x_i, 则有下面的约束条件:

$$\begin{cases} x_i \geqslant 0, \\ \sum_{i=1}^{s} x_i = 1. \end{cases} \tag{1.1}$$

然而, 如例 1.3 所示, 面粉和水所占的比例应该较大, 而其他因素的比例应该较少. 因此, 可以对因素比例做进一步的约束, 例如

$$\begin{cases} 0 \leqslant a_i \leqslant x_i \leqslant b_i \leqslant 1, \\ \sum_{i=1}^{s} x_i = 1, \end{cases} \tag{1.2}$$

式中 a_i, b_i 为预先给定的阈值. 我们将在第八章中详细讨论混料试验.

(3) 因素个数

不同的试验有不同个数的因素. 从而试验可分为**单因素试验**和**多因素试验**. 单因素试验是最简单的试验, 也是多因素试验的基础. 一般地, 单因素试验的水平数可以适当多取, 而且可以考虑做重复试验. 然而随着因素个数的增加, 试验的复杂度也相应增加. 因此多因素试验中各因素的水平数一般不能取得很大, 否则, 水平组合的个数会急剧增加. 因此, 现有文献中讨论最多的是二水平试验, 即每个因素的水平数都是 2. 然而, 二水平试验只考虑响应和因素间的线性关系, 对于有非线性关系的试验往往不能满足实际的需求. 此时, 需考虑多水平试验, 当然同时也增加了处理的难度.

(4) 响应个数

根据响应的个数差异, 试验可分为**单响应试验**、**多响应试验**和**多媒体试验**, 单响应试验指的是每次试验只观察一个响应值. 比如, 例 1.2 中的响应只关心产品的产量高低. 多响应试验指的是每次试验需观察多个响应. 例如, 鞋子橡胶底的试验是一个混料试验, 其响应有强度、弹性和最大弯曲次数等. 在多响应试验的数据分析中, 如何综合地考虑各个响应的需要和各自的重要程度而给出 "最佳设计" 的水平组合是一个具有挑战性的难题. 多媒体试验指的是试验有无穷多个的响应. 例如, 响应是人的指纹、化学或生物中指纹曲线、声音的曲线、图像的颜色及深浅等. 随着现代技术的飞速发展, 多媒体响应日益增多, 这一类试

验的设计和建模是很有挑战性的课题.

(5) 试验轮次

根据试验轮次的多少, 试验可分为**单一试验**和**序贯试验**. 假如根据一轮试验的数据, 分析其数据即可得到最终想要的目标, 于是试验停止, 这种试验称为单一试验. 然而, 实际通常在做完试验的一轮分析之后, 往往要追加一些试验, 以求弥补、修改、验证原来的做法和想法, 从而通过一轮又一轮的试验得到或逼近最优解, 这种试验方法称为序贯试验. **响应曲面分析**就是最流行的序贯试验方法, 将在第七章介绍, 该章还将介绍其他序贯试验设计的方法.

(6) 试验分组

根据各试验背景之间是否存在明显的个体差异, 试验可以分为**单区组试验**和**区组试验**. 若每次试验在相同或十分近似的条件下进行, 这时, 试验无须分区组, 即试验背景只有一个区组, 这类试验可免受区组系统误差的干扰. 若试验必须按区组进行时, 则该试验称为区组试验. 常见的区组有以日、月、年、批次、双胞胎等进行的划分. 区组的目的是使得组内的差异比组间差异小. 因此, 比较同一组的试验结果时可以忽略分组带来的影响, 故使得分析更加有效. 例如, 已知不同日的试验会有很大的差别, 因此, 把试验安排在同一天进行, 就可以避免日期的影响. 在第三章 (正交试验设计) 中, 我们会介绍通过适当安排, 降低不同区组之间的差异对试验分析的干扰.

有关试验设计的各种概念, 读者也可参考国内外相关著作、文献等, 例如吴建福, 滨田 (2003); 茆诗松, 周纪芗, 陈颖 (2004); 王万中, 茆诗松, 曾林蕊 (2004); 刘文卿 (2004, 2005); 陈魁 (2005); Wu, Hamada (2000); Montgomery (2005).

1.2 统计模型

一个现实生活的现象, 一个自然界的规律, 有时可以用数学或统计模型来描述. 如果模型正确, 它是对实际的抽象和提高, 又反过来指导实际, 给出预报. 这是一个从实际到理论、反过来指导实际的过程. 下面以著名的自由落体试验为例说明统计模型的作用.

例 1.5 (自由落体运动)　关于自由落体运动, 古希腊哲学家亚里士多德仅仅凭借直觉和观感, 曾经作出过这样的结论: 重的物体下落速度比轻的物体下落速度快, 落体速度与重量成正比. 直到 16 世纪末, 伽利略通过反复试验, 认为如果不计空气阻力, 不同重量的物体自由下落速度是相同的, 从而对亚里士多德的理论提出疑问. 若不计空气阻力, 自由落体运动的初始速度为零, 记下落时间为 x s, 下落距离为 y m, 人们发现它们之间有如下规律:

$$y = \frac{1}{2}gx^2, \tag{1.3}$$

式中 g 为重力加速度, 近似地等于 9.8 m/s^2. 重力加速度与所在地的海拔高度、地理纬度等有关, 例如在成都 $g = 9.7913$ m/s^2, 在广州 $g = 9.7833$ m/s^2.

设想试验者对关系 (1.3) 一无所知, 希望通过试验来揭示 y 和 x 之间的关系. 现选用不同的下落时间 $x_1, x_2, \cdots, x_n$ 做试验, 然后测量相应的 $y_1, y_2, \cdots, y_n$. 由于试验存在随机误差 ε, 比如空气阻力、测量误差等, 我们假设

$$E(\varepsilon) = 0, \quad \mathrm{Var}(\varepsilon) = \sigma^2.$$

图 1.2 中表示了 10 次试验的数据, 图中 "$\circ$" 表示试验结果, 其中 $x_i = i/4$, $i = 1, 2, \cdots, 10$. 直观建议这些数据可用二次回归模型

$$y = \beta x^2 + \varepsilon \tag{1.4}$$

来拟合, 其结果如图 1.2 中实线所示, 其中回归系数 β 的估计值为 4.8960, 误差方差的估计为 $\hat{\sigma}^2 = 0.0573$.

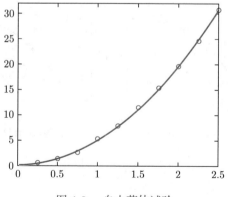

图 1.2   自由落体试验

上面的自由落体试验说明建立统计模型有诸多好处. 第一, 通过统计模型, 可以估计未观察的时刻 x 之相应下降距离 y, 例如 $x = 1.8$ s, 则可估 $y = 15.86304$ m; 第二, 可通过数据获得近似的物理规律, 即下降时间和下降距离之间近似为二次模型关系; 第三, 即使不用重复试验也可估计试验误差的大小, 具

体的估计方法将在 1.3 节介绍. 显然, 自由落体的试验可以有不同的试验方法, 例如对同一 x 做重复试验以期对 σ^2 有更好的估计; 或已知 y 和 x 之间有模型 (1.4), 想通过试验来估计 β 和 σ^2, 这时可用最优回归设计 (见第四章) 来安排试验. 现考虑另一个例子来说明不同统计模型的思想及其相应的模型.

例 1.6　在一项生物试验中, 若响应 y 和因素 x 之间有形状参数为 4 和刻度参数为 1 的 Γ 生长曲线模型

$$y = \frac{1}{6}\int_0^x u^3 \mathrm{e}^{-u}\mathrm{d}u, x \geqslant 0, \tag{1.5}$$

其图形如图 1.3(a) 所示. 设试验者对 y 和 x 之间的关系事先一无所知, 希望通过试验找出其中的关系. 下面是几种常见的方法和模型.

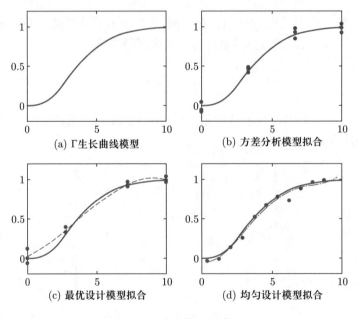

(a) Γ生长曲线模型　　(b) 方差分析模型拟合

(c) 最优设计模型拟合　　(d) 均匀设计模型拟合

图 1.3　常见模型拟合图

1.2.1　方差分析模型

最自然的方法是由试验者选择因素 x 的若干个水平, 并在每个水平下进行重复试验. 根据专业知识, x 的试验范围选为 $[0, 10]$. 若在该范围内选取间距相同的 4 个水平 $x = 0, 10/3, 20/3, 10$, 并在每个水平下各做 3 次试验, 其试验结

果如图 1.3(b) 所示. 考虑该试验的模型为

$$y_{ij} = \mu_i + \varepsilon_{ij}, \ i = 1, 2, \cdots, k, \ j = 1, 2, \cdots, n_i, \tag{1.6}$$

式中 y_{ij} 为在第 i 个水平下的第 j 次试验的响应值, μ_i 为响应在第 i 个水平下的真值, ε_{ij} 为在第 i 个水平下的第 j 次试验的随机误差, 一般假设 $\{\varepsilon_{ij}\}$ 独立同分布且均值 $E(\varepsilon_{ij}) = 0$, 方差 $\mathrm{Var}(\varepsilon_{ij}) = \sigma^2$, k 为水平个数, n_i 为第 i 个水平的试验重复次数. 在本例中, $k = 4, n_1 = n_2 = n_3 = n_4 = 3$. 根据试验结果 y_{ij}, 我们可以用最小二乘法对所有的 μ_i 和 σ^2 进行估计. 令

$$\mu = \frac{1}{k} \sum_{i=1}^{k} \mu_i, \ \alpha_i = \mu_i - \mu, \ i = 1, 2, \cdots, k,$$

则模型 (1.6) 可表示为

$$y_{ij} = \mu + \alpha_i + \varepsilon_{ij}, \ i = 1, 2, \cdots, k, \ j = 1, 2, \cdots, n_i, \tag{1.7}$$

式中 α_i 称为第 i 个水平的**主效应**, μ 称为响应的**总均值**. 一个好的试验设计就是用最少的试验次数获得 μ, α_i 和 σ^2 的较好估计. 显然, 各个主效应之和应为零, 即

$$\alpha_1 + \alpha_2 + \cdots + \alpha_k = 0. \tag{1.8}$$

当所有的 α_i 都接近于 0 时, 因素 x 对响应 y 的影响不大; 当存在某 α_i 的绝对值较大时, 该因素的 x 对响应 y 的影响大. 由于随机试验误差的大小会干扰试验的结果, 所以 α_i 值波动的大小必须与误差方差 σ^2 的大小作相对比较. 方差分析及其 F 检验就是要进行这种相对比较, 根据 F 检验的结果可给出关于某个因素对响应的影响是否显著的结论, 详细讨论见 1.3 节. 方差分析模型 (1.6) 只对因素所取的水平上的试验结果做统计推断. 若希望对未做试验的水平值作预报, 需要使用回归模型.

1.2.2 回归模型

为了探索 Γ 生长曲线模型, 试验者根据过去的经验认为响应 y 和因素 x 之间有相关关系. 猜想 y 和 x 之间可用三次多项式回归模型来近似描述:

$$y = \beta_0 + \beta_1 x + \beta_2 x^2 + \beta_3 x^3 + \varepsilon, \tag{1.9}$$

式中 $\beta_0, \beta_1, \beta_2, \beta_3$ 为未知的回归系数, ε 为随机误差, $E(\varepsilon) = 0$, $\mathrm{Var}(\varepsilon) = \sigma^2$, σ^2 未知. 希望通过试验来估计 $\beta_0, \beta_1, \beta_2, \beta_3$ 及 σ^2. 如果这个模型符合实际, 它有诸多优点. 例如, 回归模型相对简单, 为生长的预测给出数学方程; 由于回归建模是一个比较成熟的统计方法, 回归模型的特性容易解释和预报等.

进一步的问题是如何选择试验点使得对未知参数 $\beta_0, \beta_1, \beta_2, \beta_3$ 有最准确的估计. 何谓最准确的估计, 从统计意义上讲, 就是寻找估计量 $\hat{\beta}_0, \hat{\beta}_1, \hat{\beta}_2, \hat{\beta}_3$ 使得它们是无偏的, 且方差在一定意义下最小. 根据这种思路, 产生了所谓的 "**最优回归设计**". 在本书第四章将详细介绍有关最优回归设计的理论和方法.

这里最优是在一定的统计意义下定义的. 常见的最优设计有 *D*-最优, *A*-最优, *E*-最优等. 在例 1.6 中, 若总的试验次数仍为 12, 且试验范围选为 $[0, 10]$, 则在模型 (1.9) 下, *D*-最优设计建议在 $x = 0, 2.7639, 7.2361, 10$ 处各做 3 次试验. 图 1.3(c) 给出了试验结果及模型 (1.9) 的拟合情况, 图中实线为真模型, 虚线为拟合模型. 我们看到三次多项式模型 (1.9) 的建模效果不很理想, 猜想 (1.9) 不是真模型, 需要考虑其他的近似模型. 换句话说, 当模型未知时, 最优回归设计不是**稳健**的设计. 如果试验者在试验之前选错了模型, 基于该模型而选择试验点, 随后的建模可能达不到理想的结果. 在工业试验中目前热门的不确定性研究, 即是希望能提供稳健性好的试验设计方法. 稳健设计和本书第五章的均匀设计将提供一些设计方法.

1.2.3   非参数回归模型

若试验者对 Γ 生长曲线模型没有太多的知识基础, 则可用模型

$$y = m(x) + \varepsilon \tag{1.10}$$

来描述, 式中函数 $m(\cdot)$ 未知, ε 为随机误差, $E(\varepsilon) = 0$, $\mathrm{Var}(\varepsilon) = \sigma^2$, σ^2 未知. 试验者希望通过试验来估计未知函数 $m(\cdot)$. 由于 $m(x)$ 中未包含参数, 故模型 (1.10) 称为**非参数回归模型**. 根据笔者的经验, 绝大部分试验者对欲进行的试验的模型未知, 或部分未知. 为了估计模型 $m(\cdot)$, 直观上需将试验点充满试验范围, 于是产生了**空间填充设计** (space-filling design), 本书第五章介绍的均匀试验设计是空间填充设计中的重要方法. 在无先验知识的情况下, 将试验点均匀地充满试验范围是一个自然的选择.

对于例 1.6, 若其试验范围为 $[0, 10]$, 并在该区间仍做 12 次试验, 则试验点为 $10 \times (2j - 1)/24$, $j = 1, 2, \cdots, 12$. 试验结果及拟合情况见图 1.3(d), 图中实线为真模型, 虚线为拟合模型. 关于均匀设计的详细讨论见第五章.

1.2.4 稳健回归模型

若试验者知道因素和响应之间为半参数回归模型

$$y = f(x; \boldsymbol{\beta}) + h(x) + \varepsilon, \tag{1.11}$$

式中 $f(x; \boldsymbol{\beta})$ 为主体部分, 形式已知, 但有一个或多个未知参数 $\boldsymbol{\beta}$ 要估计; 但尚有部分 $h(x)$ 未知.

在实际应用中, $f(x; \boldsymbol{\beta})$ 多为 $\boldsymbol{\beta}$ 的线性函数, 如模型 (1.9) 中的二次多项式模型或其他多项式模型, $h(x)$ 是模型偏差, 是试验者对真模型未知的部分, 可假定属于某个函数类. **稳健回归设计**考虑当模型偏差在某一确定范围时, 寻找合适的试验点使模型 (1.11) 得以最精确地估计. 稳健回归设计有很多种类型, 有兴趣的读者可参考 Ghosh, Rao (1996) 编写的 "Handbook of Statistics" 第 13 卷.

1.3 回归分析简介

相信大部分读者已具有回归分析的基础知识, 为了方便读者, 本节作一个简单的回顾. 在本书中列向量用小写黑体字母表示, 矩阵用大写黑体字母表示, 如

$$\boldsymbol{a} = \begin{pmatrix} a_1 \\ \vdots \\ a_n \end{pmatrix}, \quad \boldsymbol{A} = \begin{pmatrix} a_{11} & \cdots & a_{1m} \\ \vdots & & \vdots \\ a_{n1} & \cdots & a_{nm} \end{pmatrix},$$

$\boldsymbol{A}'$ 表示 $\boldsymbol{A}$ 的转置, 故 $\boldsymbol{a}'$ 为行向量 $(a_1, a_2, \cdots, a_n)$.

回归分析和**方差分析**是试验设计用于数据分析的主要工具, 它们是统计线性模型的最重要组成部分, 一直被广泛使用. 介绍线性模型的理论与方法的书籍很多, 如 Seber (1977), 陈希孺, 王松桂 (1987), 方开泰, 全辉, 陈庆云 (1988), Myers (1990), Sen, Srivastava (1990) 等. 本节只介绍与本书有关的线性模型的理论与公式.

若在一项试验中, 有 s 个因素, 其试验范围记为 $\mathcal{X}$, 它是 $\mathbf{R}^s$ 的一个子集. 考虑 n 个水平组合 $\boldsymbol{x}_1, \boldsymbol{x}_2, \cdots, \boldsymbol{x}_n$, 其中 $\boldsymbol{x}_i \in \mathcal{X}$, 它们的响应为 $y_1, y_2, \cdots, y_n$, 构成数据集 $\{y_i, \boldsymbol{x}_i = (x_{i1}, x_{i2}, \cdots, x_{is})'; i = 1, 2, \cdots, n\}$. 每个水平组合 $\boldsymbol{x}_i$ 可

以看成是试验区域的一个设计点, n 个试验点组成的矩阵

$$X = (x_1, x_2, \cdots, x_n)' = (x_{ij})_{n \times s}$$

称为**设计矩阵**. 假设试验结果与因素间有如下的关系:

$$y = \sum_{j=1}^{p} g_j(x)\beta_j + \varepsilon, \tag{1.12}$$

式中 $g_j(j = 1, 2, \cdots, p)$ 为 p 个已知函数, $x \in \mathcal{X}$, 随机误差 ε 的均值为 0, 方差为 σ^2. 欲用模型 (1.12) 来拟合试验数据, 则有

$$y_k = \sum_{j=1}^{p} g_j(x_k)\beta_j + \varepsilon_k, \quad k = 1, 2, \cdots, n, \tag{1.13}$$

式中随机误差 $\varepsilon_1, \varepsilon_2, \cdots, \varepsilon_n$ 独立同分布, 且均值为 0, 方差为 σ^2. 根据给定数据, 希望能通过这组数据估计参数向量 $\beta = (\beta_1, \beta_2, \cdots, \beta_p)'$. 在统计学中, 有许多有效的参数估计方法, 其中最小二乘法一直是回归模型估计理论中普遍使用的方法. 模型 (1.13) 可以表示成矩阵形式

$$y = G\beta + \varepsilon, \tag{1.14}$$

式中

$$y = \begin{pmatrix} y_1 \\ \vdots \\ y_n \end{pmatrix}, \quad G = \begin{pmatrix} g_1(x_1) & \cdots & g_p(x_1) \\ \vdots & & \vdots \\ g_1(x_n) & \cdots & g_p(x_n) \end{pmatrix}, \quad \beta = \begin{pmatrix} \beta_1 \\ \vdots \\ \beta_p \end{pmatrix}, \quad \varepsilon = \begin{pmatrix} \varepsilon_1 \\ \vdots \\ \varepsilon_n \end{pmatrix}.$$

矩阵 G 称为**广义设计矩阵**或**结构矩阵**, 它既包含了试验设计的信息, 又包含了拟合模型的信息. 当 $g_1(x) \equiv 1(x \in \mathcal{X})$ 时, 模型 (1.12) 退化为

$$y = \beta_1 + \sum_{j=2}^{p} g_j(x)\beta_j + \varepsilon. \tag{1.15}$$

模型 (1.12) 包含了常见的各种模型, 如线性回归模型

$$y = \beta_0 + \beta_1 x_1 + \cdots + \beta_s x_s + \varepsilon, \tag{1.16}$$

通过原点的线性回归模型

$$y = \beta_1 x_1 + \cdots + \beta_s x_s + \varepsilon, \tag{1.17}$$

二次回归模型

$$y = \beta_0 + \sum_{k=1}^{s} \beta_k x_k + \sum_{j=1}^{s} \sum_{k=1}^{s} \beta_{jk} x_j x_k + \varepsilon, \tag{1.18}$$

中心化二次回归模型

$$y = \beta_0 + \sum_{k=1}^{s} \beta_k (x_k - \bar{x}_k) + \sum_{j=1}^{s} \sum_{k=1}^{s} \beta_{jk} (x_j - \bar{x}_j)(x_k - \bar{x}_k) + \varepsilon, \tag{1.19}$$

式中 $\bar{x}_k$ 为因素 x_k 的均值. 模型 (1.12) 也包含有因素非线性项的回归模型, 例如

$$y = \beta_0 + \beta_1 \log(x_1) + \beta_2 \exp(-x_1 x_2) + \beta_3 \sin \frac{x_3}{x_4 + x_5} + \varepsilon. \tag{1.20}$$

对于数据集 $\{y_i, \boldsymbol{x}_i = (x_{i1}, x_{i2}, \cdots, x_{i5})'; i = 1, 2, \cdots, n\}$, 模型 (1.20) 相应的 $\boldsymbol{y}, \boldsymbol{G}, \boldsymbol{\beta}, \boldsymbol{\varepsilon}$ 分别为

$$\boldsymbol{y} = \begin{pmatrix} y_1 \\ y_2 \\ \vdots \\ y_n \end{pmatrix}, \boldsymbol{\beta} = \begin{pmatrix} \beta_0 \\ \beta_1 \\ \beta_2 \\ \beta_3 \end{pmatrix}, \boldsymbol{\varepsilon} = \begin{pmatrix} \varepsilon_1 \\ \varepsilon_2 \\ \vdots \\ \varepsilon_n \end{pmatrix},$$

$$\boldsymbol{G} = \begin{pmatrix} 1 & \log(x_{11}) & \exp(-x_{11}x_{12}) & \sin(x_{13}/(x_{14} + x_{15})) \\ 1 & \log(x_{21}) & \exp(-x_{21}x_{22}) & \sin(x_{23}/(x_{24} + x_{25})) \\ \vdots & \vdots & \vdots & \vdots \\ 1 & \log(x_{n1}) & \exp(-x_{n1}x_{n2}) & \sin(x_{n3}/(x_{n4} + x_{n5})) \end{pmatrix}.$$

其他的模型可以类似地表出.

模型 (1.14) 的最小二乘估计为

$$\hat{\boldsymbol{\beta}} = (\boldsymbol{G}'\boldsymbol{G})^{-1}\boldsymbol{G}'\boldsymbol{y}, \tag{1.21}$$

这里要求矩阵 $G'G$ 是非退化的, 即 $(G'G)^{-1}$ 存在. 这个估计是无偏的, 即 $E(\hat{\boldsymbol{\beta}}) = \boldsymbol{\beta}$, 它的协方差矩阵为

$$\mathrm{Cov}(\hat{\boldsymbol{\beta}}) = \sigma^2 \boldsymbol{M}^{-1}, \tag{1.22}$$

式中 σ^2 是随机误差的方差,

$$\boldsymbol{M} = \boldsymbol{G}'\boldsymbol{G} \tag{1.23}$$

称为设计 $\boldsymbol{X}$ 的**信息矩阵**, 其包含了试验点和统计模型的诸多信息. 在文献中, 有的作者用 $\boldsymbol{G}'\boldsymbol{G}/n$ 作为信息矩阵, 以减少 n 的影响, 本书中除了第四章的最优回归设计用后一种定义外, 其余各章用前一定义. $\boldsymbol{y}$ 的拟合值为

$$\hat{\boldsymbol{y}} = \boldsymbol{G}\hat{\boldsymbol{\beta}} = \boldsymbol{G}(\boldsymbol{G}'\boldsymbol{G})^{-1}\boldsymbol{G}'\boldsymbol{y} = \boldsymbol{H}\boldsymbol{y}, \tag{1.24}$$

式中 $\boldsymbol{H} = \boldsymbol{G}(\boldsymbol{G}'\boldsymbol{G})^{-1}\boldsymbol{G}'$ 是一个投影矩阵, 又称为**帽子矩阵** (hat matrix). 误差方差 σ^2 的无偏估计为

$$s^2 = \hat{\sigma}^2 = \frac{(\boldsymbol{y} - \boldsymbol{G}\hat{\boldsymbol{\beta}})'(\boldsymbol{y} - \boldsymbol{G}\hat{\boldsymbol{\beta}})}{n-p} = \frac{\boldsymbol{y}'(\boldsymbol{I} - \boldsymbol{H})\boldsymbol{y}}{n-p}, \tag{1.25}$$

式中 p 是需估计的回归系数个数, n 为试验次数 (见模型 (1.13)).

回归模型 (1.13) 是否有意义, 它的每一项是否对 y 有显著的影响, 回归分析提供了许多统计检验的方法. 下面介绍在模型 (1.16) 下的一些最基本的统计检验.

(1) 检验回归模型 (1.16) 是否有意义, 检验因素 $\{x_1, x_2, \cdots, x_s\}$ 对 y 的变化是否有显著影响, 即检验假设

$$H_0 : \beta_1 = \cdots = \beta_s = 0, \ H_1 : \beta_1, \cdots, \beta_s \text{ 不全为零}. \tag{1.26}$$

(2) 检验是否某个特定因素 x_j 对 y 的变化有显著影响, 即检验假设

$$H_0 : \beta_j = 0, \ H_1 : \beta_j \neq 0. \tag{1.27}$$

(3) 检验因素 $x_1, x_2, \cdots, x_s$ 的某个线性组合或 $g_1(\boldsymbol{x}), g_2(\boldsymbol{x}), \cdots, g_p(\boldsymbol{x})$ 的某个线性组合是否对 y 的变化有显著影响, 即检验假设

$$H_0 : \boldsymbol{C\beta} = \boldsymbol{f}, \ H_1 : \boldsymbol{C\beta} \neq \boldsymbol{f}, \tag{1.28}$$

其中 $\boldsymbol{C}$ 是秩为 l 的 $l \times p$ 常数矩阵 (这里 $l < p, p = s + 1$), $\boldsymbol{f}$ 为 $l \times 1$ 的常数向量. 检验 (1.26) 和 (1.27) 是检验 (1.28) 的特例.

这三个假设检验中, 假设 (1.26) 是最常用的, 后两种检验相对复杂, 仅供参考. 在教科书中, 检验 (1.26) 式的常用方法是做方差分析 (ANOVA), 方差分析的主要思想是将响应的**总平方和**

$$\mathrm{SS}_T = \sum_{i=1}^{n} (y_i - \bar{y})^2 \tag{1.29}$$

分解为**回归平方和**

$$\mathrm{SS}_R = \sum_{i=1}^{n} (\hat{y}_i - \bar{y})^2 \tag{1.30}$$

和**残差平方和**

$$\mathrm{SS}_E = \sum_{i=1}^{n} (y_i - \hat{y}_i)^2, \tag{1.31}$$

式中 $\bar{y} = \dfrac{1}{n} \sum_{i=1}^{n} y_i$, $\hat{y}_i = \hat{\beta}_0 + \hat{\beta}_1 x_{i1} + \cdots + \hat{\beta}_s x_{is}$ 为 y_i 的拟合值或估计值, $\hat{\beta}_0, \hat{\beta}_1, \cdots, \hat{\beta}_s$ 是回归系数 $\beta_0, \beta_1, \cdots, \beta_s$ 的最小二乘估计. 三个平方和之间有如下的关系:

$$\mathrm{SS}_T = \mathrm{SS}_R + \mathrm{SS}_E. \tag{1.32}$$

这三个平方和分别有自由度 $n-1$, s 和 $n-s-1$. **确定性系数**

$$R^2 = \frac{\mathrm{SS}_R}{\mathrm{SS}_T} \tag{1.33}$$

常用来度量回归模型的拟合程度, R^2 越接近 1, 拟合效果越好. 用平方和除以相应的自由度所得的商称为平均平方和, 简称**均方**, 记为

$$\mathrm{MS}_T = \frac{\mathrm{SS}_T}{n-1}, \ \mathrm{MS}_R = \frac{\mathrm{SS}_R}{s}, \ \mathrm{MS}_E = \frac{\mathrm{SS}_E}{n-s-1}.$$

检验假设 (1.26) 式的统计量为

$$F = \frac{\mathrm{MS}_R}{\mathrm{MS}_E} = \frac{\mathrm{SS}_R/s}{\mathrm{SS}_E/(n-s-1)}. \tag{1.34}$$

当假设 (1.26) 式中 H_0 成立时, SS_R/σ^2 和 SS_E/σ^2 分别遵从自由度为 s 和 $n-s-1$ 的 χ^2 分布, 且两者相互独立, 从而 (1.34) 定义的统计量 F 服从自由度分别为 s 和 $n-s-1$ 的 F 分布. 具体的过程一般表成表 1.1 所示的方差分析表, 表中最后一列的 p 值为 F 统计量大于 (1.34) 式算出的 F 值的概率, 即, 若记由数据得到 (1.34) 式的值为 F_0, 则 $p = P(F > F_0)$. 当该 p 值小于给定的检验水平 α 时, 检验显著, 否则不显著. 常取 $\alpha = 0.05$ 或 0.01.

表 1.1   方差分析表

方差来源	自由度	平方和	均方	F	p 值
回归	s	SS_R	MS_R	$\dfrac{\mathrm{MS}_R}{\mathrm{MS}_E}$	
误差	$n-s-1$	SS_E	MS_E		
总和	$n-1$	SS_T			

易知, 假设检验 (1.27) 式是 (1.28) 式的特例, 即 (1.28) 式中取 $\boldsymbol{f} = \boldsymbol{0}$, 且 $\boldsymbol{C} = (0, \cdots, 0, 1, 0, \cdots, 0)$, 这里 1 在第 $j+1$ 维的位置. 因此, 我们先介绍检验 (1.28) 式的检验统计量, 它定义为

$$F = \frac{(\boldsymbol{C}\hat{\boldsymbol{\beta}} - \boldsymbol{f})'[\boldsymbol{C}(\boldsymbol{G}'\boldsymbol{G})^{-1}\boldsymbol{C}']^{-1}(\boldsymbol{C}\hat{\boldsymbol{\beta}} - \boldsymbol{f})}{ls^2}, \tag{1.35}$$

式中 s^2 是方差 σ^2 的无偏估计 $s^2 = \hat{\sigma}^2 = \mathrm{MS}_E$. 当假设 (1.27) 式成立时, F 服从 $F(l, n-s-1)$. 当 $\boldsymbol{C} = (0, \cdots, 0, 1, 0, \cdots, 0)$, 这里 1 在第 $j+1$ 维的位置, $\boldsymbol{f} = \boldsymbol{0}$ 时, 此时 (1.27) 式变成检验是否某个特定因素 x_j 对 y 的变化有显著影响, 其检验统计量 (1.35) 变成

$$F_j = \frac{\hat{\beta}_j^2}{s^2 c_{j+1,j+1}}, \tag{1.36}$$

式中 $\hat{\beta}_j$ 为 β_j 的最小二乘估计, $c_{j+1,j+1}$ 是 $(\boldsymbol{G}'\boldsymbol{G})^{-1}$ 的第 $j+1$ 个对角元素. 此时, 该检验等价于 t 检验, 统计量为

$$t_j = \frac{\hat{\beta}_j}{s\sqrt{c_{j+1,j+1}}}, \tag{1.37}$$

当原假设成立时, t_j 服从自由度为 $n-s-1$ 的 t 分布.

模型 (1.12) 中有 p 个回归项 $g_j(\boldsymbol{x})$, $j = 1, 2, \cdots, p$, 然而有些回归项的作用不一定显著. 因此在多元回归分析中, 变量的筛选是非常重要的问题. 我们需要在 p 个回归项中筛选出部分合适的变量构成模型 (1.12) 的子模型. 若子模型中加入一些不显著的回归项会影响甚至严重干扰该模型的稳定性; 另一方面, 若子模型遗漏了重要的变量, 则该模型的效果一定不佳. 为此, 文献中提出了诸多的筛选方法, 常见的有前进法、后退法、逐步回归法、MAXR 法、最优子集法等, 其中逐步回归法往往效果颇佳.

若用模型 (1.12) 拟合一组数据, 需验证该模型是否合适、数据是否存在异常点 (outlier)、随机误差方差是否固定、随机误差是否服从正态分布等. 有关的验证方法组成了 “回归诊断” 这一重要分支. 在回归诊断中, 残差分析和偏回归图是重要的工具. 令 $\hat{y}_i$ 为在模型 (1.12) 下 y_i 的最小二乘估计, $e_i = y_i - \hat{y}_i$ 称为**残差**. e_i 对 y_i 的点图称为**残差点图**. 若标准化残差, 可令 $r_i = e_i/s(\sqrt{1-h_{ii}})$, 其中 h_{ii} 为帽子矩阵 $\boldsymbol{H}$ 的第 i 个对角元素. 称 r_i 对 $\hat{y}_i$ 的点图为标准残差点图, 或仍称为残差点图. 通过残差点图可方便地判断或检验: 误差方差是否为常数、数据是否需做变换、数据中是否存在异常点、残差的正态性等. 在多元回归中, 偏回归图也是常用的方法, 它可用以了解每个变量 x_i 真正对 y 的影响.

1.4　一些有用的数学概念

为了方便读者阅读本书, 在本节中我们将罗列一些本书中涉及的数学概念.

(1) 正交矩阵

对于一个 $n \times m$ 矩阵 $\boldsymbol{A} = (\boldsymbol{a}_1, \boldsymbol{a}_2, \cdots, \boldsymbol{a}_m), \boldsymbol{a}_i = (a_{1i}, a_{2i}, \cdots, a_{ni})', i = 1, 2, \cdots, m$, 我们称 $\boldsymbol{A}$ 为**列正交**的, 假如对于任意的 $i \neq j$, 有 $\boldsymbol{a}_i'\boldsymbol{a}_j = 0$, 即矩阵 $\boldsymbol{A}$ 的任意不同的列向量之间相互正交.

特别地, 当 $m = n$ 时, 列正交矩阵 $\boldsymbol{A}$ 为 n 阶方阵. 若再假设 $\boldsymbol{A}$ 的列向量的模长都为 1, 此时, 矩阵 $\boldsymbol{A}$ 变为更加特殊的**正交矩阵**. 正交矩阵常用 $\boldsymbol{P}$ 或 $\boldsymbol{Q}$ 表示. 正交矩阵 $\boldsymbol{Q}$ 有非常好的性质, 例如它的转置矩阵恰好是它的逆矩阵, 即 $\boldsymbol{Q}' = \boldsymbol{Q}^{-1}$, 从而

$$Q'Q = QQ' = I_n,$$

式中 Q' 表示矩阵 Q 的转置, I_n 为 n 阶单位矩阵.

(2) 置换矩阵

置换矩阵是一种元素只由 0 和 1 组成的正交矩阵. 置换矩阵的每一行和每一列都恰好有一个 1, 其余的元素都是 0. $\{1, 2, \cdots, n\}$ 的任意置换都对应着唯一的一个置换矩阵. 设 π 为 $\{1, 2, \cdots, n\}$ 的一个置换 $\pi(1), \pi(2), \cdots, \pi(n)$, 记

$$\boldsymbol{n} = \begin{pmatrix} 1 \\ 2 \\ \vdots \\ n \end{pmatrix}, \quad \boldsymbol{\pi_n} = \begin{pmatrix} \pi(1) \\ \pi(2) \\ \vdots \\ \pi(n) \end{pmatrix},$$

则存在一个唯一的置换矩阵 $\boldsymbol{P}$ 使

$$\boldsymbol{\pi_n} = \boldsymbol{P n}.$$

例如, $\{1, 2, 3, 4, 5\}$ 的一个置换 $\{1, 3, 4, 2, 5\}$ 的置换矩阵为

$$\boldsymbol{P} = \begin{pmatrix} 1 & 0 & 0 & 0 & 0 \\ 0 & 0 & 1 & 0 & 0 \\ 0 & 0 & 0 & 1 & 0 \\ 0 & 1 & 0 & 0 & 0 \\ 0 & 0 & 0 & 0 & 1 \end{pmatrix}.$$

置换矩阵也视为单位矩阵的某些行和列交换后得到的矩阵. 一个置换矩阵 $\boldsymbol{P}$ 的逆矩阵也是置换矩阵.

(3) 线性空间

设 X 是非空集合, K 为数域 (常用的为实数域或复数域). 在 X 上定义了**加法**运算, 即对 X 中每对元素 x, y 都对应 X 中一个元素 $u = x + y$; 又定义了**数乘**运算, 即对每个数 $a \in K$ 和每个元素 $x \in X$ 都对应 X 中一个元素 $v = ax$. 如果加法与数乘满足下述规则, 则称 X 为数域 K 上的**线性空间**.

加法满足下面四条规则:

(i) $x + y = y + x$;

(ii) $x + (y + z) = (x + y) + z$;

(iii) X 中存在唯一元素 x, 用 0 表示, 使对每个 $x \in X$, $x + 0 = x$, 0 称为 X 中的**零元**;

(iv) 对 X 中每个元素 x, 都存在唯一元素 y, 使 $x + y = 0$, y 称为 x 的**负元素**.

数乘满足下面两条规则:

(v) $1x = x$;

(vi) $\alpha(\beta x) = (\alpha\beta)x$.

数乘和加法满足下面两条规则:

(vii) $\alpha(x + y) = \alpha x + \alpha y$;

(viii) $(\alpha + \beta)x = \alpha x + \beta x$.

在以上规则中, x, y, z 等表示集合 X 中任意元素, α, β 等表示数域 K 中任意数.

(4) 有界凸集

为了定义有界凸集, 我们首先定义**距离空间**的概念. 一个集合 X 中任意两个元素 x, y 都对应一个实数 $d(x, y)$, 且对 X 中任意元素 x, y, z, 满足

(i) 非负性: $d(x, y) \geqslant 0$, $d(x, y) = 0$ 当且仅当 $x = y$;

(ii) 对称性: $d(x, y) = d(y, x)$;

(iii) 三角不等式: $d(x, z) \leqslant d(x, y) + d(y, z)$,

则称 X 为距离空间, 记为 $\langle X, d \rangle$. 而称 $d(x, y)$ 为 x 与 y 之间的距离. 设距离空间 $\langle X, d \rangle$ 中的点列 $\{x_n\}_{n=1}^{\infty}$ 使

$$\lim_{n \to \infty} d(x_n, x) = 0,$$

则称 $\{x_n\}_{n=1}^{\infty}$ 按距离 d **收敛**到 x, 并记为 $x_n \xrightarrow{d} x$, 若无混淆也常记为 $x_n \to x$.

设线性空间 X 上还赋有距离 $d(\cdot, \cdot)$, 使得 X 中元素的加法和数乘都按 d 所确定的极限是连续的, 即

(i) $d(x_n, x) \to 0$, $d(y_n, y) \to 0 \Rightarrow d(x_n + y_n, x + y) \to 0$;

(ii) $d(x_n, x) \to 0 \Rightarrow d(\alpha x_n, \alpha x) \to 0$;

(iii) $\alpha_n \to \alpha, x \in X \Rightarrow d(\alpha_n x, \alpha x) \to 0$,

则称线性空间 X 为**线性距离空间**.

距离空间 X 中的点集 S 称为**有界的**, 如果存在 X 中圆心为 x_0, 半径为 r 的球 $B(x_0, r) \supset S$. 令 M 为线性空间 X 中的集合, 若对 $x, y \in M$, $0 \leqslant \alpha \leqslant 1$,

总有 $\alpha x + (1-\alpha)y \in M$, 则称 M 为**凸的**. 线性距离空间中的集合 U 称为**有界凸集**, 假如集合 U 既是有界的又是凸的.

(5) 单纯形

s 维空间中的**单纯形**为一个 $s-1$ 维凸多面体. 它在空间为 s 维的情况下, 是由 s 个顶点、所有连接顶点的线段和多边形面等几何元素组成的多面体. 如: 二维空间中的单纯形为一条线段, 三维空间中的单纯形是一个三角形, 四维空间中的单纯形为四面体. 若单纯形相邻顶点之间的距离 (即为单纯形的边长) 都相等, 则称为正则单纯形.

而一类可以表示为

$$T^s = \left\{ (t_1, t_2, \cdots, t_s) \in \mathbf{R}^s \,\middle|\, \sum_{i=1}^{s} t_i = 1, \ \text{且} \ t_i \geqslant 0 \right\}$$

的特殊单纯形被称为 $(s-1)$-**标准单纯形**, 其 s 个顶点的坐标分别为

$$\boldsymbol{e}_1 = (1, 0, 0, \cdots, 0),$$
$$\boldsymbol{e}_2 = (0, 1, 0, \cdots, 0),$$
$$\cdots$$
$$\boldsymbol{e}_s = (0, 0, 0, \cdots, 1).$$

$s = 2, 3, 4$ 时的 $(s-1)$-标准单纯形见图 1.4.

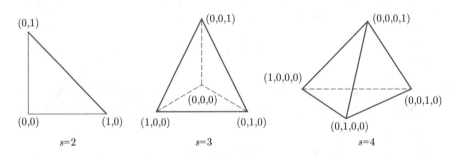

图 1.4 $s = 2, 3, 4$ 时的 $(s-1)$-标准单纯形

将 $(s-1)$-标准单纯形沿任意坐标轴逆方向向 $s-1$ 维空间中投影, 可得到另一单纯形. 不失一般性, 假设沿 t_1 坐标投影到 $t_2, \cdots, t_s$ 空间中得到的 $s-1$ 维单纯形为

$$\Delta^{s-1} = \left\{ (t_2, \cdots, t_s) \in \mathbf{R}^{s-1} \middle| \sum_{i=2}^{s} t_i \leqslant 1, \ \text{且} \ t_i \geqslant 0 \right\}.$$

单纯形 Δ^{s-1} 在 $s-1$ 维空间中的体积为 $\mathrm{Vol}(\Delta^{s-1}) = \dfrac{1}{(s-1)!}$. 因而, 由积分变换易知单纯形 T^s 的体积为 $\mathrm{Vol}(T^s) = \dfrac{\sqrt{s}}{(s-1)!}$.

(6) 有限域

一个集合 M 称为**域** (field), 假如集合对加、减、乘和除 (除了除以零之外) 运算封闭, 而且加法和乘法满足交换律、结合律, 符合乘法对加法的分配律, 存在零元、单位元、加法逆元、乘法逆元. 实际上, 域的概念是数域以及四则运算的推广. 包含有限个元素的域称为**有限域**.

(7) 希尔伯特空间

记 $\mathbf{C}$ 为复数域, 设 X 为 $\mathbf{C}$ 上的线性空间, 如果对任给的 $\boldsymbol{x}, \boldsymbol{y} \in X$ 都恰好对应一个复数, 记为 $(\boldsymbol{x}, \boldsymbol{y})$, 并且对于 $\boldsymbol{x}, \boldsymbol{y}, \boldsymbol{z} \in X$, $a \in \mathbf{C}$, 这个对应具有下列性质:

(i) $(\boldsymbol{x}, \boldsymbol{x})$ 为实数且 $(\boldsymbol{x}, \boldsymbol{x}) \geqslant 0$, $(\boldsymbol{x}, \boldsymbol{x}) = 0$ 当且仅当 $\boldsymbol{x} = \boldsymbol{0}$;

(ii) $(\boldsymbol{x} + \boldsymbol{y}, \boldsymbol{z}) = (\boldsymbol{x}, \boldsymbol{z}) + (\boldsymbol{y}, \boldsymbol{z})$;

(iii) $(a\boldsymbol{x}, \boldsymbol{y}) = a(\boldsymbol{x}, \boldsymbol{y})$;

(iv) $(\boldsymbol{x}, \boldsymbol{y}) = \overline{(\boldsymbol{y}, \boldsymbol{x})}$,

则称 $(\boldsymbol{x}, \boldsymbol{y})$ 为 $\boldsymbol{x}$ 与 $\boldsymbol{y}$ 的**内积**, 称 X 为具有内积 $(\cdot, \cdot)$ 的**内积空间**. 在内积空间 X 中, 定义**范数** $\|\boldsymbol{x}\| = \sqrt{(\boldsymbol{x}, \boldsymbol{x})}$, $\boldsymbol{x} \in X$, 范数也称为模. 设 $\{\boldsymbol{x}_n\}_{n=1}^{\infty}$ 是内积空间 X 中的序列, 如果对任给的 $\varepsilon > 0$, 都存在自然数 N, 使

$$\|\boldsymbol{x}_n - \boldsymbol{x}_m\| < \varepsilon, \ \text{当} \ n, m \geqslant N,$$

则称 $\{\boldsymbol{x}_n\}_{n=1}^{\infty}$ 为 **柯西序列**. 若内积空间 X 中任意柯西序列都收敛到 X 中某一点, 则称 X 是**完备的**, 一个完备的内积空间被称为**希尔伯特空间** (Hilbert space), 在本书中, 我们常限制 $\mathbf{C}$ 为实数空间, 此时相应的希尔伯特空间称为实希尔伯特空间. 关于希尔伯特空间的性质可参考江泽坚, 孙善利 (1994).

(8) 标准正交基

基或**基底**是其线性组合可以表示在给定向量空间中的所有向量的向量集合, 并使得这个集合中的任何一个元素都不能由该集合中的其他元素的线性组

合表示. 换句话说, 基是线性无关生成集. 在线性代数中, 一个内积空间的正交基是元素两两正交的基的集合, 并称基中的元素为基向量. 假若, 一个正交基的基向量的模长都是单位长度 1, 则称这个正交基为**标准正交基**, 又称**单范正交基**. 设 B 是 X 上的一个正交基, 那么 X 中的每个元素 x 都可以表示成:

$$x = \sum_{b \in B} \frac{(x, b)}{\|b\|^2} b.$$

当 B 为标准正交基时, $\|b\| = 1$, 则

$$x = \sum_{b \in B} (x, b) b.$$

可以证明每个希尔伯特空间都有基, 并且有正交基.

(9) 点乘和克罗内克乘积

在第三章的正交试验设计中, 我们经常会遇到点乘和克罗内克乘积的运算. 设列向量 $a = (a_1, a_2, \cdots, a_n)'$, $b = (b_1, b_2, \cdots, b_n)'$, 则 a 与 b 的**点乘**定义为这两个列向量的对应元素相乘, 记为 $a \cdot b$, 即 $a \cdot b = (a_1 b_1, a_2 b_2, \cdots, a_n b_n)'$. 例如,

$$a = \begin{pmatrix} 1 \\ 1 \\ -1 \\ -1 \end{pmatrix}, \quad b = \begin{pmatrix} 1 \\ -1 \\ 1 \\ -1 \end{pmatrix}, \quad a \cdot b = \begin{pmatrix} 1 \\ -1 \\ -1 \\ 1 \end{pmatrix}.$$

设矩阵 $A = (a_{ij})_{m \times n}$, $B = (b_{st})_{p \times q}$, 则 A 和 B 的 **克罗内克乘积**为 $mp \times nq$ 的矩阵, 并记为 $A \otimes B$, 按分块写法可写为

$$A \otimes B = \begin{pmatrix} a_{11} B & \cdots & a_{1n} B \\ \vdots & & \vdots \\ a_{m1} B & \cdots & a_{mn} B \end{pmatrix}.$$

例如,

$$A = \begin{pmatrix} 1 & 2 \\ 3 & 4 \end{pmatrix}, \quad B = \begin{pmatrix} 0 & 3 \\ 2 & 5 \end{pmatrix},$$

则

$$A \otimes B = \begin{pmatrix} 1B & 2B \\ 3B & 4B \end{pmatrix} = \begin{pmatrix} 0 & 3 & 0 & 6 \\ 2 & 5 & 4 & 10 \\ 0 & 9 & 0 & 12 \\ 6 & 15 & 8 & 20 \end{pmatrix}.$$

(10) 全变差

考虑定义域为 $[a,b] \in \mathbf{R}$ 的一维实函数 f. 若 f 连续可微, 则定义其**全变差**为

$$V(f) = \int_a^b |f'(x)| \mathrm{d}x.$$

而对于一般的实函数 f, 设 $[a,b]$ 的任一剖分 P 为 $a = x_0 < x_1 < \cdots < x_{n_P} = b$, 则称

$$V(f, P) = \sum_{i=0}^{n_P - 1} |f(x_{i+1}) - f(x_i)|$$

为 f 对剖分 P 的变差; 而 f 的全变差定义为

$$V(f) = \sup_P \sum_{i=0}^{n_P - 1} |f(x_{i+1}) - f(x_i)|,$$

其中 sup 表示在所有剖分 P 中取最大值. 若 $V_a^b(f) < \infty$, 则称 f 为有界变差函数. 若 f 为高维实函数, 则其全变差定义较复杂且有多种定义. 在数论方法中, 常见的是哈代 (Hardy) 与克劳泽 (Krause) 意义下的全变差, 其定义较为复杂. 为简单起见, 我们考虑 $C^2 = [0,1]^2$ 上的全变差的定义. 设 $f(x,y)$ 为 C^2 上的实函数, 对于任意正整数 l, m, 考虑 C^2 的一个分割:

$$\sigma : \begin{cases} 0 = x_0 < x_1 < \cdots < x_l = 1, \\ 0 = y_0 < y_1 < \cdots < y_m = 1, \end{cases}$$

设

$$\Delta_{10}f(x_i,y) = f(x_{i+1},y) - f(x_i,y),$$

$$\Delta_{01}f(x,y_j) = f(x,y_{j+1}) - f(x,y_j),$$

$$\Delta_{11}f(x_i,y_j) = f(x_{i+1},y_{j+1}) - f(x_{i+1},y_j) - f(x_i,y_{j+1}) + f(x_i,y_j),$$

$$= \Delta_{10}\Delta_{01}f(x_i,y_j),$$

则称

$$V_\sigma(f) = \sum_{i=0}^{l-1}\sum_{j=0}^{m-1}|\Delta_{11}f(x_i,y_j)| + \sum_{i=0}^{l-1}|\Delta_{10}f(x_i,1)| + \sum_{j=0}^{m-1}|\Delta_{01}f(1,y_j)|$$

为 $f(x,y)$ 关于 σ 的变差. 我们称 $V(f) \equiv \sup_\sigma V_\sigma(f)$ 为 f 在 C^2 上的哈代与克劳泽意义下的**全变差**. 若 $V(f) < \infty$, 则称 f 为哈代与克劳泽意义下的有界变差函数. 这一概念容易推广至 $s(> 2)$ 维, 详见 Hua, Wang (1981).

(11) 矩阵微商

一个多变量函数 $y = f(x_1,x_2,\cdots,x_n) = f(\boldsymbol{x})$, $\boldsymbol{x} \in \mathbf{R}^n$, 如果 y 对每个分量 x_i 的偏导数 $\partial y/\partial x_i$ $(i = 1,2,\cdots,n)$ 都存在, 则记 y 对向量 $\boldsymbol{x}$ 的导数为

$$\frac{\partial y}{\partial \boldsymbol{x}} = \begin{pmatrix} \dfrac{\partial y}{\partial x_1} \\ \vdots \\ \dfrac{\partial y}{\partial x_n} \end{pmatrix} = \begin{pmatrix} \dfrac{\partial f(x_1,x_2,\cdots,x_n)}{\partial x_1} \\ \vdots \\ \dfrac{\partial f(x_1,x_2,\cdots,x_n)}{\partial x_n} \end{pmatrix}.$$

例如, 设 $\boldsymbol{x} = (x_1,\cdots,x_n)'$, $\boldsymbol{a} = (a_1,\cdots,a_n)'$ 为常数向量, 若 $y = \boldsymbol{a}'\boldsymbol{x} = a_1x_1 + \cdots + a_nx_n$, 则

$$\frac{\partial y}{\partial \boldsymbol{x}} = \begin{pmatrix} \dfrac{\partial y}{\partial x_1} \\ \vdots \\ \dfrac{\partial y}{\partial x_n} \end{pmatrix} = \begin{pmatrix} a_1 \\ \vdots \\ a_n \end{pmatrix} = \boldsymbol{a}.$$

若 $y = \boldsymbol{x}'\boldsymbol{x} = x_1^2 + x_2^2 + \cdots + x_n^2$, 则

$$\frac{\partial y}{\partial \boldsymbol{x}} = \begin{pmatrix} \dfrac{\partial y}{\partial x_1} \\ \vdots \\ \dfrac{\partial y}{\partial x_n} \end{pmatrix} = \begin{pmatrix} 2x_1 \\ \vdots \\ 2x_n \end{pmatrix} = 2\boldsymbol{x}.$$

再设 $\boldsymbol{A} = (a_{ij})$ 为 n 阶对称矩阵, 即 $\boldsymbol{A}' = \boldsymbol{A}$, 则

$$\begin{aligned} y = \boldsymbol{x}'\boldsymbol{A}\boldsymbol{x} &= a_{11}x_1^2 + 2a_{12}x_1x_2 + 2a_{13}x_1x_3 + \cdots + 2a_{1n}x_1x_n \\ &\quad + a_{22}x_2^2 + 2a_{23}x_2x_3 + \cdots + 2a_{2n}x_2x_n \\ &\quad + \cdots \\ &\quad\quad + a_{n-1,n-1}x_{n-1}^2 + 2a_{n-1,n}x_{n-1}x_n \\ &\quad\quad\quad + a_{nn}x_n^2, \end{aligned}$$

则 y 对向量 $\boldsymbol{x}$ 的导数为

$$\frac{\partial y}{\partial \boldsymbol{x}} = \begin{pmatrix} \dfrac{\partial y}{\partial x_1} \\ \vdots \\ \dfrac{\partial y}{\partial x_n} \end{pmatrix} = \begin{pmatrix} 2a_{11}x_1 + 2a_{12}x_2 + \cdots + 2a_{1n}x_n \\ \vdots \\ 2a_{n1}x_1 + 2a_{n2}x_2 + \cdots + 2a_{nn}x_n \end{pmatrix} = 2\boldsymbol{A}\boldsymbol{x}.$$

若 $\boldsymbol{X} = (x_{ij})$ 为 $n \times m$ 的矩阵, 设多元函数

$$y = f(\boldsymbol{X}) = f(x_{11}, \cdots, x_{1m}, x_{21}, \cdots, x_{2m}, \cdots, x_{n1}, \cdots, x_{nm})$$

对每个 x_{ij} 的偏导数 $\partial y/\partial x_{ij}$ $(i = 1, 2, \cdots, n,\ j = 1, 2, \cdots, m)$ 都存在, 则记 y 对矩阵 $\boldsymbol{X}$ 的导数为

$$\frac{\partial y}{\partial \boldsymbol{X}} = \begin{pmatrix} \dfrac{\partial y}{\partial x_{11}} & \cdots & \dfrac{\partial y}{\partial x_{1m}} \\ \vdots & & \vdots \\ \dfrac{\partial y}{\partial x_{n1}} & \cdots & \dfrac{\partial y}{\partial x_{nm}} \end{pmatrix} = \frac{\partial f(\boldsymbol{X})}{\partial \boldsymbol{X}}.$$

从矩阵微商的定义可知, 当 y 为一个标量, 则其对向量 $\boldsymbol{x}$ 的微商结果为一个向量, 而 y 对矩阵的微商结果为一个矩阵.

(12) 几种概率分布

设 $\alpha > 0$, 称积分

$$\Gamma(\alpha) = \int_0^{+\infty} y^{\alpha-1}\mathrm{e}^{-y}\mathrm{d}y$$

为参数 α 的 Γ **函数**, 它具有如下的性质:

(i) $\Gamma(1) = 1$;

(ii) $\Gamma(\alpha) = (\alpha - 1)\Gamma(\alpha - 1)$;

(iii) $\Gamma(n) = (n-1)!$, 若 n 为正整数.

假设随机变量 X 具有下面的密度函数

$$f(x) = \begin{cases} \dfrac{1}{\Gamma(\alpha)\beta^\alpha} x^{\alpha-1}\mathrm{e}^{-x/\beta}, & 0 < x < +\infty, \\ 0, & \text{其余}, \end{cases}$$

则称 X 服从参数为 α 和 β 的 Γ **分布**, 并记为 $X \sim \Gamma(\alpha, \beta)$, 其中 $\alpha, \beta > 0$ 也分别称为**形状参数**和**刻度参数**. 实际上, Γ 分布是很多分布函数的推广, 例如当 $\alpha = 1, \beta = 1/\lambda$ 时, Γ 分布变为**指数分布**, 其密度函数为

$$f(x) = \begin{cases} \lambda\mathrm{e}^{-\lambda x}, & x \geqslant 0, \\ 0, & x < 0. \end{cases}$$

若取 $\alpha = n/2, \beta = 2$, 则 Γ 分布变为自由度为 n 的 χ^2 **分布**, 其密度函数为

$$f(x) = \begin{cases} \dfrac{1}{2^{n/2}\Gamma(n/2)} x^{n/2-1}\mathrm{e}^{-x/2}, & x \geqslant 0, \\ 0, & x < 0. \end{cases}$$

设 X_1 和 X_2 为两个相互独立的随机变量, 其中 $X_1 \sim \Gamma(\alpha, 1)$, $X_2 \sim \Gamma(\beta, 1)$. 则称随机变量 $B = \dfrac{X_1}{X_1 + X_2}$ 服从参数为 α 和 β 的 β 分布, 并记为 $B \sim \beta(\alpha, \beta)$, 其密度函数为

$$p(x) = \begin{cases} \dfrac{\Gamma(\alpha + \beta)}{\Gamma(\alpha)\Gamma(\beta)} x^{\alpha-1}(1-x)^{\beta-1}, & 0 \leqslant x \leqslant 1, \\ 0, & \text{其余}, \end{cases}$$

式中 $\Gamma(\cdot)$ 为 Γ 函数. 当 $\alpha = \beta = 1$ 时, β 分布退化为常见的均匀分布.

(13) 试验域

设一个试验中有 s 个因素 $A_1, A_2, \cdots, A_s$, 其中 A_i 的取值范围为 $\mathcal{X}_i = [a_i, b_i]$, 则试验域记为 s 维空间中的一个矩形, 即

$$\mathcal{X} = \mathcal{X}_1 \times \mathcal{X}_2 \times \cdots \times \mathcal{X}_s. \tag{1.38}$$

上式表示若试验点 $\boldsymbol{x} = (x_1, x_2, \cdots, x_s) \in \mathcal{X}$, 其含义为 $x_i \in \mathcal{X}_i, i = 1, 2, \cdots, s$. 有时, 因素 A_i 的取值范围只有有限个点, 例如定性因素只有 q_j 个水平 $\{1, 2, \cdots, q_j\}$, 则 $\mathcal{X}_i = \{1, 2, \cdots, q_j\}$. 试验域同样可表示为 (1.38) 式.

习 题

1.1 从网页上下载 "孟德尔豌豆试验" 的故事和细节, 并谈谈你的感受.

1.2 若比较植物在不同条件下生长速度, 如阳光、水分、肥料、土壤等不同条件, 试说明 1.1.2 小节中需要考虑的 10 个方面.

1.3 用模型 (1.4) 来模拟产生一组数据, 设 $x = 1, 2, \cdots, 8$, 误差方差为 $\sigma^2 = 0.05$. 并用回归模型 (1.4) 来拟合, 给出 β 的估计.

1.4 对于例 1.6 的 Γ 生长曲线, 若试验的随机误差标准差为 $\sigma = 0.05$, 并设试验点为 $10 \times (2j - 1)/24, j = 1, 2, \cdots, 12$. 通过随机模拟产生数据.

(a) 应用不同阶数的多项式回归模型拟合数据, 选择最佳的线性模型;

(b) 画出数据的散点图, 并添加回归模型于散点图中;

(c) 作假设检验, 判断是否接受近似模型 (显著性水平 $\alpha = 0.05$).

1.5 基于线性回归模型 (1.14), 令随机误差 $\varepsilon \sim N(\boldsymbol{0}, \sigma^2 \boldsymbol{I})$. 令预测误差 $\boldsymbol{r} = \boldsymbol{y} - \hat{\boldsymbol{y}}$, 其中 $\hat{\boldsymbol{y}}$ 是预测值. 证明:

(a) $E(\boldsymbol{r}) = \boldsymbol{0}$ 且 $\boldsymbol{r}$ 和 $\hat{\boldsymbol{y}}$ 的协方差矩阵为零矩阵, 即 $\boldsymbol{r}$ 和 $\hat{\boldsymbol{y}}$ 相互独立;

(b) $\boldsymbol{r} \sim N(\boldsymbol{0}, \sigma^2(\boldsymbol{I} - \boldsymbol{H}))$, 其中 $\boldsymbol{I}$ 为 n 阶单位矩阵, $\boldsymbol{H} = \boldsymbol{G}(\boldsymbol{G}'\boldsymbol{G})^{-1}\boldsymbol{G}'$.

1.6 为研究纸张的抗张强度与纸浆中硬木的比例的相关性, 现根据 10 次试验得到如下数据:

抗张强度 y	160	172	176	182	184	183	188	193	195	200
硬木比例 x	10	15	15	20	20	20	25	25	28	30

(a) 用一阶线性模型拟合硬木比例 x 与抗张强度 y 的上述数据;

(b) 检验 (a) 中线性模型的显著性;

(c) 画出残差点图, 并估计模型中随机误差的方差.

1.7 在一元线性模型 $y = \beta_0 + \beta_1 x + \varepsilon$ 中, 一般假设响应 y 的方差固定. 然而有些情形下该假设不一定成立. 若 y 的方差依赖于 x 的水平数

$$\mathrm{Var}(y|x_i) = \sigma_i^2 = \frac{\sigma^2}{w_i}, \quad i = 1, 2, \cdots, n,$$

式中 σ^2 固定, 权重 w_i 是已知常数. 考虑加权误差平方和

$$\sum_{i=1}^{n} w_i(y_i - \beta_0 - \beta_1 x_i)^2,$$

证明最小化该目标函数得到的 β_0 和 β_1 估计值为下列方程组的解:

$$\begin{cases} \hat{\beta}_0 \sum_{i=1}^{n} w_i + \hat{\beta}_1 \sum_{i=1}^{n} w_i x_i = \sum_{i=1}^{n} w_i y_i, \\ \hat{\beta}_0 \sum_{i=1}^{n} w_i x_i + \hat{\beta}_1 \sum_{i=1}^{n} w_i x_i^2 = \sum_{i=1}^{n} w_i x_i y_i. \end{cases}$$

1.8 在一个两因素的试验中, 我们得到如下的数据:

y	x_1	x_2
26	1.0	1.0
25	1.0	1.0
175	1.5	4.0
160	1.5	4.0
164	1.5	4.0
55	0.5	3.0
62	1.5	2.0
102	0.5	3.0
26	1.0	1.5
32	0.5	1.5
70	1.0	2.5
72	0.5	2.5

(a) 考虑用一阶线性模型

$$y = \beta_0 + \beta_1 x_1 + \beta_2 x_2 + \varepsilon$$

来拟合该数据, 计算其方差分析表, 并判断模型的显著性. 显著性水平取 $\alpha = 0.01, 0.05$;

(b) 考虑用二阶模型

$$y = \beta_0 + \beta_1 x_1 + \beta_2 x_2 + \beta_{11} x_1^2 + \beta_{22} x_2^2 + \beta_{12} x_1 x_2 + \varepsilon$$

来拟合该数据. 给出该二阶模型存在唯一解的充分条件. 计算其方差分析表, 并判断模型的显著性. 显著性水平取 $\alpha = 0.01, 0.05$;

(c) 计算二阶拟合模型的每个估计系数的 t 统计量, 并给出相应的结论;

(d) 对本题 (b) 中二阶模型分别应用筛选变量技术中的前进法、后退法和逐步回归法, 并推荐你认为 "最好" 的模型, 并给出理由.

1.9　在某化工试验中, 考虑反应温度 x_1、压力 x_2 和反应时间 x_3 这三个因素对转化率 y 的影响. 试验数据如下:

y	x_1	x_2	x_3
41	150	12	220
47	190	12	220
57	150	24	220
62	150	12	250
55	190	24	220
64	190	12	250
78	150	24	250
82	190	24	250

(a) 考虑中心化线性模型

$$y_i = \beta_0 + \beta_1(x_{1i} - \bar{x}_1) + \beta_2(x_{2i} - \bar{x}_2) + \beta_3(x_{3i} - \bar{x}_3) + \varepsilon_i,$$

写出矩阵形式 (1.14) 中相应的 $\boldsymbol{y}, \boldsymbol{\beta}, \boldsymbol{G}$;

(b) 估计模型中各系数及误差方差, 计算其方差分析表并讨论模型的显著性;

(c) 检验如下的两个假设

$$H_0 : \beta_1 = 0, \quad \text{或} \quad H_0 : \beta_2 = 0.$$

(d) 计算帽子矩阵 $\boldsymbol{H}$, 并给出相应的结论.

1.10 设 $\boldsymbol{A} = (a_{ij})$ 为 n 阶方阵, $\boldsymbol{X} = (x_{ij})$ 为 $m \times n$ 矩阵, 向量 $\boldsymbol{x} = (x_1, x_2, \cdots, x_n)'$, 证明:

(a) 设 $y = \boldsymbol{x}'\boldsymbol{A}\boldsymbol{x}$, 则 $\dfrac{\partial y}{\partial \boldsymbol{x}} = (\boldsymbol{A} + \boldsymbol{A}')\boldsymbol{x}$;

(b) 设 $y = \mathrm{tr}(\boldsymbol{X}'\boldsymbol{A}\boldsymbol{X})$, 其中 $\mathrm{tr}(\boldsymbol{B})$ 表示方阵 $\boldsymbol{B}$ 的迹, 即矩阵 $\boldsymbol{B}$ 的对角元素之和, 则 $\dfrac{\partial y}{\partial \boldsymbol{X}} = (\boldsymbol{A} + \boldsymbol{A}')\boldsymbol{X}$.

第二章

因子试验设计

因子试验设计 (factorial experimental design, 或简称 factorial design) 是传统的试验方法之一, 有悠久的历史, 也是迄今为止使用最为普遍的试验设计方法. 所谓因子设计, 是将所选的因素各自设定若干个水平, 构成了许多的水平组合, 用 N 表示不同水平组合的个数. 若在所有的 N 个水平组合下都做试验, 称为**全面试验**, 若在所有的 N 个水平组合中精选部分来做试验, 称为**部分实施**. 当因素的数目和水平数不大时, 可用全面试验. 本章介绍单因素和双因素的全面试验及其有关的统计分析. 部分实施的方法很多, 如正交设计、均匀设计等, 将在第三章和第五章分别介绍.

2.1 单因素试验

若一个试验中只选择了一个要考虑的因素, 则称为**单因素试验**. 例 1.5 就是一个单因素试验. 本节介绍单因素的因子试验及其统计分析. 这些试验在因素所选的试验范围内取若干个 (用 k 表示) 水平, 在第 i 个水平下重复 n_i 次试验, $i = 1, 2, \cdots, k$, 则总的试验次数为 $n = n_1 + n_2 + \cdots + n_k$. 让我们先看一个例子.

例 2.1 在某一个工业试验中, 限定其他试验条件, 只考虑温度这个因素对产品产量的影响, 并记为 A. 选定 5 个水平, 分别为 $A_1 = 60℃$, $A_2 = 70℃$, $A_3 = 80℃$, $A_4 = 90℃$, $A_5 = 100℃$. 在每个水平下试验的重复次数都为 3. 结果如表 2.1 所示, 其总均值 $\bar{y}_{..} = 68.2$.

这 15 个试验的顺序应该是随机安排的, 即在 $1, 2, \cdots, 15$ 中随机抽取 3 个数字作为温度为 60℃ 的试验顺序号, 在余下的 12 个数字中随机抽取 3 个数字作为温度为 70℃ 的试验顺序号, 依次类推; 因此在总共 $C_{15}^3 C_{12}^3 C_9^3 C_6^3 C_3^3 \approx 1.68 \times 10^8$ 种可能的顺序中随机抽取一种作为试验顺序的安排. 试验结果的散点图如图 2.1 所示. 图中显示产量 y 与温度 x 之间不是线性关系.

表 2.1   单因素试验

温度 (x)	60℃	70℃	80℃	90℃	100℃
	37	80	91	81	53
产量 (y)	40	77	93	83	49
	43	74	92	79	51
平均产量 ($\bar{y}_{i\cdot}$)	40	77	92	81	51

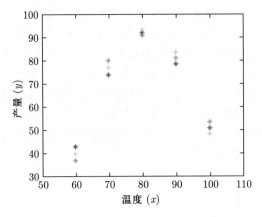

图 2.1   单因素试验的散点图

2.1.1   线性可加模型

对于例 2.1 这种单因素试验的线性可加模型将 (1.6) 和 (1.7) 重写如下:

$$\begin{cases} y_{ij} = \mu_i + \varepsilon_{ij} = \mu + \alpha_i + \varepsilon_{ij}, \quad i = 1, 2, \cdots, k, \ j = 1, 2, \cdots, n_i, \\ \alpha_1 + \alpha_2 + \cdots + \alpha_k = 0, \end{cases} \quad (2.1)$$

式中 y_{ij} 为在第 i 个水平下的第 j 次试验的响应值, μ 为响应的真实的总均值, α_i 称为第 i 个水平的**主效应**, ε_{ij} 为在第 i 个水平下的第 j 次试验的随机误差, 一般假设 $\{\varepsilon_{ij}\}$ 独立同分布且服从 $N(0, \sigma^2)$, k 为水平个数, n_i 为第 i 个水平的试验重复数. 记总的试验次数为 $n = \sum_{i=1}^{k} n_i$. 现以例 2.1 为例说明其分析过程. 此时, $k = 5$, $n_1 = n_2 = n_3 = n_4 = n_5 = 3$, $n = 15$. 模型 (2.1) 中 $\mu, \alpha_1, \alpha_2, \alpha_3, \alpha_4, \alpha_5, \sigma^2$ 未知, 需通过试验数据来估计. 对于表 2.1 的数据, 我们可以对它进行如 (2.1) 式的数据分解, 如表 2.2 所示. 例如, 温度为 60℃ 的第一个试验可以分解为

$$37 = 40 + (-3) = 68.2 + (-28.2) + (-3),$$

式中 40, -28.2 和 68.2 分别为 μ_1, α_1 和 μ 的估计值. 其他的分解类似. 在上面的分解式中, 我们用试验结果的样本总均值 $\hat\mu$ 估计总体均值 μ, 用每个水平下的样本均值 $\hat\mu_i$ 估计该水平下的真实均值 μ_i, 且用 $\hat\mu_i - \hat\mu$ 估计主效应 α_i. 下面我们从最小二乘估计和最大似然估计这两种方法出发, 指出这种估计方法的合理性.

表 2.2　单因素试验

温度	产量			平均产量
60℃	$37 = 40 - 3$	$40 = 40 - 0$	$43 = 40 + 3$	$40 = 68.2 - 28.2$
70℃	$80 = 77 + 3$	$77 = 77 - 0$	$74 = 77 - 3$	$77 = 68.2 + 8.8$
80℃	$91 = 92 - 1$	$93 = 92 + 1$	$92 = 92 - 0$	$92 = 68.2 + 23.8$
90℃	$81 = 81 - 0$	$83 = 81 + 2$	$79 = 81 - 2$	$81 = 68.2 + 12.8$
100℃	$53 = 51 + 2$	$49 = 51 - 2$	$51 = 51 - 0$	$51 = 68.2 - 17.2$
$\bar{y}_{i\cdot}$	68.4	68.4	67.8	68.2

首先考虑最小二乘估计. 由 (1.8) 式可知主效应之和为零, $\alpha_5 = -\alpha_1 - \alpha_2 - \alpha_3 - \alpha_4$, 则模型 (2.1) 可表为线性模型 $\boldsymbol{y} = \boldsymbol{G\beta} + \boldsymbol{\varepsilon}$, 即

$$\begin{pmatrix} y_{11} \\ y_{12} \\ y_{13} \\ y_{21} \\ y_{22} \\ y_{23} \\ y_{31} \\ y_{32} \\ y_{33} \\ y_{41} \\ y_{42} \\ y_{43} \\ y_{51} \\ y_{52} \\ y_{53} \end{pmatrix} = \begin{pmatrix} 1 & 1 & 0 & 0 & 0 \\ 1 & 1 & 0 & 0 & 0 \\ 1 & 1 & 0 & 0 & 0 \\ 1 & 0 & 1 & 0 & 0 \\ 1 & 0 & 1 & 0 & 0 \\ 1 & 0 & 1 & 0 & 0 \\ 1 & 0 & 0 & 1 & 0 \\ 1 & 0 & 0 & 1 & 0 \\ 1 & 0 & 0 & 1 & 0 \\ 1 & 0 & 0 & 0 & 1 \\ 1 & 0 & 0 & 0 & 1 \\ 1 & 0 & 0 & 0 & 1 \\ 1 & -1 & -1 & -1 & -1 \\ 1 & -1 & -1 & -1 & -1 \\ 1 & -1 & -1 & -1 & -1 \end{pmatrix} \begin{pmatrix} \mu \\ \alpha_1 \\ \alpha_2 \\ \alpha_3 \\ \alpha_4 \end{pmatrix} + \begin{pmatrix} \varepsilon_{11} \\ \varepsilon_{12} \\ \varepsilon_{13} \\ \varepsilon_{21} \\ \varepsilon_{22} \\ \varepsilon_{23} \\ \varepsilon_{31} \\ \varepsilon_{32} \\ \varepsilon_{33} \\ \varepsilon_{41} \\ \varepsilon_{42} \\ \varepsilon_{43} \\ \varepsilon_{51} \\ \varepsilon_{52} \\ \varepsilon_{53} \end{pmatrix}.$$

由 (1.21) 式通过代数运算, 不难求得 μ, α_1, α_2, α_3, α_4 和 α_5 的最小二乘估计为

$$\hat{\mu} = \bar{y}_{..} = \frac{1}{5} \sum_{i=1}^{5} \bar{y}_{i\cdot}, \quad \hat{\alpha}_i = \bar{y}_{i\cdot} - \bar{y}_{..}, \ i = 1, 2, \cdots, 5, \tag{2.2}$$

式中

$$\bar{y}_{i\cdot} = \frac{1}{3} \sum_{j=1}^{3} y_{ij}, i = 1, 2, \cdots, 5,$$

表示在 i 个水平的 3 次试验的响应值的均值, 如表 2.2 所示. 于是, 表 2.2 的分解方法可以认为是由最小二乘估计导出的.

由 (1.22) 式, 估计值 $\{\hat{\mu}, \hat{\alpha}_1, \hat{\alpha}_2, \hat{\alpha}_3, \hat{\alpha}_4\}$ 的协方差矩阵为

$$\text{Cov}(\hat{\boldsymbol{\beta}}) = \sigma^2 (\boldsymbol{G}'\boldsymbol{G})^{-1} = \sigma^2 \begin{pmatrix} \dfrac{1}{15} & 0 & 0 & 0 & 0 \\ 0 & \dfrac{4}{15} & -\dfrac{1}{15} & -\dfrac{1}{15} & -\dfrac{1}{15} \\ 0 & -\dfrac{1}{15} & \dfrac{4}{15} & -\dfrac{1}{15} & -\dfrac{1}{15} \\ 0 & -\dfrac{1}{15} & -\dfrac{1}{15} & \dfrac{4}{15} & -\dfrac{1}{15} \\ 0 & -\dfrac{1}{15} & -\dfrac{1}{15} & -\dfrac{1}{15} & \dfrac{4}{15} \end{pmatrix}.$$

由此可得

$$\text{Var}(\hat{\mu}) = \frac{\sigma^2}{15}, \ \text{Var}(\hat{\alpha}_i) = \frac{4\sigma^2}{15}, i = 1, 2, 3, 4,$$

以及

$$\text{Var}(\hat{\alpha}_5) = \text{Var}\left(\sum_{i=1}^{4} \hat{\alpha}_i \right) = \sum_{i=1}^{4} \text{Var}(\hat{\alpha}_i) + 2 \sum_{i=1}^{4} \sum_{j=1}^{i} \text{Cov}(\hat{\alpha}_i, \hat{\alpha}_j) = \frac{4\sigma^2}{15},$$

它与 $\hat{\alpha}_1, \hat{\alpha}_2, \hat{\alpha}_3, \hat{\alpha}_4$ 的方差相同. 5 个主效应的估计方差都小于 $\sigma^2/3$, 而总均值 μ 的估计方差小至 $\sigma^2/15$, 表明了上述估计都是很有效的, 有关有效性的概念可参见陈希孺 (1987). 由于 $\mu_i = \mu + \alpha_i$, 可用 $\hat{\mu}_i = \hat{\mu} + \hat{\alpha}_i = \bar{y}_{i\cdot}$ 作为 μ_i 的估计, 它的方差为

$$\text{Var}(\hat{\mu}_i) = \text{Var}(\hat{\mu} + \hat{\alpha}_i) = \frac{\sigma^2}{15} + \frac{4\sigma^2}{15} = \frac{\sigma^2}{3},$$

也就是说重复试验次数越多, 上述估计方差越小, 这与直观是一致的.

下面, 我们考虑最大似然估计方法. 当已知随机误差服从正态分布 $N(0, \sigma^2)$ 时, 我们可以用**最大似然法**估计模型 (2.1) 中各均值 μ_i 以及误差方差 σ^2. 此时, 似然函数为

对于非统计专业的读者, 可以跳过这一段.

$$L(\mu_1, \mu_2, \cdots, \mu_k, \sigma^2) = \prod_{i=1}^{k} \prod_{j=1}^{n_i} \left[\frac{1}{\sqrt{2\pi}\sigma} \exp\left\{ -\frac{1}{2\sigma^2}(y_{ij} - \mu_i)^2 \right\} \right]$$

$$= (\sqrt{2\pi}\sigma)^{-n} \exp\left\{ -\frac{1}{2\sigma^2} \sum_{i=1}^{k} \sum_{j=1}^{n_i} (y_{ij} - \mu_i)^2 \right\}. \quad (2.3)$$

它是 $\{y_{ij}\}$ 的联合分布密度函数, 式中 $n = \sum_{i=1}^{k} n_i$. 等式两边同时取对数得

$$GL(\mu_1, \mu_2, \cdots, \mu_k, \sigma^2) \equiv \log L(\mu_1, \mu_2, \cdots, \mu_k, \sigma^2)$$

$$= -\frac{n}{2}\log(2\pi) - \frac{n}{2}\log(\sigma^2) - \frac{1}{2\sigma^2} \sum_{i=1}^{k} \sum_{j=1}^{n_i} (y_{ij} - \mu_i)^2. \quad (2.4)$$

上式分别对 $\mu_1, \mu_2, \cdots, \mu_k, \sigma^2$ 求导并令其为零可得

$$\frac{\partial GL(\mu_1, \mu_2, \cdots, \mu_k, \sigma^2)}{\partial \mu_i} = \frac{1}{\sigma^2} \sum_{j=1}^{n_i} (y_{ij} - \mu_i) = 0, \quad i = 1, 2, \cdots, k,$$

$$\frac{\partial GL(\mu_1, \mu_2, \cdots, \mu_k, \sigma^2)}{\partial \sigma^2} = -\frac{n}{2\sigma^2} + \frac{1}{2\sigma^4} \sum_{i=1}^{k} \sum_{j=1}^{n_i} (y_{ij} - \mu_i)^2 = 0.$$

由此可解得 μ_i 和 σ^2 的最大似然估计 (MLE) 为

$$\hat{\mu}_i = \bar{y}_{i\cdot}, \quad i = 1, 2, \cdots, k, \quad (2.5)$$

$$\hat{\sigma}^2 = \frac{1}{n} \sum_{i=1}^{k} \sum_{j=1}^{n_i} (y_{ij} - \bar{y}_{i\cdot})^2. \quad (2.6)$$

把 (2.5) 式和 (2.6) 式代入 (2.3) 可得似然函数的最大值为

$$L(\bar{y}_{1.},\bar{y}_{2.},\cdots,\bar{y}_{k.},\hat{\sigma}^2) = (2\pi)^{-\frac{n}{2}} \mathrm{e}^{-\frac{n}{2}} \left(\frac{1}{n} \sum_{i=1}^{k} \sum_{j=1}^{n_i} (y_{ij} - \bar{y}_{i.})^2 \right)^{-\frac{n}{2}}. \qquad (2.7)$$

最小二乘估计和最大似然估计是两类常用于估计的方法, 比较它们的使用范围, 有如下的结论: (1) 最小二乘估计不需要知道随机误差的分布, 而最大似然估计需要; (2) 最大似然估计有如下的性质: 设 $\hat{\boldsymbol{\theta}} = (\hat{\theta}_1, \hat{\theta}_2, \cdots, \hat{\theta}_k)$ 是 $\boldsymbol{\theta} = (\theta_1, \theta_2, \cdots, \theta_k)$ 的最大似然估计, 且 $f(\boldsymbol{\theta})$ 是连续函数, 则 $f(\hat{\boldsymbol{\theta}})$ 是 $f(\boldsymbol{\theta})$ 的最大似然估计. 因此, 我们可得总均值 μ 和主效应 α_i 的最大似然估计为

$$\hat{\mu} = \bar{y}_{..}, \quad \hat{\alpha}_i = \hat{\mu}_i - \hat{\mu} = \bar{y}_{i.} - \bar{y}_{..}, \ i = 1, 2, \cdots, k. \qquad (2.8)$$

而最小二乘估计并不能如此方便地由 $\boldsymbol{\theta}$ 的最小二乘估计 $\hat{\boldsymbol{\theta}}$ 获得 $f(\boldsymbol{\theta})$ 的最小二乘估计; (3) 最大似然估计对所有未知参数 (包含 σ^2) 同时获得估计, 而最小二乘估计对 α_i 和 σ^2 是分开处理的.

由于 σ^2 的最大似然估计 (2.6) 不是 σ^2 的无偏估计, 在实际应用中要作修正使之成为 σ^2 的无偏估计, 修正后的估计为

$$s^2 \equiv \hat{\sigma}^2 = \frac{1}{n-k} \sum_{i=1}^{k} \sum_{j=1}^{n_i} (y_{ij} - \bar{y}_{i.})^2. \qquad (2.9)$$

比较 (2.2) 式和 (2.8) 式可知, 在正态分布的假设下, 最小二乘估计和最大似然估计是一致的. 同时也说明了表 2.2 的分解法的合理性.

2.1.2   方差分析

进一步, 我们希望检验因素对响应是否有显著的影响, 即检验

$$H_0: \alpha_1 = \alpha_2 = \cdots = \alpha_5 = 0, \ H_1: \alpha_1, \alpha_2, \cdots, \alpha_5 \ 不全为零. \qquad (2.10)$$

非统计专业的读者可忽略这部分的推导过程.

这个检验与检验假设 (1.26) 式本质上是一样的, 通过公式 (1.29)~(1.34) 我们可以计算诸平方和及 F 统计量. 下面我们给出推导方差分析的详细过程. 对于每个响应值 y_{ij}, 可以做如下的分解:

$$\begin{aligned} y_{ij} &= \hat{\mu} + \hat{\alpha}_i + r_{ij} \\ &= \bar{y}_{..} + (\bar{y}_{i.} - \bar{y}_{..}) + (y_{ij} - \bar{y}_{i.}), \end{aligned} \qquad (2.11)$$

式中

$$\hat{\mu} = \bar{y}_{..}, \hat{\alpha}_i = \bar{y}_{i.} - \bar{y}_{..}, r_{ij} = y_{ij} - \bar{y}_{i.}. \tag{2.12}$$

例 2.1 的上述分解见表 2.2. 由于

$$y_{ij} - \bar{y}_{..} = (\bar{y}_{i.} - \bar{y}_{..}) + (y_{ij} - \bar{y}_{i.}), \tag{2.13}$$

对 (2.13) 式两边平方后再对所有的 i 和 j 求和, 可得到

$$
\begin{aligned}
\mathrm{SS}_T &= \sum_{i=1}^{k} \sum_{j=1}^{n_i} (y_{ij} - \bar{y}_{..})^2 \\
&= \sum_{i=1}^{k} n_i (\bar{y}_{i.} - \bar{y}_{..})^2 + \sum_{i=1}^{k} \sum_{j=1}^{n_i} (y_{ij} - \bar{y}_{i.})^2 \\
&\equiv \mathrm{SS}_A + \mathrm{SS}_E.
\end{aligned} \tag{2.14}
$$

在上面第二个等式中交叉项不存在的原因在于

$$\sum_{j=1}^{n_i} (y_{ij} - \bar{y}_{i.}) = \sum_{j=1}^{n_i} y_{ij} - n_i \bar{y}_{i.} = n_i \bar{y}_{i.} - n_i \bar{y}_{i.} = 0.$$

而 (2.14) 式正是平方和分解的 (1.32) 式, 也是方差分析表 2.3 的基础. SS_A 度量因素 A 对响应的影响大小, SS_E 度量随机误差对响应的影响大小. 等式 (2.14) 实际上提供了估计随机误差方差 σ^2 的两种方法, 一种估计是根据组间的变差, 另一种估计是根据组内的变差, 即

$$\mathrm{MS}_A = \frac{\mathrm{SS}_A}{k-1}, \quad \mathrm{MS}_E = \frac{\mathrm{SS}_E}{n-k}, \tag{2.15}$$

表 2.3　单因素的方差分析表

方差来源	自由度	平方和	均方	F 值
因素	$k-1$	$\mathrm{SS}_A = \sum_{i=1}^{k} n_i (\bar{y}_{i.} - \bar{y}_{..})^2$	MS_A	$\mathrm{MS}_A/\mathrm{MS}_E$
误差	$n-k$	$\mathrm{SS}_E = \sum_{i=1}^{k} \sum_{j=1}^{n_i} (y_{ij} - \bar{y}_{i.})^2$	MS_E	
总和	$n-1$	$\mathrm{SS}_T = \sum_{i=1}^{k} \sum_{j=1}^{n_i} (y_{ij} - \bar{y}_{..})^2$		

上述的两个式子恰好分别是因素 A 和随机误差的均方. 为了说明 MS_E 和 MS_A 可以估计 σ^2, 我们分别计算其期望.

$$
\begin{aligned}
E(\mathrm{MS}_E) &= E\left(\frac{\mathrm{SS}_E}{n-k}\right) \\
&= \frac{1}{n-k}E\left[\sum_{i=1}^{k}\sum_{j=1}^{n_i}(y_{ij}-\bar{y}_{i\cdot})^2\right] \\
&= \frac{1}{n-k}E\left[\sum_{i=1}^{k}\sum_{j=1}^{n_i}(y_{ij}^2-2y_{ij}\bar{y}_{i\cdot}+\bar{y}_{i\cdot}^2)\right] \\
&= \frac{1}{n-k}E\left(\sum_{i=1}^{k}\sum_{j=1}^{n_i}y_{ij}^2-2n_i\sum_{i=1}^{k}\bar{y}_{i\cdot}^2+n_i\sum_{i=1}^{k}\bar{y}_{i\cdot}^2\right) \\
&= \frac{1}{n-k}E\left(\sum_{i=1}^{k}\sum_{j=1}^{n_i}y_{ij}^2-n_i\sum_{i=1}^{k}\bar{y}_{i\cdot}^2\right),
\end{aligned}
$$

把单因素分解式 (2.1) 代入上式可得

$$
E(\mathrm{MS}_E) = \frac{1}{n-k}E\left[\sum_{i=1}^{k}\sum_{j=1}^{n_i}(\mu+\alpha_i+\varepsilon_{ij})^2-\frac{1}{n_i}\sum_{i=1}^{k}\left(\sum_{j=1}^{n_i}(\mu+\alpha_i+\varepsilon_{ij})\right)^2\right].
\tag{2.16}
$$

在式 (2.16) 中把平方项展开, 并求期望, 则根据假设 $E(\varepsilon_{ij})=0$, $\mathrm{Var}(\varepsilon_{ij})=\sigma^2$, 且随机误差之间独立, 可知 $E(\varepsilon_{ij}^2)=\sigma^2$, $E\left(\sum\limits_{j=1}^{n_i}\varepsilon_{ij}^2\right)=n_i\sigma^2$, 而且与 ε_{ij} 的交叉项的期望都为 0. 通过简单运算, (2.16) 式可变为

$$
\begin{aligned}
E(\mathrm{MS}_E) &= \frac{1}{n-k}\left(n\mu^2+\sum_{i=1}^{k}n_i\alpha_i^2+n\sigma^2-n\mu^2-\sum_{i=1}^{k}n_i\alpha_i^2-k\sigma^2\right) \\
&= \sigma^2.
\end{aligned}
\tag{2.17}
$$

类似地可以推导出

$$
E(\mathrm{MS}_A) = \sigma^2+\frac{\sum\limits_{i=1}^{k}n_i\alpha_i^2}{k-1}.
\tag{2.18}
$$

由 (2.17) 式和 (2.18) 式可知, 若原假设 H_0 成立, 说明因素的各水平之间不存在差异, 即得 $\alpha_1 = \alpha_2 = \cdots = \alpha_k = 0$, 因此 $E(\mathrm{MS}_A) = \sigma^2$. 此时, MS_A 和 MS_E 都是 σ^2 的无偏估计. 所以, 当 H_0 成立时, (2.15) 式中的两个估计值应该差别不大. 但若两个估计值相差很大, 我们有理由认为这种差异是由于因素的不同水平间的差异所导致的结果. 因此, 需要建立检验统计量用于检验差别是否显著, 其检验统计量为 F 统计量

$$F = \frac{\mathrm{MS}_A}{\mathrm{MS}_E},$$

其服从自由度为 $k-1$ 和 $n-k$ 的 F 分布.

下面进一步说明表 2.3 中的 F 检验是**似然比**准则检验. 首先对于似然函数 (2.3) 式中参数 μ_i, σ^2, 我们有两个选择区域

$$\Omega = \{\mu_i \in \mathbf{R}, i = 1, 2, \cdots, k, \ \sigma^2 > 0\}, \tag{2.19}$$

$$\omega = \{\mu_1 = \mu_2 = \cdots = \mu_k \in \mathbf{R}, \ \sigma^2 > 0\}. \tag{2.20}$$

Ω 是原参数空间, ω 是在 (2.10) 中 H_0 成立条件下的参数空间, 此时, 似然比统计量为

$$\lambda = \frac{\max\limits_{\omega} L(\mu_1, \mu_2, \cdots, \mu_k, \sigma^2)}{\max\limits_{\Omega} L(\mu_1, \mu_2, \cdots, \mu_k, \sigma^2)}. \tag{2.21}$$

由 (2.7) 式 $\max\limits_{\Omega} L(\mu_1, \mu_2, \cdots, \mu_k, \sigma^2)$ 已经求得. 类似地可求得

$$\max\limits_{\omega} L(\mu_1, \mu_2, \cdots, \mu_k, \sigma^2) = (2\pi)^{-\frac{n}{2}} e^{-\frac{n}{2}} \left[\frac{1}{n} \sum_{i=1}^{k} \sum_{j=1}^{n_i} (y_{ij} - \bar{y}_{..})^2 \right]^{-\frac{n}{2}}. \tag{2.22}$$

因此,

$$\lambda = \left[\frac{\sum\limits_{i=1}^{k} \sum\limits_{j=1}^{n_i} (y_{ij} - \bar{y}_{..})^2}{\sum\limits_{i=1}^{k} \sum\limits_{j=1}^{n_i} (y_{ij} - \bar{y}_{i\cdot})^2} \right]^{-\frac{n}{2}} = \left(\frac{\mathrm{SS}_T}{\mathrm{SS}_E} \right)^{-\frac{n}{2}}. \tag{2.23}$$

定义 2.1 设 t_1 和 t_2 是在原假设 H_0 和备择假设 H_1 下的两个统计量. 若在任何情况下, 两个统计量同时否定 H_0 或同时接受 H_0, 则称 t_1 和 t_2 是**等价**的, 并记为 $t_1 \approx t_2$.

不难看出, 若 t_2 能表示为 t_1 的严格单调函数, 则 t_1 和 t_2 等价. 将这一方法运用到 λ 和 F 两个统计量, 我们有

$$\lambda = \left(\frac{\mathrm{SS}_A + \mathrm{SS}_E}{\mathrm{SS}_E}\right)^{-\frac{n}{2}} = \left(1 + \frac{\mathrm{SS}_A}{\mathrm{SS}_E}\right)^{-\frac{n}{2}}$$
$$\approx \left(\frac{\mathrm{SS}_A}{\mathrm{SS}_E}\right)^{-\frac{n}{2}} \approx \frac{\mathrm{SS}_A}{\mathrm{SS}_E} \approx \frac{\mathrm{SS}_A/(k-1)}{\mathrm{SS}_E/(n-k)} = F. \tag{2.24}$$

由此可见, 统计量 F 实际上与似然比统计量 λ 等价.

对于例 2.1 的单因素试验, $k = 5$, $n_1 = n_2 = \cdots = n_5 = 3$, 把相应数据代入表 2.3 中可得

$$\mathrm{SS}_T = \sum_{i=1}^{5}\sum_{j=1}^{3}(y_{ij} - \bar{y}_{..})^2$$
$$= (37 - 68.2)^2 + (40 - 68.2)^2 + (43 - 68.2)^2 + \cdots + (51 - 68.2)^2$$
$$= 5750.4,$$
$$\mathrm{SS}_A = \sum_{i=1}^{5} 3(\bar{y}_{i\cdot} - \bar{y}_{..})^2$$
$$= 3 \times (40 - 68.2)^2 + 3 \times (77 - 68.2)^2 + \cdots + 3 \times (51 - 68.2)^2$$
$$= 5696.4,$$
$$\mathrm{SS}_E = \sum_{i=1}^{5}\sum_{j=1}^{3}(y_{ij} - \bar{y}_{i\cdot})^2$$
$$= (37 - 40)^2 + (40 - 40)^2 + (43 - 40)^2 + \cdots + (51 - 51)^2 = 54.$$

而三者的自由度分别为 14, 4, 10. 因此, 该试验的方差分析表如表 2.4 所示. 表中残差的均方值正是模型中随机误差的方差 σ^2 的估计值 $s^2 = 5.4$ (参见 (2.9) 式). 在表 2.4 中的 p 值是计算如下的概率:

$$P(F_{4,10} > 263.72) \approx 0.000,$$

其中 $F_{4,10}$ 是自由度为 4 和 10 的 F 统计量, 263.72 为表 2.4 中的 F 值. 显然,

p 值越小, 就有越强的证据说明原假设不成立. 由此可见, 在检验水平取 0.05 或 0.01 时, 拒绝原假设, 即因素是显著的, 换句话说, 我们有足够的证据说明温度这个因素会影响产品的产量.

表 2.4 例 2.1 的方差分析表

方差来源	自由度	平方和	均方	F 值	p 值
因素	4	5696.4	1424.1	263.72	0.000
误差	10	54.0	5.4		
总和	14	5750.4			

2.1.3 多重比较

在上面的讨论中, 一旦拒绝原假设 H_0, 我们就知道因素所取的诸水平对响应 y 有显著的影响, 但这不等于因素的所有水平对 y 都有显著的影响. 因此, 我们需要知道到底哪些水平的响应值显著不同, 而且进一步又会问: 响应 y 在某一些水平下的均值与 y 在另一些水平下的均值有无显著的差别? 上述的问题可统一为如下的统计检验:

$$H_0 : \sum_{i=1}^{k} c_i \mu_i = 0, \quad H_1 : \sum_{i=1}^{k} c_i \mu_i \neq 0, \tag{2.25}$$

其中 $c_1, c_2, \cdots, c_k$ 为 k 个不全为零的常数, 满足 $c_1 + c_2 + \cdots + c_k = 0$; μ_i 为 y 在第 i 个水平下的均值.

为了检验单因素试验的第 i 个水平和第 j 个水平的主效应是否有显著的差别, 我们可以用 t 统计量检验, 即

$$t_{ij} = \frac{\bar{y}_{j\cdot} - \bar{y}_{i\cdot}}{s\sqrt{1/n_j + 1/n_i}}, \tag{2.26}$$

式中 $\bar{y}_{i\cdot}$ 表示在第 i 个水平的 n_i 次试验的响应值的均值, s^2 是 σ^2 的无偏估计, 由 (2.9) 给出, s 是其平方根, 也称为**均方误差根**, 记为 RMSE. 对于给定检验水平 α, 称第 i 个水平和第 j 个水平的主效应有显著区别, 若

$$|t_{ij}| > t_{n-k, \alpha/2}, \tag{2.27}$$

式中 $t_{n-k, \alpha/2}$ 是自由度为 $n - k$ 的 t 分布的上 $\alpha/2$ 分位数. 因此, t 检验适合

于任意两个水平的响应之间的检验.

然而, 假设已经检验了 m 组两两水平的主效应的差别, 而且每组的检验水平都是 α, 则当 $m > 1$ 时, 这 m 组两两水平中最少有一组存在显著差别的概率会超过检验水平 α, 该概率称为**试验误差率**. 而且 m 越大, 试验误差率越大, 即第一类错误越大. 例如, 某因素有 10 个水平, 若采用通常的 t 检验进行多重比较, 共需比较的次数为 $C_{10}^2 = 45$ 次, 即使每次比较时都把检验水平 α 控制在 0.05 水平上, 此时试验误差率等于 $1 - (1 - 0.05)^{45} = 0.90$, 这表明作完 45 次多重比较后, 所犯第一类错误的总概率可达到 0.90. 这也意味着, 标准的 t 检验不适合多组两两之间的比较. 如果加上所有的线性组合比较, 如 (2.25) 所示, 则有无穷多个可能的比较, 相应的第一类错误概率就更大了. 能否只用一个统计检验 (2.25) 解决上述的所有比较呢? 多重比较正是解决这类问题的方法. 多重比较的方法很多, 如 Bonferroni 法, Tukey 的 T 法 (Tukey (1951)), 根据 Sidák 不等式进行校正的 t 检验法, 即 Sidák 方法 (Sidák (1968, 1971)), Scheffè 的 S 法 (Scheffè (1953)), 等. 下面只介绍前面两种方法, 其余的不做详细讨论, 有兴趣的读者可参考各自文献, 特别是 Miller (1981) 是这个方向的专著. 现在我们分别来介绍 Bonferroni 法和 Tukey 的 T 法.

(1) Bonferroni 法

设因素有 k 个水平要比较, 任两个水平下 y 的均值有无显著差异, 则有 $m = C_k^2 = k(k-1)/2$ 组比较. Bonferroni 法的想法是将 (2.26) 式的 t 检验的显著性水平降至 α/m, 故 m 个成对比较检验的第一类错误有如下的结果:

我们称当检验水平为 α/m 时, 第 i 个水平和第 j 个水平的主效应有显著差别, 假如

$$|t_{ij}| > t_{n-k,\alpha/2m}, \tag{2.28}$$

式中 m 是需检验的组数. 记满足 (2.28) 式的观测数据为 A_{ij}, 则

$$P(A_{ij}|\mu_i = \mu_j) = \frac{\alpha}{m}. \tag{2.29}$$

又由于

$$P \text{ (最少存在一组的主效应有显著差异}|H_0)$$
$$= P \left(\bigcup_{i<j} A_{ij}|H_0 \right) < \sum_{i<j} P(A_{ij}|\mu_i = \mu_j) = \sum_{i<j} \alpha/m = \alpha. \tag{2.30}$$

因此, 这种方法可以把试验误差率控制在检验水平 α 以下. 这种方法简单易懂, 而 (2.30) 式即为常用的 Bonferroni 不等式, 这种方法也被称为 **Bonferroni 法**. 此时, 主效应之差 $\{\mu_i - \mu_j\}_{i \geqslant j}$ 的置信区间为

$$(\bar{y}_{i\cdot} - \bar{y}_{j\cdot}) \pm \left(t_{n-k,\alpha/2m} s \sqrt{\frac{1}{n_j} + \frac{1}{n_i}} \right). \tag{2.31}$$

对于例 2.1 的单因素试验, $n = 15, k = 5, m = 10$, 由表 2.1 最后一行中的各水平均值以及表 2.4 中的误差方差估计 $s^2 = 5.4$, 将它们代入 (2.26) 式, 我们可计算所有的 10 组两两水平之间的比较, 结果如表 2.5 所示. 若设检验水平为 $\alpha = 0.05$, 则检验门限值为 $t_{10,0.05/2 \times 10} = 3.5814$. 此时, 水平 A_1 和 A_2、A_1 和 A_3、A_1 和 A_4、A_2 和 A_5、A_3 和 A_5、A_4 和 A_5, 这六组两两水平之间都有显著差异.

表 2.5　Bonferroni 方法的多重比较

A_1 对 A_2	A_1 对 A_3	A_1 对 A_4	A_1 对 A_5	A_2 对 A_3
-6.5002^*	-9.1355^*	-7.2030^*	-1.9325	-2.6352

A_2 对 A_4	A_2 对 A_5	A_3 对 A_4	A_3 对 A_5	A_4 对 A_5
-0.7027	4.7434^*	1.9325	7.2030^*	5.2705^*

加 $*$ 的值表示该组差异比较显著.

(2) Tukey 法

Tukey 法是 t 检验的自然推广, 与前面的 Bonferroni 法不同之处在于检验的门限值的选取. 我们称均值 μ_i 与 μ_j $(1 \leqslant i < j \leqslant k)$ 存在显著差异, 假如

$$|t_{ij}| > \frac{1}{\sqrt{2}} q_{k,n-k,\alpha},$$

式中 k 是水平的个数, n 是总的试验次数, t_{ij} 如 (2.26) 式所示, $q_{k,n-k,\alpha}$ 表示自由度分别为 k 和 $n-k$ 的**学生化极差分布** (studentized range distribution) 的上 α 分位数. 不同 α 的学生化极差分布各门限值可参见 Hochberg 和 Tamhane (1987). Tukey 法广泛应用于单因素试验的多重比较, 尤其是当每个水平之处的重复试验的次数相同的情形, 即 $n_1 = n_2 = \cdots = n_k = r$, 因为在该条件下, 我们有

$$P\text{ (最少有两个水平的均值存在显著差异}|H_0)$$

$$= P\left(\max_{i,j}\frac{\bar{y}_{j\cdot} - \bar{y}_{i\cdot}}{s\sqrt{1/n + 1/n}} > \frac{1}{\sqrt{2}}q_{k,n-k,\alpha}|H_0\right)$$

$$= P\left(\frac{\max\bar{y}_{j\cdot} - \min\bar{y}_{i\cdot}}{s\sqrt{1/n}} > q_{k,n-k,\alpha}|H_0\right) = \alpha.$$

上式最后一个等号成立的原因在于当 H_0 成立时, $\sqrt{n}(\max\bar{y}_{j\cdot} - \min\bar{y}_{i\cdot})/s$ 服从自由度为 k 和 $n-k$ 的学生化极差分布 (Hochberg, Tamhane (1987)). 根据 Tukey 法, 我们也可以求出任意两个水平的均值之差 $\mu_i - \mu_j$ 的置信区间为

$$(\bar{y}_{j\cdot} - \bar{y}_{i\cdot}) \pm \left(\frac{1}{\sqrt{2}}q_{k,n-k,\alpha}s\sqrt{\frac{1}{n_j} + \frac{1}{n_i}}\right).$$

对于例 2.1 中数据, 由于 $n = 15, k = 5$, 且各水平的试验次数都是 3, 则当 $\alpha = 0.05$ 时, 学生化极差分布的门限值为 $q_{5,10,0.05} = 4.65$, 因此根据表 2.5 可知, 用 Tukey 法得出的结论与 Bonferroni 法得出的结论一致. 当不同水平下试验重复数不同时, 文献中推荐用 Scheffè 提出的 S 法, 详见 Scheffè (1953) 第三章.

2.1.4   单因素试验的回归模型

对于单因素试验的试验结果, 前面几小节介绍了可用线性可加模型来建模, 然后用方差分析法讨论单因素的各水平之间是否存在差异, 并用多重比较法讨论哪些水平之间存在差异. 但是线性可加模型只能讨论在不同水平下的响应值是否存在差异, 而不能对整个试验区域做分析.

本小节考虑另外一种分析方法, 即直接对试验结果进行回归分析. 根据回归模型, 我们得到更多的信息, 例如可以分析因素与响应之间的关系、因素在哪些地方可以取到极值点等. 假如单因素试验没有做重复试验, 则可以把该问题简化为一般的回归分析问题, 并用 1.3 节中介绍的回归分析方法处理之. 若在单因素的每个水平下做重复试验, 则该试验理应比没有重复的试验提供更多的信息, 其原因在于重复试验中可以更加准确地估计随机误差的方差. 下面我们考虑有重复试验的情形.

对于有重复试验的单因素试验, 设试验数据为 $\{(y_{ij}, x_i),\ i = 1, 2, \cdots, k,$ $j = 1, 2, \cdots, n_i\}$, 即在试验点 x_i 处做了 n_i 个试验, 若用回归方程 (1.12) 来拟

合, 有

$$y_{ij} = \sum_{k=1}^{p} g_k(x_i)\beta_k + \varepsilon_{ij}, \ i = 1, 2, \cdots, k, \ j = 1, 2, \cdots, n_i, \qquad (2.32)$$

其中假定随机误差 $\{\varepsilon_{ij}\}$ 独立同分布地服从 $N(0, \sigma^2)$. 由 1.3 节介绍的方法, 可获得系数 $\beta_1, \beta_2, \cdots, \beta_p$ 和 σ^2 的估计, 以及相应模型的方差分析. 由于试验有重复, 还可以给出 σ^2 的另一个估计, 该估计与模型 (2.32) 正确与否无关, 因此称为**纯误差方差估计**. 令 $\bar{y}_{i\cdot} = \dfrac{1}{n_i}\sum_{j=1}^{n_i} y_{ij}$, 则纯误差方差估计为

$$\hat{\sigma}^2 = \frac{1}{n-k} \sum_{i=1}^{k} \sum_{j=1}^{n_i} (y_{ij} - \bar{y}_{i\cdot})^2, \qquad (2.33)$$

式中 $n = n_1 + n_2 + \cdots + n_k$ 为试验总数. 这个估计可以用于识别模型 (2.32) 是否合适. 令 $\hat{y}_{i\cdot}$ 为 y_{ij} 的最小二乘估计, 显然, 它与 j 无关, 于是模型 (2.32) 的残差平方和可以进一步分解

$$\begin{aligned}
\mathrm{SS}_E &= \sum_{i=1}^{k} \sum_{j=1}^{n_i} (y_{ij} - \hat{y}_{i\cdot})^2 \\
&= \sum_{i=1}^{k} \sum_{j=1}^{n_i} (y_{ij} - \bar{y}_{i\cdot})^2 + \sum_{i=1}^{k} n_i(\bar{y}_{i\cdot} - \hat{y}_{i\cdot})^2 \\
&\equiv \mathrm{SS}_{PE} + \mathrm{SS}_{LOF},
\end{aligned}$$

式中, 第一项 SS_{PE} 来自试验随机误差, 第二项 SS_{LOF} 依赖于误差的大小和模型 (2.32) 的好坏. 经过统计学理论分析可知, SS_{PE} 和 SS_{LOF} 除以误差方差 σ^2 后服从自由度分别为 $n-k$ 和 $k-p$ 的 χ^2 分布, 且在原假设 (模型 (2.32) 正确) 下相互独立. 记 $\mathrm{MS}_{PE} = \mathrm{SS}_{PE}/(n-k)$, $\mathrm{MS}_{LOF} = \mathrm{SS}_{LOF}/(k-p)$. 易知, $E(\mathrm{MS}_{PE}) = \sigma^2$. 如果模型正确, 则

$$E(\mathrm{MS}_{LOF}) = E\left[\sum_{i=1}^{k} n_i \frac{(\bar{y}_{i\cdot} - \hat{y}_{i\cdot})^2}{k-p}\right] = \sigma^2,$$

即第二项的大小仅取决于误差的干扰; 如果模型不正确, 第二项会显著变大. 例如, 建模时选用线性回归模型

$$y_i = \beta_0 + \beta_1 x_i + \varepsilon_i, \tag{2.34}$$

而真实模型为二次回归模型

$$y_i = \beta_0 + \beta_1 x_i + \beta_2 x_i^2 + \varepsilon_i. \tag{2.35}$$

此时,

$$E(\mathrm{MS}_{LOF}) = \sigma^2 + \frac{\displaystyle\sum_{i=1}^{k} n_i (\beta_2 x_i^2)^2}{k-2}.$$

由此, 可以通过 MS_{LOF} 与 MS_{PE} 大小的比较, 来判别模型是否正确. 基于该想法, 产生了**失拟检验** (Lack-of-fit test)

$$F = \frac{\mathrm{SS}_{LOF}/(k-p)}{\mathrm{SS}_{PE}/(n-k)} = \frac{\mathrm{MS}_{LOF}}{\mathrm{MS}_{PE}}. \tag{2.36}$$

若模型 (2.32) 正确, 则 F 服从自由度为 $k-p$ 和 $n-k$ 的 F 分布. 失拟检验的过程如表 2.6 所示.

表 2.6   重复试验的失拟检验

方差来源	自由度	平方和	均方	F 值	p 值
回归	$p-1$	SS_R	MS_R		
失拟	$k-p$	SS_{LOF}	MS_{LOF}	$\mathrm{MS}_{LOF}/\mathrm{MS}_{PE}$	p
纯误差	$n-k$	SS_{PE}	MS_{PE}		
总和	$n-1$	SS_T			

　　失拟检验的目的是确认当前的统计模型是否可用或很好. 若检验不显著, 即表 2.6 中的 p 值大于给定的检验水平 α, 即 $p \geqslant \alpha$, 则意味着模型的失拟部分与纯误差没有显著区别, 此时, 我们需把失拟部分和纯误差的自由度及平方和各自相加, 重新计算均方, 再对回归平方和做 F 检验, 此时统计检验就退化为一般的方差分析表 1.1. 若表 1.1 的 F 检验接受原假设, 说明当前模型不可用, 若拒绝原假设, 说明当前模型拟合效果不错. 另一方面, 若在失拟检验中 $p < \alpha$, 意味着失拟部分与纯误差有显著区别, 进一步再对回归部分与纯误差部分做 F 检验, 如表 2.7 所示, 若接受原假设, 说明当前模型不可用, 否则说明当前模型

表 2.7 重复试验的失拟检验 (续)

方差来源	自由度	平方和	均方	F 值	p 值
回归	$p-1$	SS_R	MS_R	MS_R/MS_{PE}	p
纯误差	$n-k$	SS_{PE}	MS_{PE}		

可用但不是很好, 建议进一步改进模型. 上述流程汇总如下:

步骤 1 做失拟检验 (如表 2.6 所示)
– 接受 H_0: 转步骤 2;
– 拒绝 H_0: 转步骤 3.

步骤 2 把失拟项和纯误差项的自由度及平方和各自相加, 称为误差项, 计算该项均方, 做 F 检验 (如表 1.1 所示)
– 接受 H_0: 当前模型不可用;
– 拒绝 H_0: 当前模型很好.

步骤 3 计算 $F = MS_R/MS_{PE}$, 做 F 检验 (如表 2.7 所示)
– 接受 H_0: 当前模型不可用;
– 拒绝 H_0: 当前模型可用但不是很好, 需改进.

现考虑用线性回归方程 (2.34) 来拟合例 2.1 中的数据, 由图 2.2(a) 可知, 模型是不适合的. 进一步用二次回归模型 (2.35) 来拟合, 得到回归方程

$$\hat{y} = -661.1714 + 18.5457x - 0.1143x^2, \qquad (2.37)$$

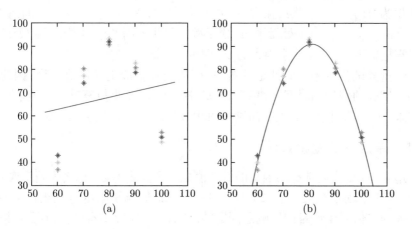

图 2.2 单因素试验的线性和二次回归拟合模型

其 $R^2 = 0.9892$, $s^2 = \hat{\sigma}^2 = 5.157$, 由图 2.2(b) 可知拟合效果不错. 为了证实直观判断正确与否, 首先做失拟检验, 如表 2.8 所示, 此时 $p = 0.506$, 在检验水平 $\alpha = 0.05$ 下, $F_{2,10}(0.05) = 4.1028$, 故检验不显著, 即失拟部分与纯误差部分没有显著区别. 接下来合并失拟和纯误差, 得到方差分析表 2.9, 在检验水平 $\alpha = 0.05$ 下, 需拒绝原假设. 由此可见, 二次模型 (2.37) 能很好地拟合该例数据.

表 2.8   例 2.1 的失拟检验

方差来源	自由度	平方和	均方	F 值	p 值
回归	2	5688.514	2844.257		
失拟	2	7.886	3.943	0.730	0.506
纯误差	10	54	5.4		
总和	14	5750.4			

表 2.9   例 2.1 的失拟检验 (续)

方差来源	自由度	平方和	均方	F 值	p 值
回归	2	5688.514	2844.257	551.518	0.000
误差	12	61.886	5.157		
总和	14	5690.4			

本小节介绍的有重复试验的单因素试验的处理方法可以推广到有重复试验的多因素试验, 其拟合检验的方法是类似的. 假设试验中有 s 个因素, 其试验数据为 $\{(y_{ij}, x_{i1}, \cdots, x_{is}), \ i = 1, 2, \cdots, k, \ j = 1, 2, \cdots, n_i\}$, 即在试验点 $\boldsymbol{x}_i = (x_{i1}, x_{i2}, \cdots, x_{is})$ 处做了 n_i 次试验. 因此上面的单因素试验的处理方法中只需把单因素 x_i 换成多因素的 $\boldsymbol{x}_i$ 即可, 其余方法类同.

做重复试验带来的好处是显然的, 但需要加倍或更多倍地试验, 因此大大增加了试验的费用和时间. 如果试验安排得巧妙, 不做重复试验也能取得较好的结果. 有关的讨论可参见孙尚拱 (1999) 和马长兴, 方开泰 (1999).

2.1.5   单因素的随机效应

迄今为止, 我们选择的因素的效应值是一个固定的数, 称之为**固定效应**. 这说明, 当因素固定在某一个水平时对指标带来的影响是固定的. 例如, 在例 2.1 中温度的取值对于产量的影响是固定的. 然而, 在实际中有许多情况并非如此, 例如生产焦炭时, 要用各种煤进行配比, 称为配煤, 我们要考虑不同的配比对焦炭质量的影响. 但是由于同一种煤的质量本身差异很大, 这种差异在试验时是难以控制的, 这种差异必然会给试验结果带来影响, 同一配比, 由于煤的质量有差异, 而使焦炭的质量有所不同. 这就是说因素的水平固定以后, 它的效应值并非一个固定的数, 而是一个随机变量, 这种效应称为**随机效应**.

随机效应的现象在实际中是常见的. 例如高校质量评估时, 欲比较教育部直属高等院校与非直属高等院校的办学质量的差别. 为此, 在教育部直属高等院校和非直属高等院校中各随机抽取部分院校进行比较. 由于教育部直属高等院校中的各高校的质量存在差异, 因此在试验时, 抽取这几所高校和那几所高校的效果不会完全一样, 非直属高校的情况也类似, 这说明水平的效应是随机的. 单因素或多因素的固定效应和随机效应有时是难以区分的, 一般可借助于下面的原则来判断:

(1) 当因素的水平是完全可以控制的时候是固定效应; 否则为随机效应.

(2) 当试验的个体是随机选择时, 对应于随机效应; 当个体是人为指定时, 对应于固定效应.

先考虑固定效应模型. 设单因素 A 的水平数为 k, 在每个水平下重复试验的次数 $n_i = r$, 并设每个水平下的效应为 $\alpha_i, i = 1, 2, \cdots, k$. 令

$$\sigma_A^2 = \frac{1}{k-1} \sum_{i=1}^{k} \alpha_i^2 = \frac{1}{k-1} \sum_{i=1}^{k} (\alpha_i - \bar{\alpha})^2,$$

这里由 (2.1) 式知 $\bar{\alpha} = 0$, 理论上可以求得

$$E(\text{MS}_A) = r\sigma_A^2 + \sigma^2,$$

式中 MS_A 为因素 A 的均方, σ^2 为随机误差的方差. 这时假设 $H_0 : \alpha_1 = \alpha_2 = \cdots = \alpha_k = 0$ 可表为

$$H_0 : \sigma_A^2 = 0. \tag{2.38}$$

随机效应的线性模型可表达为

$$\begin{cases} y_{ij} = \mu + \alpha_i + \varepsilon_{ij}, \ i = 1, 2, \cdots, k, \ j = 1, 2, \cdots, r, \\ \alpha_i \sim N(0, \sigma_A^2), \quad \varepsilon_{ij} \sim N(0, \sigma^2), \\ \{\alpha_i, \ \varepsilon_{ij}, \ i = 1, 2, \cdots, k, \ j = 1, 2, \cdots, r\} \ 相互独立, \end{cases} \tag{2.39}$$

式中 $\mu, \sigma_A^2, \sigma^2$ 未知. 这里考虑每个水平下的重复次数一样多, 试验总数 $n = kr$

的情况. 这里假设 α_i 是独立同分布的随机变量, 因此在固定效应中的关系式 $\alpha_1 + \alpha_2 + \cdots + \alpha_k = 0$ 在随机效应中是不存在的. 不难求得

$$\text{Var}(y_{ij}) = \sigma_A^2 + \sigma^2.$$

这时检验因素 A 是否对响应有显著影响, 可用假设 $H_0 : \sigma_A^2 = 0$ 来表达, 虽然固定效应和随机效应有本质的不同, 但检验它们的显著性可表为同一形式 (2.38). 此时, 原来的方差分解式

$$\text{SS}_T = \text{SS}_A + \text{SS}_E$$

仍然有效, 而且其计算方法与前面的固定效应一样. 当 $\sigma_A^2 = 0$ 时, 所有的主效应都相等; 而当 $\sigma_A^2 > 0$ 时, 不同水平之间存在显著差异. 类似于固定效应的情形, 当原假设 (2.38) 成立时, SS_A/σ^2 和 SS_E/σ^2 分别服从自由度为 $k-1$ 和 $n-k$ 的 χ^2 分布, 且两者之间相互独立, 所以其检验统计量仍为 F 统计量

$$F = \frac{\text{MS}_A}{\text{MS}_E} = \frac{\dfrac{\text{SS}_A}{k-1}}{\dfrac{\text{SS}_E}{n-k}}.$$

在原假设 H_0 成立时, 上述的 F 统计量服从自由度分别为 $k-1$ 和 $n-k$ 的 F 分布. 另外, 对于随机效应模型, 类似于固定模型, 理论上可以求得

$$E(\text{MS}_A) = r\sigma_A^2 + \sigma^2,$$
$$E(\text{MS}_E) = \sigma^2,$$

因此, 方差 σ^2 和 σ_A^2 的估计分别为

$$\hat{\sigma}^2 = \text{MS}_E, \quad \hat{\sigma}_A^2 = \frac{\text{MS}_A - \text{MS}_E}{r}.$$

单因素试验的随机效应模型有很多重要的应用, 特别是用于测量精度标准的制定. 例如, 欲测量血液中某指标, 需用专门的仪器, 有明确的工作步骤. 如果在全国有若干台同一类型仪器, 希望对同一血液的样本, 不同的仪器测得的结果应当十分接近, 否则将难以诊断. 为此, 国际标准化协会 (ISO) 专门制定了一个国际标准 ISO5725. 该标准提出了两个主要概念: **重复性** (repeatability) 和**再现性** (reproducibility). 给定显著性水平 α,

(1) 重复性

同一样本, 在同一实验室, 由同一检验员用同一仪器, 独立做两次试验, 其结果 y_1 和 y_2 的差别应保证 $P(|y_1 - y_2| < r_\alpha) = 1 - \alpha$, 这里 r_α 称为重复数.

(2) 再现性

同一样本, 在不同的实验室, 由不同的检验员, 用同一类型的仪器所获得的结果 y_1 和 y_2 的差别应保证 $P(|y_1 - y_2| < R_\alpha) = 1 - \alpha$, 这里 R_α 称为再现数.

一般有 $R_\alpha > r_\alpha > 0$, 为了求出 r_α 和 R_α, 需要从散布在全国的同类仪器中随机选择一部分仪器来做试验, 然后通过随机效应的模型 (2.39) 来计算重复数和再现数. 详见 ISO5725 及国标 GB/T6379.

例 2.2 某牛奶生产商怀疑奶农们提供的牛奶质量不一. 为此, 奶商随机抽取 5 批牛奶并测量其蛋白质含量, 每批牛奶测量 5 次, 测量的顺序是随机的, 其测量结果如下所示:

牛奶批次	蛋白质含量/%				
1	18.0	18.1	18.2	18.0	18.1
2	17.9	17.8	18.0	18.0	17.9
3	18.1	18.2	18.2	18.0	17.9
4	17.7	17.8	18.0	17.9	17.7
5	17.9	17.6	17.8	17.7	18.0

在例 2.2 中, 由于试验的个体是随机选择的, 因此其效应为随机效应. 为了判断各牛奶的质量是否一致, 我们考虑方差分析法, 其结果如表 2.10 所示. 从中可见, p 值很小, 从而我们有足够的证据说明各奶农的牛奶质量不一致. 同时, 方差的估计为

$$\hat{\sigma}^2 = 0.0146, \quad \hat{\sigma}_A^2 = \frac{0.0920 - 0.0146}{5} = 0.0155.$$

表 2.10   例 2.2 的方差分析表

方差来源	自由度	平方和	均方	F 值	p 值
因素	4	0.3680	0.0920	6.3014	0.0019
误差	20	0.2920	0.0146		
总和	24	0.6600			

上述讨论可以推广到在各水平下重复次数 $n_1, n_2, \cdots, n_k$ 不相等的情形, 其做法类似, 这里不再详细阐述.

2.2 模型未知的单因素试验和建模

在上节我们所讨论的单因素试验是假定试验者对试验对象的统计模型有所了解, 如线性可加模型 (2.1), 线性回归模型 (2.32), 但有一些未知参数要通过试验数据来估出, 故上述两类模型都是参数模型. 若试验者对模型无先验知识, 则需通过试验来估计模型. 此时, 非参数回归模型 (1.10) 是非常有用的. 非参数回归模型的建模方法有很多种, 比如基函数法、近邻多项式估计、样条法、局部加权散点光滑法、小波分析等. 这些方法不仅适用于单因素试验, 也适用于多因素试验. 只是多因素试验需要更多的试验点. 本节中, 我们简单介绍前三种估计方法.

当模型未知时, 我们需要探索模型的大致形状. 此时, 均匀设计是合适的选择. 不失一般性, 可假定试验区域为 $[0,1]$, 则因素 x 的 n 个水平可选为 $\left\{\dfrac{1}{2n}, \dfrac{3}{2n}, \cdots, \dfrac{2n-1}{2n}\right\}$. 如果在边界点 0 和 1 处需要更多的关注, x 的 n 个水平可选为 $\left\{0, \dfrac{1}{n-1}, \dfrac{2}{n-1}, \cdots, \dfrac{n-2}{n-1}, 1\right\}$. 现假设由试验得到数据 (x_1, y_1), $(x_2, y_2), \cdots, (x_n, y_n)$. 记 (X, Y) 为一般的样本, 即因素 X 与响应 Y 都被看作是随机变量, 则可设 X 与 Y 之间满足 (1.10) 式的非参数回归模型, 即

$$Y = m(X) + \varepsilon, \qquad (2.40)$$

式中函数 $m(\cdot)$ 未知, 但至少二阶可导, $E(\varepsilon) = 0$, $\mathrm{Var}(\varepsilon) = \sigma^2$, 且

$$m(x) = E(Y|X = x). \qquad (2.41)$$

我们希望根据数据 $(x_1, y_1), (x_2, y_2), \cdots, (x_n, y_n)$ 提供的信息给出真模型 $m(\cdot)$ 的一个近似估计. 一般地, 可以由**均方误差** (MSE) 或**整体均方误差** (MISE) 衡量一个估计的好坏. 设 $m(\cdot)$ 的估计为 $\hat{m}(\cdot)$, 则 MSE 和 MISE 可表示为

$$\mathrm{MSE}(x) = E\{[\hat{m}(x) - m(x)]^2 | X\}, \quad \mathrm{MISE} = \int_X \mathrm{MSE}(x) w(x) \mathrm{d}x, \qquad (2.42)$$

式中 $w(\cdot)$ 是一权函数, 即 $w \geqslant 0$ 且 $\int w(x)\mathrm{d}x = 1$. 这里, MSE 只关注函数 $m(\cdot)$ 在 x 这一点的估计值, 而 MISE 考虑函数 $m(\cdot)$ 在整个试验范围内的估计好坏. MSE 可以分解为下面两部分:

$$\mathrm{MSE}(x) = [E(\hat{m}(x)|X) - m(x)]^2 + \mathrm{Var}(\hat{m}(x)|X), \qquad (2.43)$$

式中 $\hat{m}(x)$ 为 $m(x)$ 在点 x 的估计, $E(\hat{m}(x)|X) - m(x)$ 称为**估计偏差**, 而 (2.43) 式右边第二项称为**估计方差**. 下面介绍一些求拟模型 (metamodel) 或**近似模型** (approximation model) $\hat{m}(\cdot)$ 的一些方法.

2.2.1 基函数法

众所周知, 一个光滑函数 $f(x)$ (即在其定义域 T 上有若干阶连续导数) 在 $x = t$ $(t \in T)$ 的一个邻域内有泰勒展开式

$$f(x) \cong \sum_{j=0}^{p} \frac{f^{(j)}(t)}{j!}(x - t)^j \equiv \sum_{j=0}^{p} \beta_j (x - t)^j. \qquad (2.44)$$

上式右端是 x 的一个多项式, 将上述结果推广, 就产生了基函数方法.

令 $\{B_0(x), B_1(x), \cdots, B_p(x)\}$ 为 $T \subset \mathbf{R}$ 上的一组函数, 其中 p 可以有限也可以无限. 考虑它们的一切可能的线性组合作为 $\hat{m}(x)$ 的备选集, 其中与真模型 $m(x)$ 最为接近的一个就选作近似模型或拟模型. 在文献中称

$$g(x) = \beta_0 B_0(x) + \beta_1 B_1(x) + \cdots + \beta_p B_p(x) \qquad (2.45)$$

为 "备选的极大模型" (maximal model of interest), 即模型 (2.45) 或它的子模型均为备选者. 常见的基函数有以下几种:

(1) 多项式基

基函数为 $\{1, x, x^2, \cdots, x^p\}$, 备选的极大模型为

$$g(x) = \beta_0 + \beta_1 x + \cdots + \beta_p x^p.$$

由于多项式的共线性性, p 不宜过大, 常取 $p = 1, 2, 3$. 令 $\bar{x}$ 为试验点 $x_1, x_2, \cdots, x_n$ 的均值, 中心化多项式 $\{1, (x - \bar{x}), \cdots, (x - \bar{x})^p\}$ 也是常用的基函数, 相应的

$$g(x) = \beta_0 + \beta_1(x - \bar{x}) + \cdots + \beta_p(x - \bar{x})^p.$$

不少作者认为中心化多项式基优于多项式基. 和多项式基一样, 当 p 太大时中心化多项式基对应的信息矩阵接近退化, 回归系数的解不稳定, 而且也有共线性性的缺点. 为了克服这一缺点, **正交多项式基**被广泛使用, 当 $T = [-0.5, 0.5]$ 时, 其基函数为

$$B_0(x) = 1, B_1(x) = \sqrt{12}(x - 0.5),$$

$$B_2(x) = \sqrt{180}\left\{(x - 0.5)^2 - \frac{1}{12}\right\},$$

$$B_3(x) = \sqrt{2800}\left\{(x - 0.5)^3 - \frac{3}{20}(x - 0.5)\right\},$$

$$B_4(x) = 210\left\{(x - 0.5)^4 - \frac{3}{14}(x - 0.5)^2 + \frac{3}{560}\right\},$$

$$\cdots\cdots\cdots\cdots$$

正交多项式方法计算简单, 也便于决定多项式的次数, 而且回归系数间不存在相关性, 进行检验也很方便. 有关正交多项式在回归的应用, 详见方开泰, 全辉, 陈庆云 (1988).

(2) 傅里叶 (Fourier) 基

当 $m(x)$ 是周期函数时 (如心电图, 妇女生理周期等), 可用**傅里叶基**

$$1, \cos(2\pi x), \sin(2\pi x), \cos(4\pi x), \sin(4\pi x), \cdots, \cos(2p\pi x), \sin(2p\pi x).$$

它是一组正交基, 没有共线性性的缺点. 有关正交基的概念参 1.4 节.

(3) 样条基

由于多项式基是在全试验范围 T 上起作用, 没有局部性质, 故在使用时有局限性. 为了增加局部性质, 可在多项式基或中心多项式基中, 增加几项

$$(x - \kappa_1)_+^p, \cdots, (x - \kappa_l)_+^p,$$

式中 $\kappa_1, \kappa_2, \cdots, \kappa_l$ 为 T 上的 l 个选择点, 称为节点 (knots), 函数

$$(x - \kappa)_+ = \begin{cases} x - \kappa, & x > \kappa, \\ 0, & x \leqslant \kappa. \end{cases} \tag{2.46}$$

由此组成的基函数称为**多项式样条基** (power spline basis).

(4) 小波函数基

小波函数基被广泛用于数值分析, 它通过正交父函数 ϕ 和母小波函数 φ 组成. 父函数满足 $\int_0^1 \phi(x)\mathrm{d}x = 1$, 令

$$\phi_{jk}(x) = 2^{j/2}\phi(2^j x - k), \quad \varphi_{jk}(x) = 2^{j/2}\varphi(2^j x - k),$$

则函数集 $\{\phi_{jk}(x), \varphi_{jk}(x)\}$ 在 $[0,1]$ 上是一组正交基. 这时备选的极大模型为

$$g(x) = \sum_{k=1}^{2J} d_k \phi_{jk}(x) + \sum_{j=J}^{\infty} \sum_{k=1}^{2^j} \beta_{jk}\varphi_{jk}(x),$$

式中 J 需要根据数据来选择. 读者可参考 Brown, Cai (1997) 及 Cai, Brown (1998). 以下面的例子来说明上面各基函数回归的具体实现.

例 2.3 考虑一个试验次数为 10 的计算机试验, 其真实模型为

$$f(x) = 2x \cos(5\pi x).$$

在 $x_i = 0, 1/9, 2/9, \cdots, 1$ 处试验得到无偏差的数据 $\{(x_i, y_i), i = 1, 2, \cdots, 10\}$, 如图 2.3(a) 所示, 其中实线表示真实模型, 'o' 表示样本点. 对于该数据, 我们分别采用上面的各基函数方法来估计其真实模型. 为了判断拟合模型的好坏, 我们在区间 $[0,1]$ 中采用 $(i-1)/100, i = 1, 2, \cdots, 101$ 这 101 个点作为目标点, 并用

$$\widehat{\mathrm{MISE}} = \sum_{i=1}^{101} \left(f\left(\frac{i-1}{100}\right) - \hat{f}\left(\frac{i-1}{100}\right) \right)^2$$

近似估计整体均方误差 MISE, 式中 $\hat{f}$ 为不同基函数方法得到的估计模型.

首先采用多项式模型, 其阶数 $p = 1, 2, \cdots, 9$, 因为该数据的采样点数为 10, 为了估计所有的系数, 其最大的阶数不能超过 9. 显然, 当阶数 $p = 9$ 时, 该多项式模型变成内插, 即 9 阶多项式回归通过所有的设计点. 图 2.3(a) 给出了 7 阶多项式模型、7 阶中心化多项式模型及 9 阶多项式模型的拟合曲线. 计算阶数 $p = 1, 2, \cdots, 9$ 这 9 个多项式模型的整体均方误差可知, 当 $p = 9$ 时, 其估计整体均方误差达到最小, 如图 2.3(b) 所示. 然而在 $p = 9$ 时, 模型往往过拟合, 由此我们综合考虑预测均方误差与过拟合, 由图 2.3(b) 可知当 $p = 7$ 时是

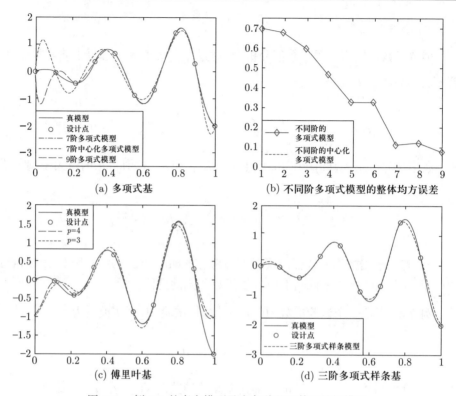

(a) 多项式基

(b) 不同阶多项式模型的整体均方误差

(c) 傅里叶基

(d) 三阶多项式样条基

图 2.3   例 2.3 的真实模型及在各种基函数下的拟模型

运行程序

一个合适的模型, 其估计模型为

$$\hat{f}(x) = -0.009 + 68.753x - 1243.429x^2 + 7800.825x^3 - 22840.217x^4$$
$$+ 33982.225x^5 - 24890.493x^6 + 7120.338x^7.$$

然而从图 2.3(a) 可知, 多项式模型在曲线的左端拟合的效果很差. 在很多应用软件中都有现成的关于多项式回归的命令, 例如 MATLAB 中的命令是 polyfit(x,y,p), 其中 x, y 分别表示样本的设计点及其响应值, p 是多项式的阶数. 从图 2.3(a) 可知, 该多项式模型在图形的右边部分拟合较好, 而在图形的左边界附近效果较差. 这也是多项式模型的一个缺点, 即对于非线性模型保证不了局部性质.

图 2.3(c) 表示傅里叶基函数的回归情形. 由于只有 10 个设计点, 傅里叶基中的 $p \leqslant 4$, 图 2.3(c) 给出了 $p = 3$ 和 $p = 4$ 这两种情形的拟合效果, 从中可知 $p = 4$ 时效果更佳. 然而, 傅里叶基函数的回归模型与多项式模型有类似的缺点, 即不能很好地拟合真模型的两端, 其原因在于, 傅里叶基函数方法比较适

合周期函数的回归估计, 而本例中的数据不是周期函数.

图 2.3(d) 表示用三阶多项式样条估计真实模型的情形, 从中可知, 其拟合效果最佳. 由于样条基考虑了模型的局部性质, 在边界附近同样具有较好的效果. 在 MATLAB 中有专门的样条工具包 (spline toolbox), 其中包含多项式样条、光滑样条等, 详见 2.2.3 小节的介绍.

基于小波函数基的回归方法, 可以通过 MATLAB 中关于小波的专门工具包 (wavelet toolbox) 来实现, 即在 MATLAB 运行窗口中输入 wavemenu 后, 弹出小波分析的图形界面, 其中 regression estimation 1-D 的选项即为处理一维的回归估计. 不过, 小波回归估计对数据的个数的多少有一定的限制, 比如例 2.3 中的设计点才 10 个, 不足以进行小波分析. 有兴趣的读者可以通过 MATLAB 尝试小波回归估计的具体操作方法.

2.2.2 近邻多项式估计

由于试验者对真模型 $m(x)$ 的形式无先验知识, 一个自然的想法是用 x 附近试验点的响应值的加权平均来估计 $m(x)$ 的值, 即

$$\hat{m}(x) = \sum_{i=1}^{n} w_i(x) y_i, \ x \in T, \tag{2.47}$$

这里 $w_i(x) \geqslant 0, i = 1, 2, \cdots, n$ 为权函数, 满足 $\sum_{i=1}^{n} w_i(x) = 1, x \in T$. 至于如何设计权函数使得 $\hat{m}(x)$ 有一定的光滑性, 核函数是常用的一个方法.

若一个函数 $K(x)$ 满足 $K(x) \geqslant 0, \int_{-\infty}^{+\infty} K(x)\mathrm{d}x = 1$, 则称 K 为一个**核函数**, 因此核函数实际上是一个概率密度函数. 一般地, 称 $h(> 0)$ 为**带宽**或**窗宽** (bandwidth), 定义

$$K_h(x) = \frac{1}{h} K\left(\frac{x}{h}\right).$$

常见的核函数有高斯 (Gauss) 核函数

$$K(t) = (\sqrt{2\pi})^{-1} \exp\left(-\frac{t^2}{2}\right), \tag{2.48}$$

和对称贝塔 (Beta) 族

$$K(t) = \frac{1}{\mathrm{Beta}(1/2, \gamma + 1)} (1 - t^2)_+^\gamma, \ \gamma = 0, 1, \cdots, \tag{2.49}$$

式中 $(1-t^2)_+^\gamma$ 表示 $(1-t^2)^\gamma$ 的非负部分 (参见 (2.46) 式), Beta $(\cdot,\cdot)$ 为贝塔函数. 当 $\gamma = 0,1$ 时, K 分别为均匀核和 Epanechnikov 核.

在选定的 $K_h(\cdot)$ 之下, 未知函数 $m(x)$ 有不同的估计方法. 比如常见的核估计方法有 NW (Nadaraya-Watson) 核估计、GM (Gasser-Muller) 核估计, 近邻多项式方法等.

对于未知函数 $m(x)$, NW 核估计方法为

$$\hat{m}(x) = \frac{\sum\limits_{i=1}^{n} K_h(x_i - x) y_i}{\sum\limits_{i=1}^{n} K_h(x_i - x)}. \tag{2.50}$$

在 (2.50) 式中需要确定两个参数, 即核函数 K 和窗宽 h. 这两个参数中, 窗宽是最重要的, 因为窗宽控制了整个估计的性能. 具体的细节可参考 Nadaraya (1964), Watson (1964).

然而在 NW 核估计 (2.50) 式中存在分母, 因此对该估计式的求导以及推导其估计的渐近性质带来麻烦. Gasser, Muller (1979) 提出的 GM 核估计可以克服该缺点. 设试验点已经由小到大排序, GM 核估计为

$$\hat{m}_h(x) = \sum_{i=1}^{n} y_i \int_{s_{i-1}}^{s_i} K_h(u - x)\mathrm{d}u, \tag{2.51}$$

式中 $s_i = (x_i + x_{i+1})/2$, $x_0 = -\infty$, $x_{n+1} = \infty$. 估计式 (2.51) 中没有分母的原因在于总的权重为

$$\sum_{i=1}^{n} \int_{s_{i-1}}^{s_i} K_h(u - x)\mathrm{d}u = \int_{-\infty}^{\infty} K_h(u - x)\mathrm{d}u = 1.$$

从函数逼近的角度而言, NW 核估计和 GM 核估计都是局部常数近似. 近邻多项式方法可以克服前两种核估计方法的缺点并具有较好的性质, 其出发点是认为未知函数 $m(\cdot)$ 在近邻邻域内可以由某一多项式逼近. 对于非参数回归模型 (1.10), 设 $m(\cdot)$ 在 $x = x_0$ 处存在 $p + 1$ 阶导数, 现通过样本 (x_1, y_1), $(x_2, y_2), \cdots, (x_n, y_n)$ 估计 $m(x_0), m'(x_0), \cdots, m^{(p)}(x_0)$. 为此, 先把 $m(x)$ 在 $x = x_0$ 处进行泰勒级数展开,

$$m(x) \approx m(x_0) + m'(x_0)(x - x_0) + \cdots + \frac{m^{(p)}(x_0)}{p!}(x - x_0)^p, \tag{2.52}$$

式中 x 在 x_0 的邻域内, 然后求 $\beta_0, \beta_1, \cdots, \beta_p$ 使下式最小化, 即

$$\arg \min_{\beta_0, \beta_1, \cdots, \beta_p} \sum_{i=1}^{n} \left[y_i - \sum_{j=0}^{p} \beta_j (x_i - x_0)^j \right]^2 K_h(x_i - x_0), \qquad (2.53)$$

式中 $K(\cdot)$ 是核函数, h 是窗宽, $K_h(\cdot) = K(\cdot/h)/h$. 记 $\hat{\beta}_j, j = 0, 1, \cdots, p$ 为最小二乘问题 (2.53) 式的解, 则由泰勒展开式 (2.52) 易知,

$$\hat{m}_\nu(x_0) = \nu! \hat{\beta}_\nu, \quad \nu = 0, 1, \cdots, p \qquad (2.54)$$

为 $m^{(\nu)}(x_0), \nu = 0, 1, \cdots, p$ 的估计. 在上面的估计方法中, 我们需要考虑参数 K, p 和 h 的合理选取, 尤其是窗宽 h 控制着模型估计的精度, 具体的选取方法请参考 Fan, Gijbels (1996).

例 2.4 (例 2.3 续) 为了说明本小节中介绍的核估计及近邻多项式估计, 我们仍采用例 2.3 中的样本数据. 图 2.4 中给出了 NW 核估计、GM 核估计及近邻线性估计的拟合情形. 其中核函数都选取为 Epanechnikov 核.

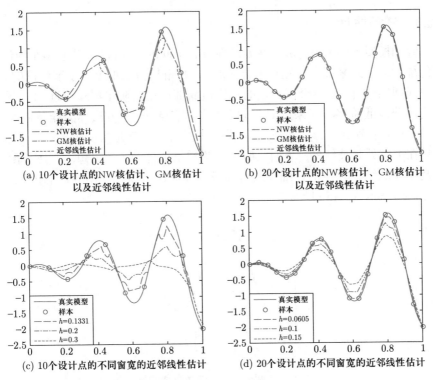

(a) 10个设计点的NW核估计、GM核估计
以及近邻线性估计

(b) 20个设计点的NW核估计、GM核估计
以及近邻线性估计

(c) 10个设计点的不同窗宽的近邻线性估计

(d) 20个设计点的不同窗宽的近邻线性估计

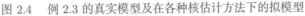

图 2.4 例 2.3 的真实模型及在各种核估计方法下的拟模型

运行程序

原始数据为在 $x_i = 0, 1/9, \cdots, 8/9, 1$ 这 10 个试验点处得到无偏差的数据 $\{(x_i, y_i), i = 1, 2, \cdots, 10\}$, 图 2.4(a) 表示在此数据下, NW 核估计、GM 核估计以及近邻线性估计的性能, 其中 NW 核估计和 GM 核估计的近似最优窗宽为 $h = 0.088$, 而近邻线性估计的近似最优窗宽为 $h = 0.1331$. 图 2.4(a) 显示, 任何一点 x 处的核估计受其邻域内的数据的影响较大, 尤其对于邻域内设计点的个数不是太多时, 邻域内离 x 处越近的响应值对 x 处的响应值的影响越大. 同时, 从中可以发现这三种核估计的拟合效果都不是太好, 其原因在于样本点太少, 在窗宽内的样本点个数不多, 而且该图形的非线性性很强. 现把设计点的个数增加一倍, 即在 $x_i = 0, 1/19, \cdots, 18/19, 1$ 处试验得到无偏差的数据 $\{(x_i, y_i), i = 1, 2, \cdots, 20\}$, 如图 2.4(b) 所示, 其中可以看到基于 20 个样本点的三种核估计方法的效果都有显著提高, 此时 NW 核估计和 GM 核估计的近似最优窗宽为 $h = 0.055$, 而近邻线性估计的近似最优窗宽为 $h = 0.066$.

图 2.4 显示近邻线性估计的性能比 NW 核估计和 GM 核估计要好. 为了考察窗宽对近邻线性估计的影响, 我们分别对上面的 10 个样本点及 20 个样本点的数据用不同的窗宽进行拟合, 如图 2.4(c)(d) 所示. 从中可以看到, 当窗宽变大时, 拟合模型越加光滑, 但是与真实模型的偏差较大.

2.2.3　样条估计

假如模型 (2.40) 中 $m(\cdot)$ 在不同地方有不同的非线性度, 或有多个极值点, 用传统的多项式来拟合可能是不合适的. 一种解决方法如上一小节讨论的近邻多项式回归估计, 把每个试验点的响应值局部地用低阶多项式逼近. 另一种方法是用分段低阶多项式来近似, 分段处称为**节点**, 这种方法称为样条估计. 图 2.5 取了两个节点 t_1, t_2, $m(x)$ 由三段组成, 每一段都是由三阶多项式逼近的, 而且在节点处是连续的. 下面只简单介绍样条估计的主要思想, 关于样条估计以及相应的统计性质的详细介绍可参考 Eubank (1988), Wahba (1990a), 以及 Green, Silverman (1994).

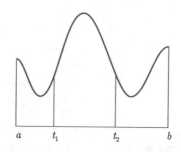

图 2.5　两个节点的样条近似的例子

常见的样条方法有**多项式样条**和**光滑样条**. 多项式样条的出发点是选定某些节点, 在相邻的节点内用某一多项式逼近, 并使得整个估计曲线在节点处具有一定的可导性. 首先给出相应的定义.

定义 2.2 设 $[a,b]$ 上的一个剖分 $\triangle : a = t_0 \leqslant t_1 \leqslant \cdots \leqslant t_J = b$, 如果函数 $P(x)$ 满足:

(1) $P(x) \in C^{m-1}[a,b]$, 即在 $[a,b]$ 上为 $m-1$ 阶光滑函数;

(2) $P(x)$ 在每个子区间 $[t_{j-1}, t_j]$ 上是 m 次多项式,

则称 $P(x)$ 是关于剖分 $\triangle$ 的 m **次样条函数**, 所有这一类的样条函数的集合记为 $S(m, \triangle)$, 并称为**样条空间**. $t_0, t_1, \cdots, t_J$ 称为**节点**.

定义 2.3 设函数 $f(x)$ 为 $[a,b]$ 上的连续函数, 分段多项式 $P(x) \in S(m, \triangle)$, 且在节点上满足 $P(t_j) = f(t_j), j = 0, 1, \cdots, J$, 则称 $P(x)$ 是 $f(x)$ 的 m **次样条插值函数**.

常见的样条插值函数是三次样条插值函数, 简称**三次样条**. 三次样条是二阶连续可导函数 $P(x)$, 并在每个子区间 $[a, t_1], [t_1, t_2], \cdots, [t_{J-1}, b]$ 上都是三阶多项式. 常见的三阶样条基有**幂基**和 **B 样条基**.

幂基: $(x - t_j)_+^3 \ (j = 0, 1, \cdots, J), 1, x, x^2, x^3$;

B 样条基: 令 $\triangle$ 为 $[a, b]$ 上的一个剖分, 则 p 次第 i 个 B 样条基函数 $N_{i,p}(x)$ 定义为

$$N_{i,0}(x) = \begin{cases} 1, & x_i \leqslant x < x_{i+1}, \\ 0, & \text{其余}, \end{cases}$$

$$N_{i,p}(x) = \frac{x - x_i}{x_{i+p} - x_i} N_{i,p-1}(x) + \frac{x_{i+p+1} - x}{x_{i+p+1} - x_{i+1}} N_{i+1,p-1}(x), \quad p = 1, 2, 3, \cdots.$$

式中约定, 当出现 $0/0$ 形式的商时, 规定其比值为 0. 易知, $N_{i,0}(x)$ 是阶梯函数, 它在半开区间 $[x_i, x_{i+1})$ 之外为 0. 当 $p > 0$ 时, $N_{i,p}(x)$ 是两个 $p-1$ 次 B 样条函数的线性组合.

当节点等距时, 称 B 样条为均匀的, 否则为非均匀的. B 样条基有较好的性质, 例如: 当 $x \notin [t_i, t_{i+p+1}]$ 时, $N_{i,p}(x) = 0$; 在任意区间 (t_j, t_{j+1}) 内, 最多有 $p+1$ 个 $N_{i,p}(x) \neq 0$, 且 $N_{i,p}(x)$ 任意阶可微; 在节点 t_j 处, $N_{i,p}(x)$ 为 $p-1$ 次可微; 若 $p > 0$, $N_{i,p}(x)$ 只有一个极大值点, 等等. 另一方面, 幂基的优点在于删除 $(x - t_j)_+^3$ 等同于删除节点 t_j. 由于节点数为 $J+1$, 这两种样条基的个数都是 $J+5$. 现记三次样条基为 $B_1(x), B_2(x), \cdots, B_{J+5}(x)$, 则任一函数 $f(x)$

都可以用三次样条基逼近 $s(x) = \sum\limits_{j=1}^{J+5} \theta_j B_j(x)$. 对于给定的节点, 样条方法就是选择最佳的样条逼近

$$\min_{\theta} \sum_{i=1}^{n} \left[y_i - \sum_{j=1}^{J+5} \theta_j B_j(x_i) \right]^2. \tag{2.55}$$

设 $\hat{\theta}_j(j = 1, 2, \cdots, J + 5)$ 是 (2.55) 的最小二乘解, 则 (2.40) 式中的未知函数 $m(\cdot)$ 可以由样条函数估计:

$$\hat{m}(x) = \sum_{j=1}^{J+5} \hat{\theta}_j B_j(x). \tag{2.56}$$

样条方法的性能好坏, 与节点的个数以及相应的位置选择有很大的关系. 一般地, 节点设置在函数变化比较剧烈的地方. 因此, 选定样条基之后, 需要仔细考虑节点的选择. 然而, 理论和经验证明直接用最小二乘求系数 θ_j 往往效果不好, 因为可能会导致**过拟合**的现象发生. 改进的方法是用**光滑样条法**, 即求 θ_j 使

$$w \sum_{i=1}^{n} \left[Y_i - \sum_{j=1}^{J+5} \theta_j B_j(x_i) \right]^2 + \frac{1-w}{b-a} \int_a^b \frac{\mathrm{d}^2}{\mathrm{d}x^2} \left[\sum_{j=1}^{J+5} \theta_j B_j(x_i) \right]^2 \mathrm{d}x \tag{2.57}$$

达到最小, 式中 $w(0 \leqslant w \leqslant 1)$ 为权函数. 权函数 w 控制着该模型的复杂度, $w = 1$ 即为原来的最小二乘模型, 当 $w = 0$ 时, 模型退化为最简单的线性回归模型. (2.57) 式的第二项实际上是对过拟合的一个补偿.

例 2.5 (例 2.3 续) 对于在 $x_i = 0, 1/9, \cdots, 1$ 处试验得到无偏差的数据 $(X, Y) = \{(x_i, y_i), i = 1, 2, \cdots, 10\}$, 现用样本方法估计其真实模型, 如图 2.6 所示. 图 2.6(a) 显示了三阶多项式样条可以较好地拟合真实模型, 而光滑样条中的权重越靠近 1 越逼近真实模型, 如 (2.57) 式所示, 权重靠近 1 时会慢慢退化为原来的多项式样条, 由此可见, 多项式样条能很好地拟合例 2.3 中数据. 图 2.6(b) 中用不同阶数的光滑 B 样条基函数拟合数据 (X, Y), 从中可知, 当阶数为 3 时整体拟合得较好, 而阶数为 5 的 B 样条在右侧比阶数为 3 的拟合效果更佳, 但是在左侧不如阶数为 3 拟合得好.

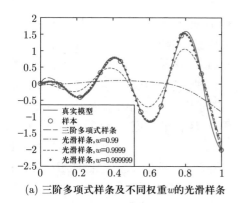 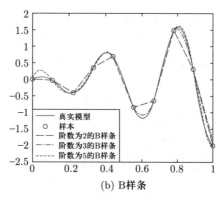

(a) 三阶多项式样条及不同权重 w 的光滑样条 (b) B 样条

图 2.6 例 2.3 的真实模型及在各样条估计方法下的拟模型

运行程序

在 MATLAB 中的样条工具包中相应的命令, 例如, spline(X,Y,x_0) 表示根据样本 (X, Y) 计算三阶多项式样条在 x_0 处的估计值; csaps(X,Y,w) 表示根据样本 (X, Y) 计算 (2.57) 式中的权重为 w 的光滑样条; spapi(k,X,Y) 表示对生成的 B 样条曲线进行光滑处理, 其中 B 样条曲线是基于样本 (X, Y) 且其阶数为 k, 等等.

2.3 双因素试验

在许多试验中, 影响试验结果 (响应) 的因素可能很多, 这一节我们仅考虑两因素的试验. 在本节, 记因素为 A 和 B, 它们分别有 I 和 J 个水平, 记为 $A_1, A_2, \cdots, A_I$ 和 $B_1, B_2, \cdots, B_J$.

2.3.1 双因素试验的分类

与单因素试验相比, 双因素试验要复杂一些, 表现为:

(1) 因素的种类

A 和 B 可能都是定量的, 也可以都是定性的, 或一个定量一个定性. 如用回归模型来建模, 对不同的情形, 其处理方法是不同的.

(2) 因素间的关系

因素 A 和 B 可以是平等的, 即 A 和 B 可以自由地选取各自的水平, 然后考虑所有的水平组合 $A_i B_j$ $(i = 1, 2, \cdots, I; j = 1, 2, \cdots, J)$ 来安排试验, 这

种试验称为**交叉设计**; 另一种情形是 A 和 B 是不平等的, 例如因素 A 是前一个工序中的因素, 而 B 是后一个工序中的因素. 例如在人造纤维的生产中, 第一道工序是生产人造纤维的液体材料, 第二道工序是用机械的方法将液体材料抽丝. 在第一道工序中, 生产液体材料是将多种材料放在一起进行混合, 每次混合一大罐, 可用若干小时. 在第一道工序中的因素影响到第二道工序的抽丝工艺中的任何因素. 如因素 A 在第一道工序中, B 在第二道工序中, 在文献中, 称 A 为第 I 类因素, 而 B 为第 II 类因素. 又如, 若 A 为催化剂的种类, B 为催化剂的用量. B 的水平选取与催化剂的种类有关. 例如 $A = A_1$ 时, B 取水平 $B_1^{(1)}, B_2^{(1)}, \cdots, B_J^{(1)}$, 即 B 的 J 个水平依赖于 A 的水平选取, 这一种设计称为**套设计**. 鉴于篇幅, 我们仅考虑 A 和 B 平等时的交叉试验设计.

(3) 因素间有无交互作用

在双因素试验中, 我们不仅仅要考虑和估计每个因素的主效应, 还要考虑因素间的交互作用, 后者用 $A \times B$ 表示. 如何度量和估计因素间的交互作用将在 2.3.2 小节中讨论. 显然, 没有交互作用的双因素试验比较容易处理.

(4) 有无区组

记 A 为一个单因素试验中考虑的因素, 由于客观条件的限制, 不能做到所有的试验在同样环境下进行, 试验者采用分区组的办法. 这时区组可视为因素 B. 通常假定因素 A 和 B 之间无交互作用. 只有一个区组的试验称为完全随机化试验. 有关区组的详细介绍, 在 2.4 节中展开.

(5) 因素的效应

在单因素试验中, 因素的主效应可以是固定的, 也可以是随机的 (详见 2.1.5 小节), 在双因素试验中, 两个因素的主效应可以都是固定的, 可以都是随机的, 或一个固定一个随机, 本节我们先讨论两个效应都是固定的, 随后 (2.3.5 小节) 讨论其他模型.

2.3.2 线性可加模型、主效应和交互作用

在 2.1 节中我们定义和讨论了单因素试验中因素的主效应. 对于双因素试验, 除了每个因素的主效应外, 两因素之间可能有交互作用. 设试验中, 因素 A 有水平 $A_1, A_2, \cdots, A_I$; 因素 B 有水平 $B_1, B_2, \cdots, B_J$. 试验者将 IJ 个水平组合 $A_i B_j$ 独立地重复做 R 次试验, 类似线性可加模型 (2.1), 双因素试验的线性可加模型可表为

$$y_{ijl} = \mu + \alpha_i + \beta_j + (\alpha\beta)_{ij} + \varepsilon_{ijl},$$

$$i = 1, 2, \cdots, I; j = 1, 2, \cdots, J; l = 1, 2, \cdots, R, \tag{2.58}$$

其中 y_{ijl} 是水平组合 A_iB_j 的第 l 次试验的响应值, α_i 是因素 A 取水平 A_i 的主效应, β_j 是因素 B 取水平 B_j 的主效应, $(\alpha\beta)_{ij}$ 表示水平组合 A_iB_j 对 y 的**交互效应**或**交互作用**, ε_{ijl} 是该次试验的随机误差, 且 $\{\varepsilon_{ijl}\}$ 独立地服从 $N(0, \sigma^2)$, 试验的总次数为 $n = IJR$. 记 $A \times B$ 表示因素 A 和 B 的交互效应. 若将 y_{ijl} 作如下表达:

$$y_{ijl} = \bar{y}_{\cdots} + (\bar{y}_{i\cdot\cdot} - \bar{y}_{\cdots}) + (\bar{y}_{\cdot j\cdot} - \bar{y}_{\cdots}) +$$

$$(\bar{y}_{ij\cdot} - \bar{y}_{i\cdot\cdot} - \bar{y}_{\cdot j\cdot} + \bar{y}_{\cdots}) + (y_{ijl} - \bar{y}_{ij\cdot}), \tag{2.59}$$

式中 $\bar{y}_{\cdots}$ 为所有 y_{ijl} 的总平均, $\bar{y}_{i\cdot\cdot}$ 为在 $A = A_i$ 下 y_{ijl} 的平均, $\bar{y}_{\cdot j\cdot}$ 为在 $B = B_j$ 下 y_{ijl} 的平均, $\bar{y}_{ij\cdot}$ 为 y 在 $A = A_i, B = B_j$ 下的平均. 比较 (2.58) 式与 (2.59) 式, 我们猜测有如下估计:

$$\hat{\mu} = \bar{y}_{\cdots}, \quad \hat{\alpha}_i = \bar{y}_{i\cdot\cdot} - \bar{y}_{\cdots}, \quad \hat{\beta}_j = \bar{y}_{\cdot j\cdot} - \bar{y}_{\cdots},$$

$$\widehat{(\alpha\beta)}_{ij} = \bar{y}_{ij\cdot} - \bar{y}_{i\cdot\cdot} - \bar{y}_{\cdot j\cdot} + \bar{y}_{\cdots}, \quad \hat{\varepsilon}_{ijl} = y_{ijl} - \bar{y}_{ij\cdot}. \tag{2.60}$$

并且发现

$$\sum_{i=1}^{I} \hat{\alpha}_i = \sum_{j=1}^{J} \hat{\beta}_j = 0,$$

$$\sum_{i=1}^{I} \widehat{(\alpha\beta)}_{ij} = 0 \ (j = 1, 2, \cdots, J), \sum_{j=1}^{J} \widehat{(\alpha\beta)}_{ij} = 0 \ (i = 1, 2, \cdots, I). \tag{2.61}$$

这建议我们, 对模型 (2.58) 的主效应 α_i, β_j 及交互效应 $(\alpha\beta)_{ij}$ 应有如下约束条件:

$$\begin{cases} \sum_{i=1}^{I} \alpha_i = \sum_{j=1}^{J} \beta_j = 0, \\ \sum_{i=1}^{I} (\alpha\beta)_{ij} = 0 \ (j = 1, 2, \cdots, J), \ \sum_{j=1}^{J} (\alpha\beta)_{ij} = 0 \ (i = 1, 2, \cdots, I). \end{cases} \tag{2.62}$$

故双因素试验的线性可加模型表为 (2.58) 式并加上限制条件 (2.62) 式. 为了更好地理解, 我们先看两个简单的例子.

例 2.6   考虑两个两因素的二水平试验, 重复次数 $R = 1$. 我们称每个因素的两水平分别为 "高" 和 "低", 并记为 "+" 和 "−". 一般地, 用 $A+$ 和 $A-$ 分别表示 A 的高水平和低水平, 这里水平 $A-$ 相当于 A_1, $A+$ 相当于 A_2; 类似地定义 $B+, B-$. 试验的响应值 y_{ij} 分别如图 2.7(a) 与图 2.7(b) 所示.

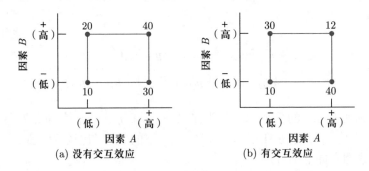

图 2.7   两因素的二水平试验

例 2.6 的两个试验中, $I = 2, J = 2, R = 1$. 图 2.7(a) 的试验结果为

$$y_{--} = 10, \ y_{-+} = 20, \ y_{+-} = 30, \ y_{++} = 40.$$

对 A 因素的两个水平 $A-$ 和 $A+$, 其平均响应值分别为

$$\bar{y}_{-\cdot} = \frac{1}{2}(10 + 20) = 15, \quad \bar{y}_{+\cdot} = \frac{1}{2}(30 + 40) = 35.$$

类似地, B 因素两个水平 $B-$ 和 $B+$ 的平均响应值分别为

$$\bar{y}_{\cdot-} = \frac{1}{2}(10 + 30) = 20, \quad \bar{y}_{\cdot+} = \frac{1}{2}(20 + 40) = 30.$$

其总平均 $\bar{y}_{\cdot\cdot} = \frac{1}{4}(10 + 20 + 30 + 40) = 25$. 因素 A 与 B 的主效应估计值分别为

$$\hat{\alpha}_- = \bar{y}_{-\cdot} - \bar{y}_{\cdot\cdot} = 15 - 25 = -10, \ \hat{\alpha}_+ = \bar{y}_{+\cdot} - \bar{y}_{\cdot\cdot} = 35 - 25 = 10,$$
$$\hat{\beta}_- = \bar{y}_{\cdot-} - \bar{y}_{\cdot\cdot} = 20 - 25 = -5, \ \hat{\beta}_+ = \bar{y}_{\cdot+} - \bar{y}_{\cdot\cdot} = 30 - 25 = 5,$$

它们满足 $\hat{\alpha}_- + \hat{\alpha}_+ = 0, \ \hat{\beta}_- + \hat{\beta}_+ = 0$. 因素 A 与 B 的交互效应为

$$(\widehat{\alpha\beta})_{--} = y_{--} - \bar{y}_{-.} - \bar{y}_{.-} + \bar{y}_{..} = 10 - 15 - 20 + 25 = 0,$$

类似地, 易见 $(\widehat{\alpha\beta})_{-+} = (\widehat{\alpha\beta})_{+-} = (\widehat{\alpha\beta})_{++} = 0$, 即因素 A 与 B 之间没有交互作用. 对于第二个试验, 由图 2.7(b), 易得 $\bar{y}_{..} = 23$,

$$\hat{\alpha}_- = -3, \ \hat{\alpha}_+ = 3, \ \hat{\beta}_- = 2, \ \hat{\beta}_+ = -2,$$
$$(\widehat{\alpha\beta})_{--} = -12, \ (\widehat{\alpha\beta})_{-+} = 12, \ (\widehat{\alpha\beta})_{+-} = 12, \ (\widehat{\alpha\beta})_{++} = -12,$$

表明因素 A 与 B 之间有交互作用.

我们可以从另一个角度来看不同因素间的相互作用. 按图 2.7(a) 中所示, 当因素 A 的水平从 $A-$ 变为 $A+$ 时响应值都增加 20, 与 B 的水平无关; 类似地, 当因素 B 的水平从 $B-$ 变为 $B+$ 时响应值都增加 10, 与 A 的水平无关. 这说明因素 A 和 B 之间没有交互效应. 在第二个试验中, 如图 2.7(b) 所示, 当因素 B 的水平为 $B-$ 时, A 的响应值变化量为 $40 - 10 = 30$, 而当因素 B 的水平为 $B+$ 时, A 的响应值变化量为 $12 - 30 = -18$. 显然, 因素 A 的响应值变化程度与因素 B 的水平有很大关系, 则称因素 A 和 B 之间有交互作用. 将上述思路用图 2.8 来表达, 其中图 2.8(a) 的两条直线平行, 而图 2.8(b) 的两条直线不平行且有交点, 因此图形可以很直观地展示因素间的关系. 然而, 由于试验误差, 即使因素 A 和 B 之间没有交互效应, 相应的交互效应图的线条也许只是近似平行, 因此需要对交互效应做定量的估计和检验. 我们来看另一例子.

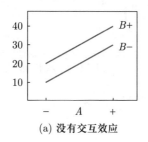 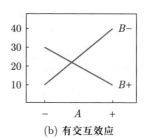

图 2.8 交互效应图

例 2.7 在一个工业试验中, 有两个因素 A 和 B. 因素 A 的三水平数为 $A_1 = 5, A_2 = 10, A_3 = 15$, 而因素 B 的两水平数为 $B_1 = 7, B_2 = 13$. 每个水平组合都做两次试验, 其结果如表 2.11 所示. 此时, $I = 3, J = 2, R = 2$. 记 y_{ijl} $(i = 1, 2, 3, \ j = 1, 2, \ l = 1, 2)$ 是水平组合 A_iB_j 的第 l 次试验的响应值, $\bar{y}_{...}$ 表示为试验的响应值总均值, $\bar{y}_{i..}, \bar{y}_{.j.}$ 和 $\bar{y}_{ij.}$ 分别表示在 A_i, B_j 和水平组合

A_iB_j 下的响应值的均值, 其数值如表 2.11 所示.

表 2.11   两因素试验

	A_1	A_2	A_3	$\bar{y}_{\cdot j \cdot}$
B_1	60.5, 59.5 (60)	50, 52 (51)	45, 45 (45)	52
B_2	52.5, 51.5 (52)	26, 29 (27.5)	6, 7 (6.5)	28.67
$\bar{y}_{i \cdot \cdot}$	56	39.25	25.75	$\bar{y}_{\cdots} = 40.33$

表中每个水平组合的小括号内的数值表示 $\bar{y}_{ij\cdot\cdot}$.

用类似图 2.8 的表示方法, 将表 2.11 的数据表示在图 2.9 上. 图 2.9(a) 表示当因素 B 取水平 7 或 13 时, 因素 A 从低水平到高水平的变化轨迹, 图 2.9(b) 则相反, 其中每个点都是取相应水平组合的响应均值. 从图 2.9 可知, 各曲线之间都不是相互平行的, 由此说明因素 A 和 B 之间存在交互效应, 即水平组合 A_iB_j 对响应有影响.

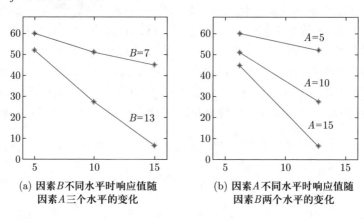

(a) 因素 B 不同水平时响应值随   (b) 因素 A 不同水平时响应值随
因素 A 三个水平的变化   因素 B 两个水平的变化

图 2.9   交互效应图

2.3.3   方差分析

方差分析可用于检验两个因素的主效应和它们之间的交互作用是否对响应有显著影响. 其思路和单因素试验的方差分析一样, 是将响应的离差平方和 SS_T 分解成因素的平方和 (SS_A 和 SS_B)、交互作用 $A \times B$ 的平方和 ($\mathrm{SS}_{A \times B}$) 以及随机误差的平方和 (SS_E), 具体表达式如下:

$$\mathrm{SS}_T = \sum_{i=1}^{I} \sum_{j=1}^{J} \sum_{l=1}^{R} (y_{ijl} - \bar{y}_{\cdots})^2$$

$$= RJ \sum_{i=1}^{I} (\bar{y}_{i\cdot\cdot} - \bar{y}_{\cdots})^2 + RI \sum_{j=1}^{J} (\bar{y}_{\cdot j\cdot} - \bar{y}_{\cdots})^2 +$$

$$R \sum_{i=1}^{I} \sum_{j=1}^{J} (\bar{y}_{ij\cdot} - \bar{y}_{i\cdot\cdot} - \bar{y}_{\cdot j\cdot} + \bar{y}_{\cdots})^2 + \sum_{i=1}^{I} \sum_{j=1}^{J} \sum_{l=1}^{R} (y_{ijl} - \bar{y}_{ij\cdot})^2$$

$$\equiv \mathrm{SS}_A + \mathrm{SS}_B + \mathrm{SS}_{A\times B} + \mathrm{SS}_E, \tag{2.63}$$

式中

$$\mathrm{SS}_A = RJ \sum_{i=1}^{I} (\bar{y}_{i\cdot\cdot} - \bar{y}_{\cdots})^2,$$

$$\mathrm{SS}_B = RI \sum_{j=1}^{J} (\bar{y}_{\cdot j\cdot} - \bar{y}_{\cdots})^2,$$

$$\mathrm{SS}_{A\times B} = R \sum_{i=1}^{I} \sum_{j=1}^{J} (\bar{y}_{ij\cdot} - \bar{y}_{i\cdot\cdot} - \bar{y}_{\cdot j\cdot} + \bar{y}_{\cdots})^2,$$

$$\mathrm{SS}_E = \sum_{i=1}^{I} \sum_{j=1}^{J} \sum_{l=1}^{R} (y_{ijl} - \bar{y}_{ij\cdot})^2.$$

由统计学中二次型的理论可知 SS_E 服从自由度为 $IJ(R-1)$ 的 χ^2 分布. 当假设

$$H_{A0}: \alpha_1 = \cdots = \alpha_I = 0,$$
$$H_{A1}: 至少有一个 \ \alpha_i \neq 0 \tag{2.64}$$

成立时, SS_A 服从自由度为 $I-1$ 的 χ^2 分布; 当假设

$$H_{B0}: \beta_1 = \cdots = \beta_J = 0,$$
$$H_{B1}: 至少有一个 \ \beta_j \neq 0 \tag{2.65}$$

成立时, SS_B 服从自由度为 $J-1$ 的 χ^2 分布; 当假设

$$H_{A\times B0}: (\alpha\beta)_{ij} = 0, \ i = 1,2,\cdots,I; j = 1,2,\cdots,J,$$
$$H_{A\times B1}: 至少有一个 \ (\alpha\beta)_{ij} \neq 0 \tag{2.66}$$

成立时, $\mathrm{SS}_{A\times B}$ 服从自由度为 $(I-1)(J-1)$ 的 χ^2 分布. 从而上述平方和的

均方为

$$\mathrm{MS}_A = \frac{\mathrm{SS}_A}{I-1},$$
$$\mathrm{MS}_B = \frac{\mathrm{SS}_B}{J-1},$$
$$\mathrm{MS}_{A\times B} = \frac{\mathrm{SS}_{A\times B}}{(I-1)(J-1)},$$
$$\mathrm{MS}_E = \frac{\mathrm{SS}_E}{IJ(R-1)}.$$

这时, 我们面对三个假设检验 (2.64)~(2.66), 相应的 F 统计量列于表 2.12 之中. 例如, 对于检验假设 (2.64) 的 F 统计量为

$$F = \frac{\mathrm{SS}_A/(I-1)}{\mathrm{SS}_E/IJ(R-1)}, \tag{2.67}$$

其拒绝域为 $F > F_{I-1,IJ(R-1),\alpha}$, 其中 α 为检验水平.

表 2.12　两因素的方差分析表

方差来源	自由度	平方和	均方	F 值
A	$I-1$	SS_A	MS_A	$\mathrm{MS}_A/\mathrm{MS}_E$
B	$J-1$	SS_B	MS_B	$\mathrm{MS}_B/\mathrm{MS}_E$
$A\times B$	$(I-1)(J-1)$	$\mathrm{SS}_{A\times B}$	$\mathrm{MS}_{A\times B}$	$\mathrm{MS}_{A\times B}/\mathrm{MS}_E$
误差	$IJ(R-1)$	SS_E	MS_E	
总和	$n-1$	SS_T		

　　例 2.7 的方差分析结果见表 2.13. 易见, 因素 A、因素 B 以及它们的交互作用 $A\times B$ 对响应都有显著的影响, 因为其 p 值都非常小. 表中 $\mathrm{MS}_E = 1.33$ 为 σ^2 的估计, 故 $\hat{\sigma} = \sqrt{1.33} = 1.15$, 再进一步分析, 例如多重比较中它是很重要的量.

　　若交互作用不显著, 有时可将方差分析表中的 "$A\times B$" 及 "误差" 两行合并为新的误差项, 先将它们的自由度及平方和合并, 然后算得误差项的均方, 最后用这个合并后的均方做因素 A 与因素 B 的显著性检验.

　　若试验没有重复, 即 $R = 1$. 由表 2.12 可见, 误差的自由度为 0, 这时 $\mathrm{SS}_E = 0$, 表示试验量太少, 不足以估出试验误差及它的方差 σ^2. 这时也难以检

表 2.13　　例 2.7 的方差分析表

方差来源	自由度	平方和	均方	F 值	p 值
A	2	1837.17	918.58	688.94	0.000
B	1	1633.33	1633.33	1225.00	0.000
$A \times B$	2	465.17	232.58	174.44	0.000
误差	6	8.00	1.33		
总和	11	3943.67			

验 (2.64), (2.65) 和 (2.66). 但也有例外, 若此时交互作用 $A \times B$ 不显著 (例如凭专业知识判断), 则表 2.12 中的误差项取消, 将 $A \times B$ 项改为误差项, 详见表 2.14, 我们可以进行假设检验 (2.64) 和 (2.65).

表 2.14　　没有交互作用的两因素的方差分析表

方差来源	自由度	平方和	均方	F 值
A	$I-1$	SS_A	MS_A	$\mathrm{MS}_A/\mathrm{MS}_E$
B	$J-1$	SS_B	MS_B	$\mathrm{MS}_B/\mathrm{MS}_E$
误差	$(I-1)(J-1)$	SS_E	MS_E	
总和	$IJ-1$	SS_T		

有区组的单因素试验在分析中, 常把区组看成一个因素, 一般假定因素与区组无交互作用. 当试验没有重复时, 其方差分析就是表 2.14 的情形. 若试验没有重复, 而交互作用又可能显著, 这时误差得不到估计, 从而难以进行相应的统计检验. 解决的方法是采用其他试验设计的方法, 如均匀设计, 详见第五章.

2.3.4　两因素的回归模型

传统的因子设计的试验数据仅用上述讨论的线性可加模型、方差分析及多重比较等方法来进行分析. 近代, 许多人将回归分析的方法也应用于因子试验的数据分析中. 在 2.1 节中, 我们曾详细介绍了各种回归模型在单因素试验中的应用. 本节简单讨论回归分析在双因素试验中的应用.

不妨假设两因素试验中因素 A 和 B 都是定量的. 为简单起见, 下面直接用 A、B、AB 分别表示因素 A 和 B 及其一阶交叉乘积 $A \times B$ 的取值, 例如 AB 表示 A 的实际水平值乘 B 的实际水平值. 若因素 A 和 B 存在交互效应时, 最

简单的线性模型为

$$y = \beta_0 + \beta_1 A + \beta_2 B + \beta_3 AB + \varepsilon. \tag{2.68}$$

若通过先验知识已知不存在交互效应, 则模型 (2.68) 退化为

$$y = \beta_0 + \beta_1 A + \beta_2 B + \varepsilon. \tag{2.69}$$

若上述模型拟合效果不佳, 则可以选取二次模型, 例如

$$y = \beta_0 + \beta_1 A + \beta_2 B + \beta_{11} A^2 + \beta_{12} AB + \beta_{22} B^2 + \varepsilon \tag{2.70}$$

或中心化二次模型

$$y = \beta_0 + \beta_1 (A - \bar{A}) + \beta_2 (B - \bar{B}) + \beta_{11} (A - \bar{A})^2 +$$
$$\beta_{12} (A - \bar{A})(B - \bar{B}) + \beta_{22} (B - \bar{B})^2 + \varepsilon, \tag{2.71}$$

式中 $\bar{A}$ 和 $\bar{B}$ 分别表示因素 A 和 B 的平均水平值.

对于例 2.7 中数据, 我们分别比较模型 (2.68)~(2.71), 发现二次模型

$$\hat{y} = 69.490 + 0.758A + 0.065A^2 - 0.508AB + 0.060B^2 \tag{2.72}$$

拟合的效果很好, 式中不出现 B 的一次项的原因在于例 2.7 中因素 B 可以由其他项线性表出, 因此 B 的一次项不显著. 此时, 模型的 $R^2 = 0.998$, 方差分析中的 F 值为 856.457, 因此该二次模型是合适的. 对于例 2.7, 我们还发现二次模型与中心化二次模型的效果一样, 但这个特点对其他数据不一定成立.

例 2.7 中的两个因素都是定量的, 因此上述的建模方法是合适的. 然而在有些情况下存在定性的因素, 此时, 建模方法有所不同, 我们将在后面几章中讨论定性变量情形的回归方法. 读者也可参考方开泰, 马长兴 (2001) 的 1.8 节.

2.3.5 随机效应

在 2.1.5 小节中, 我们曾介绍了因素的效应有两种类型: 固定效应和随机效应. 对于多因素试验, 方差分析按照效应类型可分为三种模型:

(1) **固定模型**: 所有因素的效应都是固定的;
(2) **随机模型**: 所有的因素的效应都是随机的;
(3) **混合模型**: 部分因素的效应是随机的, 部分是固定的.

在方差分析中, 这三种模型在平方和、均方的计算上是完全一样的, 唯一不同的是 F 检验的方法. 下面讨论两因素试验的随机模型和混合模型, 以及与固定模型的比较.

在两因素试验的随机模型中, 假定响应值 y_{ijl} 可以分解为

$$y_{ijl} = \mu + \alpha_i + \beta_j + (\alpha\beta)_{ij} + \varepsilon_{ijl},$$
$$i = 1, 2, \cdots, I; j = 1, 2, \cdots, J; l = 1, 2, \cdots, R, \tag{2.73}$$

其中 y_{ijl} 是水平组合 A_iB_j 的第 l 次试验的响应值, α_i 是因素 A 取水平 A_i 的主效应, β_j 是因素 B 取水平 B_j 的主效应, $(\alpha\beta)_{ij}$ 表示水平组合 A_iB_j 对 y 的交互效应, ε_{ijl} 是该次试验的随机误差. (2.73) 式的表达形式与前面固定效应的两因素模型 (2.58) 是一样的. 然而, 不同于固定效应模型, 我们假设主效应 α_i 和 β_j、交互效应 $(\alpha\beta)_{ij}$ 和随机误差 ε_{ijl} 是相互独立的随机变量, 且

$$\alpha_i \sim N(0, \sigma_A^2), \ \beta_j \sim N(0, \sigma_B^2), \ (\alpha\beta)_{ij} \sim N(0, \sigma_{A \times B}^2), \ \varepsilon_{ijl} \sim N(0, \sigma^2).$$

由于这些效应都是随机变量, 因此原来固定模型中的主效应之和为 0 的条件及对交互效应的限制条件已不复存在. 对于任意响应值 y_{ijl}, 我们有

$$\mathrm{Var}(y_{ijl}) = \sigma_A^2 + \sigma_B^2 + \sigma_{A \times B}^2 + \sigma^2.$$

我们感兴趣的是检验

$$H_0 : \sigma_A^2 = 0, \quad H_0 : \sigma_B^2 = 0 \quad \text{或/和} \quad H_0 : \sigma_{A \times B}^2 = 0. \tag{2.74}$$

理论上可以导出 MS_A, MS_B, $\mathrm{MS}_{A \times B}$ 和 MS_E 的均值如下:

$$E(\mathrm{MS}_A) = RJ\sigma_A^2 + R\sigma_{A \times B}^2 + \sigma^2, \tag{2.75}$$

$$E(\mathrm{MS}_B) = RI\sigma_B^2 + R\sigma_{A \times B}^2 + \sigma^2, \tag{2.76}$$

$$E(\mathrm{MS}_{A \times B}) = R\sigma_{A \times B}^2 + \sigma^2, \tag{2.77}$$

$$E(\mathrm{MS}_E) = \sigma^2. \tag{2.78}$$

由此看出, 做显著性检验时需先检验交互效应 $A \times B$ 是否显著, 其原假设和备择假设分别为

$$H_0 : \sigma_{A \times B}^2 = 0, \quad H_1 : \sigma_{A \times B}^2 > 0,$$

其检验统计量为

$$F_{A \times B} = \frac{\mathrm{MS}_{A \times B}}{\mathrm{MS}_E},$$

其原因在于当 H_0 成立时, $\mathrm{MS}_{A \times B}$ 和 MS_E 的期望都是 σ^2. 检验统计量 $F_{A \times B}$ 在原假设成立时, 服从自由度分别为 $(I-1)(J-1)$ 和 $IJ(R-1)$ 的 F 分布, 且其 F 检验为上侧的单边检验. 类似地, 检验因素 A 和 B 的效应则用下面的 F 统计量

$$F_A = \frac{\mathrm{MS}_A}{\mathrm{MS}_{A \times B}}, \tag{2.79}$$

$$F_B = \frac{\mathrm{MS}_B}{\mathrm{MS}_{A \times B}}. \tag{2.80}$$

当原假设 $H_0 : \sigma_A^2 = 0$ 成立时, 统计量 F_A 服从自由度分别为 $I-1$ 和 $(I-1)(J-1)$ 的 F 分布; 而当原假设 $H_0 : \sigma_B^2 = 0$ 成立时, 统计量 F_B 服从自由度分别为 $J-1$ 和 $(I-1)(J-1)$ 的 F 分布. 易知, 这两个检验统计量和表 2.12 中的固定模型不一样. 另外, 由 (2.75)~(2.78) 式可得各方差的点估计值分别为

$$\hat{\sigma}^2 = \mathrm{MS}_E,$$

$$\hat{\sigma}_{A \times B}^2 = \frac{\mathrm{MS}_{A \times B} - \mathrm{MS}_E}{R},$$

$$\hat{\sigma}_A^2 = \frac{\mathrm{MS}_A - \mathrm{MS}_{A \times B}}{JR},$$

$$\hat{\sigma}_B^2 = \frac{\mathrm{MS}_B - \mathrm{MS}_{A \times B}}{IR}.$$

在两因素试验的混合模型中, 不妨假设 A 的效应是随机的, B 的效应是固定的, 相反的情况完全类似. 设响应值 y_{ijl} 可以类似地表达为 (2.73) 式, 且满足因素 B 的各主效应之和为 0, 即

$$\beta_1 + \beta_2 + \cdots + \beta_J = 0, \tag{2.81}$$

由于因素 A 的效应是随机的, 则模型中相应的假定为

$$\alpha_i \sim N(0, \sigma_A^2), \ (\alpha\beta)_{ij} \sim N(0, \sigma_{A \times B}^2), \ \varepsilon_{ijl} \sim N(0, \sigma^2),$$
$$i = 1, 2, \cdots, I; \quad j = 1, 2, \cdots, J; \quad l = 1, 2, \cdots, R. \tag{2.82}$$

此时, 我们可以导出 MS_A, MS_B, $\mathrm{MS}_{A\times B}$ 和 MS_E 的均值如下:

$$E(\mathrm{MS}_A) = RJ\sigma_A^2 + \sigma^2,$$

$$E(\mathrm{MS}_B) = R\sigma_{A\times B}^2 + \sigma^2 + \frac{RI}{J-1}\sum_{i=1}^{J}\beta_i^2,$$

$$E(\mathrm{MS}_{A\times B}) = R\sigma_{A\times B}^2 + \sigma^2,$$

$$E(\mathrm{MS}_E) = \sigma^2.$$

此时, 对 A 和 $A\times B$ 做检验时同于固定模型的情形, 而对 B 做检验时同于随机模型的情形, 即

$$F_A = \frac{\mathrm{MS}_A}{\mathrm{MS}_E}.$$

$$F_{A\times B} = \frac{\mathrm{MS}_{A\times B}}{\mathrm{MS}_E},$$

$$F_B = \frac{\mathrm{MS}_B}{\mathrm{MS}_{A\times B}},$$

且在 (2.74) 式中原假设成立时, $F_A \sim F_{I-1,IJ(R-1)}$, $F_{A\times B} \sim F_{(I-1)(J-1),IJ(R-1)}$, $F_B \sim F_{J-1,(I-1)(J-1)}$. 表 2.15 综合了上述三种情形. 在混合模型中, 各方差的点估计值分别为

$$\hat{\sigma}^2 = \mathrm{MS}_E,$$

$$\hat{\sigma}_{A\times B}^2 = \frac{\mathrm{MS}_{A\times B} - \mathrm{MS}_E}{R},$$

$$\hat{\sigma}_A^2 = \frac{\mathrm{MS}_A - \mathrm{MS}_E}{RJ}.$$

表 2.15 两因素的方差分析表

方差来源	自由度	平方和	均方	固定模型 F 值	随机模型 F 值	混合模型 F 值
A	$I-1$	SS_A	MS_A	$\mathrm{MS}_A/\mathrm{MS}_E$	$\mathrm{MS}_A/\mathrm{MS}_{A\times B}$	$\mathrm{MS}_A/\mathrm{MS}_E$
B	$J-1$	SS_B	MS_B	$\mathrm{MS}_B/\mathrm{MS}_E$	$\mathrm{MS}_B/\mathrm{MS}_{A\times B}$	$\mathrm{MS}_B/\mathrm{MS}_{A\times B}$
$A\times B$	$(I-1)(J-1)$	$\mathrm{SS}_{A\times B}$	$\mathrm{MS}_{A\times B}$	$\mathrm{MS}_{A\times B}/\mathrm{MS}_E$	$\mathrm{MS}_{A\times B}/\mathrm{MS}_E$	$\mathrm{MS}_{A\times B}/\mathrm{MS}_E$
误差	$IJ(R-1)$	SS_E	MS_E			
总和	$n-1$	SS_T				

为清楚起见, 我们将两因素试验的三种模型的方差分析表汇总在一起, 如表 2.15 所示, 从中可见固定效应、混合模型和随机模型中对于交互效应 $A \times B$ 的检验统计量是一样的, 而因素 A 和 B 有所区别.

2.4 区组设计

在试验中, 常存在一些对响应有影响但不可控的因素或我们并不关心的因素, 在处理上常把这些因素称为**噪声因素**. 若噪声因素未知且不可控, 可用随机化安排试验降低其影响; 若噪声因素已知且可控, 我们常采用区组的方法消除其影响. 在工农业试验中, 分区组是很重要的设计技术. 首先考虑下面的四个例子.

例 2.8　水稻种植试验中, 比较三个品种的产量是否存在区别. 现取五个不同土壤条件的地区, 每个地区各选三块面积和形状都非常接近的试验田, 如图 2.10(a) 所示, 不同地区的试验田面积可以不同. 若每一块试验田安排一个品种, 如何安排这 15 个试验?

例 2.9　有四个玉米品种, 在一块长方形的试验田上进行试验, 将其按横向和竖向各四等分, 共分为 16 个长方块, 每个品种占 4 块, 如图 2.10(b) 所示. 若这块试验田的土壤肥沃程度和其他条件沿横竖两个方向都有差异. 如何安排这 16 个试验?

例 2.10　若比较四个水稻品种的产量是否存在区别. 现取四个不同土壤条件的地区各选三块面积和水土条件都非常接近的试验田, 每一块试验田安排一个品种, 如图 2.10(c) 所示. 如何安排这 12 个试验?

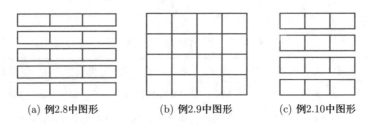

(a) 例2.8中图形　　　(b) 例2.9中图形　　　(c) 例2.10中图形

图 2.10　　区组设计示意图

在例 2.8—例 2.10 中, 由于不同地区的土壤条件不同, 若用完全随机化设计, 则某些种子可能恰好都分在土壤条件较差的地区, 从而数据分析时不利于该种子. 为了避免这一点, 我们在试验中把条件接近的一组试验单元放在一起, 构成一个**区组**, 即每个地区构成一个区组. 另外, 例 2.8 中每个地区提供的试验田的块数与水平数相等, 而例 2.10 中每个地区的块数小于相应的水平数, 因此, 这两个例子的试验安排应有所不同.

2.4.1 完全随机区组设计

在例 2.8 中, 我们把每个地区的三个试验单元作为一个区组, 且规定在每一个区组内, 三个品种必须各占一块地. 至于区组内哪一个品种占哪一块地, 则由随机的方式决定. 这种试验安排称为**完全随机区组设计** (randomized complete block design, 简称为 RCBD). 设因素有 q 个水平, 完全随机区组设计要求每个区组恰好包含 q 个试验单元, 而全部 n 个试验单元应能分解为 r 个区组, 即 $n = qr$. 每个水平在每一区组内恰占一个试验单元; 而区组内用随机化的方法确定哪一个试验单元分配哪个水平. 这种设计在实践中非常有用, 因为在规模较大的试验中, 使每一个试验的条件都很接近不太容易做到.

若第 i $(i = 1, 2, \cdots, q)$ 个水平在第 j $(j = 1, 2, \cdots, r)$ 个区组中只重复一次, 其响应记为 y_{ij}, 如表 2.16 所示. 完全随机区组设计的统计模型为

$$y_{ij} = \mu + \tau_i + \beta_j + \varepsilon_{ij}, \quad i = 1, 2, \cdots, q; \quad j = 1, 2, \cdots, r, \qquad (2.83)$$

式中 μ 是总均值, τ_i 为因素第 i 个主效应, β_j 为第 j 个区组的效应, 随机误差 ε_{ij} 独立地服从 $N(0, \sigma^2)$. 完全随机区组设计的模型 (2.83) 相当于两因素试验的统计模型 (2.58) 中交互效应为零的情形, 换句话说, 若把区组作为一个噪声因素, 则在区组设计中, 噪声因素与我们关心的因素之间不存在交互作用. 类似于两因素模型的限制条件 (2.62), 模型 (2.83) 中要求

$$\sum_{i=1}^{q} \tau_i = 0, \quad \sum_{j=1}^{r} \beta_j = 0.$$

表 2.16 完全随机区组设计的响应

区组 1	区组 2	$\cdots$	区组 r
y_{11}	y_{12}	$\cdots$	y_{1r}
y_{21}	y_{22}	$\cdots$	y_{2r}
y_{31}	y_{32}	$\cdots$	y_{3r}
$\vdots$	$\vdots$		$\vdots$
y_{q1}	y_{q2}	$\cdots$	y_{qr}

在上面的约束条件下, 模型 (2.83) 的分析过程类似于 2.3 节中的两因素模型, 只需令模型 (2.58) 中交互效应为零即可.

2.4.2 拉丁方设计

完全随机区组设计中只有一个区组, 然而有些试验需要用到 "双向区组". 如例 2.9 所示, 这块试验田的土壤肥沃程度和其他条件沿横竖两个方向都有差异, 此时, 我们需要双向区组设计, 即希望在每一横向的 4 个长方块每个品种都占一块, 且在每一竖向的 4 个长方块每个品种也都占一块, 从而使任一品种在任一方向上都不占优势. 为了解决这一问题, 我们需要应用**拉丁方设计**. 一个 n 阶的拉丁方设计为一个有 n 个拉丁字母的 $n \times n$ 方阵, 每个字母在每行只出现一次, 在每列也只出现一次. 有时, 我们用数字 $1, 2, \cdots, n$ 代替拉丁字母, 表 2.17 给出两个 4 阶拉丁方设计. 这些 4 阶拉丁方设计可以处理例 2.9 的问题.

表 2.17 4 阶拉丁方设计

1	2	3	4	4	2	1	3
2	1	4	3	2	1	3	4
3	4	1	2	1	3	4	2
4	3	2	1	3	4	2	1

由表 2.17 可知, n 阶拉丁方设计不是唯一的. 事实上, 任意 n 阶拉丁方设计都不是唯一的. 特别地, 表 2.17 右边的拉丁方设计称为 4 阶**左循环拉丁方**. 一个 n 阶拉丁方称为左循环拉丁方, 若其第 $i+1$ 行 $\boldsymbol{x}_{i+1}$ 由第 i 行 $\boldsymbol{x}_i$ 通过一个左移算子 L 得到, 即

$$\boldsymbol{x}_{i+1} = \boldsymbol{L}\boldsymbol{x}_i, \quad i = 1, 2, \cdots, n-1,$$

式中左移算子 $\boldsymbol{L}(a_1, a_2, \cdots, a_n) = (a_2, a_3, \cdots, a_n, a_1)$. 因此, 只要设计的第一行是 $\{1, 2, \cdots, n\}$ 的一个随机置换, 就可以得到一个左循环拉丁方. 类似地, 通过一个右移算子就可以定义右循环拉丁方.

一个 n 阶拉丁方设计中, 两个区组分别称为**行区组**和**列区组**. n 阶拉丁方设计的统计模型可表示为

$$y_{ijk} = \mu + \tau_i + \alpha_j + \beta_k + \varepsilon_{ijk}, \tag{2.84}$$

式中 $j, k = 1, 2, \cdots, n$, i 为拉丁方设计中 (j, k) 位置的元素, μ 为总均值, τ_i 为

因素第 i 个主效应, α_j 为第 j 个行区组的效应, β_k 为第 k 个列区组的效应, 随机误差 ε_{ijk} 独立地服从 $N(0, \sigma^2)$. 这里 (i, j, k) 的组合只有 n^2 个. 同时, 模型 (2.84) 中假设因素和区组及区组相互之间的交互效应都不存在.

一般地, 拉丁方设计的阶数不易取太大, 如 $k \leqslant 8$, 其原因在于太大的拉丁方设计很难控制区组间的变差, 从而使设计的有效性较低. 关于模型 (2.84) 的具体分析可参考 Montgomery (2005).

两个拉丁方设计称为相互正交的, 若两个拉丁方设计重叠在一起时, 所有的水平组合恰好出现一次. 例如表 2.18 的两个 4 阶拉丁方设计是正交的, 因为其 16 个水平组合都只出现一次. 实际上, 表 2.18 的两个设计与表 2.17 左边的拉丁方设计是两两正交的. 对于这种正交拉丁方设计, 文献中也称为 **Graeco-Latin 设计**. 常见的 Graeco-Latin 设计的阶数有 3, 4, 5, 7 和 8, 而不存在阶数为 6 的正交拉丁方设计. 在区组设计中, 更高阶的正交拉丁方设计很少用, 其原因在于当阶数过大时, 区组内的差别太大, 不利于数据分析. 关于正交拉丁方设计的具体分析可参考 Wu, Hamada (2000).

表 2.18   4 阶正交拉丁方设计

1	2	3	4	1	3	2	4
3	4	1	2	4	2	3	1
4	3	2	1	3	1	4	2
2	1	4	3	2	4	1	3

2.4.3 平衡不完全随机区组设计

在完全随机区组设计和拉丁方设计中, 每个区组所含的试验单元数与因素的水平数相同. 然而有些试验中, 区组所含的试验单元数小于因素的水平数, 如例 2.10 所示, 无法在每个区组内把因素的各水平都做一次试验. 这种区组称为不完全区组, 此时我们需在区组不完全的困难条件下, 设法达到某种程度的平衡.

记例 2.10 中四个地区分别为 B_1, B_2, B_3, B_4, 并作为四个区组. 四个水稻品种记为 A_1, A_2, A_3, A_4, 即因素的水平数为 4. 我们按照表 2.19 安排试验. 表 2.19 中 (i, j) 位置上的元素为 1 表示第 i 个水平品种在第 j 个地区做试验, $i = 1, 2, 3, 4$, $j = 1, 2, 3, 4$. 每个地区的三块试验田安排三个品种, 例如 B_1 中安排 A_1, A_2, A_3 这三个品种, 这里可采用随机的方法安排哪块试验田种植哪个品种. 表 2.19 的设计有以下几个性质:

(1) 每个区组中都含有 3 个不同的水平;

(2) 每个水平都在 3 个区组内出现;

(3) 任一对水平在同一区组内同时出现的次数都是 2.

表 2.19　平衡不完全随机区组设计

水稻品种	地区			
	B_1	B_2	B_3	B_4
A_1	1	1	1	−
A_2	1	1	−	1
A_3	1	−	1	1
A_4	−	1	1	1

例如水平 1, 2 同在区组 1, 2 中出现, 水平 2, 4 同在区组 2, 4 中出现, 等等. 表 2.19 的设计的几个性质体现了一种平衡性. 又因为其区组为不完全的, 且在区组内实行随机化, 我们称这类设计为**平衡不完全区组设计** (balanced incomplete block design, 简称为 BIBD). 一般地, 在 BIBD 中有 5 个参数:

$$(q, t, b, r, \lambda),$$

其中 q 为因素水平数, t 为每区组所含试验单元数且常称为区组大小, b 为区组数, r 为每个水平的试验次数, λ 为任一对水平在同一区组内同时出现的次数. 在例 2.10 中这五个参数分别为 $q = 4, t = 3, b = 4, r = 3, \lambda = 2$. 因此, 表 2.19 中的平衡不完全区组设计可以处理例 2.10 的问题. 这里若 $q = b$, 则称该设计为对称的. 实际应用中, 常遇到 $q \neq b$ 的情形, 相应的设计则称为非对称的.

在 BIBD 的五个参数中, 需满足如下的条件:

$$bt = qr, \tag{2.85}$$

$$\lambda(q - 1) = r(t - 1), \tag{2.86}$$

$$b \geqslant q. \tag{2.87}$$

这里等式 (2.85) 成立的原因在于 bt 和 qr 是两种计算试验总数的不同方法, 即 BIBD 的试验总数为 $n = bt = qr$. 同时, 存在水平 1 的区组个数为 r, 则这 r 个区组中其他水平的试验总数为 $r(t-1)$, t 为区组大小; 另一方面, 水平 1 与其他 $q - 1$ 水平组成的水平对为 $q - 1$, 而每个水平对在 BIBD 中出现 λ 次, 则与水平 1 的水平对共有 $\lambda(q-1)$ 个, 因此等式 (2.86) 成立. 不等式 (2.87) 由试验设计的奠基者费希尔 (R.A. Fisher) 得到, 证明比较复杂. 然而需要指出的是, 条件 (2.85)~(2.87) 只是 BIBD 存在的必要条件而非充分条件.

BIBD 的线性可加模型为

$$y_{ij} = \mu + \tau_i + \beta_j + \varepsilon_{ij}, \quad i = 1, 2, \cdots, q; \quad j = 1, 2, \cdots, b, \qquad (2.88)$$

式中 y_{ij} 为第 j 个区组的第 i 个观测值, μ 是总均值, τ_i 为因素第 i 个主效应, β_j 为第 j 个区组的效应, 随机误差 ε_{ij} 独立地服从 $N(0, \sigma^2)$. 由于区组的不完全, 该模型的估计及相应的方差分析表与完全随机区组设计和拉丁方设计有所不同. 具体可参考 Montgomery (2005).

分区组的这种思想, 在很多实际试验中会经常应用到. 例如, 我们再来看下面的一个例子.

例 2.11 一个四因素三水平的试验, 试验者从正交表 $L_{27}(3^{13})$ 中挑选部分列来安排. 试验在三台同型号设备上进行. 显然, 三台设备之间有一定的差异, 但这不是该试验所感兴趣的, 故这种差异被纳入随机误差之中. 为了减少这个差异对试验结果的干扰, 如何来设计这个试验呢?

这里, 正交表的概念将在下一节给出, 并在第三章详细展开讨论. 实际上, 例 2.11 的试验安排也会考虑区组这个概念的. 详细的处理方式将在第三章给出.

2.5 全面试验与其部分实施

在工农业和科学研究中, 经常需要考察多于两个因素对产品的影响. 设在一项研究中考察 s 个因素, 根据实际的需要分别取了 $q_1, q_2, \cdots, q_s$ 个水平, 则总的水平组合共有 $N = q_1 \cdots q_s$ 个. 当 N 不太大时, 有可能对所有的水平组合都做同样次数的试验, 这种试验方法称为**全面试验**, 其设计称为**完全因子设计**. 当全部水平组合数 N 太大时, 可从 N 个水平组合中抽取部分有代表性的水平组合来做试验, 这种试验方法称为**部分实施**或**部分因子设计** (fractional factorial design). 全面试验的优点是可以得到全面信息, 可同时估计出主效应和各交互效应; 其缺点是随着因素个数或水平数的增大, 试验数呈指数增长. 部分因子设计可以大大减少试验次数, 不过可能会丢失某些信息. 部分因子设计的目的是选择试验点使得我们能获得最主要的信息, 忽略次要的信息. 部分因子设计的方法很多, 正交设计和均匀设计都是效率很好的部分因子设计. 首先看一个例子.

例 2.12 对一容器灌注碳酸饮料, 由于灌注时会起泡, 响应值为溢出的饮料容量 (单位: cm^3). 考虑三个因素并各取三个水平, 即,

输液管的设计类型 (A): $A_1 = 1$, $A_2 = 2$, $A_3 = 3$;

灌注速度 (B, 单位: r/min): $B_1 = 100$, $B_2 = 120$, $B_3 = 140$;

操作压力 (C, 单位: psi[①]): $C_1 = 10$, $C_2 = 15$, $C_3 = 20$.

如何安排该试验? 常见的试验方法有三种.

① psi 为压强单位, 每平方厘米磅. 1 psi =0.06895 MPa.

2.5.1 全面试验

例 2.12 中的试验总有 27 个水平组合 $A_1B_1C_1$, $A_1B_1C_2$, $A_1B_1C_3$, $A_1B_2C_1$, $\cdots$, $A_3B_3C_3$, 全面试验如表 2.20 所示, 其中每个试验点的试验次数为两次, 试验结果中溢出容量为原溢出容量减 70 cm^3. 全面试验对剖析因素和响应之间的关系比较彻底, 当因素数和水平数都不太大, 且响应和因素之间的关系比较复杂时, 推荐使用全面试验. 当因素较多且每个因素又取较多水平时, 全面试验要求的试验可能太多, 以致不能实现. 例如有 6 个因素, 每个因素都取五水平的试验, 全面试验至少需要做 $5^6 = 15625$ 次试验, 这在工业试验中是不现实的.

表 2.20   三因素三水平的全面试验

试验号	因素			溢出容量	
	A	B	C		
1	0	0	0	−34	−24
2	0	0	1	110	75
3	0	0	2	4	5
4	0	1	0	−45	−60
5	0	1	1	−12	32
6	0	1	2	−40	−30
7	0	2	0	−43	18
8	0	2	1	80	54
9	0	2	2	31	36
10	1	0	0	17	24
11	1	0	1	55	120
12	1	0	2	−24	−6
13	1	1	0	−65	−58

续表

试验号	因素			溢出容量	
	A	B	C		
14	1	1	1	−55	−44
15	1	1	2	−64	−62
16	1	2	0	20	4
17	1	2	1	110	44
18	1	2	2	−20	−31
19	2	0	0	−39	−35
20	2	0	1	90	113
21	2	0	2	−30	−55
22	2	1	0	−55	−67
23	2	1	1	−28	−26
24	2	1	2	−61	−52
25	2	2	0	15	−30
26	2	2	1	110	135
27	2	2	2	54	4

注: 在文献中, 三个水平常用 0, 1, 2 表示.

2.5.2　单因素试验轮换法

这种方法是将一个多因素试验化为多个单因素试验. 比如, 在一个三因素三水平的试验中, 为了找出因素 A 使得响应值最佳的水平, 可以固定其他因素的水平, 然后用重复试验分别比较 A 的三个水平的响应值, 假设 A_3 的响应值最佳. 接下来, 让因素 A 固定为 A_3 并固定 C 为某一水平, 比较 B 的三个水平, 假设 B_2 达到最佳. 最后固定因素 A 和 B 分别为 A_3 和 B_2, 比较因素 C 的三个水平, 经过重复试验后得出组合 $A_3B_2C_2$ 最好的结论. 然而单因素试验轮换法, 一般地, 只用于考察每个因子效应的基本变化情况, 而无法刻画多个因素的联合影响, 即交互作用的影响. 因此, 单因素试验轮换法, 虽然能达到一定的效果, 但当因素间有交互作用时, 这种方法往往不能找到最佳的参数组合. 有时辗转于各种单因素优化水平试验之中, 以至于迷失优化的方法. 所以, 这种方法不宜推荐.

2.5.3　部分因子设计

从实际的角度看, 因子试验的缺点之一是当因素数增加或因素的水平数增加时, 水平组合数将呈指数增长. 一种处理方法是考虑合理的因素数并把每个因素的水平数限制为 2. 假设我们有 s 个这样的因素, 则我们记该试验为 2^s 因素试验. 虽然 2^s 因素试验被广泛地使用, 但对于非线性模型, 两水平是远远不够的, 特别是在模型未知的情形下. 例如, 图 2.11 所示的两水平试验, 往往会得出错误的结论. 图 2.11(a) 表示因素 A 选择的水平范围准确, 但是水平数太少以至于两水平 A_1 和 A_2 处响应值相同, 从而会得出因素 A 对于响应无显著影响的错误结论; 图 2.11(b) 表示因素的水平范围选择错误; 图 2.11(c) 表明因素 A 与响应值 Y 有一定的关系, 但是由于水平数太少不能得到因素 A 与 Y 的更准确的关系.

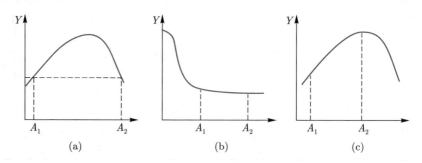

图 2.11   模型未知时, 两水平试验可能出现的问题

另一种处理方式为在全部水平组合中, 选出一部分有代表的试验点做试验, 即所谓的部分因子设计. 我们称 p 个因素 $A_1, A_2, \cdots, A_p$ 综合的交互效应为 p 阶交互效应, 并记为 $A_1 \times A_2 \times \cdots \times A_p$. 如何选择有代表的试验点呢? 大量试验的结果表明, 有许多效应在试验中没有显著影响. 于是, 从实际经验出发, 统计学家提出了选取代表点的两个原则:

● **稀疏原则** (effect sparsity principle): 在因子试验中, 重要效应的个数不会太多.

● **有序原则** (hierarchical ordering principle): 主效应比交互效应重要; 低阶交互效应比高阶交互效应重要, 而同阶效应重要性一样.

效应稀疏原则考虑的是重要的效应而忽略不重要的效应. 效应有序原则说明当试验次数不允许太多时, 首先忽略高阶交互效应, 其次忽略低阶交互效应, 例如, 我们常认为三阶交互效应比四阶交互效应重要, 而二阶交互效应比三阶交互效应重要, 等等. 因此当试验次数不多时, 先估计主效应, 有余力时再估计低阶交互效应. 有序原则对那些效应数很多而不能全部估计的试验是非常有效的. 然而, 需要指出的是, 稀疏原则和有序原则只是经验总结, 这两个原则并不永远正确, 特别是有序原则, 换句话说, 有些试验中只有高阶交互效应显著而主效应和低阶交互效应都不显著, 例如在艾滋病的鸡尾酒疗法中, 很多成分以合理的比例混合在一起才有效, 意味着高阶交互效应显著. 根据这两个原则, 全面试验的部分实施成为可能. 那么, 用什么原则来挑选试验点呢? 常见的方法有正交设计和均匀设计.

正交设计要求

- 对任一因素的诸水平做相同数目的试验;
- 对任两个因素的水平组合做相同数目的试验.

这里第一个要求是保证每个因素诸水平间的均衡性; 第二个要求是保证任两个因素的全部水平组合的均衡性. 故正交性本质上是水平组合的均衡性. 根据这两个要求, 例如, 可在例 2.12 的全面试验的 27 个水平组合中选出 9 个组合, 如表 2.21 所示. 在第三章中, 我们将具体给出这些概念以及相应的分析.

均匀设计要求

- 对任一因素的诸水平做相同数目的试验;
- 所选的试验点在试验范围内分布均匀.

这里第一个要求是保证每个因素诸水平间的均衡性, 而第二个要求涉及如何度量试验点分布的均匀性. 均匀设计常面对模型是未知的试验, 通过试验来估计模型. 均匀设计可以用较少的试验数来处理多因素、多水平的问题. 例如, 设一个试验中有 4 个因素, 而且每个因素的水平都是 4, 则其完全因子试验的试验点数至少为 $4^4 = 256$ 个. 此时, 正交设计至少需要 16 个试验点, 即采用正交表 $L_{16}(4^4)$ 来安排该试验; 而均匀设计可以只用 8 个试验点来安排试验, 如表 2.22 所示. 因此, 采用均匀设计有时可以大大减少试验次数. 关于均匀设计的详细讨论见第五章.

表 2.21	三因素三水平的正交设计	
0	0	0
0	1	1
0	2	2
1	0	1
1	1	2
1	2	0
2	0	2
2	1	0
2	2	1

表 2.22	四因素四水平的均匀设计		
3	3	1	3
2	4	3	3
4	4	2	4
4	2	3	2
1	1	1	2
3	1	4	1
2	2	2	1
1	3	4	4

习　题

2.1　为了提高合成纤维的抗拉强度, 根据以前的经验, 工程师知道在合成纤维中棉花所占的比例 (单位: %) 可能会影响到抗拉强度 (单位: lb/in²), 而且棉花所占比例的范围应该在 10% ~ 40%. 为此, 他选定棉花所占比例的五个水平: 15%, 20%, 25%, 30%, 35%, 并在每个水平下试验四个样品, 其数据如下:

棉花所占比例	15	20	25	30	35
抗拉强度	7	12	14	20	8
	15	18	19	25	10
	11	17	18	24	14
	9	13	19	22	11

(a) 考虑线性可加模型 (2.1), 并按该模型分解试验数据, 同时估计其主效应及误差方差的大小;

(b) 计算其方差分析表, 并分析在合成纤维中棉花所占比例是否对抗拉强度有影响 ($\alpha = 0.05$).

2.2　对于 2.1 题中数据应用二次回归模型.

(a) 估计其线性项及误差方差的大小, 并与 2.1(a) 的结果做比较.

(b) 对回归模型进行失拟检验, 并给出相应的结论.

2.3　对于 2.1 题中数据, 应用 Bonferroni 法和 Tukey 法进行多重比较, 并给出相应的结论.

2.4　许多纺织厂用某一种型号的织布机. 由于这些纺织厂分布在不同城市, 它们的生产情况会有所不同. 为了估计该型号的重复性, 现在 5 个不同城市, 每个城市抽一台这个型号的织布机, 并在 6 个不同时间记录其产量, 其数据如下:

织布机	产　量					
1	14.0	14.1	14.2	14.0	14.1	13.9
2	13.9	13.8	13.9	14.0	13.9	13.8
3	14.1	14.2	14.2	14.0	13.9	14.0
4	13.6	13.8	14.0	13.9	13.7	13.8
5	13.8	13.6	13.9	13.7	14.0	13.9

(a) 解释为什么该试验应用随机效应模型 (2.39) 进行分析?

(b) 该型号织布机的产量在不同城市间是否存在显著区别? 取 $\alpha = 0.05$.

2.5 考察某地区便利店的商品零售额 (x, 单位: 万元) 与商品流通费率 (y, 单位: %) 之间的关系, 抽样得到的数据如下:

商品零售额	9.5	11.5	13.5	15.5	17.5	19.5	21.5	23.5	25.5	27.5
商品流通费率	6.0	4.6	4.0	3.2	2.8	2.5	2.4	2.3	2.2	2.1

试应用回归模型、近邻多项式方法及样本方法估计其模型, 并讨论这三种方法的表现.

2.6 为了研究显影剂浓度 (A, 单位: %) 和显影时间 (B, 单位: min) 对胶卷不透明度的影响, 试验人员设用 3 种不同浓度和 3 个不同时间, 并在每种组合下做 3 次重复试验, 得到不透明度的数据如下所示:

显影剂浓度	显影时间		
	10	14	18
1	0, 2, 5	1, 2, 4	3, 4, 6
2	4, 5, 7	6, 7, 8	7, 8, 10
3	7, 8, 10	8, 9, 10	9, 10, 12

(a) 显影时间和显影剂浓度这两个因素是否会影响胶卷不透明度? 取 $\alpha = 0.05$;

(b) 显影时间和显影剂浓度的交互效应是否影响胶卷不透明度? 取 $\alpha = 0.05$.

2.7 对于 2.6 题的数据, 考虑用回归模型拟合:

(a) 给出一至两个拟合模型, 并检验回归模型的显著性;

(b) 估计拟合模型的误差方差;

(c) 利用残差点图对模型加以诊断.

2.8 若试验中有三个因素 A, B, C, 其水平数分别为 I, J, K, 并在每个水平组合下重复 R 次试验, 则该三因素的线性可加模型为

$$y_{ijkl} = \eta + \alpha_i + \beta_j + \delta_k + (\alpha\beta)_{ij} + (\alpha\delta)_{ik} + (\beta\delta)_{jk} + r_{ijk} + \varepsilon_{ijkl},$$

$$i = 1, 2, \cdots, I; \quad j = 1, 2, \cdots, J; \quad k = 1, 2, \cdots, K; \quad l = 1, 2, \cdots, R,$$

式中 $\alpha_i, \beta_j, \delta_k$ 分别为 A, B, C 的主效应, $(\alpha\beta)_{ij}$, $(\alpha\delta)_{ik}$, $(\beta\delta)_{jk}$ 分别为 $A \times B$, $A \times C$, $B \times C$ 的二阶交互效应, r_{ijk} 为 $A \times B \times C$ 的三阶交互效应, 随机误差 $\varepsilon_{ijkl} \sim N(0, \sigma^2)$. 考虑约束条件

$$\sum_{i=1}^{I} \alpha_i = \sum_{j=1}^{J} \beta_j = \sum_{k=1}^{K} \delta_k = 0,$$

$$\sum_{i=1}^{I} (\alpha\beta)_{ij} = \sum_{j=1}^{J} (\alpha\beta)_{ij} = \sum_{i=1}^{I} (\alpha\delta)_{ik} = \sum_{k=1}^{K} (\alpha\delta)_{ik}$$

$$= \sum_{j=1}^{J} (\beta\delta)_{jk} = \sum_{k=1}^{K} (\beta\delta)_{jk} = 0,$$

$$\sum_{i=1}^{I} r_{ijk} = \sum_{j=1}^{J} r_{ijk} = \sum_{k=1}^{K} r_{ijk} = 0,$$

$$i = 1, 2, \cdots, I; \quad j = 1, 2, \cdots, J; \quad k = 1, 2, \cdots, K,$$

类似于表 2.12 的两因素的方差分析表, 试给出三因素试验的方差分析表.

2.9　考虑三因素模型

$$y_{ijk} = \eta + \alpha_i + \beta_j + \delta_k + (\alpha\beta)_{ij} + (\beta\delta)_{jk} + \varepsilon_{ijk},$$

$$i = 1, 2, \cdots, I; \quad j = 1, 2, \cdots, J; \quad k = 1, 2, \cdots, K.$$

注意该试验在每个水平组合只做一次.

　　(a) 哪些项可作为随机误差?

　　(b) 给出相应的方差分析表.

2.10　给出一个五阶的右循环拉丁方设计.

第三章

正交试验设计

正交设计是一种用于多因子试验的方法, 也称为正交试验设计, 它是从全面试验的水平组合中挑选出部分有代表的点进行试验, 即所谓部分因子设计. 这种设计采用了水平组合均衡的原则, 设计点具有 "均匀分散" 和 "整齐可比" 的特点, 具有很高的效率. 本章介绍正交设计的方法、数学模型及其数据分析, 同时也介绍对正交设计方案进行比较的最优性准则.

3.1 正交表

3.1.1 正交表的定义

正交表是用于安排多因子试验的一类特别的表格, 它是正交设计的工具. 正交设计就是使用正交表来安排试验的方法. 一个正交表 $L_n(q_1^{m_1} \cdots q_r^{m_r})$ 是一个 $n \times m$ 矩阵, 其中 $m = m_1 + m_2 + \cdots + m_r$, m_i 个列有 $q_i(\geqslant 2)$ 个水平, 使得对任意两列, 所有可能的水平组合在设计矩阵中出现的次数相同. 显见, 对一个正交表, 各参数的含义为:

L 表示正交表;

n 为试验总数;

q_i 为因子的水平数, $i = 1, 2, \cdots, r$;

m_i 为表中 q_i 水平因子的列数, 表示最多能容纳的 q_i 水平因子的个数;

r 为表中不同水平数的数目.

当所有因子的水平数相同时, 称这类表为**对称正交表**, 若水平数为 q, 则记为 $L_n(q^m)$. 而当 $r > 1$ 时, 称它们为**非对称正交表**或**混合水平正交表**.

根据上述定义, $L_8(2^4 4^1)$ 表示一个混合水平正交表, 用该表可以安排 1 个四水平因子和最多 4 个二水平因子, 总共做 8 次试验; 而表 3.1 给出的 $L_9(3^4)$ 表示用该正交表可安排最多 4 个因子, 每个因子均为 3 水平, 总共要做 9 次试验. 本书附录列出了部分常用正交表, 以方便读者使用. 更多的正交表可参考

Hedayat, et al. (1999), 以及分别由 N. J. A. Sloane 博士和 W. F. Kuhfeld 博士维护的正交表网站.

表 3.1　正交表 $L_9(3^4)$

试验号	1	2	3	4
1	1	1	1	1
2	1	2	2	2
3	1	3	3	3
4	2	1	2	3
5	2	2	3	1
6	2	3	1	2
7	3	1	3	2
8	3	2	1	3
9	3	3	2	1

3.1.2　正交表的性质

显然, 任何一张正交表必须满足两个条件:

(1) 任一列中诸水平出现的次数相等;

(2) 任两列中所有可能的水平组合出现的次数相等.

反之, 凡满足上述两条件的表, 就称为正交表. 易见, 条件 (2) 蕴含了条件 (1). 正交表中的 "1" "2" "3" 等只是一个代号, 例如, 可以用 "a" "b" "c" ··· 或任何其他记号代替. 特别地, 如将 "1" "2" "3" 换成以 0 为对称中心的三个数, 例如 $-1, 0, 1$, 则 $L_9(3^4)$ 的四列组成的矩阵为

$$X = \begin{pmatrix} -1 & -1 & -1 & -1 \\ -1 & 0 & 0 & 0 \\ -1 & 1 & 1 & 1 \\ 0 & -1 & 0 & 1 \\ 0 & 0 & 1 & -1 \\ 0 & 1 & -1 & 0 \\ 1 & -1 & 1 & 0 \\ 1 & 0 & -1 & 1 \\ 1 & 1 & 0 & -1 \end{pmatrix},$$

易见 $X'X = 6I_4$, 即 X 的列相互正交. 请注意, 正交表的 "正交" 两字比 "列正交" 要求要高.

如果试验中有 4 个三水平因子 A, B, C 和 D, 可以用该 $L_9(3^4)$ 来安排, 这时是 3^{4-2} 部分实施, 即从 $3^4 = 81$ 次试验中只实施其中 1/9 的水平组合, 所以, 正交表是指示试验者如何从全面试验中提取部分实施的方便工具.

将 $L_9(3^4)$ 的 9 行作任意置换, 其试验方案并无实质改变, 只是试验号作了适当调整. 类似地, 若将 $L_9(3^4)$ 的 4 列作任意置换, 其试验方案是将因子 A、B、C 和 D 改放在不同的列, 从正交表的几何结构而言, 并无本质改变. 基于上述两点, 正交表 $L_9(3^4)$ 并不唯一, 从一个 $L_9(3^4)$ 表可以通过其行、列置换变出许许多多 $L_9(3^4)$ 表, 显然这些表是相互等价的. 一般地,

(1) 正交表的任意两行之间可以相互置换, 这使得试验的顺序可以自由选择;

(2) 正交表的任意两列之间可以相互置换, 这使得因子可以自由安排在正交表的各列上.

定义 3.1 两个正交表称为**等价**的, 如果对其中一张表进行适当的行置换和列置换可以得到另一张表.

进一步地,

(3) 正交表的每一列中的不同水平之间可以相互置换, 这使得因子的水平可以自由安排.

如果将正交表的每一列的水平作适当的置换, 变换后的表仍是同一类正交表, 在文献上又引进了同构的概念.

定义 3.2 两个正交表称为**同构**的, 如果对其中一张表进行适当的行置换、列置换及水平置换可以得到另一张表.

显然, 两张等价的正交表在使用时无本质差别. 在文献中, 长期以来认为同构的正交表有相同的统计推断能力, 这一观点实际是不准确的, 同构的正交表可能有不同的统计推断能力, 详细内容请参见方开泰、马长兴 (2001) 中的第4.4 节.

3.2 无交互作用的正交设计

本节通过对例 2.12 试验的设计和数据分析来说明正交试验设计的统计推断方法.

例 3.1 (例 2.12 续) 对例 2.12 中考虑的饮料灌注时的溢出容量问题, 请利用正交表 $L_9(3^4)$ 来安排试验, 并找出好的灌注方案以减少溢出容量.

3.2.1   用正交表进行设计

用正交表安排试验要根据因子的水平和数目, 来选取与因子水平相同且列数不少于因子个数的正交表. 若用正交表 $L_9(3^4)$ 来安排例 2.12 的试验, 其步骤很简单:

(1) 将因子 A, B, C 放在 $L_9(3^4)$ 的四列的任选三列中, 例如将 A 放在第一列, B 放在第二列, C 放在第三列;

(2) 将 A、B、C 对应的三列的 "1" "2" "3" 转换成具体的水平, 如表 3.2 所示;

表 3.2   溢出容量 $L_9(3^4)$ 试验方案

试验号	A	B	C	4	A	B	C
1	1	1	1	1	1(1)	1(100)	1(10)
2	1	2	2	2	1(1)	2(120)	2(15)
3	1	3	3	3	1(1)	3(140)	3(20)
4	2	1	2	3	2(2)	1(100)	2(15)
5	2	2	3	1	2(2)	2(120)	3(20)
6	2	3	1	2	2(2)	3(140)	1(10)
7	3	1	3	2	3(3)	1(100)	3(20)
8	3	2	1	3	3(3)	2(120)	1(10)
9	3	3	2	1	3(3)	3(140)	2(15)

(3) 9 个试验方案是: 第 1 号试验的条件为: 输液管的设计类型 1, 灌注速度 100, 操作压力 10; 第 2 号试验的条件是: 输液管的设计类型 1, 灌注速度 120, 操作压力 15……

这里需要强调的是, 这 9 次试验的操作次序应当随机决定, 例如用抽签的方式决定, 或用计算机中的随机数编成一个小程序来决定. 按随机化顺序做试验的目的是尽量避免试验因子外的其他因子对试验的影响, 避免试验受区组的影响, 例如操作人员、仪器设备、试验环境等因子的影响. 细心的读者会发现, 这 9 次试验的水平组合正好是上一章表 2.21 中的正交设计这一部分实施的 9 个水平组合. 根据表 3.2 的试验方案进行试验所得的溢出容量 (单位: cm^3) 列于表 3.3 中.

表 3.3   溢出容量试验结果与直观分析表

试验号	A	B	C	溢出容量 y
1	1(1)	1(100)	1(10)	-24
2	1(1)	2(120)	2(15)	32
3	1(1)	3(140)	3(20)	36
4	2(2)	1(100)	2(15)	120
5	2(2)	2(120)	3(20)	-62
6	2(2)	3(140)	1(10)	4
7	3(3)	1(100)	3(20)	-55
8	3(3)	2(120)	1(10)	-67
9	3(3)	3(140)	2(15)	135
T_1	44	41	-87	119
T_2	62	-97	287	
T_3	13	175	-81	
m_1	14.67	13.67	-29	
m_2	20.67	-32.33	95.67	
m_3	4.33	58.33	-27	
R	16.34	90.66	124.67	

3.2.2   试验结果的直观分析

试验结果的直观分析法是一种简便易行的方法. 直观分析法是本书第一作者于 1972 年首先提出来的, 在没有现代计算工具 (计算器或计算机) 的情况下, 直观分析法深受使用者欢迎. 即使在计算机逐渐普及的今天, 直观分析法因为具有直观的优点, 国内有关书籍仍将其作为数据分析的主要方法之一.

对本例来讲, 试验的目的是减少溢出容量, 溢出容量越小表明水平组合越好. 从表 3.3 中的 9 次试验结果看, 第 8 号试验的溢出容量最小, 为 -67 cm^3, 相应的水平组合 ($A_3 = 3$, $B_2 = 120$ r/min, $C_1 = 10$ psi) 是当前最好的水平搭配. 但是从 9 次试验中得到的最好水平组合, 在全部 27 次试验中不一定是最优方案. 下面通过直观分析, 也许能找到更好的水平搭配. 其步骤如下:

(1) 计算各因子在每个水平下的平均溢出容量

表 3.3 中 T_1, T_2 和 T_3 这三行的数据分别是各因子同一水平下的溢出容量之和, 相应地, m_1, m_2 和 m_3 这三行的数据分别是各因子在每一水平下的平均溢出容量. 例如, T_1 行 A 因子列的数据值 44 是 A 因子 (输液管的设计类型)

取 "1" 时的三次溢出容量之和, 即

$$T_1 = -24 + 32 + 36 = 44,$$

而 m_1 行 A 因子列的数据值 14.67 表示输液管的设计类型取 1 时的平均溢出容量, 即

$$m_1 = \frac{T_1}{3} = \frac{44}{3} = 14.67.$$

类似地, 在输液管的设计类型取 2 和 3 时三次试验的平均溢出容量分别为 20.67 和 4.33. 比较这三个平均溢出容量的大小可以看出 A 因子的第三水平最好, 因为其指标均值最小. 类似地, 灌注速度 B 取第二水平好, 操作压力 C 取第一水平好.

(2) 画平均溢出容量图

为直观起见, 将三个因子的三个平均溢出容量点在一张图上 (图 3.1). 从该图, 我们立即有如下的结论:

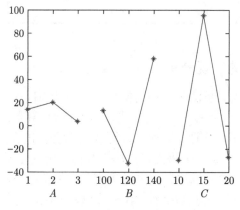

图 3.1   溢出容量与三因子关系图

(i) 输液管的设计类型 A 以 3 的平均溢出容量最小, 因为因子 A 的水平是定性的, 图的趋势并没有实际意义;

(ii) 灌注速度 B 以中间水平 120 r/min 的平均溢出容量最小, 增加或降低速度均使得平均溢出容量增高;

(iii) 操作压力 C 以低压力 10 psi 的平均溢出容量最小, 如有必要可以进一步试验操作压力是否应该再降低.

综合起来看, 以水平搭配 $A_3B_2C_1$ 为最好, 这与上面从 9 次试验结果直接看出的最优方案是一样的.

(3) 将因子对响应的影响排序

在一项试验中, 各因子对响应的影响是有主有次的. 对溢出容量试验, 直观上很容易得出, 若一个因子对溢出容量影响大, 则其是主要的, 那么这个因子不同水平下的溢出容量之间差异就大; 若一个因子影响不大, 则其是次要的, 相应的溢出容量之间差异就小. 反映在图上, 点的散布范围大的因子是主要的, 散布范围小的是次要的. 从图 3.1 容易看出主次关系如下:

$$\text{主} \longrightarrow \text{次}$$
$$C \quad B \quad A$$

其实, 这个主次关系可用**极差** (R) 来表达. 一个因子的极差是该因子各水平下响应均值的最大值与最小值之差. 若记一个 q 水平因子在各水平下的响应均值为 $m_1, m_2, \cdots, m_q$, 则极差为

$$R = \max\{m_1, m_2, \cdots, m_q\} - \min\{m_1, m_2, \cdots, m_q\}.$$

表 3.3 中各因子的极差列在了该表最后一行对应的因子列下. 例如, 表中最后一行 A 因子列下的值 16.33 是因子 A 的极差, 即

$$R = \max\{14.67, 20.67, 4.33\} - \min\{14.67, 20.67, 4.33\} = 16.33.$$

一个因子的极差大, 则改变该因子的水平会对指标造成较大的变化, 因此该因子对指标的影响大, 反之则影响小. 由表 3.3 的最后一行, A, B, C 三个因子的极差分布为 16.34, 90.66, 124.67, 由此即可将它们对溢出容量的影响排序为 C, B, A.

通过上述分析, 利用直观分析法可以得到如下结论:

(i) 获得最佳或满意的水平组合. 本例中我们得到的最佳水平组合为 $A_3B_2C_1$, 它与 9 次试验中最好的水平组合第 8 号试验是相同的. 通常情况下, 如果直观分析法得到的最佳水平组合未出现在已知的部分实施的试验中, 则需要进一步分析或追加验证试验. 最简单的验证方法是在求出的最佳水平组合下做几次试验, 看看平均响应值是否优于已做部分实施试验的结果.

(ii) 区分因子的主次. 本例中因子 C 是主要因子, 因子 B 次之, 因子 A 是最次要的.

3.2.3   试验结果的方差分析

试验结果的直观分析法简单、有效, 但还有不足之处, 通过极差的大小来评价各因子对试验指标影响的程度并没有一个客观的评价标准, 不能回答哪些因子对试验指标有显著的影响. 为回答这一问题, 需要对数据进行方差分析. 正交设计是多因子试验设计, 一般包含 3 个及以上的因子, 其方差分析法是双因子试验设计方差分析的推广, 仍然是通过离差平方和分解, 构造 F 统计量, 生成方差分析表, 对因子主效应和交互作用的显著性做检验.

(1) 给定统计模型

令因子 A 的三个水平的主效应为 $\alpha_1, \alpha_2, \alpha_3$, B 和 C 的三个水平的主效应分别为 $\beta_1, \beta_2, \beta_3$ 和 $\gamma_1, \gamma_2, \gamma_3$. y_{ijk} 表示在水平组合 $A_i B_j C_k$ 下的溢出容量, ε_{ijk} 为试验中的随机误差. 根据效应有序原则 (见 2.5.3 小节), 对该 9 次试验的数据, 其统计模型可假定为

$$\begin{cases} y_{ijk} = \mu + \alpha_i + \beta_j + \gamma_k + \varepsilon_{ijk}, i, j, k = 1, 2, 3, \\ \alpha_1 + \alpha_2 + \alpha_3 = \beta_1 + \beta_2 + \beta_3 = \gamma_1 + \gamma_2 + \gamma_3 = 0, \\ \text{各 } \varepsilon_{ijk} \text{ 独立同分布, 服从 } N(0, \sigma^2). \end{cases} \tag{3.1}$$

对表 3.3 中所做的 9 次试验, 用 y_i 表示第 i 行的水平组合对应试验的溢出容量, ε_i 表示对应试验的随机误差, 则将 y_{ijk} 按正交表的行号重新编号后, 可以详细写出数据对应的结构式, 比如:

$$y_1 = y_{111} = \mu + \alpha_1 + \beta_1 + \gamma_1 + \varepsilon_1,$$

其余类似.

在上述假定下, 方差分析的任务就是对如下三对假设分别作出检验:

$$H_{A0}: \alpha_1 = \alpha_2 = \alpha_3 = 0, \quad H_{A1}: \alpha_1, \alpha_2, \alpha_3 \text{ 不全为零,}$$

$$H_{B0}: \beta_1 = \beta_2 = \beta_3 = 0, \quad H_{B1}: \beta_1, \beta_2, \beta_3 \text{ 不全为零,}$$

$$H_{C0}: \gamma_1 = \gamma_2 = \gamma_3 = 0, \quad H_{C1}: \gamma_1, \gamma_2, \gamma_3 \text{ 不全为零.}$$

类似于利用 2.1.2 小节和 2.3.3 小节介绍的方差分析和 F 检验, 不难构造这些假设检验的有关 F 统计量并进行相应的显著性检验.

(2) 计算离差平方和

正交表的特殊结构使得有关离差平方和的计算变得十分容易和简单. 下面结合本例来说明相应的计算公式. 总离差平方和

$$SS_T = \sum_{i=1}^{n} (y_i - \bar{y})^2 = \sum_{i=1}^{9} (y_i - \bar{y})^2 = 45321.56,$$

其中

$$\bar{y} = \frac{1}{n} \sum_{i=1}^{n} y_i = \frac{1}{9} \sum_{i=1}^{9} y_i = 13.22.$$

因子 A 的离差平方和为

$$SS_A = \sum_{i=1}^{q} n_i (m_1^A - \bar{y})^2 = 3 \sum_{i=1}^{3} (m_1^A - \bar{y})^2,$$

其中 n_i 是在 A 的第 i 水平下所做试验的次数, 即 SS_A 是 A 的三个水平下的试验均值 (参见表 3.3 中 $m_1 \sim m_3$ 行) m_1^A, m_2^A, m_3^A 的离差平方和乘 3, 因为每个水平下做了三次试验. 于是

$$SS_A = 3[(m_1^A - \bar{y})^2 + (m_2^A - \bar{y})^2 + (m_3^A - \bar{y})^2]$$
$$= 3[(14.67 - 13.22)^2 + (20.67 - 13.22)^2 + (4.33 - 13.22)^2] = 409.56.$$

类似地, 由 B 和 C 在各自三个水平下的试验均值可算得 $SS_B = 12331.56$, $SS_C = 30592.89$. 残差平方和 SS_E 可通过平方和分解公式获得

$$SS_E = SS_T - SS_A - SS_B - SS_C = 1987.56.$$

(3) 方差分析表

计算出各平方和后, 就可以进一步计算出下面的方差分析表 3.4, 其中各自由度的确定规则如下: 各因子平方和的自由度为该因子的水平数减 1, 总平方和的自由度为总试验次数减 1. 从方差分析表 3.4, 我们见到, 本例中三个因子的 p 值都大于 0.05, 此时不能急于断定三个因子在显著性水平 0.05 下都不显著, 而是要剔除一个最不显著的因子. 本例中 A 因子的 p 值 0.8291 最大, 是最

不显著的因子, 剔除 A 后重新作方差分析, 得新的方差分析表 3.5. 在新得到的方差分析表中, C 因子的 p 值为 $0.0053 < 0.01$, 是最显著的, 说明 C 因子是影响溢出容量的主要因子, B 因子的 p 值为 0.0265, 在显著性水平 0.05 下是显著的, 说明它也是影响溢出容量的主要因子, 但次于 C 因子.

表 3.4　溢出容量试验的方差分析表

方差来源	平方和	自由度	均方	F 值	p 值
A	409.56	2	204.78	0.21	0.8291
B	12331.56	2	6165.78	6.20	0.1388
C	30592.89	2	15296.44	15.39	0.0610
误差	1987.56	2	993.78		
总和	45321.56	8			

表 3.5　剔除 A 后溢出容量试验的方差分析表

方差来源	平方和	自由度	均方	F 值	p 值
B	12331.56	2	6165.78	10.29	0.0265
C	30592.89	2	15296.44	25.52	0.0053
误差	2397.11	4	599.28		
总和	45321.56	8			

以上的分析结果与直观分析法的结论是一致的, 但是具有了统计的科学依据.

3.2.4　试验结果的回归分析

对于表 3.3 中的试验结果, 我们进一步考虑建立响应值, 即溢出容量 y 和三个因子之间的回归模型, 最直接的想法是用线性回归模型来拟合. 然而, 这里需要注意的是, 因子 A 是定性变量, 而不是定量变量. 在表 3.3 中因子 A 对应列所示的数字 1, 2, 3, 只是表示输液管的不同设计类型, 而没有量的差异. 前面介绍的直观分析和方差分析两种方法中, 不管是定性变量还是定量变量, 其分析方法都是一样的. 然而, 若用线性回归模型拟合, 则对定性变量和定量变量的处理方法应有所区别. 换句话说, 我们不能用常见的线性回归模型

$$y = \beta_0 + \beta_1 A + \beta_2 B + \beta_3 C + \varepsilon$$

来拟合.

对于类似因子 A 的定性变量, 在建模时需要数量化. 常见做法是引进**伪变量**, 其具体做法如下. 设定性变量 x 的值来自不同的类 $C_1, C_2, \cdots, C_q$, 则对 x 的数量化需要 $q-1$ 个伪变量 $z_1, z_2, \cdots, z_{q-1}$, 其中

$$z_i = \begin{cases} 1, & \text{若 } x \text{ 来自 } C_i, \\ 0, & \text{其余}, \end{cases} \quad i = 1, 2, \cdots, q-1, \tag{3.2}$$

则 $(z_1, z_2, \cdots, z_{q-1})$ 的取值为

x	z_1	z_2	z_3	$\cdots$	z_{q-1}
C_1	1	0	0	$\cdots$	0
C_2	0	1	0	$\cdots$	0
$\vdots$	$\vdots$	$\vdots$	$\vdots$	$\vdots$	$\vdots$
C_{q-1}	0	0	0	$\cdots$	1
C_q	0	0	0	$\cdots$	0

这里 $q-1$ 个伪变量足以表达 q 个类. 由于表 3.3 中因子 A 是三水平的, 故需要引进两个伪变量,

$$z_1 = \begin{cases} 1, & \text{若输液管取第一种设计类型}, \\ 0, & \text{其余}, \end{cases}$$

$$z_2 = \begin{cases} 1, & \text{若输液管取第二种设计类型}, \\ 0, & \text{其余}, \end{cases}$$

因此, 其线性回归模型为

$$y = \beta_0 + \beta_1 z_1 + \beta_2 z_2 + \beta_3 B + \beta_4 C + \varepsilon.$$

根据表 3.3 中的数据, 我们可得其回归方程为

$$y = -132.6667 + 10.3333 z_1 + 16.3333 z_2 + 1.1167 B + 0.2000 C + \varepsilon,$$

检验该回归模型是否显著的 F 统计量 (参见式 (1.34)) 的值为 0.081, 其对应 p 值为 0.984, 该值非常大, 说明该线性回归模型并不显著, 同时检验回归项是否

显著的 t 统计量分别为 (参见式 (1.37))

$$t_{z_1} = 0.124, \ t_{z_2} = 0.195, \ t_B = 0.534, \ t_C = 0.024,$$

相应的 p 值为

$$p_{z_1} = 0.908, \ p_{z_2} = 0.855, \ p_B = 0.621, \ p_C = 0.982,$$

四个 p 值都相当大, 说明这几个回归项均不显著, 对溢出容量没有线性影响. 实际上, 我们从前面图 3.1 也可以看出, 三个因子对溢出容量的单个影响都不是线性的, 而是二次的, 尤其是 B 和 C. 为此我们考虑下面的二次模型:

$$y = \beta_0 + \beta_1 z_1 + \beta_2 z_2 + \beta_3 B + \beta_4 C +$$
$$\beta_5 B^2 + \beta_6 BC + \beta_7 C^2 + \varepsilon, \tag{3.3}$$

式中 B^2 表示因子 B 的实际水平的平方, BC, C^2 的含义类似, 另外这里不考虑 z_1 和 z_2 的平方项的原因是 $z_i^2 = z_i, i = 1, 2$. 二次模型 (3.3) 中还考虑因子 B 与因子 C 的交叉项, 其原因在于当我们拿到数据之后, 往往不知道因子之间是否存在交互作用, 所以为了稳妥起见, 在模型中仍考虑二次项; 另外, 存在伪变量的情形下, 我们一般假设伪变量与其他因子之间是没有交互作用的. 由数据可得其回归方程为

$$y = 1789 - 19z_1 + 16.333z_2 - 44.283B + 113.4C +$$
$$0.171B^2 - 4.947BC + 0.293C^2 + \varepsilon,$$

该模型的 F 统计量的值为 24.137, 其对应 p 值为 0.156, 该值也比较大, 说明该线性回归模型并不显著, 同时回归项的 p 值为

$$p_{z_1} = 0.476, \ p_{z_2} = 0.436, \ p_B = 0.102, \ p_C = 0.109,$$
$$p_{B^2} = 0.107, \ p_{BC} = 0.059, \ p_{C^2} = 0.239,$$

这些 p 值都比较大. 因此, 可以判断全二次模型并不合适. 用回归分析中筛选变量的逐步回归法 (参见 1.3 节末), 结果显示没有一个因子可以放置于回归模型之中, 换句话说, 全二次模型中每个因子都不显著.

下面, 我们将**数据中心化**, 并考虑下述中心化平方回归模型:

$$y = \beta_0 + \beta_1 z_1 + \beta_2 z_2 + \beta_3 (B - \bar{B}) + \beta_4 (C - \bar{C}) +$$
$$\beta_5 (B - \bar{B})^2 + \beta_6 (B - \bar{B})(C - \bar{C}) + \beta_7 (C - \bar{C})^2 + \varepsilon. \qquad (3.4)$$

与模型 (3.3) 类似, 我们仍考虑因子 B 与因子 C 之间的交互作用. 由数据可得相应的回归方程为

$$y = 51 - 19z_1 + 16.333z_2 + 1.117(B - \bar{B}) + 0.2(C - \bar{C}) +$$
$$0.171(B - \bar{B})^2 + 0.293(B - \bar{B})(C - \bar{C}) - 4.947(C - \bar{C})^2 + \varepsilon.$$

该模型的 F 统计量的值为 24.137, 对应的 p 值为 0.156, 若取显著性水平 0.1 或 0.05, 该模型不显著; 而且各系数的 t 检验相应的 p 值都大于 0.05. 由此可见, 该中心化的全二次模型并不合适. 为此, 用回归分析中筛选变量的逐步回归法, 得回归方程

$$\hat{y} = 50.111 + 1.117(B - 120) + 0.171(B - 120)^2 - 4.947(C - 15)^2, \qquad (3.5)$$

其相应的 $R^2 = 0.9470$, $C_p = 1.4182$, 方差分析表和三个回归项的检验列于表 3.6 中 (用 SAS 计算). 由 p 值一列知, B^2 和 C^2 两个平方项均十分显著. 而定性因子 A 相应的两伪变量 z_1 和 z_2 都不显著, 换言之, 因子 A 不显著. 这与前面的分析结果是一致的. 用方程 (3.5) 来预测最佳水平组合就是对 $\hat{y}$ 求极小,

表 3.6   溢出容量试验的回归分析

方差来源	自由度	平方和	均方	F 值	p 值
回归	3	42918.444	14306.148	29.766	0.0013
误差	5	2403.111	480.622		
总和	8	45322.556			

变量	参数估计	标准误差	平方和	F 值	p 值
截距项	50.111	16.341	4520.022	9.40	0.0279
B	1.117	0.448	2992.667	6.23	0.0548
B^2	0.171	0.039	9338.889	19.43	0.0070
C^2	−4.947	0.620	30587	63.64	0.0005

显然, 当 $B = 120$, $C = 10$ 或 20 时, $\hat{y}$ 均达到极小, 相应的极小值为 -73.56, 与前面直观分析法得到的最佳水平组合 $A_3B_2C_1$ 下的溢出容量值 -67 比较相近. 此处 A 不显著, 结合前面的分析, 不妨取 $A = 3$. 另外, 在前面直观分析中我们有结论指出 "操作压力 C 以低压力 10 psi 的平均溢出容量最小, 如有必要可以进一步试验操作压力是否应该再降低", 结合方程 (3.5) 来看, 确实有这样的必要.

值得指出的是, 在线性模型中, 数据中心化没有意义, 因为各因子的均值可以累计于常数项. 然而, 在二次模型的建模过程中, 数据中心化非常重要. 上面的例子表明, 二次中心化模型往往可以得到更好的拟合模型. 另外, 由逐步回归得到的模型 (3.5) 中并没有因子 B 与因子 C 的交叉项, 所以我们可以认为这两个因子之间并没有交互作用. 该结果与前面的假设一致.

3.3 有交互作用的正交设计

在多因子试验中, 有时因子间可能会存在交互作用, 交互作用的概念在 2.3.2 小节已经介绍. 下面我们通过一个例子来说明, 在有交互作用情况下如何用正交表来安排试验以及有关的数据分析问题.

例 3.2 某化工厂生产一种化工产品, 影响采收率的 4 个主要因子是
(A) 催化剂种类: $A_1 = 1$, $A_2 = 2$,
(B) 反应时间 (单位: h): $B_1 = 1.5$, $B_2 = 2.5$,
(C) 反应温度 (单位: ℃): $C_1 = 80$, $C_2 = 90$,
(D) 加碱量 (单位: %): $D_1 = 5$, $D_2 = 7$.
根据经验, 认为可能存在交互作用 $A \times B$ 和 $A \times C$, 而其他交互作用不显著. 现希望通过正交试验设计, 找出好的因子水平搭配, 以提高采收率.

3.3.1　用正交表进行设计

例 3.2 要求的是一个二水平四因子的试验, 由于试验前认为交互作用 $A \times B$ 和 $A \times C$ 可能显著, 而其他交互作用不显著, 可用正交表 $L_8(2^7)$ 来安排这项试验. 将 $L_8(2^7)$ 表中的水平用 "-1" 和 "1" 来表示, 所得之表列于表 3.7. 易见表中 7 个 8 维向量相互正交. 将第 1 列和第 2 列的对应元素相乘 (数学上称为**点乘**), 其结果正好是第 3 列. 如将某列的两水平 "-1" 和 "1" 互换, 互换后的表与原表本质上一致, 故在理论上不加区分. 上述事实可以简述为第 1 列和第 2 列点乘得第 3 列. 类似地, 将第 3 列和第 4 列点乘得第 7 列. 在文献中, 常用使

用表的形式, 表 3.8 给出列与列点乘之间的关系.

表 3.7 $L_8(2^7)$

试验号	列号						
	1	2	3	4	5	6	7
1	1	1	1	1	1	1	1
2	1	1	1	−1	−1	−1	−1
3	1	−1	−1	1	1	−1	−1
4	1	−1	−1	−1	−1	1	1
5	−1	1	−1	1	1	1	−1
6	−1	1	−1	−1	−1	−1	1
7	−1	−1	1	1	1	−1	1
8	−1	−1	1	−1	1	1	−1

表 3.8 $L_8(2^7)$ 两列间的交互作用

1	2	3	4	5	6	7	列号
	3	2	5	4	7	6	1
		1	6	7	4	5	2
			7	6	5	4	3
				1	2	3	4
					3	2	5
						1	6

从试验设计的角度, 若将因子 A 和 B 分别放在第 1 列和第 2 列, 则它们的交互作用 $A \times B$ 反映在第 3 列, 即第 1 列和第 2 列点乘 (具体概念参见 1.4 节) 的结果列. 该列不能再排其他因子, 否则该列的主效应与交互作用 $A \times B$ 将混杂在一起, 两者都无法估计. 对例 3.2 的试验, 一个设计方案见下面的表 3.9. 该方案中, 每个主效应和交互效应各占一列. 但在试验安排时, 只需要 A, B, C 和 D 所在的第 1, 2, 4, 7 四列, 将该四列的两个水平换算成实际的水平, 得表 3.10 的试验方案. 对于这八个水平组合, 实际试验时, 需采用随机化的方式安排试验次序. 八次试验的结果列于表 3.11. 对于这八次试验结果, 我们考虑直观分析法和方差分析法.

表 3.9   设 计 方 案

列号	1	2	3	4	5	6	7
因子	A	B	$A \times B$	C	$A \times C$		D

表 3.10   采收率试验方案

试验号	$A(1)$	$B(2)$	$C(4)$	$D(7)$	试验号	$A(1)$	$B(2)$	$C(4)$	$D(7)$
1	1	1.5	80	5	5	2	1.5	80	7
2	1	1.5	90	7	6	2	1.5	90	5
3	1	2.5	80	7	7	2	2.5	80	5
4	1	2.5	90	5	8	2	2.5	90	7

表 3.11 采收率试验结果和计算

试验号	$A(1)$	$B(2)$	$A \times B(3)$	$C(4)$	$A \times C(5)$	$D(7)$	采收率/%
1	1	1	1	1	1	1	82
2	1	1	1	2	2	2	78
3	1	2	2	1	1	2	76
4	1	2	2	2	2	1	85
5	2	1	2	1	2	2	83
6	2	1	2	2	1	1	86
7	2	2	1	1	2	1	92
8	2	2	1	2	1	2	79
m_1	80.25	82.25	82.75	83.25	80.75	86.25	
m_2	85.00	83.00	82.50	82.00	84.50	79.00	
R	4.75	0.75	0.25	1.25	3.75	7.25	

3.3.2 试验结果的直观分析

该试验是希望提高采收率, 其值越大越好. 仿表 3.3 计算 m_1, m_2 和 R, 其结果列于表 3.11 的下半部分. 需要说明的是 m_1 和 m_2 的值对 A, B, C, D 所在的四列反映了四个因子分别在两个水平下的均值, 而 $A \times B$ 和 $A \times C$ 所在两列的 m_1 和 m_2 是没有统计意义的, 但由它们计算的极差 R 是有统计意义的, 仍可用 R 的值来衡量四个因子及其交互作用的主次关系. 该主次关系如下:

$$\text{主} \xrightarrow{\hspace{8cm}} \text{次}$$
$$D \qquad A \qquad A \times C \qquad C \qquad B \qquad A \times B$$

直接看, 第 7 号试验的采收率最高, 为 92%, 试验条件为 $A_2 B_2 C_1 D_1$, 其中 D 因子的极差 $R_D = 7.25$ 为最大, 表明加碱量 D 对采收率的影响最大; 其次是 A 因子的极差 $R_A = 4.75$ 为次大, 表明催化剂种类 A 对采收率也有较大的影响; 主效应 B 和交互作用 $A \times B$ 的极差都很小, 表明它们对提高采收率不起显著作用. 从各因子的平均采收率大小看, $A_2 B_2 C_1 D_1$ 也是最好的试验条件.

3.3.3 试验结果的方差分析

该试验的方差分析结果列于表 3.12 中. 从该方差分析表看到, 交互作用 $A \times B$ 的 p 值 0.7952 为最大, 其次是因子 B 的 p 值 0.5000 也较大, 再次就是

C 因子的 p 值 0.3440 也偏大. 可以断定交互作用 $A \times B$ 是不显著的, 但因子 B 和因子 C 的显著性尚需要进一步考察, 方法是把最不显著的 $A \times B$ 剔除后再重新作方差分析. 新的方差分析表明因子 B 是不显著的, 需要剔除. 剔除 B 后得到的方差分析表见表 3.13. 从该表可以看到, $D, A, A \times C, C$ 的 p 值依次为 0.0014, 0.0048, 0.0094, 0.1411, 可以认为它们都是显著的.

表 3.12   采收率试验方差分析表

方差来源	平方和	自由度	均方	F 值	p 值
A	45.125	1	45.125	40.11	0.0997
B	1.125	1	1.125	1.00	0.5000
C	3.125	1	3.125	2.78	0.3440
D	105.125	1	105.125	93.44	0.0656
$A \times B$	0.125	1	0.125	0.11	0.7952
$A \times C$	28.125	1	28.125	25.00	0.1257
误差	1.125	1	1.125		
总和	183.875	7			

表 3.13   剔除 $B, A \times B$ 后的方差分析表

方差来源	平方和	自由度	均方	F 值	p 值
A	45.125	1	45.125	57.00	0.0048
C	3.125	1	3.125	3.95	0.1411
D	105.125	1	105.125	132.79	0.0014
$A \times C$	28.125	1	28.125	35.53	0.0094
误差	2.375	3	0.792		
$\left\{ \begin{array}{l} B \\ A \times B \\ B \times C \end{array} \right.$	1.125 / 0.125 / 1.125	1 / 1 / 1			
总和	183.875	7			

现在介绍如何判断最佳水平组合. 由于因子 D 和 A 最显著, 从表 3.11 中它们的两个水平的平均响应值 (m_1 和 m_2) 可知, D 因子应取 D_1 水平, A 因子取 A_2 水平. 进一步由于 $A \times C$ 也较显著, 我们根据 $A \times C$ 来确定 C 的水

平. 为此, 我们计算 $A \times C$ 的水平搭配表. A 和 C 共有四种搭配 A_1C_1, A_1C_2, A_2C_1, A_2C_2, 从表 3.11 看到每种搭配有两次试验, 相应都有两个响应值, 如对应 A_1C_1 的试验是第 1 号和第 3 号试验, 相应的响应值是 82 和 76, 将它们加在一起取均值就代表了 A_1C_1 的搭配效果, 用这样的方法得到表 3.14. 从该表看出, 由交互作用 $A \times C$ 得到的 A 和 C 的最优水平搭配是 A_2C_1, 其中 A 因子的最优水平与上面单独考虑 A 因子的最优水平是一致的, 而 C 的最优水平与从表 3.11 中单独看 C 的好条件也是一致的, 于是我们得最优条件是 $D_1A_2C_1$. 反应时间 B 的两个水平对采收率没有显著影响, 我们不妨取其中平均采收率稍大的反应时间 B_2, 最后我们得到最好的试验条件为 $A_2B_2C_1D_1$, 它与我们通过直观分析法得到的结论是一致的.

表 3.14 $A \times C$ 水平搭配表

	A_1	A_2
C_1	79.0	87.5
C_2	81.5	82.5

综上所述, 得到的最好水平组合是 $A_2B_2C_1D_1$, 这正好是第 7 号试验, 从表 3.11 看出它的确是好的.

需要指出的是, 例 3.2 中假设可能存在交互作用 $A \times B$ 和 $A \times C$, 而其他交互作用不显著. 在其他二阶交互作用也可能显著的情形下, 正交表 $L_8(2^7)$ 不足以估计全部的二阶交互作用, 此时需要更多试验次数的正交设计.

3.4 水平数不等的试验设计

上面两节我们讨论的试验中每个因子的水平都是一样多的, 有时限于客观条件或者对因子的重视程度不同, 试验中所考察的各个因子的水平数不全相等, 这时如何利用正交表来设计试验方案呢? 本节通过几个例子介绍几种设计方法与相应的数据分析方法.

3.4.1   混合水平正交表

$L_8(4^1 2^4)$, $L_{12}(3^1 2^4)$, $L_{16}(4^1 2^{12})$, $L_{16}(4^3 2^9)$, $L_{18}(2 \times 3^7)$ 等正交表都是混合水平正交表, 如果我们选的水平数符合这些表的要求, 便可直接套用.

例 3.3 某钢厂生产一种合金, 为降低合金的硬度需要进行退火热处理, 希望通过试验寻找合理的退火工艺参数, 以降低硬度. 现考察如下因子与水平:

(A) 退火温度 (单位: ℃): $A_1 = 730$, $A_2 = 760$, $A_3 = 790$, $A_4 = 820$,

(B) 保温时间 (单位: h): $B_1 = 1$, $B_2 = 2$,

(C) 冷却介质: $C_1 = $ 空气, $C_2 = $ 水.

这项试验的方案可以直接套用正交表 $L_8(4^1 2^4)$, 四水平的因子放在第一列, 其余两个因子分别放在第二列和第三列, 即

列号	1	2	3	4	5
因子	A	B	C		

试验方案见表 3.15. 该试验的考察指标是洛氏硬度, 试验结果也列在表 3.15 中. 表 3.15 中还进一步计算了三个因子诸水平的平均得分, 将它们点成图 3.2.

表 3.15 合金硬度试验的方案、结果和分析

试验号	A	B	C	洛氏硬度
1	730(1)	1(1)	空气 (1)	31.6
2	730(1)	2(2)	水 (2)	31.0
3	760(2)	1(1)	空气 (1)	31.6
4	760(2)	2(2)	水 (2)	30.5
5	790(3)	1(1)	水 (2)	31.2
6	790(3)	2(2)	空气 (1)	31.0
7	820(4)	1(1)	水 (2)	33.0
8	820(4)	2(2)	空气 (1)	30.3
T_1	62.6	127.4	124.5	
T_2	62.1	122.8	125.7	
T_3	62.2			
T_4	63.3			
m_1	31.30	31.85	31.125	
m_2	31.05	30.70	31.425	
m_3	31.10			
m_4	31.65			
R	0.60	1.15	0.30	

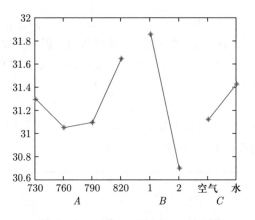

图 3.2 硬度指标与三因子的关系图

直观看, 好条件是第 8 号试验, 其水平搭配是 $A_4B_2C_1$, 洛氏硬度为 30.3, 另外第 4 号试验 $A_2B_2C_2$ 的洛氏硬度也较低, 为 30.5.

在上两节直观分析法的讨论中, 试验中所选因子对响应影响的大小, 由它们的极差 R 来度量. 在混合水平正交设计中, 由于因子的水平数不同, 使得因子的极差之间缺乏可比性, 因为当两个因子对指标有同等影响时, 水平多的因子理应极差大一些. 可以用一个系数折算一下使得极差之间具有可比性, **折算系数** d 列在表 3.16 中.

表 3.16 折算系数表

水平数	2	3	4	5	6	7	8	9	10
折算系数 d	0.71	0.52	0.45	0.40	0.37	0.35	0.34	0.32	0.31

A 因子是 4 水平, 由表 3.16 查出折算系数是 0.45, 折算结果

$$R'_A = \sqrt{r_A} \times R_A \times 0.45 = \sqrt{2} \times 0.60 \times 0.45 = 0.382,$$

这里 r_A 表示因子 A 的每个水平的试验次数, R_A 为表 3.15 最后一行所列的因子 A 的水平极差. 因子 B 和 C 是 2 水平, 折算系数是 0.71, 折算结果为

$$R'_B = \sqrt{r_B} \times R_B \times 0.71 = \sqrt{4} \times 1.15 \times 0.71 = 1.633,$$

$$R'_C = \sqrt{r_C} \times R_C \times 0.71 = \sqrt{4} \times 0.30 \times 0.71 = 0.426.$$

最后用 R'_A, R'_B, R'_C 的大小来分主次关系, 得到

$$主 \longrightarrow 次$$
$$B \quad C \quad A$$

有关折算系数的理论和介绍, 读者可参见方开泰, 刘璋温 (1976), Patnaik (1950), Hartley (1950) 和 David (1951).

由表 3.15 及上述分析, 最佳水平组合为 $A_2B_2C_1$, 即退火温度 760℃, 保温时间 2 h, 冷却介质为空气时合金的硬度最低. 该水平组合未出现在上述 8 次试验中 (但直观看的两个好组合在因子 B 上都是取 $B_2 = 2$), 需要追加验证试验, 在求出的最佳水平组合 $A_2B_2C_1$ 下做几次试验, 看看平均硬度值是否优于表 3.15 中已做试验的结果.

该试验的方差分析结果列于表 3.17 中. 从方差分析表, 我们看到因子 A 和 C 的 p 值都很大, 都不显著, 对一般的方差分析, 应该逐一剔除最不显著的因子, 再重新作方差分析. 由于正交设计的因子之间不相关, 剔除一个因子时其他因子的离差平方和保持不变, 而这两个不显著因子的 p 值都很大, 所以可以将它们两个同时剔除, 得到新的方差分析表见表 3.18. 保温时间 B 是显著的, 最优水平为 $B_2 = 2$, 而因子 A 和 C 对合金的硬度没有显著影响, 可以从节省成本等角度决定其水平值, 再追加试验验证. 对因子 C, 显然取 C_1 (空气) 比 C_2 (水) 节省成本, 而对因子 A, 退火温度越低应该越节省成本, 但也不能盲目地取

表 3.17 合金硬度试验方差分析表

方差来源	平方和	自由度	均方	F 值	p 值
A	0.445	3	0.1483	0.18	0.9003
B	2.645	1	2.6450	3.26	0.2130
C	0.180	1	0.1800	0.22	0.6842
误差	1.625	2	0.8125		
总和	4.895	7			

表 3.18 剔除 A 和 C 后合金硬度试验的方差分析表

方差来源	平方和	自由度	均方	F 值	p 值
B	2.645	1	2.6450	7.05	0.0377
误差	2.250	6	0.3750		
总和	4.895	7			

低水平. 与前面直观分析法得到的结果综合起来考虑, 建议取 $A_2 B_2 C_1$ 为最佳水平组合, 并在该水平组合下追加试验以验证其是否为最优.

3.4.2　拟水平法

拟水平法是将水平数较少的因子纳入水平数多的正交表内的一种处理方法. 该法对水平较少的因子虚拟一个或几个水平, 使它与高水平因子的水平数相等, 然后安排试验. 当用 q 水平正交表安排试验时, 如果存在水平数小于 q 的因子时可以采用拟水平法进行试验设计.

例 3.4　如果在例 3.1 的试验中还要考虑碳酸饮料中二氧化碳含量 (D, 单位: g/100mL) 这个因子对溢出容量的影响, 而二氧化碳含量只有 $D_1 = 0.5$ 和 $D_2 = 0.6$ 两种, 这时如果直接用混合水平正交表就要用 $L_{18}(2^1 3^7)$, 需要做 18 次试验. 为减少试验次数, 我们可以用 $L_9(3^4)$ 来安排试验, 方法就是给二氧化碳含量 D 凑足三个水平. 我们在 D 的两个水平中选择一个水平, 例如选 D_2 水平, 然后虚拟一个 D_3 水平, D_3 与 D_2 实际上是同一个水平, 这样 D 因子在形式上就有 3 个水平, 即

因子水平	输液管的设计 类型 (A)	灌注速度 (B)	操作压力 (C)	二氧化碳含量 (D)
1	1	100	10	0.5
2	2	120	15	0.6
3	3	140	20	0.6

然后把 A, B, C, D 分别安放到 $L_9(3^4)$ 的四列上, 便得到了试验方案.

例 3.4 中, 对含有拟水平的因子 D, 计算离差平方和时, 仍使用通用的公式:

$$\mathrm{SS}_D = \sum_{i=1}^{q} n_i (m_1^D - \bar{y})^2,$$

其中 q 是 D 的实际水平数, n_i 是在 D 的第 i 水平下所做试验的次数, 这里取 $q = 2$, $n_1 = 3$, $n_2 = 6$, SS_D 的自由度是 $q - 1 = 1$. 该例的数据分析方法与前面的例子是类似的, 具体的就不再赘述了.

由上可知, 拟水平法在施行时方法简单, 但试验不再具有正交性, 试验的数据分析会有一些差异, 有时甚至会给数据分析带来一些困难. 这里就不详细讨论了.

3.5 用正交表进行设计的原则

3.5.1 遵循自由度原则

要进行正交试验设计, 首先要选用合适的正交表进行表头设计. 一般来说, 正交表的选用和表头设计要注意以下几点:

(1) 正交表的自由度为试验次数减 1;

(2) 正交表中各列的自由度为该列的水平数减 1;

(3) 各因子的自由度为该因子的水平数减 1;

(4) 各交互作用的自由度为该交互作用中各因子对应的自由度的乘积;

(5) 因子的自由度应等于所在列的自由度;

(6) 交互作用的自由度应等于所在列的自由度或其之和;

(7) 所有因子与交互作用的自由度之和不能超过所选正交表的自由度.

例如, 如果我们用 $L_9(3^4)$ 来安排 3 水平因子的试验, 该表的自由度为 $9 - 1 = 8$, 各列的自由度为 $3 - 1 = 2$, 等于每个因子的自由度, 任两个因子的交互作用的自由度为 $2 \times 2 = 4$. 如果我们不考虑交互作用, 该正交表可以最多安排 4 个 3 水平因子, 此时, 4 个因子的自由度之和等于正交表的自由度 8, 而如果要考虑交互作用, 则只能安排 2 个 3 水平因子及其交互作用, 其中交互作用安排在除 2 个因子列外的剩余 2 列, 这时它们的自由度为 $2 + 2 + (2 \times 2) = 8$, 也达到了正交表的自由度. 假如我们要在某试验中考察 3 个 3 水平因子 A, B, C 和它们的两两交互作用 $A \times B, A \times C, B \times C$, 由于每个 3 水平因子有 2 个自由度, 每个交互作用有 4 个自由度且要占 2 个 3 水平列, 于是需要的自由度为 $3 \times 2 + 3 \times 4 = 18$, 需要的 3 水平因子列数为 $3 + 3 \times 2 = 9$, 要满足这样一个正交试验, 我们要采用的试验数最小的正交表为 $L_{27}(3^{13})$, 实际上该正交表除了可安排上述的因子及两两交互作用外, 还可以用来安排交互作用 $A \times B \times C$, 它有 $2 \times 2 \times 2 = 8$ 个自由度, 要占掉剩余的 4 列.

3.5.2 避免混杂现象

用正交表来安排试验, 在进行表头设计时, 当一列上出现的因子和交互作用不止一个时, 称为**混杂现象**, 简称混杂. 当混杂现象所在的列显著时, 很难识别是哪个因子 (或交互作用) 显著. 因此在进行表头设计时应尽量避免混杂现象的出现. 这是表头设计的一个重要原则. 下面我们先来看一个例子.

例 3.5　在降低柴油机耗油率的研究中, 根据专业技术人员的分析, 影响耗油率 (单位: g/(kW·h)) 的 4 个主要因子和水平为:

因子水平	喷嘴器的喷嘴类型 (A)	喷油泵柱塞直径 (B/mm)	供油提前角度 (C/°)	配气相位 (D/°)
1	1	16	30	120
2	2	14	33	140

从经验上知道 D 和其他三个因子没有交互作用, 而 A, B, C 之间可能有交互作用, 这个试验方案如何制定呢? 如果选 $L_{16}(2^{15})$, 四个因子的所有交互作用都能分析出来, 由于经费所限, 能否使试验次数更少一些呢?

由正交表 $L_8(2^7)$ 及相应的交互作用表 (表 3.7 和表 3.8), 我们可以建立如下的列号与各因子及交互作用的对应关系:

列号	1	2	3	4	5	6	7
因子或交互作用	A	B	$A \times B$ $C \times D$	C	$A \times C$ $B \times D$	$B \times C$ $A \times D$	D

由于 D 和其他三个因子没有交互作用, 即交互作用 $A \times D, B \times D, C \times D$ 为零, 故设计实际上成为

列号	1	2	3	4	5	6	7
因子或交互作用	A	B	$A \times B$	C	$A \times C$	$B \times C$	D

由此可见, 当 D 和其他三个因子没有交互作用时, 我们把正交表 $L_8(2^7)$ 的第 1, 2, 4, 7 列分别安排给因子 A, B, C 和 D, 从而使所有的主效应和交互作用都得以估计. 于是, 我们得到相应的试验方案. 在该试验中, 我们考察的指标是耗油率, 该指标越小越好. 试验后得到结果如表 3.19 所示, 表中所列的 $A \times B$, $A \times C$ 和 $B \times C$ 在实际试验中是不考虑的, 而这里列出的原因是为了方便分析试验结果.

表 3.19 耗油率试验方案、结果和分析

试验号	A (1)	B (2)	$A \times B$ (3)	C (4)	$A \times C$ (5)	$B \times C$ (6)	D (7)	耗油率
1	1	1	1	1	1	1	1	228.6
2	1	1	1	2	2	2	2	225.8
3	1	2	2	1	1	2	2	230.2
4	1	2	2	2	2	1	1	218.0
5	2	1	2	1	2	1	2	220.8
6	2	1	2	2	1	2	1	215.8
7	2	2	1	1	2	2	1	228.5
8	2	2	1	2	1	1	2	214.8
m_1	225.650	222.750	224.425	227.025	222.350	220.550	222.725	
m_2	219.975	222.875	221.200	218.600	223.275	225.075	222.900	
R	5.675	0.125	3.225	8.425	0.925	4.525	0.175	

由极差 R 的大小, 得到主次关系如下:

主 ————————————————————→ 次

$C \qquad A \qquad B \times C \qquad A \times B \qquad A \times C \qquad D \qquad B$

选最优水平组合时, 先考虑主要的因子和交互作用. 因为 C 是最主要的, 表 3.19 中 C 列的 m_2 比 m_1 小, 于是因子 C 取水平 C_2. 因子 A 对响应的影响也很大, A 列 m_2 比 m_1 小, 于是因子 A 取水平 A_2. $B \times C$ 对耗油率的影响居第三位, 考虑它的水平搭配, 列成表 3.20, 可以看出以水平组合 B_2C_2 为好, 其中 C 因子的最优水平与上面单独考虑 C 因子的最优水平是一致的. 因为 $A \times B$, $A \times C$ 及 B 居较次地位, 而 A, B, C 的最优组合已经选出, 故不必再一一罗列. 最后, 因子 D 取水平 D_1. 综合起来看, $A_2B_2C_2D_1$ 是最好的水平组合, 该水平组合未出现在所做的 8 次试验中, 这也正是正交设计的优点, 可以通过少数几次试验而推导出理论上的最优试验. 当然, 对该理论上的最佳水平组合 $A_2B_2C_2D_1$ 还需要追加验证试验, 在 $A_2B_2C_2D_1$ 下做几次试验, 看看平均耗油率是否优于表 3.19 中已做试验的结果.

表 3.20 $B \times C$ 水平搭配表

	B_1	B_2
C_1	224.70	229.35
C_2	220.80	216.40

在例 3.5 的试验中, 我们在交互作用 $A \times D$, $B \times D$ 和 $C \times D$ 可以忽略的前提下, 通过 $L_8(2^7)$ 进行 8 次试验, 得到了最佳水平搭配, 而且既可估计 4 个主效应, 也可估计其他 3 个交互作用 $A \times B$, $A \times C$ 和 $B \times C$. 如果 3 个交互作用 $A \times D$, $B \times D$ 和 $C \times D$ 都对响应 (耗油率) 有显著影响 (不可忽略), 从上面给出的正交表的列号与各因子及交互作用的对应关系可以看出, 交互作用 $A \times B$ 和 $C \times D$ 在同一列, 即二者产生 "**混杂**" (confounded 或 aliased), 类似地, $A \times C$ 和 $B \times D$ 产生混杂, $B \times C$ 和 $A \times D$ 也产生混杂. 此时, 期望通过 $L_8(2^7)$ 进行试验来得到最佳水平搭配以及 4 个主效应和 6 个两因子交互作用的估计是不可能的, 更进一步, 如果高阶交互作用 $A \times B \times C$, $A \times B \times D$, $B \times C \times D$ 以及 $A \times B \times C \times D$ 都不能忽略, 需要估计, 则试验次数必须相应增加.

但在实际情形下, 由于经费、时间、人力和其他条件的限制, 理想的试验次数可能无法做到. 如果试验者在试验之前不能十分明确知道哪些主效应和哪些交互作用可以忽略, 当试验次数不允许太多时, 试验者只好采用忽略高阶交互作用, 保证主效应和低阶效应的效应稀疏原则和有序原则 (见 2.5.3 小节), 并将正交设计分为若干等级, 引进所谓**分辨度** (resolution) 的概念和相应的等级 (参见 3.6.1 小节), 常用的有:

• 分辨度 III 设计: 在假定二阶和二阶以上交互作用可忽略的情况下, 主效应之间没有混杂, 但至少有一个主效应与某个二阶交互作用混杂;

• 分辨度 IV 设计: 在假定三阶和三阶以上交互作用可忽略情况下, 主效应之间, 主效应和二阶交互作用没有混杂, 但至少有一个主效应与某个三阶交互作用混杂;

• 分辨度 V 设计: 在假定三阶和三阶以上交互作用可忽略情况下, 主效应之间, 主效应和二阶交互作用之间, 以及任两对二阶交互作用之间没有混杂.

从参数估计的角度, 分辨度的级别越高, 效果越好, 但分辨度高的设计要求做较多的试验, 解决这种理想和实际的矛盾, 只有抛弃部分理想, 采用折中的方案. 仍以例 3.5 为例, 下面两个设计方案:

列号	1	2	3	4	5	6	7
设计 I	A	B	$A \times B$ $C \times D$	C	$A \times C$ $B \times D$	$B \times C$ $A \times D$	D
设计 II	A $C \times D$	B	$A \times B$	C $A \times D$	D $A \times C$	$B \times C$	$B \times D$

第一个是分辨度 IV 的设计, 而第二个为分辨度 III 的设计. 当试验者对模型不十分清楚时, 通常取分辨度级别高的设计, 因此常推荐第一个试验方案.

如上所述, 当试验的数目不够多时, 混杂现象是不可避免的, 试验者应当设计试验来保证估计主效应, 其次保证估计低阶交互作用, 让混杂发生在较为次要的交互作用之间. 这种办法称为混杂技术. 如上面的两个 8 次试验方案, 第一个试验方案有较高的混杂技巧, 保证了主效应的估计. 下面的例子是很有启发性的.

例 3.6 如果在例 3.1 的试验中饮料的溢出容量需由甲、乙、丙三人测量, 每位测三个试验. 一般作这样的分工: 让甲测 1、2、3 号试验, 乙测 4、5、6 号试验, 丙测 7、8、9 号试验. 由于三位测量员的操作习惯等不尽相同, 比如甲测量结果适中, 乙经常偏高, 丙经常偏低. 他们三人测量的系统误差就会干扰我们对试验的分析. 仔细观察一下就会发现甲分析的全是输液管的设计类型为 1 的, 乙分析的全是输液管的设计类型为 2 的, 而丙分析的全是输液管的设计类型为 3 的. 假定试验结果仍如表 3.3 所列, 由 A 列平均响应值 (m_1, m_2, m_3) 知: 类型 3 最好, 类型 1 次之, 类型 2 最差. 人们对这个结果自然要提出怀疑, 类型 3 最好是由输液管的设计类型造成的还是测量员丙系统偏低造成的呢? 类型 2 最差是由输液管的设计类型造成的还是测量员乙系统偏高造成的呢? 这时输液管的设计类型的作用和测量员测量的系统误差混杂在一起了, 使得我们在给出正确结论时产生了困难. 这种混杂现象是要力求避免的. 如何才能避免呢? 如果用表 3.2 中正交表的第 4 列, 即未排因子的一列来安排测量员的分工, 这个矛盾便可以解决. 对应第 4 列 "1" 的试验号 (1, 5, 9 号) 由甲测量, 对应第 4 列 "2" 的试验号 (2, 6, 7 号) 由乙测量, 对应第 4 列 "3" 的试验号 (3, 4, 8 号) 由丙测量, 分工情形见表 3.21.

表 3.21 溢出容量 $L_9(3^4)$ 试验测量员分工情况

试验号	输液管的设计 类型 (A)	灌注速度 (B)	操作压力 (C)	正确 分工	错误 分工
1	1	100	10	甲	甲
2	1	120	15	乙	甲
3	1	140	20	丙	甲
4	2	100	15	丙	乙
5	2	120	20	甲	乙
6	2	140	10	乙	乙
7	3	100	20	乙	丙
8	3	120	10	丙	丙
9	3	140	15	甲	丙

从表 3.21 可以看到, 利用正交表对测量员进行分工, 这时甲测量的三次试验, 三种输液管设计类型的都有, 三种灌注速度的都有, 三种操作压力的也都有. 乙和丙测量的三次试验也都有类似的性质, 这样的分工就不会产生混杂现象了.

类似地, 如果一批试验需要在几台不同的设备 (或几种原料) 上进行, 为了防止设备 (或原料) 与因子的作用发生混杂, 在安排试验时可以用正交表中未排因子 (包括交互作用) 的一列来安排设备 (或原料), 这种办法叫作**分区组**的办法. 分区组是防止混杂的一种很有效的手段.

混杂现象在利用正交表的高水平试验中是一种令人担忧的现象, 例如, 四水平的因子试验, 因子的主效应占 3 个自由度, 两个因子的交互作用占 9 个自由度, 三个因子的交互效应占 27 个自由度. 一个 5 因子四水平的试验, 主效应占 15 个自由度, 二因子交互效应占 90 个自由度, 即使高阶交互作用可以忽略, 试验的数目 n 需要大于 $15 + 90 = 105$, 而要再加上正交性的要求, 则 n 需要大得更多. 与相当多的试验相比较, 这个试验数显得太大了! 于是在绝大多数教科书中, 都以大量篇幅推荐二水平试验, 而二水平试验只能揭示最简单的模型. 其实, 对于多水平的多因子试验, 仍然可以用较少的试验达到预期的效果, 详见第五章的讨论.

3.6 正交设计的优良性准则

在本章讨论的许多例子中, 都是从一个正交表中取出其中的若干列来安排试验. 设正交表为 $L_n(q^m)$, 若试验中有 s 个因子, 要从表的 m 列中选 s 列来安排试验. 例如例 3.5 的试验中有 4 个因子, 试验者选用 $L_8(2^7)$ 来安排, 故要从该正交表的 7 列中选 4 列, 下面是两种选择:

列号	1	2	3	4	5	6	7
设计 I	A	B	$A \times B$ $C \times D$	C	$A \times C$ $B \times D$	$B \times C$ $A \times D$	D
设计 II	A $B \times C$	B $A \times C$	C $A \times B$	D	$A \times D$	$B \times D$	$C \times D$

若二阶交互作用可能存在, 设计 I 可以估计 4 个因子的主效应, 但所有的二阶交互作用互相混杂. 设计 II 只能估计 D 的主效应和 3 个二阶交互作用 $A \times D, B \times D, C \times D$, 而 A, B, C 的主效应和其他 3 个二阶交互作用混杂而不能估计. 按照 2.5.3 小节介绍的效应稀疏原则和有序原则, 我们应采用设计 I,

以保证主效应的估计. 通过上述讨论可知, 从一个正交表 $L_n(q^m)$ 中取出 s 列组成的 C_m^s 个设计可能有不同的效果, 于是提出了下面急需解决的问题:

(1) 将设计进行分类;

(2) 给出比较不同设计的准则.

由于正交设计是基于方差分析模型来构造的, 将同样大小的设计进行分类的依据是同构. 两个正交设计, 若通过行变换、列交换和同列水平的置换将其中一个变为另一个, 这两个设计称为同构 (参见 3.1 节). 从方差分析模型的角度, 两个同构的正交设计有相同的统计推断能力. 利用同构的概念将大大方便正交表的应用. 例如, 欲用 $L_{12}(2^{11})$ 来安排一个 5 因子二水平的试验, 从表的 11 列中选 5 列共有 $C_{11}^5 = 462$ 个设计. 而这些设计可分为两个同构类, 一类有 66 个设计, 而另一类有 396 个设计. 于是只要从两类中各取一个设计加以研究和比较就可以了.

比较不同的设计是近年来的研究热点, 为此, 提出了一些用来比较不同设计的准则, 如分辨度、最小低阶混杂准则、纯净效应、估计容量、均匀性等. 下一小节着重介绍与最小低阶混杂准则有关的一些概念.

3.6.1 最大分辨度与最小低阶混杂

从上面的讨论可知, 部分实施的正交设计是提高试验效率的重要有效方法, 但是, 部分实施设计有其缺点, 它可能发生主效应与交互作用的混杂, 交互作用与交互作用的混杂. 最大分辨度 (maximum resolution, Box, Hunter (1961a), Box, Hunter (1961b)) 和最小低阶混杂 (minimum aberration, Fries, Hunter (1980)) 准则是较早提出的比较不同部分实施正交设计的重要准则. 下面我们给出相应的概念和定义.

先从表 3.7 谈起. 该表中的 "1" "2" 两列进行点乘 (即相应元素相乘), 其结果正是第 "3" 列, 表明第 1 列和第 2 列的交互作用是第 3 列 (参见表 3.8). 若一个试验中有 5 个二水平因子, 并从 $L_8(2^7)$ 中选了 5 列 (见表 3.22), 为方便计, 该设计记为 D_0, 由点乘的规则不难发现 D_0 的前三列组成 3 个二水平因子的全面试验, 且

$$x_4 = x_1 x_2, \quad x_5 = x_2 x_3, \tag{3.6}$$

运用乘法运算得

$$I = x_1 x_2 x_4 = x_2 x_3 x_5 = x_1 x_3 x_4 x_5, \tag{3.7}$$

表 3.22 2^{5-2} 设计的两种表示

(a)						(b)				
x_1	x_2	x_3	x_4	x_5		x_1	x_2	x_3	x_4	x_5
+	+	+	+	+		0	0	0	0	0
+	+	−	+	−		0	0	1	0	1
+	−	+	−	−		0	1	0	1	1
+	−	−	−	+		0	1	1	1	0
−	+	+	−	+		1	0	0	1	0
−	+	−	−	−		1	0	1	1	1
−	−	+	+	−		1	1	0	0	1
−	−	−	+	+		1	1	1	0	0

$$x_4 = x_1 x_2, x_5 = x_2 x_3 \qquad\qquad x_4 = x_1 + x_2, x_5 = x_2 + x_3$$

式中 I 表示元素全为 + (或 1) 的列, 称为**单位元**, 符号 $x_1, x_2, \cdots, x_5$ 称为**字母** (letter), 字母串 $x_1 x_2$, $x_2 x_3$, $x_1 x_2 x_4$, $x_2 x_3 x_5$, $x_1 x_3 x_4 x_5$ 称为**字** (word). 若字中字母点乘积为 I, 则称为**生成字** (generator), 公式 (3.7) 给出了 D_0 的三个生成字. 显然, 字 x_i 表示因子 i 的主效应, $x_i x_j$ 表示因子 i 和 j 的交互作用, $x_i x_j x_k$ 表示因子 i, j, k 的交互作用等. 字与字可以相乘, 其定义规则为: (1) 任一字母乘 I, 其积为该字母; (2) 任一字母的自乘积为 I. 例如从 (3.6) 出发, 不难获得

$$x_3 x_4 = x_1 x_2 x_3, \ I = x_4^2 = x_1 x_2 x_4,$$

及 (3.7) 的其他关系. 由上述定义不难看出, D_0 由前 3 列 (它们组成 3 个二水平因子的全设计) 和关系 (3.6) 唯一确定, 故 (3.6) 称为该设计的**定义关系** (defining relations). **群** (group) 在正交设计的构造和研究中十分重要.

定义 3.3   设 G 不是空集, 对 G 给定一个代数运算 "$*$", 满足

(1) 若 $a \in G, b \in G$, 则 $a * b \in G$;

(2) 对任意 $a, b, c \in G$, 有 $a * (b * c) = (a * b) * c$;

(3) 在 G 中有一单位元素 e, 对任意 $a \in G$, 有 $a * e = e * a = a$;

(4) 对任一 $a \in G$, 存在一个 $a^{-1} \in G$ 满足 $a * a^{-1} = a^{-1} * a = e$,

则称 G 为一个群. 若 $a * b = b * a$, 则称 G 为**可交换群**或阿贝尔群.

令 $G = \{I, x_1, \cdots, x_5, x_1x_2, x_1x_3, \cdots, x_4x_5, \cdots, x_1x_2x_3x_4x_5\}$，其中 $x_1, \cdots,$ x_5 为表 3.22(a) 中的列向量，x_ix_j 定义为向量点乘，可以验证 G 为一个群，单位元为 I.

定义 3.4 设 G 的非空子集 H 对于 G 的运算也组成一个群，则称 H 为 G 的一个**子群**.

易见，由 D_0 的定义关系 (3.7) 可验算 $\{I, x_1x_2x_4, x_2x_3x_5, x_1x_3x_4x_5\}$ 也是一个群，称为设计 D_0 的**定义关系子群**或**定义对照子群** (defining contrasts subgroup). 在因子设计中，人们习惯上将 x_i 简写成 i，用 $1, 2, 3, 4, 5$ 等直接表示字母. 于是定义关系 (3.7) 可写为

$$I = 124 = 235 = 1345. \tag{3.8}$$

于是，我们有

$$1 = 24 = 1235 = 345,$$
$$2 = 14 = 35 = 12345,$$
$$3 = 1234 = 25 = 145,$$
$$4 = 12 = 2345 = 135,$$
$$5 = 1245 = 23 = 134,$$
$$13 = 234 = 125 = 45,$$
$$15 = 245 = 123 = 34.$$

所以因子 1 的主效应和交互作用 24, 1235, 345 是混杂的，因子 2 的主效应和交互作用 14, 35, 12345 是混杂的，交互作用 13 与交互作用 234, 125, 45 是混杂的，等等. 在假设二阶以上交互作用不存在时，因子 1, 2, 3, 4, 5 的主效应都是可估的.

作为因子设计的另一表示法 (表 3.22(b)), 定义乘法为列向量模为 2 的同余点加 (诸元素模 2 同余相加), 则上面的叙述和结论是完全相同的.

设 q 是一素数或素数幂，$GF(q)$ 是含有 q 个元素的有限域. $GF(q)$ 上所有 s 维行向量构成 $GF(q)$ 上的一个 s 维线性空间，记为 $V(s, q)$，该空间有元素 q^s 个. 如果设计 D_0 (表 3.22) 的水平由 $GF(2)$ 的元素 0, 1 表示，其设计点 (行) 构成了一个 $GF(2)$ 的加法群，也是 $V(5, 2)$ 的一个三维线性子空间. 这种设计在

因子设计中称**正规的** (regular), 由于它是 $V(5,2)$ 中满足定义关系 (3.6) 的一部分行向量构成, 是 $V(5,2)$ 的 1/4 部分, 故称为 2^{5-2} 设计. 正规部分因子设计 (regular fractional factorial design) q^{s-k} 表示有 s 个因子, 每个因子有 q 个水平, 共有 q^{s-k} 次试验, 它们是 q^s 全面因子设计的 $1/q^k$ 部分, 这 q^{s-k} 次试验构成一个群.

下面我们在效应有序原则 (见 2.5.3 小节) 下, 给出最大分辨度和最小低阶混杂的概念. 一个字所含的字母个数称为这个字的**字长** (word length). 用 $A_i(D)$ 表示设计 D 的生成字中字长为 i 的字的个数. 称

$$W(D) = (A_1(D), A_2(D), \cdots, A_s(D)) \tag{3.9}$$

为设计 D 的**字长型** (word length pattern). 在一个设计的字长型中, 所有字的最小字长称为该设计的**分辨度** (Box, Hunter (1961a), Box, Hunter (1961b)), 即若 $A_i(D) = 0, i < t, A_t(D) > 0$, 则 D 的分辨度为 t. 在 3.5.2 小节我们曾提到分辨度 III, IV, V, 这里给出了它们的数学定义. 例如, 由 (3.8) 式, 设计 D_0 的字长型为

$$W(D_0) = (0, 0, 2, 1, 0),$$

它的分辨度为 III. 从这个例子可以看到, 在假定二阶和二阶以上交互作用可忽略的情况下, 分辨度为 III 的设计可以估计任何因子的主效应. 分辨度在因子设计中有十分重要的意义. 如果大于 t 阶的效应不存在, 则分辨度为 $R = 2t + 1$ 的设计中任何不超过 t 阶的效应都是可估的, 分辨度为 $R = 2t$ 的设计中任何小于 t 阶的效应都是可估的.

定义 3.5 称一个 q^{s-k} 设计 D 有**最大分辨度** (maximum resolution), 如果不存在比 D 有更大分辨度的 q^{s-k} 设计.

分辨度成为选取好设计的一个准则, 一般我们应该使用有最大分辨度的设计, 但有时, 具有相同分辨度的设计可能有许多, 这时分辨度不能完全区分这样的两个设计. 例如:

例 3.7 考虑两个 2^{7-2} 设计, 它们的生成字分别为

$$D_1 : I = 4567 = 12346 = 12357, \quad D_2 : I = 1236 = 1457 = 234567.$$

两者有相同的分辨度 IV, 但它们有不同的字长型

$$W(D_1) = (0, 0, 0, 1, 2, 0, 0), \quad W(D_2) = (0, 0, 0, 2, 0, 1, 0).$$

设计 D_1 有 3 对二阶交互作用混杂: 45 与 67, 46 与 57, 47 与 56. 设计 D_2 有 6 对二阶交互作用混杂: 12 与 36, 13 与 26, 16 与 23, 14 与 57, 15 与 47, 17 与 45.

为了进一步区分不同的正交设计, Fries, Hunter (1980) 提出了最小低阶混杂的概念.

定义 3.6 设 D_1 和 D_2 是两个 q^{s-k} 设计. 如果存在整数 r, 使

$$A_i(D_1) = A_i(D_2), \ 1 \leqslant i < r, \text{且 } A_r(D_1) < A_r(D_2),$$

则称 D_1 比 D_2 有较小的低阶混杂 (less aberration). 如果不存在比 D_1 有更小低阶混杂的 q^{s-k} 设计, 则称 D_1 有**最小低阶混杂**, 简称 MA 设计.

上面例 3.7 中 D_1 比 D_2 有较小的低阶混杂. 通常我们应该使用最小低阶混杂设计.

3.6.2 纯净效应准则

对于上一小节给出的最小低阶混杂准则, 我们注意到它是基于效应有序原则的, 即假设 (1) 低阶效应比高阶效应更重要, (2) 同阶效应同样重要. 最小低阶混杂准则几乎对任何两个设计都可以排序, 一般地它是设计的好准则, 除非与这两个假设条件有冲突. 然而, 在某些实际场合这两个基本假设并不成立, 并且更好的设计可以找到.

例 3.8 考虑两个 2^{9-4} 设计, 它们的定义对照子群分别为

$$D_1 : I = 1236 = 1347 = 1389 = 2467 = 2689 = 4789 = 12458 = 12579$$
$$= 14569 = 15678 = 23459 = 23578 = 34568 = 35679 = 12346789,$$
$$D_2 : I = 1236 = 1278 = 1347 = 1468 = 2348 = 2467 = 3678 = 12459$$
$$= 13589 = 15679 = 23579 = 25689 = 45789 = 34569 = 123456789.$$

对应地, 它们的字长型分别为

$$W(D_1) = (0, 0, 0, 6, 8, 0, 0, 1, 0), \quad W(D_2) = (0, 0, 0, 7, 7, 0, 0, 0, 1),$$

均为分辨度 IV 的设计, 并且已知 D_1 是 MA 设计. 由定义对照子群, 可见在相对弱的假定三阶和更高阶交互作用可忽略的条件下, D_1 的所有主效应和 8 个二阶交互作用

$$15, 25, 35, 45, 56, 57, 58, 59$$

可估 (注意 5 不出现在任何字长为 4 的字当中). D_2 虽然有 7 个字长为 4 的字, 比 MA 设计 D_1 还多一个, 但除所有主效应可估外, 它有 15 个二阶交互作用

$$15, 25, 35, 45, 56, 57, 58, 59, 19, 29, 39, 49, 69, 79, 89$$

可估 (注意 5 和 9 均不在这 7 个字中). 根据可估性观点, D_2 远远优于 MA 设计 D_1.

在 Wu, Chen (1992) 的文章中定义, 如果一个主效应或二阶交互作用不与任何其他主效应或其他二阶交互作用混杂, 则称为是 **纯净** 的 (clear). 在三阶和更高阶交互作用可以忽略不计时, 纯净效应是可估的, 这样的效应越多越好. 上述两个 2^{9-4} 设计, 除主效应都纯净外, MA 设计 D_1 有 8 个纯净的二阶交互作用, 而非 MA 的设计 D_2 则有 15 个纯净的二阶交互作用, 在纯净效应准则下, D_2 优于 MA 设计 D_1, 这就说明为什么还需要找不同于 MA 设计的设计.

在某些试验场合, 上面的假设 (2) 并不成立. 正如 Wu, Chen (1992) 的文章中所论述的, 具有这样的实际场合: 先验地知道某些交互作用是潜在重要的, 并且应该估计而不要与其他效应混杂. 为了安排一组特定的交互作用使得其可估, 人们可能得选取非 MA 设计. 例如: 考虑一个 2^{6-2} 设计, 要求二阶交互作用 $\{13, 14, 16, 23, 34, 35, 36, 45, 56\}$ 可估, 它们不能与其他二阶交互作用混杂, 同时要求所有主效应可估 (假定其他二阶交互作用是可忽略的). 利用 Wu, Chen (1992) 的图示可证明分辨度 III 设计 $I = 125 = 2346 = 13456$ 适合上述要求, 而分辨度 IV 的 MA 设计 $I = 1235 = 2346 = 1456$ 并不适合.

因此, 利用单一的一个准则寻找好的设计有时是困难的, 甚至会出现相互矛盾的情形. 所以利用最小低阶混杂准则在实际中未必合乎需要. 因此有必要把设计分类. Chen et al. (1993) 将许多二水平和三水平的因子设计按字长型向量的表现进行归类. 近年来更细致的分类文章很多. 在 Wu, Hamada (2000) 和 Mukerjee, Wu (2006) 的书中也列出了大量的设计, 并给出了字长型、纯净效应个数等, 供读者参考.

3.6.3 其他优良性准则

对正规因子设计, 字长型向量是衡量设计能力的重要工具, 分辨度、最小低阶混杂、纯净效应个数都是比较不同设计的重要准则. 另外, Sun (1993) 提出的最大估计容量 (maximum estimation capacity) 也是比较正规设计的一个重要准则. 文献 Mukerjee, Wu (2006) 和 Wu, Hamada (2000) 对这方面的结果有很好的总结. Zhang et al. (2008) 提出了一种反映正规设计本质的新的混杂型式 (文章中记为 AENP), 从本质上充分而完全地揭示了正规设计因子效应间的混杂信息, 并基于这一新型式提出了一种新的选最优设计的 GMC (general minimum lower-order confounding) 准则, 即一般最小低阶混杂准则. 针对这一准则已出现了一系列后续的研究.

另外, 上述的多个准则还被推广应用于研究其他各类相关设计, 如纯净准则下的非对称设计、最优分区组设计、裂区设计 (split-plot design)、稳健参数设计 (robust parameter design) 等. 这方面的工作可参见专著 Mukerjee, Wu (2006), 最近的文章如 Xu (2006), Ai et al. (2006), Chen et al. (2006), Li et al. (2006), Yang et al. (2006), Zi et al. (2006), Tang (2007), Yang et al. (2007), Zi et al. (2007), Zhao et al. (2008), Sun et al. (2009a), Yang et al. (2009) 等及其所引文献.

3.7 非正规正交设计

上一节讨论的最大分辨度、最小低阶混杂及纯净效应等准则是针对正规的正交设计而言的, 这样的正交设计具有如下性质: 任两个因子的交互作用仅反映在正交表的某些列, 例如, 我们前面用到的 $L_8(2^7)$、$L_9(3^4)$, 以及刚刚讨论过的 2^{5-2}、2^{7-2}、2^{9-4} 设计等均为正规的. 但有更多的正交表并不是正规的, 如 $L_{12}(2^{11})$, $L_{20}(2^{19})$, $L_{18}(3^7)$ 等, 非正规正交表的混杂现象比较复杂, 任两列的交互作用并不集中在正交表的某一列, 而是散布到正交表的许多列. 非正规正交表构造有循环平移法等, Plackett-Burman 设计就是用这种方法构造的非正规正交表.

例 3.9 表 3.23 给出了一个 $L_{12}(2^{11})$, 它就是一个 Plackett-Burman 设计, 这里两个水平用符号 "+" 和 "−" 表示. 该设计是通过将第一行每次向右平移一个位置, 并将最后一个元素移至第一个位置, 这样依次生成前 11 行, 最后添加一个全 "−" 的行得到的. 该设计中每个主效应部分地与每个不涉及它本身的二因子交互作用有混杂关系, 例如, 交互作用 12 与 9 个主效应 $3, 4, \cdots, 11$ 有部分混杂, 而且, 每个主效应与 45 个二因子交互作用有部分混杂. 在较大的设计中, 情况更为复杂. 因此, 采用非正规正交表进行试验的设计和分析时要特别小心.

表 3.23　$L_{12}(2^{11})$

试验号	1	2	3	4	5	6	7	8	9	10	11
1	+	+	−	+	+	+	−	−	−	+	−
2	−	+	+	−	+	+	+	−	−	−	+
3	+	−	+	+	−	+	+	+	−	−	−
4	−	+	−	+	+	−	+	+	+	−	−
5	−	−	+	−	+	+	−	+	+	+	−
6	−	−	−	+	−	+	+	−	+	+	+
7	+	−	−	−	+	−	+	+	−	+	+
8	+	+	−	−	−	+	−	+	+	−	+
9	+	+	+	−	−	−	+	−	+	+	−
10	−	+	+	+	−	−	−	+	−	+	+
11	+	−	+	+	+	−	−	−	+	−	+
12	−	−	−	−	−	−	−	−	−	−	−

前面第 3.6.1 节介绍的最小低阶混杂准则只能用来比较和衡量正规的正交设计. 近年来, 非正规的设计得到了更多的关注, Deng, Tang (1999) 引入了最小 G-混杂准则来衡量非正规的二水平因子设计, 这一准则较难具体应用, 于是 Tang, Deng (1999) 进行了改进, 提出了最小 G_2-混杂准则, Ma, Fang (2001) 和 Xu, Wu (2001) 几乎同时将上述字长型概念及最小低阶混杂准则推广至多水平的非正规因子设计, 并分别针对对称和非对称情形的设计提出了广义最小低阶混杂 (minimum generalized aberration, 简记 MGA, 及 generalized minimum aberration, 简记 GMA) 准则, 而 Xu (2003) 对非正规的设计又提出了最小低阶矩混杂 (minimum moment aberration, 简记 MMA) 准则, 较 GMA 准则更易于计算. Fang et al. (2003a) 则得到了 MGA、GMA 和 MMA 在对称情形的等价性, 实际上非正规设计的所有这些新准则都是正规情形的 MA 准则的推广, 都以 MA 准则作为其特例, 而 GMA 准则又包含了最小 G_2-混杂准则为特例. 最近, Liu et al. (2006) 针对非对称设计提出了最小 χ^2 准则, 并对它与 GMA、MMA 及最小投影均匀性 (minimum projection uniformity,

Hickernell, Liu (2002)) 准则之间的关系进行了探讨, 得到了一些很有价值的结果, 而 Pang, Liu (2010) 则引入了一种基于正交复对照的示性函数来表示一般的因子设计, 并提出了一种广义分辨度和新的混杂准则——最小杂合混杂 (minimum hybrid aberration) 准则, 用来对具有素数幂水平的组合非同构设计进行排序, 具有较好的效果. 对这些准则的理论及其应用感兴趣的读者请参考相应的文献, 本章不再赘述.

习　题

3.1　解释正交表的正交性以及正交性在试验设计中的作用.

3.2　简述用正交表安排试验的方法.

3.3　解释用正交表安排试验时为什么要避免混杂现象, 并举例说明如何避免该现象的发生.

3.4　某化工厂生产的一种产品的转化率较低, 为此希望通过试验提高转化率. 经分析影响转化率的可能因子有三个: 反应温度 (A, 单位: ℃), 反应时间 (B, 单位: min), 用碱量 (C, 单位: %), 并在试验中分别取如下的三个水平:

A: 80, 85, 90;

B: 90, 120, 150;

C: 5, 6, 7.

现用表 3.1 中的 $L_9(3^4)$ 来安排试验, 将 A, B, C 三个因子分别安排在该表的第 1, 2, 3 列, 试验后得到九次试验的转化率依次为:

$$32, 55, 39, 53, 49, 42, 56, 61, 63.$$

请对该试验结果分别进行直观分析、方差分析及回归分析, 并找出使转化率达到最高的水平组合.

3.5　某纺织厂为了提高在梳棉机上纺出的粘锦混纺纱的质量, 现考察 3 个二水平因子:

金属针布产地 (A): $A_1 = $ 日本产, $A_2 = $ 青岛产,

产量水平 (B, 单位: kg): $B_1 = 6$, $B_2 = 10$,

锡林速度 (C, 单位: r/min): $C_1 = 238$, $C_2 = 320$,

各因子间可能存在交互作用. 试验响应为棉结粒数, 该指标越小表示质量越好. 用表 3.8 中的 $L_8(2^7)$ 安排试验, 三个因子分别安排在第 1, 2, 4 列. 试验结果依

次为:

$$0.30, 0.35, 0.21, 0.30, 0.17, 0.48, 0.16, 0.38.$$

请指出交互作用所在列, 并对该试验结果分别进行直观分析和方差分析, 找出使棉结粒数达到最少的水平组合; 进一步地, 在方差分析基础上考虑响应与三个因子的回归分析, 你有什么结论?

3.6 为了探索缝纫机胶压板的制造工艺, 选了如下的因子和水平:

因子水平	压力 (A/psi)	温度 $(B/℃)$	时间 $(C/\min)$
1	8	95	9
2	10	90	12
3	11		
4	12		

直接套用正交表 $L_8(4^1 2^4)$ 进行该项试验, 四水平因子放在第一列, 其余两个因子放在第二列和第三列. 该试验的指标是四位有经验专家的打分, 用以评判胶压板的质量, 最高的 6 分, 最低的 1 分, 试验方案和打分结果列在表 3.24 中. 请分析试验结果并给出使胶压板的质量达到最好的水平组合.

表 3.24   胶压板试验的方案和打分结果

试验号	A	B	C	打分				总分
1	8(1)	95(1)	9(1)	5	6	6	4	21
2	8(1)	90(2)	12(2)	6	5	3	4	18
3	10(2)	95(1)	9(1)	4	3	2	2	11
4	10(2)	90(2)	12(2)	4	4	3	1	12
5	11(3)	95(1)	12(2)	2	2	1	1	6
6	11(3)	90(2)	9(1)	5	4	4	2	15
7	12(4)	95(1)	12(2)	4	4	2	1	11
8	12(4)	90(2)	9(1)	5	5	4	2	16

3.7 如果在习题 3.4 的试验中还要考虑搅拌速度 (D) 这个因子, 而电动机只有快、慢两档, 这时能否还用 $L_9(3^4)$ 来安排试验? 如何安排?

3.8   在某试验中需要考察 2 个五水平因子 A, B, 1 个四水平因子 C 和 1 个三水平因子 D, 请采用合适的正交表用拟水平法安排该试验, 并给出离差平方和 SS_C, SS_D 及误差平方和 SS_E 的计算公式, 这三者的自由度各为多少?

3.9   请分别用表 3.22 所示的两种表示法写出分辨度 IV 的 MA 设计 $I = 1235 = 2346 = 1456$, 请问该设计中有纯净的二阶交互作用吗? 为什么?

3.10   对例 3.7 中的两个 2^{7-2} 设计, 请分别列出与各主效应和二阶交互作用混杂的效应, 并指明哪些二阶交互作用是纯净的.

第四章

最优回归设计

最优回归设计 (optimum design) 是 Kiefer (1959) 最早提出的一类设计, 是试验设计中重要的设计类型之一, 它假定试验人员已知响应和因素间的关系可用某类回归模型表示, 但模型中含一些待估参数. 最优回归设计主要讨论的是如何选择设计点, 使已知的回归模型的系数能获得最优的估计. 这里的最优是在一定准则下的最优, 在文献中有许多不同的准则. 本章中, 我们将介绍最优回归设计的思想, 常见的最优准则如 D-最优, A-最优, E-最优等, 以及寻找最优回归设计的方法.

4.1 信息矩阵和最优准则

设在一个试验中, 选择了 s 个定量因素 $A_1, A_2, \cdots, A_s$, 它们的取值范围为 $\mathcal{X} = [a_1, b_1] \times [a_2, b_2] \times \cdots \times [a_s, b_s]$. 为了研究和叙述的方便, 可把每一个因素的取值范围通过简单的线性变换标准化到区间 $[-1, 1]$, 因此试验域常取为 $\mathcal{X} = [-1, 1]^s$.

实际中, 有时试验者根据一些先验知识知道真实模型的类型, 例如线性模型、二次线性模型、指数模型等, 但其中有一些未知参数待估. 此时, 如何安排试验使得模型的参数得以最准确地估计是最优回归设计考虑的问题. 首先看下面一个例子.

例 4.1 (例 2.1 续) 在该工业试验中, 设因素温度 (单位: ℃) 的范围为 [50, 90]. 根据先验知识, 试验者知道响应值 y 与因素温度 x 之间的模型为二次线性模型

$$y = \beta_0 + \beta_1 x + \beta_2 x^2 + \varepsilon. \tag{4.1}$$

现假设试验次数仍为 15, 如何安排试验来估计参数 $\beta_0, \beta_1, \beta_2$, 使得模型具有最好的精度? 一种直观的想法是估计这三个参数只需要三个点, 因此, 我们若选在 $A_1 = 50, A_2 = 70, A_3 = 90$ 这三个点上各试验 5 次, 其试验结果如表 4.1 所

示. 我们自然会问: 这样的设计是不是在一定准则下的最优的设计? 于是我们需要定义有关的准则. 进一步, 若这类准则很多, 自然又产生新的问题: 假如在某准则下最优, 是否在其他准则下也是最优的? 另外, 在给定某准则下是否可以找到相应的最优设计? 等等.

表 4.1 单因素试验

温度 x	50	70	90
产量 y	40, 38, 41, 41, 39	93, 93, 91, 92, 91	49, 51, 49, 53, 50

由于该设计是基于给定的回归模型得出的最佳设计, 笔者认为 "最优回归设计" 或 "回归设计" 的翻译比 "最优设计" 更为恰当, 因为在工业生产中, 最优设计含义很广泛, 不仅仅限于统计试验设计.

为了定义最优准则, 首先需要信息矩阵的一些知识.

4.1.1 信息矩阵

若一个试验中, 其响应 y 与 s 个因素 $x_1, x_2, \cdots, x_s$ 间有如下的线性回归关系 (见 (1.12) 式):

$$y = \sum_{j=1}^{p} g_j(\boldsymbol{x})\beta_j + \varepsilon, \tag{4.2}$$

式中 $g_1, g_2, \cdots, g_p$ 为 p 个已知函数, 回归系数 $\beta_1, \beta_2, \cdots, \beta_p$ 未知, 随机误差 ε 的均值为 0, 方差为 σ^2. 令 $\boldsymbol{g} = (g_1, g_2, \cdots, g_p)'$. 欲用模型 (4.2) 来拟合试验数据 $\{y_k, \boldsymbol{x}_k = (x_{k1}, x_{k2}, \cdots, x_{ks})'; k = 1, 2, \cdots, n\}$, 则有

$$y_k = \sum_{j=1}^{p} g_j(\boldsymbol{x}_k)\beta_j + \varepsilon_k, \ k = 1, 2, \cdots, n, \tag{4.3}$$

式中随机误差 $\varepsilon_1, \varepsilon_2, \cdots, \varepsilon_n$ 独立同分布, 且均值为 0, 方差为 σ^2. 这里 n 个试验点 $\boldsymbol{x}_1, \boldsymbol{x}_2, \cdots, \boldsymbol{x}_n$ 应位于试验区域 $\boldsymbol{\mathcal{X}}$ 内. 线性回归 (4.3) 可用矩阵形式表示为

$$\boldsymbol{y} = \boldsymbol{G}\boldsymbol{\beta} + \boldsymbol{\varepsilon}, \tag{4.4}$$

式中

$$
\boldsymbol{y} = \begin{pmatrix} y_1 \\ \vdots \\ y_n \end{pmatrix}, \boldsymbol{G} = \begin{pmatrix} g_1(\boldsymbol{x}_1) & \cdots & g_p(\boldsymbol{x}_1) \\ \vdots & & \vdots \\ g_1(\boldsymbol{x}_n) & \cdots & g_p(\boldsymbol{x}_n) \end{pmatrix}, \boldsymbol{\beta} = \begin{pmatrix} \beta_1 \\ \vdots \\ \beta_p \end{pmatrix}, \boldsymbol{\varepsilon} = \begin{pmatrix} \varepsilon_1 \\ \vdots \\ \varepsilon_n \end{pmatrix}.
$$

矩阵 $\boldsymbol{G}$ 称为**广义设计矩阵**, 并称

$$
\boldsymbol{M} = \frac{\boldsymbol{G}'\boldsymbol{G}}{n} \tag{4.5}
$$

为设计 $\boldsymbol{X} = (\boldsymbol{x}_1, \boldsymbol{x}_2, \cdots, \boldsymbol{x}_n)'$ 在模型 (4.4) 下的**信息矩阵**, 这里信息矩阵的定义与 (1.23) 式只差一个常数 n. 本章中信息矩阵我们都采用 (4.5) 式的定义, 目的是消除试验次数 n 的影响, 并假设 $\boldsymbol{M}$ 可逆. 易知, 回归系数的最小二乘估计 $\hat{\boldsymbol{\beta}}$ 的协方差矩阵为

$$
\mathrm{Cov}(\hat{\boldsymbol{\beta}}) = \sigma^2 (\boldsymbol{G}'\boldsymbol{G})^{-1} = \frac{\sigma^2}{n} \boldsymbol{M}^{-1}, \tag{4.6}
$$

式中 σ^2 是随机误差的方差. 显然, 我们希望找一个设计使 $\mathrm{Cov}(\hat{\boldsymbol{\beta}})$ 尽可能地小. 由于 σ^2 是客观存在的, 我们希望设计使 $\boldsymbol{M}^{-1}$ 尽可能地小, 或 $\boldsymbol{M}$ 尽可能地大. $\boldsymbol{M}^{-1}$ 是一个矩阵, 使其达到最小可以有多种考虑. 例如, 使 $\boldsymbol{M}^{-1}$ 的行列式达极小, 或使 $\boldsymbol{M}^{-1}$ 的迹达极小, 等等. 但是, 这些准则必须有其统计意义, 例如 $\mathrm{Cov}(\hat{\boldsymbol{\beta}})$ 的行列式在多元统计中称为 $\hat{\boldsymbol{\beta}}$ 的**广义方差**, 它与 $|\boldsymbol{M}^{-1}|$ 成正比. 故使 $|\boldsymbol{M}^{-1}|$ 达极小有统计意义, 这就是下节讨论的 D-最优准则.

在试验区域 $\mathcal{X}$ 中的一个设计可以表示为

$$
\left\{ \begin{array}{cccc} \boldsymbol{x}_1 & \boldsymbol{x}_2 & \cdots & \boldsymbol{x}_m \\ n_1 & n_2 & \cdots & n_m \end{array} \right\}, \tag{4.7}
$$

这里 $\boldsymbol{x}_1, \boldsymbol{x}_2, \cdots, \boldsymbol{x}_m$ 为不同的试验点, $n_1, n_2, \cdots, n_m \ (\geqslant 1)$ 为每个试验点处的重复次数, $n = n_1 + n_2 + \cdots + n_m$ 为总试验次数. 设计 (4.7) 也可表示为

$$
\xi_n = \left\{ \begin{array}{cccc} \boldsymbol{x}_1 & \boldsymbol{x}_2 & \cdots & \boldsymbol{x}_m \\ n_1/n & n_2/n & \cdots & n_m/n \end{array} \right\}. \tag{4.8}
$$

显然, ξ_n 是 $\mathcal{X}$ 上的一个概率分布, ξ_n 取 $\boldsymbol{x}_j$ 的概率为 n_j/n. 在最优回归设计理

论的发展过程中, Kiefer (1959) 发现, 如将 $\mathcal{X}$ 上的任一概率分布 ξ 都看成一个设计, 则易于证明许多定理和作理论开拓. 如果 ξ 是一个连续分布或是一个离散分布

$$\xi = \left\{ \begin{array}{cccc} \boldsymbol{x}_1 & \boldsymbol{x}_2 & \cdots & \boldsymbol{x}_m \\ w_1 & w_2 & \cdots & w_m \end{array} \right\}, \tag{4.9}$$

称 ξ 为**连续设计**, 这里 $\sum\limits_{j=1}^{m} w_j = 1$, $P(\xi = \boldsymbol{x}_j) = w_j, j = 1, 2, \cdots, m$. 然而当 w_i 的取值不为 $1/n$ 的倍数时, 这种设计在实际中不易使用, 因此为了克服该缺点, 人们提出**确定性设计** (参考 Shah, Sinha (1989)), 即限制每个设计点的权重是 $1/n$ 的整数倍, n 为试验次数, 此时该测度可表示为式 (4.8).

模型 (4.4) 中, 对于试验域 $\mathcal{X}$ 上任一点 $\boldsymbol{x}$, 其响应的预测值为 $\hat{y}(\boldsymbol{x}) = \boldsymbol{g}(\boldsymbol{x})'\hat{\boldsymbol{\beta}}$, 其中 $\boldsymbol{g}(\boldsymbol{x}) = (g_1(\boldsymbol{x}), g_2(\boldsymbol{x}), \cdots, g_p(\boldsymbol{x}))'$. 该估计是无偏的, 而其方差为

$$\mathrm{Var}(\hat{y}(\boldsymbol{x})) = \mathrm{Var}(\boldsymbol{g}(\boldsymbol{x})'\hat{\boldsymbol{\beta}}) = E[y(\boldsymbol{x}) - \boldsymbol{g}(\boldsymbol{x})'\hat{\boldsymbol{\beta}}]^2 = \frac{\sigma^2}{n} \boldsymbol{g}(\boldsymbol{x})' \boldsymbol{M}^{-1} \boldsymbol{g}(\boldsymbol{x}), \tag{4.10}$$

式中 $y(\boldsymbol{x})$ 为点 $\boldsymbol{x}$ 处的真实值. 假如我们的目的是比较在某一线性模型下的不同的试验设计, 那么 σ^2 的值显得不太重要, 因为对于不同的试验设计随机误差的方差应该一样. 因此, 为了比较不同设计的优劣, 我们可以消除 σ^2 和试验次数 n 的影响, 即标准化 (4.10) 式的方差, 得到设计 ξ 的**标准化方差**

$$d(\boldsymbol{x}, \xi) = n \frac{\mathrm{Var}(\hat{y}(\boldsymbol{x}))}{\sigma^2} = \boldsymbol{g}(\boldsymbol{x})' \boldsymbol{M}^{-1} \boldsymbol{g}(\boldsymbol{x}). \tag{4.11}$$

标准化方差在最优回归设计中很有用. 我们先看两个简单的例子.

例 4.2 设试验点为 $x_1, x_2, \cdots, x_n$, 考虑一元线性回归模型

$$E(y) = \beta_0 + \beta_1 x, \quad x \in [-1, 1], \tag{4.12}$$

则其信息矩阵为

$$\boldsymbol{M} = \frac{1}{n} \boldsymbol{G}' \boldsymbol{G} = \frac{1}{n} \left(\begin{array}{cc} n & \sum x_i \\ \sum x_i & \sum x_i^2 \end{array} \right),$$

式中 $\sum$ 表示从 1 加到 n, 则信息矩阵的行列式为

$$|M| = \left| \frac{1}{n} G'G \right| = \frac{1}{n^2} \begin{vmatrix} n & \sum x_i \\ \sum x_i & \sum x_i^2 \end{vmatrix} = \frac{1}{n} \sum (x_i - \bar{x})^2,$$

且

$$M^{-1} = \frac{1}{n|M|} \begin{pmatrix} \sum x_i^2 & -\sum x_i \\ -\sum x_i & n \end{pmatrix}.$$

表 4.2 中列出简单的四个设计 I-IV, 并记为 $\xi_I, \xi_{II}, \xi_{III}, \xi_{IV}$, 且其试验次数分别为 2, 3, 3, 4. 易知, 设计 ξ_I、ξ_{II} 和 ξ_{IV} 是对称设计, 而设计 ξ_{III} 是非对称设计. 在一元线性回归模型 (4.12) 下, 若采用表 4.2 中设计 I, 则有

$$G'G = \begin{pmatrix} 2 & 0 \\ 0 & 2 \end{pmatrix}, \quad |G'G| = 4, \quad M^{-1} = \begin{pmatrix} 1 & 0 \\ 0 & 1 \end{pmatrix}.$$

表 4.2   单因素试验的几个简单的设计

设计	试验次数	设计点 x			
I	2	-1	1		
II	3	-1	0	1	
III	3	-1	1	1	
IV	4	-1	$-1/3$	1/3	1

此时, 两个系数的估计 $\hat{\beta}_0, \hat{\beta}_1$ 是不相关的, 且其标准化方差

$$d(x, \xi_I) = 1 + x^2, \quad x \in [-1, 1]. \tag{4.13}$$

当 $x = \pm 1$ 时, (4.13) 式取到最大值 2. 若采用表 4.2 中设计 II, 可知

$$G'G = \begin{pmatrix} 3 & 0 \\ 0 & 2 \end{pmatrix}, \quad |G'G| = 6, \quad M^{-1} = \begin{pmatrix} 1 & 0 \\ 0 & 3/2 \end{pmatrix}.$$

此时, 两个系数的最小二乘估计是不相关的, 且其标准化方差

$$d(x,\xi_{\text{II}}) = 1 + \frac{3x^2}{2}, \quad x \in [-1,1]. \tag{4.14}$$

它的最大值 2.5 在 $x = \pm 1$ 处达到. 而采用表 4.2 中设计 III 则有

$$\boldsymbol{G'G} = \begin{pmatrix} 3 & 1 \\ 1 & 3 \end{pmatrix}, \quad |\boldsymbol{G'G}| = 8, \quad \boldsymbol{M}^{-1} = \begin{pmatrix} 9/8 & -3/8 \\ -3/8 & 9/8 \end{pmatrix}.$$

此时, 两个系数的估计值是负相关的, 且其标准化方差

$$d(x,\xi_{\text{III}}) = \frac{3}{8}(3 - 2x + 3x^2), \quad x \in [-1,1]. \tag{4.15}$$

当 $x = -1$ 时, (4.15) 式取到最大值 3.

例 4.3 (例 4.1 续) 对于二次线性模型 (4.1) 式, 设试验点为 $x_1, x_2, \cdots, x_n$, 则

$$\boldsymbol{G'G} = \begin{pmatrix} n & \sum x_i & \sum x_i^2 \\ \sum x_i & \sum x_i^2 & \sum x_i^3 \\ \sum x_i^2 & \sum x_i^3 & \sum x_i^4 \end{pmatrix}.$$

由此, 若采用表 4.2 中设计 II, 可得

$$\boldsymbol{G'G} = \begin{pmatrix} 3 & 0 & 2 \\ 0 & 2 & 0 \\ 2 & 0 & 2 \end{pmatrix}, \quad (\boldsymbol{G'G})^{-1} = \begin{pmatrix} 1 & 0 & -1 \\ 0 & 1/2 & 0 \\ -1 & 0 & 3/2 \end{pmatrix}.$$

此时, 设计 II 的标准化方差为

$$d(x,\xi_{\text{II}}) = 3 - \frac{9x^2}{2} + \frac{9x^4}{2}, \quad x \in [-1,1]. \tag{4.16}$$

因此, 在设计点 $-1, 0$ 或 1 上标准化方差 (4.16) 式达到最大值 3. 类似地, 若采用表 4.2 中设计 IV, 则其标准化方差为

$$d(x,\xi_{\text{IV}}) = 2.562 - 3.811x^2 + 5.062x^4, \quad x \in [-1,1]. \tag{4.17}$$

此时, 在设计点 $x = \pm 1$ 上标准化方差 (4.17) 式达到最大值 3.814.

例 4.2 和例 4.3 中讨论的各种结果见表 4.3, 标准化方差 $d(x,\xi)$ 与下节将介绍的 D-最优设计有密切联系.

表 4.3   表 4.2 中各设计的结果

模型	设计	试验次数	$|G'G|$	$\max\limits_{\mathcal{X}} d(x,\xi)$
一元线性模型	设计 I	2	4	2
	设计 II	3	6	2.5
	设计 III	3	8	3
一元二次模型	设计 II	3	4	3
	设计 IV	4	7.023	3.814

4.1.2   回归设计的最优准则

非统计专业的读者可以略去本子节的内容.

基于线性模型 (4.4), 如何在试验域 $\mathcal{X}$ 上找到 "最优" 的设计? 为此需要给出相应的最优准则. 由于设计 ξ 的信息矩阵 $M(\xi)$ (常简写为 M) 包含了试验点和统计模型的诸多信息, 故大多数准则都是信息矩阵的函数. 对于一个试验次数为 n 的设计, 模型 (4.4) 的信息矩阵可表示为

$$M = \frac{1}{n}G'G = \sum_{i=1}^{n} \frac{1}{n}g(x_i)g(x_i)', \tag{4.18}$$

式中 $g(x_i)'$ 是广义设计矩阵 G 的第 i 行向量. 类似地, 对于 (4.7) 中的连续设计 ξ, 其信息矩阵可表示为

$$M(\xi) = \int_{\mathcal{X}} g(x)g(x)'\xi(\mathrm{d}x) = \sum_{i=1}^{n} w_i g(x_i)g(x_i)'. \tag{4.19}$$

上式第二个等号成立的原因是 ξ 在设计点 x_i 上的权重为 w_i.

最常见的最优准则为 D-, A- 和 E-准则, 其表达式分别如下:

$$\Phi_D(M(\xi)) = |M(\xi)|^{-1}, \tag{4.20}$$

$$\Phi_A(M(\xi)) = \mathrm{tr}(M^{-1}(\xi)), \tag{4.21}$$

$$\Phi_E(M(\xi)) = \lambda_{\max}(M^{-1}(\xi)), \tag{4.22}$$

其中, $|\cdot|$ 表示矩阵的行列式, 而 $\lambda_{\max}$ 表示矩阵的最大特征值. 最小化上述准则的设计分别称为 D-, A- 和 E-最优设计. 这几个最优准则都有其特定的统计含义, 现介绍如下.

(1) D-最优设计

多元统计分析告诉我们, 对于给定的显著性水平 α, 所有 p 个系数的 $1-\alpha$ 的**置信域**为

$$(\boldsymbol{\beta} - \hat{\boldsymbol{\beta}})' \boldsymbol{M} (\boldsymbol{\beta} - \hat{\boldsymbol{\beta}}) \leqslant ps^2 F_{p,n-p-1,\alpha}, \tag{4.23}$$

式中, s^2 是随机误差方差 σ^2 的估计, $F_{p,n-p-1,\alpha}$ 表示自由度为 p 和 $n-p-1$ 的 F 分布的上 α 分位数. D-最优设计最小化 $\hat{\boldsymbol{\beta}}$ 的广义方差, 即

$$|\mathrm{Cov}(\hat{\boldsymbol{\beta}})| = \frac{1}{n}\sigma^2 |\boldsymbol{M}^{-1}|.$$

随机误差方差 σ^2 是客观存在的, 而试验次数 n 给定时, D-最优设计即为最小化 $|\boldsymbol{M}|^{-1}$ 的设计. 在正态假设下, 由 (4.23) 式可知, 对于给定的正数 $C = ps^2 F_{p,n-p-1,\alpha}$,

$$(\boldsymbol{\beta} - \hat{\boldsymbol{\beta}})' \boldsymbol{M} (\boldsymbol{\beta} - \hat{\boldsymbol{\beta}}) = C,$$

实际上其几何图像为一个椭球, 我们称之为**置信椭球**, 椭球的中心为 $\boldsymbol{\beta}$ 的最小二乘估计 $\hat{\boldsymbol{\beta}}$, 置信椭球的体积为

$$V = V_p |\boldsymbol{M}|^{-1/2} C^{p/2}, \tag{4.24}$$

式中 V_p 为 p 维单位超球体的体积

$$V_p = \begin{cases} \dfrac{\pi^{p/2}}{\left(\dfrac{p}{2}\right)!}, & p \text{ 为偶数}, \\[4ex] \dfrac{2^p \pi^{(p-1)/2} \left(\dfrac{p-1}{2}\right)!}{p!}, & p \text{ 为奇数}, \end{cases}$$

因此, D-最优设计即为最小化 $\boldsymbol{\beta}$ 的置信椭球体积的设计, 这也是 D-最优设计的统计意义. 设 $\lambda_1 \geqslant \lambda_2 \geqslant \cdots \geqslant \lambda_p$ 是 $\boldsymbol{M}$ 的 p 个特征值, 则由代数知识可得 $|\boldsymbol{M}| = \prod\limits_{i=1}^{p} \lambda_i$, 且 $\boldsymbol{M}^{-1}$ 的特征值分别为 $1/\lambda_1, 1/\lambda_2, \cdots, 1/\lambda_p$, 因此, $|\boldsymbol{M}|^{-1} = |\boldsymbol{M}^{-1}| = \prod\limits_{i=1}^{p} (1/\lambda_i)$. 于是, D-最优设计也是满足下式的设计:

$$\min \prod_{i=1}^{p} \frac{1}{\lambda_i}.$$

(2) A-最优设计

A-最优设计实质上是最小化 $\hat{\beta}_1, \hat{\beta}_2, \cdots, \hat{\beta}_p$ 的平均方差值的设计, 因为根据回归分析的知识, $\mathrm{Var}(\hat{\beta}_i) = c_{ii}\sigma^2/n$, 其中 c_{ii} 是矩阵 $\boldsymbol{M}^{-1}$ 的第 i 个对角元素, 则 $\mathrm{tr}(\boldsymbol{M}^{-1}) \propto \sum \mathrm{Var}(\hat{\beta}_i)$, 其中符号 $\propto$ 表示 "正比于". 另外, 由代数知识可知, $\mathrm{tr}(\boldsymbol{M}^{-1}) = \sum\limits_{i=1}^{p} (1/\lambda_i)$. 于是, A-最优设计也是满足下式的设计:

$$\min \sum_{i=1}^{p} \frac{1}{\lambda_i}.$$

(3) E-最优设计

由于 $\lambda_{\max}(\boldsymbol{M}^{-1}) = \lambda_p^{-1}$, E-最优设计是使得 λ_p^{-1} 最小的设计. 设 $\boldsymbol{e} = (e_1, e_2, \cdots, e_p)'$ 为单位向量, 即 $\boldsymbol{e}'\boldsymbol{e} = 1$, 考虑 $\boldsymbol{e}'\hat{\boldsymbol{\beta}}$ 的方差, 可得

$$\mathrm{Var}(\boldsymbol{e}'\hat{\boldsymbol{\beta}}) = \boldsymbol{e}'\mathrm{Cov}(\hat{\boldsymbol{\beta}})\boldsymbol{e} \propto \boldsymbol{e}'\boldsymbol{M}^{-1}\boldsymbol{e}.$$

若最大化上式, 通过简单的代数运算可知

$$\max_{\boldsymbol{e}} \mathrm{Var}(\boldsymbol{e}'\hat{\boldsymbol{\beta}}) = \lambda_{\max}(\boldsymbol{M}^{-1}).$$

因此, E-最优设计是使得 $\boldsymbol{e}'\hat{\boldsymbol{\beta}}$ 的最大方差最小化.

这三个准则是一族信息函数的特例, 它们都是 $\boldsymbol{M}$ 的特征值 $\lambda_1 \geqslant \lambda_2 \geqslant \cdots \geqslant \lambda_p$ 的函数:

$$\Phi_k(\boldsymbol{M}) = \begin{cases} \left(\dfrac{1}{p}\sum_{i=1}^{p}\lambda_i^{-k}\right)^{1/k}, & k \neq 0, \infty, \\[3mm] \left(\prod_{i=1}^{p}\lambda_i^{-1}\right)^{1/p}, & k = 0, \\[3mm] \lambda_p^{-1} & k = \infty, \end{cases}$$

显然, D-, A- 和 E-最优准则对应的 k 值分别为 $k = 0, 1$ 和 ∞. 故在文献中, 可将上述这三个最优准则统一成 Φ-最优准则, 并进一步推广, 详见 Pukelsheim (1993).

由 D-, A- 和 E-最优准则的定义我们可以看到, 对于定量的因素, D-最优设计并不依赖于定量因素的尺度, 即对定量因素作非退化的线性变换后, 比如把变量的单位从米变为英尺, 其 D-最优性不变. 换句话说, 设 ξ^* 是模型 $y = \boldsymbol{\beta}'\boldsymbol{g}(\boldsymbol{x})$ 的 D-最优设计, 那么 ξ^* 也是模型 $y = \boldsymbol{\beta}'\boldsymbol{g}(\boldsymbol{Ax})$ 的 D-最优设计, 其中 $\boldsymbol{A}$ 为尺度转换矩阵且 $|\boldsymbol{A}| \neq 0$. 然而, 这个性质对于 A- 和 E-最优准则是不成立的, 即当把定量变量的尺度改变后, 相应的 A- 和 E-最优设计的设计点不是直接线性变换而来, 而是需寻找新的设计点. 这也是 A- 和 E-最优准则的一大缺点, 不过对于定性的变量, A- 和 E-最优准则就不存在这个问题. 因此实际应用中, A- 和 E-最优准则主要针对定性变量, 或者区组设计, 而 D-最优准则针对定量变量.

有的文献中还提出最优回归设计一些其他的准则, 如 T-, G-, L-, c-准则, 以及由 D-最优准则推广的 D_s-, D_A-最优准则等, 我们将在 4.5 节中简单介绍. 确定最优准则后, 就要设法求出最优回归设计, 这在大部分情况下是不容易做到的, 我们先来看最简单的一元线性模型.

例 4.4 (例 4.2 续)　模型 (4.12) 等价于中心化模型

$$\hat{y}(x) = \bar{y} + \hat{\beta}_1(x - \bar{x}), \quad x \in [-1, 1], \tag{4.25}$$

式中 $\bar{x}$ 和 $\bar{y}$ 分别是观测值 $x_1, x_2, \cdots, x_n$ 和 $y_1, y_2, \cdots, y_n$ 的均值. 模型 (4.25) 也等价于

$$E(y) = \alpha + \beta_1(x - \bar{x}), \quad x \in [-1, 1].$$

该模型的信息矩阵为

$$M = \frac{1}{n}G'G = \begin{pmatrix} 1 & 0 \\ 0 & \frac{1}{n}\sum(x_i - \bar{x})^2 \end{pmatrix}. \tag{4.26}$$

因此, 由 (4.6) 式可知, 最大化 $\sum(x_i - \bar{x})^2$, 或等价地最小化 $\hat{\beta}_1$ 的方差的设计即为 D-最优设计. 设试验域 $\mathcal{X} = [-1, 1]$, 试验次数为 n, 则若取一半的试验点在 $x = -1$, 另一半的试验点在 $x = 1$ 时, $\sum(x_i - \bar{x})^2$ 达到最大. 因此这种设计即为 D-最优设计. 例如, 当试验次数为 $n = 2$, 则表 4.2 中设计 I 为一元线性模型的 D-最优设计, 用测度 ξ 可表示为

$$\xi = \left\{ \begin{array}{cc} -1 & 1 \\ 1/2 & 1/2 \end{array} \right\}. \tag{4.27}$$

同时, 由 (4.26) 式可知, 信息矩阵 M 的特征值为 $1/n$ 和 $1/(\sum(x_i - \bar{x})^2)$, 因此, 由 (4.21) 式可得最大化 $\sum(x_i - \bar{x})^2$ 的设计也是 A-最优设计. 故设计 (4.27) 也是一元线性模型的 A-最优设计. 而当试验次数为 $n = 3$ 时, 若试验点取在 $x = 1$ 和 $x = -1$ 以及这两个点上任选一个重复一次, 此时, $\sum(x_i - \bar{x})^2$ 达到最大, 因此, 表 4.2 中设计 III 也为一元线性模型的试验次数为 3 的 D-最优设计, 用测度 ξ 可表示为

$$\xi = \left\{ \begin{array}{cc} -1 & 1 \\ 1/3 & 2/3 \end{array} \right\}.$$

易验证, 上面的设计也是试验次数为 3 的 A-最优设计.

4.2 等价性定理

非统计专业的读者可以略去本节的内容.

在实际中, 给定某个信息函数 Φ, 如何判断一个设计是否为 Φ-最优设计有时比较困难, 因此, 需要给出一些相对显式的判断准则. 等价性定理即可达到这种目的, 它是最优回归设计中重要的理论基础.

对于一个试验次数为 n 的连续设计, 其信息矩阵如 (4.19) 所示. 若设计取为 (4.8) 式中的确定性设计 ξ_n, 信息矩阵 (4.19) 变为 (4.18) 式, 并记为 $M(\xi_n)$. 此时, 连续设计 ξ 的标准化方差 (4.11) 变为确定性设计的标准化方差

$$d(\boldsymbol{x}, \xi_n) = \boldsymbol{g}(\boldsymbol{x})' \boldsymbol{M}^{-1}(\xi_n) \boldsymbol{g}(\boldsymbol{x}).$$

记试验域 $\mathcal{X}$ 上的全体设计集为 Γ, 则其包含全体连续的设计和确定性设计, 该集为凸闭集, 即对任意 $\xi, \eta \in \Gamma, 0 \leqslant \alpha \leqslant 1$, 有

$$\alpha\xi + (1-\alpha)\eta \in \Gamma.$$

在连续设计的渐近理论中, 我们考虑在 Γ 上最小化 $\Phi(M)$ 的设计得到 Φ-最优设计, 其中, 需对函数 Φ 加以限制, 比如要求 $\Phi{:}\Gamma \to (-\infty, +\infty)$ 是凸函数, 即

$$\Phi(\alpha M(\xi) + (1-\alpha)M(\eta)) \leqslant \alpha\Phi(M(\xi)) + (1-\alpha)\Phi(M(\eta)),$$

同时要求 Φ 一阶可微. 在等价性定理中主要用到的工具是方向导数, F-导数, 其定义为

$$F_\Phi(\xi, \eta) = \lim_{\alpha \to 0+} \frac{1}{\alpha}[\Phi((1-\alpha)M(\xi) + \alpha M(\eta)) - \Phi(M(\xi))], \qquad (4.28)$$

我们称 $F_\Phi(\xi, \eta)$ 为 $\Phi(\cdot)$ 在 ξ 处沿 η 方向的 F-导数. Silvey (1980) 给出 F-导数的诸多性质, 例如:

(1) $F_\Phi(\xi, \xi) = 0$;

(2) $F_\Phi(\xi, \eta) \leqslant \Phi(M(\eta)) - \Phi(M(\xi))$;

(3) Φ 在 ξ 处可微意味着若 $\sum w_i = 1$, 则 $F_\Phi(\xi, \sum w_i\eta_i) = \sum w_i F_\Phi(\xi, \eta_i)$.

记 $\delta_{\boldsymbol{x}}$ 为在设计点 $\boldsymbol{x}$ 上的权重为 1 的设计, 即 $\delta_{\boldsymbol{x}} = \left\{ \begin{matrix} \boldsymbol{x} \\ 1 \end{matrix} \right\}$. 当 Φ 在 Γ 中所有点可微时,

$$F_\Phi(\xi, \eta) = \sum_{\boldsymbol{x}} w(\boldsymbol{x})F_\Phi(\xi, \delta_{\boldsymbol{x}}), \qquad (4.29)$$

式中 $w(\boldsymbol{x})$ 表示设计 η 在点 $\boldsymbol{x}$ 处的权重. 称

$$\phi(\boldsymbol{x}, \xi) = F_\Phi(\xi, \delta_{\boldsymbol{x}}) \qquad (4.30)$$

为**敏感性函数**. 由此, 可得最优回归设计中的等价性定理, 阐述如下.

定理 4.1 若 Φ 满足上述性质, 且在 Γ 中所有点可微, 则下面的 (1), (2), (3) 等价:

(1) ξ^* 是 Φ-最优设计;

(2) 对于任意 $\boldsymbol{x} \in \mathcal{X}$, $\phi(\boldsymbol{x}, \xi^*) \geqslant 0$;

(3) $\phi(\boldsymbol{x}, \xi^*)$ 在 ξ^* 的每个设计点 $\boldsymbol{x}$ 上取到最小值, 且 $\phi(\boldsymbol{x}, \xi^*) = 0$.

证明 为了证明 (1)$\Leftrightarrow$(2), 首先证明 (1)$\Rightarrow$(2). 设 ξ^* 是 Φ-最优设计, 即 $\Phi(\xi^*) \leqslant \Phi(\eta)$ 对于任意的 $\eta \in \Gamma$ 成立. 因此, 对于任意 $\alpha(0 \leqslant \alpha \leqslant 1)$ 和 $\eta \in \Gamma$ 有

$$\Phi((1-\alpha)\boldsymbol{M}(\xi^*) + \alpha\boldsymbol{M}(\delta_x)) - \Phi(\boldsymbol{M}(\xi^*))$$
$$= \Phi(\boldsymbol{M}((1-\alpha)\xi^* + \alpha\delta_x)) - \Phi(\boldsymbol{M}(\xi^*)) \geqslant 0,$$

则由 F-导数的定义, 有 $\phi(\boldsymbol{x}, \xi^*) = F_{\Phi}(\xi^*, \delta_x) \geqslant 0$.

(2)$\Rightarrow$(1). 对任意 $\boldsymbol{x} \in \mathcal{X}$, $\phi(\boldsymbol{x}, \xi^*) \geqslant 0$, 因此对于任意设计 $\eta \in \Gamma$, 根据 (4.29) 式, 其中权重 $\eta(\boldsymbol{x})$ 是非负的, 则 $F_{\Phi}(\xi^*, \eta) \geqslant 0$. 故由 F-导数的性质 (2) 有 $\Phi(\boldsymbol{M}(\eta)) - \Phi(\boldsymbol{M}(\xi^*)) \geqslant 0$. 所以对一切 $\eta \in \Gamma$, 有 $\Phi(\boldsymbol{M}(\eta)) \geqslant \Phi(\boldsymbol{M}(\xi^*))$, 即 ξ^* 是 Φ-最优设计.

(1)$\Rightarrow$(3). 设 $\boldsymbol{x}$ 为 ξ^* 的设计点, 其权重 $w(\boldsymbol{x}) > 0$, 由 F-导数的性质 (1), (3) 可知

$$0 = F_{\Phi}(\xi^*, \xi^*) = F_{\Phi}(\xi^*, \sum w(\boldsymbol{x})\delta_x)$$
$$= \sum w(\boldsymbol{x})F_{\Phi}(\xi^*, \delta_x) = \sum w(\boldsymbol{x})\phi(\boldsymbol{x}, \xi^*),$$

由于权重 $w(\boldsymbol{x}) > 0$, 因此可得 $\phi(\boldsymbol{x}, \xi^*) = 0$.

(3)$\Rightarrow$(1). 显然, 由 (3) 可知 (2) 成立, 因此 ξ^* 是 Φ-最优设计. ∎

根据等价性定理, 我们可以比较容易地判断一个设计是否为最优回归设计.

例 4.5 (例 4.1 续) 考虑二次模型 (4.1) 式的 D-最优设计. 设试验域已标准化为 $\mathcal{X} = [-1, 1]$, 考虑下面的设计:

$$\xi = \left\{ \begin{array}{ccc} -1 & 0 & 1 \\ 1/3 & 1/3 & 1/3 \end{array} \right\}. \tag{4.31}$$

易知, 当试验次数为 3 时, 设计 (4.31) 退化为表 4.2 中的设计 Ⅱ. Kiefer (1975) 证明了, 当 D-最优的定义 (4.20) 式变为

$$\Phi_D(\boldsymbol{M}(\xi)) = -\log |\boldsymbol{M}(\xi)|$$

时 (易知, 该定义与 (4.20) 式的定义没有本质差别, 因为这里只是对 $|\boldsymbol{M}(\xi)|^{-1}$

求对数而已), 由 (4.30) 式可求得

$$\phi(x,\xi) = p - d(x,\xi), \tag{4.32}$$

式中 p 为回归模型中未知个数, $d(x,\xi)$ 为 (4.11) 式的标准化方差, 对于二次模型而言, $p = 3$, $d(x,\xi)$ 如 (4.16) 式所示. 图 4.1(a) 直观地展示二次模型的设计 (4.31) 的标准化方差, 易知, 在试验域 $\mathcal{X}$ 上, $d(x,\xi) \leqslant 3 = p$, 因此, 由 (4.32) 式可知, $\phi(x,\xi) \geqslant 0$, 而且只在设计点 $-1, 0, 1$ 上, $\phi(x,\xi) = 0$. 因此, 由等价性定理可知设计 (4.31) 是二次模型 (4.1) 式的 D-最优设计.

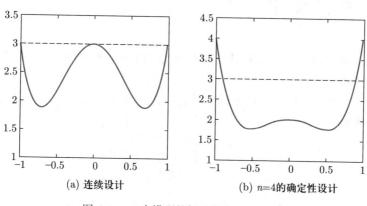

(a) 连续设计　　　　　(b) $n=4$的确定性设计

图 4.1　二次模型的标准化方差 $d(x,\xi)$

　　等价性定理提供了构造和判断最优回归设计的方法, 但是定理 4.1 中并没有给出设计点的具体个数. 一般地, 设计的点数不宜过大, 比如 D-最优设计的点数往往等于多项式的次数 p, 如例 4.5 所示. 我们将在下一节详细讨论 D-最优设计. 同时, 等价性定理只适用于连续设计 ξ, 而对于确定性设计往往不适用. 下面二次模型的例子说明了这一点.

　　例 4.6 (例 4.1 续)　在 $n = 4$ 时考虑二次模型 (4.1) 式的确定性的 D-最优设计, 且试验次数 $n = 4$. 前面的例 4.5 说明当设计点取为 $-1, 0, 1$, 且每个点的权重都是 $1/3$ 时, 连续设计 (4.31) 为 D-最优设计. 当试验次数为 3 或 3 的倍数时, 该设计退化为确定性的 D-最优设计. 然而当试验次数不是 3 的倍数时, 设计 (4.31) 式并不是确定性设计. 可以验证, 当 $n = 4$ 时, 取设计点为 $-1, 0, 1$, 且在这三个点中任取一个点重复一次, 其设计都是 $n = 4$ 时的 D-最优设计, 因为此时其信息矩阵的行列式都等于 8. 比如取下面的设计:

$$\xi = \left\{ \begin{array}{ccc} -1 & 0 & 1 \\ 1/4 & 1/2 & 1/4 \end{array} \right\}. \tag{4.33}$$

此时, 可计算设计 (4.33) 的标准化方差如下,

$$d(x, \xi) = 2 - 2x^2 + 4x^4, \tag{4.34}$$

其图形如图 4.1(b) 所示. 易知, 在设计点 $-1, 1$ 处, 标准化方差取值为 4, 即大于未知的个数 $p = 3$, 因此, 不满足等价性定理的条件. 由此可见, 等价性定理不适用于确定性设计的判断.

4.3 D-最优设计

在各个最优准则中, D-最优准则使用范围最广, 本节中我们将介绍该准则的性质及其构造方法.

对于给定的模型, 为了衡量其任意的设计 ξ 和 D-最优设计 ξ^* 之间的差距, 定义 D-**效率**如下:

$$D_{\text{eff}}(\xi) = \left\{ \frac{|\boldsymbol{M}(\xi)|}{|\boldsymbol{M}(\xi^*)|} \right\}^{1/p}, \tag{4.35}$$

式中 p 是线性模型中未知参数的个数. 由于 D-最优设计的信息矩阵的行列式达到最大, 因此, $0 \leqslant D_{\text{eff}} \leqslant 1$. 在 D_{eff} 的定义中开 p 次方后可以减少模型的维数的影响. 如在同一设计点上都重复两次的设计和都只做一次试验的设计有相同的 D-效率. 易知, 对于给定的模型, 可能存在两个设计 ξ_1^* 和 ξ_2^* 都是 D-最优设计, 此时, 其线性组合

$$\xi^* = \alpha \xi_1^* + (1-\alpha)\xi_2^*, \quad 0 \leqslant \alpha \leqslant 1, \tag{4.36}$$

也是该模型的 D-最优设计, 我们称这种组合为**凸线性组合**, 本节随后将给出这样的例子.

对于线性和广义线性模型, 其相应的 D-最优设计的结构各不相同. 就线性模型而言, 对于一元线性模型或二元低阶线性模型, 我们可以找到相应理论的 D-最优设计, 然而对于因素个数大于 2 且阶数大于 2 的线性模型, 没有理论解而只能寻找其近似的连续 D-最优设计和确定性 D-最优设计. 对于广义线性模型的 D-最优设计, 尚没有理论解, 而一般可通过某些序贯算法求出其近似最优回归设计, 有兴趣的读者可以参考 Mathew, Sinha (2001) 和 Dror, Steinberg (2006, 2008). 下面我们主要讨论不同的线性模型下相应的 D-最优设计.

4.3.1   一元多项式模型

首先考虑一个因素的 d 阶多项式

$$E(Y) = \beta_0 + \beta_1 x + \cdots + \beta_d x^d, \tag{4.37}$$

其中试验域已标准化为 $\mathcal{X} = [-1,1]$. 前面 4.1 节已经讨论了, 当 $d = 1$ 时, 其 D-最优设计为在设计点 $-1,1$ 分别取权重为 $1/2$; 当 $d = 2$ 时, 其 D-最优设计为在设计点 $-1,0,1$ 分别取权重 $1/3$.

Guest (1958) 证明了模型 (4.37) 的 D-最优设计的设计点与**勒让德多项式** $P_n(x)$ 的导函数有关, 而且在每个设计点上的权重相同. 勒让德多项式 $P_n(x)$ 是勒让德差分方程

$$\frac{\partial}{\partial x}\left[(1-x^2)\frac{\partial}{\partial x}P_n(x)\right] + n(n+1)P_n(x) = 0$$

当 n 为非负整数的解. 例如, 低阶的勒让德多项式如下:

$$P_0(x) = 1,$$
$$P_1(x) = x,$$
$$P_2(x) = \frac{1}{2}(3x^2 - 1),$$
$$P_3(x) = \frac{1}{2}(5x^3 - 3x),$$
$$P_4(x) = \frac{1}{8}(35x^4 - 30x^2 + 3),$$
$$P_5(x) = \frac{1}{8}(63x^5 - 70x^3 + 15x),$$
$$P_6(x) = \frac{1}{16}(231x^6 - 315x^4 + 105x^2 - 5).$$

而且勒让德多项式有如下的递推形式 (Koepf (1998), p2)

$$(d+1)P_{d+1}(x) = (2d+1)xP_d(x) - dP_{d-1}(x).$$

不同的勒让德多项式在 $[-1,1]$ 上是相互正交的, 即

$$\int_{-1}^{1} P_n(x)P_m(x)\mathrm{d}x = [2/(2n+1)]\delta_{mn},$$

其中 δ_{mn} 为克罗内克 δ 函数. Guest (1958) 证明了 d 阶线性模型的 D-最优设计的设计点即为 ± 1 以及 d 阶勒让德多项式的导函数方程的根, 即 $P_d'(x) = 0$ 的根, 或等价地, 该 D-最优设计的设计点为下面方程的根

$$(1 - x^2)P_d'(x) = 0.$$

例如, 当 $d = 4$ 时, 设计点为 ± 1 以及满足

$$P_3'(x) = \frac{5}{2}(7x^3 - 3x) = 0$$

的点, 即 $x = 0$ 和 $\pm\sqrt{3/7}$. 表 4.4 列出的是前六阶线性模型的设计点, 更高阶的多项式的设计点可以根据前面的勒让德多项式而得出, 不过相对更加复杂, 且大多数的 D-最优设计, 试验点在 $[-1,1]$ 上的分布是不均匀的. 从表 4.4 中可以看到, 最优回归设计与线性模型的阶数紧密相关. 因此, 针对某个具体问题, 事先选定一个线性模型, 根据该模型的最优设计点做试验, 然后根据数据来拟合模型, 假如发现该模型不理想, 需要换另外的模型, 此时相应的最优设计点与原模型是不同的, 因此需要在新设计点上重新试验. 也就是说, 最优回归设计不是稳健的, 设计点随模型的变化而显著地变化.

表 4.4   一个因素的 d 阶线性模型的 D-最优设计的设计点

d	x_1	x_2	x_3	x_4	x_5	x_6	x_7
1	-1						1
2	-1			0			1
3	-1		$-a_3$		a_3		1
4	-1		$-a_4$	0	a_4		1
5	-1	$-a_5$	$-b_5$		b_5	a_5	1
6	-1	$-a_6$	$-b_6$	0	b_6	a_6	1

$a_3 = 1/\sqrt{5} = 0.4472.$

$a_4 = \sqrt{3/7} = 0.6547.$

$a_5 = \sqrt{(7 + 2\sqrt{7})/21} = 0.7651.$

$b_5 = \sqrt{(7 - 2\sqrt{7})/21} = 0.2852.$

$a_6 = \sqrt{(15 + 2\sqrt{15})/33} = 0.8302.$

$b_6 = \sqrt{(15 - 2\sqrt{15})/33} = 0.4688.$

4.3.2　多元多项式回归模型

考虑 m 个因素的 d 阶多项式回归模型

$$E(y) = \beta_0 + \sum_{j=1}^{m} \beta_j x_j + \cdots + \sum_{1 \leqslant i_1 \leqslant \cdots \leqslant i_d \leqslant m} \beta_{i_1 \cdots i_d} \prod_{j=1}^{d} x_{i_j}. \tag{4.38}$$

由于因素的个数大于 1, 试验范围将多种多样. 常见的试验范围有超立方体、超球体或单纯形, 即

超球体:

$$\mathcal{X} = \left\{ \boldsymbol{x} \in \mathbf{R}^m : \sum_{i=1}^{m} x_i^2 \leqslant 1 \right\}, \tag{4.39}$$

超立方体:

$$\mathcal{X} = \left\{ \boldsymbol{x} \in \mathbf{R}^m : |x_i| \leqslant 1, i = 1, 2, \cdots, m \right\}, \tag{4.40}$$

单纯形:

$$\mathcal{X} = \left\{ \boldsymbol{x} \in \mathbf{R}_+^m : \sum_{i=1}^{m} x_i = 1 \right\}, \tag{4.41}$$

式中 $\mathbf{R}_+^m = \mathbf{R}_+ \times \cdots \times \mathbf{R}_+$ 表示元素都是非负的向量全体, 单纯形的概念参见 1.4 节. 这里的前两种试验域主要针对无约束试验的情形, 而最后的单纯形往往针对混料设计的情形. 下面我们介绍前面两类情形下的 *D*-最优设计, 而关于混料设计的情形将在第八章中讨论.

为了讨论的方便, 我们把模型 (4.38) 记为矩阵形式 $\boldsymbol{E}(y) = \boldsymbol{g}(\boldsymbol{x})' \boldsymbol{\beta}$, 其中 $\boldsymbol{\beta} = (\beta_0, \beta_1, \cdots, \beta_m, \beta_{11}, \beta_{12}, \cdots, \beta_{mm}, \cdots, \beta_{(m, \cdots, m)})'$ 且

$$\boldsymbol{g}(\boldsymbol{x}) = (1, x_1, \cdots, x_m, x_{11}, x_{12}, \cdots, x_{mm}, \cdots, x_{(m, \cdots, m)})',$$

当截距 $\beta_0 = 0$ 时, $\boldsymbol{\beta} = (\beta_1, \cdots, \beta_m, \beta_{11}, \beta_{12}, \cdots, \beta_{mm}, \cdots, \beta_{(m, \cdots, m)})'$ 且

$$\boldsymbol{g}(\boldsymbol{x}) = (x_1, \cdots, x_m, x_{11}, x_{12}, \cdots, x_{mm}, \cdots, x_{(m, \cdots, m)})'.$$

本小节讨论模型时, 我们只给出 $g(x)$ 的形式而不列出其回归系数 β.

当阶数 $d \geqslant 3$ 时 D-最优设计没有理论结果, 在该情形下往往通过一些算法给出近似的连续 D-最优设计和确定性 D-最优设计, 详情可参考 Gaffke, Heiligers (1995a, b). 下面我们仅讨论多项式阶数 $d = 1$ 和 $d = 2$ 的情形. 由于验证给出的设计为 D-最优设计的证明过程较为烦琐, 下面我们只给出结论而略去证明.

(1) 多元一次线性模型

对于多元一次线性模型, 即线性模型 (4.38) 中的阶数 $d = 1$,

$$E(y) = \beta_0 + \beta_1 x_1 + \cdots + \beta_m x_m. \tag{4.42}$$

Heiligers (1992) 和 Chen (2003) 给出如下结论:

引理 4.1   当试验域 $\mathcal{X}$ 为 $\mathbf{R}^m$ 上的有界凸集, 则不管模型 (4.42) 中的截距 β_0 是否为 0, 该模型的连续或确定性 D-最优设计的设计点都在试验域 $\mathcal{X}$ 的顶点上.

有关有界凸集的概念参考 1.4 节. 由于超球体、超立方体和单纯形这三种试验域都是凸集, 由引理 4.1 可知这三种试验域上的 D-最优设计的设计点都在其顶点上, 因此构造连续或确定性 D-最优设计时, 只需要在全体顶点的集合中搜索即可.

(i) 试验域为超球体 (4.39)

设超球体内嵌的正多面体的顶点个数为 n, 记为 $x_1, x_2, \cdots, x_n$. 记设计

$$\tau_n = \left\{ \begin{array}{cccc} x_1 & x_2 & \cdots & x_n \\ \dfrac{1}{n} & \dfrac{1}{n} & \cdots & \dfrac{1}{n} \end{array} \right\} \tag{4.43}$$

为均匀设计, 即设计 τ_n 的设计点为正多面体的所有的 n 个顶点, 且每个设计点的权重相同. 当 $n > m$, 且 $g(x) = (1, x_1, \cdots, x_m)'$ 或 $g(x) = (x_1, \cdots, x_m)'$ 时, 即不管截距项是否存在, 设计 τ_n 都是多元一次线性模型的连续 D-最优设计 (Federov (1972), 2.2 节). 由于超球体内嵌的正多面体有无穷多个, 而且顶点个数只要大于 m 即可, 因此多元线性模型的连续 D-最优设计不唯一.

超球体 (4.39) 上多元线性模型的确定性 D-最优设计的构造往往比较复杂, 下面只考虑 $m = 2$ 的情形. 当因素只有两个的时候, 即 $x = (x_1, x_2)$, 此时超球

体退化为单位圆, 其内嵌的正多面体也退化为正多边形, 因此, 正 n 边形的顶点个数刚好为 n. 此时, 对于模型 $g(x) = (1, x_1, x_2)'$ 或 $g(x) = (x_1, x_2)'$ 且设计点个数为 $n(n \geqslant 3)$ 的确定性 D-最优设计是设计点为单位圆的内嵌正 n 边形的 n 个顶点, 而且在每个顶点上只做一次试验的设计. 此时, 该确定性 D-最优设计不是唯一的, 因为单位圆的内嵌正 n 边形可以有无穷多个.

(ii) 试验域为超立方体 (4.40)

设 $S = \{v_1, v_2, \cdots, v_s : v_i \in \mathbf{R}^m, i = 1, 2, \cdots, s\}$ 表示全体顶点, 记

$$\xi_{n,S} = \left\{ \begin{pmatrix} v_1 & v_2 & \cdots & v_s \\ \dfrac{n_1}{n} & \dfrac{n_2}{n} & \dots & \dfrac{n_s}{n} \end{pmatrix} \middle| \max_{i,j} |n_i - n_j| \leqslant 1, \sum_{i=1}^{s} n_i = n \right\}, \quad (4.44)$$

$\xi_{n,S}$ 的设计点为集合 S 中的各顶点, 同时使每个点的权重尽量相同的确定性设计, 其试验次数为 n.

首先考虑 $m = 2$ 的情形, 此时, 超立方体 (4.40) 退化为正方形, 记其四个顶点为 $S = \{v_1, v_2, v_3, v_4\}$. 当模型为 $g(x) = (1, x_1, x_2)'$ 时, 则其连续 D-最优设计的设计点为 S, 且每个设计点的权重都为 $1/4$; 而该模型的确定性 D-最优设计为 (4.44) 中任意元素. 实际上, 当试验区域推广为 $\mathbf{R}^2$ 平面中任意平行四边形时, 这些结论也成立.

当 $m > 2$ 时, 超立方体 (4.40) 的顶点个数为 2^m, 此时连续 D-最优设计的设计点为全体顶点, 且每个设计点的权重都为 2^{-m}. 于是, 当试验次数 $n = k2^m$, 其中 k 为正整数时, 多元线性模型 (4.42) 的确定性 D-最优设计与其连续 D-最优设计是一致的. 然而, 当试验次数 n 不是 2^m 的倍数时, 确定性设计和其连续设计是不一样的, 不过引理 4.1 说明设计点只需在全体顶点中寻找即可.

(2) 多元二次线性模型

对于多元二次线性模型, 即线性模型 (4.38) 中的阶数 $d = 2$,

$$E(y) = \beta_0 + \sum_{j=1}^{m} \beta_j x_j + \sum_{1 \leqslant i \leqslant j \leqslant m} \beta_{ij} x_i x_j. \quad (4.45)$$

我们同样地把试验域 $\mathcal{X}$ 分为超球体和超立方体两类.

(i) 试验域为超球体 (4.39)

此时, 模型 (4.45) 中截距项会影响其 D-最优设计. Farrell et al. (1967) 指出当多元二次线性模型中

$$\boldsymbol{g}(\boldsymbol{x}) = (1, x_1, \cdots, x_m, x_1^2, x_1 x_2, \cdots, x_m^2)',$$

即截距不为 0 时, 该模型的连续 D-最优设计的结构也较简单, 即在试验域的中心点的权重为 $1/[(m+1)(m+2)]$, 而其余的权重均匀分布在超球体的球面 $\left\{ \boldsymbol{x} : \sum\limits_{i=1}^{m} x_i^2 = 1 \right\}$ 上. 若多元二次线性模型中的截距为 0, 此时,

$$\boldsymbol{g}(\boldsymbol{x}) = (x_1, \cdots, x_m, x_1^2, x_1 x_2, \cdots, x_m^2)',$$

Chen (2003) 指出该模型的连续 D-最优设计为超球体的球面 $\left\{ \boldsymbol{x} : \sum\limits_{i=1}^{m} x_i^2 = 1 \right\}$ 上的均匀分布, 此时, 设计点不包括中心点.

例如, 当因素个数为 2 时, $\boldsymbol{g}(\boldsymbol{x}) = (1, x_1, x_2, x_1^2, x_1 x_2, x_2^2)'$, 其试验域为单位圆以内, 即 $\mathcal{X} = \{ \boldsymbol{x} \in \mathbf{R}^2 : x_1^2 + x_2^2 \leqslant 1 \}$. 则该线性模型的连续 D-最优设计在圆心 $\boldsymbol{o}$ 的权重为 $1/6$, 剩下的权重 $5/6$ 均匀地分布在圆环上. 然而, 该连续设计在实践中无法应用, 因为无法实现在圆环上的均匀分布的试验点. 设单位圆内嵌的正 q 边形的顶点为 $\boldsymbol{x}_1, \boldsymbol{x}_2, \cdots, \boldsymbol{x}_q$, 并记设计

$$\xi_o^q = \left\{ \begin{matrix} \boldsymbol{x}_1 & \boldsymbol{x}_2 & \cdots & \boldsymbol{x}_q & \boldsymbol{o} \\ \dfrac{5}{6q} & \dfrac{5}{6q} & \cdots & \dfrac{5}{6q} & \dfrac{1}{6} \end{matrix} \right\}.$$

Chen (2003) 证明了当 $q \geqslant 5$ 时, ξ_o^q 是二元二次线性模型连续 D-最优设计. 由 (4.36) 式可知连续 D-最优设计的凸线性组合仍然是连续 D-最优设计, 因此, 设计

$$\xi_{o,n}^* = \sum_{i=1}^{k} \frac{n_i}{n} \xi_o^q$$

为二元二次线性模型的试验次数为 n 的连续 D-最优设计, 其中 $k \geqslant 1$. 图 4.2 给出截距不为零时的二元二次线性模型的连续 D-最优设计, 即其设计点为圆心以及正 s 边形 ($s \geqslant 5$) 的各顶点, 且权重分别为 $1/6$ 和 $5/6s$. 当 $s = 5$ 且设计次数为 6 的倍数时, 其设计既是连续 D-最优设计也是确定性 D-最优设计, 如图 4.2(d) 所示的两个内嵌正五边形都是连续 D-最优设计.

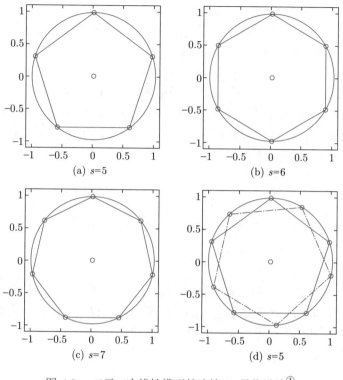

① 图解:
设计点为
圆心以及
内嵌正 s
边形的顶
点. (a) ~
(c) 表示内
嵌正五、
六、七边
形的顶点
及圆心, (d)
表示两个
正五边形

图 4.2　二元二次线性模型的连续 D-最优设计[①]

对于不存在截距的二元二次模型

$$\boldsymbol{g}(\boldsymbol{x}) = (x_1, x_2, x_1^2, x_1 x_2, x_2^2)',$$

若记 ξ^n 表示设计点为单位圆内嵌正 n 边形的 n 个顶点, 且每个点的权重相同的设计. 记设计

$$\xi_n^* = \sum_{i=1}^{k} \frac{n_i}{n} \xi^{n_i},$$

其中 $n = \sum_{i=1}^{k} n_i,\ k \geqslant 1,\ n_i \geqslant 5$, 则 ξ_n^* 是截距为 0 的二元二次线性模型的连续 D-最优设计, 也是该模型的确定性 D-最优设计.

(ii) 试验域为超立方体 (4.40)

对于 m 个因素的二次线性模型, 该模型的 D-最优设计比试验域为超球体的情形要复杂些. Farrell et al. (1967) 指出该模型的连续 D-最优设计的设计点为 3^m 完全因子设计的一个子集, 这里因子设计中的元素 $-1, 0, 1$ 分别表示每个因素的最小值、中点和最大值. 记 J^j 表示 3^m 完全因子设计中包含 j 个 0 的所有水平组合, 则 J^j 中有 $2^{m-j} C_m^j$ 个水平组合, $j = 0, 1, \cdots, m$. 例如, 当 $m = 2$ 时, 3^2 完全因子设计有 9 个水平组合 $(-1, -1)$, $(-1, 0)$, $(-1, 1)$, $(0, -1)$, $(0, 0)$, $(0, 1)$, $(1, -1)$, $(1, 0)$, $(1, 1)$, 则

$$J^0 = \{(-1, -1),\ (-1, 1),\ (1, -1),\ (1, 1)\},$$

$$J^1 = \{(-1, 0),\ (0, -1),\ (0, 1),\ (1, 0)\},$$

$$J^2 = \{(0, 0)\}.$$

易知, 集合 J^0, J^1, J^2 的元素个数分别为 $4, 4, 1$. 现设点集 J^j 上的总权重为 α_j, 且其中每个水平组合的权重相同, 即都等于 $\alpha_j / (2^{m-j} C_m^j)$, 则设计点取为 (J^0, J^1, J^m), 且相应权重为表 4.5 所示的设计为 $m\ (m \geqslant 2)$ 元二次线性模型的连续 D-最优设计.

表 4.5　试验域为超立方体的 m 元二次线性模型的连续 D-最优设计在各设计点集的权重

因素个数 m	α_0	α_1	α_m
2	0.583	0.321	0.096
3	0.510	0.424	0.066
4	0.451	0.502	0.047
5	0.402	0.562	0.036

例 4.7　当 $m = 1$, 即模型退化为一元二次线性模型时, 设计点为 $-1, 0, 1$ 三个点, 我们也可以记为 3^1 完全因子设计. 当 $m = 2$, 即模型为二元二次线性模型时, 设计点集是唯一的, 且为 3^2 完全因子设计, 如图 4.3 所示, 而在各点上的权重如表 4.5 中所示.

前面的讨论说明了 m 元二次线性模型的连续 D-最优设计的设计点位于 3^m 完全因子设计的子集上, 因此若构造试验次数为 n 的确定性 D-最优设计,

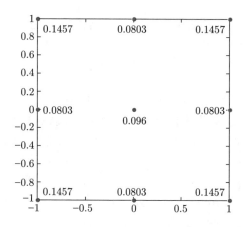

图 4.3   二元二次线性模型的设计点及其相应的权重

我们可以在 3^m 完全因子设计的各设计点上寻找最佳的确定性设计. 当 m 变大时, 设计点总数 3^m 会指数增加, 因此, 需要用一些搜索方法寻找其确定性 D-最优设计, 如 4.4 节所介绍的方法. 表 4.6 中给出当 $m = 2$, $n = 6, 7, 8, 9$ 时从 3^2 完全因子设计中得到的最佳子集, 更多的结果可参考 Atkinson, Donev (1992).

表 4.6   试验域为超立方体的 m 元二次线性模型的确定性 D-最优设计,
其设计点为 3^m 完全因子设计的子集

m	n	设计点	D_{eff}
2	6	$(\pm 1, \pm 1)$, $(-1, 0)$, $(0, 1)$	0.8849
2	7	$(\pm 1, \pm 1)$, $(-1, 0)$, $(0, 0)$, $(0, 1)$	0.9454
2	8	$(\pm 1, \pm 1)$, $(\pm 1, 0)$, $(0, 0)$, $(0, 1)$	0.9572
2	9	水平为 $-1, 0, 1$ 的 3^2 完全因子设计	0.9740

前面讨论的 D-最优设计是关于线性模型的, 实际上我们可以把模型推广到广义线性模型. 考虑一个试验次数为 n 的设计, 其设计点为 $\boldsymbol{x}_1, \boldsymbol{x}_2, \cdots, \boldsymbol{x}_n$. 设 $\boldsymbol{x}_i$ 为第 i 个设计点, $\boldsymbol{g}(\boldsymbol{x}_i) = (g_1(\boldsymbol{x}_i), \cdots, g_p(\boldsymbol{x}_i))'$, 其中 g_j 是设计点的一个函数, 例如 1.3 节中所列的多种形式. 记 y_i 为设计点 $\boldsymbol{x}_i$ 的响应值, 并有关系

$$E(y_i | \boldsymbol{x}_i) = \mu_i = f(\boldsymbol{g}(\boldsymbol{x}_i)' \boldsymbol{\beta}), \tag{4.46}$$

其中 $\boldsymbol{\beta} = (\beta_1, \beta_2, \cdots, \beta_p)'$ 为待估系数, 且设响应值的方差为

$$\text{Var}(y_i|\boldsymbol{x}_i) = V(\mu_i), \tag{4.47}$$

即方差值为均值的一个函数. (4.46) 式表示响应值 y_i 由线性组合 $\boldsymbol{g}(\boldsymbol{x}_i)'\boldsymbol{\beta}$ 通过一个链接函数 f 表成, 我们称模型 (4.46) 为**广义线性模型**. 常见的广义线性模型有**泊松回归模型**和逻辑斯谛回归模型. 泊松回归模型中的链接函数为指数函数, 即

$$\mu_i = \exp\{\boldsymbol{g}(\boldsymbol{x}_i)'\boldsymbol{\beta}\}, \quad V(\mu) = \mu.$$

而逻辑斯谛回归模型针对响应值为二元数据的情形, 其链接函数为 Logit 函数, 即

$$\mu_i = \frac{\exp\{\boldsymbol{g}(\boldsymbol{x}_i)'\boldsymbol{\beta}\}}{1 + \exp\{\boldsymbol{g}(\boldsymbol{x}_i)'\boldsymbol{\beta}\}}, \quad V(\mu) = \mu(1-\mu).$$

在广义线性模型下, D-最优设计的定义与构造与线性模型下类似而有所不同, 因为此时 D-最优设计与未知的系数有关. 在 4.1 节中我们说明了 D-最优设计的几何意义是使得线性模型系数的估计值的置信区域达到最小, 而在广义线性模型下, 我们类似地通过期望信息矩阵 $\boldsymbol{I}$ 来定义估计值的置信区域. 然而需要指出的是, 对于诸多线性模型的连续或确定性 D-最优设计已有明确的结论, 即能给出其设计点及相应的权重. 然而, 在广义线性模型下的 D-最优设计, 我们没有相应明确的结论, 一般都是通过某些序贯算法求出其近似最优回归设计, 有兴趣的读者可以参考 Mathew, Sinha (2001) 和 Dror, Steinberg (2006, 2008), 这里不详细展开讨论了.

4.4 确定性 D-最优设计的构造方法

非统计专业的读者可以略去本节的内容.

从本章前面几节的讨论可知, 给定一个模型, 基于该模型的连续 D-最优设计与其试验次数为 n 的确定性 D-最优设计往往差异较大, 而在实际应用中最需要的是其确定性 D-最优设计. 本节考虑直接构造试验次数为 n 的确定性 D-最优设计的算法, 例如 KL 算法等. 首先考虑一个例子, 该例子说明连续 D-最优设计和确定性 D-最优设计的设计点可以差异很大.

例 4.8 对于 (4.38) 式中 $m = 2, d = 2$ 的二元二次多项式模型, 考虑其确定性 D-最优设计. 当试验区域为正方形时, 前一节提到我们可以在 3^2 因子设计的子集中搜索最佳子集, 然而这些点不一定是最优的. 例如, 当试验区域为正方形 $[-1, 1]^2$ 时, Box, Draper (1971) 给出了该模型试验次数从 6 到 9 的确定性 D-最优设计, 如表 4.7 所示, 其中 $n = 6$ 时, 对设计进行 $\pi/2, \pi$ 或 $3\pi/2$ 的角度的旋转, 得到同样最优的确定性设计, 即 D-效率都是相同的.

表 4.7   二元二次多项式模型的确定性 D-最优设计, 试验区域为正方形 $[-1, 1]^2$

n	设计点
6^*	$(-1, -1),\ (1, -1),\ (-1, 1),\ (-\alpha^\dagger, -\alpha),\ (1, 3\alpha),\ (3\alpha, 1)$
7	$(\pm 1, \pm 1),\ (-0.092, -0.092),\ (1, -0.067),\ (0.067, -1)$
8	$(\pm 1, \pm 1),\ (1, 0),\ (0.082, 1),\ (0.082, -1),\ (-0.215, 0)$
9	水平为 $-1, 0, 1$ 的 3^2 完全因子设计

* 对于 $n = 6$ 的设计旋转 $\pi/2, \pi$ 或 $3\pi/2$ 的角度仍为等价的最优回归设计.
† $\alpha = (4 - \sqrt{13})/3 = 0.1315$.

与表 4.6 相比, 表 4.7 中的确定性 D-最优设计的 D-效率有所改进, 如表 4.8 所示. 由此可见, 确定性 D-最优设计与连续 D-最优设计的设计点可以不一样. 因此, 给定试验次数为 n, 如何构造确定性 D-最优设计是值得考虑的问题. 由前面几节的讨论可知, 某些特殊情形下, 确定性设计有其理论解; 然而大多数情形下, 并无明显的结论. 因此, 为了寻找确定性 D-最优设计, 我们需给出一些搜索方法.

表 4.8   二元二次多项式模型的确定性 D-最优设计的 D-效率比较

n	3^2 因子设计的子集	整个正方形区域
6	0.8849	0.8915
7	0.9454	0.9487
8	0.9572	0.9611
9	0.9740	0.9740

试验次数为 n 的确定性 D-最优设计 ξ_n^* 是使得信息矩阵 $|\boldsymbol{M}(n)| = |\boldsymbol{G}'\boldsymbol{G}|$ 达到最大的确定性设计, 其中 $\boldsymbol{G}$ 是 $n \times p$ 的设计矩阵. 设在设计点 $\boldsymbol{x}_i$ 的权重

为 w_i, 确定性设计要求 nw_i 为整数. 一般地, 为了搜索试验次数为 n 的确定性 D-最优设计, 需给出试验次数为 n 的初始设计; 并基于初始设计迭代到最佳的确定性设计. 为了加快搜索的速度, 最好能给出 $\boldsymbol{M}(n)$ 的迭代计算公式. 下面介绍初始设计和迭代公式的做法.

初始设计可以是对试验次数为 $n_0(< n)$ 的确定性设计添加试验区域 $\mathcal{X}$ 中的设计点直至 n 个试验次数; 或对试验次数为 $n_0(> n)$ 的确定性设计删除设计点直至 n 个试验次数. 得到试验次数为 n 的初始设计之后, 在试验区域内置换设计点得到最后的确定性设计. 给定确定性设计 ξ 后, 根据算法的需要, 可能添加 $\mathcal{X}$ 中的设计点 $\boldsymbol{x}_l$, 或删除 ξ 中的设计点 $\boldsymbol{x}_k$, 或使设计点 $\boldsymbol{x}_k(\in \xi)$ 置换为设计点 $\boldsymbol{x}_l(\in \mathcal{X} \setminus \xi)$, 其中 $\mathcal{X} \setminus \xi$ 表示 $\mathcal{X}$ 中所有不在 ξ 中的设计点的集合. 下面给出设计的信息矩阵的行列式 $|\boldsymbol{M}|$ 以及它的逆矩阵的迭代形式.

记常数 c_k 和 c_l 如下所示:

$$c_k = 0, \ c_l = (n+1)^{-1}, \quad \text{若添加设计点 } \boldsymbol{x}_l,$$
$$c_k = (n+1)^{-1}, \ c_l = 0, \quad \text{若删除设计点 } \boldsymbol{x}_k,$$
$$c_k = c_l = (n+1)^{-1}, \qquad \text{若设计点 } \boldsymbol{x}_k \text{ 置换为 } \boldsymbol{x}_l.$$

由于设计矩阵 $\boldsymbol{G}$ 的第 k 行和第 l 行分别对应设计点 $\boldsymbol{x}_k$ 和 $\boldsymbol{x}_l$, 记 $\boldsymbol{g}'_k = \boldsymbol{g}(\boldsymbol{x}_k)'$, $\boldsymbol{g}'_l = \boldsymbol{g}(\boldsymbol{x}_l)'$. 假设算法已经迭代了 t ($t \geqslant 0$) 次, 其设计记为 ξ_t, 则第 $t+1$ 次设计 ξ_{t+1} 的信息矩阵、信息矩阵的行列式及其信息矩阵的逆的函数与第 t 次设计的相应值有如下的迭代形式 (参 Atkinson, Donev (1992)):

$$\boldsymbol{M}(\xi_{t+1}) = \frac{1-c_l}{1-c_k}\boldsymbol{M}(\xi_t) + \frac{1}{1-c_k}(c_l \boldsymbol{g}_l \boldsymbol{g}'_l - c_k \boldsymbol{g}_k \boldsymbol{g}'_k), \tag{4.48}$$

$$|\boldsymbol{M}(\xi_{t+1})| = \left[\left(1 + \frac{c_l}{1-c_l}d(\boldsymbol{x}_l, \xi_t)\right)\left(1 - \frac{c_k}{1-c_k}d(\boldsymbol{x}_k, \xi_t)\right) + \right.$$
$$\left. \frac{c_k c_l}{(1-c_l)^2}d^2(\boldsymbol{x}_k, \boldsymbol{x}_l, \xi_t)\right]|\boldsymbol{M}(\xi_t)|, \tag{4.49}$$

$$\boldsymbol{M}^{-1}(\xi_{t+1}) = \frac{1-c_l}{1-c_k}\boldsymbol{M}^{-1}(\xi_t) - \frac{\boldsymbol{M}^{-1}(\xi_t)\boldsymbol{A}\boldsymbol{M}^{-1}(\xi_t)}{rz + c_k c_l d^2(\boldsymbol{x}_l, \boldsymbol{x}_k, \xi_t)}, \tag{4.50}$$

式中

$$d(\boldsymbol{x}_l, \boldsymbol{x}_k, \xi_t) = \boldsymbol{g}'_l \boldsymbol{M}^{-1}(\xi_t)\boldsymbol{g}_k,$$
$$r = 1 - c_l + c_l d(\boldsymbol{x}_l, \xi_t), \qquad z = 1 - c_l + c_k d(\boldsymbol{x}_k, \xi_t),$$
$$\boldsymbol{A} = c_l z \boldsymbol{g}_l \boldsymbol{g}'_l + c_k c_l d(\boldsymbol{x}_l, \boldsymbol{x}_k, \xi_t)(\boldsymbol{g}_l \boldsymbol{g}'_k + \boldsymbol{g}_k \boldsymbol{g}'_l) - c_k r \boldsymbol{g}_k \boldsymbol{g}'_k. \tag{4.51}$$

由于搜索过程中, 需更新设计, 以及计算设计矩阵的逆矩阵和在每个设计点的方差, 而迭代式子 (4.48)~(4.50) 可以大大节约计算时间. 常见的搜索方法有序贯方法、KL 算法、BLKL 算法、模拟退火算法等. 下面我们仅介绍 KL 算法, 其余算法可参考 Haines (1987), Atkinson, Donev (1992).

为了构造试验次数为 n 的确定性设计, 我们需要精心构造初始设计, 以及对初始设计进行合理的设计点添加或设计点删除, 然后再替换设计点直至得到合适的设计.

Kernighan, Lin (1970) 提出的 **KL 算法**是其中的一种构造算法, 其主要步骤如下:

(1) 产生试验次数为 n_0 的确定性设计 ξ_0;

(2) 由设计 ξ_0 通过序贯方法得到试验次数为 n 的初始设计 η_0;

(3) 在试验域中对初始设计的设计点进行替换, 直至收敛.

在上面算法的第 (1) 部分, 产生试验次数为 n_0 的确定性设计 ξ_0 的方法如下. 在实际应用中, 试验者根据经验常提出若干个希望试验的设计点, 在这些设计点集合中随机选择 $q_1(n_0 \geqslant q_1 \geqslant 0)$ 个设计点, 然后再在试验域中的其他点随机选取 $n_0 - q_1$ 个设计点作为原始设计 ξ_0.

在上面算法的第 (2) 部分中, 选定确定性设计 ξ_0 后, 我们用序贯的方法添加 $(n_0 < n)$ 或删除设计点 $(n_0 > n)$, 得到试验次数为 n 的初始设计. 这两种序贯方法分别称为**前进法**和**后退法**. 每次添加或删除设计点的判断准则是根据 (4.11) 式中定义的标准化方差 $d(\boldsymbol{x}, \xi)$, 具体过程如下所示:

(i) *前进法*

给定一个试验次数为 $n_0(< n)$ 的确定性设计, 我们每次都添加一个设计点到当前设计中, 直到试验次数为 n. 设 ξ_i 为第 i 次添加设计点后的设计, 则下一次添加的设计点 $\boldsymbol{x}_l$ 选择为 ξ_i 的标准化方差达到最大的点, 即

$$d(\boldsymbol{x}_l, \xi_i) = \max_{\mathcal{X}} d(\boldsymbol{x}, \xi_i) \quad (0 \leqslant i < n - n_0). \tag{4.52}$$

当 $n_0 < p$ 时, 其信息矩阵 $\boldsymbol{M}$ 是不可逆的, 此时标准化方差中的信息矩阵可以用 $\boldsymbol{M} + \varepsilon \boldsymbol{I}_p$ 代替, 其中 $\boldsymbol{I}_p$ 表示 $p \times p$ 的单位矩阵, ε 为很小的正数, 比如 $10^{-6} < \varepsilon < 10^{-4}$. 当 n 较大时, 添加的设计点可能与当前设计的设计点重合. 易知, 当 $n \to \infty$ 时, 前进法会使得确定性设计逐渐变为连续 D-最优设计.

(ii) *后退法*

给定一个试验次数为 n_0 的确定性设计, 此时 n_0 应该比 n 大很多, 否则后退法的效果不佳. 每步迭代中, 都删除一个当前设计中的设计点直到试验次数为 n. 设 ξ_i 为第 i 次删除设计点后的设计, 则下一次删除的设计点 $\boldsymbol{x}_k$ 选择为

ξ_i 的标准化方差达到最小的点, 即

$$d(\boldsymbol{x}_k, \xi_i) = \min_{\mathcal{X}} d(\boldsymbol{x}, \xi_i), \quad 0 \leqslant i < n_0 - n. \tag{4.53}$$

后退法要求 ξ_0 的设计点很多, 因此, 常见的方法是把所有可能备选的设计点都包含在原始设计 ξ_0 中, 而且有时还需要对有些设计点重复多次地放入原始设计 ξ_0 中.

前进法和后退法这两种序贯方法的缺点是可能都得不到最好的确定性设计, 而且后退法比前进法显得更加不便, 因为后退法对于确定性设计 ξ_0 的要求较高, 不仅需要很多的设计点, 而且还需把可能的设计点都纳入 ξ_0, 假如 ξ_0 选取不佳, 会导致最后的设计也达不到很好. 前进法同样对 ξ_0 的要求较高, 因此需选择合适的初始设计. 记由序贯方法得到的试验次数为 n 的确定性设计为 η_0.

在算法的第 (3) 部分中, 由第 (2) 部分得到的试验次数为 n 的确定性设计 η_0 出发, 再把确定性设计中的设计点 $\boldsymbol{x}_k$ 替换为所有备选设计点中的 $\boldsymbol{x}_l$, 其判断依据是标准化方差的变化情况. 设备选设计点的个数为 n_c. 记进行了 i 次这种替换后的设计为 η_i, 则 KL 算法的第 $i+1$ 次替换中 $\boldsymbol{x}_k$ 和 $\boldsymbol{x}_l$ 的选取由下面两个参数 K 和 L 决定:

$$1 \leqslant k \leqslant K \leqslant n,$$
$$1 \leqslant l \leqslant L \leqslant n_c - 1.$$

则 $\boldsymbol{x}_k$ 选取为 η_i 中 n 个设计点的预测方差第 k 小的设计点, $\boldsymbol{x}_l$ 选取为所有 n_c 个备选设计点中预测方差第 l 大的设计点. 这里, 每次交换都以使得目标函数, 即信息矩阵的行列式 $|\boldsymbol{M}|$ 达到最大, 直到 $|\boldsymbol{M}|$ 不能再增大时, 算法停止. 在每次交换时, 在最初的确定性设计 ξ_0 中的随机选择 q_1 个设计点不能替换, 因为这些点是根据试验者的历史经验给出的必须有的设计点.

易知, 当 $K = L$, $L = n_c - 1$ 时, 上面的相互替换的过程相当于在 n 个设计点中随机选择一个设计点, 且在备选设计点集合中除了最差点之外随机选择一个点, 然后相互替换, 这种做法可能导致计算量过大. 当 $K < L$, $L < n_c - 1$ 时, 会减少找到最佳确定性设计的概率, 但是可以减少计算量. 此时, K 与 L 的取值依赖于 n, n_c 以及误差的自由度 $v = n - p$, 其中 p 为模型的未知参数个数.

另外, 在 KL 算法中每次相互替换的时候, 需要计算当前设计中 n 个设计点处的预测方差, 也需计算所有 n_c 个备选设计点的预测方差, 因此当 n_c 很

大时计算量很大. 另一方面, KL 算法要求备选设计点是离散的有限点, 且当 $n_c \to \infty$ 或备选设计点为试验域内任意一点时, KL 算法受到极大的限制而几乎不可能展开. 同时, 由前面的算法可知, KL 算法是局部最优算法.

4.5 最优回归设计的其他准则

在前面两节中, 我们讨论的都是 D-最优准则, 在本节中, 我们简单介绍其他的最优准则, 例如由 D-最优准则推广的 D_s-最优、E-最优、A-最优, 以及其他的准则.

非统计专业的读者可以略去本节的内容, 即使是对统计专业的读者, 本节的内容也仅作为参考.

4.5.1 D_s-最优

由于在最优回归设计中 D-最优设计的应用最广, 推广 D-最优准则就显得有意义, 其中最常见的推广准则为 D_s-最优准则, 其出发点是只估计 $\boldsymbol{\beta} = (\beta_1, \beta_2, \cdots, \beta_p)'$ 中的部分参数.

设线性模型可分为两部分

$$E(Y) = \boldsymbol{g}(\boldsymbol{x})'\boldsymbol{\beta} = \boldsymbol{g}_1(\boldsymbol{x})'\boldsymbol{\beta}_1 + \boldsymbol{g}_2(\boldsymbol{x})'\boldsymbol{\beta}_2, \tag{4.54}$$

式中 $\boldsymbol{\beta}_1$ 包含 s 个感兴趣的参数, 而 $\boldsymbol{\beta}_2$ 包含 $d-s$ 个暂时不感兴趣的参数, 我们可认为是噪声参数. 例如, 我们假如想检验全模型 $\boldsymbol{g}(\boldsymbol{x})'\boldsymbol{\beta}$ 中的子模型 $\boldsymbol{g}_1(\boldsymbol{x})'\boldsymbol{\beta}_1$ 是否能较好地拟合数据, 因此, 需准确估计参数 $\boldsymbol{\beta}_1$. 为此, 我们把 n 次试验的信息矩阵 $\boldsymbol{M}$ 分为四部分

$$\boldsymbol{M}(\xi) = \begin{pmatrix} \boldsymbol{M}_{11}(\xi) & \boldsymbol{M}_{12}(\xi) \\ \boldsymbol{M}_{21}(\xi) & \boldsymbol{M}_{22}(\xi) \end{pmatrix}.$$

而系数 $\boldsymbol{\beta}_1$ 的协方差矩阵为矩阵 $\boldsymbol{M}^{-1}(\xi)$ 左上部分的 $s \times s$ 的子矩阵, 记为 $\boldsymbol{M}^{11}(\xi)$, 则由分块矩阵的逆矩阵可知 (参考程云鹏 (2002))

$$\boldsymbol{M}^{11}(\xi) = [\boldsymbol{M}_{11}(\xi) - \boldsymbol{M}_{12}(\xi)\boldsymbol{M}_{22}^{-1}(\xi)\boldsymbol{M}_{21}(\xi)']^{-1}. \tag{4.55}$$

则对于 $\boldsymbol{\beta}_1$ 的 D_s-最优设计为最小化 (4.55) 的行列式, 即最大化

$$|\boldsymbol{M}_{11}(\xi) - \boldsymbol{M}_{12}(\xi)\boldsymbol{M}_{22}^{-1}(\xi)\boldsymbol{M}_{21}(\xi)'| = \frac{|\boldsymbol{M}(\xi)|}{|\boldsymbol{M}_{22}(\xi)|}. \tag{4.56}$$

此时, (4.11) 式的标准化方差变为

$$d_s(\boldsymbol{x}, \xi) = \boldsymbol{g}(\boldsymbol{x})' \boldsymbol{M}^{-1}(\xi) \boldsymbol{g}(\boldsymbol{x}) - \boldsymbol{g}_2(\boldsymbol{x})' \boldsymbol{M}_{22}^{-1}(\xi) \boldsymbol{g}_2(\boldsymbol{x}). \tag{4.57}$$

类似于连续 D-最优设计要求 $d(\boldsymbol{x}, \xi) \leqslant p$, 连续 D_s-最优设计 ξ^* 需满足

$$d_s(\boldsymbol{x}, \xi^*) \leqslant s, \tag{4.58}$$

且等式成立的点为其设计点. (4.58) 式可以用于判断某个设计是否为 D_s-最优设计.

　　当因素个数只有一个时, 设试验区域为 $[-1, 1]$, 若在 d 阶多项式模型 (4.37) 中只考虑其中 s 个参数, 则其 D_s-最优设计的 $d+1$ 个设计点为 ± 1 以及由勒让德多项式和契比雪夫多项式决定的 $d-1$ 个点, 具体可参考 Studden (1979). 当 $d=2$ 时, 见下面的例子.

　　例 4.9 (例 4.1 续)　对于一元二次线性模型, 设试验区域为 $[-1, 1]$, 若只考虑其二阶项的系数, 即只考虑 β_2, 而把系数 β_0, β_1 都看成是噪声参数, 此时 $s = 1$, 且

$$\boldsymbol{g}(x) = (1, x, x^2)', \quad \boldsymbol{g}_1(x) = (x^2), \quad \boldsymbol{g}_2(x) = (1, x)',$$

则其 D_1-最优设计为

$$\xi^* = \left\{ \begin{array}{ccc} -1 & 0 & 1 \\ 1/4 & 1/2 & 1/4 \end{array} \right\}. \tag{4.59}$$

由 (4.59) 式中可知一元二次线性模型的 D-最优设计和 D_1-最优设计的设计点是一样的, 但是其权重不同, 因为 D-最优设计在三个设计点的权重都是 $1/3$ (见 (4.31) 式). 为了验证 (4.59) 式为 D_1-最优设计, 我们把信息矩阵分块

$$\boldsymbol{M}(\xi^*) = \begin{pmatrix} \sum x^4 & \sum x^2 & 0 \\ \sum x^2 & 1 & 0 \\ 0 & 0 & \sum x^2 \end{pmatrix} = \begin{pmatrix} 1/2 & 1/2 & 0 \\ 1/2 & 1 & 0 \\ 0 & 0 & 1/2 \end{pmatrix},$$

则

$$\boldsymbol{M}^{-1}(\xi^*) = \begin{pmatrix} 4 & \vdots & -2 & 0 \\ -2 & \vdots & 2 & 0 \\ 0 & \vdots & 0 & 2 \end{pmatrix}, \quad \boldsymbol{M}_{22}^{-1}(\xi^*) = \begin{pmatrix} 1 & 0 \\ 0 & 2 \end{pmatrix}.$$

由 (4.57) 式可知其标准化方差为

$$d_1(x, \xi^*) = (4x^4 - 2x^2 + 2) - (2x^2 + 1) = 4x^4 - 4x^2 + 1.$$

当 $x = -1, 0, 1$ 时, 上式取到最大值 1, 因此由 (4.58) 式可知设计 ξ^* 为 D_1-最优设计.

上面的例子说明 D-最优设计与 D_s-最优设计有所不同, 当因子个数增加时, D_s-最优设计的构造算法类似于前面几节所提的算法. 在实际中, 有时 $\boldsymbol{M}(\xi)$ 是不可逆的, 此时只能估计部分参数. 在这种情形下, 构造 D_s-最优设计的算法中, 可以让 $\boldsymbol{M}(\xi)$ 加上一个小矩阵变为可逆, 即

$$\boldsymbol{M}_\varepsilon(\xi) = \boldsymbol{M}(\xi) + \varepsilon \boldsymbol{I},$$

式中 $\boldsymbol{I}$ 为单位矩阵, ε 为很小的数, 一般取 $\varepsilon \in [10^{-6}, 10^{-4}]$. 更多关于 D_s-最优设计的介绍可参考 Lim, Studden (1986), Huda (1991) 和 Romero et al. (2007).

4.5.2 E-最优

在最优回归设计理论中, 除了 D-最优准则之外, 还讨论了诸多其他的最优准则, 如 4.1 节中给出的 A-最优准则、E-最优准则. 在 4.1 节中我们给出了 E-最优准则的定义, 其统计意义是使得 $e'\boldsymbol{\beta}$ 的最大方差最小化. 由 4.1 节的讨论可知 E-最优设计与试验区域有关, 即对于不同的试验区域, 其设计不能平移过来. 考虑一元 p 阶多项式模型的 E-最优设计, 若试验区域 $\mathcal{X} = [-1, 1]$, 则其 $p + 1$ 个设计点为契比雪夫点

$$s_i = \cos\left(\frac{(p-i)\pi}{p}\right), \quad i = 0, 1, \cdots, p.$$

若试验区域 $\mathcal{X} = [0, b], b > 0$, 则其设计点为

$$bs_j^*, \quad j = 0, 1, \cdots, p, \tag{4.60}$$

式中 $s_j^* = 1 + \cos((p-j)\pi/p)/2, j = 0, 1, \cdots, p$. 这些设计点的相应权重是通

过很复杂的表达式计算出来的, 读者可参考 Heiligers (1994) 和 Pukelsheim, Studden (1993).

表 4.9 给出了对于不同的 b 和 p, E-最优设计的相应的权重, 其相应的设计点为 (4.60) 所示. 例如, 当 $p = 3$ 时, $s_0^* = 0$, $s_1^* = 0.25$, $s_2^* = 0.75$, $s_3^* = 1$. 因此, 在区间 $[0, 100]$ 的三阶多项式的 E-最优设计的设计点为 $0, 25, 75, 100$, 且其相应的权重分别为 $97.96\%, 1.39\%, 0.47\%, 0.18\%$. 由表 4.9 可知, 给定 b, 在原点 O 的权重随着多项式的阶数的增加而减少; 给定多项式的阶数 p, 则在原点 O 的权重随着 b 的增大而增大, 而且当 b 越大时, 该权重越接近 1, 直到变为单点设计.

表 4.9   一元 p 阶多项式模型的 E-最优设计的权重, 试验区域为 $[0, b]$

p	$b = 1$	$b = 5$	$b = 10$	$b = 25$	$b = 50$	$b = 100$
1	0.6000	0.9310	0.9808	0.9968	0.9992	0.9998
	0.4000	0.0690	0.0192	0.0032	0.0008	0.0002
2	0.3178	0.5422	0.7541	0.9418	0.9844	0.9960
	0.4961	0.3635	0.1963	0.0465	0.0125	0.0032
	0.1861	0.0943	0.0496	0.0117	0.0031	0.0008
3	0.2184	0.3608	0.4901	0.7766	0.9254	0.9796
	0.3781	0.4074	0.3422	0.1527	0.0511	0.0139
	0.2828	0.1674	0.1217	0.0514	0.0171	0.0047
	0.1217	0.0460	0.0460	0.0193	0.0064	0.0018

出现上面现象的原因在于, 当试验区域增大时, p 阶多项式中除了常数项之外的参数的最小二乘估计将变小, 因此其估计值的方差及协方差变小. 此时 $e'\beta$ 的最大方差将逐渐变为最小化常数项的估计值的方差, 因此 E-最优设计将逐渐把权重集中到原点 O.

表 4.9 中数据也说明了 E-最优设计随着试验区域的改变, 其设计点和权重都做相应的改变. 因此考虑 E-最优设计时需考虑其试验区域.

4.5.3　A-最优

设 $M(\xi)$ 是设计 ξ 的信息矩阵, 给定特定的模型, 如 (4.21) 所示, A-最优准则定义为最小化 $\mathrm{tr}(M^{-1}(\xi))$. 一个设计 ξ^* 若是 A-最优设计, 由 4.2 节的等

价性定理可知其充要条件是, 对于任意 $\boldsymbol{x} \in \mathcal{X}$,

$$\psi(\boldsymbol{x}, \xi^*) = \boldsymbol{g}(\boldsymbol{x})' \boldsymbol{M}(\xi^*) \boldsymbol{g}(\boldsymbol{x}) - \text{tr}(\boldsymbol{M}(\xi^*)) \leqslant 0, \tag{4.61}$$

且等式成立的点即为 ξ^* 的设计点. 设对于某模型, 其 A-最优设计有 s 个设计点并记为 $\boldsymbol{x}_i, i = 1, 2, \cdots, s$, Pukelsheim, Torsney (1991) 证明了 A-最优设计在这些设计点上的权重 w_i^* 为

$$w_i^* = \frac{\sqrt{b_{ii}}}{\displaystyle\sum_{i=1}^{s} \sqrt{b_{ii}}}, \tag{4.62}$$

式中 $b_{ii}, i = 1, 2, \cdots, s$ 为矩阵 $B = (\boldsymbol{X}\boldsymbol{X}')^{-1}$ 相应的对角元素, 其中 $\boldsymbol{X} = (\boldsymbol{g}(\boldsymbol{x}_1), \boldsymbol{g}(\boldsymbol{x}_2), \cdots, \boldsymbol{g}(\boldsymbol{x}_s))'$. 由 4.1 节的讨论可知, 针对相同的模型, A-最优设计与试验区域密切相关, 即与 E-最优设计类似地没有平移性质.

对于 p 阶多项式模型, 当试验区域为 $[-a, a]$, 其 A-最优设计是唯一的, 而且有 $p + 1$ 个对称的设计点, 其中包含两个端点 $\pm a$, 即其设计点为

$$\begin{aligned} \{\pm at_1, \cdots, \pm at_l, \pm a\}, & \quad p \text{ 为奇数}, \\ \{0, \pm at_1, \cdots, \pm at_l, \pm a\}, & \quad p \text{ 为偶数}, \end{aligned} \tag{4.63}$$

其中 $l = \lfloor (d-1)/2 \rfloor$, $\lfloor \cdot \rfloor$ 表示向下取整. 而这些设计点的权重由 (4.62) 式给出. 由于 $t_1, t_2, \cdots, t_l$ 的确定较复杂, 这里不列出其具体过程, 读者可参考 Pukelsheim, Torsney (1991).

易知, 当 $p = 1$ 且试验区域为 $[-a, a]$ 时, 其 A-最优设计的设计点只为 $\pm a$, 且由 (4.62) 式可知各点的权重都为 $1/2$, 即其设计为

$$\xi_1 = \left\{ \begin{matrix} -a & a \\ 1/2 & 1/2 \end{matrix} \right\}.$$

由 (4.61) 式可验证, 此时 $\psi(x, \xi_1) = (x^2 - a^2)/a^4 \leqslant 0$, 因此设计 ξ_1 为 A-最优设计. 若 $p = 2$, 则由 (4.63) 易知其设计点为 $-a, 0, a$. 且当 $a = 1$ 时, 由 (4.62) 式可得各设计点的权重分别为 $1/4, 1/2, 1/4$, 即对于二次多项式, 若试验区域为 $[-1, 1]$, 则其 A-最优设计为

$$\xi_2 = \left\{ \begin{array}{ccc} -1 & 0 & 1 \\ 1/4 & 1/2 & 1/4 \end{array} \right\}.$$

下面考虑确定性 A-最优设计. 若限定试验区域为 $[-1, 1]$, 则对于二次模型 (4.1), 设 $n = 4k + q$, 其中, k 为正整数, $q \in \{-1, 0, 1\}$, 则试验次数为 n 的确定性 A-最优设计为 (Chang, Yeh (1998))

$$\xi_n^* = \left\{ \begin{array}{ccc} -1 & 0 & 1 \\ k/n & (2k-1)/n & k/n \end{array} \right\}, \quad \text{若 } n = 4k - 1;$$

$$\xi_n^* = \left\{ \begin{array}{ccc} -1 & 0 & 1 \\ k/n & 2k/n & k/n \end{array} \right\}, \quad \text{若 } n = 4k;$$

$$\xi_n^* = \left\{ \begin{array}{ccc} -1 & 0 & 1 \\ k/n & (2k+1)/n & k/n \end{array} \right\}, \quad \text{若 } n = 4k + 1.$$

且当 $k > 3$ 时, 试验次数 $n = 4k + 2$ 的确定性 A-最优设计有两个, 即

$$\xi_n^* = \left\{ \begin{array}{ccc} -1 & x_0 & 1 \\ k/n & (2k+1)/n & (k+1)/n \end{array} \right\}$$

或

$$\xi_n = \left(\begin{array}{ccc} -1 & -x_0 & 1 \\ k/n & (2k+1)/n & (k+1)/n \end{array} \right),$$

式中 x_0 为

$$p(x) = (1+2k)x^4 - 4(1+2k)^2 x^3 + 6(1+2k)x^2 - 4(1+8k+8k^2)x + (1+2k)$$

在区间 $(0,1)$ 内的唯一零解 (Imhof (1998)).

4.5.4　其他最优准则

除了常见的 D-最优, E-最优和 A-最优这三个准则之外, 在最优回归设计中还有其他的最优准则, 例如 c-最优, L-最优, G-最优, 等等. 下面我们仅仅介绍其有关概念.

(1) c-最优

c-最优准则的统计意义是使得参数 $\boldsymbol{\beta}$ 的线性组合 $\boldsymbol{c}'\boldsymbol{\beta}$ 具有最小的估计方差, 这里 $\boldsymbol{\beta} = (\beta_1, \beta_2, \cdots, \beta_p)'$ 是线性模型 (1.12) 的 p 个待估参数, $\boldsymbol{c}$ 为 p 维列向量. 因此, c-最优准则即为最小化

$$\mathrm{Var}(\boldsymbol{c}'\hat{\boldsymbol{\beta}}) \propto \boldsymbol{c}'\boldsymbol{M}^{-1}(\xi)\boldsymbol{c},$$

式中符号 $\propto$ 表示正比于, $\boldsymbol{M}(\xi)$ 为设计 ξ 的信息矩阵. 此时, 对于任意的 $\boldsymbol{x} \in \mathcal{X}$, 一个 c-最优设计 ξ^* 应满足条件

$$\{\boldsymbol{g}(\boldsymbol{x})\boldsymbol{M}^{-1}(\xi^*)\boldsymbol{c}\}^2 \leqslant \boldsymbol{c}'\boldsymbol{M}^{-1}(\xi^*)\boldsymbol{c},$$

式中 $\boldsymbol{g}$ 如模型 (1.12) 中所示.

对于任意一点 $\boldsymbol{x}_0 \in \mathcal{X}$, 设 $\boldsymbol{c} = \boldsymbol{g}(x_0)$, 则 c-最优变为使得 $\boldsymbol{x}_0$ 处的预测误差方差达到最小的设计. 此时, 其 c-最优设计为所有的设计点都集中在 $\boldsymbol{x}_0$ 处的设计. 显然, 这样的单点设计是奇异的. 下面的线性最优准则可以克服该缺点.

(2) 线性最优准则 (L-最优)

设 $\boldsymbol{L}$ 为 $p \times p$ 的对称矩阵, 线性最优准则或称为 L-最优准则为最小化

$$\mathrm{tr}(\boldsymbol{M}^{-1}(\xi)\boldsymbol{L}).$$

该线性最优准则与其他的准则有密切联系.

若矩阵 $\boldsymbol{L}$ 的秩 $s \leqslant p$, 则 $\boldsymbol{L}$ 可以表示成 $\boldsymbol{L} = \boldsymbol{A}\boldsymbol{A}'$, 其中 $\boldsymbol{A}$ 是秩为 s 的 $p \times s$ 的矩阵, 则

$$\mathrm{tr}(\boldsymbol{M}^{-1}(\xi)\boldsymbol{L}) = \mathrm{tr}(\boldsymbol{M}^{-1}(\xi)\boldsymbol{A}\boldsymbol{A}') = \mathrm{tr}(\boldsymbol{A}'\boldsymbol{M}^{-1}(\xi)\boldsymbol{A}).$$

因此, 当 $s = 1$ 时, 线性最优准则变为前面的 c-最优准则; 若 $\boldsymbol{L}$ 为 p 阶单位矩阵 $\boldsymbol{I}$, 则线性最优准则变为 A-最优准则.

(3) G-最优

对于一个设计 ξ, 设 $d(\boldsymbol{x}, \xi)$ 为其标准化方差, 见 (4.11) 式, 记

$$\bar{d}(\boldsymbol{x}, \xi) = \max_{\boldsymbol{x} \in \mathcal{X}} d(\boldsymbol{x}, \xi).$$

G-最优设计为最小化 $\bar{d}(\boldsymbol{x},\xi)$ 的设计. 当设计取为连续设计时, 由 D-最优设计的讨论可知, $\bar{d}(\boldsymbol{x},\xi) = p$, 因此若连续设计 ξ^* 是 D-最优的, 则也是 G-最优的. 但是对于确定性设计, 该结论不一定成立.

例 4.10 (例 4.6 续) 对于一元二次线性模型 (4.1), 考虑 $N = 4$ 的确定性设计. 例 4.6 说明 $N = 4$ 的确定性 D-最优设计为 (4.33), 然而经过分析可知确定性 G-最优设计为

$$\xi_G = \left\{ \begin{array}{cccc} -1 & -a & a & 1 \\ 1/4 & 1/4 & 1/4 & 1/4 \end{array} \right\}, \tag{4.64}$$

式中 $a = \sqrt{\sqrt{5}-2} = 0.4859$. 此时, $d(-1,\xi_G) = d(0,\xi_G) = d(1,\xi_G) = 3.618$ 是使得 $\bar{d}(x,\xi)$ 达到最小的设计点, 这明显比确定性 D-最优设计情形下 $\bar{d}(x,\xi) = 4$ 要小. 从中亦知, G-最优设计的点与 $\bar{d}(x,\xi)$ 取到最大的点不一定重合. 更多的关于 G-最优设计的结论可参考 Constantine et al. (1987) 和 Atkinson, Donev (1992)).

在最优回归设计中, 还有一些其他的最优准则, 比如 V-最优准则, T-最优准则等, 这里不一一展开讨论了.

习 题

4.1　对于二次线性模型 (4.1), 若设计为

$$\xi = \left\{ \begin{array}{cccc} -1 & -a & a & 1 \\ 1/4 & 1/4 & 1/4 & 1/4 \end{array} \right\},$$

式中, $a = \sqrt{\sqrt{5}-2} = 0.4859$, 计算其信息矩阵和标准化方差.

4.2　对于一元线性回归模型

$$\hat{y}(x) = 16 + 7.5x,$$

画出表 4.10 中六个不同设计的置信椭球及标准化方差的图形, 其中 $\hat{\boldsymbol{\beta}} = (16, 7.5)'$.

表 4.10   一元线性模型的六个设计

设计	设计点数	x 的取值
I	3	-1 0 1
II	6	-1 -1 0 0 1 1
III	8	-1 -1 -1 -1 -1 -1 1 1
IV	5	-1 -0.5 0 0.5 1
V	7	-1 -1 -0.9 -0.85 -0.8 -0.75 1
VI	2	-1 1

4.3   对于一阶线性模型 $y = \beta_0 + \beta_1 x + \varepsilon$, 考虑设计

$$\xi = \begin{Bmatrix} -a & a \\ 1/2 & 1/2 \end{Bmatrix},$$

式中 $0 < a < 1$, 试验区域 $\mathcal{X} = [-1,1]$. 试证明设计 ξ 不是一阶线性模型的 D-最优设计.

4.4   对于通过原点的一元二次模型

$$E(y) = \beta_1 x + \beta_2 x^2, \quad x \in [0,1],$$

寻找最优连续设计使得参数 β_2 的估计值的方差达到最小.

提示: 该最优连续设计为 $\xi^* = \begin{Bmatrix} a & 1 \\ w & 1-w \end{Bmatrix}$, 根据要求求出 a 和 w 即可.

4.5   对于二元线性模型

$$E(y) = \beta_0 + \beta_1 x_1 + \beta_2 x_2, \quad x_1, x_2 \in [-1,1],$$

求其试验次数分别为 $4,5,6$ 的确定性 D-最优设计.

4.6   假设设计 ξ 为一元七阶多项式的 D-最优设计, 分别计算 ξ 在阶数 p $(p = 1, 2, \cdots, 6)$ 的一元多项式模型下的 D-效率.

4.7   验证表 4.8 中的各设计的 D-效率.

4.8   在确定性 D-最优设计的构造中, 迭代式子 (4.48)~(4.50) 可以节约搜索时间. 请导出 (4.48) 式.

4.9   对于通过原点的二次模型

$$E(y) = \beta_1 x + \beta_2 x^2,$$

其试验区域 $\mathcal{X} = [0,1]$, 记设计

$$\xi = \left\{ \begin{matrix} \sqrt{2} - 1 & 1 \\ \sqrt{2}/2 & (2 - \sqrt{2})/2 \end{matrix} \right\}.$$

试证明:

(a) 设计 ξ 是最小化 $\mathrm{Var}(\hat{\boldsymbol{\beta}}_2)$ 的最优回归设计;

(b) 设计 ξ 是关于 β_2 的 D_s-最优设计.

第五章

均匀试验设计

就大部分试验而言, 特别是探索性的试验, 试验者往往对试验的统计模型所知甚少, 需要通过试验来获得一个近似模型. 对模型未知的试验, 要求一种全新的试验设计和建模的方法. 均匀试验设计 (简称均匀设计) 正是应这种要求而产生的近代试验设计方法. 均匀设计也是计算机试验设计的主要方法之一, 关于均匀设计的详细介绍, 可参考 Fang, Wang (1994), Fang et al. (2005a), Fang (2006), Fang et al. (2018) 等专著. 本章将介绍均匀设计的思想、模型、方法及应用.

5.1 引言

任何方法都有其优点, 也有其局限性. 前几章介绍的试验设计方法也不例外. 这些方法假定模型的形式已知, 需要通过试验来估计模型中的未知参数, 且试验的次数 (强烈依赖于未知参数的个数) 随因素的增加呈指数增长. 下面将阐述上述两类局限性.

5.1.1 传统试验设计中的未知参数

传统的试验设计是假定模型 (响应与因素之间的关系) 形式已知, 通过试验来估计模型中的一些未知参数, 例如前两章介绍的正交设计和最优回归设计. 因子设计 (包括正交设计) 是要估计因素的主效应和它们的 (部分) 交互效应, 以及随机误差的方差 σ^2; 在最优回归设计中, 要估计回归系数和 σ^2. 随着因素数量的增加和模型复杂性的提高, 上述试验要求的试验数将呈指数增加. 设一个试验中有 s 个因素, 下面我们简单讨论正交设计和最优回归设计的模型中欲估参数的个数.

(1) 正交设计

设每个因素选取 q 个水平, 欲估计某一个因素的主效应, 在方差分析模型中占 $q-1$ 个自由度, s 个因素共有 $s(q-1)$ 个自由度, 即有 $s(q-1)$ 个独立的未知参数; 若进一步考虑任意两个因素的交互作用, 则每个交互作用占 $(q-1)^2$ 个自由度, 总共有 C_s^2 个交互作用. 上述两项自由度之和为

$$f(s,q) = s(q-1) + \frac{1}{2}s(s-1)(q-1)^2.$$

若因素间的高阶交互作用可以忽略, 其试验次数 n 也必须大于 $f(s,q)+1$ (其中 1 代表估计 σ^2 的最低要求) 才能估计主效应和两两因素之间的交互效应. 例如, 在一个 6 因素三水平的试验中, 试验次数 n 必须大于 $f(6,3)+1=73$. 这个试验次数在许多试验中代价太大, 因此人们考虑是否可以减少试验次数. 在不少试验中上述的主效应和任意两个因素的交互效应可能不同时显著, 若试验前试验者根据经验或其他足够的证据可忽略某些主效应或交互效应, 则试验次数 n 可以适当地减少.

　　然而, 在许多试验中, 试验者在试验前并不十分清楚哪些主效应或交互效应可以忽略, 这时, 试验者只能采用足够多的试验次数使得每个主效应和交互效应都能估计出来. 为了减少试验次数, 在文献中推荐使用二水平试验, 这时

$$f(s,q) = f(s,2) = s(q-1) + \frac{1}{2}s(s-1)(q-1)^2 = \frac{1}{2}s(s+1).$$

当 s 增加时, 其试验次数增加的速度为 s^2 阶, 这对因素不太多的试验可以接受. 然而, 二水平试验只能揭示响应与因素之间的线性关系, 三水平试验只能揭示响应与因素之间的二次多项式关系. 当响应与因素之间的关系为高次多项式或非线性关系时, 就需要更多水平的试验. 此时, 方差分析模型要求的试验次数往往会超过试验者的承受能力.

　　(2) 最优回归设计

　　用回归模型代替方差分析模型可能是解决上述困难的方法之一. 记 $x_1,$ $x_2, \cdots, x_s$ 表示试验中的 s 个因素, 则 x_j, x_j^2, x_j^3 分别表示因素 x_j 的一阶、二阶和三阶主效应, $x_i x_j$ 表示因素 x_i 和 x_j 的二阶交互效应, $x_i^2 x_j, x_i x_j^2$ 表示因素 x_i 和 x_j 的三阶交互效应, $x_i^3 x_j, x_i^2 x_j^2, x_i x_j^3$ 表示因素 x_i 和 x_j 的四阶交互效应, 等等. 此时, 若采用 (4.38) 式的多元多项式模型, 并让次数 $d=2$, 得多元二次模型

$$y = \beta_0 + \sum_{j=1}^{s} \beta_j x_j + \cdots + \sum_{i=1}^{s} \sum_{j=i}^{s} \beta_{ij} x_i x_j + \varepsilon. \tag{5.1}$$

易知, (5.1) 式中包含 $2 + s + s(s+1)/2$ 个未知参数, 其中包括误差方差 $\sigma^2 = \mathrm{Var}(\varepsilon)$. 当 $s = 6$ 时, 未知参数个数为 29, 若试验次数 $n > 29$, 则上述参数均可以估计, 比方差分析模型要求的试验次数 $n > 73$ 的条件要低了很多. 若采用回归分析中的变量筛选技术, 则试验次数还可以进一步减少.

第四章介绍的最优回归设计是建立在回归模型基础上的, 而且当模型已知时, 最优回归设计是已知的效率最高的设计, 应当首选. 然而, 当真实模型未知时, 最优回归设计将无能为力. 如果猜错了模型, 则可能失之毫厘, 谬以千里, 因为最优回归设计不具有对模型变化的稳健性.

由上面的分析可知, 当因素的个数 s 增加时, 传统的试验设计需要大大增加试验次数. 那么, 有没有一种新的设计方法, 当 s 增加时, 试验次数仍不会很大, 而且能在较少的试验结果中发掘总体的诸多信息呢? 均匀设计正是基于这种想法而提出来的.

均匀设计是在实际问题的推动下, 于 1980 年由方开泰、王元提出来的 (方开泰 (1980), Wang, Fang (1981)), 经过 40 年的发展, 建立了坚实的理论基础和系统的方法, 文献上已报道了 2000 多个成功的案例. 本章将讨论均匀设计的理论及其应用, 从中可体会到均匀设计的诸多优点.

5.1.2 模型未知

大部分试验, 特别是探索性试验, 试验者对试验的模型所知甚少, 这时需要通过试验来估计模型, 即给出真实模型的一个**近似模型**, 在文献中又称为**拟模型**. 此时, 最优回归设计等传统的试验设计方法将无法使用, 因为最优回归设计的前提是已知参数模型. 在缺少模型信息的条件下, 为了寻找拟模型, 我们自然想到在试验区域上均匀布点, 即给定试验次数 n 和因素个数 s, 把这 n 个试验点均匀地散布在试验区域上. 换句话说, 我们对试验区域的各子区域的重要性是同样对待的, 故称为 "**均匀设计**".

设在试验中选择了 s 个因素 $x_1, x_2, \cdots, x_s$, 不失一般性, 在理论研究中常设其试验区域 $\mathcal{X} = [0,1]^s$. 由于模型未知, 可用非参数回归模型来表达

$$y = g(\boldsymbol{x}) + \varepsilon = g(x_1, x_2, \cdots, x_s) + \varepsilon, \quad \boldsymbol{x} \in \mathcal{X}, \tag{5.2}$$

式中 ε 为随机误差, 常假定 $E(\varepsilon) = 0, \mathrm{Var}(\varepsilon) = \sigma^2$, σ^2 未知, 函数 g 未知但属于某个已知函数类, 例如二次可微且可积的函数类. 试验者希望通过试验, 找到函数 g 的近似表达式. 因此, 要求试验设计对模型的变化有一定的稳健性. 均匀设计正是这样一种试验设计方法. 均匀设计包括两个重要的方面:

(i) **设计**   如何将试验点均匀地散布在单位立方体 $\mathcal{X} = [0,1]^s$ 内, 这里包括均匀性的度量和均匀设计的构造.

(ii) **建模**   如何用试验的数据来寻求好的近似模型, 使得近似模型能和真模型在全试验区域内都很接近. 建模是一件艰巨性的工作.

下面的例子说明试验点均匀地散布在试验区域有助于建模.

例 5.1 (例 1.6 续)   若响应 y 和因素 x 之间有形状参数为 4 和刻度参数为 1 的 Γ 生长曲线模型 (参 1.4 节), 由于试验存在误差, 设

$$y = g(x) + \varepsilon = \frac{1}{6}\int_0^x u^3 \mathrm{e}^{-u}\mathrm{d}u + \varepsilon, \quad 0 \leqslant x \leqslant 10, \tag{5.3}$$

式中随机误差 $\varepsilon \sim N(0,\sigma^2), \sigma = 0.06$. 试验者并不知道 x 与 y 上述的回归模型, 希望通过试验来找出响应 y 与 x 之间的近似模型.

若确定试验次数 $n = 12$, 考虑五个试验方案 $D_1, D_2, \cdots, D_5$, 它们在 $[0,10]$ 中分别取 $q\ (= 2,3,4,6,12)$ 个不同的试验点, 并重复 n/q 次. 由于试验区域为 $0 \leqslant x \leqslant 10$, 其区间长度为 10, 取 q 个试验点为

$$\left\{ \frac{10 \times 1}{2q}, \frac{10 \times 3}{2q}, \cdots, \frac{10 \times (2q-1)}{2q} \right\}. \tag{5.4}$$

在这些试验点上, 我们用随机模拟产生上述五种设计的响应值 y, 即在设计点 (5.4) 处计算模型 (5.3) 的响应值, 其中随机误差 ε 的标准差 $\sigma = 0.06$; 然后用 d 阶多项式回归模型

$$g_d(x) = \beta_0 + \beta_1 x + \cdots + \beta_d x^d + \varepsilon \tag{5.5}$$

来拟合, 并取 $d = 1,2,3,4$ 四种模型, 记拟合模型为 $\hat{g}_d(x)$. 拟合的情形如图 5.1 所示. 由于模拟的随机性, 每次模拟时, 产生的响应 y 都不一样, 导致每次的拟合多项式模型也不同. 因此为了更加公平地进行比较, 对于每个设计及多项式拟合都重复 $M = 501$ 次模拟. 每次模拟都可以得到相应拟合的多项式模型 $\hat{g}_d(x)$, 我们常用该拟合模型的预测的均方误差 (MSE) 来评判模型的拟合程度. 所谓预测的 MSE 表示在区间 $[0,10]$ 内重新选择 N 个点 $x_1, x_2, \cdots, x_N$, 然后计算回归模型 $\hat{g}_d(x)$ 在这 N 个点的值与真实值之间的平均误差, 即

$$\mathrm{MSE} = \frac{1}{N}\sum_{i=1}^N (g(x_i) - \hat{g}_d(x_i))^2. \tag{5.6}$$

这 N 个点可以在区间 $[0, 10]$ 随机抽取, 也可以均匀地选择, 本例中, 计算预测的 MSE 时考虑 $x = 0.1(i - 1), i = 1, 2, \cdots, 101$ 这 $N = 101$ 个点处的平均预测误差值. 因此, 重复 M 次模拟就可以得到 M 个预测的均方误差 (MSE). 图 5.1 中的每个子图都表示各自 M 个预测的 MSE 的中位数所对应的图形, 相应的 MSE 在每个子图下边给出.

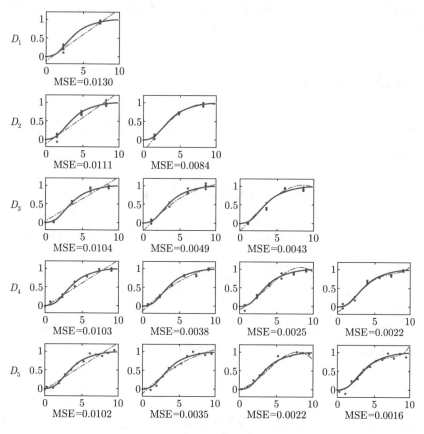

图 5.1 五种试验设计的数据及其不同模型拟合的效果

由图 5.1 可获得如下的经验性结论:

(1) 若将 q 视为因素 x 的水平数, 对于该模型的拟合, 水平数的增加可以减少 MSE 值, 对同阶多项式拟合模型, 二水平设计 D_1 的 MSE 值最大, 而 12 水平设计 D_5 的 MSE 最小, 因而从 MSE 值的角度出发, D_5 是最佳的试验方案, 而 D_1 的效果最差;

(2) 由于原模型是非线性的, 若水平数太少, 试验数据不能拟合高阶多项式回归模型, 故它们对模型的变化缺乏稳健性, 例如 D_1, D_2. 若水平数较多, 如

D_3, D_4, D_5, 建模时有更多的选择. 因此, 当模型未知或模型非线性时, 我们推荐水平数不小于 4 的试验方案.

(3) 多项式模型对于靠近左右端点的地方往往拟合不好, 这是多项式模型本身特点决定的. 我们需要更多的建模技术, 如 2.2 节介绍的各种方法, 这里不再详细讨论.

通过例 5.1, 对于一个非线性模型, 均匀设计在建模时有其优势, 但又包含了建模技术的复杂性, 下面几节将作深入的讨论.

5.2 总体均值模型

考虑非参数回归模型 (5.2), 若试验者希望估计 y 在试验区域 $\mathcal{X} = [0,1]^s \subset \mathbf{R}^s$ 上的均值, 即估计

$$\mu = E(y|\mathcal{X}) = \int_{\mathcal{X}} g(\boldsymbol{x}) \mathrm{d}\boldsymbol{x}.$$

一个自然的想法, 是用试验点集 $\mathcal{P} = \{\boldsymbol{x}_1, \boldsymbol{x}_2, \cdots, \boldsymbol{x}_n\}$ 上的响应值的均值

$$\hat{\mu} = \bar{y}(\mathcal{P}) = \frac{1}{n} \sum_{i=1}^{n} y_i \tag{5.7}$$

来估计, 式中 $y_i = g(\boldsymbol{x}_i), i = 1, 2, \cdots, n$. 因此需要选择一个设计 $\mathcal{P}$ 使得估计的精度尽可能地高, 例如, 使得下面的差值达到最小

$$\text{diff-mean} = |E(y|\mathcal{X}) - \bar{y}(\mathcal{P})|.$$

从伪蒙特卡罗 (Quasi-Monte Carlo) 理论中的 Koksma-Hlawka 不等式 (参考 Hua, Wang (1981), Niederreiter (1992)) 可知

$$|E(y|\mathcal{X}) - \bar{y}(\mathcal{P})| \leqslant V(g)D^*(\mathcal{P}), \tag{5.8}$$

其中 $D^*(\mathcal{P})$ 为设计 $\mathcal{P}$ 的**星偏差** (具体定义见 5.3 节), 该值并不依赖函数 g, 而 $V(g)$ 是函数 g 的全变差, 这里全变差是将一元函数的变差推广至多维. 多维函数定义全变差的方法不止一种, (5.8) 式中采用的是哈代与克劳泽的定义, 详见 1.4 节. 由 (5.8) 式可知:

(1) 星偏差 $D^*(\mathcal{P})$ 越小, 则估计的误差越小. 我们应当选择使 $D^*(\mathcal{P})$ 达到

最小的设计, 这正是均匀设计.

(2) 不等式 (5.8) 右端对函数 g 的依赖是通过全变差 $V(g)$ 体现的. 若有另一个模型 $y = g^*(x_1, x_2, \cdots, x_s) + \varepsilon$, 且 $V(g) = V(g^*)$. 我们用同一组试验点 $\mathcal{P}$, 并用 $\bar{y}(\mathcal{P})$ 和 $\bar{y}^*(\mathcal{P})$ 分别来估计 $E(y|\mathcal{X})$ 和 $E(y^*|\mathcal{X})$, 这里 $E(y^*|\mathcal{X})$ 表示函数 g^* 在整个试验区域的均值, 而 $\bar{y}^*(\mathcal{P})$ 表示函数 g^* 在试验点 $\mathcal{P}$ 上的均值, 则

$$|E(y^*|\mathcal{X}) - \bar{y}^*(\mathcal{P})| \leqslant V(g^*)D^*(\mathcal{P}) = V(g)D^*(\mathcal{P}).$$

上式与 (5.8) 式有相同的误差上界, 这表明均匀设计对模型的变化有稳健性, 它不仅对某个特定的 $E(y|\mathcal{X})$ 能给出好的估计, 而且对无穷多个 $E(y|\mathcal{X})$ 也能给出好的估计, 仅需全变差有界. 均匀设计的这种稳健性是它得以广泛应用的重要原因.

总均值模型给予均匀设计一个强有力的理论支持, 不过需要指出的是, 该模型只是显示了均匀设计是估计总体均值的一个好选择, 其并不能说明均匀设计一定是估计真模型的最佳选择. 而对于模型未知的情形, 则希望通过试验来估计真模型. 若真模型是 $g(\boldsymbol{x})$, 其估计的模型记为 $\hat{g}(\boldsymbol{x})$, 我们希望真模型与近似模型之差在试验空间一致地小于预先给定的精度 δ, 即

$$|g(\boldsymbol{x}) - \hat{g}(\boldsymbol{x})| < \delta, \quad \boldsymbol{x} \in \mathcal{X}. \tag{5.9}$$

要达到上述要求是不容易的, 用上述要求来寻求最优的试验设计就更不容易. 幸运的是, 如果建模成功, 则用总均值模型导出的均匀设计常常能满足要求 (5.9), 这正是总均值模型的生命力所在.

Koksma-Hlawka 不等式提供了一个估计误差的上界, 且是紧上界. 因此, 为了使该上界达到最小, 我们需要选择一个具有低偏差的设计, 均匀设计就可以实现这个目的. 这说明了均匀设计是总体均值模型 (5.7) 的最佳试验方案之一.

5.3 均匀性度量——偏差

在试验区域 $\mathcal{X}$ 上布置 n 个点, 如何度量这 n 个点在试验区域 $\mathcal{X}$ 中散布的均匀程度是构造均匀设计的最重要元素之一. 在大多数试验中 $\mathcal{X}$ 是 s 维超矩形. 不失一般性, 可假定 $\mathcal{X}$ 为单位立方体 $\mathcal{X} = C^s = [0,1]^s$, 因为可通过一个线性变换, 使之也适用于超矩形的情形.

在试验区域上的 n 个试验点 $\mathcal{P} = \{\boldsymbol{x}_1, \boldsymbol{x}_2, \cdots, \boldsymbol{x}_n\}$ 可表示为一个 $n \times s$ 的矩阵

$$
\boldsymbol{X}_{\mathcal{P}} = \begin{pmatrix} x_{11} & x_{12} & \cdots & x_{1s} \\ x_{21} & x_{22} & \cdots & x_{2s} \\ \vdots & & & \vdots \\ x_{n1} & x_{n2} & \cdots & x_{ns} \end{pmatrix}, \tag{5.10}
$$

其中 s 表示因素的个数, n 为试验点的个数, $0 \leqslant x_{ij} \leqslant 1$. 用 $D(\mathcal{P})$ 或 $D(\boldsymbol{X}_{\mathcal{P}})$ 表示 $\mathcal{P}$ 的均匀性测度. 从试验设计的角度, 该测度必须满足如下的条件:

C_1: $D(\boldsymbol{X}_{\mathcal{P}})$ 对 $\boldsymbol{X}$ 的行交换或列交换是不变的, 即改变试验点的编号, 或改变因素的编号, 不影响 $D(\boldsymbol{X}_{\mathcal{P}})$ 的值;

C_2: 若将 $\boldsymbol{X}_{\mathcal{P}}$ 关于平面 $x_j = 1/2$ 反射, 即将 $\boldsymbol{X}_{\mathcal{P}}$ 的任一列 $(x_{1j}, x_{2j}, \cdots, x_{nj})'$ 变为 $(1 - x_{1j}, 1 - x_{2j}, \cdots, 1 - x_{nj})'$, 则它们有共同的 $D(\boldsymbol{X}_{\mathcal{P}})$;

C_3: $D(\boldsymbol{X}_{\mathcal{P}})$ 不仅能度量 $\boldsymbol{X}_{\mathcal{P}}$ 的均匀性, 而且也能度量 $\boldsymbol{X}_{\mathcal{P}}$ 投影至 $\mathbf{R}^s$ 中任意子空间的均匀性. 由因子设计的理论可知, 低维空间的效应 (如主效应、低阶交互效应) 是非常重要的.

如果均匀性测度 $D(\boldsymbol{X}_{\mathcal{P}})$ 能进一步满足如下条件则更好:

C_4: 满足 Koksma-Hlawka 不等式 (5.8);

C_5: 易于计算;

C_6: 与其他的试验设计准则有一定的联系, 例如混杂、正交性, 平衡性等;

C_7: 对一维或多维水平平移具有敏感性;

C_8: 没有维数祸根问题.

对于要求 C_7, 一个均匀性度量 D 需要对小的水平平移具有敏感性, 即对所有的试验点同时往某个方向做水平平移会改变其取值. 对于要求 C_8, 由于均匀性度量都与各种各样超矩形的体积相关, 因此需要研究这些准则在高维的表现. 根据均匀分布的要求, 单位立方体中每一点的地位应该相同, 因此对于不同维数的情形, 要求均匀性度量都表现良好. 进一步地, 对于要求 C_1 和 C_2 可用如下定义来描述:

定义 5.1 对于任意设计 $\mathcal{P} = \{\boldsymbol{x}_1, \boldsymbol{x}_2, \cdots, \boldsymbol{x}_n\} \subset C^s$, 称偏差 $D(\mathcal{P})$ 为置

换不变的, 若对于任意置换矩阵 $\boldsymbol{P}, \boldsymbol{Q}$ 有

$$D(\boldsymbol{P}\mathcal{P}\boldsymbol{Q}) = D(\mathcal{P}).$$

设

$$\mathcal{P}_j = \{(x_{i1}, \cdots, x_{i,j-1}, 1 - x_{ij}, x_{i,j+1}, \cdots, x_{is}), i = 1, 2, \cdots, n\}, \quad j = 1, 2, \cdots, s,$$

称偏差 $D(\mathcal{P})$ 为**对中心** $1/2$ **反射不变**的, 若

$$D(\mathcal{P}_j) = D(\mathcal{P}), \quad \forall\, j = 1, 2, \cdots, s, \forall\, \mathcal{P} \subset C^s,$$

定义 5.1 中置换矩阵的概念可参考 1.4 节. 下面, 我们将介绍不同的偏差定义: L_p-星偏差、中心化偏差、可卷偏差、离散偏差及 Lee 偏差等.

5.3.1 L_p-星偏差

在数论方法中, 最普遍采用的是 L_p-星偏差. 设 $F_u(\boldsymbol{x}) = x_1 x_2 \cdots x_s$ 为 C^s 上的均匀分布函数, 其中 $\boldsymbol{x} = (x_1, x_2, \cdots, x_s)$. $F_\mathcal{P}(\boldsymbol{x})$ 表示设计 $\mathcal{P} = \{\boldsymbol{x}_1, \boldsymbol{x}_2, \cdots, \boldsymbol{x}_n\}$ 的**经验分布函数**. 经验分布为在每个设计点 $\boldsymbol{x}_i$ 上的权重为 $1/n$, 因此 $F_\mathcal{P}(\boldsymbol{x})$ 可表示为

$$F_\mathcal{P}(\boldsymbol{x}) = \frac{1}{n} \sum_{i=1}^n 1_{[\boldsymbol{x}_i, \boldsymbol{\infty})}(\boldsymbol{x}), \tag{5.11}$$

式中 $\boldsymbol{\infty} = (\infty, \cdots, \infty)$, $1_A(\boldsymbol{x})$ 为区域 A 的示性函数

$$1_A(\boldsymbol{x}) = \begin{cases} 1, & \boldsymbol{x} \in A, \\ 0, & \boldsymbol{x} \notin A. \end{cases}$$

L_p-星偏差定义为均匀分布与经验分布函数之差的 L_p 范数

$$\begin{aligned} D_p^*(\mathcal{P}) &= \|F_u - F_\mathcal{P}\|_p \\ &= \begin{cases} \left(\displaystyle\int_{C^s} |F_u(\boldsymbol{x}) - F_\mathcal{P}(\boldsymbol{x})|^p \mathrm{d}\boldsymbol{x} \right)^{1/p}, & 1 \leqslant p < \infty, \\ \displaystyle\sup_{\boldsymbol{x} \in C^s} |F_u(\boldsymbol{x}) - F_\mathcal{P}(\boldsymbol{x})|, & p = \infty, \end{cases} \end{aligned} \tag{5.12}$$

其中 sup 表示取最大值. 当 $p = \infty$ 时, (5.12) 式即为 Weyl (1916) 提出的星偏差 (它曾在 Koksma-Hlawka 不等式 (5.8) 中出现), 它是在数论方法中应用最普遍 的均匀性测度. 星偏差等价于在分布拟合检验中著名的柯尔莫哥洛夫-斯米尔 诺夫 (Kolmogorov-Smirnov) 统计量; 当 $p = 2$, (5.12) 式对应于 L_2-星偏差, 其 等价于克拉默-冯·米泽斯 (Cramer-Von Mises) 统计量 (D′Agostino, Stephens (1986)).

对于任意一点 $\boldsymbol{x} = (x_1, x_2, \cdots, x_s) \in C^s$,

$$[\boldsymbol{0}, \boldsymbol{x}] = [0, x_1] \times [0, x_2] \times \cdots \times [0, x_s] \tag{5.13}$$

为 C^s 中由原点 $\boldsymbol{0}$ 和 $\boldsymbol{x}$ 决定的矩形. 记 $\mathrm{Vol}([\boldsymbol{0}, \boldsymbol{x}])$ 表示矩形区间 $[\boldsymbol{0}, \boldsymbol{x}]$ 的体 积, 则有 $\mathrm{Vol}([\boldsymbol{0}, \boldsymbol{x}]) = x_1 x_2 \cdots x_s$, 它正好等于 $F_u(\boldsymbol{x})$. 记 $|\mathcal{P} \cap [\boldsymbol{0}, \boldsymbol{x}]|$ 表示 $\mathcal{P}$ 中 设计点落到 $[\boldsymbol{0}, \boldsymbol{x}]$ 中的个数, 易知

$$F_{\mathcal{P}}(\boldsymbol{x}) = \frac{1}{n} \sum_{i=1}^{n} 1_{[\boldsymbol{x}_i, \infty)}(\boldsymbol{x}) = \frac{|\mathcal{P} \cap [\boldsymbol{0}, \boldsymbol{x}]|}{n}.$$

由此, (5.12) 式中的 $F_u(\boldsymbol{x}) - F_{\mathcal{P}}(\boldsymbol{x})$ 可表示为

$$disc^*(\boldsymbol{x}) = F_u(\boldsymbol{x}) - F_{\mathcal{P}}(\boldsymbol{x}) = \mathrm{Vol}([\boldsymbol{0}, \boldsymbol{x}]) - \frac{|\mathcal{P} \cap [\boldsymbol{0}, \boldsymbol{x}]|}{n}. \tag{5.14}$$

上式被称为**局部偏差函数**, 度量均匀分布与设计 $\mathcal{P}$ 的经验分布之间在给定的矩 形 $[\boldsymbol{0}, \boldsymbol{x}]$ 上的差异. 例如当 $s = 2$ 时, 图 5.2 给出在单位正方形中试验次数

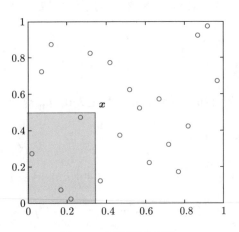

图 5.2   局部偏差函数

$n = 20$ 的设计 $\mathcal{P}$, 其设计点如 "o" 所示. 若取 $\boldsymbol{x} = (0.35, 0.5)$, 则 $\mathrm{Vol}([\boldsymbol{0}, \boldsymbol{x}]) = 0.175$, $|\mathcal{P} \cap [\boldsymbol{0}, \boldsymbol{x}]| = 4$, 则其局部偏差函数 $disc^*(\boldsymbol{x}) = 0.175 - 4/20 = -0.025$. 易知, 对于任意设计 $\mathcal{P}$, $-1 \leqslant disc^*(\boldsymbol{x}) \leqslant 1$. 因此, L_p-星偏差可表示为

$$D_p^*(\mathcal{P}) = \begin{cases} \left\{ \int_{C^s} |disc^*(\boldsymbol{x})|^p \mathrm{d}\boldsymbol{x} \right\}^{1/p}, & 1 \leqslant p < \infty, \\ \sup_{\boldsymbol{x} \in C^s} |disc^*(\boldsymbol{x})|, & p = \infty. \end{cases} \tag{5.15}$$

故 L_p-星偏差是局部偏差函数在试验区域上的一种平均, 或是 (当 $p = \infty$) 局部偏差函数绝对值的最大值.

在高维积分的数值计算中, L_p-星偏差被广泛使用 (Hua, Wang (1981), Niederreiter (1992)). 但在试验设计中 L_p-星偏差有不可忽略的缺点.

当 $p = \infty$ 时, (5.15) 式的星偏差有几个缺点:

(1) 不满足定义 5.1 中的反射不变性;

(2) 计算复杂, 特别是 n 和 s 较大的情形 (参见 Winker, Fang (1997));

(3) 星偏差衡量均匀性不够灵敏.

当 $p = 2$ 时, Warnock (1972) 给出了计算 L_2-星偏差的简单表达式

$$[D_2^*(\mathcal{P})]^2 = \left(\frac{1}{3} \right)^s - \frac{2}{n} \sum_{i=1}^n \prod_{j=1}^s \frac{1 - x_{ij}^2}{2} +$$
$$\frac{1}{n^2} \sum_{i,l=1}^n \prod_{j=1}^s [1 - \max(x_{ij}, x_{lj})], \tag{5.16}$$

式中 $\boldsymbol{x}_i = (x_{i1}, x_{i2}, \cdots, x_{is})$ 是第 i 个试验点. 当 s 固定时, 上式的计算量为 $O(n^2)$, 比星偏差的计算量大大减少. 然而 L_p-星偏差 $(p \neq \infty)$ 没有考虑投影的均匀性, 即 $D_2^*(\mathcal{P})$ 在一个低于 s 维的投影空间上的值对计算 $D_2^*(\mathcal{P})$ 并不产生任何影响, 因为它在低于 s 维的投影空间上的积分为 0. 然而由正交设计的定义可知, 试验点投影到一维和二维的均匀性十分重要, 而 L_2-星偏差忽略了低维投影空间的均匀性, 有时会给出不合理的结果. 另外, 不管 p 是否等于 ∞, L_p-星偏差都把原点放在一个很特殊的地位, 一切矩形 $[\boldsymbol{0}, \boldsymbol{x}]$ 均从原点开始, 例如图 5.3 所示的某个两因素的设计, 其星偏差为 0.1611, 经过逆时针旋转 $90°$, $180°$, $270°$ 之后, 其星偏差分别变为 0.1500, 0.1411, 0.1389, 它们各不相同, 故 L_p-星偏差没有旋转不变性, 即没有定义 5.1 中的反射不变性.

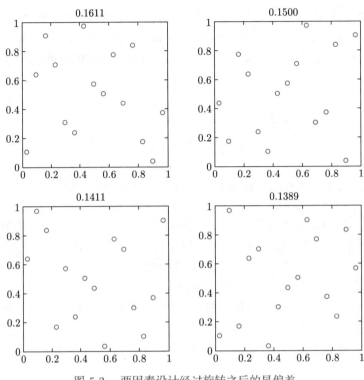

图 5.3   两因素设计经过旋转之后的星偏差

为了改进 L_p-星偏差的诸多缺点, 需定义新的偏差, 并希望所定义的偏差能满足置换不变性、反射不变性, 考虑低维投影的均匀性且给出显式的偏差表达式, 等等.

5.3.2   改进的偏差

为了克服星偏差的缺点, Hickernell (1998a,b) 利用再生核希尔伯特空间的概念提出广义 L_p-星偏差, 这些偏差考虑到设计 $\mathcal{P}$ 所有的投影均匀性. 令 u 为集合 $\{1:s\} = \{1, 2, \cdots, s\}$ 的一个非空子集. 例如 u 可以是一维的, 即 $u = \{1\}, u = \{2\}, \cdots, u = \{s\}$; 也可以是二维的, 即 $u = \{1, 2\}, u = \{1, 3\}, \cdots, u = \{1, s\}, \cdots, u = \{s-1, s\}; \cdots$; 也可以是全空间 $u = \{1:s\}$. 单位立方体 $[0,1]^s$ 在 $\mathbf{R}^u$ 的投影记为 $[0,1]^u$. 设计 $\mathcal{P}$ 是在 s 维空间 $\mathcal{X}$ 上的 n 个点集, 它在 $\mathbf{R}^u$ 中的投影记为 $\mathcal{P}_u$. 类似地, 任一 $\boldsymbol{x} \in \mathbf{R}^s$, 其在 $\mathbf{R}^u$ 上的投影记为 $\boldsymbol{x}_u$. L_p-星偏差的一个最自然的推广为

$$D_p^g(\mathcal{P}) = \sum_{u \neq \varnothing} D_p^*(\mathcal{P}_u), \tag{5.17}$$

式中 $D_p^*(\mathcal{P}_u)$ 是 $\mathcal{P}_u$ 在 $[0,1]^u$ 中的 L_p-星偏差, 求和 $\sum\limits_{u\neq\varnothing}$ 表示 u 取 $\{1:s\}$ 所有非空子集. 于是产生了修正的 L_2-星偏差.

(1) 修正的 L_2-星偏差 (MSD)

记 (5.17) 定义的 $D_2^g(\mathcal{P})$ 为 MSD$(\mathcal{P})$, 它有如下的计算公式:

$$\text{MSD}(\mathcal{P})=\left\{\left(\frac{4}{3}\right)^s-\frac{2^{1-s}}{n}\sum_{i=1}^n\prod_{j=1}^s(3-x_{ij}^2)+\frac{1}{n^2}\sum_{i,l=1}^n\prod_{j=1}^s(2-\max\{x_{ij},x_{lj}\})\right\}^{1/2}.$$

由于 L_p-星偏差的定义过于强调原点的作用, 即局部偏差函数的定义 (5.14) 中, 仅考虑 $[\boldsymbol{0},\boldsymbol{x}]$ 一类的超矩形, 由此造成 L_p-星偏差不具有定义 5.1 中的反射不变性, 偏差 MSD 也不例外. 为了克服这一缺点, Hickernell (1998a) 考虑用一个超矩形 $R(\boldsymbol{x})$ 代替 $[\boldsymbol{0},\boldsymbol{x}]$, 使相应的偏差具有反射不变性. 此时, 相应的 $\mathcal{P}_u$ 在 $[0,1]^u$ 上的投影局部偏差函数为

$$disc^R(\boldsymbol{x},u)=\text{Vol}(R(\boldsymbol{x}_u))-\frac{|\mathcal{P}_u\cap R(\boldsymbol{x}_u)|}{n},\tag{5.18}$$

式中 $R(\boldsymbol{x}_u)$ 为 $R(\boldsymbol{x})$ 在 $[0,1]^u$ 上的投影, $|\mathcal{P}_u\cap R(\boldsymbol{x}_u)|$ 表示 $\mathcal{P}_u$ 落在区域 $R(\boldsymbol{x}_u)$ 的点数, $\text{Vol}(R(\boldsymbol{x}_u))$ 表示 $R(\boldsymbol{x}_u)$ 在 $\mathbf{R}^u$ 中的体积. 于是广义 L_2-星偏差的定义为

$$D_2^R=\left[\sum_{u\neq\varnothing}\int_{[0,1]^u}|disc^R(\boldsymbol{x},u)|^2\text{d}\boldsymbol{x}_u\right]^{1/2},\tag{5.19}$$

式中 $\text{d}\boldsymbol{x}_u=\prod\limits_{j\in u}\text{d}x_j$. 不同的偏差有不同的 $R(\boldsymbol{x}_u)$. 为简单计, 我们仅考虑在超立方体 $[0,1]^s$ 上解释 $R(\boldsymbol{x})$ 的定义, 读者不难理解投影的 $R(\boldsymbol{x}_u)$. 下面介绍几个常见的偏差定义.

(2) 中心化偏差 (CD)

为了将原点和 C^s 的其他顶点 (共有 2^s 个顶点) 放在一个同等的地位, 在 C^s 的中心点 $\boldsymbol{a}_0=(0.5,\cdots,0.5)$ 作平行于每个 $s-1$ 维的坐标构成的超平面, 这些超平面将 C^s 剖分为 2^s 个超子立方体, 它的顶点中一定包括中心点 $\boldsymbol{a}_0$ 及 C^s 中的一个顶点. 任一点 $\boldsymbol{x}\in C^s$, 它必然落入这 2^s 个子立方体中的一个 (落在子立方体的边界情形可以忽略). 记 $\boldsymbol{a}_{\boldsymbol{x}}=(a_{x_1},\cdots,a_{x_s})\in\{0,1\}^s$ 为该小立方体的顶点, 则顶点 $\boldsymbol{a}_{\boldsymbol{x}}$ 为最靠近 $\boldsymbol{x}$ 的顶点. 对于两因素的试验, $R(\boldsymbol{x})$ 随 $\boldsymbol{x}$

在正方形中位置的不同, 有四种不同的情形, 见图 5.4 中带有阴影的矩形. 这样 C^s 的每一个顶点与原点处于相同的地位, 从而使偏差具有反射不变性. 上述考虑, 用数学来描述如下:

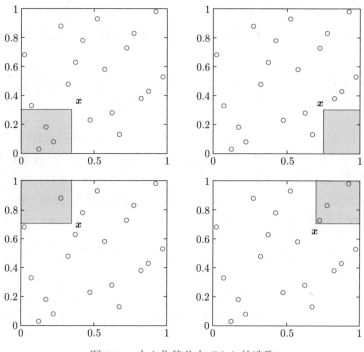

图 5.4   中心化偏差中 $R(\boldsymbol{x})$ 的选取

对于 $C^s = [0,1]^s$ 中任意两点 $\boldsymbol{x} = (x_1, x_2, \cdots, x_s), \boldsymbol{y} = (y_1, y_2, \cdots, y_s)$, 记 $J(\boldsymbol{x}, \boldsymbol{y})$ 为 $\boldsymbol{x}$ 与 $\boldsymbol{y}$ 两点之间的矩形, 即

$$J(\boldsymbol{x}, \boldsymbol{y}) = \{(t_1, t_2, \cdots, t_s) : \min\{x_j, y_j\} \leqslant t_j \leqslant \max\{x_j, y_j\}, \forall j = 1, 2, \cdots, s\}.$$

对给定的 $\boldsymbol{x}$, 与它最接近的 C^s 的顶点 $\boldsymbol{a}_{\boldsymbol{x}} = (a_{x_1}, a_{x_2}, \cdots, a_{x_s})$ 所组成的矩形为 $J(\boldsymbol{a}_{\boldsymbol{x}}, \boldsymbol{x})$, 它就是中心化偏差定义的 $R(\boldsymbol{x})$. $\boldsymbol{a}_{\boldsymbol{x}}$ 的坐标可用如下方法确定: 当 $0 \leqslant x_j \leqslant 1/2$ 时, $a_{x_j} = 0$; 而当 $1/2 < x_j \leqslant 1$ 时, $a_{x_j} = 1$. 类似地可以定义投影的 $R(\boldsymbol{x}_u) = J(\boldsymbol{a}_{\boldsymbol{x}_u}, \boldsymbol{x}_u)$, 其中 $\boldsymbol{a}_{\boldsymbol{x}_u}$ 为 $\boldsymbol{a}_{\boldsymbol{x}}$ 在 $[0,1]^u$ 上的投影. 中心化偏差的计算公式如后面的 (5.31) 式所示.

(3) 可卷偏差 (WD)

可卷是数论方法中常用的一种技巧, 对一维区间 $[0,1]$, 设想将 0 和 1 粘在一起, 形成一个圈. 对区间中的任两个点 $x, y \in [0,1]$, 决定一个子区间如下:

$$R(y,x) = \begin{cases} [y,x], & y \leqslant x, \\ [0,x] \cup [y,1], & x < y, \end{cases}$$

如图 5.5 所示, 其中图 5.5(b) 实际上是一个区间, 因为点 0 和 1 是黏在一起的. 将这一方法用于 C^s 中的两个点 $\boldsymbol{x}$ 和 $\boldsymbol{y}$, 定义

$$R(\boldsymbol{y},\boldsymbol{x}) = \otimes_{j=1}^s R(y_j, x_j).$$

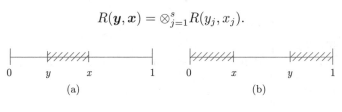

图 5.5　一维可卷区间

$R(\boldsymbol{y},\boldsymbol{x})$ 在 $[0,1]^u$ 上的投影, 记为 $R(\boldsymbol{y}_u,\boldsymbol{x}_u)$. 对 $s=2$ 的情形, 图 5.6 中阴影部分就是定义的 $R(\boldsymbol{y},\boldsymbol{x})$. 这里将由一个点 $\boldsymbol{x}$ 决定的 $R(\boldsymbol{x})$ 的概念推广至由两个点决定的 $R(\boldsymbol{y},\boldsymbol{x})$. 可卷偏差的计算表达式将由 (5.33) 给出.

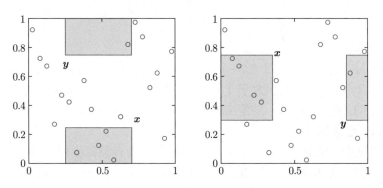

图 5.6　可卷偏差中 $R(\boldsymbol{x})$ 的选取

(4) 混合偏差 (MD)

虽然可卷偏差和中心化偏差可以克服 L_p-星偏差的许多缺点, 然而 Zhou et al. (2013) 证明了中心化偏差不满足准则 C_8, 而可卷偏差不满足 C_7. 换句话说, 中心化偏差不能平等地度量高维中点集的均匀性; 而对于点集的任意水平平移可卷偏差值都不改变. 因此, 我们需要寻找一个新的均匀性度量使其满足所有的 8 个准则 C_1–C_8. 由于可卷偏差和中心化偏差都具有许多优良性质, 我们需要保留其优点并克服其缺点. 为此, Zhou et al. (2013) 对中心化偏差和可卷偏差的 $R_u(\boldsymbol{x})$ 做了修改并综合为一个更加合理的 $R_u(\boldsymbol{x})$, 从而得到了一个新的均

匀性度量, 并称之为混合偏差.

可卷偏差定义中的 $R_j^W(x_i, y_i)$ 仅考虑 x_i 是否大于 y_i, 并没有考虑 x_i 和 y_i 之间的距离. 然而若 $R(\boldsymbol{x}_u)$ 定义在更大的区域上会更合理, 即在更大的区域上比较经验分布函数和均匀分布之间的差异. 因此, 可以对可卷偏差中的矩形 $R_j^W(x_i, y_i)$ 做如下修改:

$$R_1^M(x_i, y_i) = \begin{cases} [\min\{x_i, y_i\}, \max\{x_i, y_i\}], & |x_i - y_i| \geqslant \dfrac{1}{2}, \\[2mm] [0, \min\{x_i, y_i\}] \cup [\max\{x_i, y_i\}, 1], & |x_i - y_i| < \dfrac{1}{2}, \end{cases}$$

$$R_1^M(\boldsymbol{x}_u, \boldsymbol{y}_u) = \bigotimes_{i \in u} R_1^M(x_i, y_i). \tag{5.20}$$

另外, 中心化偏差定义中的 $R_u^C(\boldsymbol{x}_u)$ 仅考虑 $[0,1]$ 的小部分区域, 并忽略中心点, 这也是导致其具有维数祸根的原因. 因此, 我们对 $R_u^C(\boldsymbol{x}_u)$ 做如下修改:

$$R_2^M(x_i) = \begin{cases} [x_i, 1], & x_i \leqslant \dfrac{1}{2}, \\[2mm] [0, x_i], & x_i > \dfrac{1}{2}, \end{cases} \qquad R_2^M(\boldsymbol{x}_u) = \bigotimes_{i \in u} R_2^M(x_i), \tag{5.21}$$

其包含了每一维的中点. 图 5.7—5.8 给出二维时 $R_1^M(\boldsymbol{x}, \boldsymbol{y})$ 和 $R_2^M(\boldsymbol{x})$ 的示意图, 其中 $R_1^M(\boldsymbol{x}, \boldsymbol{y})$ 的面积大于 $1/4$, 而在可卷偏差中 $R^W(\boldsymbol{x}, \boldsymbol{y})$ 的面积通常是小于 $1/4$ 的. 在 $R_1^M(\boldsymbol{x}, \boldsymbol{y})$ 的定义中, C^2 中的每个点被取到的概率都是一样的; 而 $R_2^M(\boldsymbol{x})$ 通常包含中心点.

可以证明, 仅由 $R_1^M(\boldsymbol{x}_u, \boldsymbol{y}_u)$ 产生的偏差也具有类似于可卷偏差的特殊性质, 即对点集 $\mathcal{P}_0$ 中所有点都沿着方向 $(a_1, a_2, \cdots, a_s)$ 平移时, 偏差值不变. 类似地, $R_2^M(\boldsymbol{x})$ 更关注中心点附近的区域. 因此, 我们可以把这两个区域混合为一个新的区域 $R^M(x_j, y_j)$, 使其保留良好性质并克服不合理现象. 最简单的方法如下所示:

$$R^M(x_i, y_j) = \frac{1}{2} R_1^M(x_i, y_j) + \frac{1}{2} R_2^M(x_i), \tag{5.22}$$

$$R^M(\boldsymbol{x}_u, \boldsymbol{y}_u) = \bigotimes_{j \in u} R^M(x_j, y_j),$$

$$disc_u^M(\boldsymbol{x}_u, \boldsymbol{y}_u) = \frac{1}{2} \left(\mathrm{Vol}(R_1^M(\boldsymbol{x}_u, \boldsymbol{y}_u)) - \frac{|\mathcal{P}_0 \cap R_1^M(\boldsymbol{x}_u, \boldsymbol{y}_u)|}{n} \right) +$$

$$\frac{1}{2} \left(\mathrm{Vol}(R_2^M(\boldsymbol{x}_u)) - \frac{|\mathcal{P}_0 \cap R_2^M(\boldsymbol{x}_u)|}{n} \right), \tag{5.23}$$

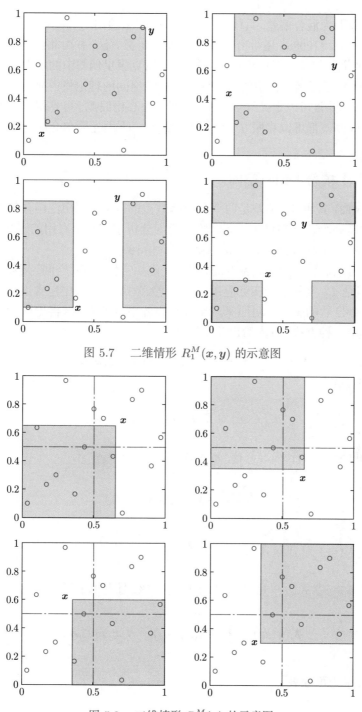

图 5.7　二维情形 $R_1^M(x, y)$ 的示意图

图 5.8　二维情形 $R_2^M(x)$ 的示意图

相应的偏差即为混合偏差. 具体表达式由下一小节给出.

　　Hickernell (1998a) 还给出 $R(\boldsymbol{x}_u)$ 其他的定义方法, 并由此定义了其他有趣的偏差, 如全星偏差、对称化偏差, 等等, 用以克服星偏差中的缺点. Hickernell (1998a, b) 基于泛函分析中的再生核希尔伯特空间的理论将古典的诸偏差表示成统一形式, 并且可以定义许多新偏差, 例如中心化偏差、可卷偏差、离散偏差, 等等. 这些偏差都可以克服 L_p-星偏差的缺点. 下面先简单介绍再生核希尔伯特空间的定义.

5.3.3　再生核希尔伯特空间

非统计专业的读者可以略去本小节.

　　由 (5.12) 式可知, 偏差是两个分布函数差的范数. 利用泛函分析的工具来定义偏差是一个自然的想法. 下面给出泛函分析中的几个有用的定义, 详细的介绍可参考 Wahba (1990b), 江泽坚, 孙善利 (1994).

　　一个希尔伯特空间是完备的内积空间, 例如常见的 L_2 空间, 其具体定义见 1.4 节. 但是 L_2 空间对于实际应用而言太 "大" 了, 因为其中包含很多不光滑的函数. 一个自然的想法是对原来的空间加以光滑性的限制, 再生核希尔伯特空间即是其中一种方法. 首先给出几个定义.

　　定义 5.2　令 $\mathcal{K}(\cdot, \cdot)$ 是 $\mathcal{X} \times \mathcal{X}$ 上的一个函数, 若满足

(1) 对称性:

$$\mathcal{K}(\boldsymbol{x}, \boldsymbol{w}) = \mathcal{K}(\boldsymbol{w}, \boldsymbol{x}), \quad \boldsymbol{x}, \boldsymbol{w} \in \mathcal{X}; \tag{5.24}$$

(2) 正定性: 对任意 $c_i \in \mathbf{R}$, $\boldsymbol{x}_i \in \mathcal{X}, i = 1, 2, \cdots, n$, 有

$$\sum_{i=1}^{n} \sum_{j=1}^{n} c_i \mathcal{K}(\boldsymbol{x}_i, \boldsymbol{x}_j) c_j \geqslant 0, \tag{5.25}$$

则称函数 $\mathcal{K}(\cdot, \cdot)$ 为 $\mathcal{X} \times \mathcal{X}$ 上的一个**核**.

　　定义 5.3　令 $\mathcal{K}(\cdot, \cdot)$ 是 $\mathcal{X} \times \mathcal{X}$ 上的一个核, 且有如下形式:

$$\mathcal{K}(\boldsymbol{x}, \boldsymbol{w}) = \prod_{j=1}^{s} \mathcal{K}_j(x_j, w_j), \quad \forall \boldsymbol{x}, \boldsymbol{w} \in \mathcal{X}, \tag{5.26}$$

则称 $\mathcal{K}(\cdot, \cdot)$ 为**可分核**.

　　定义 5.4　若一个实值函数的希尔伯特空间 $\mathcal{H}$, 其内积 $\langle \cdot, \cdot \rangle_{\mathcal{H}}$ 依赖于核 $\mathcal{K}$,

且满足

(1) $\forall\, \boldsymbol{w} \in \mathcal{X}$, 函数 $R_{\boldsymbol{\omega}}(\cdot) = \mathcal{K}(\cdot, \boldsymbol{w}) \in \mathcal{H}$;

(2) $\forall\, f \in \mathcal{H}$, $f(\boldsymbol{w}) = \langle f, \mathcal{K}(\cdot, \boldsymbol{w}) \rangle_{\mathcal{H}}$,

则该空间 $\mathcal{H}$ 称为再生核希尔伯特空间 (RKHS), $\mathcal{K}$ 称为**再生核**. 这里条件 (2) 称为**再生性**.

定义 5.5 令 $\mathcal{M}$ 为 $\mathcal{X}$ 上的符号测度空间

$$\mathcal{M} = \left\{ F(\boldsymbol{x}) : \int_{\mathcal{X}^2} \mathcal{K}(\boldsymbol{z}, \boldsymbol{t}) \mathrm{d}F(\boldsymbol{z}) \mathrm{d}F(\boldsymbol{t}) < +\infty \right\}, \tag{5.27}$$

其中 $\mathcal{K}(\boldsymbol{z}, \boldsymbol{t})$ 满足 (5.24)~(5.25) 式的 $\mathcal{X} \times \mathcal{X}$ 上的再生核. 定义 $\mathcal{M}$ 上的内积为

$$\langle F, G \rangle_{\mathcal{M}} = \int_{\mathcal{X}^2} \mathcal{K}(\boldsymbol{x}, \boldsymbol{y}) \mathrm{d}F(\boldsymbol{x}) \mathrm{d}G(\boldsymbol{y}), \quad \forall\, F, G \in \mathcal{M}. \tag{5.28}$$

其上的范数定义为 $\|F\|_{\mathcal{M}} = [\langle F, F \rangle_{\mathcal{M}}]^{1/2}$. 这样定义的 $\mathcal{M}$ 是以 $\mathcal{K}$ 为再生核的希尔伯特空间.

定义 5.6 给定试验域 $\mathcal{X}$、空间 $\mathcal{M}$ 的范数 $\|\cdot\|_{\mathcal{M}}$ 以及目标分布函数 $F_*(\boldsymbol{x})$, 设计 $\mathcal{P}$ 的偏差定义为

$$D(\mathcal{P}, \mathcal{K}) = \|F_* - F_{\mathcal{P}}\|_{\mathcal{M}}, \tag{5.29}$$

式中 $F_{\mathcal{P}}$ 为设计 $\mathcal{P}$ 的经验分布函数.

由以上定义, 我们可以看到, 在均匀性测度的考虑中, 再生核希尔伯特空间由下列主要元素组成: 定义域 $\mathcal{X}$, 空间 $\mathcal{M}$, $\mathcal{M}$ 的元素为 $\mathcal{X}$ 上任两个分布函数之差, 以及内积 $< F, G >_{\mathcal{M}}$ 的定义. 故这三个元素可表示为 $(\mathcal{X}, \mathcal{M}, <\cdot, \cdot >_{\mathcal{M}})$. 由于 $\mathcal{M}$ 的元素为两个分布函数 F 和 G 之差, 故称为符号测度空间. 泛函分析中已证明了再生核是由希尔伯特空间唯一确定的. 相反地, 对于 $\mathcal{X} \times \mathcal{X}$ 上的任何一个正定函数 $\mathcal{K}$, 在 $\mathcal{X}$ 上存在一个以 $\mathcal{K}$ 为再生核的唯一的再生核希尔伯特空间, 具体内容可以参考 Aronszajn (1950), Saitoh (1988) 和 Wahba (1990b).

5.3.4 常见偏差的表达式

在偏差的定义中, 目标函数 F_* 取 $\mathcal{X}$ 上的均匀分布 F_u. 此时, 偏差 (5.29) 式的具体计算公式为

$$D(\mathcal{P}, \mathcal{K}) = \left\{ \int_{\mathcal{X}^2} \mathcal{K}(\boldsymbol{x}, \boldsymbol{y}) \mathrm{d}F_u(\boldsymbol{x}) \mathrm{d}F_u(\boldsymbol{y}) - \frac{2}{n} \sum_{i=1}^{n} \int_{\mathcal{X}} \mathcal{K}(\boldsymbol{x}_i, \boldsymbol{y}) \mathrm{d}F_u(\boldsymbol{y}) + \right.$$

$$\left. \frac{1}{n^2} \sum_{i,k=1}^{n} \mathcal{K}(\boldsymbol{x}_i, \boldsymbol{x}_k) \right\}^{1/2}. \tag{5.30}$$

为了计算的简单, 上式中的核函数往往选为可分核 (见式 (5.26)). 下面给出常见偏差的可分核及相应的计算公式.

(1) 中心化偏差 (CD)

取再生核 $\mathcal{K}$ 如下:

$$\mathcal{K}^c(\boldsymbol{z}, \boldsymbol{t}) = 2^{-s} \prod_{j=1}^{s} \left(2 + \left| z_j - \frac{1}{2} \right| + \left| t_j - \frac{1}{2} \right| - |z_j - t_j| \right),$$

可得

$$\mathrm{CD}(\mathcal{P}) = \left\{ \left(\frac{13}{12} \right)^s - \frac{2}{n} \sum_{i=1}^{n} \prod_{j=1}^{s} \left(1 + \frac{1}{2} \left| x_{ij} - \frac{1}{2} \right| - \frac{1}{2} \left| x_{ij} - \frac{1}{2} \right|^2 \right) + \right.$$

$$\left. \frac{1}{n^2} \sum_{i=1}^{n} \sum_{k=1}^{n} \prod_{j=1}^{s} \left(1 + \frac{1}{2} \left| x_{ij} - \frac{1}{2} \right| + \frac{1}{2} |x_{kj} - 0.5| - \frac{1}{2} |x_{ij} - x_{kj}| \right) \right\}^{1/2}. \tag{5.31}$$

(2) 可卷偏差 (WD)

取再生核 $\mathcal{K}$ 如下:

$$\mathcal{K}^w(\boldsymbol{z}, \boldsymbol{t}) = \prod_{j=1}^{s} \left(\frac{3}{2} - |z_j - t_j| + |z_j - t_j|^2 \right), \tag{5.32}$$

可得

$$\mathrm{WD}(\mathcal{P}) = \left\{ - \left(\frac{4}{3} \right)^s + \frac{1}{n} \left(\frac{3}{2} \right)^s + \right.$$

$$\left. \frac{2}{n^2} \sum_{i=1}^{n-1} \sum_{k=i+1}^{n} \prod_{j=1}^{s} \left(\frac{3}{2} - |x_{ij} - x_{kj}| + |x_{ij} - x_{kj}|^2 \right) \right\}^{1/2}. \tag{5.33}$$

如果从其他角度能给出合理的可分再生核, 由 (5.30) 式可求得相应偏差的计算公式. 下面两种有用的偏差, 就是用这种方法定义的.

(3) 混合偏差 (MD)

取再生核 $\mathcal{K}$ 如下:

$$\mathcal{K}^w(\boldsymbol{z},\boldsymbol{t}) = \prod_{j=1}^{s}\left(\frac{15}{8} - \frac{1}{4}\left|z_j - \frac{1}{2}\right| - \frac{1}{4}\left|t_j - \frac{1}{2}\right| - \frac{3}{4}|z_j - t_j| + \frac{1}{2}|z_j - t_j|^2\right),$$

可得

$$
\begin{aligned}
\mathrm{MD}(\mathcal{P}) = \Bigg\{ & \left(\frac{19}{12}\right)^s - \frac{2}{n}\sum_{i=1}^{n}\prod_{j=1}^{s}\left(\frac{5}{3} - \frac{1}{4}\left|x_{ij} - \frac{1}{2}\right| - \frac{1}{4}\left|x_{ij} - \frac{1}{2}\right|^2\right) + \\
& \frac{1}{n^2}\sum_{i=1}^{n}\sum_{k=1}^{n}\prod_{j=1}^{s}\left(\frac{15}{8} - \frac{1}{4}\left|x_{ij} - \frac{1}{2}\right| - \frac{1}{4}\left|x_{kj} - \frac{1}{2}\right| - \right. \\
& \left. \frac{3}{4}|x_{ij} - x_{kj}| + \frac{1}{2}|x_{ij} - x_{kj}|^2\right)\Bigg\}^{1/2}.
\end{aligned}
\tag{5.34}
$$

(4) 离散偏差 (DD)

迄今为止, 我们对设计 $\mathcal{P}$ 的均匀性度量是放在单位立方体 C^s 中考虑的. 如果从因子设计部分实施的角度来看均匀设计, 则它是从所有可能的格子点中, 精选了部分代表点. 在这个意义下, 我们可以将所有可能的格子点, 视为全空间 $\mathcal{X}$. 基于这种考虑, 产生了离散偏差的概念, 它最初是由 Hickernell, Liu (2002) 提出的, Liu, Hickernell (2002), Liu (2002), Fang et al. (2003c) 给出了不同的定义方法. 离散偏差可用于探索均匀设计、因子设计和组合设计之间的关系, 在理论的研究上很有用, 详细情况可参考 Fang et al. (2005a). 假设 $\mathcal{P}$ 为 n 个水平组合, s 个因素的设计, 而且第 j 个因素有 q_j 个水平 $0, 1, \cdots, q_j - 1$, 则 $\mathcal{X}_j = \{0, 1, \cdots, q_j - 1\}$, 其试验域为 $\mathcal{X} = \mathcal{X}_1 \times \mathcal{X}_2 \times \cdots \times \mathcal{X}_s$, 其含义见 1.4 节. 此时, 离散偏差的核函数如下所示:

$$\mathcal{K}^d(\boldsymbol{z},\boldsymbol{t}) = \prod_{j=1}^{s}\mathcal{K}_j(z_j, t_j),\ \forall\, \boldsymbol{z}, \boldsymbol{t} \in \mathcal{X},$$

式中

$$\mathcal{K}_j(z_j, t_j) = \begin{cases} a, & z_j = t_j, \\ b, & z_j \neq t_j, \end{cases} \text{ 其中 } z_j, t_j \in \{0, 1, \cdots, q_j - 1\}, \ a > b > 0.$$

此时, 离散偏差可表示为

$$\mathrm{DD}(\mathcal{P}) = \left\{ -\prod_{j=1}^{s} \left[\frac{a + (q_j - 1)b}{q_j} \right] + \frac{1}{n^2} \sum_{i,k=1}^{n} \prod_{j=1}^{s} \left[a^{\delta_{x_{ij}x_{kj}}} b^{1-\delta_{x_{ij}x_{kj}}} \right] \right\}^{1/2},$$

(5.35)

式中, 当 $x_{ij} = x_{kj}$ 时 $\delta_{x_{ij}x_{kj}} = 1$, 否则为 0.

(5) Lee 偏差 (LD)

上述的离散偏差有诸多优点, 然而根据定义, 它只能判断设计中对应分量是否相等, 因此对于多水平的情况不太合适. 由广泛用于编码理论的 Lee 距离 (见 Roman (1992)) 出发定义的 Lee 偏差可以克服这种缺点. 为此, Zhou et al. (2008) 为了克服离散偏差的缺点而定义了 Lee 偏差. 假设 $\mathcal{P} = (r_{ij})$ 为 n 个水平组合、s 个因素的设计, 而且第 j 个因素有 q_j 个水平 $1, 2, \cdots, q_j$, 则 $\mathcal{X}_j = \{1, 2, \cdots, q_j\}$, 其试验域为 $\mathcal{X} = \mathcal{X}_1 \times \mathcal{X}_2 \times \cdots \times \mathcal{X}_s$. 不失一般性, 假设水平 $q_1, \cdots, q_t$ 是奇数, $q_{t+1}, \cdots, q_s$ 是偶数, 其中 $0 \leqslant t \leqslant s$. $t = 0$ 意味着所有的水平是偶数的, 而 $t = s$ 意味着所有的水平是奇数的. 为计算 Lee 偏差, 让第 j 个因素的水平 k 通过变换

$$f : k \to \frac{2k-1}{2q_j}, \quad k = 1, 2, \cdots, q_j, \ j = 1, 2, \cdots, s,$$

(5.36)

使得取值都在 $[0, 1]$ 之间, 从而试验区域 $\mathcal{X}$ 变换为 $[0, 1]^s$ 中的格子点 $\mathcal{X}'$. 因此设计 $\mathcal{P}$ 变换为 $\mathcal{P}^* = (x_{ij})$. 一般地, 我们以 $\mathcal{P}^*$ 的偏差值代表 $\mathcal{P}$ 的偏差值, 则设计 $\mathcal{P}$ 的 Lee 偏差的核函数如下所示:

$$\mathcal{K}(\boldsymbol{x}, \boldsymbol{w}) = \prod_{j=1}^{s} \mathcal{K}_j(x_j, w_j), \quad \forall \boldsymbol{x}, \boldsymbol{w} \in \mathcal{X},$$

(5.37)

式中

$$\mathcal{K}_j(x, w) = 1 - \min\{|x - w|, 1 - |x - w|\},$$

则 Lee 偏差可表示为

$$(\text{LD}(\mathcal{P}))^2 = \frac{1}{n} - \left(\frac{3}{4}\right)^{s-t} \prod_{i=1}^{t}\left(\frac{3}{4} + \frac{1}{4q_i^2}\right) + \frac{2}{n^2}\sum_{i=1}^{n-1}\sum_{j=i+1}^{n}\prod_{k=1}^{s}(1-\beta_{ij}^k), \quad (5.38)$$

式中

$$\begin{aligned}\beta_{ij}^k &= \min\{|x_{ik}-x_{jk}|, 1-|x_{ik}-x_{jk}|\} \\ &= \min\left\{\frac{|r_{ik}-r_{jk}|}{q_k}, 1-\frac{|r_{ik}-r_{jk}|}{q_k}\right\}.\end{aligned}$$

上面所述的 L_p-星偏差, 星偏差, 修正的 L_2-星偏差 MSD, 中心化偏差 CD, 可卷偏差 WD, 混合偏差 MD, 离散偏差 DD, Lee 偏差 LD 等不同的均匀性测度, 都有其自身的特点. 具体的性质如表 5.1 所示.

表 5.1　常用偏差的性质

准则	$L_p(p\neq 2)$	L_2	L_∞	MSD	CD	WD	MD	DD	LD
C_1	√	√	√	√	√	√	√	√	√
C_2	–	–	–	–	√	√	√	√	√
C_3	–	–	√	√	√	√	√	√	√
C_4	√	√	√	√	√	√	√	√	√
C_5	–	√	–	√	√	√	√	√	√
C_6	√	√	√	√	√	√	√	√	√
C_7	√	√	√	√	–	√	√	√	√
C_8	–	–	–	–	√	–	√	–	–

从表 5.1 我们可得如下的结论供使用时参考.

(i) 对于连续空间的点集 $\mathcal{P}=(\boldsymbol{x}_1,\boldsymbol{x}_2,\cdots,\boldsymbol{x}_n)$, L_p-星偏差、星偏差、MSD、CD、WD、MD 都可以衡量其均匀性, 但通常不推荐使用 L_p-星偏差、星偏差和 MSD; CD、WD 和 MD 可用, 其中 CD 和 WD 的性质不错, 而 MD 性质最佳. 在维数不太高的情形下, 可用 CD、WD 和 MD; 高维情形下, 可用 WD 和 MD. 对平移后点集的均匀性变化不太在乎时, 可用 CD、WD 和 MD; 否则可用 CD 和 MD.

(ii) 对于离散取值的点集, 可用 DD 和 LD 衡量. 由于对离散取值的情形, 我们不考虑其平移的情形, 故这两个偏差虽对于平移都不敏感, 但不影响其使用. DD 可用于探索均匀设计、因子设计和组合设计之间的关系. 而 LD 对于多水平的情形更有效.

例 5.2 考虑表 5.2 中试验次数为 5 的两因素五水平的设计 $\mathcal{P}_{5-1}, \mathcal{P}_{5-2},$ $\mathcal{P}_{5-3}, \mathcal{P}_{5-4}$. 这四个设计变换到 $[0,1]^2$ 之间后的图形如图 5.9 所示. 计算这四个设计的星偏差 $(D^*(\mathcal{P}))$, L_2-星偏差 $(D_2^*(\mathcal{P}))$, 中心化偏差 $(CD(\mathcal{P}))$, 可卷偏差 $(WD(\mathcal{P}))$, 混合偏差 $(MD(\mathcal{P}))$ 和 Lee 偏差 $(LD(\mathcal{P}))$. 为了计算偏差, 我们先把设计通过线性变换 (5.36) 都变换到 $[0,1]^2$ 之间, 如表 5.2 中 $\mathcal{P}_{5-1}^*$ 所示, 然后基于 $\mathcal{P}_{5-1}^*$ 中的数值代入各自的偏差表达式计算相应的偏差. 类似地, 计算其他几个设计的诸偏差.

表 5.2　两因素五水平的设计

$\mathcal{P}_{5-1}$		$\mathcal{P}_{5-1}^*$		$\mathcal{P}_{5-2}$		$\mathcal{P}_{5-3}$		$\mathcal{P}_{5-4}$	
1	2	0.1	0.3	1	2	1	5	1	1
2	4	0.3	0.7	2	5	2	1	2	5
3	1	0.5	0.1	3	3	3	4	3	4
4	3	0.7	0.5	4	1	4	2	4	3
5	5	0.9	0.9	5	4	5	3	5	2

这四个设计在这六种偏差下各自的取值如表 5.3 所示, 由表 5.3 和图 5.9 我们有下面的结论:

(1) 设计 $\mathcal{P}_{5-2}$ 是四个设计中最好的设计, 因为在六个偏差准则下, 其偏差值都最小或是最小之一.

(2) 直观上, 设计 $\mathcal{P}_{5-1}$ 比 $\mathcal{P}_{5-4}$ 均匀, 大部分偏差的取值也告之这一结论, 然而 $\mathcal{P}_{5-1}$ 的星偏差反而比 $\mathcal{P}_{5-4}$ 大, 因此星偏差可能给出不合理的结果, 不是一个非常合适的均匀性质量, 这与前面的分析一致.

(3) 对于设计 $\mathcal{P}_{5-1}$ 和 $\mathcal{P}_{5-3}$, L_2-星偏差有相同取值, 而可卷偏差、混合偏差及 Lee 偏差均能有效区分这两个设计, 从图 5.9 中我们也可以直观看到设计

表 5.3　两因素五水平的设计不同的偏差值

设计	$D^*(\mathcal{P})$	$D_2^*(\mathcal{P})$	$CD(\mathcal{P})$	$WD(\mathcal{P})$	$MD(\mathcal{P})$	$LD(\mathcal{P})$
$\mathcal{P}_{5-1}$	0.3100	0.0878	0.1125	0.1515	0.1454	0.0800
$\mathcal{P}_{5-2}$	0.2500	0.0781	0.1051	0.1515	0.1440	0.0800
$\mathcal{P}_{5-3}$	0.2900	0.0878	0.1125	0.1548	0.1485	0.1131
$\mathcal{P}_{5-4}$	0.2900	0.0896	0.1139	0.1597	0.1521	0.1497

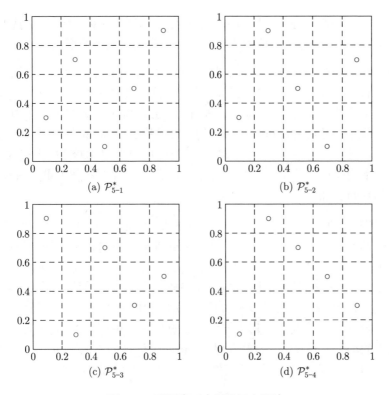

图 5.9 两因素五水平的四个设计

$\mathcal{P}_{5-1}$ 应该比 $\mathcal{P}_{5-3}$ 均匀性更好. 因此也可以说明, 可卷偏差、混合偏差与 Lee 偏差比星偏差区分均匀性的性能更好.

(4) 中心化偏差可以有效地区分设计 $\mathcal{P}_{5-1}$ 和 $\mathcal{P}_{5-2}$, 而可卷偏差与 Lee 偏差不能区分, 然而中心化偏差也不能区分设计 $\mathcal{P}_{5-1}$ 和设计 $\mathcal{P}_{5-3}$, 而可卷偏差和 Lee 偏差可以. 这说明了中心化偏差、可卷偏差和 Lee 偏差都是比较有效的偏差, 它们可以起互补作用.

(5) 混合偏差可以区分这四个设计, 而且其结果符合直观, 这也说明了混合偏差的合理性.

(6) 这四个设计中, $\mathcal{P}_{5-2}$ 和 $\mathcal{P}_{5-1}$ 都是较好的设计, 而 $\mathcal{P}_{5-3}$ 次之, $\mathcal{P}_{5-4}$ 是较差的设计.

在该例中, 若设计的第一列都固定为 $1, 2, \cdots, 5$, 而第二列用穷举法搜索全部的 $5! = 120$ 种置换, 结果发现, 有 10 个设计达到最低的可卷偏差 WD $= 0.1515$, 有 2 个设计达到最低的中心化偏差 CD $= 0.1051$; 有 2 个设计达到最低的混合偏差 MD $= 0.1440$, $\mathcal{P}_{5-2}$ 是其中之一; 而有 10 个设计达到最低的 Lee

偏差 LD $= 0.0800$. 由此可见, Lee 偏差和可卷偏差也许对于均匀性的敏感度比中心化偏差和混合偏差低, 而中心化偏差和混合偏差的区分度较好.

例 5.3 考虑 $n = 6, s = 2$ 时的格子点设计, 求其在中心化偏差、混合偏差、可卷偏差和 Lee 偏差下的均匀设计时, 设计的第一列都固定为 $1, 2, \cdots, 6$, 而第二列用穷举法搜索全部的 $6! = 720$ 种置换, 在这所有的设计中发现, 中心化偏差、混合偏差、可卷偏差和 Lee 偏差的设计分别有 $2, 6, 36, 204$ 个具有最小偏差值的设计且其偏差值分别为 $0.0873, 0.1218, 0.1285$ 和 0.0833. 上述的比较在一定意义下说明中心化偏差与混合偏差比可卷偏差与 Lee 偏差更加敏感, 对于均匀性的判断更加有效.

为了进一步比较, 考虑一个均匀性差的设计, 如表 5.4 中 $\mathcal{P}_{6-1}$ 所示, 以及在中心化偏差、可卷偏差、混合偏差和 Lee 偏差下各选取一个均匀设计, 分别如表 5.4 中 $\mathcal{P}_{6-2}, \mathcal{P}_{6-3}, \mathcal{P}_{6-4}$ 和 $\mathcal{P}_{6-3}$ 所示, 这里可卷偏差与 Lee 偏差下的均匀设计是一样的. 在可卷偏差与 Lee 偏差意义下的均匀设计, 一般而言不一定重合. 上述设计线性变换到区域 $[0,1]^2$ 之后的图形分别如图 5.10 所示, 由变换 (5.36) 可知每个设计点都在其小方格的中点位置. 由图 5.10 直观可知混合偏差准则下的均匀设计 $\mathcal{P}_{6-4}$ 是最理想的. 这四个设计的星偏差, L_2-星偏差, CD, WD, MD, LD 如表 5.5 所示, 其结果与图 5.10 中的直观结论吻合.

表 5.4　两因素六水平的设计

$\mathcal{P}_{6-1}$		$\mathcal{P}_{6-2}$		$\mathcal{P}_{6-3}$		$\mathcal{P}_{6-4}$	
1	5	1	4	1	6	1	5
2	4	2	2	2	4	2	2
3	3	3	6	3	1	3	4
4	2	4	1	4	3	4	1
5	1	5	5	5	5	5	6
6	6	6	3	6	2	6	3

表 5.5　两因素六水平的设计不同的偏差值

设计	$D^*(\mathcal{P})$	$D_2^*(\mathcal{P})$	$CD(\mathcal{P})$	$WD(\mathcal{P})$	$MD(\mathcal{P})$	$LD(\mathcal{P})$
$\mathcal{P}_{6-1}$	0.2708	0.0836	0.1023	0.1394	0.1329	0.1596
$\mathcal{P}_{6-2}$	0.2014	0.0645	0.0873	0.1337	0.1226	0.1389
$\mathcal{P}_{6-3}$	0.2431	0.0772	0.0971	0.1285	0.1235	0.0833
$\mathcal{P}_{6-4}$	0.2014	0.0664	0.0888	0.1298	0.1218	0.0833

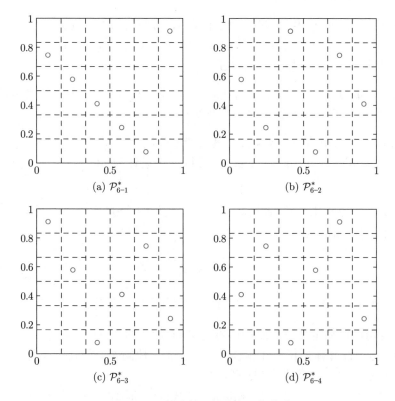

图 5.10 两因素六水平的四个设计

上面通过例子说明, 在实际应用中, 采用混合偏差构造的均匀设计或许是较合理的选择.

5.4 均匀设计表的构造

在实际应用中, 针对具体的项目给出相应的均匀设计是解决问题的第一步. 为此需要大量的均匀设计, 在文献中, 人们提出了许多行之有效的构造均匀设计的方法, 并将获得的均匀设计列为 "均匀设计表". 本节介绍构造均匀设计表的一些方法.

5.4.1 均匀设计的基本要素

构造一个均匀设计的基本要素如下:

因素个数和试验个数: 用 s 表示试验所取因素个数, 用 n 表示试验的数目.

试验范围: 用 $\mathcal{X}$ 表示试验范围, 它为 $\mathbf{R}^s$ 的一个子集. 在大部分的试验中, 如因素均是定量的, 试验范围常取成超矩形 $\mathcal{X} = [a_1, b_1] \times [a_2, b_2] \times \cdots \times [a_s, b_s]$. 在混料试验中 $\mathcal{X}$ 为单纯形 (见第八章).

均匀性测度: 用 D 表示均匀性测度, 本节考虑 D 为上节介绍的诸偏差之一, 例如中心化偏差、可卷偏差、混合偏差等.

试验设计空间: 给定 $(n, s, \mathcal{X})$, 其可能试验设计 $\mathcal{P}$ 的全体, 用 $\mathcal{P}_{\mathcal{X}}$ 表示. 例如 $\mathcal{P}_{[0,1]^s}$ 表示在 $\mathcal{X} = [0,1]^s$ 上的一个设计, 该设计为 $[0,1]^s$ 上 n 个点构成的集合.

定义 5.7 给定试验的诸元素 $(n, s, \mathcal{X})$ 及均匀性测度 D, 若一个设计 $\mathcal{P}^* \in \mathcal{P}_{\mathcal{X}}$ 具有最小的偏差值, 即

$$D(\mathcal{P}^*) = \min_{\mathcal{P} \in \mathcal{P}_{\mathcal{X}}} D(\mathcal{P}), \tag{5.39}$$

则称 $\mathcal{P}^*$ 为 $(n, s, \mathcal{X}, D)$ 下的均匀设计, 或简称为均匀设计.

由均匀设计的定义及偏差的性质, 立即有如下的结论:

(1) 均匀设计强烈依赖于偏差的选择, 在一种偏差下的均匀设计不一定是另一种偏差下的均匀设计 (参见例 5.3).

(2) 对给定的 $(n, s, \mathcal{X}, D)$, 相应的均匀设计一般不唯一. 若 $\mathcal{P}$ 为一个均匀设计, $\boldsymbol{X}_{\mathcal{P}}$ 为其设计矩阵 (参 (5.10)), 若将 $\boldsymbol{X}_{\mathcal{P}}$ 的行作交换或 (和) 列作交换, 则相应的设计也是均匀设计. 为此, 我们需要如下的定义:

定义 5.8 在 $(n, s, \mathcal{X})$ 上的两个设计 $\mathcal{P}_1$ 和 $\mathcal{P}_2$, 如果有一个的设计矩阵通过适当的行或列交换可获得另一个的设计矩阵, 则称它们是**等价**的.

等价的设计有相同的偏差值, 如果一个是均匀设计, 则另一个也是. 故等价的均匀设计至少有 $n!s!$ 个, 在实际应用中我们只要找到其中的任一个. 给定 $(n, s, \mathcal{X}, D)$, 求解均匀设计的方法可分类为:

(1) 理论求解;

(2) 优化数值求解;

(3) 求近似解.

在以下几小节中, 我们将分别给以说明.

5.4.2 均匀设计的理论求解

对于单因素试验 $(s = 1)$, 不失一般性取 $\mathcal{X} = [0,1]$, 易于从理论上获得均匀设计, 这方面的理论结果如下所示.

若均匀性测度取

(1) 中心化偏差 (CD)

Fang et al. (2002a) 指出, 这时只有一个均匀设计

$$\mathcal{P}^* = \left\{ \frac{1}{2n}, \frac{3}{2n}, \cdots, \frac{2n-1}{2n} \right\},$$

其中心化偏差值 CD $= 1/(\sqrt{12}n)$. Fang, Wang (1994) 指出, $\mathcal{P}^*$ 也是在星偏差下的均匀设计, 其星偏差值为 $1/(2n)$.

(2) 可卷偏差 (WD)

Fang, Ma (2001) 指出, 这时有无限多个均匀设计, 它们具有形式

$$\mathcal{P}_a = \left\{ \frac{2i-1}{2n} + a, \ i = 1, 2, \cdots, n \right\}, \tag{5.40}$$

其可卷偏差值为 WD$(\mathcal{P}_a) = 1/(6n^2)$, 其中实数 $a \in \left[-\dfrac{1}{2n}, \dfrac{1}{2n} \right]$. 即对于任意实数 $a \in \left[-\dfrac{1}{2n}, \dfrac{1}{2n} \right]$, $\mathcal{P}_a$ 都是可卷偏差下的均匀设计.

上面的讨论显示, 不同的偏差, 其相应的均匀设计可以不同也可以相同.

5.4.3 均匀设计的近似解

对于多因素试验 $(s \geqslant 2)$, 在 $\mathcal{X} = [0,1]^s$ 上求均匀设计是一极具挑战性的问题, 在计算复杂性上为 NP Hard 问题. 方开泰, 马长兴 (2001) 在其 3.3 节中对 $s = 2$, $n = 2, 3, \cdots, 9$ 时给出了 CD 下的均匀设计, 并指出对更大的 s 或更大的 n 其相应的均匀设计是很难获得的. 于是建议寻求近似的均匀设计, 其中最有效的办法就是缩小试验设计空间. 为此, 我们需要 U 型矩阵的概念.

定义 5.9 若 $n \times s$ 矩阵 $\boldsymbol{U} = (u_{ij})$ 中每一列的取值为 $1, 2, \cdots, q$, 且这 q 个数出现的次数相同, 则称设计 $\boldsymbol{U}$ 为 **对称的 U 型设计**, 记为 $U(n; q^s)$, 所有这类设计的集合记为 $\mathcal{U}(n; q^s)$.

由定义易知:

(1) 正整数 n 可以被 q 整除, 当 $q = n$ 时, U 型设计记为 $U(n; n^s)$, 它的全体记为 $\mathcal{U}(n; n^s)$.

(2) $U(n; q^s)$ 中每一列中都有 n/q 个相同的水平 i $(1 \leqslant i \leqslant q)$, 每一行是一个水平组合, 共有 n 个水平组合. 由映射 (5.36) 变换后的设计记为 $\tilde{U}(n; q^s)$, 并称为 $U(n; q^s)$ 的 **导出矩阵**, 全体这样的设计记为 $\tilde{\mathcal{U}}(n; q^s)$. 不论选择哪个均匀

性测度 D, 我们都定义 $U(n; q^s)$ 的 D-值就是它相应的 $\tilde{U}(n; q^s)$ D-值. 变换后矩阵记为 $\boldsymbol{X}_u = (x_{ij})$, 它的 n 行可视为 C^s 上的 n 个点. 在实际问题中, 有时不同的因素需要不同的水平数, 于是 U 型设计需要推广至混合水平的情形, 或称之为非对称情形.

定义 5.10 若 $n \times s$ 矩阵 $\boldsymbol{U} = (u_{ij})$ 中第 j 列的取值为 $1, 2, \cdots, q_j$ 且这 q_j 个数出现的次数相同, 该设计称为 U 型设计, 记为 $U(n; q_1, q_2, \cdots, q_s)$. 若 $q_1, q_2, \cdots, q_s$ 不全相同, $\boldsymbol{U}$ 称为**非对称的 U 型设计**. 若部分因素的水平数相同, 记该非对称的 U 型设计为 $U(n; q_1^{s_1}, q_2^{s_2}, \cdots, q_m^{s_m})$, 其中 $\sum_{i=1}^{m} s_i = s$. 对于非对称的 U 型设计, 可类似地定义 $\mathcal{U}(n; q_1, q_2, \cdots, q_s)$, $\mathcal{U}(n; q_1^{s_1}, q_2^{s_2}, \cdots, q_m^{s_m})$ 和 $\tilde{\mathcal{U}}(n; q_1, q_2, \cdots, q_s)$, $\tilde{\mathcal{U}}(n; q_1^{s_1}, q_2^{s_2}, \cdots, q_m^{s_m})$. 定义 $U(n; q_1, q_2, \cdots, q_s)$ 的偏差值为相应的 $\tilde{U}(n; q_1, q_2, \cdots, q_s)$ 的偏差值.

易见, q_j 能被 n 整除, 在第 j 列中, 有 n/q_j 个相同的水平. 显然, U 型设计 $U(n; q_1, q_2, \cdots, q_s)$ 中任意 r $(1 \leqslant r < s)$ 列组成的设计仍为 U 型设计; 变换一个 U 型设计的行或列所得的设计仍为 U 型设计; 将 U 型设计中任一列水平置换, 仍为 U 型设计. 为了叙述简单, 下面仅讨论对称的 U 型设计, 即 $q_1 = q_2 = \cdots = q_s = q$ 的情形. U 型设计, 并不一定均匀, 如例 5.2 所列的几个设计都是 U 型设计, 但偏差值都不相同. 因此, 我们需要在 U 型设计中寻找偏差值最小的均匀设计, 在实际应用中, 仍称该设计为均匀设计.

利用 U 型设计, 寻求均匀设计的设计空间可大大缩小如下:

$$C^s \text{ 上的一切 } n \text{ 个点的集合} \Longrightarrow \tilde{\mathcal{U}}(n; n^s)$$

其中前者的设计空间有无穷多个选择, 而后者为有限多个. 在实际问题中, 取 n 个水平可能不符合实情, 故设计空间又可选为 $\tilde{\mathcal{U}}(n; q^s)$, $q < n$.

例 5.4 (例 5.2 续) 考虑 $n = 5, s = 2$ 的均匀设计. 由前面分析可知, 设计的第一列可设为 $1, 2, \cdots, 5$, 因此只需考虑第二列. 第二列的元素是 $\{1, 2, \cdots, 5\}$ 的一个置换, 所有可能的置换有 $5! = 120$ 种, 因此可以计算所有这 120 个设计的偏差值. 结果发现, 在可卷偏差下, 表 5.6 中设计 D_1, D_2 都有相同的偏差值 WD $= 0.1515$, 而在中心化偏差下, 表 5.6 中设计 D_2, D_3 都有相同的偏差值 CD $= 0.1051$. 易知, 设计 D_2 在可卷偏差与中心化偏差下都是其均匀设计, 该设计恰好是例 5.2 中的设计 $\mathcal{P}_{5-2}$.

表 5.6   在不同偏差准则下的两因素五水平的均匀设计

D_1		D_2		D_3	
1	2	1	2	1	4
2	4	2	5	2	1
3	1	3	3	3	3
4	3	4	1	4	5
5	5	5	4	5	2

给定 n 和 s, 若设计的第一列都取为自然顺序, 则总共有 $(n!)^{s-1}$ 个 U 型设计 $U(n; n^s)$, 虽然这 $(n!)^{s-1}$ 个 U 型设计中有些相互等价, 即使 n 和 s 不算太大的时候, 用穷举法来寻找均匀设计也是不能忍受的. 例如, 上面例子中的试验次数 n 若增加到 10, 因素个数 s 仍为 2, 此时求其均匀设计时第一列为 $1, 2, \cdots, 10$, 而第二列为 $1, 2, \cdots, 10$ 的一个置换. 若考虑用穷举法, 需比较 $10! = 3,628,800$ 个矩阵, 其计算量是很大的, 若 n 进一步增加, 一般的计算机很难应付得了. 若固定试验次数 $n = 5$, 把因素个数即列数增加到 $s = 4$, 此时第一列固定为 $1, 2, \cdots, 5$, 后三列所有可能的组合数 $(5!)^3 = 1,728,000$, 也是很大的计算量. 因此一般而言, 穷举法是不合适的. 此时需采用其他近似方法或随机搜索方法来构造均匀设计或其近似解. 下面几节将介绍进一步缩小设计空间的方法, 如采用好格子点法及其推广, 或随机优化算法来构造均匀设计.

5.5 好格子点法及其推广

前面分析表明, 给定 n 和 s, 若设计的第一列选取为自然顺序 $1, 2, \cdots, n$, 则总共有 $(n!)^{s-1}$ 个 U 型设计 $U(n; n^s)$, 即使 n 和 s 不算太大, $(n!)^{s-1}$ 也是难以用穷举法来寻找均匀设计的. Korobov (1959) 针对多元积分的数值解的问题提出了**好格子点法** (简称为 glpm), 该方法简单易懂, 易于计算, 且在相当范围内能获得不错的近似均匀设计. 故该方法被方开泰 (1980), Fang, Wang (1994) 应用到均匀设计的构造中. Shaw (1988) 在其文中也充分肯定了 glpm 法. 本节介绍 glpm 以及由它发展的方幂 glpm 和切割法.

5.5.1 好格子点法

给定 n, 定义正整数集合 $\mathcal{H}_n = \{h : h \text{ 和 } n \text{ 互质}, h < n\} \equiv \{h_1, h_2, \cdots, h_m\}$, 其中 h_j 与 n 的最大公约数为 1, 记为 $\gcd(n, h_j) = 1$, 并约定 $1 = h_1 <$

$h_2 < \cdots < h_m < n$. 在数论中, 定义 $\mathcal{H}_n$ 中的元素个数 m 为**欧拉函数**, 记为 $m = \phi(n)$. 欧拉函数可以由质数分解公式方便地算出, 即对于任一正整数 n, 存在唯一的质数分解 $n = p_1^{r_1} p_2^{r_2} \cdots p_t^{r_t}$, 式中 $p_1, p_2, \cdots, p_t$ 为互不相同的质数, $r_1, r_2, \cdots, r_t$ 为正整数, 则欧拉函数

$$\phi(n) = n \left(1 - \frac{1}{p_1}\right) \left(1 - \frac{1}{p_2}\right) \cdots \left(1 - \frac{1}{p_t}\right).$$

例如 $\phi(15) = 8$, 因为 $15 = 3 \times 5$. 对质数 p, $\phi(p) = p - 1$. 对任何偶数 n, $\phi(n) \leqslant n/2$.

令 $u_{ij} = ih_j \pmod{n}$, 这里 $\pmod{n}$ 是同余运算, 当 u_{ij} 大于 n 时减去 n 的适当的倍数使得余数落到 $[1, n]$ 中, 则 $\boldsymbol{V} = (u_{ij})$ 为 $n \times m$ 的 U 型设计, 其中 $m = \phi(n)$. 若 $m \geqslant s$, 则从 $\boldsymbol{V}$ 中任选 s 列组成的设计仍然是 U 型设计. 在总共 C_m^s 个子设计中选取均匀性最好的设计即为均匀设计 $U(n; n^s)$ 的一个近似解, 该子阵的 $h_{k_1}, h_{k_2}, \cdots, h_{k_s}$ 组成的向量 $\boldsymbol{h} = (h_{k_1}, h_{k_2}, \cdots, h_{k_s})$ 称为该设计的**生成向量**. 显然, 若 $\boldsymbol{V}$ 为均匀性最好的设计, 我们总可以通过适当的行或列变换得到等价的设计 $\boldsymbol{V}^*$, 其中 $\boldsymbol{V}^*$ 的第一列为自然顺序 $1, 2, \cdots, n$. 因此, 为了减少计算复杂度, 我们总可取 $h_1 = 1$, 且在 $h_2, h_3, \cdots, h_m$ 中任取其余的 $s - 1$ 个元素 $h_{k_2}, h_{k_3}, \cdots, h_{k_s}$, 故总共只有 C_{m-1}^{s-1} 个生成向量. 因此, 给定 (n, s), glpm 的构造过程可总结如下:

步骤 1 寻找备选的正整数集 $\mathcal{H}_n = \{h : h < n, \ \gcd(n, h) = 1\} = \{h_1, h_2, \cdots, h_m\}$, 这里, $m = \phi(n)$. 若 $m \geqslant s$, 转步骤 2, 否则 glpm 无法构造需要的均匀设计, 退出程序.

步骤 2 取 $h_{k_1} = h_1 = 1$, 并在 $\mathcal{H}_n$ 中其余的 $m - 1$ 个元素中任取 $s - 1$ 个元素, 产生生成向量 $\boldsymbol{h}^{(k)} = (h_{k_1}, h_{k_2}, \cdots, h_{k_s})$. 共有 $M = \mathrm{C}_{m-1}^{s-1}$ 组生成向量. 由 $\boldsymbol{h}^{(k)}$ 生成一个 $n \times s$ 的 U-矩阵 $\boldsymbol{U}^{(k)} = (u_{ij}^{(k)})$, 其中 $u_{ij}^{(k)} = ih_{k_j} \pmod{n}$. 这 M 个 U-矩阵的全体记为 $\mathcal{U}_{n,s}$.

步骤 3 在 $\mathcal{U}_{n,s}$ 中选择使得偏差值最小的设计即为所求的 (近似) 均匀设计.

例 5.5 用好格子点法构造均匀设计 $U_{15}(15^2)$. 当 $n = 15$, $s = 2$ 时, $m = \phi(15) = 8$, 易知

$$\mathcal{H}_{15} = \{1, 2, 4, 7, 8, 11, 13, 14\}.$$

由 $n = 15$ 和 $\mathcal{H}_{15}$ 可产生一个 15×8 的设计矩阵 $\boldsymbol{D}$. 因为 $h_{k_1} = 1$, 故只要选

择 h_{k_2}, 共有 $C_{8-1}^{2-1} = 7$ 种选法, 在中心化偏差下, 其中均匀性最好的一个为由生成向量 $\boldsymbol{h} = (1, 11)$ 产生的, 该均匀设计 $U_{15}(15^2)$ 为

$$
\begin{pmatrix}
1 & 2 & 3 & 4 & 5 & 6 & 7 & 8 & 9 & 10 & 11 & 12 & 13 & 14 & 15 \\
11 & 7 & 3 & 14 & 10 & 6 & 2 & 13 & 9 & 5 & 1 & 12 & 8 & 4 & 15
\end{pmatrix}'.
$$

上面的 glpm 的构造过程中要求 h_j 与 n 互质的目的是使得向量 $\boldsymbol{h}_j = (h_j, 2h_j, \cdots, nh_j) \pmod{n}$ 构成 $\{1, 2, \cdots, n\}$ 的一个置换. 例如, 当 $n = 6$, 取 $h_2 = 2, h_5 = 5$, 则可以得到两个向量 $(h_2, 2h_2, \cdots, 6h_2) = (2, 4, 6, 2, 4, 6)$ 和 $(h_5, 2h_5, \cdots, 6h_5) = (5, 4, 3, 2, 1, 6)$, 显然前者不是 $\{1, 2, \cdots, 6\}$ 的置换, 而后者是. 而数论中的结果告诉我们, 当 h_j 与 n 互质时, 可以保证向量 $\boldsymbol{h}_j$ 是 $\{1, 2, \cdots, n\}$ 的一个置换.

由 n 决定的欧拉函数 $\phi(n)$ 的个数多少对最后选择出来的设计的均匀性有很大影响. 假如 $\phi(n)$ 值太小, 则可选的列数太少. 例如, $n = 36$ 有质数分解 $36 = 2^2 \times 3^2$, 其欧拉函数

$$
\phi(36) = 36 \times \left(1 - \frac{1}{2}\right)\left(1 - \frac{1}{3}\right) = 12,
$$

故 $\mathcal{H}_{36}$ 中有 12 个正整数. 令 $r(n) = \phi(n)/n$, 则 $r(n)$ 表示 $\mathcal{H}_n$ 中元素个数相对于 n 的比例. 易知, 当 n 为质数时, $\phi(n) = n - 1$, 从而 $r(n) = 1 - 1/n$; 当 n 为偶数时, 有 $\phi(n) < n/2$, 从而 $r(n) < 1/2$. 例如当 $n = 6$ 时, $\mathcal{H}_6 = \{1, 5\}$, $r(6) = 2/6 = 1/3$, 故由上述 glpm 生成的 $U_6(6^2)$ 变化到 $[0, 1]^2$ 后的点图如图 5.10(a) 所示, 其均匀性很差. 一般地, 当 $r(n)$ 很接近于 1 时, 由 glpm 生成的均匀设计有较好的均匀性. 例如例 5.2 中 $n = 5, s = 2$, 其欧拉函数 $\phi(5) = 4, r(5) = 4/5$, 取 $h_2 = 2$, 则其生成向量为 $(h_2, 2h_2, \cdots, 5h_2) \pmod{n} = (2, 4, 1, 3, 5)$, 这刚好是设计 $\mathcal{P}_{5-1}$ 的第二列, 这说明 $\mathcal{P}_{5-1}$ 可以由 glpm 生成, 且例 5.2 显示该设计具有较好的均匀性.

当 $r(n)$ 较小时, 王元, 方开泰 (1981), 方开泰, 李久坤 (1994) 建议由 $\mathcal{H}_{n+1}$ 中的元素来生成一个 $(n+1) \times \phi(n+1)$ 的矩阵 $\boldsymbol{U}^*$. 易知, 由 glpm 生成矩阵中的最后一行的元素都是 $(n+1, \cdots, n+1)$, 将其最后一行去掉的矩阵记为 $\boldsymbol{U}$, 则 $\boldsymbol{U}$ 是一个试验次数为 n 的 U-矩阵, 从 $\boldsymbol{U}$ 中任取 s 列便组成 U-矩阵 $U(n; n^s)$, 其中均匀性最好的一个设计即是欲求的均匀设计 $U_n(n^s)$ 的近似解. 这种做法, 我们称之为**修正的好格子点法**. 当 n 为偶数时, 往往修正的好格子点法得到的设计比直接用好格子点法得到的设计具有更好的均匀性.

例 5.6 构造均匀设计 $U_6(6^2)$. 若用好格子点法直接构造, 由于 $\phi(6) = 2$, $\mathcal{H}_6 = \{1, 5\}$, 则用生成向量 $\boldsymbol{h} = (1, 5)$ 构造两因素的设计, 可得设计

$$\begin{pmatrix} 1 & 5 \\ 2 & 4 \\ 3 & 3 \\ 4 & 2 \\ 5 & 1 \\ 6 & 6 \end{pmatrix},$$

其中心化偏差为 0.1023. 由于直接构造时, 生成向量没有其他选择, 往往均匀性不好. 由于 $6 + 1 = 7$ 为质数, 下面考虑修正的好格子点法. $\mathcal{H}_7 = \{1, 2, \cdots, 6\}$, 由它生成的 7×6 的 U-矩阵去掉最后一行变为 6×6 的 U-矩阵, 共有 $C_{6-1}^{2-1} = 5$ 种取法, 其中均匀性最好的一个是由 $\boldsymbol{h} = (1, 3)$ 生成的设计, 刚好是表 5.4 中设计 $\mathcal{P}_{6-2}$, 其图形如图 5.10(b) 所示, 它是一个较好的近似均匀设计, 且其中心化偏差为 0.0902. 因此, 当 $n + 1$ 为质数时, 往往修正的好格子点法得到的设计具有更好的均匀性.

5.5.2 方幂好格子点法

由前面的分析可知, 给定 (n, s), glpm 总共需比较 C_{m-1}^{s-1} 个设计的偏差大小, 例如 $n = 37$, $s = 14$, 需比较 $C_{36-1}^{14-1} \approx 1.4763 \times 10^9$ 个设计, 工作量太大, 于是需要进一步降低计算的复杂度. Korobov (1959) 曾建议在好格子点法中用方幂的方法来产生生成向量, 从中挑选偏差最小的设计作为近似均匀设计, 并理论上证明了该方法可以获得偏差比较低的设计. 若正整数 $a < n$, $a, a^2, \cdots, a^t$ 在 $(\bmod\ n)$ 的意义下互不相同, 且 $a^{t+1} = 1(\bmod\ n)$, 则称 a 对 n 的次数为 t. 例如,

$$2^1 = 2,\ 2^2 = 4,\ 2^3 = 1 \quad (\bmod\ 7),$$

因此 2 对 7 的次数为 2. 又如

$$3^1 = 3,\ 3^2 = 2,\ 3^3 = 6,\ 3^4 = 4,\ 3^5 = 5,\ 3^6 = 1 \quad (\bmod\ 7),$$

则 3 对 7 的次数为 5. 若 a 对 n 的次数不小于 $s - 1$, 且 a 与 n 互质, 则可用

$$\boldsymbol{h}_a = (a^0, a^1, \cdots, a^{s-1}) \pmod n$$

作为 U 型设计的生成向量, 称为**方幂生成向量**, a 称为**生成元**. 在所有生成元中寻找一个使得相应设计的偏差最小的 a, 即可得相应设计. 如果只考虑这一类的生成向量, 最多只有 $n-1$ 种可能, 比较相应的 U 型设计的均匀性工作量不太大. 因此上面的构造过程如下所示:

步骤 1 寻找正整数集

$$\mathcal{A}_{n,s} = \{a : a < n, \gcd(a, n) = 1, \text{ 且 } a, a^2 \cdots, a^s \text{ 在模 } n \text{ 的意义下互不相同}\}.$$

步骤 2 对每个 $a \in \mathcal{A}_{n,s}$, 按下面方法生成 U 型设计 $\boldsymbol{U}^a = (u_{ij}^a)$:

$$u_{ij}^a = ia^{j-1} \pmod n, \ i = 1, 2, \cdots, n; j = 1, 2, \cdots, s.$$

这里同余运算是把数减去 n 的适当倍数后落入区间 $[1, n]$.

步骤 3 在所有的 $\boldsymbol{U}^a$ 中选择 $a_* \in \mathcal{A}_{n,s}$ 使得 $\boldsymbol{U}^{a_*}$ 具有最小的偏差, 则 $\boldsymbol{U}^{a_*}$ 即为 (近似) 均匀设计 $U_n(n^s)$.

由上面的步骤可知, 方幂 glpm 中的任一方幂生成向量, 实际上也是 glpm 中的生成向量. 可以认为, 我们从 glpm 的所有生成向量中挑选出部分性能较好的构成方幂 glpm 的生成向量. 所以, 方幂 glpm 运算速度快, 而且可以获得均匀性较好的设计. 不过, 需要指出的是, glpm 得到的设计往往均匀性更好, 代价是运算时间更长.

记 $\mathcal{A}_{n,s}$ 中元素个数为 $|\mathcal{A}_{n,s}|$, 数论理论证明, 当 n 为质数, $s = n-1$ 时, $|\mathcal{A}_{n,s}| = \phi(\phi(n)) = \phi(n-1)$, 其中 $\phi(n)$ 为欧拉函数; 当 n 为 $2, 4, p^l, 2p^l$, $s = \phi(n)$ 时, $|\mathcal{A}_{n,s}| = \phi(\phi(n))$, p^l 为质数幂; 当 n 为质数, $s < n-1$ 时, $\phi(\phi(n)) \leqslant |\mathcal{A}_{n,s}| \leqslant n-1$. 例如, 当 $n = 23, s = 5$ 时, $|\mathcal{A}_{n,s}| \in [10, 22]$; 实际上, 通过计算可知 $|\mathcal{A}_{n,s}| = 20$. 上面的方幂 glpm 只能构造 $s < |\mathcal{A}_{n,s}|$ 的设计, 否则失效. 方开泰, 马长兴 (2001) 在其书中的表 3.1 和表 3.2 中列出了 $n \leqslant 31, s \leqslant 5$ 时 a 的最佳选择.

例 5.7 构造均匀设计 $U_{13}(13^3)$. 考虑用方幂好格子点法构造. 这里 $n = 13$, $s = 3$, 则

$$\mathcal{A}_{13,3} = \{2, 3, \cdots, 11\}.$$

对每个元素 $a \in \mathcal{A}_{13,3}$, 按照方幂好格子点法的步骤 2 可得 10 个矩阵, 在中心化偏差意义下可知当 $a = 10$ 时, 其偏差值取最小的 0.0816, 相应的设计为

$$
\begin{pmatrix}
1 & 2 & 3 & 4 & 5 & 6 & 7 & 8 & 9 & 10 & 11 & 12 & 13 \\
10 & 7 & 4 & 1 & 11 & 8 & 5 & 2 & 12 & 9 & 6 & 3 & 13 \\
9 & 5 & 1 & 10 & 6 & 2 & 11 & 7 & 3 & 12 & 8 & 4 & 13
\end{pmatrix}'.
$$

当 n 为非质数时, $\phi(n)$ 可能很小, 因此其备选设计太少. 此时, 可以用 $n+1$ 代替 n, 并按上面的过程产生设计但删除其最后一行, 即可得近似均匀设计, 往往这种设计有更小的偏差. 我们称这种方法为**修正的方幂好格子点法**.

例 5.8 构造均匀设计 $U_{12}(12^3)$. 这里 $n = 12$, $s = 3$, 用定义不难发现 $|\mathcal{A}_{12,3}| = 0$, 方幂好格子点法根本无法应用. 由于 $n + 1 = 13$ 为质数, 所以我们考虑用修正的方幂好格子点法构造, 在中心化偏差意义下, 其相应设计为

$$
\begin{pmatrix}
1 & 2 & 3 & 4 & 5 & 6 & 7 & 8 & 9 & 10 & 11 & 12 \\
3 & 6 & 9 & 12 & 2 & 5 & 8 & 11 & 1 & 4 & 7 & 10 \\
9 & 5 & 1 & 10 & 6 & 2 & 11 & 7 & 3 & 12 & 8 & 4
\end{pmatrix}',
$$

该设计的中心化偏差值为 0.0782.

这两小节介绍的好格子点法和方幂好格子点法都属于数论方法, 即确定性的方法. 一般而言, 当因素个数 s 较小, 且试验次数 n 或 $n+1$ 为质数时, 这两种方法构造的设计的均匀性都不错. 然而, 随着 s 的增大, 构造的设计的均匀性会变得越来越差.

5.5.3 切割法

对给定的 (n, s), 当 s 接近 n 时, 好格子点法生成的均匀设计矩阵可能会出现退化现象, 即设计矩阵的秩小于 s, 则该设计显然不是一个好的设计. 为此, Ma, Fang (2004) 建议由大的均匀设计中取出一个小的设计的方法, 并取名为切割法 (cutting method), 他们建议, 取一个大的质数 $p \gg n$, 用方幂好格子点法来构造一个大的均匀设计, 然后用下面的方法来切割:

步骤 1   初始设计: 设 $\boldsymbol{U}_p = (u_{ij})$ 为试验次数 p 的均匀设计 $U_p(p^s)$, 其中 $p > n$, 最好 $p \gg n$, 且 p 或 $p+1$ 为质数. 称 $\boldsymbol{U}_p$ 为初始设计.

步骤 2　行排列: 对于 $l \in \{1, 2, \cdots, s\}$, 矩阵 $\boldsymbol{U}_p$ 的各行按照第 l 列的元素的大小重新排序, 使得第 l 列变为 $1, 2, \cdots, p$, 变化后的矩阵记为 $\boldsymbol{U}_p^{(l)} = (u_{ij}^{(l)})$.

步骤 3　切割: 对于 $m = 1, 2, \cdots, p$, 设 $n \times s$ 的矩阵 $\boldsymbol{U}_p^{(l,m)} = (u_{ij}^{(l,m)})$, 其中

$$
u_{ij}^{(l,m)} = \begin{cases} u_{k+m-n-1\ j}^{(l)}, & m > n, k = 1, 2, \cdots, n \\ u_{k\ j}^{(l)}, & m \leqslant n, k = 1, 2, \cdots, m-1, \quad j = 1, 2, \cdots, s. \\ u_{k+p-n\ j}^{(l)}. & m \leqslant n, k = m, \cdots, n, \end{cases}
$$

$$(5.41)$$

步骤 4　新设计空间: 对矩阵 $\boldsymbol{U}_p^{(l,m)}$ 每一列的 n 个元素, 根据其大小从最小到最大分别重记为 1 到 n, 重记后的矩阵为 $\boldsymbol{U}^{(l,m)}$, 则为 U 型设计. 共有 ps 个这样的 U 型设计.

步骤 5　推荐的设计: 对于给定的偏差准则 D, 比较这 ps 个 U 型设计 $\boldsymbol{U}^{(l,m)}$, 偏差最小的设计即为欲求的 (近似) 均匀设计 $U_n(n^s)$.

上面构造过程中步骤 1 的初始设计可以用好格子点法构造, 或当 n, s 较大时, 用方幂 glpm 构造. 而步骤 5 中的偏差可以为中心化偏差、可卷偏差, 等等. 下面用一个例子说明上面的构造过程.

例 5.9　构造一个均匀设计 $U_9(9^3)$. 首先通过 glpm 构造一个大的设计, 为了节约空间, 这里取 $p = 13$ (其实可以取更大的 p), 例如 $U_{13}(13^3)$, 易知其生成向量为 $(1, 3, 5)$, 且其设计矩阵为

$$
\boldsymbol{U}_{13} = \begin{pmatrix} 1 & 2 & 3 & 4 & 5 & 6 & 7 & 8 & 9 & 10 & 11 & 12 & 13 \\ 3 & 6 & 9 & 12 & 2 & 5 & 8 & 11 & 1 & 4 & 7 & 10 & 13 \\ 5 & 10 & 2 & 7 & 12 & 4 & 9 & 1 & 6 & 11 & 3 & 8 & 13 \end{pmatrix}'.
$$

设计 $\boldsymbol{U}_{13}$ 的中心化偏差为 0.0829, 我们希望通过 $\boldsymbol{U}_{13}$ 用切割法得到设计 $U_9(9^3)$. 首先任选 $\boldsymbol{U}_{13}$ 的一列, 比如第三列, 然后根据这一列的元素从小到大排序, 即对行向量重新排序, 得到 $\boldsymbol{U}_{13}^{(3)}$ 如下

$$
\boldsymbol{U}_{13}^{(3)} = \begin{pmatrix} 8 & 3 & 11 & 6 & 1 & 9 & 4 & 12 & 7 & 2 & 10 & 5 & 13 \\ 11 & 9 & 7 & 5 & 3 & 1 & 12 & 10 & 8 & 6 & 4 & 2 & 13 \\ 1 & 2 & 3 & 4 & 5 & 6 & 7 & 8 & 9 & 10 & 11 & 12 & 13 \end{pmatrix}'.
$$

现对于上面的设计, 取 $m = 13$, 应用 (5.41) 式得到

$$\boldsymbol{U}_{13}^{(3,13)} = \begin{pmatrix} 6 & 1 & 9 & 4 & 12 & 7 & 2 & 10 & 5 \\ 5 & 3 & 1 & 12 & 10 & 8 & 6 & 4 & 2 \\ 4 & 5 & 6 & 7 & 8 & 9 & 10 & 11 & 12 \end{pmatrix}'.$$

上面矩阵的每一列都按该列的大小关系, 从最小到最大分别重记为 1 到 9, 从而得到 U 型设计

$$\boldsymbol{U}^{(3,13)} = \begin{pmatrix} 5 & 1 & 7 & 3 & 9 & 6 & 2 & 8 & 4 \\ 5 & 3 & 1 & 9 & 8 & 7 & 6 & 4 & 2 \\ 1 & 2 & 3 & 4 & 5 & 6 & 7 & 8 & 9 \end{pmatrix}'. \tag{5.42}$$

对于设计 U_{13}, 上面寻找试验次数为 9 的 U 型设计总共有 $13 \times 3 = 39$ 个, 在这 39 个 U 型设计中可以发现, (5.42) 式中的 $\boldsymbol{U}^{(3,13)}$ 有最小的中心化偏差 0.1027, 因此 $\boldsymbol{U}^{(3,13)}$ 是一个近似的均匀设计. 假如用 glpm 直接构造 $U_9(9^3)$, 可得其生成向量为 $\boldsymbol{h} = (1, 4, 7)$, 其生成设计的中心化偏差为 0.1044. 由此可见, 用切割法构造的设计比 glpm 法构造的设计更加均匀.

由上面的例子可知切割法有一些优点:

(1) 给定一个初始设计 $U_p(p^s)$, 可以找到多个不同 n 和 s 的近似均匀设计 $U_n(n^s), n < p$;

(2) 用切割法构造的设计比直接用 glpm 构造的设计均匀性更好;

(3) 该设计不太依赖于偏差准则的选择.

好格子点法一般针对对称的 U 型设计 $U(n; n^s)$. 若要考虑 U 型设计 $U(n; q^s)$, 其中 n 为 q 的 r 倍, 即 $r = n/q$, 则可以由 $U(n; n^s)$ 出发, 用拟水平法将水平 $\{1, 2, \cdots, r\} \Rightarrow 1, \{r+1, r+2, \cdots, 2r\} \Rightarrow 2, \cdots, \{(q-1)r+1, \cdots, qr\} \Rightarrow q$, 最终将它变为 $U(n; q^s)$. 因此, 构造水平为 q 的对称均匀设计, 一种方法是可以先构造均匀设计 $U_n(n^s)$, 然后通过拟水平法变为近似的均匀设计 $U_n(q^s)$.

另一方面, 任一 $U(n; q^s)$ 可用扩展法, 即 r 个水平 1 用 $\{1, 2, \cdots, r\}$ 中的一个置换代替, r 个水平 2 用 $\{r+1, r+2, \cdots, 2r\}$ 中的一个置换代替, $\cdots\cdots$, r 个水平 q 用 $\{(q-1)r+1, \cdots, qr\}$ 中的一个置换代替, 其结果是一个 $U(n; n^s)$. 故一个 $U(n; q^s)$ 可扩展为 $U(n; n^s)$, 且每个 $U(n; q^s)$ 可以扩展为 $(r!)^{qs}$ 个 $U(n; n^s)$. 因此, 构造均匀设计 $U_n(n^s)$ 可以由均匀设计 $U_n(q^s)$ 出发, 在其扩展的 $(r!)^{qs}$ 个设计中寻找最均匀的一个设计作为 $U_n(n^s)$ 的近似解.

前面介绍的 glpm、方幂 glpm 和切割法对于试验次数 n 的大小限制各不相同, 例如方幂 glpm 可以构造 n 较大的均匀设计. 然而, 当试验次数非常大, 例如当 $n > 10^4$ 时, 这几种方法都会受限于其计算量. 因此, 对于 n 非常大的情形, 我们需要寻找近似的均匀设计. 实践经验和理论证明表明, 两因素的设计可以由**斐波那契序列**出发构造, 多因素的设计可以由广义斐波那契序列出发构造 (Hua, Wang (1981), Fang, Wang (1994)), 其具体方法如下所示:

双因素试验 定义 F_n 为 $F_0 = 0, F_1 = 1, F_{n+1} = F_n + F_{n-1}(n > 1)$, 则称序列 $\{F_n\}$ 为斐波那契序列, 则对于试验次数为 $F_m(m \leqslant 3)$ 的两因素试验, 由 $(1, F_{m-1})$ 作为生成向量的设计具有很好的均匀性.

多因素试验 设 $a_1, a_2, \cdots, a_s$ 为 s 个不同的正整数, 记 $F_i = a_i(i = 1, 2, \cdots, s), F_m = F_{m-1} + F_{m-2} + \cdots + F_{m-s+1}(m > s)$, 则称序列 $\{F_m\}$ 为广义斐波那契序列, 则试验次数为 $F_m(m > 3)$ 的设计可由 $(1, F_{m-1}, F_{m-2}, \cdots, F_{m-s+1})$ 作为生成向量构造, 对较大的 n, 所获得的设计具有较好的均匀性.

对于双因素试验, 若 $n = F_m$, 则其生成向量 $\boldsymbol{h} = (h_1, h_2)$, 其中 $h_1 = 1$ 且 $h_2 = F_{m-1}$. 表 5.7 给出部分 h_2 的取值. 需要注意的是, 用斐波那契序列给出的生成向量是好格子点法的所有生成向量中的一个而已, 因此往往后者构造的设计具有更好的均匀性, 例如试验次数 $n = 34, 89$ 等. 不过有时斐波那契序列方法构造的设计的效果与好格子点法一样, 例如当 $n = 8, 13, 21, 55$ 等情形时, 两种方法构造的设计的中心化偏差都一样. 因此, 我们可知, 用斐波那契序列构造的设计均匀性相当不错, 尤其当 n 越大时, 其计算量小的优势就更加明显. 多因素试验的生成向量可以类似给出, 不过需要指出的是, 多因素试验的广义斐波那契序列作为生成向量的均匀性往往不佳, 尤其是 m 较大时.

表 5.7 双因素试验 $(n = F_m, h_1 = 1, h_2 = F_{m-1})$

n	8	13	21	34	55	89	144	233	377	610
h_2	5	8	13	21	34	55	89	144	233	377
n	987	1597	2584	4181	6765	10946	17711	28657	46368	75025
h_2	610	987	1597	2584	4181	6765	10946	17711	28657	46368

5.5.4 线性水平置换法

本小节中, 我们考虑用线性水平置换技术来提高好格子点的均匀性. 均匀性可以度量点集的空间填充性. 给定一个 $n \times s$ 的好格子点矩阵 $\boldsymbol{U}$ 和一个 $1 \times s$

的行向量 $\boldsymbol{u}$, 其中 $\boldsymbol{U}$ 的元素都来自 $Z_n = \{1, 2, \cdots, n\}$, $\boldsymbol{u}$ 的元素来自 $\{0, 1, \cdots, n-1\}$. 记

$$\boldsymbol{U_u} = \boldsymbol{U} + \boldsymbol{u} = \{\boldsymbol{x} + \boldsymbol{u} (\mathrm{mod}\ n) : \boldsymbol{x}\ \text{为}\ \boldsymbol{U}\ \text{的每一行}\} \tag{5.43}$$

为 $\boldsymbol{U}$ 在 Z_n 上经线性水平置换后的设计, 其中

$$\boldsymbol{x} + \boldsymbol{u} (\mathrm{mod}\ n) = \{x_1 + u_1, \cdots, x_s + u_s\}\ (\mathrm{mod}\ n).$$

为了减少计算量, $\boldsymbol{U}$ 的第一列可取为列向量 $(1, 2, \cdots, n)'$, 因为任一好格子点都可以通过行置换把第一列置换为 $(1, 2, \cdots, n)'$, 而不改变任何性质. 因此, $\boldsymbol{u}$ 的第一个元素可取为 0, 即线性水平置换时不改变 $\boldsymbol{U}$ 的第一列. 故所有线性水平置换的次数为 n^{s-1}.

为了说明线性水平置换的理论性质, 我们引入距离准则. 对任意设计 $\boldsymbol{U} \in \mathcal{D}(n; q^s)$, 记其 q 个水平为 $0, 1, \cdots, q-1$. 定义

$$d_p(\boldsymbol{x}, \boldsymbol{y}) = \sum_{i=1}^{s} |x_i - y_i|^p, \quad p \geqslant 1,$$

为 $\boldsymbol{U}$ 中任意两行 $\boldsymbol{x} = (x_1, x_2, \cdots, x_s)$ 和 $\boldsymbol{y} = (y_1, y_2, \cdots, y_s)$ 的 L_p-距离. 当 $p = 1$ 时, 该距离为矩形距离, 当 $p > 1$ 时, L_p-距离即为 L_p-范数的 p 次幂. 设计 $\boldsymbol{U}$ 的 L_p-距离定义为

$$d_p(\boldsymbol{U}) = \min\{d_p(\boldsymbol{x}, \boldsymbol{y}) : \boldsymbol{x} \neq \boldsymbol{y}, \boldsymbol{x}, \boldsymbol{y}\ \text{为}\ \boldsymbol{U}\ \text{的行}\}. \tag{5.44}$$

Johnson et al. (1990) 中的最大最小距离准则即为 $\max d_p(\boldsymbol{U})$. 而 Johnson et al. (1990) 提出的最大最小距离和最小最大距离都可用于衡量设计的空间填充性. 我们将在 6.3 节中详细讨论基于距离准则意义下的空间填充设计. Zhou, Xu (2014) 证明了均匀性和距离准则之间存在密切联系, 即在距离准则下好的设计, 其均匀性往往也是好的.

对于好格子点的线性水平置换 (5.43), Zhou, Xu (2014) 证明了以下结论:

定理 5.1 设 $\boldsymbol{U}$ 为 $n \times s$ 的好格子点, 其任意线性水平置换都不减少其 L_p-距离, 即 $d_p(\boldsymbol{U_u}) \geqslant d_p(\boldsymbol{U})$, 其中 $\boldsymbol{U_u}$ 如 (5.43) 定义, 并用 n 替换 0.

定理 5.1 说明了在最大最小距离意义下线性水平置换有可能提高好格子点的空间填充性. 由好格子点通过线性水平置换而得到的最佳设计, Qi et al. (2018) 称之为广义好格子点. 因此, 寻找一个广义好格子点的步骤如下所示:

步骤 1 给定重复最大次数 K、均匀性度量和参数 n, s, 由好格子点法获得初始设计 D_0.

步骤 2 选择一个置换向量 $\boldsymbol{u}$, 获得设计 $D_{\boldsymbol{u}}$ 及相应的准则值 $f(\boldsymbol{u})$.

步骤 3 若 $f(\boldsymbol{u})$ 已达到准则值下界, 则 $D_{\boldsymbol{u}}$ 即为最终的设计并终止算法; 否则转步骤 2, 直到重复次数达到 K.

步骤 4 在这 K 个设计中, 获得在给定准则下的最佳设计 D^*, 即为广义好格子点.

这里步骤 1 中预先给定的均匀性度量, 可以是中心化偏差、可卷偏差或混合偏差. 当 n 和 s 比较小时, 步骤 3 中的 K 可以取为线性水平置换的所有可能数, 即 $K = n^{s-1}$, 其只需考虑对好格子点的后 $s-1$ 列做线性水平置换. 否则 K 可取为电脑能承受的值, 例如 $K = 10^4 \sim 10^6$.

例 5.10 设 $n = 7, s = 6$. 考虑生成向量 $\boldsymbol{h} = (1, 2, \cdots, 6)$, 我们得到好格子点

$$\boldsymbol{U} = \begin{pmatrix} 1 & 2 & 3 & 4 & 5 & 6 \\ 2 & 4 & 6 & 1 & 3 & 5 \\ 3 & 6 & 2 & 5 & 1 & 4 \\ 4 & 1 & 5 & 2 & 6 & 3 \\ 5 & 3 & 1 & 6 & 4 & 2 \\ 6 & 5 & 4 & 3 & 2 & 1 \\ 7 & 7 & 7 & 7 & 7 & 7 \end{pmatrix},$$

其 $d_1(\boldsymbol{U}) = 12$. 不失一般性, 考虑对 $\boldsymbol{U}$ 的后 5 列做所有线性水平置换. 在所有的 16807 个置换设计中, 有 16167 个设计的 L_1-距离与 $\boldsymbol{U}$ 相同, 而有 640 个设计的 L_1-距离为 13. 例如, 考虑置换向量 $\boldsymbol{u} = (0, 4, 1, 5, 2, 6)$, 我们可得设计

$$\boldsymbol{U_u} = \begin{pmatrix} 1 & 6 & 4 & 2 & 7 & 5 \\ 2 & 1 & 7 & 6 & 5 & 4 \\ 3 & 3 & 3 & 3 & 3 & 3 \\ 4 & 5 & 6 & 7 & 1 & 2 \\ 5 & 7 & 2 & 4 & 6 & 1 \\ 6 & 2 & 5 & 1 & 4 & 7 \\ 7 & 4 & 1 & 5 & 2 & 6 \end{pmatrix},$$

其 $d_1(U_u) = 13$. 注意 U_u 等价于 $U + 3 \pmod 7$, 它们有相同的设计点. 实际上 $U + 5 \pmod 7$ 也有同样的 L_1-距离 13. 进一步地, 好格子点 U 的混合偏差为 0.7721. 在所有 16807 个置换设计中, 取 $u = (0, 1, 2, 1, 6, 2)$ 和 $u = (0, 2, 2, 1, 0, 2)$ 时, 混合偏差取到最小值 0.7618.

定理 5.1 说明线性水平置换可以增大 L_1-距离. 一般地, 增大最大最小距离的同时也会改善均匀性, 即偏差也会减小. 然而寻找一个最优的线性水平置换并不容易, 尤其是 n 和 s 都比较大的情形, 例 5.10 说明我们也可以关注一些特殊的线性水平置换. 例如, 考虑简单线性水平置换 $U + i \pmod n$, $i = 1, 2, \cdots, n-1$, 往往也能找到更好的空间填充设计.

例 5.11 设 $n = 37$, $s = 36$. 相应的唯一好格子点的 L_1-距离和中心化偏差分别为 342 和 1200.89. 考虑简单线性水平置换 $U + i \pmod n$, $i = 1, 2, \cdots, n-1$. 在这 36 个置换设计中, 记 U_1^* 和 U_2^* 分别为具有最大 L_1-距离的设计和最小偏差的设计. 易知, U_1^* 的 L_1-距离和中心化偏差分别为 408 和 203.9, U_2^* 的 L_1-距离和中心化偏差分别为 342 和 61.48. 这说明中心化偏差可以被显著地减少, 且简单线性水平置换可以提高其空间填充性. 另一方面, 我们可以随机产生 $K = 10^4$ 个置换向量, 并得到 K 个置换设计. 在这 K 个设计中, 具有最大 L_1-距离的设计 U_1^* 的 L_1-距离和中心化偏差分别为 376 和 79.15, 具有最小中心化偏差的设计 U_2^* 的 L_1-距离和中心化偏差分别为 358 和 63.34. 综上所述,

$$D_p(U) = 342, \mathrm{CD}(U) = 1200.89;$$

$$D_p(U_1^*) = 408, \mathrm{CD}(U_1^*) = 203.9, \ 线性水平置换;$$

$$D_p(U_2^*) = 342, \mathrm{CD}(U_2^*) = 61.48, \ 线性水平置换;$$

$$D_p(U_1^*) = 376, \mathrm{CD}(U_1^*) = 79.15, \ K \ 个随机置换;$$

$$D_p(U_2^*) = 358, \mathrm{CD}(U_2^*) = 63.34, \ K \ 个随机置换;$$

显然, 在均匀性和最大最小距离意义下, 空间填充性都有所提高.

例 5.12 设 $n = 89$, $s = 24$. 初始设计 U 由方幂好格子点法产生, 其生成元 $a = 33$, 相应设计的中心化偏差为 3.4302. 考虑置换向量

$$u = (0, 20, 25, 64, 45, 7, 82, 8, 9, 31, 87, 1, 12, 62, 13, 49, 37, 10, 55, 33, 32, 52, 41, 81),$$

我们可以获得设计 U_u, 其中心化偏差为 1.7146, 这比 U 的中心化偏差小. 因

此线性水平置换可以提高均匀性.

好格子点容易构造, 且我们证明线性水平置换可以增大其最大最小距离并减小其偏差. 一个问题是如何在最大最小距离意义下, 找到一个好的或最佳的线性水平置换. 对于一个小设计, 我们可以比较所有的线性水平置换. 然而, 当行数和因子数比较大时, 不能完全枚举, 而随着置换向量数 K 的增大, 我们往往可以得到空间填充性更好的设计. 为此, 一个简单的方法是考虑线性水平置换 $U + i \pmod n$. 例 5.10 和例 5.11 说明 $U + i \pmod n$ 是有用的. 另一种方法是考虑模拟退火算法、门限接受法等随机搜索算法, 确定一个最佳的线性水平置换. 具体方法见下节.

5.6 随机优化法

给定试验次数 n, 因素个数 s, 每个因素的水平数 q, 均匀性测度 (例如可卷偏差 (WD)), 以及设计空间 $\mathcal{U}$ (例如 $\mathcal{U}(n; q^s)$), 寻找在这些条件的均匀设计是一个优化问题, 即求 $U^* \in \mathcal{U}$ 使得

$$\mathrm{WD}(U^*) = \min_{U \in \mathcal{U}} \mathrm{WD}(U).$$

通常 $\mathcal{U}$ 是一个离散的集合, 此时优化理论中传统的各种梯度法失去了效力, 因为梯度法基于目标函数在定义域的连续性和可微性. 这时随机优化法显示了威力. 常见的随机优化法有模拟退火算法及由模拟退火算法改进得到的各种算法, 其中门限接受法 (threshold accepting, 简记为 TA) 在均匀设计的构造中发挥了很大作用. 当前使用的很多均匀设计表都是由 TA 算法构造的.

用随机优化法构造均匀设计时, 首先需确定目标函数, 然后把一个初始设计作为当前设计, 进行迭代得到新设计, 接着判断是否要接受新设计. 模拟退火算法接受新设计的准则是: 当新设计优于当前设计, 即新设计的偏差低于当前设计则接受新设计, 然后把新设计作为当前设计; 若新设计比当前设计差, 则用一定的小概率接受新设计. 而门限接受法改进了模拟退火算法的接受准则的第二点, 即当新设计比当前设计差得不太多时, 直接接受新设计, 换句话说, 其判断准则采用硬门限, 而不是用一定的概率. 这种做法可以提高算法的收敛速度. 下面主要介绍门限接受法在均匀设计构造中的应用.

本节介绍门限接受法的几大元素, 即目标函数、初始设计、邻域、替换规则、递推公式、迭代规则等, 并介绍了一些偏差的下界.

非统计专业的读者可以略去本节的内容.

5.6.1　门限接受法

下面以可卷偏差为偏差准则, 说明门限接受法构造试验次数为 n, 因素个数为 s, 水平数为 q 的均匀设计的过程. 门限接受法有几大元素:

(1) 目标函数及其定义域

本节目标函数为 WD, 定义域为 $\mathcal{U}(n; q^s)$, 简记为 $\mathcal{U}$, 即全体试验次数为 n, 因素个数为 s, 水平数为 q 的对称 U 型设计.

(2) 初始设计

$\mathcal{U}$ 中任何一个设计均可作为初始设计, 它可以随机产生, 或用其他方法, 如好格子点法来生成. 一般地, 当迭代次数足够多时, 门限接受法在理论上证明可以收敛到均匀设计, 而不管初始设计均匀性如何, 因此初始设计不影响最终的设计; 然而在实际应用时, 由于迭代次数有限, 往往选取均匀性较好的初始设计. 因此, 即使收敛到局部最优解, 效果也较佳.

(3) 邻域

任何一个设计 $\boldsymbol{U}_c \in \mathcal{U}$, 其邻域记为 $\mathcal{N}(\boldsymbol{U}_c)$. 通常要求邻域的定义符合下面两个条件:

(i) $\mathcal{N}(\boldsymbol{U}_c)$ 是 $\mathcal{U}$ 的一个子集, 即任一 $\boldsymbol{U}_c \in \mathcal{N}(\boldsymbol{U}_c)$, 则 $\boldsymbol{U}_c \in \mathcal{U}$;

(ii) $\mathcal{N}(\boldsymbol{U}_c)$ 中的每个设计与 $\boldsymbol{U}_c$ 区别不大. 例如

$$\mathcal{N}_1(\boldsymbol{U}_c) = \{\boldsymbol{U} : \boldsymbol{U} \text{ 为交换 } \boldsymbol{U}_c \text{ 某一列中的某两个元素后的设计矩阵}\}$$

或

$$\mathcal{N}_2(\boldsymbol{U}_c) = \{\boldsymbol{U} : \boldsymbol{U} \text{ 为交换 } \boldsymbol{U}_c \text{ 某一列中的某两对元素后的设计矩阵}\}.$$

易知, $\mathcal{N}_1(\boldsymbol{U}_c)$ 和 $\mathcal{N}_2(\boldsymbol{U}_c)$ 满足条件 (i) (ii), 因为其中元素都是 U 型设计. 若 n 或 s 较大, 有时选择更大的邻域, 例如

$$\mathcal{N}_3(\boldsymbol{U}_c) = \{\boldsymbol{U} : \boldsymbol{U} \text{ 为交换 } \boldsymbol{U}_c \text{ 某两列中的各某两对元素后的设计矩阵}\},$$

等等.

(4) 替换规则

用 $\boldsymbol{U}_c$ 表示迭代过程中当前的设计, $\boldsymbol{U}_{\text{new}}$ 表示邻域 $\mathcal{N}(\boldsymbol{U}_c)$ 中的某个设计. 传统的迭代法往往是局部搜索法 (local search): 若 $\text{WD}(\boldsymbol{U}_{\text{new}}) \leqslant \text{WD}(\boldsymbol{U}_c)$, 则

用 $\boldsymbol{U}_{\text{new}}$ 代替 $\boldsymbol{U}_c$, 否则保持 $\boldsymbol{U}_c$ 不变. 这种替换规则, 只能找到一个局部极小值, 不一定能搜索到全局极小值. 在门限接受法中, 放宽了严格要求 $\text{WD}(\boldsymbol{U}_{\text{new}}) \leqslant \text{WD}(\boldsymbol{U}_c)$ 的限制. 令

$$\Delta\text{WD} = \text{WD}^2(\boldsymbol{U}_{\text{new}}) - \text{WD}^2(\boldsymbol{U}_c), \tag{5.45}$$

τ 为给定的正实数门限, 规定 $\Delta\text{WD} \leqslant \tau$, 则用 $\boldsymbol{U}_{\text{new}}$ 代替 $\boldsymbol{U}_c$, 否则不然. 当 $\tau = 0$, 门限接受法就是传统的局部搜索法; 当 τ 过大时, 迭代过程将在 $\mathcal{U}$ 中随机游动, 适当地选择 τ 的大小很重要. 文献中建议选一组 $\tau_1 > \tau_2 > \cdots > \tau_I = 0$, 在迭代过程中, 开始用 τ_1, 然后根据迭代规则转到 τ_2, $\cdots\cdots$ 直到转到 τ_I.

(5) 递推公式

TA 算法中计算的复杂度主要取决于 ΔWD. 对于任一设计 $\boldsymbol{U} = (x_{ij})_{n \times s}$, 其平方 WD 的计算表达式 (5.33) 重写如下:

$$\text{WD}^2(\boldsymbol{U}) = \frac{1}{n}\left(\frac{3}{2}\right)^s - \left(\frac{4}{3}\right)^s +$$
$$\frac{2}{n^2}\sum_{i=1}^{n-1}\sum_{j=i+1}^{n}\prod_{k=1}^{s}\left(\frac{3}{2} - |x_{ik} - x_{jk}| + |x_{ik} - x_{jk}|^2\right). \tag{5.46}$$

对于给定的 n 和 s, 在 (5.46) 式等式右边的三项中, 前面两项是固定的, 因此设计的平方 WD 主要是下面的函数乘积而成

$$\alpha_{ij}^k \equiv |x_{ik} - x_{jk}|(1 - |x_{ik} - x_{jk}|), i,j = 1,2,\cdots,n, i \neq j, k = 1,2,\cdots,s. \tag{5.47}$$

对于设计的第 i 行 $\boldsymbol{x}_i$ 和第 j 行 $\boldsymbol{x}_j$, 设

$$\delta_{ij} = \sum_{k=1}^{s}\ln\left(\frac{3}{2} - \alpha_{ij}^k\right).$$

取邻域为 $\mathcal{N}_1(\boldsymbol{U}_c)$, 对于某 k 列的第 i 行和第 j 行相互交换, 则交换后的新设计的平方 WD 与原设计的平方 WD 相比, 总共有 $2(n-2)$ 个距离 δ_{ij} 需要更新. 设 $\tilde{\delta}_{it}$ 与 $\tilde{\delta}_{jt}$ 分别为两行 $\boldsymbol{x}_i, \boldsymbol{x}_t$ 与 $\boldsymbol{x}_j, \boldsymbol{x}_t$ 的新距离, 其中 t 不同于 i 或 j, 则可得

$$\tilde{\delta}_{it} = \delta_{it} + \ln\left(\frac{3}{2} - \alpha_{jt}^k\right) - \ln\left(\frac{3}{2} - \alpha_{it}^k\right),$$

$$\tilde{\delta}_{jt} = \delta_{jt} + \ln\left(\frac{3}{2} - \alpha_{it}^k\right) - \ln\left(\frac{3}{2} - \alpha_{jt}^k\right),$$

则目标函数的变化值为

$$\Delta\mathrm{WD} = \frac{2}{n^2}\sum_{t\neq i,j}\left(\mathrm{e}^{\tilde{\delta}_{it}} - \mathrm{e}^{\delta_{it}} + \mathrm{e}^{\tilde{\delta}_{jt}} - \mathrm{e}^{\delta_{jt}}\right). \tag{5.48}$$

(6) 迭代规则

迭代的流程图如图 5.11 所示, 其中有两个新的控制参数 I 和 J. J 用于控制在 $\mathcal{N}(\boldsymbol{U}_c)$ 中寻找 $\boldsymbol{U}_{\mathrm{new}}$ 的次数, 当寻找的次数超过 J, 则要降低门限的值, 由 τ_i 降至 τ_{i+1}. I 用于控制门限降低的次数, 当门限降至 $\tau_I = 0$, 则过程不允许再降门限.

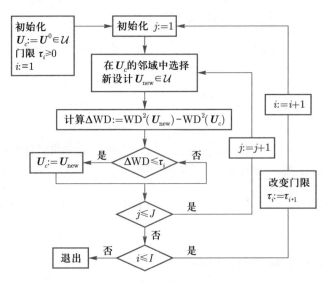

图 5.11   门限接受法构造均匀设计

由于可卷偏差可以表示为一些 $\mathrm{e}^{\delta_{ij}}$ 的和, Fang et al. (2005b) 基于随机搜索的思想, 提出另外一种算法, 称为平衡趋向性算法. 与 TA 算法相比, 该算法在每步迭代的时候有更多可能找到更好的设计, 因为该算法给出一个大概的搜索方向, 可以提高收敛的速度.

假如偏差准则选取为中心化偏差, 其算法与前面的类似, 只需在每步迭代中, 把可卷偏差的增量 (5.45) 式变为中心化偏差的增量

$$\Delta\mathrm{CD} = \mathrm{CD}^2(\boldsymbol{U}_{\mathrm{new}}) - \mathrm{CD}^2(\boldsymbol{U}_c), \tag{5.49}$$

其余做法类同. 设 $\boldsymbol{U}_c = (u_{ij})$, $\boldsymbol{X} = (x_{ij})$ 为 $\boldsymbol{U}_c$ 中元素变化到 $[0,1]^s$ 的导出矩阵, 其中心化的矩阵为 $\boldsymbol{Z} = (z_{ij})$, 其中 $z_{ij} = x_{ik} - 0.5$, $i = 1, 2, \cdots, n; j = 1, 2, \cdots, s$. 设 $\boldsymbol{C} = (c_{ij})$ 为一对称矩阵, 其元素为

$$c_{ij} = \begin{cases} \dfrac{1}{n^2} \displaystyle\prod_{k=1}^{s} \dfrac{1}{2}(2 + |z_{ik}| + |z_{jk}| - |z_{ik} - z_{jk}|), & i \neq j, \\[4mm] \dfrac{1}{n^2} \displaystyle\prod_{k=1}^{s} (1 + |z_{ik}|) - \dfrac{2}{n} \prod_{k=1}^{s} \left(1 + \dfrac{1}{2}|z_{ik}| - \dfrac{1}{2}|z_{ik}^2|\right), & i = j, \end{cases}$$

则由 (5.31) 式的中心化偏差表达式, $\boldsymbol{U}_c$ 的平方 CD 可重写为

$$(\mathrm{CD}(\boldsymbol{U}_c))^2 = \left(\frac{13}{12}\right)^s + \sum_{i=1}^{n} \sum_{j=1}^{n} c_{ij}.$$

对于任意不等于 i, j 的 t $(1 \leqslant t \leqslant n)$, 设

$$\gamma(i, j, k, t) = \frac{2 + |z_{jk}| + |z_{tk}| - |z_{jk} - z_{tk}|}{2 + |z_{ik}| + |z_{tk}| - |z_{ik} - z_{tk}|}.$$

则把矩阵 $\boldsymbol{X}$ 中的元素 x_{ik} 与 x_{jk} 相互交换之后得到的新设计 $\boldsymbol{U}_{\mathrm{new}}$ 的平方 CD 可表示为

$$\begin{aligned} (\mathrm{CD}(\boldsymbol{U}_{\mathrm{new}}))^2 = {} & (\mathrm{CD}(\boldsymbol{U}_c))^2 + c_{ii}^* - c_{ii} + c_{jj}^* - c_{jj} + \\ & 2 \sum_{t=1, t \neq i, j}^{n} (c_{it}^* - c_{it} + c_{jt}^* - c_{jt}), \end{aligned} \tag{5.50}$$

式中

$$c_{it}^* = \gamma(i, j, k, t) c_{it}, \quad c_{jt}^* = \frac{c_{jt}}{\gamma(i, j, k, t)}.$$

上面每步迭代的计算复杂度为 $O(n)$, 因此, 上面的递推公式给迭代算法带来很多便利.

有关门限接受法的详细讨论可参见 Dueck, Scheuer (1990), Winker, Fang (1997) 和 Fang et al. (2003b).

5.6.2 偏差下界

在随机优化算法中, 即使在某一步 U_c 已达到均匀设计的最小偏差, 由于不知道最小偏差的值, 迭代步骤仍然继续下去, 浪费了大量计算时间. 如果能预先知道偏差准则的下界, 假如某步迭代中达到偏差准则的下界, 则算法终止. 因此讨论偏差准则的下界是非常有意义的. 假如存在均匀设计使其偏差值能达到该下界, 我们称该下界为**紧下界**. 由于篇幅有限, 本节仅讨论可卷偏差的下界.

对于可卷偏差的下界. Ma, Fang (2001) 给出了一些水平数为 $q = 2, 3$ 的可卷偏差的下界; Fang et al. (2003b) 改进了 Ma, Fang (2001) 的方法, 但仍然限制在水平数为 $q = 2, 3$. Fang et al. (2005b) 推广到任意水平数 q 的对称的均匀设计 $\mathcal{U}(n; q^s)$. 令 α_{ij}^k 为 (5.47) 定义的量, 对于一个 $U(n; q^s)$ 设计, 其相应 α_{ij}^k 值是很有限的. 当 q 为偶数时, 其 α_{ij}^k 只有 $q/2+1$ 种不同的值, 即 $0, 2(2q-2)/(4q^2), 4(2q-4)/(4q^2), \cdots, q^2/(4q^2)$. 当 q 为奇数时, 其 α_{ij}^k 只有 $(q+1)/2$ 种不同的值, 即 $0, 2(2q-2)/(4q^2), 4(2q-4)/(4q^2), \cdots, (q-1)(q+1)/(4q^2)$. 我们先介绍对称的 U 型设计的可卷偏差的下界, 下面的定理是由 Fang et al. (2005b) 获得的.

定理 5.2 当 q 为奇数或偶数时, 在设计类 $\mathcal{U}(n; q^s)$ 中, 设计的平方可卷偏差下界分别为

$$LB_{odd} = \Delta + \frac{n-1}{n}\left(\frac{3}{2}\right)^{\frac{s(n-q)}{q(n-1)}} \prod_{i=1}^{\frac{q-1}{2}} \left(\frac{3}{2} - \frac{i(q-i)}{q^2}\right)^{\frac{2sn}{q(n-1)}}, \tag{5.51}$$

和

$$LB_{even} = \Delta + \frac{n-1}{n}\left(\frac{3}{2}\right)^{\frac{s(n-q)}{q(n-1)}}\left(\frac{5}{4}\right)^{\frac{sn}{q(n-1)}} \prod_{i=1}^{\frac{q}{2}-1} \left(\frac{3}{2} - \frac{i(q-i)}{q^2}\right)^{\frac{2sn}{q(n-1)}}, \tag{5.52}$$

其中 $\Delta = \frac{1}{n}\left(\frac{3}{2}\right)^s - \left(\frac{4}{3}\right)^s$. 当 $\{\alpha_{ij}^k, k = 1, 2, \cdots, s\}, i \neq j$ 的分布都相同时, U 型设计 $U(n; q^s)$ 为均匀设计. 此时, 其平方 WD 达到上面的下界.

Zhou, Ning (2008) 把该结论推广到非对称的均匀设计 $\mathcal{U}(n; q_1^{s_1}, \cdots, q_m^{s_m})$ 上. 不失一般性, 假设水平 $q_1, q_2, \cdots, q_t$ 为奇数而 $q_{t+1}, q_{t+2}, \cdots, q_m$ 为偶数, 其中 $0 \leqslant t \leqslant m$. 当 $t = 0$ 表示所有的水平数都为奇数, $t = s$ 表示所有的水平数都是偶数时, 设 α_{ij}^k 如 (5.47) 式所定义, 则关于非对称的均匀设计 $\mathcal{U}(n; q_1^{s_1}, \cdots, q_m^{s_m})$ 的可卷偏差下界有下面的定理.

定理 5.3 在设计类 $\mathcal{U}(n; q_1^{s_1}, \cdots, q_m^{s_m})$ 中, 设计的平方可卷偏差下界为

$$
LB = \Delta + \frac{n-1}{n} \left(\frac{3}{2}\right)^{\frac{1}{n-1} \sum_{j=1}^{m} \frac{s_j(n-q_j)}{q_j}} \left(\frac{5}{4}\right)^{\frac{n}{n-1} \sum_{j=t+1}^{m} \frac{s_j}{q_j}} \times
$$

$$
\prod_{j=1}^{t} \left[\prod_{i=1}^{\frac{q_j-1}{2}} \left(\frac{3}{2} - \frac{i(q_j-i)}{q_j^2}\right)^{\frac{2s_j n}{q_j(n-1)}} \right] \times
$$

$$
\prod_{j=t+1}^{m} \left[\prod_{i=1}^{\frac{q_j}{2}-1} \left(\frac{3}{2} - \frac{i(q_j-i)}{q_j^2}\right)^{\frac{2s_j n}{q_j(n-1)}} \right], \tag{5.53}
$$

其中 $\Delta = \frac{1}{n} \left(\frac{3}{2}\right)^s - \left(\frac{4}{3}\right)^s$. 若 $\prod_{k=1}^{s} \left(\frac{3}{2} - \alpha_{ij}^k\right)$ 对于一切 $i \neq j$ 有相同的值, 则 U 型设计 $U(n; q_1^{s_1}, \cdots, q_m^{s_m})$ 在可卷偏差的意义下是均匀设计.

由定理 5.3 可知, 若设计 $U(n; q_t^{s_t})$, $t = 1, 2, \cdots, m$ 达到各自的下界, 则联合设计 $U(n; q_1^{s_1}, \cdots, q_m^{s_m})$ 也达到下界.

对于全体两水平的对称设计 $\mathcal{U}(n; 2^s)$, 不难看到 α_{ij}^k 只取两个值 0 与 1/4, 且其频数分别为 $sn(n-2)/4$ 与 $sn^2/4$. 记任一设计第 i 行和第 j 行的对应元素不同的个数为 d_{ij}, 该值常称为**汉明 (Hamming) 距离**. 则 $\{\alpha_{ij}^k, k = 1, 2, \cdots, s\}$, $i \neq j$ 的分布都相同的必要条件是所有的汉明距离都等于 $s - \lambda_2$, 其中 $\lambda_2 = s(n-2)/2(n-1)$. 对于三水平的设计 $\mathcal{U}(n; 3^s)$, 我们有类似的结果, 即 α_{ij}^k 只取两个值 0 与 2/9, 且其频数分别为 $sn(n-3)/6$ 与 $sn^2/3$, $\{\alpha_{ij}^k, k = 1, 2, \cdots, s\}$, $i \neq j$ 的分布都相同的必要条件是所有的汉明距离都等于 $s - \lambda_3$, 其中 $\lambda_3 = s(n-3)/3(n-1)$. 因此, 我们有下面的推论:

推论 5.1 对于设计类 $\mathcal{U}(n; q^s)$, 当 $q = 2$ 或 $q = 3$ 时, 设计的平方可卷偏差下界分别为

$$
LB_2 = -\left(\frac{4}{3}\right)^s + \frac{1}{n}\left(\frac{3}{2}\right)^s + \frac{n-1}{n}\left(\frac{3}{2}\right)^{\lambda_2}\left(\frac{5}{4}\right)^{sn/2(n-1)}, \tag{5.54}
$$

$$
LB_3 = -\left(\frac{4}{3}\right)^s + \frac{1}{n}\left(\frac{3}{2}\right)^s + \frac{n-1}{n}\left(\frac{3}{2}\right)^{\lambda_3}\left(\frac{23}{18}\right)^{2sn/3(n-1)}, \tag{5.55}
$$

式中 $\lambda_2 = s(n-2)/2(n-1)$, $\lambda_3 = s(n-3)/3(n-1)$. 若一个两水平 U 型设计 $U(n; 2^s)$ 的任意两对不同的行向量之间的汉明距离都等于 $s - \lambda_2$, 则 $U(n; 2^s)$ 在可卷偏差下是均匀设计; 类似地, 若 $U(n; 3^s)$ 的任意两对不同的行向量之间

的汉明距离都等于 $s - \lambda_3$, 则 $U(n; 3^s)$ 在可卷偏差下也是均匀设计. 这时, 这两个设计的平方 WD 都达到上面的偏差下界.

有关中心化偏差的下界已有很多研究, Fang, Mukerjee (2000) 首先给出了二水平设计的中心化偏差的下界, Fang et al. (2003b) 改进了他们的结果. Fang et al. (2006) 应用其他方法给出了三水平和四水平设计的中心化偏差下界. Fang et al. (2003c) 和 Qin, Fang (2004) 对离散偏差的下界有诸多研究, Liu et al. (2005) 对离散偏差在试验设计中的应用进行了很好的总结. Zhou et al. (2008) 给出了 Lee 偏差的下界. Zhang et al. (2005) 用数学中的优势理论给出了证明诸多准则下界的统一方法. Fang et al. (2008) 对各种准则下界的研究给出了一个综述.

后来, 不同作者对二水平、三水平、四水平以及二三混合水平、二四混合水平等不同情形下的设计给出了更优的中心化偏差、可卷偏差、混合偏差等不同偏差的下界. 具体内容见 Fang et al. (2018).

5.7 均匀设计的应用

本节中, 我们通过一些例子来介绍均匀设计在因子试验中的方法和步骤. 一般而言, 对于一个实际的问题, 首先需选定哪些变量是因素, 将那些不可控的变量处理为随机误差, 再根据实际试验的可行性确定其因素的试验范围及相应的水平数. 然后选取具体的均匀设计, 并按照该试验方案做试验, 从而得到每个水平组合相应的响应值. 最后根据这些数据建模, 并根据拟合的模型应用到实际的需求, 例如预报其最优解等. 下面列出应用均匀设计的具体步骤如下:

步骤 1　确定因素: 根据试验的目的, 选择因素和相应的试验范围、水平数;

步骤 2　试验方案: 选择相应的均匀设计安排试验方案;

步骤 3　做试验: 按试验方案进行试验, 得到相应的响应值;

步骤 4　建模: 根据因素的取值及相应的响应值建立合适的模型;

步骤 5　预报: 根据建立的模型给出响应和因素间的关系, 同时寻找其极值点;

步骤 6　追加试验: 通常一次试验可能达不到预期的目的, 或通过试验及建模, 更新了试验者对当前试验的认识, 例如扩大 (缩小) 因素的试验范围, 用步骤 5 获得的极值点做试验点等.

步骤 1 是很关键的, 选定合理的因素、因素的试验范围及其水平数等, 都对后面的试验及分析带来很大影响. 步骤 2 中, 对于选定的试验次数 n、因素个数 s 和水平数 $q_1, q_2, \cdots, q_s$, 假如相应的均匀设计表已存在 (参考本书附录 2, 方开泰, 马长兴 (2001) 或相关网页), 可直接采用; 假如对应的设计表尚不存在, 可以用 5.5 节中好格子点法或其他确定性方法, 或用 5.6 节中的随机优化法求出. 步骤 4 包括直观分析、建模、统计诊断等. 统计诊断时, 各种统计点图, 如残差点图、正态点图、偏回归点图等, 对数据的特性了解和建模的满意程度的判断十分有用.

在实际的试验中, 因素可能是定量的, 例如反应温度、反应时间、长度、压力等; 也可能是定性的, 例如催化剂种类、水稻品种、饲料种类等. 在正交设计中, 设计是按方差分析模型设计的, 故对定量的因素离散化, 即选不同的水平, 而定性变量本身就是离散的, 在试验安排和方差分析时, 这两种不同类型的因素并没有区别. 但是进一步希望用回归模型来拟合试验数据时, 则连续型的定量因素比较方便, 而定性因素需用**伪变量**的方法. 因此, 试验中所有因素分为三种情况: 全部是定量的; 部分定量、部分定性的; 全部为定性的. 实际上, 后两种情形的处理方法一样, 因此, 本节将分别介绍如何用均匀设计处理变量全是定量的和有些因素是定性的这两种情形. 首先考虑全是定量变量的试验.

5.7.1 仅有定量变量的试验

若变量都是定量的, 在实际中, 我们先对变量离散化, 即根据试验的条件确定每个因素的水平. 此时, 一般有两种情形, 一种是因素的水平数都是相同的, 均匀设计选用对称设计, 另一种情形是因素的水平数不尽相等, 即为混合水平, 则需选用非对称设计. 下面我们分别讨论这两种情形, 并通过具体例子来说明均匀设计的应用.

(1) 等水平

首先看下面一个化工试验的例子.

例 5.13 在某化工的合成工艺中, 为了提高产量, 试验者选了四个因素: 原料配比, 反应温度, 反应时间及加碱量, 试验区域为

$$[1, 5.4] \times [5, 60] \times [1, 6.5] \times [15, 70]. \tag{5.56}$$

每个因素均取了 12 个水平:

原料配比 (x_1, 单位: mol/mol): 1.0, 1.4, 1.8, 2.2, 2.6, 3.0, 3.4, 3.8, 4.2, 4.6, 5.0, 5.4;

反应温度 (x_2, 单位: ℃): 5,10, 15, 20, 25, 30, 35, 40, 45, 50, 55, 60;

反应时间 (x_3, 单位: h): 1.0, 1.5, 2.0, 2.5, 3.0, 3.5, 4.0, 4.5, 5.0, 5.5, 6.0, 6.5;

加碱量 (x_4, 单位: mL): 15, 20, 25, 30, 35, 40, 45, 50, 55, 60, 65, 70.

对于该试验, 若做全面试验, 需做 $12^4 = 20736$ 次, 代价太大. 此时可采用试验次数为 12 且水平数为 12 的均匀设计, 如表 5.8 中左边设计所示, 把 1—4 列分别安排因素 x_1—x_4, 其相应的水平组合如表 5.8 中间设计所示. 然后在这些水平组合下做试验, 哪个试验先做, 哪个试验后做应该是随机地决定, 以减少试验环境缓慢变化等随机误差带来的干扰. 试验响应值为产品的转化率 (y), 其结果如表 5.8 最后一列所示.

表 5.8   化工试验方案及转化率

试验号	均匀设计 $U_{12}(12^4)$				具体因素的水平组合				转化率
	1	2	3	4	x_1	x_2	x_3	x_4	y
1	11	8	2	10	5.0	40	1.5	60	0.3097
2	9	7	12	8	4.2	35	6.5	50	0.5207
3	8	2	3	2	3.8	10	2.0	20	0.2179
4	10	12	6	4	4.6	60	3.5	30	0.4154
5	1	10	4	7	1.0	50	2.5	45	0.3648
6	2	5	11	3	1.4	25	6.0	25	0.3613
7	4	6	1	5	2.2	30	1.0	35	0.2092
8	7	4	3	12	3.4	20	3.0	70	0.2959
9	6	9	8	1	3.0	45	4.5	15	0.3931
10	3	1	7	9	1.8	5	4.0	55	0.2448
11	5	11	10	11	2.6	55	5.5	65	0.6096
12	12	3	9	6	5.4	15	5.0	40	0.3873

由表中数据可知, 12 次试验中以第 11 号试验的转化率最高, 相应的工艺条件为: 原料配比 $x_1 = 2.6$, 反应温度 $x_2 = 55$, 反应时间 $x_3 = 5.5$, 加碱量 $x_4 = 65$. 下面用多项式回归模型来拟合数据. 首先用线性模型拟合表 5.8 中数据, 由最小二乘法得到

$$\hat{y} = -0.031 + 0.010x_1 + 0.004x_2 + 0.046x_3 + 0.001x_4.$$

由于该方法中有不显著因素, 需用回归分析中的变量筛选技术. 应用逐步回归方法, 最后求得回归方程为

$$\hat{y} = 0.063 + 0.004x_2 + 0.046x_3, \tag{5.57}$$

相应的 $R^2 = 86.9\%$, 预测误差 $s^2 = 0.0023$. 这个模型不太理想, 因为只有两个因素显著, 这与试验者的经验不符. 因此, 可以考虑二次回归模型

$$E(y) = \beta_0 + \sum_{i=1}^{4} \beta_i x_i + \sum_{i \leqslant j} \beta_{ij} x_i x_j.$$

此时, 二次模型的未知参数个数为 15, 而试验次数为 12, 因此未知参数不能全部估出, 应用逐步回归方法, 可得

$$\hat{y} = 0.2259 - 0.0507x_1 + 0.0096x_1^2 + 0.0010x_2x_3 + 0.00035x_3x_4. \tag{5.58}$$

此时, $R^2 = 98.5\%$, $s^2 = 0.0003$, 其相应的方差分析表如表 5.9 所示, 结果表明该模型能较好地拟合数据. 下面考虑其拟合的正态点图和残差点图, 见图 5.12, 图中未发现异常. 该拟合的偏回归图如图 5.13 所示, 图中显示响应值与 x_2x_3 之间的线性性最好. 由这些点图可知, 模型 (5.58) 是合理的模型. 更多的统计诊断的知识可参考 Seber (1977), 陈希孺, 王松桂 (1987), 方开泰, 全辉, 陈庆云 (1988), Myers (1990) 等.

表 5.9   例 5.13 的方差分析表

方差来源	自由度	平方和	均方	F 值	p 值
模型	4	0.1535	0.0384	111.654	0.000
误差	7	0.0024	0.0003		
总和	11	0.1559			
变量	自由度	系数估计	标准差	T 值	p 值
常数	1	0.2259	0.0302	7.4860	0.0001
x_1	1	-0.0507	0.0210	-2.4101	0.0468
x_1^2	1	0.0096	0.0032	2.9611	0.0211
x_2x_3	1	0.0010	0.0000	14.2883	0.0000
x_3x_4	1	0.00035	0.0000	5.7117	0.0007

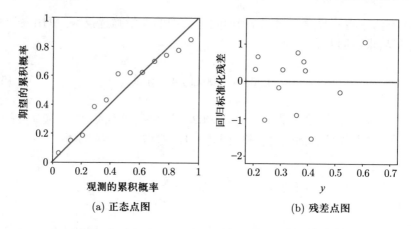

(a) 正态点图   (b) 残差点图

图 5.12   例 5.13 的二次模型的正态点图和残差点图

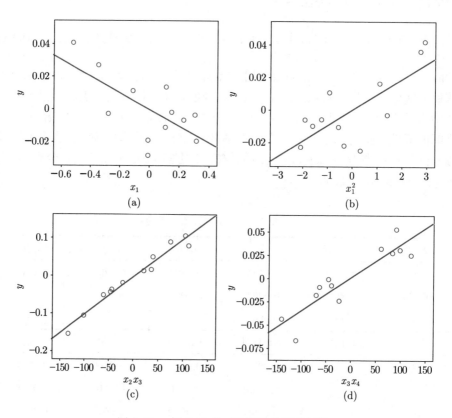

图 5.13   例 5.13 的二次模型的偏回归图

建模时可以对自变量中心化, 即分别减去各自的均值, 该例中, 自变量的均值分别为

$$\bar{x}_1 = 3.2, \ \bar{x}_2 = 32.5, \ \bar{x}_3 = 3.75, \ \bar{x}_4 = 42.5.$$

此时, 中心化的线性模型, 与上面非中心化的结果相同, 因此, 可以考虑中心化的二次模型

$$E(y) = \beta_0 + \sum_{i=1}^{4} \beta_i(x_i - \bar{x}_i) + \sum_{i \leqslant j} \beta_{ij}(x_i - \bar{x}_i)(x_j - \bar{x}_j).$$

此时, 二次模型的未知参数个数为 15, 而试验次数为 12, 因此未知参数不能全部估出, 运用变量筛选技术的逐步回归方法, 得到与 (5.57) 相同的模型, 即二次项与 x_1, x_4 都不显著, 这结果与试验者的经验不符, 因此, 在该例子中, 把变量中心化没有比非中心化的结果更准确, 反而效果不佳. 不过一般地, 建模时中心化自变量会比非中心化的模型更准确地拟合数据.

为了寻求更佳的工艺条件, 需要对模型 (5.58) 求极大和相应的极大值点, 优化范围应为原试验范围 (5.56). 不难求得, 当 $\hat{y}$ 在

$$x_1 = 5.4, \ x_2 = 60, \ x_3 = 6.5, \ x_4 = 70 \tag{5.59}$$

时达到极大值 $\hat{y} = 0.7813$, 它显著地高于 12 次试验的最高 y 值 0.6096. 对于该极值解, 我们应注意以下两点:

(i) 由于用均匀设计安排的 12 次试验中, 并没有出现该水平组合, 故应做追加试验, 最简单的办法就是在最优点 (5.59) 处做几次试验. 若相应的转化率与预报值 0.7082 相距不远, 则表明模型 (5.58) 能较好地表达转化率与各因素之间的关系; 若追加试验的结果与预报值相距很远, 则说明模型 (5.58) 不合适, 而前面的统计诊断能通过的原因可能在于试验次数 12 次不够, 故提供的信息不够.

(ii) 假如通过追加模型, 说明该模型是合理时, 由于 x_2, x_3, x_4 的取值都在其边界点, 故需要扩大原来设定的取值范围, 再做追加试验.

(2) 混合水平

均匀设计不仅可用于等水平的试验, 而且也可以用于混合水平的试验. 混合水平的试验步骤与等水平的情形类似, 此时, 在步骤 2 中需选择合适的混合水平的均匀设计表.

对于实际问题, 若其混合水平的均匀设计表已被构造出, 人们可以直接利

用, 例如在方开泰 (1994) 书中给出了一批以星偏差为均匀性准则的混合水平的均匀设计表. 若该均匀设计表不存在, 可以通过前面 5.4 节介绍的各个方法直接构造, 当 n 不大时, 其构造过程并不困难. 另一种方法是由已有的等水平的均匀设计表出发, 构造混合水平的设计, 常用方法有**拟水平法**.

例如, 试验需要一个 $U_{12}(6^2 \times 3)$ 的混合水平的均匀设计表. 人们可以从 $U_{12}(6^3)$ 出发, 选择一列变为三水平, 即该列元素的变化规律为:

$$\{1,2\} \to 1, \quad \{3,4\} \to 2, \quad \{5,6\} \to 3.$$

将 $U_{12}(6^3)$ 变为 $U_{12}(6^2 \times 3)$ 有三种可能, 取决于用 $U_{12}(6^3)$ 中哪一列变为三水平. 当前两列变为六水平, 第三列变为三水平时, 其中心化偏差达到最低 0.1837, 得到混合水平的设计如表 5.10 所示. 当用第一列变为三水平时, CD = 0.3379, 而第二列变为三水平时, CD = 0.4755. 我们选择偏差最小的混合水平表做试验. 当然, 人们也可以从 $U_{12}(12^3)$ 出发构造 $U_{12}(6^2 \times 3)$, 即选择一列变为三水平, 另两列都变为六水平. 但是计算结果表明, 从 $U_{12}(12^3)$ 变化过来的 $U_{12}(6^2 \times 3)$ 的 CD = 0.1853, 比从 $U_{12}(6^3)$ 变化过来的偏差高, 因此前者的均匀性好. 这个简单的例子可以表明, 用拟水平法构造混合水平的均匀设计表, 应取与要求的水平个数相近的表做拟水平, 其效果会更好.

表 5.10　用拟水平法把 $U_{12}(6^3)$ 变为 $U_{12}(6^2 \times 3)$

试验号	$U_{12}(6^3)$			$U_{12}(6^2 \times 3)$		
	1	2	3	1	2	3
1	1	3	2	1	3	1
2	1	4	5	1	4	3
3	2	1	4	2	1	2
4	2	6	3	2	6	2
5	3	2	6	3	2	3
6	3	5	1	3	5	1
7	4	2	1	4	2	1
8	4	5	6	4	5	3
9	5	1	3	5	1	2
10	5	6	4	5	6	2
11	6	3	5	6	3	3
12	6	4	2	6	4	1

易知, 由拟水平法给出的设计往往只是近似均匀设计, 欲求更均匀的设计, 可以用得到的设计作为初始设计, 通过门限接受法求得更加均匀的设计.

5.7.2 含定性变量的试验

在第三章的正交设计的方差分析模型中, 定量变量与定性变量处理方式一样. 然而, 在均匀设计的数据分析中, 主要用回归分析模型, 对定性变量需数量化, 例如**伪变量**方法. 在 3.2.4 小节中已简单介绍过伪变量法, 下面我们讨论如何将其运用到均匀设计的数据建模中.

若一个试验中有 s 个因素 $x_1, x_2, \cdots, x_s$, 其中 $x_1, x_2, \cdots, x_k$ 为连续的定量因素, $x_{k+1}, x_{k+2}, \cdots, x_s$ 为定性变量, 当模型未知时, 用非参数回归模型

$$y = g(x_1, x_2, \cdots, x_s) + \varepsilon \tag{5.60}$$

来拟合. 当 (5.60) 式中函数 g 为回归系数的线性函数时, 不失一般性可表示为

$$y = \beta_0 + \sum_{i=1}^{k} \beta_i x_i + \sum_{j=1}^{m} \gamma_j z_j + \varepsilon, \tag{5.61}$$

式中 $x_1, x_2, \cdots, x_k$ 为连续变量, $z_1, z_2, \cdots, z_m$ 为伪变量, m 表示所有的伪变量的个数, 其取决于 $x_{k+1}, x_{k+2}, \cdots, x_s$ 各自有多少类. 设 $x_{k+1}, x_{k+2}, \cdots, x_s$ 的水平分别为 $q_{k+1}, q_{k+2}, \cdots, q_s$, 各自需定义 $q_{k+1} - 1, q_{k+2} - 1, \cdots, q_s - 1$ 个伪变量, 则 $m = \sum_{j=k+1}^{s} (q_j - 1)$. 模型 (5.61) 也称为广义线性模型或协方差模型.

易知, 模型 (5.61) 中含有 $m+k+2$ 个未知参数, 即 $\{\beta_0, \beta_1, \cdots, \beta_k, \gamma_1, \cdots, \gamma_m\}$ 和误差 ε 的方差 σ^2. 为了把这些参数都估计出来, 试验次数 n 须不小于 $m + k + 2$. 若响应 y 与因素间用二次模型来拟合

$$y = \beta_0 + \sum_{i=1}^{k} \beta_i x_i + \sum_{1 \leqslant i \leqslant j \leqslant k} \beta_{ij} x_i x_j + \sum_{j=1}^{m} \gamma_j z_j + \varepsilon,$$

式中未知参数的数目就更多了, 相应的试验次数也需增加. 由于 $z_j^2 = z_j, z_i z_j = 0, i \neq j$, 故不需要考虑伪变量的平方项和交叉项. 模型 (5.61) 中尚未考虑伪变量与 $x_i (1 \leqslant i \leqslant k)$ 之间的交互作用, 若再考虑这些交叉作用, 那么模型将更加复杂, 相应地需增加更多的试验. 不过, 有时受限于试验的成本, 试验次数可以比未知参数个数少, 此时需用变量筛选方法, 例如回归模型中逐步回归法、向前

法、向后法等. 有一点需要特别指出, 变量 $z_1, z_2, \cdots, z_m$ 不参加变量筛选, 即它们一定在方程之中, 否则就失去原问题将 m 个类放在一起的希望. 下面考虑一个例子, 通过该例我们可以观察含有定性变量的试验的一般处理方式.

例 5.14 考虑影响某农作物产量的 4 个因素, 其水平数分别为 12, 6, 4, 3, 并各水平取值如下所示:

平均施肥量 (x): 50, 54, 58, 62, 66, 70, 74, 78, 82, 86, 90, 94;

种子播种前浸泡时间 (t): 5, 6, 7, 8, 9, 10;

土壤类型 (B): B_1, B_2, B_3, B_4;

种子品种 (A): A_1, A_2, A_3.

上面四个因素中前面两个因素是定量的, 后面两个是定性的, 因此对于该试验, 我们可以选取 $U_{12}(12 \times 6 \times 4 \times 3)$ 的混合水平的均匀设计表, 如表 5.11 左边设计所示, 用该设计表来安排试验, 如表 5.11 中间的设计方案所示, 得到响应值 y 如表 5.11 最后一列所示. 由于土壤类型和种子品种这两类是定性变量, 我们采用拟变量的方法. B 有四个水平, 故设 z_1, z_2, z_3 为其伪变量, 而 A 有三个水平, 可设 z_4, z_5 为其伪变量, 其中 $z_i(1 \leqslant i \leqslant 5)$ 如 (3.2) 定义. 对表 5.11 中

表 5.11 含定性因素的试验 $U_{12}(12 \times 6 \times 4 \times 3)$

试验号	$U_{12}(12 \times 6 \times 4 \times 3)$				相应水平组合				响应
	1	2	3	4	x	t	B	A	y
1	1	1	1	2	50	5	B_1	A_2	772
2	2	2	2	3	54	6	B_2	A_3	903
3	3	3	3	2	58	7	B_3	A_2	899
4	4	4	4	3	62	8	B_4	A_3	927
5	5	5	1	1	66	9	B_1	A_1	1112
6	6	6	2	3	70	10	B_2	A_3	1271
7	7	1	3	1	74	5	B_3	A_1	1053
8	8	2	4	3	78	6	B_4	A_3	1069
9	9	3	1	1	82	7	B_1	A_1	1187
10	10	4	2	2	86	8	B_2	A_2	1219
11	11	5	3	1	90	9	B_3	A_1	1062
12	12	6	4	2	94	10	B_4	A_2	975

数据, 若考虑线性回归模型

$$y = \beta_0 + \beta_1 x + \beta_2 t + \sum_{i=1}^{5} \gamma_i z_i + \varepsilon, \tag{5.62}$$

由最小二乘法我们可估计其系数分别为 $\hat{\beta}_0 = 282.896$, $\hat{\beta}_1 = 8.490$, $\hat{\beta}_2 = 12.6670$, $\hat{\gamma}_1 = 229.875$, $\hat{\gamma}_2 = 208.583$, $\hat{\gamma}_3 = 142.9580$, $\hat{\gamma}_4 = -123.000$, $\hat{\gamma}_5 = -168.250$, 相应的 $R^2 = 0.765$, $s^2 = 14171.791$, F 统计量为 $F = 1.859$, 因此检验不显著. 对于模型 (5.62), 考虑其最优子集 (都需包含 $z_1, z_2, \cdots, z_5$), 结果都不理想, 因此需进一步考虑高阶回归项.

考虑二次模型

$$y = \beta_0 + \beta_1 x + \beta_2 t + \beta_3 x^2 + \beta_4 t^2 + \beta_5 xt + \sum_{i=1}^{5} \gamma_i z_i + \varepsilon. \tag{5.63}$$

其中不存在 z_i^2 项, 因为 $z_i^2 = z_i$, 一般可以假设定量因素与定性因素之间不存在混合效应.

应用 12 个数据估计模型 (5.63) 中的未知参数, 并检验各参数的显著程度发现 t 和 t^2 都不显著, 剔除这两项之后, 得到估计模型为

$$\begin{aligned}\hat{y} = &-2393.038 + 86.126x - 0.548x^2 + 0.178xt + 229.906z_1 + \\ &191.681z_2 + 126.213z_3 - 123.000z_4 - 50.549z_5,\end{aligned} \tag{5.64}$$

此时 $R^2 = 0.999$, $s^2 = 73.656$, $F = 408.751$, 检验显著, 其残差点图如图 5.14 所示, 结果显示该模型较合理. 根据 (5.64) 式可以得到最佳水平组合为 $x =$

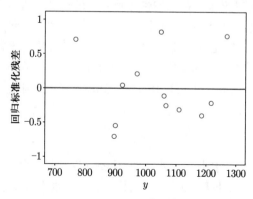

图 5.14　模型 (5.64) 的残差点图

78.5821, $t = 10$, $B = B_1$, $A = A_3$ 时, 响应可以达到最大值 1360.726. 此时, 在建议的最佳水平组合处适当地追加试验是必要的. 另外, 这里种子播种前浸泡时间 t 取其边界值, 因此可以适当地提高浸泡时间后再追加试验.

5.8 扩充均匀设计

前一节介绍了均匀设计在实际中的应用, 其中设计点个数通常是不多的, 这也是均匀设计比正交设计更灵活之处. 然而, 在一些情形下, 只安排一个试验次数不大的均匀设计, 经分析试验数据可能发现目前模型的估计精度还不够, 还需要做追加试验以增加信息量, 从而可以更好地估计因素和响应之间的关系. 此时, 基于初始的均匀设计, 如何给出合适的追加试验是值得研究的问题. 本节基于均匀性准则给出追加试验的设计方案.

给定初始均匀设计 U_0, 设追加的设计为 U_1, 我们要求合在一起的设计 $U = (U_0', U_1')'$ 也是一个 (近似) 均匀设计, 并称 U 是一个扩充均匀设计. 扩充均匀设计是在 U_0 的试验点的基础上, 再增加一些试验点使总的试验点在整个试验区域中均匀散布. 这样可以在每个小邻域中都有一个试验点, 有利于后续建模. 扩充均匀设计的一大优点是可以多批次序贯地进行, 也可以在有限批次内根据数据分析的结果判断是否结束试验. 因此, 扩充均匀设计是一种经济、有效的试验方案.

实际应用中, 有两类扩充的方式. 一类情形是扩充行数, 即给定因素个数后, 追加试验的因素个数不变, 只增加试验点数; 另一类是同时扩充行数和列数, 即在追加试验中不仅增加试验点, 同时还增加因素个数. 后者在许多实际情形下都会存在, 原因在于初始阶段可能遗漏了部分重要因素. 我们称前者为**行扩充设计**, 后者为**列扩充设计**. 在均匀性准则下, 我们要求初始设计是一个均匀设计, 并要求追加试验点后整个设计也是一个均匀设计. 因此, 在均匀性准则下, 我们分别称相应的行扩充设计和列扩充设计为**行扩充均匀设计**和**列扩充均匀设计**. 下面分别讨论这两种扩充均匀设计. 为方便起见, 本节中的均匀性度量都采用可卷偏差. 实际应用时, 也可以用中心化偏差或混合偏差等其他偏差作为均匀性度量, 方法类似.

(1) 行扩充均匀设计

在实际应用中, 二水平、三水平的因素较为常见. 为此, 我们考虑初始设计 $U_0 \in \mathcal{U}(n; 2^{s_1} 3^{s_2})$, 即 U_0 为 n 次试验, s_1 个二水平因素、s_2 个三水平因素的 U 型设计, $s = s_1 + s_2$. 根据 U 型设计的要求, 若 $s_1, s_2 \geqslant 1$, 则 n 是 6 的倍

数. 基于初始设计 U_0, 追加试验 $U_1 \in \mathcal{U}(n_1; 2^{s_1} 3^{s_2})$, 则

$$U_r = \begin{pmatrix} U_0 \\ U_1 \end{pmatrix} \tag{5.65}$$

是一个 U 型行扩充设计. 满足 U 型设计的要求可以使得设计的均匀性更好. 记所有的行扩充设计为 $\mathcal{R}(n + n_1; 2^{s_1} 3^{s_2})$. 在均匀性准则下, 我们要求初始设计 U_0 是一个均匀设计. 由于 U_1 也是一个 U 型设计, 则 $\mathcal{R}(n + n_1; 2^{s_1} 3^{s_2})$ 也是 U 型设计的集合. 设 U_r^* 是 $\mathcal{R}(n + n_1; 2^{s_1} 3^{s_2})$ 中具有最小偏差的设计, 则 U_r^* 是一个二三混合水平的行扩充均匀设计. 当 $s_1 = 0$ 时, U_r^* 变成一个三水平的行扩充均匀设计; 当 $s_2 = 0$ 时, U_r^* 变成一个二水平的行扩充均匀设计.

对于任意 $U_r = (x_{ij}) \in \mathcal{R}(n + n_1; 2^{s_1} 3^{s_2})$, 其中 $x_{ij} \in \{0, 1\}, j = 1, 2, \cdots, s_1$, $x_{ij} \in \{0, 1, 2\}, j = s_1 + 1, s_1 + 2, \cdots, s = s_1 + s_2$, 其平方可卷偏差值为

$$\mathrm{WD}(U) = -\left(\frac{4}{3}\right)^s + \frac{1}{(n + n_1)^2} \sum_{i=1}^{n+n_1} \sum_{j=1}^{n+n_1} \prod_{k=1}^{s} \left(\frac{3}{2} - |u_{ik} - u_{jk}|(1 - |u_{ik} - u_{jk}|)\right),$$

其中 $u_{ik} = (2x_{ik} + 1)/4, k = 1, 2, \cdots, s_1$ 且 $u_{ik} = (2x_{ik} + 1)/6, k = s_1 + 1, s_1 + 2, \cdots, s, i = 1, 2, \cdots, n + n_1$. 根据行扩充设计的结构, 构造行扩充均匀设计 U_r^* 的思路如下:

步骤 1 寻找一个初始均匀设计 $U_0 \in \mathcal{U}(n; 2^{s_1} 3^{s_2})$.

步骤 2 搜索追加试验 $U_1 \in \mathcal{U}(n_1; 2^{s_1} 3^{s_2})$, 使整个设计 $U_r^* = (U_0', U_1')'$ 的偏差值达到最小.

在步骤 1 中, 寻找均匀设计的方法可参见 5.4—5.6 节, 步骤 2 中的搜索方法可采用 5.6 节的门限接受法.

下面给出了用门限接受法构造行扩充均匀设计的算法. 算法中第 2 行的迭代次数和门限值随着参数 n_1, s_1, s_2 的变化而变化, 参数值越大, 内循环迭代次数 J 和外循环迭代次数 I 越大. 一般地, $I = 10 \sim 100, J = 10^4 \sim 10^6$. 门限值 $T_1 > T_2 > \cdots > T_I = 0$. 这里门限值一开始取大于 0, 意味着迭代过程中即使稍微差一点的设计, 也要接受更新; 这样的处理可使得算法有机会跳出局部最优解. T_1 也不宜太大. 第 6 行的 LBW 表示扩充设计的可卷偏差的下界, 该下界的表达式比较复杂, 具体如下:

1. **输入:** 初始均匀设计 $\boldsymbol{U}_0 \in \mathcal{U}(n; 2^{s_1} 3^{s_2})$ 和追加试验次数 n_1.
2. 初始化内外循环迭代次数 I, J 和门限值 $T_i, i = 1, 2, \cdots, I$.
3. 产生一个 U 型设计 $\boldsymbol{U}_1 \in \mathcal{U}(n_1; 2^{s_1} 3^{s_2})$, 记 $\boldsymbol{U}_r = (\boldsymbol{U}_0', \boldsymbol{U}_1')'$.
4. **for** $i = 1 : I$
5.   **for** $j = 1 : J$
6.   **if** $\mathrm{WD}(\boldsymbol{U}_r) = \mathrm{LBW}$, 结束; 否则
7.   产生 $\boldsymbol{U}_{1_{new}} \in \mathcal{N}(\boldsymbol{U}_1)$ 得到 $\boldsymbol{U}_{r_{new}} = (\boldsymbol{U}_0', \boldsymbol{U}_{1_{new}}')'$
8.   **if** $\mathrm{WD}(\boldsymbol{U}_{r_{new}}) - \mathrm{WD}(\boldsymbol{U}_r) \leqslant T_i$
9.   更新 $\boldsymbol{U}_r = \boldsymbol{U}_{r_{new}}, \boldsymbol{U}_1 = \boldsymbol{U}_{1_{new}}$
10.   **end if**
11.   **end if**
12.   **end for**
13. **end for**
14. **输出:** $\boldsymbol{U}_r^* = \boldsymbol{U}_r$

$$\mathrm{LBW} = -\left(\frac{4}{3}\right)^m + \frac{1}{n+n_1}\left(\frac{3}{2}\right)^m + \frac{1}{(n+n_1)^2}\left(\frac{5}{4}\right)^{s_1}\left(\frac{23}{18}\right)^{s_2}(E_1+E_2+2E_3),$$

$$(5.66)$$

$$E_1 = \begin{cases} q_{11}\mathrm{e}^{\nu_{11}} + p_{11}\mathrm{e}^{\nu_{13}} + q_{12}(\mathrm{e}^{\nu_{12}} - \mathrm{e}^{\nu_{13}}), & p_{11} > q_{12}, \\ p_{12}\mathrm{e}^{\nu_{11}} + q_{12}\mathrm{e}^{\nu_{14}} + p_{11}(\mathrm{e}^{\nu_{12}} - \mathrm{e}^{\nu_{14}}), & p_{11} \leqslant q_{12}, \end{cases}$$

$$E_2 = \begin{cases} q_{21}\mathrm{e}^{\nu_{21}} + p_{21}\mathrm{e}^{\nu_{23}} + q_{22}(\mathrm{e}^{\nu_{22}} - \mathrm{e}^{\nu_{23}}), & p_{21} > q_{22}, \\ p_{22}\mathrm{e}^{\nu_{21}} + q_{22}\mathrm{e}^{\nu_{24}} + p_{21}(\mathrm{e}^{\nu_{22}} - \mathrm{e}^{\nu_{24}}), & p_{21} \leqslant q_{22}, \end{cases}$$

$$E_3 = \begin{cases} q_{31}\mathrm{e}^{\nu_{31}} + p_{31}\mathrm{e}^{\nu_{33}} + q_{32}(\mathrm{e}^{\nu_{32}} - \mathrm{e}^{\nu_{33}}), & p_{31} > q_{32}, \\ p_{32}\mathrm{e}^{\nu_{31}} + q_{32}\mathrm{e}^{\nu_{34}} + p_{31}(\mathrm{e}^{\nu_{32}} - \mathrm{e}^{\nu_{34}}), & p_{31} \leqslant q_{32}, \end{cases}$$

其中

$$a_1 = \ln\left(\frac{6}{5}\right), \qquad a_2 = \ln\left(\frac{27}{23}\right),$$

$$w_{11} = \left\lfloor \frac{(n-2)s_1}{2(n-1)} \right\rfloor, \quad w_{12} = \left\lfloor \frac{(n-3)s_2}{3(n-1)} \right\rfloor,$$

$$w_{21} = \left\lfloor \frac{(n_1-2)s_1}{2(n_1-1)} \right\rfloor, \quad w_{22} = \left\lfloor \frac{(n_1-3)s_2}{3(n_1-1)} \right\rfloor,$$

$$w_{31} = \left\lfloor \frac{s_1}{2} \right\rfloor, \qquad\qquad w_{32} = \left\lfloor \frac{s_2}{3} \right\rfloor,$$

$$\nu_{11} = a_1(w_{11}+1) + a_2 w_{12}, \quad \nu_{12} = a_1 w_{11} + a_2(w_{12}+1),$$

$$\nu_{13} = a_1 w_{11} + a_2 w_{12}, \qquad \nu_{14} = a_1(w_{11}+1) + a_2(w_{12}+1),$$

$$\nu_{21} = a_1(w_{21}+1) + a_2 w_{22}, \quad \nu_{22} = a_1 w_{21} + a_2(w_{22}+1),$$

$$\nu_{23} = a_1 w_{21} + a_2 w_{22}, \qquad \nu_{24} = a_1(w_{21}+1) + a_2(w_{22}+1),$$

$$\nu_{31} = a_1(w_{31}+1) + a_2 w_{32}, \quad \nu_{32} = a_1 w_{31} + a_2(w_{32}+1),$$

$$\nu_{33} = a_1 w_{31} + a_2 w_{32}, \qquad \nu_{34} = a_1(w_{31}+1) + a_2(w_{32}+1),$$

且 p_{ij} 和 q_{ij} 定义如下：

$$p_{1i} + q_{1i} = n(n-1), \ i=1,2, \qquad p_{2j} + q_{2j} = n_1(n_1-1), \ j=1,2,$$

$$p_{3k} + q_{3k} = nn_1, \ k=1,2,$$

$$p_{11}w_{11} + q_{11}(w_{11}+1) = \frac{n(n-2)s_1}{2}, \qquad p_{12}w_{12} + q_{12}(w_{12}+1) = \frac{n(n-3)s_2}{3},$$

$$p_{21}w_{21} + q_{21}(w_{21}+1) = \frac{n_1(n_1-2)s_1}{2}, \quad p_{22}w_{22} + q_{22}(w_{22}+1) = \frac{n_1(n_1-3)s_2}{3},$$

$$p_{31}w_{31} + q_{31}(w_{31}+1) = \frac{nn_1 s_1}{2}, \qquad p_{32}w_{32} + q_{32}(w_{32}+1) = \frac{nn_1 s_2}{3}.$$

这个复杂下界的推导参见 Yang et al. (2017). 当 $s_2 = 0$ 时, (5.66) 的下界退化为两水平行扩充设计的下界

$$\begin{aligned} \text{LBW}_2 = & -\left(\frac{4}{3}\right)^s + \frac{1}{n+n_1}\left(\frac{3}{2}\right)^s + \frac{1}{(n+n_1)^2}\left(\frac{5}{4}\right)^s \left(p_{11}\left(\frac{6}{5}\right)^{w_{11}} + p_{21}\left(\frac{6}{5}\right)^{w_{21}} + \right. \\ & \left. 2p_{31}\left(\frac{6}{5}\right)^{w_{31}} + q_{11}\left(\frac{6}{5}\right)^{w_{11}+1} + q_{21}\left(\frac{6}{5}\right)^{w_{21}+1} + 2q_{31}\left(\frac{6}{5}\right)^{w_{31}+1} \right). \end{aligned}$$

$$(5.67)$$

当 $s_1 = 0$ 时, (5.67) 式的下界退化为三水平行扩充设计的下界

$$\begin{aligned} \text{LBW}_3 = & -\left(\frac{4}{3}\right)^m + \frac{1}{n+n_1}\left(\frac{3}{2}\right)^m + \frac{1}{(n+n_1)^2}\left(\frac{23}{18}\right)^m \left(p_{12}\left(\frac{27}{23}\right)^{w_{12}} + p_{22}\left(\frac{27}{23}\right)^{w_{22}} + \right. \\ & \left. 2p_{32}\left(\frac{27}{23}\right)^{w_{32}} + q_{12}\left(\frac{27}{23}\right)^{w_{12}+1} + q_{22}\left(\frac{27}{23}\right)^{w_{22}+1} + 2q_{32}\left(\frac{27}{23}\right)^{w_{32}+1} \right). \end{aligned}$$

$$(5.68)$$

这些下界值可作为算法过程中的基准, 若有设计已达到这些下界, 则算法直接终止. 进一步地, 若 $n_1 = 0$, 则行扩充设计的偏差下界退化为初始设计的偏差下界, 具体如下所示. 对于任意 $\boldsymbol{U}_0 \in \mathcal{U}(n; 2^{s_1}3^{s_2})$,

$$\mathrm{WD}(\boldsymbol{U}_0) \geqslant -\left(\frac{4}{3}\right)^s + \frac{1}{n}\left(\frac{3}{2}\right)^s + \frac{1}{n^2}\left(\frac{5}{4}\right)^{s_1}\left(\frac{23}{18}\right)^{s_2}E_1. \tag{5.69}$$

对于任意 $\boldsymbol{U}_0 \in \mathcal{U}(n; 2^s)$,

$$\mathrm{WD}(\boldsymbol{U}_0) \geqslant -\left(\frac{4}{3}\right)^s + \frac{1}{n}\left(\frac{3}{2}\right)^s + \frac{1}{n^2}\left(\frac{5}{4}\right)^s\left(p_{11}\left(\frac{6}{5}\right)^{w_{11}} + q_{11}\left(\frac{6}{5}\right)^{w_{11}+1}\right). \tag{5.70}$$

对于任意 $\boldsymbol{U}_0 \in \mathcal{U}(n; 3^s)$,

$$\mathrm{WD}(\boldsymbol{U}_0) \geqslant -\left(\frac{4}{3}\right)^s + \frac{1}{n}\left(\frac{3}{2}\right)^s + \frac{1}{n^2}\left(\frac{23}{18}\right)^s\left(p_{12}\left(\frac{27}{23}\right)^{w_{12}} + q_{12}\left(\frac{27}{23}\right)^{w_{12}+1}\right). \tag{5.71}$$

此外, 第 7 行中邻域的定义类似于 5.6 节, 即随机选定 $\boldsymbol{U}_1$ 的某一列, 并在该列中随机选两个元素相互置换而得到的所有设计.

Yang et al. (2017) 说明上面用门限接受法构造行扩充均匀设计的效果良好, 在很多情形下可以找到达到下界的行扩充均匀设计.

例 5.15 考虑下面的初始二水平均匀设计 $\boldsymbol{U}_0 \in \mathcal{U}(4; 2^7)$,

$$\boldsymbol{U}_0 = \begin{pmatrix} 0 & 0 & 0 & 1 & 1 & 1 & 1 \\ 1 & 0 & 1 & 1 & 0 & 0 & 0 \\ 1 & 1 & 0 & 0 & 1 & 1 & 0 \\ 0 & 1 & 1 & 0 & 0 & 0 & 1 \end{pmatrix},$$

其偏差值 2.2731 达到式 (5.70) 的下界. 考虑增加试验次数 $n_1 = 2$ 和 $n_1 = 4$ 这两种情形. 用门限接受法的算法可得以下结果:

n_1	U_1^*	WD(U_r^*)	LBW
2	$\begin{pmatrix} 0 & 0 & 0 & 0 & 0 & 0 & 0 \\ 1 & 1 & 1 & 1 & 1 & 1 & 1 \end{pmatrix}$	2.0908	2.0908
4	$\begin{pmatrix} 1 & 0 & 1 & 0 & 1 & 1 & 1 \\ 1 & 1 & 0 & 1 & 0 & 1 & 1 \\ 0 & 1 & 1 & 1 & 1 & 0 & 0 \\ 0 & 0 & 0 & 0 & 0 & 0 & 0 \end{pmatrix}$	1.9226	1.9226

这说明这两个行扩充设计都达到了式 (5.67) 的偏差下界, 均为行扩充均匀设计. 相比于这个 4 + 4 个试验次数的行扩充均匀设计 U_r^*, 人们也可以直接构造一个 8 行的均匀设计 U,

$$U = \begin{pmatrix} 0 & 0 & 0 & 0 & 1 & 0 & 0 \\ 0 & 0 & 0 & 1 & 0 & 1 & 1 \\ 0 & 1 & 1 & 1 & 0 & 0 & 0 \\ 1 & 1 & 0 & 1 & 1 & 0 & 1 \\ 0 & 1 & 1 & 0 & 1 & 1 & 1 \\ 1 & 0 & 1 & 1 & 1 & 1 & 0 \\ 1 & 0 & 1 & 0 & 0 & 0 & 1 \\ 1 & 1 & 0 & 0 & 0 & 1 & 0 \end{pmatrix},$$

其偏差值 1.8540 也能达到式 (5.70) 的下界. 这说明 U 比 U_r^* 的偏差值更小. 但行扩充设计的优点是可以序贯地进行, 其在任意阶段都有可能停止试验. 可以验证, 在 U 的 8 个试验点中任取 4 个试验点的均匀性都不如扩充设计的初始试验好. 因此试验总数相同的扩充设计可能比一次安排完的均匀设计更具实际意义.

例 5.16 考虑下面的初始三水平均匀设计 $U_0 \in \mathcal{U}(6; 3^{10})$,

$$U_0 = \begin{pmatrix} 2 & 2 & 2 & 2 & 2 & 2 & 2 & 2 & 2 & 2 \\ 2 & 2 & 0 & 0 & 0 & 0 & 0 & 0 & 0 & 0 \\ 0 & 0 & 2 & 2 & 0 & 1 & 0 & 1 & 1 & 1 \\ 1 & 1 & 0 & 1 & 2 & 2 & 1 & 1 & 0 & 1 \\ 0 & 1 & 1 & 1 & 1 & 0 & 2 & 2 & 1 & 0 \\ 1 & 0 & 1 & 0 & 1 & 1 & 1 & 0 & 2 & 2 \end{pmatrix},$$

该设计的可卷偏差为 5.1774, 其达到 Zhang et al. (2015) 给出的可卷偏差下界, 即该设计为均匀设计. 考虑增加试验次数 $n_1 = 3$ 和 $n_1 = 6$ 这两种情形. 用门限接受法的算法可得以下结果:

n_1	U_1	WD(U_r^*)	LBW
3	$\begin{pmatrix} 2 & 0 & 0 & 1 & 1 & 1 & 0 & 2 & 0 & 2 \\ 0 & 1 & 2 & 0 & 0 & 2 & 2 & 0 & 2 & 1 \\ 1 & 2 & 1 & 2 & 2 & 0 & 1 & 1 & 1 & 0 \end{pmatrix}$	4.2566	4.2566
6	$\begin{pmatrix} 1 & 1 & 2 & 0 & 2 & 0 & 0 & 1 & 2 & 0 \\ 2 & 1 & 1 & 2 & 0 & 1 & 2 & 1 & 0 & 2 \\ 0 & 0 & 0 & 1 & 0 & 0 & 1 & 2 & 2 & 2 \\ 0 & 2 & 2 & 1 & 2 & 1 & 0 & 0 & 0 & 0 \\ 2 & 0 & 1 & 1 & 2 & 2 & 0 & 0 & 1 & 1 \\ 1 & 2 & 0 & 0 & 1 & 1 & 2 & 2 & 1 & 1 \end{pmatrix}$	3.6388	3.6388

这两种情形的行扩充设计都达到了 (5.68) 的偏差下界, 即 U_r^* 都是行扩充均匀设计.

对于二三混合水平的情形, 通过门限接受法也可以得到效果良好的扩充设计, 即其偏差非常靠近 (5.66) 的偏差下界值.

行扩充设计可以序贯地追加试验. 例如, 基于初始设计 U_0, 第一次追加试验 U_1. 基于合在一起的 (5.65) 式的设计 U 做相应试验并得到数据后, 进行相应的数据分析. 若还需要进行下一阶段的设计, 则可令 U 为初始设计, 再寻找在均匀性准则下最优的第二次追加试验 U_2, 从而得到行扩充设计 $(U_0', U_1', U_2')'$. 依次进行, 可以序贯得到行扩充设计. 在均匀性准则下依次搜索最优的扩充设计即可得行扩充均匀设计. 此外, 由于追加试验和初始试验的试验条件有变化, 例如试验时间不同、试验人员变化等, 因此, 有必要在行扩充试验中添加区组因子. 若进行了 $l-1$ 次扩充, 即整个试验有 l 个阶段, 可令此区组因子在第 i 个阶段的水平值取 $i-1$, $i = 1, 2, \cdots, l$, 则包括含有区组因子的行扩充设计的框架如下所示:

$$U_r^{(l)} = \begin{pmatrix} U_0 & \mathbf{0}_{n \times 1} \\ U_1 & \mathbf{1}_{n_1 \times 1} \\ \vdots & \vdots \\ U_{l-1} & (l-1)_{n_{l-1} \times 1} \end{pmatrix}, \tag{5.72}$$

其中 $t_{n_t \times 1}$ 表示 n_t 个元素都为 t 的列向量. 对于多阶段的扩充设计, Yang et al. (2019) 说明若多阶段行扩充设计达到了其偏差下界, 则 $U_r^{(l)}$ 也达到其相应的偏差下界, 即两者具有等价性. 因此, 我们可以先得到行扩充均匀设计, 即可得相应的 $U_r^{(l)}$.

前面讨论的行扩充均匀设计对于扩充的行数要求并不严格. 在一些特殊情形下, 例如扩充的行数与初始设计的行数一致时, 可以考虑翻转设计等特殊的工具. Elsawah, Qin (2016a) 在混合偏差意义下给出了一种有效构造翻转设计的方法. 此外, Elsawah, Qin (2016b) 在可卷偏差意义下, 对三水平设计进行了行扩充. 这里不再详细展开讨论.

(2) 列扩充均匀设计

在实际应用中, 试验因素个数可能很多, 其中有些因素可能是重要的, 有些不重要. 一个自然的处理方式是先筛选出部分重要因素, 根据筛选出的重要因素再进行设计. 在第九章中将给出筛选设计的详细介绍. 在有些情形, 筛选过程中可能把部分重要因素遗漏掉. 因此, 在后续追加试验中需要把这些遗漏的重要因素重新考虑在内. 在本小节中, 考虑在序贯试验中增加因素个数的情形, 即在设计矩阵中同时增加行数和列数.

不失一般性, 设试验人员考虑 $m+s$ 个因素 $\{x_1, x_2, \cdots, x_m, x_{m+1}, x_{m+2}, \cdots, x_{m+s}\}$. 在第一阶段的试验中, 他们可能认为后 s 个因素 $\{x_{m+1}, x_{m+2}, \cdots, x_{m+s}\}$ 不重要, 因此在初始试验阶段, 只考虑前 m 个因素 $\{x_1, x_2, \cdots, x_m\}$, 且将后 s 个因素固定到某个特定的水平. 根据初始试验的数据分析结果, 可能会发现这 m 个因素不够用来刻画因素与响应之间的关系. 因此, 在追加试验中, 不仅需要考虑增加试验点数, 还需要将被忽略的这 s 个因素也考虑进去.

由于二三混合水平的情形较为常见, 下面仅考虑这种情形下的列扩充设计, 其他情形也可以类似地讨论. 设初始阶段系统中共有 m ($= m_1 + m_2$) 个因子, 其中, m_1 个是二水平的, m_2 个是三水平的. 在序贯阶段中, 根据实际情况, 如果考虑添加 n_1 个试验点和 s ($= s_1 + s_2$) 个二三混合水平因子, 其中有 s_1 个二水平因子和 s_2 个三水平因子. 为便于表述, 我们称初始阶段考虑的 m 个因子为**初始因子**, 序贯阶段添加的这 s 个因子为**添加因子**.

在初始试验阶段, 添加因子会被固定在某个定值. 由于二三水平因子的水平置换不影响其可卷偏差值, 不失一般性, 可以假设在初始的 n 次试验中, 因素 $\{x_{m+1}, x_{m+2}, \cdots, x_{m+s}\}$ 的水平全为 0. 用 $\mathcal{D}(n_1; 2^{s_1} 3^{s_2})$ 表示前 s_1 个因子的水平取值为 0 和 1, 后 s_2 个因子的水平取值为 0, 1 和 2 的设计全体, 这里没有要求是 U 型设计. 下面给出列扩充设计的定义.

定义 5.11 称设计

$$U_c = \begin{pmatrix} U_0 & 0_{n \times s} \\ U_1 & D_1 \end{pmatrix} \tag{5.73}$$

为二三混合水平因子的列扩充设计, 其中, $0_{n \times s}$ 为零矩阵, $U_0 \in \mathcal{U}(n; 2^{m_1} 3^{m_2})$ 为初始阶段中初始因子的设计, $U_1 \in \mathcal{U}(n_1; 2^{m_1} 3^{m_2})$ 为序贯阶段中初始因子的设计, 以及 $D_1 \in \mathcal{D}(n_1; 2^{s_1} 3^{s_2})$ 为序贯阶段中添加因子的设计. 记所有二三混合水平因子的列扩充设计为 $\mathcal{C}(n + n_1; 2^{m_1} 3^{m_2} \cdot 2^{s_1} 3^{s_2})$.

二三混合水平因子的列扩充设计中, 由于 U_1 也是 U 型设计, 则当 $m_1, m_2 \geqslant 1$ 时, n_1 至少是 6 的倍数. 从均匀性的角度考虑, 往往希望整个二三混合水平因子的列扩充设计 U_c 也是一个 U 型设计, 即要求 $\begin{pmatrix} 0_{n \times s} \\ D_1 \end{pmatrix}$ 也构成一个 U 型设计, 此时 n_1 的次数可能比 n 还要大. 在实际中, 往往 $s_1 = 0$ 或者 $s_2 = 0$, 即设计全体退化为 $\mathcal{C}(n + n_1; 2^{m_1} 3^{m_2} \cdot 2^s)$ 或 $\mathcal{C}(n + n_1; 2^{m_1} 3^{m_2} \cdot 3^s)$. 进一步地, 若 $m_1 = 0, s_1 = 0$, 则变为三水平列扩充设计; 若 $m_2 = 0, s_2 = 0$, 则变为二水平列扩充设计. 特别地, 当 $s_1 = 1, s_2 = 0$ 时, 二三混合水平因子的列扩充设计与 (5.72) 中含有区组因子的 $U_r^{(2)}$ 一样. 因此, 列扩充设计中二水平的添加因子可以是正常的因子也可以是区组因子. 其区别往往体现在建模中, 即我们往往假设区组因子与其他因子之间没有交互作用.

从定义 5.11 知, 安排第二阶段的追加试验后, 整个试验系统里包含 $m + s$ 个因素, 其中前 m 个是二三混合水平, 后 s 个也是二三混合水平. 由于初始的 n 次试验将 $\{x_{m+1}, x_{m+2}, \cdots, x_{m+s}\}$ 固定为 0, 因此, 初始设计 U_0 对应的响应值也就是列扩充设计 U_c 的前 n 行 $\begin{pmatrix} U_0 & 0_{n \times s} \end{pmatrix}$ 对应的响应值. 若考虑用均匀性准则来选择最佳的列扩充设计, 则可得列扩充均匀设计. 具体定义如下:

定义 5.12 在 WD 准则下, 若

$$U_c^* = \begin{pmatrix} U_0 & 0_{n \times s} \\ U_1 & D_1 \end{pmatrix} \in \mathcal{C}(n + n_1; 2^{m_1} 3^{m_2} \cdot 2^{s_1} 3^{s_2})$$

满足 $\mathrm{WD}(U_c^*) \leqslant \mathrm{WD}(U_c)$, 对任意的列扩充设计 $U_c \in \mathcal{C}(n + n_1; 2^{m_1} 3^{m_2} \cdot 2^{s_1} 3^{s_2})$ 成立, 则称 U_c^* 为**二三混合水平的列扩充均匀设计**.

Yang et al. (2017, 2019) 分别研究了 $\mathcal{C}(n + n_1; 2^{m_1} 3^{m_2} \cdot 2^s)$ 和 $\mathcal{C}(n + n_1; 2^{m_1} 3^{m_2} \cdot 3^s)$ 的二三混合水平的列扩充均匀设计, 并分别给出了不同情形下

的可卷偏差下界. 构造列扩充设计的一个常用的算法是随机优化算法, 即在初始设计 U_0 给定的情形下, 通过门限接受法等算法在列扩充设计的框架下来搜索最优的列扩充设计. 具体过程和门限接受法类似, 这里不再赘述.

例 5.17 考虑三水平的初始均匀设计 $U_0 \in \mathcal{U}(6; 3^{10})$:

$$
U_0 = \begin{pmatrix}
0 & 1 & 0 & 1 & 0 & 1 & 0 & 0 & 2 & 2 \\
1 & 0 & 1 & 0 & 0 & 0 & 0 & 1 & 0 & 0 \\
1 & 0 & 0 & 1 & 1 & 2 & 1 & 2 & 1 & 1 \\
2 & 1 & 1 & 2 & 2 & 1 & 2 & 1 & 1 & 1 \\
0 & 2 & 2 & 2 & 1 & 0 & 2 & 2 & 2 & 0 \\
2 & 2 & 2 & 0 & 2 & 2 & 1 & 0 & 0 & 2
\end{pmatrix},
$$

其达到偏差下界 (5.71). 分别对 U_0 进行列扩充一列和两列, 经门限接受法可得以下结果:

$U_c^* \in \mathcal{C}(6+6; 3^{10} \cdot 3^1)$			$U_c^* \in \mathcal{C}(6+6; 3^{10} \cdot 3^2)$		
U_0		$\mathbf{0}_{6\times 1}$	U_0		$\mathbf{0}_{6\times 2}$
1 1 2 0 1 1 1 1 2 0		2	1 2 0 2 1 1 2 1 0 2		1 1
2 1 0 2 0 0 1 2 0 1		1	0 1 1 0 0 2 1 2 1 0		1 1
0 2 0 1 2 2 2 1 0 0		1	2 1 2 0 1 1 0 2 0 1		2 2
2 0 2 1 2 0 0 2 1 2		2	0 0 2 1 2 0 0 1 1 2		1 2
0 2 1 0 1 1 0 0 1 1		1	1 2 1 1 0 2 2 0 2 1		2 2
1 0 1 2 0 2 2 0 2 2		2	2 0 0 2 2 0 1 0 2 0		2 1

可验证这两个列扩充设计都达到 Yang et al. (2019) 的偏差下界, 即都是列扩充均匀设计.

此外, 由于追加试验和初始试验的试验条件有变化, 例如试验时间不同, 试验人员变化等, 因此, 有必要在序贯试验中添加区组因子. 若只有一个区组因子, 则可把列扩充设计 (5.73) 推广至

$$
U_{cb} = \begin{pmatrix}
U_0 & \mathbf{0}_{n\times s} & \mathbf{0}_{n\times 1} \\
U_1 & D_1 & \mathbf{1}_{n_1 \times 1}
\end{pmatrix}, \tag{5.74}
$$

其中 $\mathbf{1}_{t\times 1}$ 表示 t 个元素都是 1 的列向量, 最后一列是区组因子. 记这种含有添

加区组因子的设计全体为 $\mathcal{C}(n+n_1; 2^{m_1}3^{m_2} \cdot 2^{s_1}3^{s_2} \cdot \boldsymbol{b})$ 其中 $\boldsymbol{b} = (\boldsymbol{0}'_{n\times1}, \boldsymbol{1}'_{n_1\times1})'$. Yang et al. (2019) 也给出了设计 (5.74) 的偏差下界, 且证明了当列扩充设计 (5.73) 达到偏差下界时, 设计 (5.74) 也达到偏差下界, 即这两者之间存在等价性. 因此, 只需找到列扩充均匀设计 (5.73), 则可得相应的列扩充均匀设计 (5.74).

类似于行扩充设计, 列扩充设计也可以进行多阶段的扩充. 同时, 在多阶段的列扩充设计中也可以添加一个区组因子. 若进行了 $l-1$ 次扩充, 即整个试验有 l 个阶段, 则令此区组因子在第 i 个阶段的水平值取 $i-1$, $i = 1, 2, \cdots, l$. 对于给定的初始设计 $\boldsymbol{U}_0$, 假设只有第二阶段考虑添加因子, 以后的其他阶段不考虑添加任何因子, 则 l 阶段的二三混合水平列扩充设计以及包含一个区组因子的列扩充设计的定义分别如下所示:

$$\boldsymbol{U}_c^{(l)} = \begin{pmatrix} \boldsymbol{U}_0 & \boldsymbol{0}_{n\times r} \\ \boldsymbol{U}_1 & \boldsymbol{D}_1 \\ \vdots & \vdots \\ \boldsymbol{U}_{l-1} & \boldsymbol{D}_{l-1} \end{pmatrix}, \quad \boldsymbol{U}_{cb}^{(l)} = \begin{pmatrix} \boldsymbol{U}_0 & \boldsymbol{0}_{n\times r} & \boldsymbol{0}_{n\times 1} \\ \boldsymbol{U}_1 & \boldsymbol{D}_1 & \boldsymbol{1}_{n_1\times 1} \\ \vdots & \vdots & \vdots \\ \boldsymbol{U}_{l-1} & \boldsymbol{D}_{l-1} & (\boldsymbol{l-1})_{n_{l-1}\times 1} \end{pmatrix},$$

其中 $\boldsymbol{U}_i \in \mathcal{U}(n_i; 2^{m_1}3^{m_2})$ 为序贯试验中初始因子对应的设计部分, $\boldsymbol{D}_i \in \mathcal{D}(n_i; 2^{s_1}3^{s_2})$ 是添加因子对应的设计部分, $i = 0, 1, \cdots, l-1$. 多阶段列扩充设计也可以通过门限接受法构造得到. 在实际应用中, 多阶段列扩充设计的试验次数往往最多达到可以估计二阶全模型的参数. 例如有 $m+s$ 个因素, 则二阶全模型的参数个数为 $(m+s+1)(m+s+2)/2$. 扩充设计的好处是试验在某个阶段达到估计精度后就可以停止了.

5.9 正交性与均匀性的联系

由第三章正交试验设计的性质可知, 若两个正交设计是同构的, 则在方差分析模型下有相同的统计推断能力, 因此长期以来, 人们不区分同构的正交表, 例如表 5.12 给出的两个 $L_9(3^4)$ 是同构的, 分别记为 $L_9(3^4)$ 和 $UL_9(3^4)$. 对于这两个正交设计, 若从均匀性的角度来看, 可计算得这两个同构的正交表的中心化偏差分别为 $\mathrm{CD}^2 = 0.050059$ 和 0.0493645, 后一个正交设计的均匀性较好, 实际上后一个设计恰好是在中心化偏差准则下的均匀设计 (Fang et al. (2000)). 那么, 两个同构的正交设计的均匀性的差别是否会影响它们的统计推断能力呢? 由于 $UL_9(3^4)$ 兼备 "均匀" 和 "正交" 的优点, 似应在统计推断上有更好的表现. 我们现对 $L_9(3^4)$ 和 $UL_9(3^4)$ 这两个设计来说明.

表 5.12　$L_9(3^4)$ 和 $UL_9(3^4)$

试验号	$L_9(3^4)$				$UL_9(3^4)$			
1	1	1	1	1	1	1	1	2
2	1	2	2	2	1	2	3	1
3	1	3	3	3	1	3	2	3
4	2	1	2	3	2	1	3	3
5	2	2	3	1	2	2	2	2
6	2	3	1	2	2	3	1	1
7	3	1	3	2	3	1	2	1
8	3	2	1	3	3	2	1	3
9	3	3	2	1	3	3	3	2

若试验中有两个三水平因素 A 和 B, 这时任取 $L_9(3^4)$ 的两列或 $UL_9(3^4)$ 的两列, 它们均为全面试验, 故相互等价, 即它们以相同的精度可估计因素 A 和 B 的所有效应.

若用这两个设计来安排三个三水平因素 A,B,C, 可将 A,B,C 安排在 $L_9(3^4)$ 和 $UL_9(3^4)$ 的任三列. 如果 A,B,C 之间没有二阶或三阶交互作用, 这两个设计以同样的精度可估计出 A,B,C 的主效应. 若 A,B,C 之间存在交互作用, 此时, 我们需考虑各效应之间的混杂情形. 为此, 对于三水平的因素, 我们首先考虑其主效应的表达方法.

用 m_1^A, m_2^A 及 m_3^A 分别表示响应在因素 A 取水平 $1,2,3$ 时的平均值, m 为全体响应的总平均. 因素 A 的三个主效应可分别估计如下:

$$\hat{\alpha}_1 = m_1^A - m, \quad \hat{\alpha}_2 = m_2^A - m, \quad \hat{\alpha}_3 = m_3^A - m,$$

易见 $\hat{\alpha}_1 + \hat{\alpha}_2 + \hat{\alpha}_3 = 0$. 除了这种普通的表达形式, A 的主效应还有另一种表示方法, 它分为**线性主效应**和**二次主效应**, 分别记为 A_l 和 A_q, 其计算公式来自正交多项式理论 (参见 Box, Draper (1987), pp. 236-239), 并表示如下:

$$A_l = m_3^A - m_1^A, \quad A_q = m_3^A - 2m_2^A + m_1^A. \tag{5.75}$$

这里线性主效应和二次主效应的自由度都为 1. 类似地, B 和 C 的主效应也可以表示为 B_l, B_q 和 C_l, C_q. 若将 A 列的三个水平 $\{1\}, \{2\}, \{3\}$ 分别换成

$\{-1,1\}, \{0,-2\}, \{1,1\}$, 则 A 列就变成了两列 (参见表 5.13), 通过这两列可估计出 A_l 和 A_q. 类似地, B 列和 C 列以及尚未采用的一列也可以变为两列, 详见表 5.13 和表 5.14.

表 5.13　$L_9(3^4)$ 的前 3 列的主效应和前 2 列的交互效应

A_l	A_q	B_l	B_q	C_l	C_q	A_lB_l	A_lB_q	A_qB_l	A_qB_q
−1	1	−1	1	−1	1	1	−1	−1	1
−1	1	0	−2	0	−2	0	2	0	−2
−1	1	1	1	1	1	−1	−1	1	1
0	−2	−1	1	0	−2	0	0	2	−2
0	−2	0	−2	1	1	0	0	0	4
0	−2	1	1	−1	1	0	0	−2	−2
1	1	−1	1	1	1	−1	1	−1	1
1	1	0	−2	−1	1	0	−2	0	−2
1	1	1	1	0	−2	1	1	1	1

表 5.14　$UL_9(3^4)$ 的前 3 列的主效应和前 2 列的交互效应

A_l	A_q	B_l	B_q	C_l	C_q	A_lB_l	A_lB_q	A_qB_l	A_qB_q
−1	1	−1	1	−1	1	1	−1	−1	1
−1	1	0	−2	1	1	0	2	0	−2
−1	1	1	1	0	−2	−1	−1	1	1
0	−2	−1	1	1	1	0	0	2	−2
0	−2	0	−2	0	−2	0	0	0	4
0	−2	1	1	−1	1	0	0	−2	−2
1	1	−1	1	0	−2	−1	1	−1	1
1	1	0	−2	−1	1	0	−2	0	−2
1	1	1	1	1	1	1	1	1	1

若三水平因素 A, B, C 之间存在交互作用, 这时 A, B 之间的交互作用有四个自由度, 并可表示为 $A_lB_l, A_lB_q, A_qB_l, A_qB_q$ 四项. 显见, 若用试验次数为 9 的正交表安排试验, A, B, C 的主效应和它们的交互作用有混杂现象. 下面我们将看到, 若用 $L_9(3^4)$ 和 $UL_9(3^4)$ 各自的前三列安排这三个三水平因素 A, B, C, 则其混杂情形是不一样的. 计算 $L_9(3^4)$ 和 $UL_9(3^4)$ 前三列的 CD^2 值可得, 前者为 0.033186, 后者为 0.033034, 即后者的前三列的均匀性好. 现用 $UL_9(3^4)$ 的前三列 (如用其他 3 列结果类似) 安排这 3 个因素 A, B, C, 则它们的主效应和

它们之间的交互效应混杂情形如下:

$$A_l = 0.5B_lC_q + 0.5B_qC_l,$$
$$A_q = 1.5B_lC_l - 0.5B_qC_q,$$
$$B_l = 0.5A_lC_q + 0.5A_qC_l,$$
$$B_q = 1.5A_lC_l - 0.5A_qC_q,$$
$$C_l = 0.5A_lB_q + 0.5A_qB_l,$$
$$C_q = 1.5A_lB_l - 0.5A_qB_q,$$

若用 $L_9(3^4)$ 的前三列, 其混杂情形更为严重:

$$A_l = -0.75B_lC_l - 0.25B_lC_q + 0.25B_qC_l - 0.25B_qC_q,$$
$$A_q = 0.75B_lC_l - 0.75B_lC_q + 0.75B_qC_l + 0.25B_qC_q,$$
$$B_l = -0.75A_lC_l - 0.25A_lC_q + 0.25A_qC_l - 0.25A_qC_q,$$
$$B_q = 0.75A_lC_l - 0.75A_lC_q + 0.75A_qC_l + 0.25A_qC_q,$$
$$C_l = -0.75A_lB_l + 0.25A_lB_q + 0.25A_qB_l + 0.25A_qB_q,$$
$$C_q = -0.75A_lB_l - 0.75A_lB_q - 0.75A_qB_l + 0.25A_qB_q.$$

在许多试验中, 通常只存在线性交互效应, 所有某因素的二阶主效应与其他因素的线性主效应或二阶主效应的交互效应可设为 0, 这时上述两个设计的混杂情形为

$$UL_9(3^4): \begin{cases} A_q = 1.5B_lC_l, \\ B_q = 1.5A_lC_l, \\ C_q = 1.5A_lB_l, \end{cases}$$

其中 A_l, B_l 和 C_l 没有混杂, 可以估出. 若用 $L_9(3^4)$, 有

$$L_9(3^4): \begin{cases} A_l = -0.75B_lC_l, & A_q = 0.75B_lC_l, \\ B_l = -0.75A_lC_l, & B_q = 0.75A_lC_l, \\ C_l = -0.75A_lB_l, & C_q = -0.75A_lB_l. \end{cases}$$

所有的主效应和线性交互效应都有混杂, 从而都无法估计. 从中可以看出, 若用 $UL_9(3^4)$ 的前三列安排试验比用 $L_9(3^4)$ 的前三列安排试验更为合适. 由于 $UL_9(3^4)$ 前三列的均匀性比 $L_9(3^4)$ 前三列的要好, 因此, 这里均匀性和上述混杂的现象似乎有连带关系.

通过对 $L_9(3^4)$ 和 $UL_9(3^4)$ 的讨论, 说明均匀性能更细微地区分同构正交设计之间的差别, 这个差别正好对应于效应和交互效应的不同形式的混杂, 从而影响到这些效应和交互效应估计的效率. 因此即使同构的正交表也可能有不同的表现, 需要进一步将它们分类.

上面的正交设计 $UL_9(3^4)$, 实际上也是中心化偏差下的均匀设计. 因此, 这种既具有均匀性又具有正交性的设计, 引起人们的重视. 为此, 我们首先给出下面定义.

定义 5.13 若一个均匀设计 $U_n(q^s)$ 同时又是正交设计, 则称为**均匀正交设计**, 记为 $UL_n(q^s)$.

显然, 给定的 n, q, s, 即使 $L_n(q^s)$ 存在, 均匀正交设计也不一定存在, 除非均匀设计 $U_n(q^n)$ 也是正交的. 我们有如下的结论 (具体证明参考 Ma, Fang (1998, 1999), Fang, Ma (2001)):

(i) 任一全面试验都是均匀正交设计;

(ii) 任一正交阵列 $OA(2^{s-p}, s, 2, s-p)$ (具体定义参见 6.2.2 小节) 均为均匀正交设计;

(iii) 若正交表 $L_n(q^s)$ 存在, 相应的均匀正交设计不一定存在, 因为 $U_n(q^s)$ 不一定正交. 当然可以放松定义 5.13 的要求, 定义在一切 $L_n(q^s)$ 的正交表中, 其均匀性 (例如取 CD) 最好的设计称为均匀正交表.

(iv) 给定一个正交表 $D_0 = L_n(q^s)$, 若将其行和列置换, 其均匀性是不变的, 但将列的水平作置换, 其均匀性可能会改变. 由 D_0 出发, 通过列的水平置换可获得 $(q!)^s$ 个与 D_0 同构的正交表, 其中均匀性最好的一个, 记为 UD_0, 它并不一定是均匀正交表.

为了更加清楚地考察均匀性与正交性的关系, 我们考虑 3.6.1 小节中介绍的比较正交设计的两个准则: 分辨度和最小低阶混杂准则, 其中分辨度是从字长型角度定义的. 设 $D(n; q^s)$ 表示有 n 个试验且有 s 个 q 水平因素的因子设计, 用 $\mathcal{D}(n; q^s)$ 表示所有因子设计 $D(n; q^s)$ 的集合. $\mathcal{D}(n; q^s)$ 中的每个设计对应一个 $n \times s$ 的矩阵, 矩阵中的元素取值于集合 $\{1, 2, \cdots, q\}$. Fang, Mukerjee (2000) 发现, 均匀性与字长型之间对于二水平的正规部分因子设计有解析关系, 其结果表示为如下定理:

定理 5.4 若设计 $D \in \mathcal{D}(2^{s-p}; 2^s)$ 是正规的, 即 D 是 2^{s-p} 正规部分因子设计, 则 D 的平方中心化偏差可表示为

$$[\mathrm{CD}(D)]^2 = \left(\frac{13}{12}\right)^s - 2\left(\frac{35}{32}\right)^s + \left(\frac{8}{9}\right)^s \left\{1 + \sum_{i=1}^s \frac{A_i(D)}{9^i}\right\}. \tag{5.76}$$

式中 $A_1(D), \cdots, A_s(D)$ 为设计 D 的字长型.

该定理的证明可见原文献. 由定理 5.4 易见, 要比较两个正规的 2^{s-p} 二水平设计 D_1, D_2, 只要比较 $\sum_{i=1}^s A_i(D_1)/9^i$ 及 $\sum_{i=1}^s A_i(D_2)/9^i$. 若两个设计有不同的分辨度, 例如一个为 t, 另一个为 $t' > t$, 则上述比较成为比较 $\sum_{i=t}^s A_i(D_1)/9^i$ 及 $\sum_{i=t'}^s A_i(D_2)/9^i$, 前者表示为 $\sum_{i=t}^{t'-1} A_i(D_1)/9^i + \sum_{i=t'}^s A_i(D_1)/9^i$. 由于序列 $9^i, i = t, t+1, \cdots, s$ 随着 i 的增加而几何级数增加, 一般来讲, 分辨力高的设计有小的 CD. 类似的道理可用于字长型, 从而得知, 均匀性准则与最小低阶混杂准则基本上是一致的. 由于计算一个设计的 CD 比计算它的字长型要容易得多, 通过 CD 来寻找好的设计将带来计算上的方便和快速.

Fang, Mukerjee (2000) 还证明了若 $D \in \mathcal{D}(2^{s-p}; 2^s)$ 且强度为 $s-p$ 的 2^{s-p} 部分因子设计 $\mathrm{OA}(2^{s-p}, s, 2, s-p)$ 存在, 则 D 是在均匀性测度 CD 下的均匀设计的充要条件是 D 为 $\mathrm{OA}(2^{s-p}, s, 2, s-p)$. 上述结论, 也可以推广至其他均匀性测度的情形, 例如推广至可卷偏差、Lee 偏差. 对于二水平正规部分因子设计, 我们有下面的结果 (Ma, Fang (1999)).

定理 5.5 设 $D \in \mathcal{D}(2^{s-p}; 2^s)$ 为正规部分因子设计, 则其平方可卷偏差可表示为

$$[\mathrm{WD}(D)]^2 = \left(\frac{11}{8}\right)^s \sum_{r=1}^s \frac{A_r(D)}{11^r} + \left(\frac{11}{8}\right)^s - \left(\frac{4}{3}\right)^s. \tag{5.77}$$

式中 $A_1(D), \cdots, A_s(D)$ 为设计 D 的字长型.

可卷偏差可方便地用上面的方法推广至三水平试验.

定理 5.6 设 D 为 3^{s-p} 正规部分因子设计, 则

$$[\mathrm{WD}(D)]^2 = \left(\frac{73}{54}\right)^s \left[1 + 2\sum_{j=1}^s \left(\frac{4}{73}\right)^j A_j(D)\right] - \left(\frac{4}{3}\right)^s. \tag{5.78}$$

式中 $A_1(D), \cdots, A_s(D)$ 为设计 D 的字长型.

定理 5.6 表明, 对于正规的三水平部分因子设计, 最小低阶混杂准则与 WD 几乎是等价的, 而后者的计算十分方便, 前者就困难得多, 特别是对于非数学专业的读者. 另外, Fang et al. (2002b) 用统一的方法来建立均匀性和字长型的关系, 其均匀性测度可取为 CD, WD 等. 其设计可为任意的 q^{s-p} 部分因子设计, 可以是正规的, 也可以是非正规的. 有兴趣的读者可参看该文, 这里就不详细介绍了.

进一步地, Zhou, Xu (2014) 证明了均匀性和正交性之间关系的更一般结果. 为此, 先给出广义字长型的定义. 字长型是针对正规因子设计的, 而广义字长型是把字长型的定义推广至非正规因子设计. 记 $D(n; q_1, q_2, \cdots, q_s)$ 为一个有 n 次试验, s 个因子, $q_1, q_2, \cdots, q_s$ 个水平的设计. 这类设计的全体记为 $\mathcal{D}(n; q_1, q_2, \cdots, q_s)$. 若 $q_1 = q_2 = \cdots = q_s = q$, 则设计记作 $D(n; q^s)$, 其全体记为 $\mathcal{D}(n; q^s)$; 若部分 q_j 相等, 则记作 $D(n; q_1^{s_1}, \cdots, q_l^{s_l})$, 且有 $\sum_{j=1}^{l} s_j = s$. 对一个设计 $D(n; q_1, q_2, \cdots, q_s)$, Xu, Wu (2001) 考虑如下方差分析模型:

$$\boldsymbol{y} = \alpha_0 \mathbf{1}_n + \boldsymbol{X}_{(1)} \boldsymbol{\alpha}_1 + \cdots + \boldsymbol{X}_{(s)} \boldsymbol{\alpha}_s + \boldsymbol{\varepsilon},$$

其中 $\boldsymbol{y}$ 是 n 个响应值的向量, $\mathbf{1}_n$ 是元素为 1 的 n 维向量, α_0 是截距项, $\boldsymbol{\alpha}_j$ 是所有 j 因子交互效应的向量, $\boldsymbol{X}_{(j)}$ 是 $\boldsymbol{\alpha}_j$ 的对照系数矩阵, $\boldsymbol{\varepsilon}$ 是独立的随机误差向量. 对于一个设计 $D(n; q_1, q_2, \cdots, q_s)$, 假设 $\boldsymbol{X}_{(j)} = (x_{ik}^j)$ 为所有 j 因子对照系数组成的矩阵, $j = 0, 1, \cdots, s$. 定义

$$A_j(\mathcal{P}) = n^{-2} \sum_k \left| \sum_{i=1}^{n} x_{ik}^j \right|^2. \tag{5.79}$$

称向量 $W(\mathcal{P}) = (A_1(\mathcal{P}), \cdots, A_s(\mathcal{P}))$ 为 $\mathcal{P}$ 的**广义字长型**.

对于任意设计 $D \in \mathcal{D}(n; q^s)$, 对每一列的 q 个水平都可以做水平置换, 即把水平 $1, 2, \cdots, q$ 置换为 $i_1, i_2, \cdots, i_q$, $i_j \in \{1, 2, \cdots, q\}$, 则总共可以置换得到 $(q!)^s$ 个设计. 设 $Disc(D, \mathcal{K})$ 是由可分再生核 $\mathcal{K}(\boldsymbol{x}, \boldsymbol{y}) = \prod_{k=1}^{s} f(x_k, y_k)$ 得到的偏差, 其中 f 满足要求:

$$f(x, y) \geqslant 0, \text{ 且 } f(x, x) + f(y, y) > f(x, y) + f(y, x), \ x \neq y, x, y \in [0, 1]. \tag{5.80}$$

易知, 常见的中心化偏差、可卷偏差、混合偏差、Lee 偏差的核函数都满足要求 (5.80). 记 $\overline{Disc}(D,\mathcal{K})$ 是置换得到的 $(q!)^s$ 个设计的平均偏差. Zhou, Xu (2014) 证明了 $\overline{Disc}(D,\mathcal{K})$ 和广义字长型之间都有线性关系, 例如对于可卷偏差, 有

$$\overline{\mathrm{WD}}(D) = -\left(\frac{4}{3}\right)^s + \left(\frac{8q^2+1}{6q^2}\right)^s \sum_{i=0}^{s}\left(\frac{q+1}{8q^2+1}\right)^i A_i(\mathcal{P}).$$

上面的结果对于任意水平 q 都成立. 其他的偏差如中心化偏差、混合偏差都有类似的结果.

由于均匀性和最小低阶混杂准则的明确关系, 均匀性可用于比较不同的设计, 用于选择正交表的子表等.

例 5.18 欲从 $L_{12}(2^{11})$ 中选择五列来安排 5 个二水平因素的试验. 共有 $C_{11}^5 = 462$ 个子设计, 它们分成了两个同构类 D12-5.1 和 D12-5.2, 如表 5.15 所示. 为了比较这两个同构类的优劣, 文献内使用各种复杂的准则, 例如广义字长型等, 它们的计算过程都较复杂. 然而, 我们可计算这两个设计的 CD² 值分别为 0.16653 和 0.16654; WD² 值分别为 0.70518 和 0.70520, 因此 D12-5.1 比 D12-5.2 的均匀性略好. 因此, 均匀性准则就可以简单明了地区分这两个同构类.

表 5.15　$L_{12}(2^{11})$ 投影到 5 个因素的两类设计

试验号	D12-5.1					D12-5.2				
1	1	1	2	1	1	1	1	2	1	1
2	2	1	1	2	2	2	1	1	2	1
3	1	2	1	1	2	1	2	1	1	2
4	2	1	2	1	2	2	1	2	1	1
5	2	2	1	2	1	2	2	1	2	1
6	2	2	2	1	1	2	2	2	1	2
7	1	2	2	2	1	1	2	2	2	1
8	1	1	2	2	2	1	1	2	2	2
9	1	1	1	2	1	1	1	1	2	2
10	2	1	1	1	1	2	1	1	1	2
11	1	2	1	1	2	1	2	1	1	1
12	2	2	2	2	2	2	2	2	2	2

对于其他的偏差准则, 如 Lee 偏差, 与正交设计的字长型之间有类似的结果 (Zhou et al. (2008)). 若设计不具有正交性, 文献中把字长型的定义扩展成广义字长型, 并发现偏差与广义字长型之间也有类似的结果. 由于均匀性准则如中心化偏差、可卷偏差的计算十分方便, 比用字长型或广义字长型向量对非数学和统计专业的人更易于理解, 因此我们可以用设计的均匀性准则来区分不同的设计.

习 题

5.1 若变量 y 与 x 之间有韦布尔模型

$$y = 1 - \exp\{-2x^2\} + \varepsilon, \quad 0 \leqslant x \leqslant 2,$$

其中随机误差 $\varepsilon \sim N(0, \sigma^2), \sigma = 0.15$. 若试验者并不知道 y 与 x 之间的精确关系, 并希望通过随机模拟试验来找出 y 与 x 之间的近似关系. 设试验次数 $n = 12$, 考虑 5 个试验方案 $D_1, D_2, \cdots, D_5$, 它们在区间 $[0, 2]$ 中分别等距地取 2, 3, 4, 6, 12 水平. 用随机模拟产生该 5 个设计的响应值 y, 然后用 k 阶多项式回归模型 (5.5) 来拟合, 取 $k = 1, 2, 3, 4$,

(a) 给出这 5 个设计的模拟数据点图及其不同拟合模型;

(b) 在 $x \in [0, 2]$ 中模拟产生 1000 组 $\{x_i, y_i\}$, 并计算每个拟合模型的预测均方误差. 列出这 1000 次预测均方误差的中位数;

(c) 比较这 5 个设计, 并给出相应的结论.

5.2 考虑下列四个两因素 7 水平的设计:

$\mathcal{P}_{7-1}$		$\mathcal{P}_{7-2}$		$\mathcal{P}_{7-3}$		$\mathcal{P}_{7-4}$	
1	6	1	3	1	1	1	5
2	5	2	6	2	3	2	2
3	4	3	2	3	4	3	7
4	3	4	5	4	7	4	4
5	2	5	1	5	5	5	1
6	1	6	4	6	2	6	6
7	7	7	7	7	6	7	3

(a) 用计算机语言写出计算 L_2-星偏差、星偏差、中心化偏差、可卷偏差和 Lee 偏差的程序;

(b) 画出这四个设计的点图;

(c) 分别计算这四个设计的 L_2-星偏差、星偏差、中心化偏差、可卷偏差、Lee 偏差;

(d) 比较这些偏差值和它们的点图, 给出相应的结论.

5.3 在中心化偏差下, 试证明

$$\mathcal{P}^* = \left\{ \frac{1}{2n}, \frac{3}{2n}, \cdots, \frac{2n-1}{2n} \right\}$$

为试验区域为 $[0,1]$ 的均匀设计, 且其中心化偏差值 $CD = 1/(\sqrt{12}n)$.

5.4 在中心化偏差意义下, 考虑以下问题:

(a) 使用好格子点法构造均匀设计 $U_8(8^3)$, 并给出相应的中心偏差值;

(b) 使用好格子点法构造均匀设计 $U_{13}(13^3)$;

(c) 根据 (b) 的结果, 使用切割法构造 $U_8(8^3)$;

(d) 比较 (a) 与 (c) 的结果, 并给出相应结论.

5.5 在可卷偏差意义下, 构造试验次数为 11, 因素个数分别为 $s = 2, 4, 7$ 的近似均匀设计 $U_{11}(11^s)$:

(a) 使用方幂好格子点法;

(b) 用 $\{1, 2, \cdots, 11\}$ 的随机置换生成设计的 s 列;

(c) 用 (b) 法生成 1000 个设计, 并计算它们的可卷偏差, 并计算其均值和标准差. 取出其中最好的一个设计与 (a) 的设计相比较, 并给出结论.

5.6 验证可卷偏差和中心化偏差的迭代公式 (5.48) 和 (5.50).

5.7 用门限接受法构造均匀设计 $U_7(7^4)$, 并与已有结果做比较 (已有的均匀设计可参看 UniformDesign 网页).

5.8 在中心化偏差下, 考虑混合水平的均匀设计 $U_{12}(12 \times 6 \times 4 \times 3^2 \times 2^2)$ 的构造:

(a) 从已有的均匀设计 $U_{12}(12^7)$ 出发, 用拟水平的方法得到混合水平的均匀设计;

(b) 用随机置换得到设计, 即设计矩阵的第 i 列由 $\{1, \cdots, 1, \cdots, q_i, \cdots, q_i\}$ 随机置换得到的, 其中每个水平的重复次数为 $r = 12/q_i$;

(c) 重复 (b) 的过程 1000 次, 得到 1000 个随机设计, 计算其中心化偏差的均值和方差, 并与 (a) 的结果比较.

5.9 设 $\mathcal{P} = \{ \boldsymbol{x}_k = (x_{k1}, x_{k2}, \cdots, x_{ks}), k = 1, 2, \cdots, n \}$ 为超立方体 $C^s =$

$[0,1]^s$ 上的一个设计, 其可卷偏差如 (5.33) 式所示.

(a) 证明可卷偏差在下列变换下保持不变:

(i) 任意置换设计 $\mathcal{P}$ 的两行;

(ii) 任意置换设计 $\mathcal{P}$ 的两列;

(iii) 把 x_{ki} 变换为 $1 - x_{ki}$.

(b) 若 $\mathcal{P}$ 为两水平部分因子设计, 且水平分别为 1/4 和 3/4. 证明可卷偏差可以表示为汉明距离的函数:

$$(\mathrm{WD}(\mathcal{P}))^2 = -\left(\frac{4}{3}\right)^s + \frac{1}{n^2}\left(\frac{3}{2}\right)^s \sum_{k=1}^{n}\sum_{l=1}^{n}\left(\frac{5}{6}\right)^{d_H(k,l)},$$

式中 $d_H(k,l)$ 为 $\boldsymbol{x}_k$ 和 $\boldsymbol{x}_l$ 这两列的汉明距离.

5.10 一个化工试验中有六个因素, 每个因素我们取 17 个水平, 并采用 $U_{17}(17^6)$ 来安排试验, 其设计及响应如表 5.16 所示. 试按照下列步骤分析表 5.16 中数据:

表 5.16　六因素 17 水平的设计及其响应

x_1	x_2	x_3	x_4	x_5	x_6	y
0.01	0.2	0.8	5.0	14.0	16.0	17.95
0.05	2	10	0.1	8	12	22.09
0.1	10	0.01	12	2	8	31.74
0.2	18	1	0.8	0.4	4	39.37
0.4	0.1	12	18	0.05	1	31.90
0.8	1	0.05	4	18	0.4	31.14
1	8	2	0.05	12	0.1	39.81
2	16	14	10	5	0.01	42.48
4	0.05	0.1	0.4	1	18	24.97
5	0.8	4	16	0.2	14	50.29
8	5	16	2	0.01	10	60.71
10	14	0.2	0.01	16	5	67.01
12	0.01	5	8	10	2	32.77
14	0.4	18	0.2	4	0.8	29.94
16	4	0.4	14	0.8	0.2	67.87
18	12	8	1	0.1	0.05	55.56
20	20	20	20	20	20	79.57

(a) 考虑一阶模型

$$y = \beta_0 + \beta_1 x_1 + \cdots + \beta_6 x_6 + \varepsilon$$

来拟合数据, 通过统计诊断方法确定该模型的准确性, 即考虑该模型的 R^2, s^2, F-值及各种统计点图, 如残差点图、偏回归点图等;

(b) 对一阶模型使用筛选变量技术寻找合适模型, 并判断其模型是否显著;

(c) 若一阶模型不合适, 考虑对二阶模型

$$y = \beta_0 + \sum_{i=1}^{6} \beta_i x_i + \sum_{1 \leqslant i \leqslant j \leqslant 6} \beta_{ij} x_i x_j + \varepsilon$$

使用筛选变量技术寻找合适的模型, 并检验其模型是否显著;

(d) 考虑二阶中心化模型, 或对变量进行变换, 例如取对数等, 重新考虑上述建模过程, 直到求出满意的模型;

(e) 比较上述的不同模型, 给出最佳模型, 并根据最佳模型预测响应值.

5.11　若一个试验中有三个 12 水平的定量因素, x_1, x_2, x_3, 和一个分为 3 类的定性变量 x_4, 试用两个不同的均匀设计安排该试验, 并解释其合理性.

第六章

计算机试验

在计算机上做模拟试验是多快好省的试验方式, 本章概括介绍计算机试验设计的两类最重要的方法: 拉丁超立方体抽样和均匀设计, 同时也提及其他空间填充设计方法. 本章的最后, 简单综述了均匀设计的优良性.

6.1 引言

随着计算机的飞速发展, 计算机可以帮助我们高速、有效地处理越来越复杂的问题, 对试验也不例外. 有些复杂、费钱又费时的试验可以先在计算机上作试验前的预研究和因素 (参数) 的筛选, 这样既可大大节省试验费用, 又可大大缩短研究的时间. 近三十年来, 计算机试验已成为系统工程的重要研究方法, 应用十分广泛, 有关的综合性文章和专著可参考 Koehler, Owen (1996), Santner et al. (2003) 和 Fang et al. (2005a).

设一个系统中, 当输入参数 $x_1, x_2, \cdots, x_s$ 给定时, 其输出 y 可以通过确定性方程

$$y = f(x_1, x_2, \cdots, x_s) \tag{6.1}$$

精确算出, 式中 f 是已知函数, 但不一定有解析表达式, 注意这里不存在试验误差. 当系统比较复杂时, 函数 f 没有简单的解析表达式, 例如, 在航天飞行轨道或金融投资的系统中, 通过一组微分方程求解才得到 y, 此时函数 f 的表达式可能非常复杂且求解过程很慢, 在实际中不易实时控制. 因此, 对于一个复杂模型 (6.1), 选择一个近似模型

$$y \approx g(x_1, x_2, \cdots, x_s) \tag{6.2}$$

来取代其真正的模型就显得十分重要, 这里函数 g 可以快速地算出, 或甚至有简单的解析表达式, 其流程图如图 6.1 所示. 在实际应用中, 当输入变量给定后,

用近似模型 g 可快速地获得输出 y, 而不通过真实模型 f 来获得 y. 当近似模型 $y = g(x_1, x_2, \cdots, x_s)$ 有解析表达式时, 我们可以方便地研究 y 和 $x_1, x_2, \cdots, x_s$ 之间的关系、y 的极大 (极小) 值以及相应的极值点. 这样的研究如果通过原模型 (6.1) 是困难的.

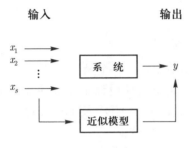

图 6.1 近似模型流程图

为了获得一个高质量的近似模型, 需要预先做一批试验. 若 $\mathcal{X}$ 为输入参数空间, 为了获得好的近似模型, 试验点应当均匀地散布在 $\mathcal{X}$ 中, 故需要一个**空间填充设计** (space filling design) 或均匀设计. 这里 "空间填充设计" 的名称由美洲学者首先采用, 并在国际上广泛使用; 差不多在同一时间, 方开泰、王元采用了 "均匀设计" 名称. 这两种名称表达了同一思想, 即将试验点均匀地散布于参数空间之中. 假如设计点在 $\mathcal{X}$ 中散布不均匀, 建立的近似模型在布点稀疏的试验区域可能会产生较大误差.

记 $\mathcal{P} = \{\boldsymbol{x}_1, \boldsymbol{x}_2, \cdots, \boldsymbol{x}_n\}$ 为参数空间的一个有 n 个试验点的空间填充设计, 其中 $\boldsymbol{x}_k = (x_{k1}, x_{k2}, \cdots, x_{ks}) \in \mathcal{X}$, $k = 1, 2, \cdots, n$. 计算 $y_k = f(\boldsymbol{x}_k)$, $k = 1, 2, \cdots, n$. 数据集 $\{(\boldsymbol{x}_k, y_k), k = 1, 2, \cdots, n\}$ 是建模的基础. 空间填充设计, 按其产生的办法, 可分类为:

(1) 完全随机抽样

即试验点是 $\mathcal{X}$ 上均匀分布的一个随机样本. 这个方法简单易行, 但表现不够稳定, 即试验点有时候在 $\mathcal{X}$ 上分布并不十分均匀.

(2) 分层随机抽样

拉丁超立方体设计 (Latin hypercube design, 注: 在第一版中意译为超拉丁方设计, 因其为拉丁方设计的一种推广, 为了和其他文献一致, 本版直译为该名称) 及相应的**拉丁超立方体抽样** (Latin hypercube sampling) 就是一种分层随机抽样, 它的表现比完全随机抽样稳定, 故在实际中大量使用. 下节将会作详细介绍.

(3) 确定性方法

即在 $\mathcal{X}$ 中选一个具有 n 个点的集合, 使其在 $\mathcal{X}$ 上有最好的均匀性, 这些点是确定性、非随机的. 均匀设计就是属于这种方法. Johnson et al. (1990) 提出的使试验点之间的距离达到某种准则 (minimax 或 maximin) 也是确定性的方法.

(4) 随机和确定性混合的方法

该方法是从确定性方法中选择一个设计, 然后进行某种随机化. Tang (1993) 提出的基于正交表的拉丁超立方体设计 (Orthogonal array-based latin hyper-cubes design, 简称为 OA-based LHD) 及 Owen (1992a,b) 提出的随机正交表和随机 (t, m, s)-网都基于这种思想.

建模是计算机试验的另一个重要的方面. 当 $s = 1$ 时, 本书 2.2 节已介绍了不少有用的建模方法, 如基函数法、近邻多项式估计和样条估计. 如何将这些方法推广至 $s > 1$ 的情形, 是一个挑战性的研究课题. Sacks et al. (1989) 将探矿专业用的克里金 (Kriging) 方法引进到计算机试验的建模, 得到了广泛的应用. Morris et al. (1993) 提出了贝叶斯建模方法, 人工神经网络也可用来建模, 但缺点是近似模型没有表达式. 较详细的讨论可参见 Fang et al. (2005a).

常用的空间填充设计有以下三大类型: 拉丁超立方体设计、均匀设计、最大最小距离设计. 由于均匀设计已在前一章中详细介绍, 本章我们首先介绍拉丁超立方体设计及拉丁超立方体抽样, 其次介绍最大最小距离设计, 最后通过例子讨论均匀设计在计算机试验中的应用.

6.2 拉丁超立方体抽样

设 $\mathcal{P} = \{\boldsymbol{x}_1, \boldsymbol{x}_2, \cdots, \boldsymbol{x}_n\}$ 为 $\mathcal{X}$ 上的试验点, 欲通过 $\mathcal{P}$ 来估计 y 在 $\mathcal{X}$ 上的均值

$$\mu = \int_{\mathcal{X}} y(\boldsymbol{x}) \mathrm{d}\boldsymbol{x}. \tag{6.3}$$

若试验点是 $\mathcal{X}$ 上的一个随机样本, 我们用样本均值 $\hat{\mu} = \bar{y}(\mathcal{P}) = \dfrac{1}{n} \sum_{i=1}^{n} y_i$ 来估计 μ (参见 (5.7) 式). 基于上述考虑, 称模型 (6.3) 为总均值模型. 我们希望选择一个设计 $\mathcal{P}$ 使得对总体均值的估计 $\bar{y}(\mathcal{P})$ 是无偏的或者渐近无偏的, 并且使

得其方差越小越好. 从蒙特卡罗方法出发, 可以在试验域 $C^s = [0,1]^s$ 上独立同均匀分布地选择试验点 $\boldsymbol{x}_1, \boldsymbol{x}_2, \cdots, \boldsymbol{x}_n$, 这样抽取出来的设计称为**简单随机抽样** (simple random design, 简称为 SRD). 显然, 简单随机抽样的样本均值点是 μ 的无偏估计, 其方差为 $\mathrm{Var}(y(\boldsymbol{x}))/n$, 其中 $\boldsymbol{x} \sim U([0,1]^s)$, 后者表示在单位立方体上的均匀分布. 为了减少估计方差, 人们提出了一些改进方法, 本节将简单介绍这些方法的思想和算法.

6.2.1　拉丁超立方体抽样

当试验点之间有负相关时, 方差 $\mathrm{Var}(y(\boldsymbol{x}))/n$ 可以减少, 即可以提高估计总体均值的精度. 基于这种思想, McKay et al. (1979) 提出了**拉丁超立方体抽样方法** (LHS), 该方法是采用两步随机化, 可以给出总体均值的无偏估计, 且其渐近方差比 SRD 的小, 其本质是分层抽样方法. 假如试验次数为 n, LHS 方法首先对区域进行分层, 即区域的每一维都等分为 n 个小区间, 这样试验域就等分为 n^s 个小方格, 然后在 n^s 个方格中选取 n 个方格, 使得任一行和任一列都仅有一个方格被选中, 最后在选中的 n 个方格中各自随机选取一个点组成最后的 n 个试验点, 这种方法使试验域 C^s 内任一点都可能被抽到. 给定试验点数 n 和因素个数 s, LHS 的构造过程分为两步, 具体的构造方法如下.

步骤 1　取 s 个独立的 $\{1, 2, \cdots, n\}$ 的随机置换 $\pi_j(1), \pi_j(2), \cdots, \pi_j(n)$, $j = 1, 2, \cdots, s$, 将它们作为列向量组成一个 $n \times s$ 设计矩阵, 称为**拉丁超立方体设计** (Latin hypercube design, 简称为 LHD), 记为 $\mathrm{LHD}(n, s)$, 它的第 k 行 j 列的元素记为 $\pi_j(k)$.

步骤 2　取 $[0, 1]$ 上 ns 个均匀分布的独立抽样, $U_{ij} \sim U(0, 1)$, $i = 1, 2, \cdots$, $n, j = 1, 2, \cdots, s$. 记 $\boldsymbol{x}_k = (x_{k1}, x_{k2}, \cdots, x_{ks})'$, 其中

$$x_{kj} = \frac{\pi_j(k) - U_{kj}}{n}, \; k = 1, 2, \cdots, n, \; j = 1, 2, \cdots, s, \tag{6.4}$$

则设计 $D = \{\boldsymbol{x}_1, \boldsymbol{x}_2, \cdots, \boldsymbol{x}_n\}$ 即为一个 LHS 设计, 并记为 $\mathrm{LHS}(n, s)$.

上面步骤 1 是为了保证在 n^s 个方格中随机选取 n 个方格, 使得任一行和任一列都仅有一个方格被选中; 而步骤 2 中在 $[0, 1]$ 上再取随机数的目的是使得 LHS 能取遍整个试验区域. 这种分层构造的方法可以避免简单随机抽样的最坏的情形. Stein (1987) 给出了 LHS 的方差表达式, Owen (1992a) 证明了关于有界函数的 LHS 的中心极限定理, 都说明了 LHS 的方差比 SRD 的要小. 但是这种随机分层抽样的方法不一定能保证构造出来的 LHS 具有很好的均匀性,

请见下面的例子.

例 6.1 构造一个 $n = 8$, $s = 2$ 的拉丁超立方体抽样. 首先对 $\{1, 2, \cdots, 8\}$ 随机置换二次, 作为拉丁超立方体设计的两列. 然后再产生 8×2 的随机数组成随机矩阵, 分别如下所示:

$$
\begin{pmatrix}
5 & 4 \\
8 & 3 \\
7 & 6 \\
3 & 7 \\
1 & 8 \\
4 & 2 \\
2 & 1 \\
6 & 5
\end{pmatrix},
\begin{pmatrix}
0.4387 & 0.7446 \\
0.4983 & 0.2679 \\
0.2140 & 0.4399 \\
0.6435 & 0.9334 \\
0.3200 & 0.6833 \\
0.9601 & 0.2126 \\
0.7266 & 0.8392 \\
0.4120 & 0.6288
\end{pmatrix},
$$

则由 (6.4) 式的变换可得拉丁超立方体抽样, 如图 6.2(a) 所示, 从中可知该图的均匀性较差. 由于拉丁超立方体设计的每一列都是由 $\{1, 2, \cdots, n\}$ 的随机置换而成的, 因此其均匀性不能保证, 当然许多 LHS 具有很好的均匀性, 如图 6.2(b) 所示. 为了降低计算复杂度, 很多作者建议去掉 U_{kj} 的随机性, 把 LHS 定义为格结构

$$
x_{kj} = \frac{\pi_j(k) - 0.5}{n}, \quad k = 1, 2, \cdots, n, \ j = 1, 2, \cdots, s, \tag{6.5}
$$

即把试验点 $\boldsymbol{x}_k$ 取到小方块的中心. 这时相应的 LHS 称为中点拉丁超立方体抽样 (midpoint Latin hypercube sampling, 简称为 MLHS), 并记为 MLHS(n, s), 如图 6.2(b) 所示. MLHS 和均匀设计有很多联系, 见 Morris et al. (1993). 显然, 任意 s 个 $\{1, 2, \cdots, n\}$ 的置换组成的 $n \times s$ 矩阵是一个 U 型设计 (见定义 5.9), 故 MLHS 是由 U 型设计通过变换 (6.5) 而成的. 故任一 MLHS 是总体 $\tilde{\mathcal{U}}(n; n^s)$ 中的一个随机抽样.

由拉丁超立方体抽样的构造过程可知: (i) 它很容易产生; (ii) 它可以处理试验次数 n 与因素个数 s 较大的问题; (iii) 与完全随机抽样相比, 它估计 y 的样本均值的样本方差要小. 然而, 有些 LHS 设计会显得很不均匀, 从而达不到很好的估计效果. 为了排除一些质量差的 LHS, 文献中提出了不同的改进方法, 即对 LHS 添加一些其他准则. 一种方法是使得输入变量之间的相关性变小 (Morris et al. (1993)); 另外的方法是引进贝叶斯方法, 如 Park (1994) 的 IMSE

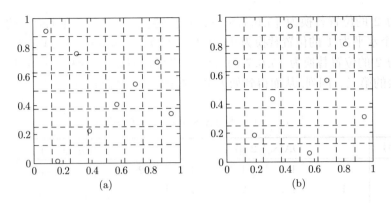

图 6.2   两个拉丁超立方体抽样

准则和 Morris, Mitchell (1995) 考虑的熵准则; Tang (1993) 考虑随机化正交表等. 下一小节只介绍最后一种方法, 更多的介绍参考 Koehler, Owen (1996).

6.2.2 随机化正交表

随机化正交表 (randomized orthogonal array) 是由一个正交表产生的拉丁超立方体设计, 该类设计可以有效地减少估计方差. 一个试验次数为 n、因素个数为 s、水平数为 q 的部分因子设计称为强度为 r 的**正交表**, 并记为 $\mathrm{OA}(n, s, q, r)$, 假设该设计的任意 m $(m \leqslant r)$ 列都构成完全因子设计. 易知, 第三章介绍的正交设计是强度为 2 的正交表, 而 U 型设计可认为是强度为 1 的正交表.

从一个正交表 $\mathrm{OA}(n, s, q, r)$ 出发, 构造随机化正交表的步骤如下:

步骤 1   选择合适的正交表 $\mathrm{OA}(n, s, q, r)$, 记为 $\boldsymbol{A}$, 并设 $\lambda = n/q$;

步骤 2   对 $\boldsymbol{A}$ 的每一列的 λ 个水平为 k $(k = 1, 2, \cdots, q)$ 的元素, 用 $\{(k-1)\lambda + 1, (k-1)\lambda + 2, \cdots, (k-1)\lambda + \lambda\}$ 的一个随机置换代替. 产生的拉丁超立方体设计即为随机化正交表, 记为 $\mathrm{OH}(n, n^s)$.

正交表的水平组合的平衡性保证了随机化正交表的稳定性比一般拉丁超立方体设计好, 即不会产生很差的设计. 然而, 构造随机化正交表的前提是存在正交表, 由第三章可知, 只有部分特殊的 n, s, q 才存在强度为 r $(r \geqslant 2)$ 的正交表, 因此这种方法不能构造任意的 n, s 的拉丁超立方体设计. 下面考虑一个简单的例子.

例 6.2   从表 6.1 的正交表 $\mathrm{OA}(8, 4, 2, 3)$ 出发构造 $\mathrm{OH}(8, 8^4)$.

可以验证表 6.1 左边设计是强度为 3 的正交表. 在正交表 $\mathrm{OA}(8, 4, 2, 3)$ 的第一列中, 4 个水平为 1 的位置替换为 $\{1, 2, 3, 4\}$ 的随机置换 $\{2, 1, 3, 4\}$, 4 个水平为 2 的位置替换为 $\{5,6,7,8\}$ 的随机置换 $\{6,5,7,8\}$; 在正交表的第二列中, 4 个水平为 1 的位置替换为 $\{1,2,3,4\}$ 的另一个随机置换 $\{4,1,3,2\}$, 4 个水平为 2 的位置替换为 $\{5,6,7,8\}$ 的另一个随机置换 $\{7,5,6,8\}$; 类似地, 替换正交表的第三、四列, 从而得到如表 6.1 右边所示的随机化正交表.

表 6.1   正交表 $OA(8,4,2,3)$ 和 $OH(8,8^4)$

试验号	$OA(8,4,2,3)$				$OH(8,8^4)$			
1	1	1	1	1	2	4	3	3
2	1	1	2	2	1	1	6	7
3	1	2	1	2	3	7	4	8
4	1	2	2	1	4	5	8	4
5	2	1	1	2	6	3	1	5
6	2	1	2	1	5	2	7	1
7	2	2	1	1	7	6	2	2
8	2	2	2	2	8	8	5	6

6.2.3   正交拉丁超立方体设计

正交性是选择拉丁超立方体设计的重要准则之一. 对一个拉丁超立方体设计, 如果它的各因子列之间的相关系数为零, 则称为**正交拉丁超立方体设计** (orthogonal Latin hypercube design, 简称为 OLHD). 近年来有不少关于 OLHD 的工作, Ye (1998) 较早给出了一种构造 OLHD 的方法, Cioppa, Lucas (2007) 基于 Ye (1998) 的方法, 扩充了个别 OLHD 的因子列数, Beattie, Lin (2004) 给出了一种通过旋转 q 水平全因子设计构造 OLHD 的方法, 近期, Steinberg, Lin (2006) 和 Pang et al. (2009) 分别给出了通过旋转两水平和质数水平部分实施因子设计构造 OLHD 的方法, 而 Bingham et al. (2009) 和 Lin et al. (2009) 则构造了一些 OLHD 和近似 OLHD. 最近, Sun et al. (2009b) 和 Sun et al. (2010) 给出了一类构造 OLHD 的方便、灵活的方法, 所构造的设计具有较多的因子列, 试验次数能灵活选取, 且同时满足下面两条性质:

(i) 设计中的任一列与其他列正交, 即相关系数为零;

(ii) 设计中任一列对应的元素平方列及任两列的元素点乘列与设计的所有列正交,

显然, 满足性质 (i) 的拉丁超立方体设计就是 OLHD. OLHD 保证了在拟合一阶模型时线性效应估计的独立性. 然而, 当二阶效应存在时, 我们需要拟合二阶模型, 对这样的情形, 就需要满足这两条性质的拉丁超立方体设计, 这样的设计我们称为**二阶正交拉丁超立方体设计**. 上述已有工作中, Ye (1998) 和 Cioppa, Lucas (2007) 构造的设计实际上是二阶正交拉丁超立方体设计, 但相对试验次数而言仅能安排很少的因子. 下面我们仅介绍 Sun et al. (2009b) 给出的两种方法, 其中所构造的设计中因子的水平是中心化后的水平.

构造 $\mathrm{LHD}(2^{c+1}+1, 2^c)$ 的方法:

步骤 1 对 $c = 1$, 设

$$S_1 = \begin{pmatrix} 1 & 1 \\ 1 & -1 \end{pmatrix}, \quad T_1 = \begin{pmatrix} 1 & 2 \\ 2 & -1 \end{pmatrix}. \tag{6.6}$$

步骤 2 对 $c > 1$, 定义 S_c 和 T_c 如下:

$$S_c = \begin{pmatrix} S_{c-1} & -S_{c-1}^* \\ S_{c-1} & S_{c-1}^* \end{pmatrix}, \quad T_c = \begin{pmatrix} T_{c-1} & -(T_{c-1}^* + 2^{c-1}S_{c-1}^*) \\ T_{c-1} + 2^{c-1}S_{c-1} & T_{c-1}^* \end{pmatrix}, \tag{6.7}$$

其中 * 操作符是将具有偶数行的矩阵的上半部分元素乘 -1, 下半部分元素保持不变.

步骤 3 如下得到的 L_c 即为一个 $\mathrm{LHD}(2^{c+1}+1, 2^c)$:

$$L_c = (T_c', 0_{2^c}, -T_c')', \tag{6.8}$$

其中 0_{2^c} 表示元素全为零的 $2^c \times 1$ 列向量, A' 表示矩阵 A 的转置.

下面考虑一个简单的例子. 设 $c = 2$, 即构造正交拉丁超立方体设计 $\mathrm{LHD}(9, 4)$. 由上面构造方法的步骤 2 可知

$$S_1^* = \begin{pmatrix} -1 & -1 \\ 1 & -1 \end{pmatrix}, \quad T_1^* = \begin{pmatrix} -1 & -2 \\ 2 & -1 \end{pmatrix},$$

则

$$T_2 = \begin{pmatrix} T_1 & -(T_1^* + 2S_1^*) \\ T_1 + 2S_1 & T_1^* \end{pmatrix} = \begin{pmatrix} 1 & 2 & 3 & 4 \\ 2 & -1 & -4 & 3 \\ 3 & 4 & -1 & -2 \\ 4 & -3 & 2 & -1 \end{pmatrix},$$

故根据 (6.8) 式可得

$$
L_2 = \begin{pmatrix}
1 & 2 & 3 & 4 & 0 & -1 & -2 & -3 & -4 \\
2 & -1 & 4 & -3 & 0 & -2 & 1 & -4 & 3 \\
3 & -4 & -1 & 2 & 0 & -3 & 4 & 1 & -2 \\
4 & 3 & -2 & -1 & 0 & -4 & -3 & 2 & 1
\end{pmatrix}',
$$

容易验证, 这样构造出来的 L_2 是一个正交拉丁超立方体设计.

构造 $\mathrm{LHD}(2^{c+1}, 2^c)$ 的方法:

步骤 1、2　利用公式 (6.6) 和 (6.7) 构造 S_c 和 T_c.

步骤 3　令 $H_c = T_c - S_c/2$, 则 $L_c = (H_c', -H_c')'$ 即为一个 $\mathrm{LHD}(2^{c+1}, 2^c)$.

Sun et al. (2009b) 证明了上述两种方法构造的拉丁超立方体设计是二阶正交拉丁超立方体设计, 且设计中的因子列数已经达到了其最大值 $\lfloor n/2 \rfloor$, 表 6.2 给出了利用第一种方法构造的 $\mathrm{LHD}(17,8)$ 设计, 易验证它满足性质 (i) 和 (ii), 表 6.3 给出了与已有方法的比较, 从中可看出这种构造方法的优越性.

表 6.2　二阶正交拉丁超立方体设计 $\mathrm{LHD}(17,8)$

试验号	1	2	3	4	5	6	7	8
1	1	2	3	4	5	6	7	8
2	2	-1	-4	3	6	-5	-8	7
3	3	4	-1	-2	-7	-8	5	6
4	4	-3	2	-1	-8	7	-6	5
5	5	6	7	8	-1	-2	-3	-4
6	6	-5	-8	7	-2	1	4	-3
7	7	8	-5	-6	3	4	-1	-2
8	8	-7	6	-5	4	-3	2	-1
9	0	0	0	0	0	0	0	0
10	-1	-2	-3	-4	-5	-6	-7	-8
11	-2	1	4	-3	-6	5	8	-7
12	-3	-4	1	2	7	8	-5	-6
13	-4	3	-2	1	8	-7	6	-5
14	-5	-6	-7	-8	1	2	3	4
15	-6	5	8	-7	2	-1	-4	3
16	-7	-8	5	6	-3	-4	1	2
17	-8	7	-6	5	-4	3	-2	1

表 6.3　二阶正交拉丁超立方体设计的某些存在性结果

试验数	因子列数最大值		
	Ye	CL	SLL
8	4		4
9	4		4
16	6		8
17	6	7	8
32	8		16
33	8	11	16
64	10		32
65	10	16	32
128	12		64
129	12	22	64
256	14		128
257	14	29	128
512	16		256
513	16	37	256
1024	18		512
1025	18	46	512

　　最近, Sun et al. (2010) 将这两种方法进行了推广, 使得所构造的二阶正交拉丁超立方体设计在试验次数的选取上更加灵活方便. 值得注意的是, 这样的方法构造的设计在正交性的各种准则下具有优良的性质, 但不能保证在均匀性准则下具有好的性质. Ai et al. (2012) 对正交表进行旋转得到了一阶和二阶正交拉丁超立方体设计, 而且有灵活的试验次数. 进一步地, Yang, Liu (2012) 给出了试验次数更加灵活的二阶正交拉丁超立方体设计, 可以构造二阶正交拉丁超立方体设计 $\text{OLHD}(r2^{c+1}, 2^c)$, 其中 $r \geqslant 1, c \geqslant 2$. 因此, Yang, Liu (2012) 的结果是 Sun et al. (2009b) 的一种推广.

6.2.4　分片拉丁超立方体设计

　　在计算机试验中, 尽管计算机试验花费少, 但有时时间成本高, 例如对于一些微分方程组的求解过程, 计算机程序可能需要运行几个星期的时间才能完成一次试验. 一种解决方法是对整个设计的 n 个试验点分组, 这样可以在不同的计算机上并行计算, 各自算出结果后也可以独立分析. 因此, 要求每一组的设计点都具有某种空间填充性. Qian, Wu (2009) 提出的分片空间填充设计, 首先基于一个特殊的正交表构造一个 LHD, 接着把该设计分成几部分, 使得每一部分都有好的空间填充性. 该方法可用于同时含有定量因子和定性因子的情形. 进一步地, Qian (2012) 提出的分片拉丁超立方体设计 (sliced Latin hypercube design, 简称为 SLHD) 即可满足这种要求, 其整个设计 $\boldsymbol{D}$ 是一个 LHD, 且 $\boldsymbol{D}$ 可分为 k 片, 每一片都是一个小的 LHD. 换句话说, 一个 LHD $\boldsymbol{D} = (\boldsymbol{D}_1', \boldsymbol{D}_2', \cdots, \boldsymbol{D}_k')'$ 被称为 SLHD, 若 $\boldsymbol{D}_i, i = 1, 2, \cdots, k$ 都是 LHD. 通常地, $\boldsymbol{D}_1, \boldsymbol{D}_2, \cdots, \boldsymbol{D}_k$ 都是 $m \times s$ 的 LHD; 此时, 称相应的分片拉丁超立方体设计为有 k 片的分片拉丁超立方体设计, 记为 SLHD(n, s, k), 其中 $n = mk$.

下面给出一种构造 SLHD(n, s, k) 的方法. 设 $Z_n = \{1, 2, \cdots, n\}$, $n = mk$. 对 Z_n 分成以下 m 组,

$$\boldsymbol{b}_i = \{a \in Z_n | \lceil a/k \rceil = i\}, i = 1, \cdots, m,$$

其中 $\lceil \cdot \rceil$ 表示向上取整.

一种构造 SLHD(n, s, k) 的方法:

步骤 1 令一个 $m \times k$ 矩阵 $\boldsymbol{H}_0$ 的第 i 行是集合 $\boldsymbol{b}_i$ 中所有元素的随机置换, $i = 1, 2, \cdots, m$.

步骤 2 对 $\boldsymbol{H}_0$ 的每一列都做随机置换后, 得到一个分片置换矩阵 $\boldsymbol{H}$.

步骤 3 重复步骤 1 和 2 s 次, 得到 s 个分片置换矩阵 $\boldsymbol{H}_1, \boldsymbol{H}_2, \cdots, \boldsymbol{H}_s$.

步骤 4 对于 $c = 1, 2, \cdots, k$, 令矩阵 $\boldsymbol{D}^{(c)}$ 的第 j 列为 $\boldsymbol{H}_j$ 的第 c 列, $j = 1, 2, \cdots, s$. 令 $\boldsymbol{D} = \bigcup_{c=1}^{k} \boldsymbol{D}^{(c)}$, 则 $\boldsymbol{D}$ 即为一个 SLHD(n, s, k).

由上述算法得到的设计 $\boldsymbol{D}$ 的每一列都是 $1, 2, \cdots, n$ 的一个置换, 且 $\lceil \boldsymbol{D}^{(c)}/k \rceil$ 中每一列都是 $1, 2, \cdots, m$ 的置换. 该算法对列数 s 的大小没有限制.

例 6.3 设 $n = 9, s = 4, k = 3$. 可得 $\boldsymbol{b}_1 = \{1, 2, 3\}$, $\boldsymbol{b}_2 = \{4, 5, 6\}$, $\boldsymbol{b}_3 = \{7, 8, 9\}$. 由步骤 1, 对 $\boldsymbol{b}_i$ 做随机置换后放至某矩阵的第 i 行, $i = 1, 2, 3$, 可得一个矩阵

$$\boldsymbol{H}_0 = \begin{pmatrix} 2 & 3 & 1 \\ 6 & 5 & 4 \\ 9 & 7 & 8 \end{pmatrix}.$$

由步骤 2, 对矩阵 $\boldsymbol{H}_0$ 的每一列做随机置换后, 可得一个矩阵

$$\begin{pmatrix} 9 & 5 & 4 \\ 6 & 3 & 8 \\ 2 & 7 & 1 \end{pmatrix}.$$

由步骤 3, 重复 4 次, 可随机得到另外的三个分片置换矩阵

$$\begin{pmatrix} 4 & 3 & 1 \\ 2 & 6 & 9 \\ 8 & 7 & 5 \end{pmatrix}, \quad \begin{pmatrix} 4 & 1 & 6 \\ 7 & 8 & 3 \\ 2 & 5 & 9 \end{pmatrix}, \quad \begin{pmatrix} 3 & 8 & 2 \\ 6 & 1 & 4 \\ 7 & 5 & 9 \end{pmatrix}.$$

由这四个分片置换矩阵, 可得步骤 4 中的 $\boldsymbol{D}^{(c)}$ 如下:

$$\boldsymbol{D}^{(1)} = \begin{pmatrix} 9 & 4 & 4 & 3 \\ 6 & 2 & 7 & 6 \\ 2 & 8 & 2 & 7 \end{pmatrix}, \quad \boldsymbol{D}^{(2)} = \begin{pmatrix} 5 & 3 & 1 & 8 \\ 3 & 6 & 8 & 1 \\ 7 & 7 & 5 & 5 \end{pmatrix}, \quad \boldsymbol{D}^{(3)} = \begin{pmatrix} 4 & 1 & 6 & 2 \\ 8 & 9 & 3 & 4 \\ 1 & 5 & 9 & 9 \end{pmatrix}.$$

因此, 可得最终的 SLHD$(9, 4, 3)$ 如下:

$$\boldsymbol{D} = \begin{pmatrix} 9 & 6 & 2 & 5 & 3 & 7 & 4 & 8 & 1 \\ 4 & 2 & 8 & 3 & 6 & 7 & 1 & 9 & 5 \\ 4 & 7 & 2 & 1 & 8 & 5 & 6 & 3 & 9 \\ 3 & 6 & 7 & 8 & 1 & 5 & 2 & 4 & 9 \end{pmatrix}'. \tag{6.9}$$

显然, 上面设计的每一列都是 $1, 2, \cdots, 9$ 的置换, 且满足分片拉丁超立方体设计的要求, 即 $\lceil \boldsymbol{D}/3 \rceil$ 的每三行都构成一个拉丁超立方体设计 LHD$(3, 4)$.

　　类似于实体试验, 在计算机试验中也存在既有定性因子又有定量因子的情形. 定性因子的水平数事先确定, 不能任意取, 而定量因子的水平数可以取任意值. 因此, 相应的设计需要适应对水平数的要求. 对于仅存在一个定性因子、多个定量因子的情形, 可用 SLHD 来安排. 即对于该定性因子的每个水平, 都对应于 SLHD 中的某一片. 例如, 若该定性因子为三水平, 则可基于例 6.3 中的设

计 (6.9) 增加一个三水平的列, 得到设计

$$\boldsymbol{D} = \begin{pmatrix} 1 & 1 & 1 & 2 & 2 & 2 & 3 & 3 & 3 \\ 9 & 6 & 2 & 5 & 3 & 7 & 4 & 8 & 1 \\ 4 & 2 & 8 & 3 & 6 & 7 & 1 & 9 & 5 \\ 4 & 7 & 2 & 1 & 8 & 5 & 6 & 3 & 9 \\ 3 & 6 & 7 & 8 & 1 & 5 & 2 & 4 & 9 \end{pmatrix}'. \tag{6.10}$$

易知, 设计矩阵 (6.10) 的第一列中每个水平都对应于一个拉丁超立方体设计 LHD$(3,4)$. 因此, SLHD 可应用于同时包含定量和定性因子的情形.

从 SLHD 的构造算法中可知, 给定参数 n, s, k 后, 可以构造非常多的 SLHD. 虽然 SLHD 在一维上都具有投影均匀性, 但不同的 SLHD(n, s, k) 的空间填充性有差异. 可能构造的 SLHD 在整个试验区域上的空间填充性很差, 每一片的拉丁超立方体设计的空间填充性也都不佳. 为此, 类似于 LHD, 我们可以把 SLHD 看成一个待优化的框架, 即在 SLHD 的基础上再应用其他准则来优化.

Yin et al. (2014) 和 Yang et al. (2014) 基于对称和非对称的可分解正交表来构造 SLHD, 使得到的设计具有低维投影均匀性; 例如选取的正交表具有强度 t, 则相应的 SLHD 具有 t 维以内的投影均匀性. 进一步地, Chen et al. (2016) 基于中心化偏差这一均匀性度量衡量不同的 SLHD, 并在其中选择一个均匀性最佳的 SLHD, 称之为均匀 SLHD, 均匀 SLHD 在所有低维上都具有较好的投影均匀性. 此外, 列正交性也是重要的性质, Yang et al. (2013) 构造了列正交 SLHD, Huang et al. (2014) 也提供了另一种构造列正交 SLHD 的方法. 进一步地, Cao, Liu (2015) 给出了一种构造二阶列正交 SLHD 的方法, 其中试验次数 n 和列数 s 可以较灵活.

另一方面, 对于同时含有定量因子和定性因子的试验, SLHD 适合于有少量定性因子的情形. 对于有更多定性因子的情形, Deng et al. (2015) 提出边际耦合设计 (marginally coupled design) 来解决这个问题; 边际耦合设计可以适应多个定量因子和多个定性因子的情形, 其要求每个定性因子的每个水平都对应于一个拉丁超立方体设计. 一个边际耦合设计 $\boldsymbol{D}$ 可由定性因子的设计 $\boldsymbol{D}_1$ 和定量因子的设计 $\boldsymbol{D}_2$ 这两部分合成, 即 $\boldsymbol{D} = (\boldsymbol{D}_1, \boldsymbol{D}_2)$. 下面是一个含有 4 个定性因子、3 个定量因子且有 8 个试验点的边际耦合设计:

$$
\boldsymbol{D} = \begin{pmatrix}
\overset{\boldsymbol{D}_1}{} & & & & \overset{\boldsymbol{D}_2}{} & & \\
1 & 1 & 1 & 1 & 6 & 8 & 3 \\
2 & 2 & 2 & 2 & 5 & 7 & 4 \\
1 & 1 & 2 & 2 & 7 & 3 & 5 \\
2 & 2 & 1 & 1 & 8 & 4 & 6 \\
1 & 2 & 1 & 2 & 1 & 5 & 7 \\
2 & 1 & 2 & 1 & 2 & 6 & 8 \\
1 & 2 & 2 & 1 & 3 & 2 & 2 \\
2 & 1 & 1 & 2 & 4 & 1 & 1
\end{pmatrix}.
$$

容易验证, 对于 $\boldsymbol{D}_1$ 中每列的每个水平所对应的 $\boldsymbol{D}_2$ 的行都构成一个 LHD(4,3). 例如, $\boldsymbol{D}_1$ 的第一列中水平 1 所对应的 $\boldsymbol{D}_2$ 的 4 行构成一个 LHD(4,3), 其对每个元素除以 2 并向上取整即可, 具体如下:

$$
\begin{pmatrix}
6 & 8 & 3 \\
7 & 3 & 5 \\
1 & 5 & 7 \\
3 & 2 & 2
\end{pmatrix}
\xrightarrow{\lceil \cdot /2 \rceil}
\begin{pmatrix}
3 & 4 & 2 \\
4 & 2 & 3 \\
1 & 3 & 4 \\
2 & 1 & 1
\end{pmatrix}.
$$

其他的类似. 由此可见, 边际耦合设计的结构非常巧妙. 边际耦合设计是分片拉丁超立方体设计的一种推广. 关于边际耦合设计的构造算法, 可参 Deng et al. (2015), He et al. (2017a,b), He et al. (2019) 和 Zhou et al. (2021).

6.2.5 嵌套拉丁超立方体设计

在有些计算机试验中, 存在不同精度的试验. 例如对于某些微分方程组求解时采用有限元方法和有限差分法等不同的方法, 其解的精度是不同的. 通常地, 一次高精度的计算机试验需要更长的时间, 但是得到的结果会更接近真实, 而低精度的计算机试验可能在很短时间内就可以运行完毕, 但是结果却不够精确. 因此, 费时、高代价的高精度试验的试验次数不宜太多, 而低精度试验的试验次数可以多一些. 为了充分利用不同精度试验的结果, 一种可行的方法是在 n 个低精度的试验点 $D_l = \{\boldsymbol{x}_1, \boldsymbol{x}_2, \cdots, \boldsymbol{x}_n\}$ 中选择 m 个试验点 $\{\boldsymbol{x}_{i_1}, \boldsymbol{x}_{i_2}, \cdots, \boldsymbol{x}_{i_m}\}$ 来做高精度试验. 因此, 我们得到 $D_h = \{\boldsymbol{x}_{i_1}, \boldsymbol{x}_{i_2}, \cdots, \boldsymbol{x}_{i_m}\}$ 这 m 个试验点的高精度和低精度试验结果. 对于大量的低精度试验结果, 可建立低精度的模型, 并用高精度的试验数据对低精度的模型进行调整.

当因素和响应之间的关系未知时, 空间填充设计是可行的选择. 对于存在不同精度的试验, 可考虑嵌套空间填充设计, 即用一个试验次数多的空间填充设计安排低精度试验, 在其中挑选部分试验点构成一个小的空间填充设计, 来安排高精度的试验. Qian et al. (2009a) 基于嵌套差阵构造了嵌套正交表. Qian et al. (2009b) 应用伽罗瓦域和正交表构造了嵌套空间填充设计. 进一步地, Qian (2009) 基于拉丁超立方体设计的框架构造了嵌套拉丁超立方体设计 (nested Latin hypercube design, 简称为 NLHD), 其用一个大的 LHD 包含一个小的 LHD 作为子集. NLHD 不仅适用于高低精度这类两层的嵌套关系, 也可以用于多层的嵌套关系. 由于构造拉丁超立方体设计的方法简单方便, NLHD 得到了大量的研究. 下面介绍 NLHD 的构造方法.

首先考虑两层 NLHD. 设 $n = tm$, 令 $Z_k = \{1, 2, \cdots, k\}$. 构造一个 $n \times s$ 的两层 NLHD 的方法如下.

步骤 1 对 Z_m 做随机置换得到 $\pi = \{\pi(1), \pi(2), \cdots, \pi(m)\}$;

步骤 2 对 $i = 1, 2, \cdots, m$, 从 $\{(\pi(i) - 1)t + 1, \cdots, \pi(i)t\}$ 中随机抽得一个数 $\tau(i)$. 令 $\boldsymbol{\tau} = (\tau(1), \tau(2), \cdots, \tau(m))$;

步骤 3 对 $Z_n \setminus \boldsymbol{\tau}$ 做随机置换得到一个 $n - m$ 维向量 $\boldsymbol{\rho} = \{\rho(1), \rho(2), \cdots, \rho(n - m)\}$. 把 $\boldsymbol{\tau}$ 和 $\boldsymbol{\rho}$ 合在一起得到一个列向量 $(\boldsymbol{\tau}, \boldsymbol{\rho})'$;

步骤 4 重复步骤 1~3 s 次, 得到 s 个列向量, 合在一起即得到一个 NLHD.

上面步骤 2 中 $\lceil \tau(i)/t \rceil = \pi(i)$, 因此 $\lceil \boldsymbol{\tau}/t \rceil$ 是 Z_m 的一个随机置换. 步骤 3 中 $Z_n \setminus \boldsymbol{\tau}$ 表示在 Z_n 中 n 个元素去掉 $\boldsymbol{\tau}$ 中的元素剩下的 $n - m$ 个元素的集合. 每个列向量 $(\boldsymbol{\tau}, \boldsymbol{\rho})'$ 都是 Z_n 的一个置换. 可以证明

$$P(\pi(i) = a) = \frac{1}{n}, \ \forall \ a \in Z_n, i = 1, 2, \cdots, m,$$

$$P(\rho(i) = a) = \frac{1}{n}, \ \forall \ a \in Z_n, i = 1, 2, \cdots, n - m.$$

这说明列向量 $(\boldsymbol{\tau}, \boldsymbol{\rho})'$ 中每个元素取得 Z_n 中任意元素的概率都是一样的.

例 6.4 令 $n = 12, m = 4, s = 5$. 此时, $t = 3$. 根据构造过程, 随机置换 Z_4 可得 $\pi = \{4, 2, 1, 3\}$, 从 $\{(\pi(i) - 1)t + 1, \cdots, \pi(i)t\}$, $i = 1, 2, 3, 4$ 中分别随机抽得一个数, 得到 $\boldsymbol{\tau} = (10, 4, 1, 9)$. 对 $Z_{12} \setminus \boldsymbol{\tau}$ 中元素的一个随机置换得到 $\boldsymbol{\rho} = (6, 3, 8, 7, 2, 11, 12, 5)$, 从而由 $\boldsymbol{\tau}$ 和 $\boldsymbol{\rho}$ 得到第一列. 类似地, 得到其他四列, 即可得一个 NLHD,

$$D = \begin{pmatrix} 10 & 4 & 1 & 9 & 6 & 3 & 8 & 7 & 2 & 11 & 12 & 5 \\ 3 & 9 & 4 & 12 & 5 & 2 & 11 & 8 & 6 & 10 & 1 & 7 \\ 6 & 9 & 11 & 1 & 2 & 8 & 5 & 3 & 12 & 7 & 4 & 10 \\ 2 & 6 & 11 & 8 & 12 & 10 & 3 & 7 & 9 & 5 & 4 & 1 \\ 11 & 2 & 4 & 8 & 1 & 7 & 10 & 5 & 6 & 9 & 12 & 3 \end{pmatrix}',$$

前 4 行的元素做 $\lceil \cdot / 3 \rceil$ 的运算之后构成一个 4 行的 LHD, 整个设计是一个 12 行的 LHD.

两层 NLHD 的建模思路如下:

对于任意试验点 $\boldsymbol{x}_k \in D_h$, 高精度试验的响应值为 $h(\boldsymbol{x}_k)$, 低精度试验的响应值为 $l(\boldsymbol{x}_k)$, $k = 1, 2, \cdots, m$. 两者的关系为

$$h(\boldsymbol{x}_k) = l(\boldsymbol{x}_k) + \delta(\boldsymbol{x}_k),$$

其中 $\delta(\boldsymbol{x}_k) = h(\boldsymbol{x}_k) - l(\boldsymbol{x}_k)$ 为两者之间的误差. 因此, 得到数据 $\{(\boldsymbol{x}_k, \delta(\boldsymbol{x}_k)), k = 1, 2, \cdots, m\}$. 基于该数据建立模型, 可以得到误差函数 δ 的估计 $\hat{\delta}$. 为了得到 $\hat{\delta}$, 经典建模方法是克里金方法, 其本质是一个平稳高斯过程, 且在已有试验点处该估计没有误差, 即 $\hat{\delta}(\boldsymbol{x}) = \delta(\boldsymbol{x})$, $\boldsymbol{x} \in D_h$. 得到 $\hat{\delta}$ 后, 可以调整低精度试验处的响应

$$\hat{l}(\boldsymbol{x}_k) = l(\boldsymbol{x}_k) + \hat{\delta}(\boldsymbol{x}_k), \ \boldsymbol{x}_k \in D_l.$$

从而得到一个可能更接近于真实响应的估计. 由此可见, 我们可以通过不同精度的试验, 用 D_h 上的高精度试验结果来修正 D_l 上的低精度试验结果. 由于低精度试验的成本较低, 通过这种嵌套设计和相应的建模方法, 我们可以用较小的代价得到 D_l 处更接近真实响应的估计值 $\hat{l}(\boldsymbol{x}_k)$. 进一步地, 令 $y_k = \hat{l}(\boldsymbol{x}_k)$, 我们也可以基于数据 $\{(\boldsymbol{x}_k, y_k), k = 1, 2, \cdots, n\}$ 再用克里金方法进行建模, 从而得到整个试验区域 $\mathcal{X}$ 上的估计模型 $\hat{y} = \hat{g}(\boldsymbol{x})$. 该模型往往比直接用数据 $\{(\boldsymbol{x}_k, l(\boldsymbol{x}_k)), k = 1, 2, \cdots, n\}$ 建模得到的模型效果更好.

对于克里金方法而言, 试验点 D_h 的空间填充性越好, 估计的效果越好. 因此, 在构造 NLHD 时, 需要选取空间填充性好的设计 D_h. 实际上, 按照 NLHD 的定义, D_h 是一个 LHD, 但由于 LHD 只考虑一维投影的均匀性, 而没有考虑到高维投影的均匀性, 因此, 若希望得到空间填充性更好的 D_h 和 D_l, 我们需要在 NLHD 的框架下, 应用某些衡量空间填充性的准则, 进一步搜索一个更优

的 NLHD. 例如, 我们可以选用第五章介绍的均匀性度量, 从给定参数下的诸多 NLHD 中选择一个均匀性好的设计.

　　下面考虑多层 NLHD. 一个 $u \geqslant 3$ 层的 NLHD 是指具有 u 层嵌套关系的 LHD, 即该设计中含有 u 个 LHD $D_1, D_2, \cdots, D_u$, 且具有如下关系 $D_1 \subset D_2 \subset \cdots \subset D_u$, 其中 D_u 是整个设计. 类似于两层情形的 NLHD, 构造 u 层 NLHD 的算法如下, 其中第 5—11 行用于构造每列的 $\{1, 2, \cdots, n\}$ 的特殊置换. 具体思路是先选择小设计 D_1 的每一列的元素, 再依次确定 $D_2, \cdots, D_u$ 的每一列剩余的元素. 易知, 这样构造的每一列都是 $\{1, 2, \cdots, n\}$ 的一个置换. 整个构造方法对于因素个数 s 没有做任何限制, 因此可以构造任意列数的 NLHD.

---

1. **输入:** 层数 u、参数 $m_1, \cdots, m_u$ 和列数 s.
2. 令 $n = \prod\limits_{i=1}^{u} m_i$, $n_i = \prod\limits_{j=1}^{i} m_j$, $t_i = n/n_i$, 其中 $n_u = n, n_0 = 0$.
3. **for** $l = 1 : s$
4. 　　构造 Z_n 的一个特殊置换 $\pi^{(l)} = \{\pi^{(l)}(1), \cdots, \pi^{(l)}(n)\}$ 如下:
5. 　　**for** $i = 1 : u$
6. 　　　　对 $Z_{n_i} \setminus C_i$ 做一个随机置换得到 $\pi_i = \{\pi_i(1), \cdots, \pi_i(n_i - n_{i-1})\}$,
7. 　　　　这里 C_1 为空集 $\varnothing$, $C_i = \{\lceil \pi^{(l)}(1)/t_i \rceil, \cdots, \lceil \pi^{(l)}(n_{i-1})/t_i \rceil\}$.
8. 　　　　**for** $j = (n_{i-1} + 1) : n_i$
9. 　　　　　　从 $\{(\pi_i(j - n_{i-1}) - 1)t_i + 1, \cdots, \pi_i(j - n_{i-1})t_i\}$ 中随机抽样得 $\pi_{np}(j)$.
10. 　　　　**end if**
11. 　　**end for**
12. **end for**
13. **输出:** u 层 NLHD $D = (\pi^{(1)}, \cdots, \pi^{(u)})$

　　例 6.5 令 $m_1 = 4$, $m_2 = 2$, $m_3 = 2$, $s = 6$. 此时, $n = 24$, $n_1 = 4$, $n_2 = 8$, $n_3 = 16$. 根据上述算法的构造过程, 可得一个 3 层 NLHD 如下:

$$
D = \begin{pmatrix}
6 & 16 & 3 & 10 & 13 & 2 & 7 & 12 & 5 & 15 & 4 & 11 & 8 & 14 & 9 & 1 \\
3 & 12 & 13 & 6 & 2 & 10 & 16 & 7 & 5 & 11 & 9 & 15 & 4 & 14 & 8 & 1 \\
11 & 4 & 16 & 6 & 2 & 10 & 7 & 14 & 1 & 15 & 5 & 3 & 8 & 12 & 13 & 9 \\
2 & 9 & 15 & 7 & 6 & 4 & 13 & 12 & 14 & 10 & 1 & 16 & 3 & 8 & 5 & 11 \\
15 & 5 & 4 & 9 & 13 & 11 & 1 & 7 & 12 & 8 & 14 & 3 & 16 & 2 & 10 & 6 \\
14 & 4 & 7 & 12 & 1 & 15 & 10 & 6 & 2 & 8 & 9 & 11 & 13 & 16 & 3 & 5
\end{pmatrix}'
$$
.

易知, 设计 $\boldsymbol{D}$ 前 4 行做运算 $\lceil \cdot / 4 \rceil$ 后每一列都是 Z_4 的置换, $\boldsymbol{D}$ 前 8 行做运算 $\lceil \cdot / 2 \rceil$ 后每一列都是 Z_8 的置换, 而 $\boldsymbol{D}$ 的每一列都是 Z_{16} 的置换.

给定参数 $m_1, m_2, \cdots, m_u$ 和 s 时, 可以构造出很多个不同的 u 层 NLHD. 由于 LHD 只在一维投影上具有均匀性, 由上述算法构造的 NLHD 在整个试验区域中的空间填充性不一定很好. 因此, 一种自然的改进方法是在所有多层 NLHD 中寻找空间填充性最优的设计, 例如找一个均匀性最好的 NLHD, 即均匀 NLHD. 由于 NLHD 的候选集非常大, 不能通过枚举法寻找均匀 NLHD, 因此可以借助门限接受法等随机优化算法, 其中邻域的定义需要有所改变, 即对于任意一个 NLHD, 可以任选一列, 并任选某一层中的两个元素互换得到一个新设计.

提高 NLHD 的空间填充性的另一种方法是使 NLHD 具有列正交性, 这样在建模方面也能带来好处. 对于一阶回归模型来说, 列正交性可以确保主效应的估计是不相关的. 对一个中心化后的 LHD, 若任意两列的内积为零, 则称该 LHD 是正交的. 一个列中心化的 LHD 是二阶正交的, 如果满足任意两列的内积为零, 而且任意三列的对应元素乘积之和为零. Li, Qian (2013) 针对两精度的计算机试验, 给出了几种方法来构造列正交和近似列正交的 NLHD. 进一步地, Yang et al. (2014) 构造了多精度计算机试验的嵌套正交拉丁超立方体设计, 所构造的设计是二阶正交的, 即主效应的估计之间不相关, 且主效应的估计与平方效应及两因子交互效应的估计也不相关.

除了前面讨论的 NLHD, Sun et al. (2013, 2014) 考虑嵌套空间填充设计, 并给出相应的构造算法. 此外, 还可以考虑基于均匀设计的嵌套空间填充设计, 即给出一个大的均匀设计做低精度试验, 然后在其中选择一小部分试验点构成一个小的均匀设计. 称这样类型的设计为嵌套均匀设计. Huang et al. (2021) 基于离散偏差准则构造嵌套均匀设计. 这里不再详细展开讨论.

6.3 最大最小距离设计

在 6.2 节中讨论的 LHD 及其推广, 每一列都是 $1, 2, \cdots, n$ 的置换. 因此, 可以把拉丁超立方体设计看作一种格子点设计, 并在这个框架下寻找最佳的空间填充设计. 另一方面, 我们可以脱离这个框架, 用距离准则直接得到空间填充设计. Johnson et al. (1990) 介绍的最大最小距离设计和最小最大距离设计是常用的基于距离准则的设计.

考虑 s 维空间中某试验区域 $\mathcal{X}$ 以及某种距离准则 $d(\cdot, \cdot)$, 其满足以下性质:

对于任意 $\boldsymbol{x}, \boldsymbol{y}, \boldsymbol{z} \in \mathcal{X}$, (1) 对称性: $d(\boldsymbol{x}, \boldsymbol{y}) = d(\boldsymbol{y}, \boldsymbol{x})$; (2) 非负性: $d(\boldsymbol{x}, \boldsymbol{y}) \geqslant 0$, $d(\boldsymbol{x}, \boldsymbol{y}) = 0$ 当且仅当 $\boldsymbol{x} = \boldsymbol{y}$; (3) 三角不等式: $d(\boldsymbol{x}, \boldsymbol{y}) \leqslant d(\boldsymbol{x}, \boldsymbol{z}) + d(\boldsymbol{z}, \boldsymbol{y})$. (5.44) 定义的 L_p-距离是常用的距离准则.

定义一个包含 n 个点的设计 $D = \{\boldsymbol{x}_1, \boldsymbol{x}_2, \cdots, \boldsymbol{x}_n\}$ 的距离为

$$d(D) = \min_{\boldsymbol{x}, \boldsymbol{y} \in D} d(\boldsymbol{x}, \boldsymbol{y}),$$

其表示这 n 个点的两两之间距离的最小值, 也被称为设计的**分离距离** (separation distance). 我们称一个包含 n 个点的设计 $D^* = \{\boldsymbol{x}_1, \boldsymbol{x}_2, \cdots, \boldsymbol{x}_n\}$ 是 $\mathcal{X}$ 中的**最大最小距离设计** (maximin distance design), 若对于任意包含 n 个点的设计 D, 都有

$$d(D^*) = \max_{D \subset \mathcal{X}} d(D) = \max_{D \subset \mathcal{X}} \min_{\boldsymbol{x}, \boldsymbol{y} \in D} d(\boldsymbol{x}, \boldsymbol{y}). \tag{6.11}$$

因此, 一个最大最小距离设计在所有包含 n 个点的设计中具有最大距离. 此外, 对于一个设计 $D \subset \mathcal{X}$, 定义任一点 $\boldsymbol{t} \in \mathcal{X}$ 到该设计的距离为 $d(\boldsymbol{t}, D) = \min_{\boldsymbol{x} \in D} d(\boldsymbol{t}, \boldsymbol{x})$, 其为 $\boldsymbol{t}$ 和 D 中离 $\boldsymbol{t}$ 最近的点之间的距离. 称 $D^* = \{\boldsymbol{x}_1, \boldsymbol{x}_2, \cdots, \boldsymbol{x}_n\}$ 是 $\mathcal{X}$ 中的**最小最大距离设计** (minimax distance design), 若对于任意包含 n 个点的设计 D, 都有

$$\min_{D \subset \mathcal{X}} \max_{\boldsymbol{t} \in \mathcal{X}} d(\boldsymbol{t}, D) = \max_{\boldsymbol{t} \in \mathcal{X}} d(\boldsymbol{t}, D^*) = d^*. \tag{6.12}$$

由 (6.12) 式可知, 最小最大距离设计需要计算 $\mathcal{X}$ 中任一点到设计 D 的距离, 其计算量比 (6.11) 式中定义的最大最小距离设计要大, 因为计算一个设计的距离只需考虑其设计点两两之间的距离. 不失一般性, 本节下面考虑的距离准则均为 L_p-距离.

例 6.6 设 $\mathcal{X} = [0, 1]$. 可以简单证明, 在任意 $p \geqslant 1$ 的 L_p-距离意义下,

$$D_1 = \left\{ \frac{2i-1}{2n}, i = 1, 2, \cdots, n \right\}$$

是最小最大距离设计, 而

$$D_2 = \left\{ \frac{i-1}{n-1}, i = 1, 2, \cdots, n \right\}$$

是最大最小距离设计. 这说明最小最大距离设计和最大最小距离设计往往是不同的, 前者把整个区间等分为 n 个小区间, 并取每个小区间的中点; 后者包含了 $\mathcal{X}$ 的两个端点.

例 6.7　设 $\mathcal{X} = [0,1]^2$, 考虑 $n = 3$ 的最小最大距离设计. 可以证明, 在 L_2-距离意义下,

$$\left\{\left(\frac{1}{16}, \frac{1}{2}\right), \left(\frac{9}{16}, \frac{1}{2} \pm \frac{1}{4}\right)\right\}$$

是一个最小最大距离设计, 且 $d^* = \dfrac{1}{16}\sqrt{65}$. 在 L_1-距离意义下,

$$\left\{\left(\frac{1}{8}, \frac{1}{2}\right), \left(\frac{5}{8}, \frac{1}{2} \pm \frac{1}{4}\right)\right\}$$

是一个最小最大距离设计, 且 $d^* = \dfrac{5}{8}$.

例 6.8　设 $\mathcal{X} = [0,1]^2$, 在 L_2-距离意义下, 以下点集

$$D^* = \{(0, 0.0941), (0, 0.9059), (1, 0.2343), (1, 0.7657), (0.3430, 3),$$
$$(0.5230, 0), (0.5230, 1)\}$$

是一个 $n = 7$ 的最大最小距离设计, 见图 6.3. 该设计的分离距离 $d_2(D^*) = 0.5314$, 其中有 6 个点都在边界上.

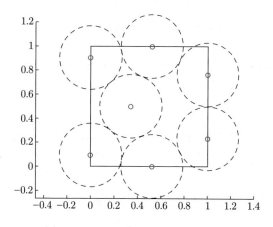

图 6.3　$n = 7$ 的最大最小距离设计

例 6.6 和例 6.8 显示最大最小距离设计的部分设计点被挤到边界上, 原因在于其要求最小距离最大化, 有更多的点在边界上可以增大设计的最小距离. 最小最大距离设计没有这个特点. 例 6.7 说明在不同距离准则下, 最小最大距离设计有所不同. 实际上, 不同距离准则下, 最大最小距离设计也是有所不同的. 例 6.7~6.8 显示即使在二维情形下, 寻找 n 个点的最大最小距离设计或最小最大距离设计都不是很容易的事情. 对于维数更高的情形, 将更加困难. 为此, 下面将主要关注最大最小距离设计.

给定试验次数 n 和维数 s, 寻找最大最小距离设计并不容易. 文献中只能给出一些特殊情形下的最大最小距离设计. 对于一般情形, 可以用随机优化算法搜索, 例如采用 5.6 节的门限接受法, 其中把均匀性准则变为距离准则, 邻域的定义稍作修改即可. 当 n 较小时, 随机优化算法可以得到较好的设计. 然而当 n 很大时, 随机优化算法往往需要很长的搜索时间, 而且得到的设计往往也只是近似最优的. 因此, 当 n 很大时, 人们更愿意考虑一些快速的确定性方法.

最大最小距离设计 $D = \{\boldsymbol{x}_1, \boldsymbol{x}_2, \cdots, \boldsymbol{x}_n\}$ 可在整个试验区域中构造, 即 $\boldsymbol{x}_i \in \mathcal{X}, i = 1, 2, \cdots, n$, 因此其候选集有无穷多. 为了减少候选集, 一种想法是基于 LHD 来构造最大最小距离设计. 由于 LHD 的试验次数和水平数都是 n, 我们即在 n^s 个格子点中选择 n 个点使其分离距离最大化, 因此得到的最大最小距离设计的分离距离与无限制的情形应该相差不远. 我们称相应的设计为**最大最小拉丁超立方体设计** (maximin Latin hypercube design, 简称为 MmLHD).

为了判断某个 LHD 是否为 MmLHD, 我们给出 LHD 的 L_p-距离上界. 若某个 LHD 的分离距离达到该上界, 则该设计是 MmLHD. 对一个试验次数为 n、维数为 s 的 LHD(n, s), 其每一列都是 $1, 2, \cdots, n$ 的一个置换. van Dam et al. (2007) 和 Zhou, Xu (2015) 得到了 L_p-距离的上界.

定理 6.1   对于一个 LHD(n, s) 设计 D,

$$d_1(D) \leqslant \lfloor (n+1)s/3 \rfloor, \quad d_2(D) \leqslant \lfloor n(n+1)s/6 \rfloor.$$

特别地, 当 $s = 2$ 时 $d_1(D) \leqslant \lfloor \sqrt{2n+2} \rfloor$.

为了证明定理 6.1 中对于任意 s 维的上界值, 令 $D = (x_{ik})$. 易知, 这 n 个设计点两两之间的 L_p-距离之和为

$$\sum_{i \neq j} \sum_{k=1}^{s} |x_{ik} - x_{jk}|^p = \sum_{k=1}^{s} \sum_{i \neq j} |x_{ik} - x_{jk}|^p = sC_p,$$

其中 $C_p = \sum\limits_{i \neq j} |x_{ik} - x_{jk}|^p$ 是一个常数. 易证, $C_1 = n(n^2-1)/3$, $C_2 = n^2(n^2-1)/6$.
则两两设计点之间平均的 L_1-距离为 $(n+1)s/3$, 平均的 L_2-距离为 $n(n+1)s/6$.
由于 L_p-距离是一个整数, 可得任意 s 维的上界值. 对于二维这一特殊情形的上界的证明可参 van Dam et al. (2007).

定理 6.1 给出了二维情形下更紧的 L_1-距离的上界. van Dam et al. (2007) 构造了达到该上界的二维 MmLHD, 具体构造方法如下:

(1) 当 d 为偶数且 $n \geqslant d^2/2 - 1$ 时, 定义序列 $\{t_j\}$ 如下:

$$t_0 = 0, \quad t_{j+1} = t_j + \left\lfloor \frac{n + \dfrac{j}{2} + \dfrac{1}{2}\left(1 - (-1)^j\right)\left(\dfrac{1}{2}d - \dfrac{1}{2}\right)}{d-1} \right\rfloor, \quad j = 0, 1, \cdots, d-2.$$

则设计

$$D = \left\{ \left(i(d-1) - \frac{j}{2} - \frac{1}{2}\left(1 - (-1)^j\right)\left(\frac{1}{2}d - \frac{1}{2}\right), \; t_j + i \right) \right.$$
$$\left. \left| \, j = 0, 1, \cdots, d-2; i = 1, 2, \cdots, t_{j+1} - t_j \right\} \right. \tag{6.13}$$

是一个试验次数为 n 的 LHD, 且 $d_1(D) = d$.

(2) 当 d 为奇数且 $n \geqslant d^2/2 - 1/2$ 时, 定义序列 $\{s_j\}$ 如下:

$$s_0 = 0, \quad s_{j+1} = s_j + \left\lfloor \frac{n + \dfrac{j}{2} + \dfrac{1}{2}\left(1 - (-1)^j\right)\left(\dfrac{1}{2}d\right)}{d} \right\rfloor, \quad j = 0, 1, \cdots, d-1.$$

则设计

$$D = \left\{ \left(id - \frac{j}{2} - \frac{1}{2}\left(1 - (-1)^j\right)\left(\frac{1}{2}d\right), \; s_j + i \right) \right.$$
$$\left. \left| \, j = 0, 1, \cdots, d-1; i = 1, 2, \cdots, s_{j+1} - s_j \right\} \right. \tag{6.14}$$

是一个试验次数为 n 的 LHD, 且 $d_1(D) = d$.

上述构造方法对于奇数和偶数的 d 略有不同, 但其分离 L_1-距离都是 d. 由定理 6.1 可知, 若 $\lfloor\sqrt{2n+2}\rfloor = d$, 则设计 D 的分离距离达到上界, 故其为 MmLHD. 容易找到合适的 n 满足条件 $\lfloor\sqrt{2n+2}\rfloor = d$. 例如当 $d = 4$ 时, n 可取 $7, 8, \cdots, 11$; 当 $d = 7$ 时, n 可取 $24, 25, \cdots, 30$.

例 6.9 当 $n = 11$, $d = 4$ 时, 由 (6.13) 式可知, 该设计为

$$
D = \begin{pmatrix} 3 & 6 & 9 & 1 & 4 & 7 & 10 & 2 & 5 & 8 & 11 \\ 1 & 2 & 3 & 4 & 5 & 6 & 7 & 8 & 9 & 10 & 11 \end{pmatrix}',
$$

其散点图见图 6.4(a). 当 $n = 28$, $d = 7$ 时, 由 (6.14) 式得到的设计的分离距离为 7, 相应的 LHD 见图 6.4(b). 容易检验这两个设计都是 MmLHD.

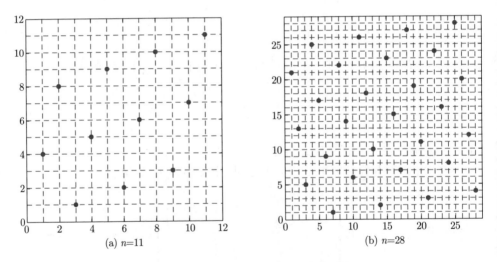

(a) $n=11$　　　　(b) $n=28$

图 6.4　二维最大最小拉丁超立方体设计

对于高维的情形, 通常难以得到 MmLHD. 由定理 6.1 的证明过程可知, 若一个设计中任意两点之间的距离都是相同的, 则该设计自然可达到距离的上界值. 换句话说, 设计点之间等距的 LHD 都是 MmLHD. 除此特殊情形外, 也有可能找到设计使其距离达到上界值. 下面给出某些情形下的 MmLHD.

对于 $x = 0, 1, \cdots, n-1$, 定义**威廉斯变换** (Williams' transformation) 如下:

$$
W(x) = \begin{cases} 2x, & 0 \leqslant x < n/2; \\ 2(n-x)-1, & n/2 \leqslant x < n, \end{cases} \tag{6.15}
$$

并定义**修正的威廉斯变换**如下:

$$W_m(x) = \begin{cases} 2x, & 0 \leqslant x < n/2; \\ 2(n-x), & n/2 \leqslant x < n. \end{cases} \tag{6.16}$$

对于元素都取值于 $0, 1, \cdots, n-1$ 的设计 D, $W(D)$ 和 $W_m(D)$ 表示对其元素分别做威廉斯变换和修正的威廉斯变换. Wang et al. (2018a) 给出构造 $n \times s$ 的 MmLHD 的一种可能方法.

步骤 1 构造一个 $n \times s$ 的好格子点 $\boldsymbol{D}$;

步骤 2 对于 $b = 0, 1, \cdots, n-1$, 得到 $\boldsymbol{D}_b = \boldsymbol{D} + b \pmod{n}$;

步骤 3 令 $E_b = W(\boldsymbol{D}_b)$;

步骤 4 寻找一个最优的 b, 使得 E_b 的 L_1-距离最大.

上述构造方法的步骤 1 中, 好格子点的构造方法见 5.4 节. 为了便于后续处理, 这里的好格子点的最后一行可以都是 0, 而不是 n. 实际上, Zhou, Xu (2015) 证明这样的处理并不影响设计的 L_p-距离. 5.5 节说明, 步骤 2 中的线性水平置换的处理并不会减少设计的 L_p-距离. 步骤 3 对 $\boldsymbol{D}_b$ 采用 (6.15) 式的威廉斯变换. Wang et al. (2018a) 证明, 在某些情形下, 这样的构造方法可以找到 MmLHD.

例 6.10 给定 $n = 7$, $s = 6$, 则根据步骤 1 可得好格子点 $\boldsymbol{D}$, 以及步骤 2 中 $b = 6$ 的设计 $\boldsymbol{D}_6$ 如下:

$$\boldsymbol{D} = \begin{pmatrix} 1 & 2 & 3 & 4 & 5 & 6 \\ 2 & 4 & 6 & 1 & 3 & 5 \\ 3 & 6 & 2 & 5 & 1 & 4 \\ 4 & 1 & 5 & 2 & 6 & 3 \\ 5 & 3 & 1 & 6 & 4 & 2 \\ 6 & 5 & 4 & 3 & 2 & 1 \\ 0 & 0 & 0 & 0 & 0 & 0 \end{pmatrix} \rightarrow \boldsymbol{D}_6 = \begin{pmatrix} 0 & 1 & 2 & 3 & 4 & 5 \\ 1 & 3 & 5 & 0 & 2 & 4 \\ 2 & 5 & 1 & 4 & 0 & 3 \\ 3 & 0 & 4 & 1 & 5 & 2 \\ 4 & 2 & 0 & 5 & 3 & 1 \\ 5 & 4 & 3 & 2 & 1 & 0 \\ 6 & 6 & 6 & 6 & 6 & 6 \end{pmatrix}.$$

对 $\boldsymbol{D}_6$ 做威廉斯变换后得到设计

$$W(\boldsymbol{D}_6) = \begin{pmatrix} 0 & 2 & 4 & 6 & 5 & 3 \\ 2 & 6 & 3 & 0 & 4 & 5 \\ 4 & 3 & 2 & 5 & 0 & 6 \\ 6 & 0 & 5 & 2 & 3 & 4 \\ 5 & 4 & 0 & 3 & 6 & 2 \\ 3 & 5 & 6 & 4 & 2 & 0 \\ 1 & 1 & 1 & 1 & 1 & 1 \end{pmatrix}.$$

容易检验, $\boldsymbol{D}$ 的 L_1-距离 $d_1(\boldsymbol{D}) = 12$, 经 $\boldsymbol{D}+6$ 的线性水平置换后 $d_1(\boldsymbol{D}_6) = 13$, 其距离有所增大. 在 L_1-距离意义下, 经威廉斯变换后 $W(\boldsymbol{D}_6)$ 中这 7 个设计点是等距的, 即任意两个设计点之间的 L_1-距离都等于 16. 因此, 该设计的 L_1-距离达到定理 6.1 中的上界, 则 $W(\boldsymbol{D}_6)$ 是一个 MmLHD.

例 6.10 说明威廉斯变换可以带来很好的效果, 但是不能保证任意情形下威廉斯变换都可以增大 L_1-距离. 例如, 直接对 $\boldsymbol{D}$ 做威廉斯变换得到设计 $W(\boldsymbol{D})$ 的 L_1-距离变为 6.

一般地, 威廉斯变换可以比线性水平置换的效果更佳. 表 6.4 给出 $n = 7 \sim 30$, s 取最大值时, 好格子点的最优线性水平置换以及最优的威廉斯变换所对应的 L_1-距离. 威廉斯变换的 L_1-距离都比较靠近定理 6.1 的上界, Wang et al.

表 6.4   好格子点的最优的线性水平置换和威廉斯变换的 L_1-距离

n	s	LP	WT	UB	n	s	LP	WT	UB
7	6	13	16	16	19	18	106	115	120
8	4	8	10	12	20	8	32	42	56
9	6	15	16	20	21	12	66	76	88
10	4	8	11	14	22	10	60	68	76
11	10	34	39	40	23	22	154	168	176
12	4	8	10	17	24	8	32	36	66
13	12	54	52	56	25	20	147	162	173
14	6	22	24	30	26	12	84	98	108
15	8	29	36	42	27	18	135	156	168
16	8	32	36	45	28	12	72	94	116
17	16	84	94	96	29	28	250	274	280
18	6	18	28	38	30	8	40	62	82

注: LP: 最优的线性水平置换, WT: 最优的威廉斯变换, UB: 上界

(2018a) 证明最优的威廉斯变换可以使变换后设计在 L_1-距离意义下是渐近最优的.

通过威廉斯变换不一定得到 MmLHD. 不过通过修正的威廉斯变换 (6.16) 可以得到 MmLHD. 设 $n = 2m + 1$ 是一个质数, $\boldsymbol{D} = (x_{ij})$ 是 $n \times (n-1)$ 的好格子点. 易知 $x_{ij} + x_{(n-i)j} = n$ 且 $x_{ij} + x_{i(n-j)} = n$, $i, j = 1, 2, \cdots, n-1$. 则好格子点 $\boldsymbol{D}$ 及其经修正的威廉斯变换后的设计分别为

$$\boldsymbol{D} = \begin{pmatrix} \boldsymbol{A}_1 & n - \boldsymbol{A}_2 \\ n - \boldsymbol{A}_3 & \boldsymbol{A}_4 \\ \boldsymbol{0}_m & \boldsymbol{0}_m \end{pmatrix} \quad \text{且} \quad W_m(\boldsymbol{D}) = \begin{pmatrix} W_m(\boldsymbol{A}_1) & W_m(\boldsymbol{A}_2) \\ W_m(\boldsymbol{A}_3) & W_m(\boldsymbol{A}_4) \\ \boldsymbol{0}_m & \boldsymbol{0}_m \end{pmatrix},$$

其中 $\boldsymbol{A}_1$ 是 $m \times m$ 的矩阵, $\boldsymbol{A}_2, \boldsymbol{A}_3$ 和 $\boldsymbol{A}_4$ 都可以由 $\boldsymbol{A}_1$ 通过行置换和列置换得到. Wang et al. (2018a) 进一步证明了

$$\boldsymbol{H} = W_m(\boldsymbol{A}_1)/2 \tag{6.17}$$

是一个在 L_1-距离意义下等距的 $m \times m$ 拉丁超立方体设计, 且 $d_1(\boldsymbol{H}) = (m + 1)m/3$, 因此 $\boldsymbol{H}$ 是一个 MmLHD. 实际上 $W_m(\boldsymbol{A}_i)/2$, $i = 2, 3, 4$, 也都是 MmLHD. 因此, 对于任意的奇质数 $n = 2m + 1$, 通过 (6.17) 式都可以得到一个 $m \times m$ 的 MmLHD.

例 6.11 令 $n = 11$, 则 $n \times (n-1)$ 的好格子点 $\boldsymbol{D}$ 如下:

$$\boldsymbol{D} = \left(\begin{array}{ccccc|ccccc} 1 & 2 & 3 & 4 & 5 & 6 & 7 & 8 & 9 & 10 \\ 2 & 4 & 6 & 8 & 10 & 1 & 3 & 5 & 7 & 9 \\ 3 & 6 & 9 & 1 & 4 & 7 & 10 & 2 & 5 & 8 \\ 4 & 8 & 1 & 5 & 9 & 2 & 6 & 10 & 3 & 7 \\ 5 & 10 & 4 & 9 & 3 & 8 & 2 & 7 & 1 & 6 \\ \hline 6 & 1 & 7 & 2 & 8 & 3 & 9 & 4 & 10 & 5 \\ 7 & 3 & 10 & 6 & 2 & 9 & 5 & 1 & 8 & 4 \\ 8 & 5 & 2 & 10 & 7 & 4 & 1 & 9 & 6 & 3 \\ 9 & 7 & 5 & 3 & 1 & 10 & 8 & 6 & 4 & 2 \\ 10 & 9 & 8 & 7 & 6 & 5 & 4 & 3 & 2 & 1 \\ \hline 0 & 0 & 0 & 0 & 0 & 0 & 0 & 0 & 0 & 0 \end{array}\right) = \begin{pmatrix} \boldsymbol{A}_1 & 11 - \boldsymbol{A}_2 \\ 11 - \boldsymbol{A}_3 & \boldsymbol{A}_4 \\ \boldsymbol{0}_5 & \boldsymbol{0}_5 \end{pmatrix}.$$

通过修正的威廉斯变换, 可得 (6.17) 的 $\boldsymbol{H}$ 如下:

$$\boldsymbol{H} = \begin{pmatrix} 1 & 2 & 3 & 4 & 5 \\ 2 & 4 & 5 & 3 & 1 \\ 3 & 5 & 2 & 1 & 4 \\ 4 & 3 & 1 & 5 & 2 \\ 5 & 1 & 4 & 2 & 3 \end{pmatrix}.$$

易知 $\boldsymbol{H}$ 是一个在 L_1-距离意义下等距的 5×5 LHD, 即为一个 MmLHD.

例 6.11 说明可以构造一个在 L_1-距离意义下 $m \times m$ 的 MmLHD. 特别地, 该设计还是一个拉丁方设计. 然而需要指出的是, 该设计并不是一个在 L_2-距离意义下的 MmLHD.

对于 $n \times s$ 且 n 比 s 大很多的情形, 难以构造 MmLHD. 目前并没有太多理论的结果, 一般是通过随机优化算法搜索 MmLHD. Morris, Mitchell (1995) 通过模拟退火算法搜索 MmLHD, 并发现很多 MmLHD 都是镜像对称的, 即当一个对称设计 $\boldsymbol{D}$ 的 q 个水平以 0 为中心时, 设计 $\boldsymbol{D}$ 关于原点 $\boldsymbol{0}$ 对称, 此时 $-\boldsymbol{D}$ 和 $\boldsymbol{D}$ 相同. 进一步地, Wang et al. (2018b) 证明了当 $U(2n; q^n)$ 设计 $\boldsymbol{D}$ 是镜像对称时, 则在 L_2-距离意义下, 最大最小距离性质和列正交性之间存在某种等价性, 即当 $\boldsymbol{D}$ 是列正交时, $\boldsymbol{D}$ 在所有镜像对称的 $U(2n; q^n)$ 设计中具有最大的 L_2-距离, 反之亦然.

实际上, 最大最小距离设计可以脱离 LHD 的框架而直接在试验区域上构造. He (2017) 考虑旋转球体堆积设计 (rotated sphere packing designs), 其有较大的 L_2-距离, 该类设计的最优参数需要通过搜索得到. 进一步地, Yang et al. (2021) 基于最密堆积思想确定性地构造了一系列最大最小距离设计, 其得到的设计具有镜面对称性, 且在 5 维以内的设计具有良好的表现, 维数更高的情形也适应. 这些构造方法得到的设计并不一定是 LHD. 关于构造最大最小距离设计更多理论结果, 有待进一步的研究.

6.4 均匀设计在计算机试验中的应用

均匀设计是计算机试验中重要的方法之一. 在第五章中, 我们已经详细介绍了均匀设计的相关理论. 在本节中, 我们通过一个例子介绍和讨论均匀设计在计算机试验中的应用. 该例常用于比较不同的模型和建模方法.

例 6.12 考虑下面的**伪三阶模型**

$$y = f(\boldsymbol{x}) = \frac{x_1^3}{3} - (R_1 + S_1)\frac{x_1^2}{2} + (R_1 S_1)x_1 + \frac{x_2^3}{3} -$$

$$(R_2 + S_2)\frac{x_2^2}{2} + (R_2 S_2)x_2 + A\sin\left(\frac{2\pi x_1 x_2}{S}\right), \tag{6.18}$$

其中, $\boldsymbol{x} = (x_1, x_2)$, 模型系数 R_1, S_1, R_2, S_2, A, S 为相互独立的随机选择, 且 $R_1, S_1 \sim U(0, 0.5)$, $R_2, S_2 \sim U(0.5, 1)$, $A \sim U(0, 0.05)$, $S \sim U(0.04, 1)$, 其中 $U(a, b)$ 表示在区间 $[a, b]$ 内的均匀分布. 模型 (6.18) 中最后一项的系数 A 表示对三阶模型做微小的变动. 当模型的系数随机产生后, 整个模型就确定了, 为讨论方便, 限定模型 (6.18) 的取值空间为 $[0, 1]^2$, 图 6.5 给出了模型 (6.18) 的两次随机实现, 从中可知, 模型 (6.18) 经常是多峰的.

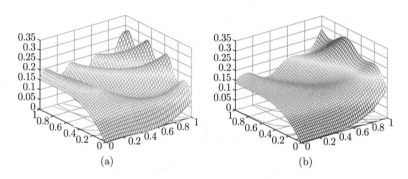

图 6.5 模型 (6.18) 的两次实现, 其中 (b) 中各参数分别为 $R_1 = S_1 = 0.25$, $R_2 = S_2 = 0.75$, $A = 0.025$, $S = 0.5$

模型 (6.18) 常用于比较不同设计方法及建模的优劣, 这里我们用该模型讨论均匀设计的应用. 对于该模型, 我们采用试验次数为 30, 水平数也是 30 的两因素均匀设计, 在中心化偏差意义下的均匀设计如表 6.5 所示. 通过变换 (5.36), 把该均匀设计变为 $[0, 1]^2$ 之间的试验点. 当 $R_1 = S_1 = 0.25$, $R_2 = S_2 = 0.75$, $A = 0.025$, $S = 0.5$ 时, 其响应值 y 如表 6.5 所示.

对于该数据, 试用三阶回归模型

$$\hat{y} = \beta_0 + \beta_1 x_1 + \beta_2 x_2 + \beta_3 x_1^2 + \beta_4 x_1 x_2 + \beta_5 x_2^2 +$$

$$\beta_6 x_1^3 + \beta_7 x_1^2 x_2 + \beta_8 x_1 x_2^2 + \beta_9 x_2^3 \tag{6.19}$$

表 6.5 $U_{30}(30^2)$ 及其响应值

试验点	x_1	x_2	y	试验点	x_1	x_2	y
1	24	25	0.2211	16	26	2	0.1162
2	23	6	0.1515	17	7	29	0.1617
3	1	12	0.1272	18	4	21	0.1660
4	9	18	0.1662	19	28	13	0.2073
5	5	16	0.1619	20	27	28	0.2150
6	11	7	0.1160	21	25	17	0.1889
7	19	4	0.0972	22	13	27	0.1233
8	6	9	0.1270	23	14	1	0.0194
9	21	11	0.1550	24	29	8	0.2224
10	3	3	0.0477	25	22	19	0.1623
11	12	14	0.1583	26	8	5	0.0852
12	15	20	0.1317	27	2	26	0.1562
13	20	30	0.1960	28	16	10	0.1471
14	18	15	0.1421	29	30	22	0.2907
15	17	24	0.1358	30	10	23	0.1498

来拟合. $\boldsymbol{\beta} = (\beta_0, \beta_1, \cdots, \beta_9)$ 的最小二乘法估计为

$$\hat{\boldsymbol{\beta}} = (-0.0420, 0.2903, 0.8484, -0.5463, -0.5270, -1.2069,$$

$$0.4550, 0.2428, 0.2610, 0.5697).$$

此时, $R^2 = 0.941$, $s^2 = 0.0002388$, 在这 30 个试验点的拟合的**均方误差** (mean squared error) 为 0.00015981, 这里均方误差的定义可参见 (5.6). 然而更重要的是其近似模型的预测情况, 为此, 需要给出一些检验数据 (test data), 在文献中一般采用均方误差来度量预测的精度. 为了计算预测的均方误差, 一般地, 在函数取值空间中均匀地取 N 个观察点作为检验点, 考虑预测误差

$$\text{MSE} \approx \frac{1}{N} \sum_{i=1}^{N} (f(\boldsymbol{x}_i) - g(\boldsymbol{x}_i))^2,$$

其中 $g(\boldsymbol{x}_i)$ 为 $f(\boldsymbol{x}_i)$ 点的估计值, 一般取 $N > 1000$. 在例 6.12 中, 我们把 $x_1 = 0.02 * i, x_2 = 0.02 * i, (i = 0, 1, \cdots, 50)$ 构成的总共 $N = 2601$ 个网格点 $\{\boldsymbol{x}_1, \boldsymbol{x}_2, \cdots, \boldsymbol{x}_{2601}\}$ 作为检验点, 并计算得 MSE = 0.00022118. 在实际应用中,

也可以在试验范围 $\mathcal{X}$ 中随机地取 N 个点, 即对均匀分布 $U(\mathcal{X})$ 取 N 个样本作为检验点.

对于模型 (6.18), 若考虑其模型系数随机产生, 对上述的比较最好重复做很多次, 每次试验我们都采用表 6.5 的试验次数为 30 的均匀设计, 然后用近似模型 (6.19) 拟合数据. 当随机产生模型的次数为 $M = 500$ 时, 模拟得到这 500 个拟合均方误差的中位数为 1.8612×10^{-4}, 其相应的 2601 个检验点的预测均方误差为 2.9190×10^{-4}. 从中也可以看到拟合均方误差一般会比预测均方误差小.

为了考察均匀设计试验点的多少对模型预测均方误差的影响, 我们考虑均匀设计的试验点数从 15 到 30, 根据均匀设计网页上在中心化偏差下相应的均匀设计, 我们同样以模型 (6.19) 来拟合数据, 其中模型 (6.18) 中各参数分别为 $R_1 = S_1 = 0.25, R_2 = S_2 = 0.75, A = 0.025, S = 0.5$. 其拟合均方误差及预测均方误差如图 6.6 所示. 图中显示随着试验点的增加, 预测均方误差大致下降, 而拟合均方误差大致上升, 这说明当试验点数较少时, 模型可能存在**过拟合**. 为此, 对于试验次数为 30 的数据, 我们采用逐步回归法筛选变量后得到模型

$$\hat{y} = 0.021 + 0.631x_2 - 0.164x_1^2 - 0.993x_2^2 + 0.289x_1^3 + 0.516x_2^3, \qquad (6.20)$$

此时, $R^2 = 0.919$, $s^2 = 2.739 \times 10^{-4}$, 其响应的方差分析表及各系数的估计值及其检验 p 值如表 6.6 所示, 从中可知模型各系数都是显著的. 在模型 (6.20) 下可算得拟合均方误差为 2.1972×10^{-4}, 预测均方误差为 2.3820×10^{-4}, 这与全三阶模型相差不远.

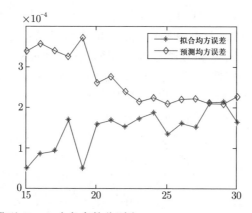

图 6.6 模型 (6.18) 中各参数分别为 $R_1 = S_1 = 0.25, R_2 = S_2 = 0.75$, $A = 0.025, S = 0.5$ 时, 试验点数 $[15, 30]$ 之间的拟合均方误差和预测均方误差

表 6.6　模型 (6.20) 的方差分析表及各系数的检验

方差来源	自由度	平方和	均方	F 值	p 值
回归	5	0.0748	0.0150	54.6497	0.0000
残差	24	0.0066	0.0003		
总和	29	0.0814			

变量	非标准化系数	标准差	标准化系数	t 值	p 值
常数项	0.021	0.013		1.546	0.135
x_2	0.631	0.105	3.493	5.980	0.000
x_1^2	-0.164	0.061	-0.936	-2.675	0.013
x_2^2	-0.993	0.245	-5.681	-4.052	0.000
x_1^3	0.289	0.064	1.571	4.488	0.000
x_2^3	0.516	0.161	2.802	3.198	0.004

在文献中还有很多其他的建模方法, 例如克里金法、样条方法、神经网络等, 有兴趣的读者可参考方开泰、马长兴 (2001) 及 Fang et al. (2005a).

6.5 对计算机试验诸设计的注记

在本章的开始, 我们提到四类计算机试验的设计方法: 完全随机抽样、分层随机抽样、确定性方法、随机和确定性混合的方法. 显然, 完全随机抽样方法的表现不稳定, 效率也不高, 通常作为和其他方法比较的对象. 拉丁超立方体抽样改善了随机抽样的稳定性, 也提高了效率, 但其表现仍不够稳定, 故需要其他准则 (例如熵准则、贝叶斯方法、IMSE 准则等) 来筛选. 均匀设计是确定性的方法, 要研究其统计性质有一定的难度, 尽管如此, 在过去的 20 多年中, 出现了一批令人振奋的结果. 均匀设计对模型的变化有稳健性, 从而导致它的应用广泛性. 正如 Hickernell, Liu (2002) 在他们的 Biometrika 文章中提出的: "如果模型的形式已知, 最优回归设计给出最有效的估计; 如果模型有误, 稳健估计可以减少模型误判而带来的估计不准确性. 很难找到一个设计有最好的有效性和最大的稳健性, 本文指出均匀设计可以限制效应的混杂, 同时有效性也在合理的范畴."

比较不同的设计是不容易的. 如果原模型是 (6.1), 若有 m 个近似模型 $y \approx g_i(\boldsymbol{x})$, $i = 1, 2, \cdots, m$, 它们是用不同的设计和不同的建模方法获得的. 最客观地比较这些模型的准则是预测的均方误差 (MSE), 即在试验区域 $\mathcal{X}$ 随机地抽

取 N 个点 $\boldsymbol{x}_1, \boldsymbol{x}_2, \cdots, \boldsymbol{x}_N$, 计算

$$\text{MSE}_i = \sum_{j=1}^{N} (f(\boldsymbol{x}_j) - g_i(\boldsymbol{x}_j))^2, \quad i = 1, 2, \cdots, m.$$

最小的 $\text{MSE}_{\min} = \min\limits_{1 \leqslant i \leqslant m} \text{MSE}_i$ 对应的设计和模型可能是被推荐的. 但是均方误差的值是 "试验设计" 和 "建模" 的综合表现, 对应 $\text{MSE}_{\min}$ 的试验设计方法未必是最优的. 因此在文献中, 人们选用一批真模型、若干个试验设计方法和建模方法, 然后通过均方误差的分析逐一给出评比结果. 这样的比较有很多, 例如 Simpson et al. (2001); Xu et al. (2000); Marin et al. (2003). 由他们的比较发现, 没有一个设计方法永远是最好的, 也没有一个建模方法永远高人一筹. 可见计算机试验的设计和建模是相当复杂的问题, 但均匀试验设计在大部分情形下均表现优秀.

习 题

6.1 在单位超立方体 $\mathcal{X} = [0,1]^4$ 上完全随机抽样试验次数为 $n = 20$ 的设计, 重复 10000 次, 分别计算其中心化偏差. 求出这 10000 个中心化偏差的均值和方差.

6.2 在单位超立方体 $\mathcal{X} = [0,1]^4$ 上考虑拉丁超立方体抽样 LHS$(20,4)$:

(a) 重复 10000 次拉丁超立方体抽样, 计算其中心化偏差, 并求出其均值和方差;

(b) 与习题 6.1 的结果比较, 并给出相应结论.

6.3 从正交设计 $L_9(3^4)$ 出发, 构造随机化正交表 OH$(9,9^4)$.

6.4 分别构造正交拉丁超立方体设计 LHD$(17,8)$ 和 LHD$(16,8)$.

6.5 基于式 (6.13) 和 (6.14), 构造二维最大最小拉丁超立方体设计 LHD$(50,2)$ 和 LHD$(101,2)$, 并画出其散点图.

6.6 基于第五章的门限接受法, 搜索最大最小拉丁超立方体设计 LHD$(50,3)$ 和 LHD$(100,8)$.

6.7 构造参数为 $m_1 = 4$, $m_2 = 4$, $m_3 = 3$, $s = 8$ 的嵌套拉丁超立方体设计. 通过门限接受法搜索一个均匀性最优的嵌套拉丁超立方体设计.

6.8 在神经网络中, 经常考虑机械臂的问题. 设一个机械臂由 s 节连接而

成, 并设每节的长度分别为 $l_1, l_2, \cdots, l_s$. 设机械臂的支点固定在 (u, v) 平面的原点. 设机械臂的第一节与 u 轴的夹角为 θ_1, 机械臂的第 k $(k = 2, 3, \cdots, s)$ 节与其第 $k - 1$ 节的夹角为 θ_k. 记机械臂的顶点位置为 (u, v), 该顶点离原点的距离定义为响应 y, 则 $y = \sqrt{u^2 + v^2}$, 其中

$$u = \sum_{j=1}^{s} l_j \cos\left(\pi \sum_{k=1}^{j} \theta_k\right), \quad v = \sum_{j=1}^{s} l_j \sin\left(\pi \sum_{k=1}^{j} \theta_k\right).$$

这里 y 可表示为

$$y = f(l_1, l_2, \cdots, l_s, \theta_1, \theta_2, \cdots, \theta_s), \quad 0 \leqslant l_j, \theta_j < 1, \quad j = 1, 2, \cdots, s.$$

记试验区域 $\mathcal{X} = [0, 1]^{2s}$,

(a) 用 $\mathcal{X}$ 中的拉丁超立方体抽样、最大最小距离设计和均匀设计作为试验点, 给出设计点与相应的响应值;

(b) 应用各种建模技术寻找其近似模型. 例如一阶多项式回归、二阶多项式回归, 中心化回归模型 (或其他建模方法, 如神经网络、样条估计等), 必要时应用筛选变量的技术;

(c) 用各近似模型的预测均方误差作为准则, 比较各种模型的结果, 并给出相应的结论.

6.9 考虑一个水流的问题. 水由一个上蓄水层经过一个由地面钻孔等温而稳定地流向下蓄水层, 并假设管道没有地下水的浸入, 其示意图如图 6.7 所示. 在该问题中, 响应 y 为水流速度 (单位: m³/a), 其由八个变量决定:

$$y = \frac{2\pi T_u [H_u - H_l]}{\log\left(\dfrac{r}{r_w}\right)\left[1 + \dfrac{2LT_u}{\log(r/r_w)r_w^2 K_w} + \dfrac{T_u}{T_l}\right]}, \tag{6.21}$$

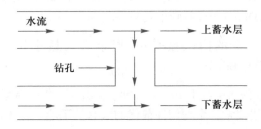

图 6.7 水流问题的示意图

式中八个变量及其相应的取值范围分别如下:

r_w: 钻孔的半径 (单位: m), $r_w \in [0.05, 0.15]$,

r: 影响半径 (单位: m), $r \in [100, 50000]$,

T_u: 上蓄水层的传导率 (单位: m^2/a), $T_u \in [63070, 115600]$,

T_l: 下蓄水层的传导率 (单位: m^2/a), $T_l \in [63.1, 116]$,

H_u: 上蓄水层的分压器的源头距离 (单位: m), $H_u \in [990, 1110]$,

H_l: 下蓄水层的分压器的源头距离 (单位: m), $H_l \in [700, 820]$,

L: 钻孔的长度 (单位: m), $L \in [1120, 1680]$,

K_w: 钻孔的水传导性 (单位: m/a), $K_w \in [9855, 12045]$.

对于模型 (6.21), 采用习题 6.8 的步骤寻找模型并给出最佳的结果.

6.10 考虑下面的六参数的模型:

$$y(\boldsymbol{x}) = -\log(-z(\boldsymbol{x})), \tag{6.22}$$

$$z(x_1, x_2, \cdots, x_6) = -\sum_{i=1}^{4} c_i \exp\left[-\sum_{j=1}^{6} w_i \alpha_{ij}(x_i - p_{ij})^2\right],$$

其中系数 w_i 满足 $w_1 = w_3$, $w_2 = w_4$ 且 $w_i \sim U(0.8, 1.2)$, 而系数 c_i, α_{ij}, p_{ij} 分别如表 6.7 所示:

表 6.7　各参数的取值

i	$\alpha_{ij}, j=1,2,\cdots,6$						c_i
1	10	3	17	3.5	1.7	8	1
2	0.05	10	17	0.1	8	14	1.2
3	3	3.5	1.7	10	17	8	3
4	17	8	0.05	10	0.1	14	3.2
i	$p_{ij}, j=1,2,\cdots,6$						
1	0.1312	0.1696	0.5596	0.0124	0.8283	0.5886	
2	0.2329	0.4135	0.8307	0.3736	0.1004	0.9991	
3	0.2348	0.1451	0.3522	0.2883	0.3047	0.6650	
4	0.4047	0.8828	0.8732	0.5743	0.1091	0.0381	

产生一组 w_i 以确定模型 (6.22), 然后采用习题 6.8 的步骤寻找模型, 并给出最佳的结果.

6.11 考虑下面的模型:

$$Y = - \left[2\exp\left\{ -\frac{1}{2}(x_1^2 + (x_2 - 4))^2 \right\} + \\ \exp\left\{ -\frac{1}{2}(x_1 - 4)^2 + \frac{x_2^2}{4} \right\} + \exp\left\{ -\frac{1}{2}\left(\frac{(x_1 + 4)^2}{4} + x_2^2 \right) \right\} \right], \quad (6.23)$$

其中自变量的取值范围分别为 $x_1 \in [-10, 7]$, $x_2 \in [-6, 7]$.

(a) 画出模型 (6.23) 的图形, 并指出其特点;

(b) 确定合适的试验次数, 分别采用拉丁超立方体设计、正交拉丁超立方体设计、最大最小距离设计和均匀设计, 并各自建立合适的模型来拟合模型 (6.23); 比较这些不同的模型, 并给出最佳的近似模型.

第七章

序贯设计

试验是人类探索未知的过程, 往往要经过多次反复试验才能达到预期的目的. 有的试验是做一步再决定下一步, 可能预先并没有一个完整的多阶段试验的计划. 例如, 在一轮试验之后, 通过统计分析要做一些追加和验证试验. 传统的序贯试验是有一揽子计划, 并在一定意义下达到最优. 本章介绍几类广泛应用的序贯试验设计的方法: 优选法、响应曲面设计和均匀序贯试验.

7.1 优选法

若一个试验只考虑一个因素 x, 其试验范围为 $[a,b]$. 其响应 y 与 x 之间的关系 $y = f(x)$ 虽然未知, 但由于试验范围不大, 试验者知道函数 f 的类型为单调上升、单调下降或单峰 (即 $f(x)$ 在 $[a,b]$ 上只有一个极大值或极小值), 如图 7.1 所示. 设试验误差很小, 或在理想情形下没有试验误差, 如计算机试验, 这时, 如何用最少的试验可以求得 $f(x)$ 的近似极大 (极小) 值是一个优化问题. 该问题, 由基弗 (J. Kiefer) 于 1953 年提出, 在 20 世纪 70 年代, 我国著名数学家华罗庚教授, 将基弗的方法通俗化, 并命名为 "优选法". 嗣后, 我国多位数学家给优选法一个严格的数学证明.

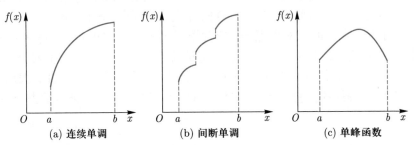

图 7.1 优选法可处理的函数

优选法的数学名称为黄金分割法, 也称为 0.618 法. 所谓黄金分割是把一条线段分割为两部分, 使其中一部分与全长之比等于另一部分与这部分之比. 其

比值是一个无理数 $(\sqrt{5}-1)/2$, 取其前三位有效数字的近似值是 0.618. 之所以把这种分割叫做黄金分割, 是因为它有许多奇妙的性质和应用.

优选法可分为**单因素优选法**和**多因素优选法**. 设在试验中存在多个因素, 若只考虑一个对响应 y 影响最大的因素 x, 其他因素尽量保持不变, 则称为单因素问题; 否则为多因素问题. 本节仅介绍单因素问题的优选法.

设 x 为试验中最重要的因素或唯一的因素, 并设其包含响应 y 的最优点的试验范围为 $[a,b]$. 将响应 y 与因素 x 之间的关系写成数学表达式, 不能写出表达式时, 就要确定评定结果好坏的方法. 方便起见, 仅讨论目标函数为 $y = f(x)$ 的情形, 即响应值中不存在随机误差的情形.

黄金分割法的做法如下: 第一个试验点 x_1 设在范围 $[a,b]$ 的 0.618 位置上, 第二个试验点 x_2 取成 x_1 的对称点, 即:

$$x_1 = a + 0.618(b-a),$$
$$x_2 = a + b - x_1 = a + 0.382(b-a),$$

如图 7.2(a) 所示. 用 $f(x_1)$ 和 $f(x_2)$ 分别表示 x_1 和 x_2 处的响应值. 此时分为以下两种情形:

情形 1: 若 $f(x_1)$ 比 $f(x_2)$ 好, 即 x_1 是好点, 于是把试验范围 $[a, x_2)$ 划去, 剩下 $[x_2, b]$.

情形 2: 若 $f(x_1)$ 比 $f(x_2)$ 差, 即 x_2 是好点, 于是把试验范围 $(x_1, b]$ 划去, 剩下 $[a, x_1]$.

这里所谓的 $f(x_1)$ 比 $f(x_2)$ 好指的是, 当目的是最小化目标函数时, $f(x_1) < f(x_2)$; 当目的为最大化目标函数时, $f(x_1) > f(x_2)$. 而 $f(x_1)$ 比 $f(x_2)$ 差, 反之. 下一步是在余下的范围内按照同样的方式寻找好点. 对于情形 1, 选择 x_1 在试验范围 $[x_2, b]$ 之间的对称点 x_3 作为第三个试验点, 即 $x_3 = x_2 + b - x_1$, 如图 7.2(b) 所示; 对于情形 2, 第三个试验点 x_3 为好点 x_2 的对称点, 即 $x_3 = a + x_1 - x_2$, 如图 7.2(c) 所示. 这个过程重复进行下去, 直到找出满意的点, 得出比较好的试验结果; 或者留下的试验范围已很小, 再做下去, 试验差

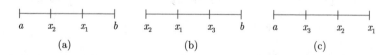

图 7.2　黄金分割法的试验点

别不大时也可终止试验. 这种序贯的方法从第二个试验点开始, 每次留下的试验范围是上一次长度的 0.618 倍, 随着试验范围越来越小, 试验越来越趋于最优点, 直到达到所需精度为止.

如果 $f(x_1)$ 和 $f(x_2)$ 一样, 则应该具体分析, 看最优点可能在哪边, 再决定取舍. 一般情况下, 可以同时划掉 $[a, x_2)$ 和 $(x_1, b]$, 仅留中间的范围 $[x_2, x_1]$, 然后把 x_2 看成新的 a, x_1 看成新的 b, 再按照上述方法做序贯试验.

下面简单说明优选法可以处理图 7.1 中所示的三种情形. 易知, 当真实的函数为连续单调函数或间断单调函数时, 优选法显然有效, 因为极值点位在边界, 每次比较 x_1 和 x_2 时, 总是去掉远离极值点的区域. 对于连续单峰函数, 不妨设目的是最大化目标函数, 如图 7.1(c) 所示. 现考虑第一步过程, 即试验区域为 $[a, b]$, 按照优选法的做法选定 x_1 和 x_2. 若 $f(x_1) > f(x_2)$, 则去掉区域 $[a, x_2)$, 此时, 极大点不会落入区域 $[a, x_2)$, 否则根据函数的单峰性质, 设极大点 $x^* \in [a, x_2)$, 则函数在区域 $[x^*, b]$ 之间单调下降, 故得 $f(x_1) < f(x_2)$, 因为 $x_2 < x_1$. 这与已知条件矛盾, 所以去掉区域 $[a, x_2)$ 不会去掉极大点. 类似地, 若 $f(x_1) < f(x_2)$, 则去掉区域 $(x_1, b]$ 也不会去掉极大点. 依次类推, 优选法可以找到单峰函数的峰值.

当函数 $f(x)$ 为多峰时, 上面的单因素优选法往往会收敛到局部最优解. 此时, 若满足试验要求, 可采用所选水平; 若不满足, 需更换初始试验区域 $[a, b]$, 再重复上面的过程寻优. 对于多因素问题, 首先对各个因素进行分析, 找出主要因素, 略去次要因素, 化 "多" 为 "少", 以利于解决问题. 多因素优选法的主要解决方法是降维法. 常见的方法有等高线法、纵横对折法和平行线法等. 这里不再详细讨论, 读者可参考华罗庚 (1981).

7.2 响应曲面法

在工业生产中, 如果希望逐步改善生产工艺, 最安全的方法是在当前工艺下做微调, 做一个小范围试验; 然后在微调后的工艺条件下, 再做小范围试验; 这样一步一步通过小范围试验来达到改善当前工艺的目的. 针对这一需求, 响应曲面法 (response surface methodology, 简称为 RSM) 是应用最为广泛的一种. 响应曲面法是数学方法和统计方法结合的产物, 其目的是优化感兴趣的响应或研究因素与响应之间的潜在规律. 当因素都是定量的, 而且个数不太多时, 响应曲面法能比较有效地研究因素与响应之间的关系. 响应曲面法是一种序贯试验方法, 即通过序贯的方法寻找模型的极值点, 它包括**中心复合设计** (central composite design), Box-Behnken 设计和均匀壳设计 (uniform shell design) 等.

设响应 y 与因素 $x_1, x_2, \cdots, x_s$ 之间存在如下的模型

$$y = f(x_1, x_2, \cdots, x_s) + \varepsilon, \tag{7.1}$$

其中函数 f 一般未知, ε 表示均值为 0, 方差为 σ^2 的随机误差. 由于响应 y 与因素 $x_1, x_2, \cdots, x_s$ 之间可以用一 s 维曲面来刻画, 故称 $E(y) = \eta = f(x_1, x_2, \cdots, x_s)$ 为**响应曲面**. 在实际中, 若试验中有太多因素, 则通过变量筛选方法只考虑重要因素, 而把其余因素固定在当前工艺水平. 下面通过一个例子来说明 RSM 的具体过程.

例 7.1 在一个化工试验中, 考察反应时间 (x_1, 单位: min) 和温度 (x_2, 单位: ℃) 对转化率 (y) 的影响, 并希望找到各因素的最佳水平组合使响应 y 达到最大. 这里温度的变化范围取为 $[120, 180]$, 反应时间的范围取为 $[2, 10]$. 设 $E(y) = \eta$ 与因素 x_1, x_2 之间的真实关系如图 7.3 所示, 称图 7.3(a) 中的曲面为**响应曲面**. 为了更加清楚地描述曲面的走势, 在响应曲面法中经常应用其**等高线图** (contour plot), 如图 7.3(b) 所示.

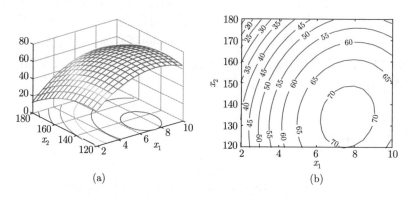

图 7.3 一个响应曲面的例子

当模型 (7.1) 中函数 f 未知时, RSM 需要寻找合适的模型来拟合响应 y 与因素 $x_1, x_2, \cdots, x_s$ 之间的关系. 由于试验范围不大, 可用低阶多项式来拟合 f, 例如当 f 由线性模型较好拟合时, 采用**一阶模型**

$$y = \beta_0 + \beta_1 x_1 + \beta_2 x_2 + \cdots + \beta_s x_s + \varepsilon, \tag{7.2}$$

否则用**二阶模型**

$$y = \beta_0 + \sum_{i=1}^{s} \beta_i x_i + \sum_{1 \leqslant i \leqslant j \leqslant s} \beta_{ij} x_i x_j + \varepsilon \qquad (7.3)$$

来拟合. 显然, 我们不能用一阶、二阶模型来全局拟合 f, 但这些模型在小试验区域可以较好地拟合真实模型. 在实际应用中, 若当前的试验条件远离最优试验点时, 我们采用一阶模型 (7.2), 因为通过一阶模型可以快速地使当前试验点过渡到极值点的附近邻域; 若确定的小试验区域接近或包含极值点, 我们采用二阶模型 (7.3), 因为二阶模型更容易找到极值点. 能使一阶模型 (7.2) 中参数 $\beta_i \, (i = 0, 1, \cdots, s)$ 都被估计出来的设计称为**一阶模型设计**; 能使二阶模型 (7.3) 中所有参数都被估计出来的设计称为**二阶模型设计**. 二阶模型中待估参数个数比一阶模型多, 因此需要更多不同的试验点估计参数, 从而这些试验点的数据也能用来估计一阶模型的参数. 图 7.4 给出 RSM 的一个示意图, 即从初始试验点出发, 通过一阶或二阶模型序贯地寻找使响应达到最大的水平组合.

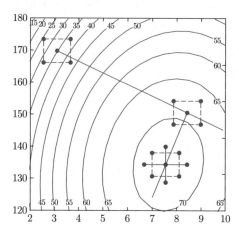

图 7.4　响应曲面法的示意图

7.2.1　最陡上升法

在一项新产品试验中, 当前试验点 x 可能远离最优试验点 x^*, 此时试验者希望能快速地从当前试验点过渡到最优试验点的小邻域内. 最简单有效的方法是在 x 的邻域内用一阶模型 (7.2) 来近似真实曲面.

最陡上升法是一种使响应 y 朝最陡上升的方向序贯移动的方法. 显然, 若试验目的是使 y 最小化, 那么该方法就变为**最陡下降法**. 由当前试验点 x 的邻

域内的一些试验的数据, 一阶模型 (7.2) 中的系数 β_i 可通过最小二乘法估计出, 于是得到拟合模型

$$\hat{y} = \hat{\beta}_0 + \sum_{i=1}^{s} \hat{\beta}_i x_i. \tag{7.4}$$

对拟合模型 (7.4) 中的 $\hat{y}$ 关于 x_i 求导可得

$$\frac{\partial \hat{y}}{\partial x_i} = \hat{\beta}_i, \quad i = 1, 2, \cdots, s,$$

因此其最陡上升的方向为向量 $(\hat{\beta}_1, \hat{\beta}_2, \cdots, \hat{\beta}_s)$ 的方向, 或方向

$$\lambda(\hat{\beta}_1, \hat{\beta}_2, \cdots, \hat{\beta}_s), \quad \lambda > 0. \tag{7.5}$$

沿着该方向序贯地移动, 一般可以到达最优试验点附近. 若使响应最小化, 只需用其相反方向 $-\lambda(\hat{\beta}_1, \hat{\beta}_2, \cdots, \hat{\beta}_s)$ 序贯移动即可. 下面继续讨论例 7.1.

例 7.2 (例 7.1 续)　设当前试验点位于 $\boldsymbol{x}_c = (x_1, x_2) = (3, 170)$, 在其小邻域 $[2.5, 3.5] \times [165, 175]$ 内用 $L_4(2^2)$ 正交设计加上 $\boldsymbol{x}_c$ 处重复 $n_c = 5$ 次构成一次试验设计, 其结果如表 7.1 所示.

表 7.1　一阶模型设计的设计点及其响应值

试验号	反应时间 $\xi_1/\min$	温度 $\xi_2/℃$	x_1	x_2	转化率 y
1	2.5	165	-1	-1	32.1795
2	3.5	165	1	-1	42.1982
3	2.5	175	-1	1	23.1855
4	3.5	175	1	1	33.5889
5	3	170	0	0	33.3128
6	3	170	0	0	32.9071
7	3	170	0	0	32.9720
8	3	170	0	0	34.2362
9	3	170	0	0	33.5279

RSM 中的设计在当前试验点 $\boldsymbol{x}_c$ 重复 n_c 次的目的有两个:

(1) 获得随机误差方差的估计;

(2) 使试验中的两因素都有三个水平, 从而可检验因素的交互项和二次项是否显著.

在数据分析中, 往往把各因素的取值标准化为 $0, \pm 1$ 等, 并称变化后的变量为**码变量** (coded variables), 从而不受变量量纲的干扰, 如例 7.2 中,

$$x_1 = \frac{\xi_1 - 3}{0.5}, \quad x_2 = \frac{\xi_2 - 170}{5},$$

式中 ξ_1, ξ_2 表示原始变量. 下面考虑拟合模型 (7.2) 或 (7.3) 时, 变量都取为码变量 x_i.

用一阶模型 (7.2) 拟合数据, 可得

$$\hat{y} = 33.1231 + 5.1055x_1 - 4.4008x_2, \tag{7.6}$$

其 $R^2 = 0.989$, F 值为 273.366, 误差方差估计 $\hat{\sigma}^2 = 0.332$, 因此拟合模型显著.

然而, 除一阶拟合模型 (7.6) 外, 最好进一步考虑高阶模型是否有更好的效果, 例如对于二阶模型 (7.3), 由于例 7.1 中只有两个因素, 二阶拟合模型变为

$$\hat{y} = \beta_0 + \beta_1 x_1 + \beta_2 x_2 + \beta_{12} x_1 x_2 + (\beta_{11} + \beta_{22})x_1^2, \tag{7.7}$$

这里由于 $x_1^2 = x_2^2$, 因此 x_1^2 的系数为 $\beta_{11} + \beta_{22}$. 由表 7.1 中的数据, 根据最小二乘法可得模型 (7.7) 中各系数的估计及其相关的 t 检验如表 7.2 所示, 从中可知当检验水平 $\alpha = 0.05$ 时, 交互项 $x_1 x_2$ 和二次项 x_1^2 都不显著. 因此, 我们采用一阶模型 (7.6) 来拟合数据.

表 7.2　一阶模型设计的最小二乘估计及其检验

系数	估计值	标准差	t 值	p 值
β_0	33.3912	0.240	139.311	0.0000
β_1	5.1055	0.268	19.052	0.0000
β_2	-4.4008	0.268	-16.422	0.0000
β_{12}	0.0962	0.268	0.359	0.7378
$\beta_{11} + \beta_{22}$	-0.6031	0.360	-1.678	0.1687

由 (7.5) 式可知模型 (7.6) 的最陡上升方向正比于 $(5.1055, -4.4008)$, 或等价的 $(1, -0.8620)$. 换句话说, 当反应时间增加一个单位 (每单位 $0.5\,\text{min}$), 温度减少 0.8620 个单位 (每单位 $5℃$). 沿着最陡上升方向, 反应时间每增加一个单位做一次试验, 即在 $(3+0.5\times k, 170-5\times 0.8620\times k)$, $k=1,2,\cdots$, 处做试验, 从而得到一系列的响应值, 如图 7.5 所示. 这里做多步试验时, 试验的响应值先会增加, 这意味着试验点逐渐靠近真实模型的极值点, 接着继续做试验时响应值会逐渐减少, 这说明试验点又逐渐远离真实模型的极值点. 对于极值点为极大值点的情形, 这里的多步试验需出现试验的响应值减少后才停止. 从图 7.5 中可知当 $k=10$, 即试验点取为 $\boldsymbol{x}=(8, 126.9)$ 时, 响应 y 达到最大. 于是把 $\boldsymbol{x}$ 作为当前试验点 $\boldsymbol{x}_c$, 重复上面的过程, 直到响应值达到最优. 由于响应值存在误差, 而当 $k=8,9,10$ 时, 响应值相差不远, 因此我们也考虑在 $\boldsymbol{x}$ 的小邻域内取一试验点作为当前试验点 $\boldsymbol{x}_c$, 其他过程类似.

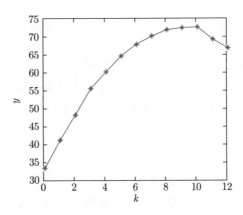

图 7.5   沿着最陡上升方向, 步数 k 与响应值 y 的变化趋势

7.2.2   二阶响应曲面

当应用一阶模型设计已使试验点到达极值点附近时, 往往需要二阶模型 (7.3) 来拟合, 因为二次模型可以比一阶模型更好地刻画因素与响应之间的关系, 且在小邻域中能更准确地寻找极值点. 本小节我们考虑二阶模型 (7.3) 的性质, 以便有效地找到极值点.

模型 (7.3) 的拟合模型可记为

$$\hat{y} = \hat{\beta}_0 + \sum_{i=1}^{s} \hat{\beta}_i x_i + \sum_{1 \leqslant i \leqslant j \leqslant s} \hat{\beta}_{ij} x_i x_j,$$

该式可用矩阵的形式表达为

$$\hat{y} = \hat{\beta}_0 + \boldsymbol{x}'\boldsymbol{b} + \boldsymbol{x}'\boldsymbol{B}\boldsymbol{x}, \tag{7.8}$$

其中 $\boldsymbol{x}' = (x_1, x_2, \cdots, x_s)$, $\boldsymbol{b}' = (\hat{\beta}_1, \hat{\beta}_2, \cdots, \hat{\beta}_s)$, $\boldsymbol{B}$ 为 $s \times s$ 对称矩阵

$$\boldsymbol{B} = \begin{pmatrix} \hat{\beta}_{11} & \frac{1}{2}\hat{\beta}_{12} & \cdots & \frac{1}{2}\hat{\beta}_{1s} \\ \frac{1}{2}\hat{\beta}_{12} & \hat{\beta}_{22} & \cdots & \frac{1}{2}\hat{\beta}_{2s} \\ \vdots & \vdots & & \vdots \\ \frac{1}{2}\hat{\beta}_{1s} & \frac{1}{2}\hat{\beta}_{2s} & \cdots & \hat{\beta}_{ss} \end{pmatrix}.$$

对模型 (7.8) 中的 $\hat{y}$ 关于 $\boldsymbol{x}$ 求导并令其为 $\boldsymbol{0}$, 可得

$$\frac{\partial \hat{y}}{\partial \boldsymbol{x}} = \boldsymbol{b} + 2\boldsymbol{B}\boldsymbol{x} = \boldsymbol{0},$$

(有关矩阵微商的概念, 参照 1.4 节) 则其解

$$\boldsymbol{x}_s = -\frac{1}{2}\boldsymbol{B}^{-1}\boldsymbol{b} \tag{7.9}$$

称为二阶模型 (7.8) 的**平稳点** (stationary point), 这里假设矩阵 $\boldsymbol{B}$ 可逆, 这个假设往往在实际中是成立的. 根据二次模型的特点, 平稳点 $\boldsymbol{x}_s$ 可能是极大值点, 可能是极小值点, 也可能是**鞍点**, 这三种情形分别如图 7.3 和图 7.6 所示. 把等式 (7.9) 代入 (7.8) 式可得在平稳点 $\boldsymbol{x}_s$ 处

$$\hat{y}_s = \hat{\beta}_0 + \frac{1}{2}\boldsymbol{x}_s'\boldsymbol{b}. \tag{7.10}$$

获得平稳点后, 我们需要了解该点是属于哪种平稳点, 从而清楚该点邻域内的响应值趋势. 显然, 当因素个数 $s = 2$ 或 3 时, 最直接的方法是画出拟合模型 (7.8) 的等高线图. 然而, 对于任意 s, 更一般的方法是所谓的**典型分析法** (canonical analysis), 其主要想法是把模型 (7.8) 的中心点变换到平稳点, 并适当旋转坐标轴. 具体做法如下: 设 $s \times s$ 矩阵 $\boldsymbol{P}$ 为矩阵 $\boldsymbol{B}$ 的相互正交的单位特征向量, 则 $\boldsymbol{P}'\boldsymbol{P} = \boldsymbol{P}\boldsymbol{P}' = \boldsymbol{I}$ 且

$$\boldsymbol{P}'\boldsymbol{B}\boldsymbol{P} = \boldsymbol{\Lambda},$$

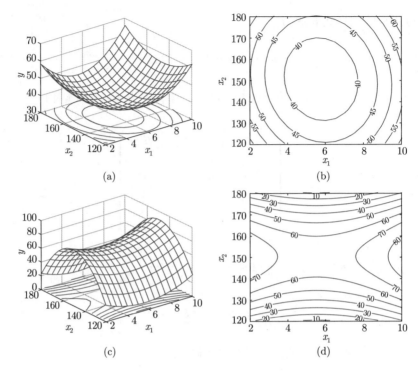

图 7.6   平衡点为极小值和鞍点的情形

式中 $\boldsymbol{\Lambda} = \mathrm{diag}(\lambda_1, \lambda_2, \cdots, \lambda_s)$, λ_i 为 $\boldsymbol{P}$ 中第 i 列对应的特征值 ($i = 1, 2, \cdots, s$). 设

$$\boldsymbol{z} = \boldsymbol{x} - \boldsymbol{x}_s, \quad \boldsymbol{v} = (v_1, v_2, \cdots, v_s) = \boldsymbol{P}'\boldsymbol{z}, \tag{7.11}$$

式中 $\boldsymbol{x}_s$ 为平稳点, 则模型 (7.8) 通过简单的矩阵运算可变为

$$\hat{y} = \hat{y}_s + \sum_{i=1}^{s} \lambda_i v_i^2, \tag{7.12}$$

式中 $\hat{y}_s$ 如 (7.10) 所示. (7.12) 式称为模型 (7.8) 的**典范型**. 实际上, (7.12) 式中 λ_i 的正负号决定了平稳点的性质:

(1) 当 λ_i ($i = 1, 2, \cdots, s$) 都同号时, 平稳点 $\boldsymbol{x}_s$ 邻域内的等高线图呈椭球形. 且当特征值都大于 0 时, $\boldsymbol{x}_s$ 为极小值 (见图 7.6(b)); 当特征值都小于 0 时, $\boldsymbol{x}_s$ 为极大值 (见图 7.3(b)).

(2) 当 λ_i ($i = 1, 2, \cdots, s$) 有正有负时, 平稳点 $\boldsymbol{x}_s$ 邻域内的等高线图呈双

曲线形, 此时 x_s 为鞍点 (见图 7.6(d)).

对于只有两个因素的试验, 典范型 (7.12) 实际上是把原来的 x_1 和 x_2 坐标轴通过 (7.11) 式旋转到 v_1 和 v_2 轴, 如图 7.7 所示. 当某些特征值趋于 0 时, 平稳点 x_s 邻域内的等高线图会变得特殊, 即等高线会沿着某些方向逐渐拉伸. 例如当 $s = 2, \lambda_1 < 0, \lambda_2 = 0$ 时, 如图 7.7(a) 所示, 等高线会平行于 v_2 轴. 若平稳点在试验区域内, 则图 7.7(a) 中虚线会通过平稳点, 而且虚线上的响应值都相等, 称这种系统为**平稳岭系统** (stationary ridge system); 若平稳点远离试验区域, 则等高线图如图 7.7(b) 所示, 若目的为最大化响应值, 则称这种系统为**上升岭系统** (rising ridge system). 关于岭系统更多的内容可参考 Box, Draper (1987) 和 Wu, Hamada (2000), 这里不再详细讨论.

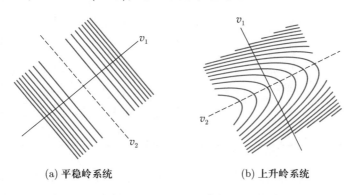

(a) 平稳岭系统   (b) 上升岭系统

图 7.7   岭系统

下面我们继续考虑例 7.1. 由于表 7.1 中只有五个不同的试验点, 因此不太适合用二阶模型来拟合. 为此, 我们需要更多的试验点来估计二阶模型.

例 7.3 (例 7.1 续) 设经过一阶模型设计找到当前试验点为 $(8, 126.9)$. 以该点为中心, 我们考虑表 7.3 的设计点及相应的响应值, 其设计的方法见 7.2.3 节. 用二阶模型 (7.3) 来拟合表 7.3 中数据, 可得

$$\hat{y} = 71.4963 - 0.4487x_1 + 1.0831x_2 -$$
$$0.3843x_1^2 + 0.2369x_1x_2 - 0.3656x_2^2,$$

经检验可知 x_1x_2 项不重要, 剔除该项后的回归模型为

$$\hat{y} = 71.4963 - 0.4487x_1 + 1.0831x_2 - 0.3843x_1^2 - 0.3656x_2^2, \qquad (7.13)$$

其中模型中系数的 t 检验的 p 值分别为 $p_{x_1} = 0.0153, \ p_{x_2} = 0.0001, \ p_{x_1^2} =$

表 7.3 二阶模型设计的设计点及其响应值

试验号	反应时间 $\xi_1/\min$	温度 $\xi_2/℃$	x_1	x_2	转化率 y
1	7.5	121.9	−1	−1	70.2939
2	8.5	121.9	1	−1	68.7249
3	7.5	131.9	−1	1	72.0678
4	8.5	131.9	1	1	71.4465
5	8	126.9	0	0	70.7707
6	8	126.9	0	0	71.9394
7	8	126.9	0	0	71.9385
8	8	126.9	0	0	71.3251
9	8	126.9	0	0	71.5075
10	8.707	126.9	1.414	0	70.3463
11	7.293	126.9	−1.414	0	71.3357
12	8	133.97	0	1.414	72.3523
13	8	119.83	0	−1.414	69.4046

0.0398 和 $p_{x_2^2} = 0.0479$, 因此其 p 值都小于 0.05, 且 $R^2 = 0.9031$, $F = 18.6293$, 残差方法的估计 $s^2 = 0.1708$, 因此模型 (7.13) 是显著的. 此时, 模型 (7.8) 中的

$$\boldsymbol{b} = \begin{pmatrix} -0.4487 \\ 1.0831 \end{pmatrix}, \quad \boldsymbol{B} = \begin{pmatrix} -0.3843 & 0 \\ 0 & -0.3656 \end{pmatrix},$$

则由 (7.9) 式可知平稳点

$$\begin{aligned} \boldsymbol{x}_s &= -\frac{1}{2}\boldsymbol{B}^{-1}\boldsymbol{b} \\ &= -\frac{1}{2}\begin{pmatrix} -2.6021 & 0 \\ 0 & -2.7352 \end{pmatrix}\begin{pmatrix} -0.4487 \\ 1.0831 \end{pmatrix} = \begin{pmatrix} -0.5838 \\ 1.4813 \end{pmatrix}, \end{aligned}$$

由此, 反应时间 ξ_1 和温度 ξ_2 这两个因素的取值分别为

$$-0.5838 = \frac{\xi_1 - 8}{0.5}, \quad 1.4813 = \frac{\xi_2 - 126.9}{5},$$

即 $\xi_1 = 7.7081$, $\xi_2 = 134.3063$. 在平稳点 $\boldsymbol{x}_s$ 处的预测响应值为 75.5727. 由于

B 为对角矩阵, 因此, B 的特征值分别为 -0.3843 和 -0.3656, 故由 (7.12) 式可知拟合模型 (7.13) 的典范型为

$$\hat{y} = 75.5727 - 0.3843v_1^2 - 0.3656v_2^2.$$

上式中二阶项的这两个系数都是负的, 因此平稳点 x_s 为极大点. 由上面的二阶模型可判断在平稳点附近该模型可以达到极大值, 可以让当前判断的平稳点 x_s 为中心, 在其附近小邻域内继续上面的过程, 以寻找更佳的水平组合.

7.2.3 中心复合设计

为了有效地拟合响应曲面, 需精心选择序贯试验中每一步的设计. 这种响应曲面设计需满足一些事先提出的准则. 文献中有很多作者在某一个准则下, 得到了很漂亮的结果, 例如在第四章中介绍的最优回归设计, 当回归模型给定时, 可以选择最佳的试验点以得到回归系数的最优估计. 然而这种单一准则不太适合响应曲面设计. Box, Draper (1987) 提出了 14 个 "好" 响应曲面设计可能具有的优良特征, 例如拟合值尽可能地逼近真实值、允许设计可序贯地增加阶数、易于计算、变量的水平数不宜过大等. 有些准则可能会相互矛盾, 因此, 实际中需要有所取舍.

最自然的设计是用正交设计, 每个因素取三个水平, 其中间的水平是当前的工艺值, 其全面试验为 3^s 设计, 或取其部分因子设计. 由于两个三水平因素的交互作用有 4 个自由度, 故有时要求较多的试验次数. 如果用两水平的部分因子设计 2^{s-k}, 试验数可大大减低, 但每个因素只有两个水平, 而不能拟合二次回归模型. 综合上述的要求和困难, 产生了**中心复合设计**. 若每个因素的两个水平用 ± 1 表示, 中心复合设计是在 2^{s-k} 设计的基础上加一些点, 使每个因素都有三个水平. 若试验中有 s 个码变量, 一般地, 中心复合设计包含下面三部分:

(1) 当 $s \leqslant 4$ 时, 取 s 维立方体的所有顶点 $(\pm 1, \pm 1, \cdots, \pm 1)$; 当 $s \geqslant 5$ 时, 取 s 维立方体的部分顶点;

(2) s 维坐标轴上两两对称的 $2s$ 个点: $(\pm \alpha, 0, \cdots, 0)$, $(0, \pm \alpha, \cdots, 0)$, $\cdots$, $(0, 0, \cdots, \pm \alpha)$;

(3) 中心点 $(0, 0, \cdots, 0)$ 的 n_0 次试验.

图 7.8 给出了二因素和三因素的中心复合设计. 这里, 集合 (1) 为 2^2 完全因子设计或 2^{s-k} 部分因子设计 $(k \geqslant 5)$. 由于二阶模型 (7.3) 中所有待估参数的个数为 $(s+1)(s+2)/2$, 为了保证模型可估, Box et al. (1978) 建议当 $s = 5, 6, 7$ 时, 集合 (1) 取 2^{s-1} 部分因子设计; 当 $s = 8, 9$ 时, 集合 (1) 取 2^{s-2} 部分因子设计; 当 $s = 10$ 时, 集合 (1) 取 2^{s-3} 部分因子设计等. 表 7.4 列出了当因素个

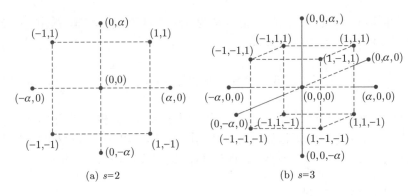

(a) s=2　　　　　　　　　(b) s=3

图 7.8　中心复合设计

表 7.4　中心复合设计的特征

变量个数	s	2	3	4	5	6	7	8	9
待估参数个数	$(s+1)(s+2)/2$	6	10	15	21	28	36	45	55
集合 (1) 中 k 值	k	0	0	0	1	1	1	2	2
非中心点个数	$2^{s-k}+2s$	8	14	24	26	44	78	80	130
α 值	$2^{(s-k)/4}$	1.414	1.682	2	2	2.378	2.828	2.828	3.364
中心点重复次数	n_0	$3\sim5$	$2\sim4$	$3\sim5$	$2\sim4$	$2\sim4$	$2\sim4$	$3\sim5$	$2\sim4$

数不超过 9 时中心复合设计的一些特征, 表中非中心点个数为 $2^{s-k}+2s$, 其中当 $s\leqslant4$ 时, $k=0$; 当 $s=5,6,7$ 时, $k=1$; 当 $s=8,9$ 时, $k=2$.

集合 (2) 中的 $2s$ 个点位于 s 个坐标轴上, 而且到原点 O 的距离都为 α. 易知, 当 $\alpha<1$ 时, 这些点都在立方体内; 当 $\alpha=1$ 时, 这 $2s$ 个点恰好在立方体的 $2s$ 个表面的中心, 此时, 中心复合设计就变为水平为 $-1,0,1$ 的设计, 因此适用于只有三个水平的定性变量; 当 $\alpha>1$ 时, 这 $2s$ 个点位于立方体外. 一般地, 我们选取 $1\leqslant\alpha\leqslant\sqrt{s}$. 当 $\alpha=\sqrt{s}$ 时, 除了中心点外, 其他的设计点都位于一个半径为 $\sqrt{s}$ 的超球面上, 然而当 s 较大时, 集合 (2) 中的设计点会远离原点, 不利于当前数据的分析. 因此, 我们需选择合适的 α, 其中一个合理的准则是从**旋转性**的角度出发确定 α 值的. 对于一阶模型 (7.2) 或二阶模型 (7.3), 甚至更高阶的模型, 根据试验数据 $(\boldsymbol{x}_i,y_i)$ 可知在某点 $\boldsymbol{x}$ 的预测值的方差为

$$\mathrm{Var}(\hat{y}(\boldsymbol{x}))=\sigma^2\boldsymbol{x}'(\boldsymbol{X}'\boldsymbol{X})^{-1}\boldsymbol{x},$$

式中, σ^2 为误差方差, $\boldsymbol{X}$ 为系数矩阵. 一个设计称为**可旋转的**, 若所有到原点距离相等的设计点有相等的 $\mathrm{Var}(\hat{y}(\boldsymbol{x}))$, 即预测方差在超球面上都相等. Box,

Hunter (1957) 证明了若中心复合设计是可旋转的, 则 α 值为

$$\alpha = 2^{(s-k)/4}.$$

集合 (3) 中, 中心点的重复次数 n_0 易受准则的影响, 即在不同的准则下, n_0 的取值差别较大. 一般地, n_0 不宜太大, 且当 α 逼近 $\sqrt{s}$ 时, 取 $n_0 \in [3,5]$; 当 α 逼近 1 时, 取 $n_0 \in [1,2]$; 若 $\alpha \in (1, \sqrt{s})$ 时, 取 $n_0 \in [2,4]$. 关于中心点重复次数更多的讨论可参见 Box, Draper (1987).

当每一个试验的代价较大时, 我们需要寻找设计点更少的设计, 只要能够估计随机误差和二阶模型 (7.3) 的各系数即可. 文献中有诸多的讨论, 具体可参考 Draper, Lin (1996), Wu, Hamada (2000). 除了中心复合设计, 文献中还提出了其他的设计来拟合二阶响应曲面设计, 例如 Box-Behnken 设计和均匀壳设计等, 其中 Box-Behnken 设计与区组设计有密切联系, 这里不详细讨论了. 当然, 均匀设计也是一个好的选择, 在下节将会介绍.

前面两节讨论的优选法和响应曲面设计, 都要求响应曲面是单峰的. 若响应曲面是多峰的, 这些方法往往得不到全局最优值, 而易使寻优过程收敛到局部最优解. 为此, Wu, Hamada (2000), Montgomery (2005) 给了相关的解决方法, 但其内容较为复杂, 这里省略不谈.

7.3 均匀序贯试验

在上节介绍的响应曲面法中, 每一步试验可以考虑用均匀设计代替中心复合设计, 这样既保证了每一个因素有 3 个以上的水平, 每一步试验数目也不太多.

设 $\mathcal{X} = [\boldsymbol{a}, \boldsymbol{b}]$ 为 $\mathbf{R}^s$ 中的一个超矩形, $\boldsymbol{a} = (a_1, a_2, \cdots, a_s), \boldsymbol{b} = (b_1, b_2, \cdots, b_s)$, 即, $a_i \leqslant x_i \leqslant b_i, i = 1, 2, \cdots, s$, 并设 $f(\boldsymbol{x})$ 为 $\mathcal{X}$ 上的连续函数. 我们希望在试验区域 $\mathcal{X}$ 上找到 $\boldsymbol{x}^*$ 使得,

$$M = f(\boldsymbol{x}^*) = \max_{\boldsymbol{x} \in \mathcal{X}} f(\boldsymbol{x}), \tag{7.14}$$

此时称 M 为函数 $f(\boldsymbol{x})$ 在区域 $\mathcal{X}$ 上的**全局最优值**, $\boldsymbol{x}^*$ 为 $\mathcal{X}$ 上的**全局最优点**. 为了找到其全局最优点, 文献中提出了很多方法, 例如单纯形法、牛顿–高斯法、伪牛顿法、极速下降法等. 然而, 为了能找到全局最优点, 其中很多方法都要求函数 $f(\boldsymbol{x})$ 是单峰且 (或) 可导的, 否则往往只能找到局部最优点. 而这些要求

对于有些函数而言太过苛刻, 例如函数 $f(\boldsymbol{x})$ 中包含取 "最大"、"最小" 或 "绝对值", 或者函数 $f(\boldsymbol{x})$ 是分段函数

$$f(\boldsymbol{x}) = \begin{cases} f_1(\boldsymbol{x}), & \boldsymbol{x} \in \mathcal{X}_1, \\ f_2(\boldsymbol{x}), & \boldsymbol{x} \in \mathcal{X}_2, \\ \cdots\cdots\cdots \\ f_m(\boldsymbol{x}) & \boldsymbol{x} \in \mathcal{X}_m, \end{cases} \quad \mathcal{X}_1 \cup \mathcal{X}_2 \cup \cdots \cup \mathcal{X}_m = \mathcal{X},$$

且在每个子集 $\mathcal{X}_i$ 的子集的边界点导数不存在或者很难求出.

上面寻找全局最优点的问题实际上是一个典型的优化问题. 通过均匀设计来寻找全局最大点是一种可行的方法, 其主要想法如下: 给定试验区域 $\mathcal{X}$ 上的一个设计 $\mathcal{P} = \{\boldsymbol{x}_k, k = 1, 2, \cdots, n\}$, 由于 $f(\boldsymbol{x})$ 为 $\mathcal{X}$ 上的连续函数, 而 $\mathcal{X}$ 为有界闭集, 所以我们希望当 n 很大时, 在 $\mathcal{P}$ 中的 n 个点中存在一点 $\boldsymbol{x}_n^*$ 使得 $f(\boldsymbol{x}_n^*)$ 非常靠近全局最优值 M, 且 $\boldsymbol{x}_n^*$ 靠近全局最优点 $\boldsymbol{x}^*$. 设 $\boldsymbol{x}_n^* \in \mathcal{P}$ 为满足下式的一设计点

$$M_n = f(\boldsymbol{x}_n^*) = \max_{i \leqslant k \leqslant n} f(\boldsymbol{x}_k). \tag{7.15}$$

我们知道在前面的条件假设下, 当 $n \to \infty$ 时, $M_n \to M$, 蒙特卡洛方法的收敛速度为 $O(n^{-1/2})$, 均匀设计的收敛速度为 $O(n^{-1/s} \log n)$ (Fang, Wang (1994)), 如果 s 不太大, 均匀设计的收敛速度比蒙特卡洛方法提高了很多. 然而即便如此, 这种方法的收敛速度还是太慢. Fang, Wang (1990) 提出的 SNTO 方法即序贯均匀设计的方法可以提高收敛速度. 为此, 先介绍 SNTO 的方法.

7.3.1 SNTO

设 $\mathcal{P}^0 = \{\boldsymbol{y}_k, k = 1, 2, \cdots, n\}$ 为 $C^s = [0, 1]^s$ 上的设计, 并设

$$\begin{aligned} x_{ki} &= a_i + (b_i - a_i) y_{ki}, \quad i = 1, 2, \cdots, s, \\ \boldsymbol{x}_k &= (x_{k1}, x_{k2}, \cdots, x_{ks}), \quad k = 1, 2, \cdots, n, \end{aligned} \tag{7.16}$$

则 $\mathcal{P} = \{\boldsymbol{x}_k, k = 1, 2, \cdots, n\}$ 为 $\mathcal{X}$ 中的设计. 设 $\mathcal{X} = [\boldsymbol{a}, \boldsymbol{b}]$ 为 $\mathbf{R}^s$ 中的一个超矩形, 其体积为 $\prod_{i=1}^{s}(b_i - a_i)$, 并记超矩形的最大的边长为 $l(\mathcal{X})$. 若我们能找到试验区域 $\mathcal{X}$ 内的一个超矩形 $\mathcal{X}^*$, 使得 $\boldsymbol{x}^* \in \mathcal{X}^* \subset \mathcal{X}$ 且 $l(\mathcal{X}^*)$ 比 $l(\mathcal{X})$ 小很多, 则 $\mathcal{X}$ 上的优化问题 (7.14) 可以转化为试验区域 $\mathcal{X}^*$ 上的优化问题. 若在 $\mathcal{X}$ 和

$\mathcal{X}^*$ 上采用设计点一样的设计, 且都是由 C^s 中的设计 $\mathcal{P}^0$ 变换而成, 则在小区域 $\mathcal{X}^*$ 上的寻找全局最优点 $\boldsymbol{x}^*$ 的精度显然比 $\mathcal{X}$ 上的要高. 例如, 当 $s = 5$ 时, $\mathcal{X}^* = [\boldsymbol{a}^*, \boldsymbol{b}^*] \subset \mathcal{X}$, 且 $\mathcal{X}^*$ 的每个边长都是 $\mathcal{X}$ 中相应边长的 $1/10$, 则直观地说, 在 $\mathcal{X}^*$ 中 n 个设计点逼近 $\boldsymbol{x}^*$ 的精度相当于 $\mathcal{X}$ 中的 $10^5 n$ 个点逼近的程度. 下面我们称在 $\mathcal{X}$ 和 $\mathcal{X}^*$ 上的设计相同, 假如其相应的设计都是由相同的 C^s 上的设计 $\mathcal{P}^0$ 通过变换 (7.16) 而成的.

基于上面讨论的思想, Fang, Wang (1990) 提出一种序贯优化的方法, 称为**序贯均匀设计**, 并简记为 SNTO, 即对于 $\mathcal{X}$ 上的一个未知的函数 $f(\boldsymbol{x})$, 首先在 $\mathcal{X}$ 上均匀布点, 其设计点数 n 一般不会太大, 然后根据该均匀设计的试验结果, 缩小试验区域, 并在小区域内采用同样的均匀设计, 然后再根据一些准则缩小试验区域, 直到达到要求的精度为止. 记 $\max \boldsymbol{c}$ ($\min \boldsymbol{c}$) 表示 $\max\limits_{1 \leqslant i \leqslant n} c_i$ ($\min\limits_{1 \leqslant i \leqslant n} c_i$), 其中 $\boldsymbol{c} = (c_1, c_2, \cdots, c_n)$. 下面给出目的为最大化目标函数的 SNTO 算法, 目的为最小化目标函数的 SNTO 算法可类似地给出.

步骤 1　初始化. 设 $t = 0, \mathcal{X}^{(0)} = \mathcal{X}, \boldsymbol{a}^{(0)} = \boldsymbol{a}, \boldsymbol{b}^{(0)} = \boldsymbol{b}$;

步骤 2　产生均匀设计. 在试验区域 $\mathcal{X}^{(t)} = [\boldsymbol{a}^{(t)}, \boldsymbol{b}^{(t)}]$ 上寻找一个试验次数为 n_t 的均匀设计 $\mathcal{P}^{(t)}$;

步骤 3　计算新的近似值. 选取 $\boldsymbol{x}^{(t)} \in \mathcal{P}^{(t)} \cup \{\boldsymbol{x}^{(t-1)}\}$ 和 $M^{(t)}$ 使得

$$M^{(t)} = f(\boldsymbol{x}^{(t)}) \geqslant f(\boldsymbol{y}), \quad \forall \, \boldsymbol{y} \in \mathcal{P}^{(t)} \cup \{\boldsymbol{x}^{(t-1)}\}, \tag{7.17}$$

式中 $\boldsymbol{x}^{(-1)}$ 表示空集, $\boldsymbol{x}^{(t)}$ 和 $M^{(t)}$ 分别为 $\boldsymbol{x}^*$ 和 M 的近似值;

步骤 4　终止准则. 设 $\boldsymbol{c}^{(t)} = (\boldsymbol{b}^{(t)} - \boldsymbol{a}^{(t)})/2$, 若 $\max \boldsymbol{c}^{(t)} < \delta$, 其中 δ 为事先设置的很小的数, 则 $\mathcal{X}^{(t)}$ 足够小, 且 $\boldsymbol{x}^{(t)}$ 和 $M^{(t)}$ 是可以接受的, 此时终止算法, 否则转步骤 5;

步骤 5　更新试验域. 新的试验域 $\mathcal{X}^{(t+1)} = [\boldsymbol{a}^{(t+1)}, \boldsymbol{b}^{(t+1)}]$, 其中

$$a_i^{(t+1)} = \max\left\{x_i^{(t)} - \gamma c_i^{(t)}, \ a_i\right\}, \quad b_i^{(t+1)} = \min\left\{x_i^{(t)} + \gamma c_i^{(t)}, \ b_i\right\}, \tag{7.18}$$

式中 γ 称为**压缩比**. 记 $t = t + 1$, 转步骤 2.

SNTO 算法的步骤 2 中的均匀设计可以由第五章所介绍的好格子点法、门限接受法或其他方法构造, 有时为了减少算法的计算复杂度, 我们常把均匀设计的试验次数取为 $n_1 > n_2 = n_3 = \cdots$, 因为第一步的均匀设计的试验次数取大些, 意味着在试验区域 $\mathcal{X}$ 内较多布点, 从而逼近全局最优点 $\boldsymbol{x}^*$ 的概率较大.

而其后序贯的均匀设计可以减少试验次数. 步骤 3 中通过均匀设计 $\mathcal{P}^{(t)}$ 的取最大值的点与上一步设计的取最大值点 $\boldsymbol{x}^{(t-1)}$ 的比较来决定最终的 $\boldsymbol{x}^{(t)}$, 当新的均匀设计的设计点处的响应值都没有 $\boldsymbol{x}^{(t-1)}$ 处的响应值大时令 $\boldsymbol{x}^{(t)} = \boldsymbol{x}^{(t-1)}$, 这样可以保证每步选取的 $\boldsymbol{x}^{(t)}$ 的响应值 $M^{(t)}$ 都是单调不减的. 步骤 4 中的终止准则是试验区域的体积足够小, 而不是平常的 $|M^{(t)} - M^{(t-1)}| < \delta$, 因为由步骤 3 可知在算法的中间阶段可能有 $M^{(t)} = M^{(t-1)}$, 而当试验区域继续缩小时, 响应值又可能增加. 步骤 5 中的新的试验区域的选取方法是为了保证 $\mathcal{X}^{(t+1)} \subset \mathcal{X}$, 而其中的压缩比 γ 往往取为 0.5, 或者在第 t 步的压缩比 $\gamma_t = \gamma^t$, 其中 γ $(0 < \gamma < 1)$ 为常数.

图 7.9 给出 SNTO 的示意图, 即假设初始试验区域为 $\mathcal{X} = \mathcal{X}^{(0)}$, 然后序贯试验的每一步的区域比前一步小, 如果在某步试验的最优点 $\boldsymbol{x}^{(t)}$ 靠近边界点, (7.18) 式保证新的试验区域 $\mathcal{X}^{(t)}$ 仍在最初的试验区域内, 不过此时压缩的幅度更大. 下面我们通过一个例子来比较均匀序贯试验与一般的均匀设计.

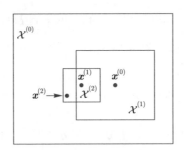

图 7.9　SNTO 示意图

例 7.4　考虑函数

$$f(x,y) = 2e^{-\frac{1}{4}(x^2+(y-5)^2)} + e^{-\frac{1}{2}(\frac{(x-3)^2}{4}+y^2)} + e^{-\frac{1}{2}((x+3)^2+y^2)}, \tag{7.19}$$

式中 $(x,y) \in \mathbf{R}^2$, 求其全局最优值和全局最优点.

函数 $f(x,y)$ 的等高线如图 7.10 所示, 从中易知, $f(x,y)$ 有三个极值点, 其位置分别为 $(0,5), (-3,0)$ 和 $(3,0)$, 且 $(0,5)$ 为其全局最优点, 即 $\boldsymbol{x}^* = (0,5)$ 且 $M = f(\boldsymbol{x}^*) = f(0,5) \approx 2.00000125$, 而两个局部最优点为 $f(3,0) \approx 1.00125347$, $f(-3,0) \approx 1.01236245$. 由于函数 $f(x,y)$ 是连续的, 因此可以用常见的优化算法, 例如牛顿 – 高斯法、最陡下降法等, 然而这些算法非常依赖于初始值的选取, 若选取不当, 很容易陷入这两个局部最优点. 详见 Fang et al. (1994).

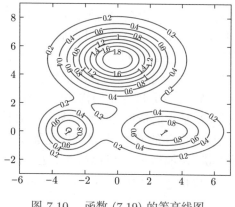

图 7.10   函数 (7.19) 的等高线图

下面分别用均匀设计和序贯均匀设计的方法求函数 $f(x, y)$ 的全局最优值和全局最优点. 如图 7.10 所示, 取试验区域 $\mathcal{X}_0 = [-6, 7] \times [-3, 9]$ 使 $\mathcal{X}_0$ 外部的区域函数 $f(x, y)$ 的取值很接近于 0. 在试验区域 $\mathcal{X}_0$ 中构造不同试验次数 n 的均匀设计, 由于 n 很大, 对于该两因素试验, 我们由斐波那契序列出发构造均匀设计, 具体方法见 5.5 小节. 得到均匀设计之后, 在这些试验点上求得其响应值, 其中最大的响应值即为所求的全局最优值的一个近似, 如表 7.5 所示, 其中第一列为试验次数 n, 第二列 M_n 表示该试验次数下的近似最优值, 第三、四列为近似最优点, 第五列 ε 表示 M_n 与真实值 M 的误差比例, 即 $\varepsilon = (M_n - M)/M$.

表 7.5   用均匀设计求函数 (7.19) 的全局最优

n	M_n	x_n^*	y_n^*	ε
610	1.999873	-0.022131	4.996721	-6.391×10^{-5}
987	1.991490	0.039007	5.127660	-4.256×10^{-3}
1597	1.997214	0.076706	5.051346	-1.394×10^{-3}
2584	1.997147	-0.071014	4.943498	-1.427×10^{-3}
4181	1.996320	0.008730	4.914375	-1.840×10^{-3}
6765	1.998951	-0.047672	5.031042	-5.249×10^{-4}
10946	1.999669	0.023159	5.019916	-1.662×10^{-4}
17711	1.999454	0.001609	4.966913	-2.739×10^{-4}
28657	1.999967	-0.011707	4.999930	-1.714×10^{-5}
46368	1.999696	-0.019938	4.979684	-1.528×10^{-4}
75025	1.999825	0.015348	5.015328	-8.822×10^{-5}
121393	1.999970	-0.003217	5.007595	-1.574×10^{-5}

表 7.5 中数据表明, 不同试验次数的均匀设计, 其近似的全局最优点 $\boldsymbol{x}_n^* = (x_n^*, y_n^*)$ 都很靠近全局最优点 $\boldsymbol{x}^* = (0, 5)$, 且近似的全局最优解 M_n 也靠近真实值 2, 因此, 采用均匀设计法求最优问题, 不易陷入局部最优解, 与传统优化算法相比, 这也是均匀设计的一个优点. 然而也不排除有些情况, 例如当 $n_1 = 610$ 和 $n_2 = 987$ 时, $M_{n_1} > M_{n_2}$, 这是因为我们构造的均匀设计在不同试验次数下是不同的, 因此对于试验次数少的情形可能存在某一个设计点更加靠近真实值, 不过一般而言, 随着试验次数 n 的增加, 其最优解更加靠近真实值, 但是这种收敛到真实值的速度不太快, 例如当 $n = 121393$ 时, 近似值与真实值仍存在一定的误差. 在一定条件下可以证明, 当 $n \to \infty$ 时, 有 $M_n \to M$, $\boldsymbol{x}_n^* \to \boldsymbol{x}^*$, 详见 Fang, Wang (1994).

前面的讨论说明, 用均匀设计求最优问题时, 不易陷入局部最优解, 但是其收敛速度较慢. 下面我们用序贯均匀设计求函数 $f(x, y)$ 的全局最优值和全局最优点. 序贯试验中第一步的试验次数可以适当多些, 例如 $n_1 = 1200$, 此时我们用 5.5 节中的好格子点法构造试验区域 $\mathcal{X}$ 上的均匀设计, 在这 n 个设计点处计算其响应值, 取最大响应值作为近似的全局最优解, 而相应的设计点 $\boldsymbol{x}_1^* = (x_1^*, y_1^*)$ 作为近似的全局最优点. 根据这些数据, 由 (7.18) 式调整下一步试验的试验区域, 并记为 $\mathcal{X}^{(1)}$, 在 $\mathcal{X}^{(1)}$ 上寻找均匀设计, 由于区域 $\mathcal{X}^{(1)}$ 比原来的区域 $\mathcal{X}^{(0)}$ 要小, 其试验次数也可以适当少些, 例如 $n = 120$, 此时其均匀设计也可以由好格子点法产生. 以后的试验采用同样的均匀设计, 并逐步缩小区域, 由 (7.17) 式可知, 该序贯过程的每步结果至少不比前一步试验的结果差. 该序贯试验的结果如表 7.6 所示, 表中数据显示, 序贯均匀设计可以

表 7.6   用序贯均匀设计求函数 (7.19) 的全局最优

n	M_n	x_n^*	y_n^*	ε
1200	1.98912808	0.039583	4.855000	-5.437×10^{-3}
120	1.98912808	0.039583	4.855000	-5.437×10^{-3}
120	1.99648562	-0.109375	4.967500	-1.758×10^{-3}
120	1.99648562	-0.109375	4.967500	-1.758×10^{-3}
120	1.99996682	0.002344	5.008125	-1.721×10^{-5}
120	1.99997957	0.000651	5.006563	-1.084×10^{-5}
120	1.99998449	-0.000195	5.005781	-8.378×10^{-6}
120	1.99999688	0.003613	5.001484	-2.186×10^{-6}
120	1.99999752	0.003402	5.001289	-1.865×10^{-6}
120	2.00000121	-0.000301	4.999824	-1.863×10^{-8}
120	2.00000121	-0.000301	4.999824	-1.863×10^{-8}

很快达到全局最优点, 且其误差很小, 例如当进行到第 11 步序贯试验时, 其估计值与真实值的误差比例为 $\varepsilon = -1.863 \times 10^{-8}$, 而此时总的试验次数仅为 $N = 1200 + 120 \times 10 = 2400$. 而前面的直接用均匀设计求其最优解时, 即使当 $n = 121393$ 时, 误差比例 $\varepsilon = -1.574 \times 10^{-5}$, 仍比序贯试验的结果差.

下面考虑不同的压缩比 γ 对搜索速度的影响. 考虑 $\gamma = 0.3, 0.4, 0.5, 0.6, 0.7$ 这五种情形下各自的收敛速度, 这里我们限定每个序贯试验的第一步试验的试验次数都为 1200, 而从第二步试验开始其试验次数都为 120, 这里第一步试验的试验次数要多的原因是为了尽量避免 SNTO 收敛到局部最优点. 图 7.11 给出了这五种情形下, 近似全局最优值的逼近程度, 从中可知, 压缩比 γ 越小, 收敛速度越快. 然而, 压缩比 γ 也不宜太小, 在该例中, 函数比较光滑, 因此 γ 小时效果还不错, 不过对于其他情形, 如果试验区域压缩得太小, 全局最优点可能落在压缩后的试验区域之外.

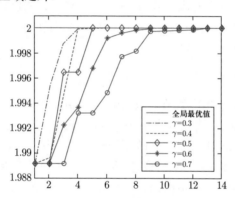

图 7.11 例 7.4 中不同压缩比 γ 的收敛情形

7.3.2 另一种序贯方法

当因素个数较多且因素的水平数较大时, 均匀设计的试验点少的优点就更加体现出来了. 然而在前面的 SNTO 方法中, 由于试验次数的不足, 结果可能陷入局部最优解. 为了增大找到全局最优解的概率, 本小节介绍在序贯试验中应用均匀设计的另一种方法. 为简单记, 设试验区域 $\mathcal{X}$ 为单位超立方体 $C^s = [0,1]^s$, 目标为最大化函数 $f(\boldsymbol{x})$.

步骤 1 设第一步设计 $\mathcal{P}_1$ 的试验区域 $\mathcal{X}_1 = \mathcal{X}$, 其试验次数为 n_1. 不妨设在 n_1 个试验点中, $\boldsymbol{x} = \boldsymbol{x}_1$ 的响应值 $f(\boldsymbol{x})$ 达到最大.

步骤 2 对于任意的 $k \geqslant 1$, 第 k 步设计 $\mathcal{P}_k$ 有 n_k 个设计点, 且在 $\boldsymbol{x}_k$ 的响应值取值最大. 第 $k+1$ 步的设计点数 n_{k+1} 分为两部分: $(1 - \alpha_{k+1})n_{k+1}$ 个

本小节的内容仅作为参考.

试验点的均匀设计 $\mathcal{P}_{k+1}$ 在超立方体 $\mathcal{X}_{k+1}$ 上布点, 其中 $0 < \alpha_{k+1} < 1$; 其余的 $\alpha_{k+1}n_{k+1}$ 个试验点的均匀设计 $\mathcal{P}_{k+1,c}$ 在试验区域 $\mathcal{X}$ 上布点. 设 $\mathcal{X}_{k+1}$ 的第 j 个边长为 $\gamma_{k+1,j}$ $(j = 1, 2, \cdots, s)$, 则要求当 $k \to \infty$ 时, $\gamma_{k+1,j} \to 0$.

步骤 3   假设在 $k+1$ 步试验后响应值满足以下任一条件, 则终止试验:
(i) $|f(\boldsymbol{x}_{k+1}) - f(\boldsymbol{x})| < \varepsilon$;
(ii) $|\boldsymbol{x}_{k+1} - \boldsymbol{x}| < \varepsilon$, 其中 ε 为预先给定的正数.

在上面的序贯试验中, 我们需要明确诸多参数的取值并讨论一些试验区域的特殊情形:

(1) 试验次数 n_k

假设全部序贯试验的总试验次数不超过 N, 即, $n_1 + n_2 + \cdots \leqslant N$. 在实际应用中, 序贯试验往往在有限步收敛. 一般地, 每步的试验次数比前一步试验的要少, 因此不妨假设 $n_{k+1} = a_k n_k$ $(k = 1, 2, \cdots)$, 其中 $a_k = a = 3/4$; 实际应用中, 有时我们也取 $a > 1$.

(2) 最大响应值

设 δ_k 为预先给定的正数. 在第 k 步试验的 n_k 个试验点中, 试验点 $\boldsymbol{x}_k$ 处响应值取到最大. 设在 n_k 个试验点中 $\boldsymbol{x}_{k,1}, \cdots, \boldsymbol{x}_{k,m_k}$ 这 m_k 个试验点处的响应值满足 $|f(\boldsymbol{x}_{k,i}) - f(\boldsymbol{x}_k)| < \delta_k$, 则分别以 $\boldsymbol{x}_{k,1}, \cdots, \boldsymbol{x}_{k,m_k}$ 为中心, 确定试验区域 $\mathcal{X}_{k,1}, \cdots, \mathcal{X}_{k,m_k}$. 在第 $k+1$ 步试验时, 令 $\mathcal{X}_{k+1,c}$ 为包含区域 $\boldsymbol{x}_{k,1} \cup \cdots \cup \boldsymbol{x}_{k,m_k}$ 的最小超立方体, 步骤 2 中 $\alpha_{k+1}n_{k+1}$ 个试验点在区域 $\mathcal{X}_{k+1,c}$ 上布点.

(3) 试验区域 $\mathcal{X}_{k+1}$

当 $k \to \infty$ 时, $\mathcal{X}_k$ 的第 j 个边长 $\gamma_{k,j} \to 0$ $(j = 1, 2, \cdots, s)$. 当 $\boldsymbol{x} \in \mathcal{X}_k$, $\mathcal{X}_{k+1}$ 以 $\boldsymbol{x}_k$ 为中心, 且一个合理的假设是 $\gamma_{k+1,j} = \theta_{k+1}^{1/s} \gamma_{k,j}$ $(j = 1, 2, \cdots, s)$, 其中 $\theta_{k+1} \in (0, 1)$, 因此 $\mathcal{X}_{k+1}$ 的体积为 $\mathcal{X}_k$ 的 θ_{k+1} 倍; 若 $\boldsymbol{x}_k \notin \mathcal{X}_k$, 则停止在 $\mathcal{X}_k$ 内的搜索, $\mathcal{X}_{k+1}$ 仍以 $\boldsymbol{x}_k$ 为中心, 此时设 $\gamma_{k+1,j} = \gamma_{2,j}$ $(j = 1, 2, \cdots, s)$.

(4) α_k 的确定

在第 k $(k \geqslant 2)$ 步试验时, 在 $\mathcal{X}$ 内布 $\alpha_k n_k$ 个设计点的目的是尽量避免 $\boldsymbol{x}_k$ 收敛到局部最优解. 当目标函数 $f(\boldsymbol{x})$ 的形状不太清楚时, 把 α_k 相应取大些, 否则可以取小点. 一般地, 我们设 $\alpha_k = \alpha$ $(k = 2, 3, \cdots)$, 有时极端情形也可设 $\alpha_k = 0$ 或 1.

(5) $\mathcal{P}_{k+1,c}$ 的设计点的选取

当 $\mathcal{X}_{k,c} \neq \mathcal{X}_{k+1,c}$ 或 $\alpha_{k+1} n_{k+1} \neq \alpha_k n_k$ 时, 各自区域取均匀设计即可, 因为其设计点不会重合. 当 $\mathcal{X}_{k,c} = \mathcal{X}_{k+1,c}$ 且 $\alpha_{k+1} n_{k+1} = \alpha_k n_k$ 时, 为了尽量避免收敛到局部最优解, 两步试验的设计点不宜重复, 因此我们可以对均匀设计做适当的水平置换或列置换.

(6) $\mathcal{X}_k$ 与 $\mathcal{X}_{k,c}$ 的部分重叠

试验区域 $\mathcal{X}_{k,c}$ 的目的是在更广的区域内搜索全局最优解, 然而有时 $\mathcal{X}_{k,c}$ 与 $\mathcal{X}_k$ 会部分重叠, 此时 $\mathcal{X}_{k,c}$ 的部分设计点会落入 $\mathcal{X}_k$, 这些试验点实际上会提供 $\mathcal{X}_k$ 中更多的信息.

(7) $\mathcal{X}_{k+1}$ 超出 $\mathcal{X}$ 的可能性

$\mathcal{X}_{k+1}$ 是以 $\boldsymbol{x}_k$ 为中心的试验区域. 当 $\boldsymbol{x}_k$ 位于 $\mathcal{X}$ 的边界上, 显然 $\mathcal{X}_{k+1}$ 会存在部分区域不在 $\mathcal{X}$ 中, 若记 $\mathcal{X}_{k+1} \backslash \mathcal{X}$ 表示 $\mathcal{X}_{k+1}$ 不在 $\mathcal{X}$ 中的区域, 则 $\mathcal{X}_{k+1} \backslash \mathcal{X} \neq \varnothing$; 而当 $\boldsymbol{x}_k$ 靠近 $\mathcal{X}$ 的边界时, $\mathcal{X}_{k+1} \backslash \mathcal{X}$ 仍然有可能不为空集. 因此, 全局最优解 $\boldsymbol{x}_0$ 可能不在 $\mathcal{X}$ 中, 此时, 需要扩大 $\mathcal{P}_{k+1,c}$ 的试验区域 $\mathcal{X}_{k+1,c}$. 一般地, 我们可取 $\mathcal{X}_{k+1,c}$ 为包含 $\mathcal{X} \cup \mathcal{X}_{k+1}$ 的最小超立方体.

上面几点给出了在工业试验中应用均匀设计的序贯试验的指导性意见, 更多的讨论可参考 Chan, Fang (2005). 在实际应用中, 试验点 $\mathcal{P}_{k+1}, \mathcal{P}_{k+1,c}$ 的确定有赖于参数 $n_{k+1}, \alpha_{k+1}, \gamma_{k+1,j}$ $(j = 1, 2, \cdots, s)$ 等.

例 7.5 在某智能卡的制造工艺中, 需要把条形码粘贴在塑料卡片上. 每一张卡片都要经过测试, 若条形码脱落, 则为不合格产品. 设响应 y 表示粘力强度, 其受以下四个因素影响:

$$粘贴剂质量 (x_1) : 10 \sim 36;$$
$$粘贴速度 (x_2) : 10 \sim 44;$$
$$粘贴压力 (x_3) : 0 \sim 1.3;$$
$$粘贴时间 (x_4) : 0.3 \sim 2.9.$$

经验表明, 若 $y < 100$, 该智能卡将通不过检测. 现欲求 x_1, x_2, x_3, x_4 的一个最佳组合使得 y 的下界尽可能大, 且其波动尽可能小.

第一步试验: 该例中因素个数为 4, 取 $\mathcal{P}_1$ 为均匀设计 $U_{14}(14^4)$, 即 $n_1 = 14$. 试验区域 $\mathcal{X}_1 = \mathcal{X} = [10, 36] \times [10, 44] \times [0, 1.3] \times [0, 2.9]$. $\mathcal{P}_1$ 的试验结果如表 7.7 所示, 其中 1A – 1N 表示这 14 个试验点随机安排的试验次序, $[n]$ 表示在每

个水平组合下重复的次数. 为了取值简单, 1M 和 1N 的水平组合中 x_2 的取值都为最小值 10. 从表 7.7 中可知, 1G 对应的中位数和均值最大, 1H 的中位数第二大, 然而 1G 和 1H 的标准差大, 且最小值分别为 81.9 和 17.6, 都低于门限值 100. 这 14 个水平组合下只有 1C 的最小值大于 100, 且其标准差最小. 然而由于 1C 的均值和中位数比 1G 小, 其中位数比 1H 的小, 因此, 我们需要做下一步试验.

表 7.7　第一步试验 $\mathcal{P}_1$ 的结果

编号	x_1	x_2	x_3	x_4	$[n]$	中位数	均值	标准差	最小值
1F	10 (1)	29 (9)	0.8 (9)	1.5 (7)	25	112.0	113.9	19.1	59.6
1J	12 (2)	20 (6)	0.1 (2)	0.7 (3)	17	87.0	88.0	15.8	51.9
1A	14 (3)	11 (3)	1.1 (12)	2.3 (11)	49	94.2	96.6	17.6	48.9
1B	16 (4)	41 (13)	0.6 (7)	2.7 (13)	25	109.0	104.1	16.8	52.1
1M	18 (5)	10 (1.5)	0.4 (5)	1.7 (8)	16	106.2	103.2	12.6	68.9
1E	20 (6)	38 (12)	1.0 (11)	0.3 (1)	26	118.1	113.1	17.3	82.8
1K	22 (7)	32 (10)	0.0 (1)	2.1 (10)	19	127.6	126.8	10.3	98.2
1L	24 (8)	17 (5)	1.3 (14)	1.1 (5)	17	117.2	113.0	20.0	62.5
1I	26 (9)	23 (7)	0.9 (10)	2.9 (14)	20	127.2	124.7	16.0	82.8
1D	28 (10)	44 (14)	0.3 (4)	1.3 (6)	25	111.0	109.4	9.8	89.5
1N	30 (11)	10 (1.5)	0.7 (8)	0.5 (2)	15	125.3	123.6	12.4	83.3
1H	32 (12)	14 (4)	0.2 (3)	2.5 (12)	17	134.0	111.6	39.7	17.6
1C	34 (13)	35 (11)	1.2 (13)	1.9 (9)	30	118.0	117.0	5.7	105.1
1G	36 (14)	26 (8)	0.5 (6)	0.9 (4)	26	147.4	137.0	22.6	81.9

第二步试验: 该试验包含均匀设计 $\mathcal{P}_2$ 和 $\mathcal{P}_{2,c}$. 试验区域 $\mathcal{X}_2$ 应以 1C 的水平组合 $\boldsymbol{x}_1 = (x_1, x_2, x_3, x_4) = (34, 35, 1.2, 1.9)$ 为中心, 由于实际检测中机器的要求, 我们把 $\boldsymbol{x}_1$ 修正为 $(32.5, 32.5, 1.05, 1.85)$, 并设 $\mathcal{X}_2$ 中变量 x_1 的取值范围为 $[28, 37]$, 其余三个变量的长度都取 $\mathcal{X}_1$ 对应边长的一半 (或近似一半), 即 $\alpha \approx 0.5$. 又由于 x_4 表示粘贴时间, 当 $x_4 > 2.3$ 时, 生产速度大为影响, 故在实际中应尽量避免, 所以 x_4 的上限取为 2.3. 因此, 我们取 $\mathcal{X}_2 = [28, 37] \times [25, 43] \times [0.6, 1.5] \times [1.4, 2.3]$. 另一方面, 从表 7.7 中可知当 x_1 取较小值或较大值时, y 的均值和中位数都可能较大, 因此, 为了尽量避免陷入局部最优解, $\mathcal{X}_{2,c}$ 中变量 x_1 的范围取为 $[6, 42]$, 而其余三个变量的范围也不宜太小,

故取 $\mathcal{X}_{2,c} = [6,42] \times [10,44] \times [0,1.8] \times [0.4,2.2]$. 令 $n_2 = 20$, 而 $\mathcal{P}_2$ 和 $\mathcal{P}_{2,c}$ 各 10 个设计点, 即 $\alpha_2 = 0.5$, 其试验结果分别如表 7.8 和表 7.9 所示. 从中可知, 2_cC 和 2_cH 对应的水平组合下, 响应 y 的中位数和均值是最高的, 其标准差小, 而且最小值都大于门限值 100. 同时, 2_cC 和 2_cH 都属于区域 $\mathcal{X}_{2,c} \setminus \mathcal{X}_2$.

表 7.8   第二步试验 $\mathcal{P}_2$ 的结果

编号	x_1	x_2	x_3	x_4	$[n]$	中位数	均值	标准差	最小值
2K	28 (1)	31 (4)	0.8 (3)	1.8 (5)	15	106.7	108.6	22.1	71.3
2S	29 (2)	41 (9)	1.4 (9)	1.6 (3)	14	125.4	126.7	8.5	109.0
2T	30 (3)	25 (1)	1.1 (6)	2.1 (8)	15	130.0	128.9	12.8	106.4
2N	31 (4)	37 (7)	0.6 (1)	2.2 (9)	15	133.1	133.8	6.6	122.6
2L	32 (5)	35 (6)	1.2 (7)	1.4 (1)	13	119.2	116.2	15.9	95.7
2O	33 (6)	29 (3)	1.5 (10)	1.9 (6)	8	128.1	128.0	4.8	120.8
2P	34 (7)	43 (10)	0.9 (4)	2.0 (7)	14	130.9	133.6	8.7	120.4
2M	35 (8)	27 (2)	0.7 (2)	1.5 (2)	15	125.8	124.5	11.1	90.7
2R	36 (9)	33 (5)	1.3 (8)	2.3 (10)	15	133.5	134.3	5.1	125.6
2Q	37 (10)	39 (8)	1.0 (5)	1.7 (4)	15	126.0	128.8	8.4	116.1

表 7.9   第二步试验 $\mathcal{P}_{2,c}$ 的结果

编号	x_1	x_2	x_3	x_4	$[n]$	中位数	均值	标准差	最小值
2_cA	6 (1)	22 (4)	0.4 (3)	1.2 (5)	15	60.7	64.7	16.2	39.5
2_cI	10 (2)	42 (9)	1.6 (9)	0.8 (3)	15	95.4	91.2	19.7	51.7
2_cJ	14 (3)	10 (1)	1.0 (6)	1.8 (8)	6	80.5	79.1	33.8	29.4
2_cD	18 (4)	34 (7)	0.0 (1)	2.0 (9)	15	129.7	129.5	11.5	98.2
2_cB	22 (5)	30 (6)	1.2 (7)	0.4 (1)	15	136.7	133.6	12.1	111.5
2_cE	26 (6)	18 (3)	1.8 (10)	1.4 (6)	16	126.9	126.2	8.6	106.6
2_cF	30 (7)	44 (10)	0.6 (4)	1.6 (7)	18	130.7	128.8	10.2	110.4
2_cC	34 (8)	14 (2)	0.2 (2)	0.6 (2)	15	144.0	141.6	9.6	123.0
2_cH	38 (9)	26 (5)	1.4 (8)	2.2 (10)	15	141.8	140.0	9.5	121.2
2_cG	42 (10)	38 (8)	0.8 (5)	1.0 (4)	16	133.0	134.4	11.0	117.4

第三步试验: 由第二步试验的结果可知, 2_cC 和 2_cH 的性质都较好, 但 2_cC 中 $x_4 = 0.6$ 意味着生产速度较快, 而 2_cH 中 $x_4 = 2.2$ 意味着生产速度较慢, 不利于实际的批量生产. 为了寻找全局最优解, 我们可设 $\mathcal{X}_3$ 和 $\mathcal{X}_{3,c}$ 分别以 2_cC 和 2_cH 为中心, 再做第三步试验. 此时, 试验区域 $\mathcal{X}_3$ 和 $\mathcal{X}_{3,c}$ 可以继续缩小. 具体的试验结果这里不再表出, 更细节的讨论可参考 So(2005).

文献中还有其他的应用均匀设计的序贯试验方法, 如 Fang, Wang (1994) 提出的 RSNTO 法及 Wang, Wang (2005) 所提方法, 这里不再详细介绍.

前面几节介绍的不同的序贯试验的方法, 在计算机试验中更有吸引力, 其原因在于计算机试验中原模型较复杂, 运算参数的某一个水平组合都需要较长的时间. 试验点序贯地进行可以大大减少试验的次数. 而一般得到数据后建模及寻找下一序贯试验的区域等问题都可以在较短时间内完成.

习 题

7.1 设单因素试验中响应 y 与因素 x 的真实模型为 $y = 8 - 6x + x^2$, $1 < x < 4$. 若试验的随机误差可忽略, 试用黄金分割法在 $1 < x < 4$ 内寻找其最优设计点.

7.2 在一个工业试验中, 温度 x_1 和压力 x_2 的当前水平分别为 $x_1 = 180$, $x_2 = 12$. 在当前水平组合的小邻域内做如下试验并得到相应的转化率 y, 如下所示:

试验号	温度 x_1/℃	压力 x_2/psi	转化率 y/%
1	175	11	72.8
2	185	11	73.5
3	175	13	74.7
4	185	13	75.1
5	180	12	74.2
6	180	12	74.5
7	180	12	73.9
8	180	12	74.3
9	180	12	74.1

(a) 这个设计属于哪种设计类型?

(b) 用一阶线性模型拟合该数据, 并给出最陡上升方向;

(c) 考虑二阶模型拟合数据, 并与 (b) 的结果比较, 判断哪种模型更合适.

7.3 在一个化工试验中, 希望提高晶体的质量 y. 现考虑三个码变量 x_1, x_2, x_3, 试验结果如下所示:

试验号	x_1	x_2	x_3	晶体质量 y/g
1	-1	-1	-1	65
2	-1	-1	1	70
3	-1	1	-1	79
4	-1	1	1	61
5	1	-1	-1	82
6	1	-1	1	73
7	1	1	-1	97
8	1	1	1	78
9	-1.682	0	0	101
10	1.682	0	0	82
11	0	-1.682	0	68
12	0	1.682	0	63
13	0	0	-1.682	65
14	0	0	1.682	81
15	0	0	0	107
16	0	0	0	92
17	0	0	0	102
18	0	0	0	89
19	0	0	0	99

(a) 用二阶模型拟合该数据, 并分析拟合曲面;

(b) 根据拟合模型, 求出最佳水平组合.

7.4 在一工业试验中, 响应 y 表示过滤时间, 两个因素 x_1, x_2 分别表示温度和压力. 试验数据如下所示:

试验号	温度 x_1	压力 x_2	过滤时间 y
1	-1	-1	64
2	1	-1	55
3	-1	1	42
4	1	1	57
5	0	0	51
6	0	0	48
7	0	0	53
8	0	0	52
9	0	0	50
10	1.414	0	60
11	-1.414	0	63
12	0	1.414	57
13	0	-1.414	61

(a) 用二阶模型拟合该数据, 并分析其拟合曲面;

(b) 根据拟合模型, 假设试验目的是最小化过滤时间 y, 选择合适的试验条件;

(c) 若试验目的是使平均过滤时间非常靠近 56, 如何选择合适的试验条件?

7.5 设两个因素 x_1 和 x_2 与响应 y 的真实关系如下所示:

$$y = 0.5(x_2 - x_1)^2 + (x_1 - 1)^2 + 2(x_2 - 1)^2 + \varepsilon, \quad -3 < x_1, x_2 < 3, \quad (7.20)$$

式中随机误差 $\varepsilon \sim N(0, 4)$. 现假设试验者不知因素与响应之间的关系, 并设当前试验点为 $(-2.5, -2.6)$, 试用响应曲面方法寻找响应最小的水平组合 (提示: 每次安排试验时, 其响应由模型 (7.20) 产生).

7.6 在一鞋底材料的试验中, 考察柔韧性和耐磨性这两个指标. 现考虑两个因素 x_1, x_2, 并假设当前试验水平组合为 $(3.1, 44.5)$. 在该水平组合的小邻域内做试验, 数据如下所示:

试验号	x_1	x_2	柔韧性 y_1	耐磨性 y_2
1	2.9	42.3	545	5.1
2	2.9	47.8	514	4.8
3	3.3	42.3	507	3.2
4	3.3	47.8	538	4.1
5	3.1	41.2	523	2.6
6	3.5	44.5	534	3.5
7	3.1	48.9	499	3.3
8	2.8	44.5	501	4.3
9	3.1	44.5	495	2.9
10	3.1	44.5	506	2.7
11	3.1	44.5	488	3.2
12	3.1	44.5	497	3.5

(a) 指出该试验的设计类型;

(b) 单独分析两个因素对 y_1 和 y_2 的影响;

(c) 若希望柔韧性和耐磨性这两个指标都越大越好, 如何选择合适的水平组合?

7.7 考虑函数

$$f(x,y) = 2\mathrm{e}^{-\frac{1}{2}[x^2+(y-4)^2]} + \mathrm{e}^{-\frac{1}{2}[\frac{(x-4)^2}{4}+\frac{y^2}{4}]} + \mathrm{e}^{-\frac{1}{2}[\frac{(x+3)^2}{4}+y^2]},$$

式中 $(x,y) \in \mathbf{R}^2$, 试用 SNTO 方法寻找其全局最优值和全局最优点.

7.8 炼钢过程中需估计钢炉的体积. 由于高温钢水的侵蚀, 钢炉的内壁呈不规则形状, 为了估计使用次数对其体积的影响, 工程人员收集的数据如下所示, 其中 x 表示使用次数, y 表示钢炉的测量体积:

x	2	3	4	5	6	7
y	106.42	108.2	109.58	110	109.93	110.49
x	11	14	15	16	18	19
y	110.59	110.6	110.9	110.76	111	111.2

根据该数据的点图, 人们估计其模型满足

$$E(y) = \frac{1}{\beta_0 + \beta_1/x},$$

(a) 应用线性化方法估计参数 β_0, β_1;
(b) 应用 SNTO 方法求出最优参数;
(c) 比较 (a) 与 (b) 的结果, 并给出相应的结论.

7.9   在一试验中, 假设因素 x 与响应 y 有如下的关系:

$$E(y) = \frac{\beta_1}{1 + \exp(\beta_2 - \beta_3 x)},$$

并收集数据如下:

x	1	4	7	10	13	16	19
y	0.0688	0.6940	1.0361	0.9925	1.0194	1.0044	0.9682

根据数据, 应用 7.3.2 小节中介绍的方法估计各参数.

第八章

混料试验设计

在化工、材料工业、食品及低温超导等领域的一些试验中, 是将不同材料混合, 通过一定的工艺来形成产品. 试验的目的是要考察各因素在所有因素混料中所占比例对响应的影响. 这类试验称为混料试验, 相应的设计称为混料设计 (或称配方设计). 本章将讨论这一类试验的要求、设计及其建模.

8.1 引言

在工业、食品等行业中, 许多产品都是由若干种配料混合而成的. 例如: 各种合金钢材都是以铁为基础再加适量的镍、铬、锰、碳等成分组成; 氖灯灯泡中包含有氦、氖、氩、氙等多种惰性气体; 通常饮用的饮料则可能含有多种果汁及糖分和水; 中药、酒类产品的制造则更复杂, 由多种的物质混制而成. 在这些产品中, 各种配料的比例 (proportion), 或称为配比或比率, 常常是其产品品质的保证, 也是厂家的重要技术机密. 如何选择各种配料在总混料中所占的比例, 使得产品质量最佳, 也是生产厂家技术人员的核心目标. 寻找最佳配比离不开试验, 而这类产品的试验又与一般的试验有很大的区别. 统计学家们针对这类实际问题提出了所谓的**混料试验设计** (design of experiments with mixture) 方法, 即试验的响应依赖于各试验因素在混料总量中所占的相对比例.

例 8.1 咖啡面包的用料有面粉、水、糖、蔬菜汁、盐、香料、椰子汁、乳酸、钙、发酵粉、咖啡粉和人工色素. 如何选择每一种用料的配比十分重要. 现通过试验来寻找合适的配比, 这是一个混料试验.

设某产品有 s 种原料 (或成分, ingredient) $M_1, M_2, \cdots, M_s$, 它们在产品生产中投入的比例记为 $x_1, x_2, \cdots, x_s$, 显然 $x_1 \geqslant 0$, $x_2 \geqslant 0$, $\cdots$, $x_s \geqslant 0$, 且 $x_1 + x_2 + \cdots + x_s = 1$. 故这个混料的试验区域为

$$T^s = \{(x_1, x_2, \cdots, x_s) | x_j \geqslant 0, j = 1, 2, \cdots, s, x_1 + x_2 + \cdots + x_s = 1\}. \quad (8.1)$$

换句话说, 各成分的配比需满足下面的限制条件:

$$\begin{cases} x_i \geqslant 0 (i = 1, 2, \cdots, s), \\ x_1 + x_2 + \cdots + x_s = 1. \end{cases} \tag{8.2}$$

混料试验设计是在 T^s 上选择有代表性的 n 个点, 通过试验和统计建模, 找到一个 "最好" 的配方. 由几何知识易知, 条件 (8.1) 意味着混料试验的试验区域为标准单纯形, 其具体定义见 1.4 节. 如 3 个成分的混料试验, 则试验区域为 2-标准单纯形; 若试验因素数为 s, 则试验区域为 $(s-1)$-**标准单纯形** (参见图 1.4).

由于成分间有约束条件 $x_1 + x_2 + \cdots + x_s = 1$, 使混料试验设计大大难于前面讨论的 s 个无约束的情形. 若 s 个成分中有一两个因素占了统治地位, 例如在例 8.1 咖啡面包的诸用料配比中, 面粉和水的比例很大, 而蔬菜汁、糖、盐、香料等的比例很小, 可将后面的成分看成是无约束的因素进行试验设计, 最后由面粉和水来 "填补" 至总和为 1, 从而成为完整的配方. 这种简单的方法在实际中常有应用, 然而在许多的混料试验中, 这种方法不能有效地解决问题. 为此, 文献中发展了许多方法来进行混料试验设计. Scheffé (1958) 首先提出了**单纯形格子点设计** (simplex-lattice), 奠定了混料设计的基础. 之后 Scheffé (1963) 针对单纯形格子点设计在建模上的缺点, 提出了**单纯形重心设计** (simplex-centroid). 单纯形格子点设计和单纯形重心设计的试验点多数位于单纯形因素空间的边界上. 而在现实的试验中我们往往需要的是完全混料试验, 即每个成分的比例需大于 0. 为此, Cornell, Good (1970) 和 Cornell (1975) 分别提出了 **Cox 设计**和**轴设计**.

混料设计也可以看作是一种不规则区域试验设计, 其广泛使用的是最优回归设计 (Chan (2000)), 如 D-最优设计和 G-最优设计等. 然而, 最优回归设计总是放置太多的试验点在试验区域的边界上或边界附近, 特别是当维数偏高时. 为此, 人们提出了一种所谓的**极大极小或极小极大距离设计** (maximin 或 minimax distance designs), 使得不仅区域边界上有试验点, 同时保证区域内部也有足够的试验点 (Johnson et al. (1990), John et al. (1995), Duckworth (2000), Santner et al. (2003)). 文献指出, 极大极小或极小极大距离设计只对维数较低的试验有效, 对于维数稍高的试验仍然不能得到足够的区域内部点的试验信息.

上述设计都是从直观和最优回归设计的角度提出的, 有缺乏模型稳健和边界布点过多的缺点. 为克服这两个缺点, Wang, Fang (1990) 将均匀设计的思想引入到混料设计中, 提出了**混料均匀设计**, 其思想是将 n 个试验点均匀地散布

在 T^s 内. 与一般的均匀设计最大的不同是, 混料均匀设计的试验区域不再是超立方体, 而是单纯形或其子集. 由于均匀设计在实际应用和理论研究上的日益重要性, 混料均匀设计, 甚至不规则区域上的空间填充设计, 也逐渐引起统计学家和实际工作者的重视 (Fang, Wang (1994), Wang, Fang (1996), Fang, Yang (2000)).

由于混料条件的限制, 在全部 s 个混料分量 $x_1, x_2, \cdots, x_s$ 中, 只有 $s-1$ 个混料分量是独立的, 可以在一定范围内变动, 在 $s-1$ 个分量的值确定后, 剩余的一个混料分量的值也随之确定. 因而混料试验的建模不同于一般的试验设计的建模, 例如, 若用线性回归模型拟合试验数据, 则其模型也不同于一般的回归模型. 因为将限制条件 $x_1 + x_2 + \cdots + x_s = 1$ 乘以完全多项式中的某些项, 化简后得到的回归模型形式不同于完全多项式, 可以证明, 在混料条件 (8.2) 式的限制下, 混料试验的回归方程中没有常数项、二次项、三次项等, 而只有一次项和交互项. 一般地, 混料设计中通常采用 Scheffé 典型多项式 (或称**规范多项式** (canonical form of the polynomial)) 回归模型, 设响应值为 y, 则其一般形式为

(1) 一次型:
$$\hat{y} = \sum_{i=1}^{s} \beta_i x_i; \tag{8.3}$$

(2) 二次型:
$$\hat{y} = \sum_{i=1}^{s} \beta_i x_i + \sum_{1 \leqslant i < j \leqslant s} \beta_{ij} x_i x_j; \tag{8.4}$$

(3) 三次型:
$$\hat{y} = \sum_{i=1}^{s} \beta_i x_i + \sum_{i<j} \beta_{ij} x_i x_j + \sum_{i<j} \gamma_{ij} x_i x_j (x_i - x_j) + \sum_{i<j<k} \beta_{ijk} x_i x_j x_k \tag{8.5}$$

等. 四次型及更高次模型更加复杂, 这里不再列出. 另一种建模方法只考虑 $s-1$ 个成分 $x_{i_1}, x_{i_2}, \cdots, x_{i_{s-1}}, i_j \in \{1, 2, \cdots, s\}$ 与响应 y 之间的模型, 在求得 $s-1$ 个因素与 y 之间的关系之后, 可根据实际问题的要求计算其模型的极值点 $(x_{i_1}^*, x_{i_2}^*, \cdots, x_{i_{s-1}}^*)$, 于是相应的 $x_{i_s}^*$ 的取值也就确定了.

本章中, 我们先简单介绍几种常见的混料试验设计方法, 例如单纯形格子点设计、单纯形重心设计、Scheffé 型设计等; 然后介绍均匀设计在混料试验中的应用. 有关的专著可见 Cornell (2002), 关颖男 (1990) 和方开泰, 马长兴 (2001).

8.2 常见混料设计

混料试验设计的试验区域为标准单纯形, 为了讨论的方便, 我们只给出标准单纯形的图形, 而省略其他的坐标轴. 例如, 三个成分的混料试验的试验区域如图 8.1(a) 所示, 我们往往只考虑其单纯形, 如图 8.1(b) 所示, 其三个顶点的坐标分别为 $A(1,0,0), B(0,1,0), C(0,0,1)$. 本节将简单介绍在标准单纯形上的常见混料设计.

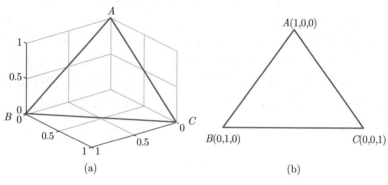

(a)   (b)

图 8.1   三因素单纯形

8.2.1 单纯形格子点设计

单纯形格子点设计是由 Scheffè (1958) 提出并发展起来的, 是混料回归设计方法中最先出现的, 也是最基本的设计方法. 这种设计方法可保证试验点分布均匀, 且回归计算简单准确.

为了更好地估计多项式模型中的系数, 很自然的设计想法就是在试验区域内尽可能均匀、规律地布点. 而单纯形格子点可满足这个条件, 将试验点取在相应阶数的标准单纯形格子点上的试验设计称为 **单纯形格子点设计**, 下面介绍单纯形格子点集 $\{s, m\}$ 的构造.

当 $s = 3$ 时, 标准单纯形是等边三角形, 记其三个顶点分别为 A, B, C. 若不对每一边进行分割, 只取包含等边三角形的三个顶点的点集称为 **三分量一阶格子点集**, 记为 $\{3,1\}$, 即 $\{3,1\} = \{A, B, C\}$, 其个数 3 恰好为一阶规范多项式 (8.3) 中 $s = 3$ 情形下的未知参数个数. 若将等边三角形三边均二等分, 由三个顶点和三边的中点组成的点集称为 **三分量二阶格子点集**, 记为 $\{3,2\}$, 3 表示分量个数或单纯形的顶点个数, 2 表示格子点集的阶数或每边的等分段数, 如图 8.2(a) 所示, 其格子点数为 6, 即为二阶规范多项式 (8.4) 中 $s = 3$ 情形下的未知参数个数. 若将等边三角形各边三等分, 对应分点连成与一边平行的直线, 则三角形的三顶点、各边的等分点及各平行线的交点的总体称为**三分量三阶格子点集**, 记为 $\{3,3\}$, 如图 8.2(b) 所示, 其格子点数为 10. 依上述方法类推, 我们可以定义三分量四阶或更一般的 m 阶, 分别记为 $\{3,4\}, \{3,m\}$. 对于 $s = 4$ 的三维单纯形, 我们有如图 8.2(c) 和 8.2(d) 所示的四分量二阶和四分量三阶格子点集, 分别记为 $\{4,2\}, \{4,3\}$. 而对于 s 个分量的标准单纯形, 用 $\{s,m\}$ 表示 s 分量 m 阶格子点集, 读者可参考关颖男 (1990).

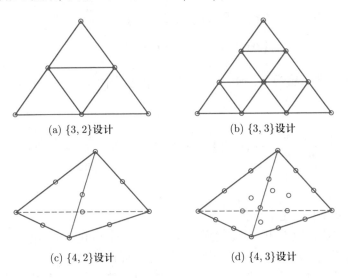

(a) $\{3,2\}$设计   (b) $\{3,3\}$设计

(c) $\{4,2\}$设计   (d) $\{4,3\}$设计

图 8.2   二维及三维标准单纯形格子点集

下面介绍一般的 $(s-1)$–标准单纯形 (s 个因素的混料试验区域) m 阶格子点集 $\{s,m\}$ 中各格子点的坐标. 类似于图 8.1, 在 s 维空间中建立坐标系, 则 $(s-1)$–标准单纯形的顶点坐标分别为

$$\boldsymbol{a}_1 = (1,0,\cdots,0)', \boldsymbol{a}_2 = (0,1,\cdots,0)', \cdots, \boldsymbol{a}_s = (0,0,\cdots,1)'.$$

显然顶点向量也是 s 维线性空间的标准正交基. 因此, 标准单纯形区域内的任意一点 $\boldsymbol{x}$ 可以表示为

$$\boldsymbol{x} = i_1\boldsymbol{a}_1 + i_2\boldsymbol{a}_2 + \cdots + i_s\boldsymbol{a}_s \hat{=} (i_1,i_2,\cdots,i_s)',$$

式中 $\hat{=}$ 表示点 $\boldsymbol{x}$ 的坐标的另一种记法, 其中

$$\begin{cases} 0 \leqslant i_1, i_2, \cdots, i_s \leqslant 1, \\ i_1 + i_2 + \cdots + i_s = 1. \end{cases}$$

进一步, 假设 $\boldsymbol{x}$ 为 $\{s, m\}$ 格子点集内的点, 则由于格子点为标准单纯形每边的等分得到的, 所以 $\boldsymbol{x}$ 的坐标 $(i_1, i_2, \cdots, i_s)'$ 必定满足条件

$$\begin{cases} i_1 = \dfrac{\alpha_1}{m}, i_2 = \dfrac{\alpha_2}{m}, \cdots, i_s = \dfrac{\alpha_s}{m}, \\ \alpha_i \in \mathbf{Z}^+, i = 1, 2, \cdots, s, \\ \alpha_1 + \alpha_2 + \cdots + \alpha_s = m, \end{cases}$$

其中 $\mathbf{Z}^+$ 表示非负整数集, 则 $(s-1)$ –标准单纯形中的 s 分量 m 阶格子点集可表示为

$$\{s, m\} = \left\{ \left(\frac{\alpha_1}{m}, \frac{\alpha_2}{m}, \cdots, \frac{\alpha_s}{m} \right) \middle| \alpha_i \in \mathbf{Z}^+, i = 1, 2, \cdots, s, \text{ 且 } \sum_{i=1}^{s} \alpha_i = m. \right\}, \tag{8.6}$$

可知集合 $\{s, m\}$ 中元素个数为 $N = \mathrm{C}_{s+m-1}^m$.

从 (8.6) 式可以看出, 只要找到所有 C_{s+m-1}^m 种 m 的非负整数剖分, 就可以得到格子点集 $\{s, m\}$, 进而得到单纯形格子点, 即试验设计点. 这是个初等的数论问题, 容易通过循环递归算法得到 m 的非负整数剖分. 然后将所得的点除以 m 即得到单纯形格子点集 $\{s, m\}$. 例如通过软件可简单得到格子点集 $\{4, 4\}$, 如表 8.1 所示. 对于单纯形格子点设计 $\{s, m\}$, 常用 m 阶**规范多项式**建模. 当 $m \leqslant 3$ 时, 其模型如式 (8.3)—(8.5) 所示.

表 8.1   单纯形格子点设计 $\{4, 4\}$ 的所有设计点

	x_1	x_2	x_3	x_4		x_1	x_2	x_3	x_4
1	0	0	0	1	7	0	1/4	1/4	2/4
2	0	0	1/4	3/4	8	0	1/4	2/4	1/4
3	0	0	2/4	2/4	9	0	1/4	3/4	0
4	0	0	3/4	1/4	10	0	2/4	0	2/4
5	0	0	1	0	11	0	2/4	1/4	1/4
6	0	1/4	0	3/4	12	0	2/4	2/4	0

续表

	x_1	x_2	x_3	x_4		x_1	x_2	x_3	x_4
13	0	3/4	0	1/4	25	1/4	3/4	0	0
14	0	3/4	1/4	0	26	2/4	0	2/4	0
15	0	1	0	0	27	2/4	0	1/4	1/4
16	1/4	0	0	3/4	28	2/4	0	0	2/4
17	1/4	0	1/4	2/4	29	2/4	1/4	1/4	0
18	1/4	0	2/4	1/4	30	2/4	1/4	0	1/4
19	1/4	0	3/4	0	31	2/4	2/4	0	0
20	1/4	1/4	0	2/4	32	3/4	0	0	1/4
21	1/4	1/4	1/4	1/4	33	3/4	0	1/4	0
22	1/4	1/4	2/4	0	34	3/4	1/4	0	0
23	1/4	2/4	0	1/4	35	1	0	0	0
24	1/4	2/4	1/4	0					

8.2.2 单纯形重心设计

与单纯形格子点设计类似的思想, Scheffè (1963) 提出了另一种简单易行的混料设计方法——**单纯形重心设计**.

对于 $(s-1)$-标准单纯形试验区域, 单纯形重心设计有 $2^s - 1$ 个试验设计点. 所有设计点及其坐标分别为

- s 个设计点为单纯形各顶点, 即 $(1,0,\cdots,0),(0,1,\cdots,0),\cdots,(0,\cdots,0,1)$;
- C_s^2 个设计点采自单纯形各边的中点, 坐标为 $(1/2,1/2,0,\cdots,0)$ 的置换;
- ......
- C_s^r 个设计点采自单纯形各 $r-1$ 维面的重心, 坐标为 $(1/r,\cdots,1/r,0,\cdots,0)$ 的置换;
- ......
- 最后一个设计点为标准单纯形的重心, 坐标为 $(1/s,1/s,\cdots,1/s)$.

若设计点只取 $1,2,\cdots,d-1$ 维面的重心, 我们称该设计为 s **因素** d **阶单纯形重心设计**, 其设计点个数为 $C_s^1 + C_s^2 + \cdots + C_s^{d-1}$. 例如 3 因素 3 阶单纯形重心设计的试验点为 $(1,0,0)$, $(0,1,0)$, $(0,0,1)$, $(1/2,1/2,0)$, $(1/2,0,1/2)$, $(0,1/2,1/2)$, $(1/3,1/3,1/3)$, 详见图 8.3.

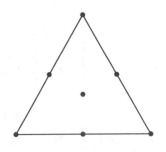

图 8.3 三因素单纯形重心设计试验点

在单纯形重心设计中, 常用的拟合模型为**重心多项式**. 一阶重心多项式、二阶重心多项式与规范多项式 (8.3) 和 (8.4) 是一样的, 而当阶数 s 大于 2 时, s 次重心多项式为

$$\hat{y} = \sum_{i=1}^{s} \beta_i x_i + \sum_{i<j} \beta_{ij} x_i x_j + \sum_{i<j<k} \beta_{ijk} x_i x_j x_k + \cdots + \beta_{12\ldots s} x_1 x_2 \cdots x_s.$$

易知, 当阶数 $d > 2$ 时, d 阶重心多项式的回归项比 d 阶规范多项式要少, 且 d 越大, 差别也越大. 例如, $s = 3$, $d = 3$ 时, 三次重心多项式回归项为 $C_3^1 + C_3^2 + C_3^3 = 7$, 而三因素三阶规范多项式 (8.5) 中回归项为 10.

一般地, s 因素 d 阶单纯形重心设计的模型采用 d 阶重心多项式, 因此, 其试验点数等于相应的 d 阶重心多项式回归方程中待估计系数的个数, 即单纯形重心设计也是饱和设计.

8.2.3 最优回归设计

假设在单纯形 T^s 上的混料设计的模型已知, 例如模型为一阶或二阶回归模型, 则第四章介绍的最优回归设计是最佳的选择. 文献中, 对于单纯形上的一阶和二阶回归模型的最优回归设计有些明确的结论, 而三阶或三阶以上的模型尚无显式的结果. 下面只考虑 D-最优准则下的连续 D-最优设计和确定性 D-最优设计.

首先考虑一阶回归模型 (8.3). 对于成分个数为 s 的混料设计, 其单纯形的顶点个数为 s, 设 $S = \{v_1, v_2, \cdots, v_s\}$, 表示单纯形的全体顶点, 则单纯形 T^s 上的连续 D-最优设计为全部 s 个顶点, 且每个设计点的权重为 $1/s$ 的设计.

为了给出确定性 D-最优设计, 下面记

$$\xi_{n,S} = \left\{ \begin{pmatrix} \boldsymbol{v}_1 & \boldsymbol{v}_2 & \cdots & \boldsymbol{v}_s \\ \dfrac{n_1}{n} & \dfrac{n_2}{n} & \cdots & \dfrac{n_s}{n} \end{pmatrix} \middle| \max_{i,j} |n_i - n_j| \leqslant 1, \sum_{i=1}^{s} n_i = n \right\}, \qquad (8.7)$$

则 $\xi_{n,S}$ 的设计点为集合 S 中的顶点, 且使每个点的权重尽量平均的试验次数为 n 的确定性设计, 即 $n_1, n_2, \cdots, n_s$ 这 s 个数之间都相等或相差不超过 1, 则对于一阶多项式模型 (8.3), 对任意 s, 若 (8.7) 式定义的集合 $\xi_{n,S}$ 非空, 则 $\xi_{n,S}$ 的任意元素都为模型 (8.3) 的试验次数为 n 的确定性 D-最优设计 (Chen (2003)).

接着考虑二阶模型 (8.4). 当因素个数 $s = 3$ 时, 模型 (8.4) 的连续 D-最优设计的设计点为图 8.2(a) 中三个顶点加三条边的中点, 而且在这些设计点上的权重都等于 1/6; 当试验次数为 6 的倍数时, 该设计也是二阶多项式模型的确定性 D-最优设计, 即其 D-最优设计与单纯形格子点设计一样. 然而这结论不能推广到阶数大于 2 的多项式模型, 例如三个成分的混料设计, 阶数为 3 的多项式模型, 其唯一的连续性 D-最优设计有 10 个设计点, 包括单纯形 T^3 的三个顶点 $(1,0,0)$, $(0,1,0)$, $(0,0,1)$, 中心点 $(1/3,1/3,1/3)$, 及六个点

$$(0, (1-\sqrt{5})/2, (1+\sqrt{5})/2), (0, (1+\sqrt{5})/2, (1-\sqrt{5})/2),$$

$$((1-\sqrt{5})/2, 0, (1+\sqrt{5})/2), ((1-\sqrt{5})/2, (1+\sqrt{5})/2, 0),$$

$$((1+\sqrt{5})/2, 0, (1-\sqrt{5})/2), ((1+\sqrt{5})/2, (1-\sqrt{5})/2, 0),$$

且在这些设计点上的权重都相同. 易知, 这些设计点与图 8.2(b) 所示的单纯形格子点设计是不同的.

8.2.4　轴设计

前面介绍的 $\{q, m\}$ 单纯形格子点设计、单纯形重心设计及最优回归设计实际上都是边界设计, 即大部分设计点都位于单纯形的边界 (顶点、边、面) 上. 而边界上的点不是完全混料组合, 因为边界点部分成分的比例为零, 在实际中这些试验无法进行. 为了克服这些边界设计的缺点, Cornell, Good (1970) 提出了 Cox 设计, 其主要思想是给定 T^s 中某一内点 A, 然后连接点 A 与单纯形的 s 个顶点, 而对于一阶多项式模型 (8.3), 其 s 个设计点 $\{\boldsymbol{x}_1, \boldsymbol{x}_2, \cdots, \boldsymbol{x}_s\}$ 分别在点 A 与各顶点的连接线上. 特别地, 当点 A 取为单纯形的中心点时, 即 $A = (1/s, 1/s, \cdots, 1/s)$, 且点 A 与各顶点的连接线上的 s 个点 $\{\boldsymbol{x}_1, \boldsymbol{x}_2, \cdots, \boldsymbol{x}_s\}$ 到点 A 的距离都相等时, Cox 设计就变为轴设计 (Cornell (1975)). 轴设计中的设计点几乎都是完全混料组合, 即试验点位于单纯形的内部. 需要注意的是, 这里需要确定这 s 个点到中心点 A 的距离, 下一小节给出在特殊准则下的最

佳距离. 轴设计在筛选试验的设计中有广泛的应用, 特别是当模型为一阶多项式时.

8.2.5 Scheffè 型设计

Scheffè 单纯形格子点设计和单纯形重心设计在 T^s 的边界上有许多试验点, 在这些试验点上做混料试验, 表示有一个或多个配料的用量为零, 在实际中这些试验点是不需要的. 由于单纯形格子点设计 (见图 8.2) 或单纯形重心设计 (见图 8.3) 具有某种均匀性. 为了克服这些边界设计的缺点, Fang, Wang (1994) 从均匀性的角度出发, 建议将单纯形格子点设计或单纯形重心设计的试验点向 T^s 的重心压缩, 并称压缩后的设计为 **Scheffè 型设计**. 下面以 $s = 3$ 为例说明其方法.

对于图 8.2(b) 的三分量三阶格子点集 $\{3,3\}$, 我们将其 10 个设计点按照表 8.2 的方式做变换, 其中参数 a 待定. 变换后, 设计点都位于单纯形的内部. 参数 a 可以由均匀性度量确定, 即选择合适的 a 使得压缩后的设计的偏差值达到最小. Fang, Wang (1994) 考虑用均方误偏差来确定 a. 当采用 DM$_2$ 偏差时 (参见宁建辉 (2008)), 表 8.2 中最优的 $a = 4.836$, 此时压缩后的图形如图 8.4(a) 所示.

表 8.2   单纯形格子点设计 $\{3,3\}$ 及其压缩设计

设计点	设计 $\{3,3\}$			Scheffè 型设计		
	x_1	x_2	x_3	x_1'	x_2'	x_3'
1	1	0	0	$1 - 1/a$	$1/(2a)$	$1/(2a)$
2	0	1	0	$1/(2a)$	$1 - 1/a$	$1/(2a)$
3	0	0	1	$1/(2a)$	$1/(2a)$	$1 - 1/a$
4	2/3	1/3	0	$2/3 - 1/(2a)$	$1/3$	$1/(2a)$
5	1/3	2/3	0	$1/3$	$2/3 - 1/(2a)$	$1/(2a)$
6	2/3	0	1/3	$2/3 - 1/(2a)$	$1/(2a)$	$1/3$
7	1/3	0	2/3	$1/3$	$1/(2a)$	$2/3 - 1/(2a)$
8	0	2/3	1/3	$1/(2a)$	$2/3 - 1/(2a)$	$1/3$
9	0	1/3	2/3	$1/(2a)$	$1/3$	$2/3 - 1/(2a)$
10	1/3	1/3	1/3	$1/3$	$1/3$	$1/3$

类似地, 当初始设计为图 8.3 中的三因素三阶单纯形重心设计时, 我们可

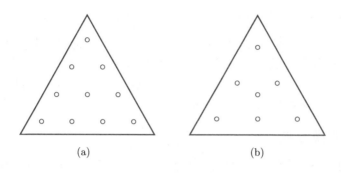

图 8.4 Scheffè 型设计

以通过如表 8.3 定义的变换得到压缩设计. 当均匀性度量采用下节中介绍的均方距离时, 最优的 $a = 3.761$, 压缩后的图形如图 8.4(b) 所示. 如图 8.4 所示, Scheffè 型设计的设计点都在单纯形内部, 因此可以做实际的试验. 这种压缩设计的方法也可以应用于其他的设计, 如轴设计等, 这里不再详细讨论.

表 8.3   三因素三阶单纯形重心设计及其压缩设计

设计点	重心设计			Scheffè 型设计		
	x_1	x_2	x_3	x_1'	x_2'	x_3'
1	1	0	0	$1 - 1/a$	$1/(2a)$	$1/(2a)$
2	0	1	0	$1/(2a)$	$1 - 1/a$	$1/(2a)$
3	0	0	1	$1/(2a)$	$1/(2a)$	$1 - 1/a$
4	1/2	1/2	0	$1/2 - 1/(4a)$	$1/2 - 1/(4a)$	$1/(2a)$
5	1/2	0	1/2	$1/2 - 1/(4a)$	$1/(2a)$	$1/2 - 1/(4a)$
6	0	1/2	1/2	$1/(2a)$	$1/2 - 1/(4a)$	$1/2 - 1/(4a)$
7	1/3	1/3	1/3	1/3	1/3	1/3

8.3 混料均匀设计

前一节给出了常见的混料设计, 然而单纯形格子点设计、单纯形重心设计、最优回归设计等设计方案常包括边界点; 而考虑在单纯形内部取点的轴设计和

Scheffè 型设计并不能保证设计点在试验区域 T^s 上的均匀性. 为此, Wang, Fang (1990) 提出了混料均匀设计, 其思想是将 n 个试验点, 即 n 种不同的试验配方均匀地散布在 T^s 内, 而不存在边界上的设计点, 因此可以避免上节提出的诸多设计的缺点. 本节将介绍度量 n 个试验点在 T^s 上的均匀性的准则, 及给定均匀性度量准则后如何构造混料设计.

8.3.1 逆变换方法

为了构造一个成分个数为 s 的混料均匀设计, Wang, Fang (1990) 采用的方法为**逆变换方法**. 逆变换方法的主要思想是先在超立方体 $C^{s-1} = [0,1]^{s-1}$ 上构造一个无约束的均匀设计, 然后通过变换生成 T^s 上的点. 依据 Fang, Wang (1994) 的理论基础, 逆变换方法可叙述如下:

定理 8.1 假设随机向量 $\boldsymbol{c} = (c_1, c_2, \cdots, c_{s-1})$ 服从 $s-1$ 维立方体 C^{s-1} 上的均匀分布, 则从 C^{s-1} 到标准单纯形 T^s 上的变换

$$\begin{cases} x_i = (1 - c_i^{1/(s-i)}) \prod_{j=1}^{i-1} c_j^{1/(s-j)}, i = 1, 2, \cdots, s-1, \\ x_s = \prod_{j=1}^{s-1} c_j^{1/(s-j)} \end{cases} \tag{8.8}$$

所得的随机向量 $\boldsymbol{x} = (x_1, x_2, \cdots, x_s)$ 服从 $(s-1)$-标准单纯形 T^s 上的均匀分布.

根据定理 8.1, 给出了构造混料均匀设计的逆变换方法如下:

步骤 1 设 $U_n(n^{s-1}) = (u_{ij})$ 为一个 $s-1$ 个因素的均匀设计表;

步骤 2 令 $c_{ki} = (u_{ki} - 0.5)/n, i = 1, 2, \cdots, n$, 则 $\{\boldsymbol{c}_k = (c_{k1}, c_{k2}, \cdots, c_{k,s-1}), k = 1, 2, \cdots, n\}$ 为 C^{s-1} 上的一个均匀散布的点集.

步骤 3 计算

$$\begin{cases} x_{ki} = \left(1 - c_{ki}^{1/(s-i)}\right) \prod_{j=1}^{i-1} c_{kj}^{1/(s-j)}, i = 1, 2, \cdots, s-1, \\ x_{ks} = \prod_{j=1}^{s-1} c_{kj}^{1/(s-j)}, k = 1, 2, \cdots, n, \end{cases}$$

则 $\{\boldsymbol{x}_k = (x_{k1}, x_{k2}, \cdots, x_{ks}), k = 1, 2, \cdots, n\}$ 为 T^s 上的一个混料均匀设计, 它的偏差就定义为步骤 1 选择的均匀设计表 $U_n(n^{s-1})$ 的偏差.

当 $s = 3$ 时, 变换式 (8.8) 有简单的形式

$$\begin{cases} x_{k1} = 1 - \sqrt{c_{k1}}, \\ x_{k2} = \sqrt{c_{k1}}(1 - c_{k2}), \quad k = 1, 2, \cdots, n. \\ x_{k3} = \sqrt{c_{k1}}\, c_{k2}, \end{cases} \qquad (8.9)$$

例 8.2 构造一个 $n = 12, s = 3$ 的**混料均匀设计**. 首先选择一个均匀设计 $U_{12}(12^2)$, 它列在表 8.4 的前两列. 通过逆变换算法变换到 $[0,1]^2$ 后的图形如图 8.5(a) 所示, 其中心化偏差为 0.0456. 由于 $s = 3$, 由 (8.9) 式的变换公式可得混料均匀设计, 如表 8.4 最后三列所示.

表 8.4　$n = 12, s = 3$ 的混料均匀设计

$U_{12}(12^2)$		c_1	c_2	x_1	x_2	x_3
1	6	0.0417	0.4583	0.7959	0.1106	0.0936
2	10	0.1250	0.7917	0.6464	0.0737	0.2799
3	2	0.2083	0.1250	0.5436	0.3994	0.0571
4	8	0.2917	0.6250	0.4599	0.2025	0.3375
5	4	0.3750	0.2917	0.3876	0.4338	0.1786
6	12	0.4583	0.9583	0.3230	0.0282	0.6488
7	1	0.5417	0.0417	0.2640	0.7053	0.0307
8	9	0.6250	0.7083	0.2094	0.2306	0.5600
9	5	0.7083	0.3750	0.1584	0.5260	0.3156
10	11	0.7917	0.8750	0.1102	0.1112	0.7785
11	3	0.8750	0.2083	0.0646	0.7405	0.1949
12	7	0.9583	0.5417	0.0211	0.4487	0.5303

由于 T^3 是一个正三角形, 其边长为 $\sqrt{2}$, 图 8.5(b) 给出了上述混料设计的点图, 从中可以看到它们比较均匀地分布在试验区域 T^3 内, 而且没有一个试验点位于边界上. 若两因素的设计选取为

$$\mathcal{P}_{12-1} = \begin{pmatrix} 1 & 2 & 3 & 4 & 5 & 6 & 7 & 8 & 9 & 10 & 11 & 12 \\ 7 & 1 & 3 & 6 & 2 & 5 & 12 & 9 & 11 & 4 & 8 & 10 \end{pmatrix},$$

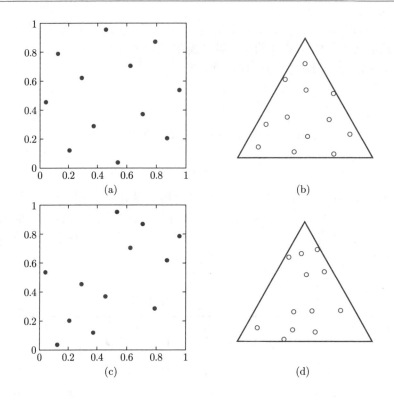

图 8.5　$n = 12, s = 3$ 的通过逆变换方法得到的混料设计

则设计 $\mathcal{P}_{12-1}$ 变换到 $[0,1]^2$ 中的图形如图 8.5(c) 所示, 其中心化偏差为 0.0755, 显然比表 8.4 前两列所示的设计均匀性差, 且通过逆变换方法, 可得其在 T^3 中的混料设计试验点为图 8.5(d) 所示, 直观可知其均匀性没有图 8.5(b) 好. 由此可知, 逆变换方法有其优点, 即变换后的设计点在 T^3 中均匀性程度不错.

　　给出混料均匀设计之后, 根据试验的目的, 获得响应值 y. 进一步的分析和前面几章的分析一样也是用回归分析. 如何用试验的数据来建模, 有许多新的问题要解决. 鉴于篇幅, 这里仅介绍二次回归模型. 当因素间没有交互作用时, 用线性模型, 否则用二次回归模型或其他非线性模型.

　　例 8.3　在某一化工产品合成试验中, 选择了主要三种混料的含量 $x_1, x_2,$ x_3 作为因素. 根据试验条件及精度的要求, 选择了表 8.4 中前两列的 $U_{12}(12^2)$ 通过变换 (8.9) 来安排试验, 其考察的响应为产品的硬度, 相应的响应值如表 8.5 所示. 由于 $x_1 + x_2 + x_3 = 1$, 表中只列出 x_1, x_2 的值, 利用完全二次模型

$$\hat{y} = \beta_0 + \sum_{i=1}^{2} \beta_i x_i + \sum_{1 \leqslant i \leqslant j \leqslant 2} \beta_{ij} x_i x_j,$$

并进行筛选变量. 根据模型及各回归变量的显著性, 可行的回归方程为

$$\hat{y} = 0.026 + 2.484x_1 + 0.689x_2 - 3x_1^2 - 1.232x_2^2, \tag{8.10}$$

此时, 相应的 $R^2 = 0.977$, $\sigma^2 = 0.0015$, 且各回归项的 t 检验的 p 值都小于 0.01, 拟合的效果较好. 回归模型 (8.10) 中并没有交叉项 $x_1 x_2$, 表示 x_1 与 x_2 之间不存在交互作用, 并当 $x_1 = 0.414$, $x_2 = 0.2796$ 时, y 达到最大值 0.6365, 此时根据 $x_1 + x_2 + x_3 = 1$ 可知 $x_3 = 0.3064$.

表 8.5   例 8.3 的混料均匀设计及其响应值

试验点	x_1	x_2	y	试验点	x_1	x_2	y
1	0.7959	0.1106	0.1591	7	0.2640	0.7053	0.2931
2	0.6464	0.0737	0.4037	8	0.2094	0.2306	0.4973
3	0.5436	0.3994	0.6270	9	0.1584	0.5260	0.3660
4	0.4599	0.2025	0.5942	10	0.1102	0.1112	0.3371
5	0.3876	0.4338	0.6120	11	0.0646	0.7405	0.0490
6	0.3230	0.0282	0.5555	12	0.0211	0.4487	0.1128

8.3.2   在 T^s 上的均匀性测度

在单位立方体 C^s 上定义均匀性测度相对比较直接, 但在单纯形 T^s 上就不那么方便, 因为 T^s 实质上是 $s-1$ 维, 而且是 $s-1$ 维上的一个凸多面体, 不如在单位立方体 C^s 上方便. 为了克服这个困难, Fang, Wang (1990) 提出了 F-偏差的概念. 这是将 C^s 上的诸偏差定义时用的 C^s 上的均匀分布推广为流形上的均匀分布, 即对混料试验而言, 就是 T^s 上的均匀分布. 如果在 C^{s-1} 上有一个均匀设计 $\mathcal{P}_{C^{s-1}} = \{\boldsymbol{c}_k, k = 1, 2, \cdots, n\}$, 通过定理 8.1 的变换, 在 T^s 上获得点集 $\mathcal{P}_{T^s} = \{\boldsymbol{x}_k, k = 1, 2, \cdots, n\}$, 他们定义 $\mathcal{P}_{C^{s-1}}$ 和 $\mathcal{P}_{T^s}$ 有相同的偏差值, 不论选取的是哪一种偏差 (星偏差、中心化偏差、可卷偏差等). 目前, 在实践中用得最普遍的就是 F-偏差, 根据在 C^{s-1} 上选择的偏差种类, 在 T^s 上就有相应的 F-星偏差、F-中心化偏差、F-可卷偏差等.

非统计专业的读者可以略去本小节的内容.

然而 F-偏差存在一些问题. 例如一个 C^{s-1} 上均匀设计, 由 (8.8) 式变换到 T^s 上的设计是否为 T^s 上的最均匀的设计? 能否在 T^s 上直接比较不同设计的均匀性? 为此, 人们直接在 T^s 上定义均匀性度量, 例如 Fang, Wang (1994) 提出了度量混料设计均匀性的**均方距离** (mean square distance, 简称为 MSD), Borkowski, Piepel (2009) 提出了**平方根均方距离** (root mean squared distance, 简称为 RMSD) 和**最大距离** (maximum distance, 简称为 MD) 及相应的均匀性准则; 宁建辉 (2008) 基于再生核希尔伯特空间在 T^s 上直接定义偏差, 并称为 **DM_2 偏差**, 该偏差可以给出显式计算公式.

下面简单介绍上面提及的均匀性测度, 这里 $\mathcal{P} = \{\boldsymbol{x}_k, k = 1, 2, \cdots, n\}$ 为 T^s 上的有 n 个试验点的一个设计.

(1) 均方距离 (MSD)

对任意点 $\boldsymbol{x} = (x_1, x_2, \cdots, x_s) \in T^s$, 定义 $\boldsymbol{x}$ 到设计 $\mathcal{P}$ 的距离

$$d(\boldsymbol{x}, \mathcal{P}) = \min_{1 \leqslant i \leqslant n} d(\boldsymbol{x}, \boldsymbol{x}_i),$$

这里 $d(\boldsymbol{x}, \boldsymbol{x}_i)$ 为欧氏距离. 若 $\boldsymbol{x}$ 遵从 T^s 上的均匀分布, 定义

$$\text{MSD}(\mathcal{P}) = E(d^2(\boldsymbol{x}, \mathcal{P})) = \frac{1}{\text{Vol}(T^s)} \int_{T^s} d^2(\boldsymbol{x}, \mathcal{P}) \mathrm{d}\boldsymbol{x} \tag{8.11}$$

为度量 $\mathcal{P}$ 在 T^s 上的均匀性的测度, 称为均方距离, 式中 $\text{Vol}(T^s)$ 表示单纯形 T^s 的体积, 具体计算公式见 1.4 节. 均方距离的正平方根 $\text{RMSD}(\mathcal{P}) = \sqrt{\text{MSD}(\mathcal{P})}$ 称为平方根均方距离.

(2) 平均距离 (AD)

$$\text{AD}(\mathcal{P}) = E(d(\boldsymbol{x}, \mathcal{P})).$$

该准则与 MSD 的思路接近, 它是直接对 $d(\boldsymbol{x}, \mathcal{P})$ 求期望, 故无须对 $\text{AD}(\mathcal{P})$ 再开方.

(3) 最大距离 (MD)

$$\text{MD}(\mathcal{P}) = \max_{\boldsymbol{x} \in T^s}(d(\boldsymbol{x}, \mathcal{P})).$$

该准则希望 T^s 中任一点 $\boldsymbol{x}$ 都能在 $\mathcal{P}$ 中找到一个距离不远的代表点.

从上述偏差的定义不难看出, 这些偏差存在计算复杂度的问题, 在大多数实际问题中, 无法得到这些偏差的真实值. 因此, 在实际问题处理中, 我们可用数值方法估计其真实值, 其近似估计方法如下: 在试验区域 T^s 上取点数为 N 的均匀设计 D, 并用下列估计值

$$\widehat{\mathrm{MSD}}(\mathcal{P}) = \frac{1}{N} \sum_{\boldsymbol{a}_m \in D} \left(d^2(\boldsymbol{a}_m, \mathcal{P}) \right),$$

$$\widehat{\mathrm{RMSD}}(\mathcal{P}) = \sqrt{\frac{1}{N} \sum_{\boldsymbol{a}_m \in D} \left(d^2(\boldsymbol{a}_m, \mathcal{P}) \right)},$$

$$\widehat{\mathrm{AD}}(\mathcal{P}) = \frac{1}{N} \sum_{\boldsymbol{a}_m \in D} \left(d(\boldsymbol{a}_m, \mathcal{P}) \right).$$

$$\widehat{\mathrm{MD}}(\mathcal{P}) = \max_{\boldsymbol{a}_m \in D} d(\boldsymbol{a}_m, \mathcal{P}).$$

分别近似对应的 MSD、RMSD、AD 及 MD. 显然, 均匀设计 D 的试验次数 N 越大时, 其估计值越准确. 一般地, 取 $N \geqslant 1000$, 其设计可由逆变换方法产生, 或者直接由蒙特卡罗方法在 T^s 上抽样.

(4) DM_2 偏差

该测度是宁建辉 (2008) 基于再生核希尔伯特空间在 T^s 上的翻版而定义的. 该偏差的一大优点是其计算公式有显式表达式. 由于比较复杂, 这里就不介绍了.

8.4 有限制的混料均匀设计

前几节中, 我们讨论的混料设计都是在整个标准单纯形区域内布点的设计, 这种混料设计称为**无限制的混料设计**. 但现实的试验有时不能够在整个单纯形区域内进行自由布点, 即在一个配方中, 往往各个成分有一定的限制. 在一些混料问题中, 由于物理、化学、经济或技术等方面的要求, 对各个分量比例 $x_1, x_2, \cdots, x_s$ 除了要满足混料设计问题的基本约束条件 (8.2) 之外, 还要对某些分量附加另外的限制条件. 如例 8.1 的咖啡面包生产过程中, 面粉和水的比例必须较大, 而蔬菜汁、糖、椰子汁、香料等的比例必须较小; 又例如在用聚乙烯、聚苯乙烯及聚丙烯三种化学物制作混合纤维时, 聚苯乙烯及聚丙烯在混合物中所占的比例分别不能少于 0.2 及 0.35. 这一类的混料设计, 我们称之为**有限制的混料设计**.

对于有限制的混料设计, 其试验区域是单纯形的一个子区域. 合成纤维的例子是对试验中的其中两个分量有下界的限制. 而实际问题中除这种下界约束之外, 也常遇到上界约束或同时兼有上、下界约束 (**上下界限制条件**)

$$0 \leqslant a_i \leqslant x_i \leqslant b_i \leqslant 1, \quad i = 1, 2, \cdots, s, \tag{8.12}$$

式中阈值 $a_i < b_i$ 事先给定, 以及分量线性组合具有上、下界约束 (**组合限制条件**)

$$L_k \leqslant \sum_{i=1}^{s} c_{ki} x_i \leqslant U_k, \tag{8.13}$$

其中 c_{ki} 已知, 或各分量所占比例有序 (**保序限制条件**, isotonic restrictions)

$$0 \leqslant x_{i_1} \leqslant x_{i_2} \leqslant \cdots \leqslant x_{i_k} \leqslant 1 \tag{8.14}$$

等形式. 我们把 T^s 中满足限制条件的区域称为可行解区域, 往往其形状较复杂.

本节中, 我们将首先简单介绍目前许多文献对有限制的混料问题提出的一些设计方法, 例如拟分量方法、极端顶点设计等, 然后主要介绍在有限制的混料问题中混料均匀设计的思想及其产生方法.

8.4.1　设计方法简介

非统计专业的读者可以略去本小节的内容.

针对不同限制下的混料设计, 许多文献给出了不同的设计方法. 对于只有下界约束条件的混料设计, Kuroturi (1966) 和 Crosier (1984) 介绍了**拟分量方法**. 对于兼有上、下界限制 (8.12) 的一阶混料多项式模型及二阶混料多项式模型, Mclean, Anderson (1966) 根据最优回归设计的设计点必须是极端顶点的思想, 提出一种渐近最优的**极端顶点设计**. Murty, Das (1968) 提出了**对称单纯形设计**方法, 其实质为单纯形格子点设计的推广. 下面简单介绍这几种方法的思想.

当设计只有下界限制时 $(0 \leqslant a_i \leqslant x_i, i = 1, 2, \cdots, s)$, 可行解区域仍为标准单纯形内的一个子单纯形区域, 如图 8.6 所示. 因此, 我们可以对原分量作线性变换, 从而得到另一类分量, 即所谓的 "拟分量", 从而使得有下界限制的问题即可转化为无限制的一般混料问题. 考虑条件 (8.2) 和下界限制的混料问题, 即 (8.12) 式中 $b_j = 1, j = 1, 2, \cdots, s$, 定义拟变量

$$z_i = \frac{x_i - a_i}{A}, \quad i = 1, 2, \cdots, s,$$

式中 $A = 1 - \sum_{i=1}^{s} a_i > 0$. 由于上面的线性变换只是移动了坐标系原点的位置，同时将各个坐标分量都放大至 $1/A$ 倍，而没有改变可行解区域的形状。大多数统计性质在此变换下具有不变性。因此，通过拟变量变换可以将有下界限制的混料问题转化为一般的无限制的混料问题。

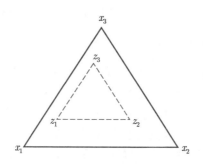

图 8.6   有下界限制的混料设计的区域

拟分量方法只对有下界限制的混料设计有效，而无法处理大多数既有上界又有下界限制的混料问题，特别是所有的分量或几乎所有的分量都受到上、下界限制，则因子空间将是标准单纯形空间内的一个不规则的凸多面体，一般来说它的形状很复杂，因此难以用一个简单的线性变换将其转化为单纯形。极端顶点设计方法可以克服这一问题。

称 $2s$ 个约束平面 $x_i = a_i$ 和 $x_i = b_i$ $(i = 1, 2, \cdots, s)$ 的所有交点中满足 $\sum_{i=1}^{s} x_i = 1$ 的点为**极端顶点**。利用极端顶点子集所构成的混料设计成为极端顶点设计。如果所用模型参数多于顶点的个数，可以补充一些由极端顶点组成的低维超平面的中心点作为试验点。为了得到极端顶点设计，许多文献给出了各种算法，例如, Mclean, Anderson (1966) 提出的极端顶点算法, Snee, Marquardt (1974) 提出的 XVERT 算法以及 Nigam et al. (1983) 提出的 XVERT1 算法等。

上述极端顶点设计可推广到更为一般的情形，即对试验因素或分量的线性组合附加上、下界约束 (8.13) 的混料问题中。由几何知识我们不难知道，满足约束条件 (8.2) 和 (8.13) 的区域仍为标准单纯形内一个凸多面体。从最优回归设计的角度出发，若待拟合的是一阶或二阶规范多项式回归模型时，渐近最优的设计是以凸多面体的顶点、约束边界面中心点、一维边界棱中点以及总体中心点的一个子集构成的设计。为此 Snee (1979) 提出了所谓的 CONSIM 算法, Piepel (1988) 提出了 CONVERT 和 CONAEV 算法。

除了总体中心点这一点, 渐近最优极端顶点设计的其余设计点都在边界上. 从最优回归设计的角度看, 这种设计有其合理性, 但若模型的假设有偏差, 其设计可能变为较差的设计, 且处于边界上的试验点往往在实际的试验中会产生麻烦. 为此, Saxena, Nigam (1977) 提出一种使用对称单纯形设计来构造满足兼有上、下界约束混料设计的方法, 其要求所有的设计点关于单纯形的各顶点对称分布, 因此其设计可以使设计点较均匀地分布在可行解区域中.

8.4.2 有限制的混料均匀设计

上一小节中所述的都是从传统的最优回归设计出发, 构造有限制的混料设计. Fang, Wang (1994) 指出, 最优回归设计存在一些需要进一步解决的问题, 如太多的设计点位于试验区域边界上, 而在一些实际试验, 特别是一些化学和食品试验中, 这些边界上的点没有意义或无法进行试验; 另外, 最优回归设计对模型缺乏稳健性. 而均匀设计是稳健性很好的设计, 因此, 下面我们构造有限制条件的混料均匀设计.

(1) 上下界限制条件下的混料均匀设计

在这种情形下, 由无限制的混料设计中的数论方法出发, Wang, Fang (1996) 提出了在试验分量有上下界限制条件 (8.12) 的问题中构造混料均匀设计的方法.

在有限制的混料设计中, 我们可以用 MSD 作为均匀性度量. 不过 MSD 的计算公式 (8.11) 中的试验区域 T^s 需修改为混料设计的可行解区域. 由于计算的复杂性, 我们往往无法找到 MSD 值绝对最小的设计或混料均匀设计, 只好退一步寻找一个偏差值较小的近似混料均匀设计.

在 MSD 的意义下, Wang, Fang (1996) 提出的方法建立在随机过程和蒙特卡洛逆变换方法的基础上, 在大多数情形下可以得到均匀设计, 但有时该方法不能精确地给出要求的试验数 n. 例如, 试验者希望比较 12 个配方, 但该方法可能产生的均匀设计有 13 个或 11 个配方. 另外, 当配方中某一分量的区域非常狭窄时, 即 $b_i - a_i$ 非常小时, 该方法产生的混料设计的均匀性欠佳. 于是, Fang, Yang (2000) 改用**条件分布法**在限制条件 (8.12) 下构造混料均匀设计, 条件分布法是产生多元分布随机样本的重要方法之一. 该方法针对一般的上、下界限制条件的混料设计提出了一般的算法. 假定限制条件 (8.12) 下的试验可行解区域为

$$T^s(\boldsymbol{a}, \boldsymbol{b}) = \left\{ (x_1, x_2, \cdots, x_s) | 0 \leqslant a_i \leqslant x_i \leqslant b_i \leqslant 1, \ i = 1, 2, \cdots, s, \sum_{i=1}^{s} x_i = 1 \right\},$$
(8.15)

式中 $\boldsymbol{a} = (a_1, a_2, \cdots, a_s), \boldsymbol{b} = (b_1, b_2, \cdots, b_s)$. 易知, $T^s(\boldsymbol{a}, \boldsymbol{b})$ 非空的充要条件为

$$a = \sum_{i=1}^{s} a_i < 1, \quad b = \sum_{i=1}^{s} b_i > 1. \tag{8.16}$$

同时, 由 $0 \leqslant a_i \leqslant x_i \leqslant b_i \leqslant 1$ 可知

$$b_i + 1 - b = 1 - \sum_{\substack{j=1 \\ j \neq i}}^{s} b_j \leqslant x_i \leqslant 1 - \sum_{\substack{j=1 \\ j \neq i}}^{s} a_j = a_i + 1 - a,$$

因此由 (8.15) 式, 我们有 $l_i \leqslant x_i \leqslant u_i$, 其中

$$l_i = \max\{a_i, b_i + 1 - b\}, \quad u_i = \min\{b_i, a_i + 1 - a\}. \tag{8.17}$$

记 $\boldsymbol{l} = (l_1, l_2, \cdots, l_s), \boldsymbol{u} = (u_1, u_2, \cdots, u_s)$, 则相应的区域 $T^s(\boldsymbol{l}, \boldsymbol{u})$ 与 $T^s(\boldsymbol{a}, \boldsymbol{b})$ 的区域一样, 但用 (8.17) 定义的 $T^s(\boldsymbol{l}, \boldsymbol{u})$ 更加准确, 因为去掉了多余的限制. 下面给出一个产生 $T^s(\boldsymbol{l}, \boldsymbol{u})$ 中的混料均匀设计的算法 (Fang, Yang (2000)).

产生有上下界限制的混料均匀设计算法

步骤 1　产生一个均匀设计 $U_n(n^{s-1})$, 记为 $\boldsymbol{U} = (u_{ij})$.

步骤 2　计算

$$t_{i,j+1} = \frac{u_{ij} - 0.5}{n}, \ i = 1, 2, \cdots, n, j = 1, 2, \cdots, s-1.$$

步骤 3　对每个 i 计算

$$x_{ik} = G(t_{ik}, d_k, \Phi_k, \Delta_k, k-1), \ k = s, s-1, \cdots, 2,$$
$$x_{i1} = 1 - \sum_{k=2}^{s} x_{ik},$$

则 $\boldsymbol{X} = (x_{ij})$, $i = 1, 2, \cdots, n, j = 1, 2, \cdots, s$ 为在限制区域 $T^s(\boldsymbol{l}, \boldsymbol{u})$ 中的一个均匀设计, 其中 (注意递推是从 $s-1$ 下降至 2)

$$\Delta_s = 1, \Delta_k = 1 - \sum_{j=k+1}^{s} x_{ij}, k = s-1, \cdots, 2,$$

$$d_k = \max \left\{ l_k / \Delta_k, 1 - \sum_{i=1}^{k-1} u_i / \Delta_k \right\}, k = s, s-1, \cdots, 2,$$

$$\Phi_k = \min \left\{ u_k / \Delta_k, 1 - \sum_{i=1}^{k-1} l_i / \Delta_k \right\}, k = s, s-1, \cdots, 2,$$

$$G(x, d, b, c, k) = c \left\{ 1 - [x(1-b)^k + (1-x)(1-d)^k]^{1/k} \right\}.$$

下面给出一个例子说明有上下界限制的混料均匀设计的构造. 一般地, 应用上面的算法时, 我们需要把变量按照其变化范围的大小排序, 变化大的排前面, 变化小的排后面. 这样构造出来的设计均匀较好.

例 8.4 (例 8.1 续) 在制作咖啡面包的混料试验中有 12 种成分, 它们在配方中的比例要求按其变化范围大小排序如下:

$$面粉(x_1, 单位:\%): \quad 50 \leqslant x_1 \leqslant 90,$$

$$水(x_2, 单位:\%): \quad 20 \leqslant x_2 \leqslant 60,$$

$$糖(x_3, 单位:\%): \quad 0.5 \leqslant x_3 \leqslant 5,$$

$$盐(x_4, 单位:\%): \quad 0.1 \leqslant x_4 \leqslant 2,$$

$$钙(x_5, 单位:\%): \quad 0.1 \leqslant x_5 \leqslant 0.5,$$

$$咖啡粉(x_6, 单位:\%): \quad 0.1 \leqslant x_6 \leqslant 0.5,$$

$$香料(x_7, 单位:\%): \quad 0.1 \leqslant x_7 \leqslant 0.5,$$

$$蔬菜汁(x_8, 单位:\%): 0.01 \leqslant x_8 \leqslant 0.2,$$

$$椰子汁(x_9, 单位:\%): 0.01 \leqslant x_9 \leqslant 0.2,$$

$$发酵粉(x_{10}, 单位:\%): 0.01 \leqslant x_{10} \leqslant 0.2,$$

$$乳酸(x_{11}, 单位:\%): 0.01 \leqslant x_{11} \leqslant 0.2,$$

$$人工色素(x_{12}, 单位:\%): 0.01 \leqslant x_{12} \leqslant 0.1.$$

对于该 12 个成分, 首先通过 (8.17) 式把不必要的限制去掉, 得

$$\boldsymbol{l} = (50, 20, 0.5, 0.1, 0.1, 0.1, 0.1, 0.01, 0.01, 0.01, 0.01, 0.01),$$

$$\boldsymbol{u} = (79.05, 49.05, 5, 2, 0.5, 0.5, 0.5, 0.2, 0.2, 0.2, 0.2, 0.1).$$

由均匀设计网页上可知 C^{11} 上的均匀设计如表 8.6 所示. 然后由前面介绍的算

法可得在有上下界限制的混料均匀设计如表 8.7 所示. 从中可以看到最后一列仍然位于范围 $[0.01, 0.1]$ 之内; 另外, 由于算法中递推是从 $s-1$ 下降到 2, 而第一列是由第 2 列到第 s 列的值决定的, 因此在低维投影上, 后面的列的均匀性程度高些.

表 8.6　C^{11} 上的均匀设计 $U_{20}(20^{11})$

试验点	$U_{20}(20^{11})$										
1	12	18	20	10	15	20	14	12	7	5	2
2	11	4	4	15	4	17	17	18	14	3	11
3	10	16	1	12	14	12	1	1	16	10	19
4	8	8	11	1	20	15	5	9	5	2	16
5	16	1	14	9	17	9	12	14	13	20	18
6	2	14	7	7	3	4	13	5	10	4	17
7	6	20	5	13	2	10	6	11	3	19	7
8	18	13	15	19	8	8	4	7	12	1	4
9	1	12	8	20	18	14	11	16	18	12	5
10	9	10	17	18	6	6	15	17	4	13	20
11	20	6	6	17	11	19	8	6	6	15	15
12	4	15	16	4	10	18	3	19	11	17	12
13	19	19	10	3	7	11	19	13	20	8	14
14	15	9	18	6	1	16	10	3	17	14	8
15	17	11	2	8	16	5	9	20	1	7	9
16	14	17	12	16	19	2	18	4	9	16	10
17	7	7	3	2	12	7	16	8	15	18	3
18	5	5	19	14	13	1	7	10	19	6	13
19	3	2	13	11	9	13	20	2	2	9	6
20	13	3	9	5	5	3	2	15	8	11	1

表 8.7 T^{12} 上的混料均匀设计 单位:%

试验点	x_1	x_2	x_3	x_4	x_5	x_6	x_7	x_8	x_9	x_{10}	x_{11}	x_{12}
1	59.37	32.68	4.426	1.952	0.2894	0.3894	0.4899	0.1380	0.1189	0.0714	0.0525	0.0167
2	62.70	34.04	1.272	0.427	0.3895	0.1695	0.4294	0.1666	0.1761	0.1379	0.0336	0.0571
3	62.85	31.63	3.969	0.147	0.3294	0.3693	0.3290	0.0147	0.0147	0.1570	0.0998	0.0932
4	65.91	29.55	2.163	1.088	0.1099	0.4899	0.3892	0.0526	0.0904	0.0525	0.0241	0.0797
5	55.94	40.44	0.610	1.374	0.2694	0.4295	0.2690	0.1190	0.1380	0.1284	0.1952	0.0887
6	72.96	21.86	3.514	0.710	0.2295	0.1496	0.1694	0.1285	0.0525	0.0999	0.0430	0.0842
7	66.96	26.43	4.885	0.521	0.3494	0.1298	0.2890	0.0620	0.1094	0.0336	0.1856	0.0392
8	53.00	41.00	3.287	1.470	0.4698	0.2492	0.2491	0.0431	0.0715	0.1189	0.0147	0.0257
9	73.63	20.61	3.061	0.804	0.4899	0.4496	0.3691	0.1095	0.1570	0.1761	0.1189	0.0302
10	63.96	30.32	2.611	1.662	0.4497	0.2094	0.2092	0.1475	0.1666	0.0430	0.1284	0.0977
11	50.65	45.38	1.717	0.615	0.4296	0.3092	0.4697	0.0810	0.0620	0.0620	0.1474	0.0752
12	69.16	24.06	3.741	1.566	0.1696	0.2892	0.4496	0.0336	0.1857	0.1094	0.1665	0.0617
13	51.73	41.28	4.655	0.993	0.1497	0.2293	0.3090	0.1857	0.1285	0.1952	0.0809	0.0707
14	56.78	37.87	2.386	1.758	0.2095	0.1099	0.4093	0.1000	0.0336	0.1665	0.1379	0.0437
15	54.49	41.17	2.836	0.240	0.2494	0.4094	0.1893	0.0905	0.1952	0.0147	0.0714	0.0482
16	57.50	35.59	4.197	1.183	0.4096	0.4698	0.1297	0.1761	0.0431	0.0904	0.1570	0.0526
17	67.86	28.60	1.940	0.334	0.1298	0.3292	0.2291	0.1571	0.0810	0.1475	0.1761	0.0212
18	69.64	25.70	1.494	1.855	0.3695	0.3492	0.1099	0.0715	0.0999	0.1856	0.0619	0.0662
19	73.27	23.32	0.830	1.279	0.3094	0.2692	0.3491	0.1952	0.0242	0.0242	0.0904	0.0347
20	60.18	36.97	1.051	0.899	0.1896	0.1894	0.1496	0.0242	0.1475	0.0809	0.1093	0.0122

在实际试验中, 假如试验者事先知道有些成分的比例必须设定为某固定值, 例如, 其中水的比例限制为 35%, 此时水这个成分就不再认为是变量, 则其余的 11 个变量总和为 65%, 故可以让 $x_1, x_3, x_4, \cdots, x_{12}$ 都除以 65%, 从而得到新的变量 $x_1', x_3', x_4', \cdots, x_{12}'$ 且满足和为 1. 从而可以用前面的算法构造混料均匀设计, 然后把每个分量都乘 65% 再加上水的成分 35%, 即得最后的设计.

(2) 组合限制条件下的混料均匀设计

对于更一般的附加限制条件混料均匀设计问题 (8.13), Gentle (2003) 引入随机数生成方法中的接受 – 拒绝方法 (acceptance-rejection method), 去掉无限制的混料均匀设计中不在限制区域 $T^s(l, u)$ 内的点, 从而得到近似均匀设计. Borkowski, Piepel (2009) 综合数论混料设计方法、条件分布逆变换法以及接受 – 拒绝优化算法三种方法提出了在组合限制条件 (8.13) 下构造混料均匀设计的方法. 记试验的可行解区域

$$M^s(\boldsymbol{L}, \boldsymbol{U}) = \left\{ (x_1, x_2, \cdots, x_s) \Big| L_k \leqslant \sum_{i=1}^{s} c_{ki} x_i \leqslant U_k, k = 1, 2, \cdots, K \right\}, \quad (8.18)$$

其中 $\boldsymbol{L} = (L_1, L_2, \cdots, L_K)$, $\boldsymbol{U} = (U_1, U_2, \cdots, U_K)$, K 为限制条件个数.

一般地, 由限制条件 (8.13) 可得 $x_1, x_2, \cdots, x_s$ 的限制范围更为宽松的上下界限制 $[l, u]$. 因此, 我们首先构造在 $T^s(l, u)$ 上的混料均匀设计, 然后把该设计中满足限制条件 (8.13) 的试验点保留, 而除去不满足条件的试验点, 从而得到一个 $M^s(\boldsymbol{L}, \boldsymbol{U})$ 上的设计. 其算法可简略描述如下:

产生组合限制条件的混料均匀设计算法

步骤 1 取任意质数 $N > n$ (n 为实际试验次数), 由好格子点法或方幂好格子点法得到在超立方体 C^{s-1} 上的均匀设计 $\boldsymbol{C}_{N \times (s-1)}$, 全体这样的设计记为 $\mathcal{C} = \{\boldsymbol{C}_{N \times (s-1)}\}$;

步骤 2 引用上面有上下界限制的混料均匀设计算法, 将 $\mathcal{C}$ 中的设计矩阵 $\boldsymbol{C}_{N \times (s-1)}$ 转化为限制区域 $T^s(l, u)$ 上的均匀设计矩阵 $\boldsymbol{C}'_{N \times (s-1)}$. 全体这样的设计记为 $\mathcal{C}' = \{\boldsymbol{C}'_{N \times (s-1)}\}$;

步骤 3 对 $\mathcal{C}$ 中每个设计矩阵 $\boldsymbol{C}'$ 进行接受 – 拒绝判断. 若设计矩阵中的试验点属于 $M^s(\boldsymbol{L}, \boldsymbol{U})$ 则留下, 否则去除, 从而得到试验次数为 n^* 的设计矩阵 $\boldsymbol{C}''_{n^* \times s}$. 全体 $n^* = n$ 的设计记为 $\mathcal{D} = \{D | D = \boldsymbol{C}''_{n^* \times s}, \text{若 } n^* = n\}$.

步骤 4 以 MSD 值或 8.3.2 小节中的其他均匀性度量为准则, 在 $\mathcal{D}$ 中筛选出偏差最小的设计矩阵即为所求的均匀设计.

上述算法的步骤 1 中, 对于每一个质数 N, 最后可以得到试验次数为 n^* 的 $M^s(\boldsymbol{L}, \boldsymbol{U})$ 上的混料设计, 然而 n^* 不一定恰好等于 n, 因此多加尝试. 另外, 该方法实际上是 $M^s(\boldsymbol{L}, \boldsymbol{U})$ 上间接的构造方法.

(3) 保序限制条件下的混料均匀设计

在保序限制条件 (8.14) 下的混料均匀设计的可行解区域为

$$T_o^s = \left\{ (x_1, x_2, \cdots, x_s) | x_{i_1} \leqslant x_{i_2} \leqslant \cdots \leqslant x_{i_k}, \sum x_i = 1 \right\}, \tag{8.19}$$

其中序列 $(i_1, i_2, \cdots, i_k)$ 为 $(1, 2, \cdots, n)$ 的置换. 实际上, 若向量 $\boldsymbol{x} = (x_1, x_2, \cdots, x_s)$ 是无限制条件混料设计区域 T^s 上的均匀分布随机向量, 则向量的次序统计量 $(x_{(1)}, x_{(2)}, \cdots, x_{(s)})$ 服从保序限制条件混料设计区域 T_o^s 上的均匀分布. 由此, 我们可以将保序混料设计转化为一般的无限制条件混料均匀设计.

8.5 混料回归方程检验

得到混料设计后, 按照设计安排试验, 然后得到各试验点的响应值, 一般地, 用回归模型拟合数据. 由于混料试验方案不具有正交性, 因此其回归方程的统计检验是比较烦琐的. 一般情况下采用**控制点检验**. 所谓控制点检验, 就是在单纯形内选择少量控制点 (验证点) 进行验证性检验, 以检验回归方程失拟程度, 推断回归方程的可靠性. 如果失拟不大, 说明回归方程是可靠的, 否则就需要补做一些试验, 用更高次的回归模型进行回归分析.

控制点的选择要具有代表性, 一般情况下各点在单纯形内分布应尽量均匀, 同时, 为减少试验次数, 控制点应尽量少. 这些控制点可以通过均匀设计进行选择, 最好这些控制点与原来的混料设计的试验点不重合. 设选择 p 个控制点, 其响应值为 $y_i, i = 1, 2, \cdots, p$, 用混料回归方程所得控制点的响应值的估计值为 $\hat{y}_i$, 并设响应值的绝对误差值为 $\Delta y_i = |y_i - \hat{y}_i|, i = 1, 2, \cdots, p$, 则常使用以下非参数方法检验回归方程:

(1) 允许差比较法

设给定允许误差 ε, 若 p 个响应值差值全部满足

$$\Delta y_i = |y_i - \hat{y}_i| \leqslant \varepsilon, \quad i = 1, 2, \cdots, p, \tag{8.20}$$

则认为回归方程是可靠的. 如果至少有一个控制点不满足 (8.20) 式, 则认为回归方程是失拟的.

(2) *方差比较法*

设混料试验的误差估计范围是 $[0, \sigma^2]$, 利用 p 个控制点试验的响应值 $y_i, i = 1, 2, \cdots, p$ 及相应的预测值 $\hat{y}_i$, 对估计误差的方差做出估计

$$\hat{\sigma}^2 = \frac{1}{p} \sum_{i=1}^{p} (y_i - \hat{y}_i)^2. \tag{8.21}$$

如果误差标准差 $\hat{\sigma}$ 满足 $0 < \hat{\sigma} < \sigma$, 则认为回归方程能够较好拟合混料系统, 否则回归方程是失拟的, 需要改进模型. 混料设计的模型检验的更多方法可参考 Cornell (2002).

习 题

8.1 给出一个混料试验的实际例子, 并讨论其特点.

8.2 在一个三因素的混料试验中, 求出单纯形格子点设计 $\{3, 4\}$ 的所有设计点.

8.3 求出四因素三阶单纯形重心设计的所有设计点.

8.4 一个三因素的混料试验中, 在单纯形格子点设计 $\{3, 2\}$ 处做试验, 得到如下数据:

设计点	x_1	x_2	x_3	响应 y
1	1	0	0	11.1, 12.4, 12.1
2	1/2	1/2	0	15.1, 14.7
3	0	1	0	9.2, 10.2, 10.6
4	0	1/2	1/2	11.4, 10.7, 11.2
5	0	0	1	14.5, 13.6
6	1/2	0	1/2	13.2, 12.8, 13.7

(a) 试用二阶规范多项式拟合数据并检验模型是否显著;

(b) 求出最优的设计点.

8.5 产生 $[0, 1]^2$ 上的两个拉丁超立方体抽样, 并通过逆变换方法构造 T^3 上相应的混料设计点, 且在单纯形上画出相应的点图.

8.6   通过逆变换方法, 构造 $n = 11, s = 3$ 的混料均匀设计, 并给出该设计在单纯形上的点图.

8.7   一个三因素的混料试验中, 假设

$$0.1 < x_1 < 0.2,$$
$$0.4 < x_2 < 0.6,$$
$$0.3 < x_3 < 0.5.$$

(a) 画出有效试验区域;

(b) 去掉多余的限制;

(c) 试通过条件分布法构造 $n = 11$ 的混料均匀设计.

第九章

筛选设计

一个实际试验很难一步到位, 第七章介绍的序贯试验是将试验分成多批次, 将已做试验的信息, 用于随后的试验之中. 例如, 一个探索性的试验中, 第一批试验通常选取的试验范围较大, 因素的数目较多. 通过试验, 可删除影响不显著的因素, 缩小试验范围, 再进入第二批试验. 这时, 因素的数目已大大减少, 可以安排更为精细的试验. 如果第二批试验仍达不到预期目的, 可进入第三批、第四批试验等. 通常地, 在第一批试验中实际部门会把对响应可能有影响的因素都考虑在内. 然而, 基于效应稀疏性原则, 只有其中的少数因素具有显著影响. 因此, 需要在初始阶段的试验中把重要的因素先筛选出来, 再在后续阶段基于重要因素做试验. 由于第一批试验中模型未知, 因素往往较多, 势必要求较大数目的试验. 为了节省经费和时间, 一个自然的想法是在第一批试验中用较少的试验次数来筛选因素. 如何安排相应合适的设计是值得研究的问题. 此时, 筛选设计 (screening design) 具有重要的应用价值.

筛选设计包括超饱和设计 (supersaturated design)、确定性筛选设计 (definitive screening design, 简称为 DSD) 和复合设计 (composite design) 等. 本章将介绍这几类用于筛选试验的设计方法. 9.1 节介绍超饱和设计, 其中主效应的个数大于试验次数. 我们将给出评价超饱和设计优良性的几种准则并给出一些构造方法. 9.2 节介绍确定性筛选设计的构造方法和性质; 这类设计是三水平设计且试验次数仅为因素个数的两倍加一. 9.3 节介绍不同的复合设计的构造方法和统计性质, 包括正交表复合设计和正交均匀复合设计等.

9.1 超饱和设计

近年来随着科学水平的提高, 我们逐渐开始对更加庞大和复杂的体系感兴趣, 但研究一个复杂的体系是非常耗费时间和财力的, 而通过超饱和设计可以有效地节约时间和财力并筛选出重要的因素. 因此, 超饱和设计在筛选试验中具有广泛应用. **超饱和设计**是由 Satterthwaite (1959) 首次提出的, 其给出了一种随机平衡设计用以识别重要因子. 对于设计 $D \in \mathcal{D}(n; q_1, q_2, \cdots, q_m)$, 当 $\sum_{j=1}^{m}(q_j - 1) = n - 1$ 时, 称 D 为饱和设计. 当 $\sum_{j=1}^{m}(q_j - 1) > n - 1$ 时, 称 D 为超饱和设计. 这里, $q_j - 1$ 为第 j 个因子的主效应个数, $n - 1$ 为该设计总的自由度个数. 为了节约试验次数, 人们经常考虑二水平的超饱和设计. 后面可以分为两大类: 二水平设计和多水平设计. 其中混水平设计是多水平设计的推广, 其不同因子对应的水平数各有不同.

Booth, Cox (1962) 最早提出了系统构造超饱和设计的方法和衡量设计优良性的 $E(s^2)$ 准则. 其后由于各种原因, 较长一段时间里这方面的工作进展缓慢. 自 Lin (1993) 和 Wu (1993) 以来, 由于科学研究和实际领域的需要, 超饱和设计被越来越多的科研工作者所关注, 其研究迅速发展. 为了直观地理解超饱和设计, 首先给出下面的简单例子.

例 9.1 考虑下面的设计 $D(6; 2^{10})$:

$$D = \begin{pmatrix} 1 & -1 & 1 & 1 & 1 & -1 & -1 & -1 & 1 & -1 \\ -1 & 1 & 1 & 1 & -1 & -1 & -1 & 1 & -1 & 1 \\ 1 & 1 & -1 & -1 & 1 & 1 & 1 & 1 & -1 & -1 \\ 1 & -1 & -1 & -1 & 1 & -1 & 1 & 1 & -1 & 1 \\ -1 & -1 & -1 & 1 & -1 & 1 & 1 & -1 & 1 & 1 \\ -1 & 1 & 1 & -1 & 1 & 1 & 1 & -1 & -1 & -1 \end{pmatrix}. \tag{9.1}$$

对于二水平设计, 主效应个数恰好等于列数. 显然, 这里的 6 次试验只有 5 个自由度, 不足以估计 10 个主效应.

由例 9.1 可知, 二水平的超饱和设计的列数比行数多, 则该设计不可能达到列正交性. 因此, 对于超饱和设计而言, 一个自然的问题是如何给出合理的衡量准则, 以及在该准则下如何给出相应的构造算法. 进一步地, 对于超饱和设计得到的数据, 如何进行统计分析. 本节将主要介绍超饱和设计的部分衡量准则和构造方法.

9.1.1   优良性准则

衡量超饱和设计优良性的常见准则有 $E(s^2)$ 准则、χ^2 准则和 $E(f_{NOD})$ 准则等, 其中 $E(s^2)$ 准则适用于二水平的超饱和设计, 后两者可衡量二水平、多水平和混水平的设计. 这三个常用准则之间也存在一些联系. 下面分别介绍这三个准则.

(1) $E(s^2)$ 准则

当 $\sum\limits_{j=1}^{m}(q_j-1) < n-1$ 时, 可能存在列正交的设计. 而超饱和设计不可能使得所有的列都相互正交. 一个自然的想法是找一个超饱和设计使其不同列之间尽可能正交. 对于二水平超饱和设计 $\boldsymbol{D} = (\boldsymbol{x}_1, \boldsymbol{x}_2, \cdots, \boldsymbol{x}_m) \in \mathcal{D}(n; 2^m)$, 因子的两个水平分别用 -1 和 $+1$ 表示, s_{ij} 表示设计矩阵的第 i 列和第 j 列的内积, 即 $s_{ij} = \boldsymbol{x}_i' \boldsymbol{x}_j$. 令 $E(s^2)$ 表示所有 s_{ij}^2 的平均值, 即

$$E(s^2) = \sum_{1 \leqslant i < j \leqslant m} s_{ij}^2 \frac{1}{\mathrm{C}_m^2}. \tag{9.2}$$

显然, 当 $E(s^2) = 0$ 时, 任意两列之间的内积为 0, 则相互正交. 对于二水平设计而言, 列正交的设计也是正交设计. 对于二水平超饱和设计则有 $E(s^2) > 0$. 一个较好的设计应该具有较小的 $E(s^2)$ 值. 给定参数 n 和 m, 具有最小 $E(s^2)$ 值的设计即为 $E(s^2)$ 最优设计. 为了判断一个设计是否已达到最优, Nguyen (1996) 和 Tang, Wu (1997) 分别得到了 $E(s^2)$ 值的下界如下:

$$E(s^2) \geqslant \frac{n^2(m-n+1)}{(n-1)(m-1)}. \tag{9.3}$$

达到下界的超饱和设计即为 $E(s^2)$ 最优设计. $E(s^2)$ 准则等价于相关系数平方的平均. 该准则达到最小时, 也可能存在部分列之间的相关系数较大的情形. 为此, 也可以考虑其他准则, 例如

$$\mathrm{ave}|s| = \sum_{1 \leqslant i < j \leqslant m} |s_{ij}| \frac{1}{\mathrm{C}_m^2},$$

$$S_{\max} = \max_{i<j} |s_{ij}|, \text{ 以及 } r_{\max} = S_{\max} \frac{1}{n}.$$

最小化 $\mathrm{ave}|s|$, $S_{\max}$ 或 $r_{\max}$ 都可以使得列相关性尽可能地降低. 然而这三个准则只适用于二水平情形, 而且不易找到这三个准则下的最优超饱和设计. 因此对于二水平设计, 人们常用 $E(s^2)$ 准则.

(2) χ^2 准则

$E(s^2)$ 准则只适用于二水平设计. 然而在实际应用中, 二水平设计不能用于部分或全部因子为三水平的情况. 此时, 需要给出三水平设计以及二三混合水平设计的衡量准则. 对于三水平情形, Yamada, Lin (1999) 也从正交性的角度

提出了 χ^2 准则. 对于 m 个三水平因子的设计矩阵 $\boldsymbol{D} = (\boldsymbol{x}_1, \boldsymbol{x}_2, \cdots, \boldsymbol{x}_m)$, $\boldsymbol{D}$ 的元素都来自 $\{1, 2, 3\}$, 定义任意两列 $\boldsymbol{x}_i$ 和 $\boldsymbol{x}_j$ 的偏差 $\chi(x_i, x_j)$ 如下:

$$\chi(\boldsymbol{x}_i, \boldsymbol{x}_j) = \sum_{a,b=1,2,3} \frac{(n_{ab}(i,j) - n/9)^2}{n/9}, \tag{9.4}$$

其中 $n_{ab}(i,j)$ 表示设计矩阵中 $\boldsymbol{x}_i$ 和 $\boldsymbol{x}_j$ 两列中因子水平组合为 (a, b) 的试验次数. 若任意水平组合 (a, b) 在这两列出现的频数 $n_{ab}(i,j)$ 都等于 $n/9$, 则相应的 $\chi^2(\boldsymbol{x}_i, \boldsymbol{x}_j) = 0$, 且这两列构成一个正交表. 若对水平中心化, 则这两列相互正交. 由此可见, $\chi^2(\boldsymbol{x}_i, \boldsymbol{x}_j)$ 反映了这两列之间的正交性. 于是, 定义整个超饱和设计 $\boldsymbol{D}$ 的优良性度量 χ^2 准则如下:

$$\text{ave } \chi^2 = \sum_{1 \leqslant i < j \leqslant m} \chi^2(\boldsymbol{x}_i, \boldsymbol{x}_j) \frac{1}{\mathrm{C}_m^2}, \tag{9.5}$$

$$\max \chi^2 = \max_{1 \leqslant i < j \leqslant m} \chi^2(\boldsymbol{x}_i, \boldsymbol{x}_j), \tag{9.6}$$

其中式 (9.5) 表示设计 $\boldsymbol{D}$ 所有两列之间的偏差的平均值, 而式 (9.6) 反映了设计 $\boldsymbol{D}$ 中正交性最差的两列的情形. 从优化的角度来看, 准则 (9.5) 更易处理, 我们称该准则为 χ^2 准则. 由 (9.4) 式可知, 若 $\boldsymbol{D}$ 的任意两列之间的偏差 $\chi^2(\boldsymbol{x}_i, \boldsymbol{x}_j) = 0$, 则 $\boldsymbol{D}$ 是一个正交设计, 此时, $\text{ave } \chi^2 = 0$ 且 $\max \chi^2 = 0$. 对于一般的超饱和设计, χ^2 准则存在下界

$$\text{ave } \chi^2 \geqslant \frac{2n(2m - n + 1)}{(n-1)(m-1)}. \tag{9.7}$$

称达到该下界的设计为 χ^2 最优设计.

χ^2 准则容易推广到多水平和混水平情形. 对于设计 $\boldsymbol{D} = (\boldsymbol{x}_1, \boldsymbol{x}_2, \cdots, \boldsymbol{x}_m) \in \mathcal{D}(n; q_1, q_2, \cdots, q_m)$, 其第 i 列和第 j 列的水平数分别为 q_i 和 q_j. 同样定义 $\chi(\boldsymbol{x}_i, \boldsymbol{x}_j)$ 来度量任意两列 $\boldsymbol{x}_i$ 和 $\boldsymbol{x}_j$ 的偏差,

$$\chi(\boldsymbol{x}_i, \boldsymbol{x}_j) = \sum_{a=1}^{q_i} \sum_{b=1}^{q_j} \frac{(n_{ab}(i,j) - n/(q_i q_j))^2}{n/(q_i q_j)}. \tag{9.8}$$

以及 χ^2 准则为

$$\text{ave } \chi^2 = \sum_{1 \leqslant i < j \leqslant m} \chi^2(\boldsymbol{x}_i, \boldsymbol{x}_j) \frac{1}{\mathrm{C}_m^2}. \tag{9.9}$$

当混水平设计 D 是正交设计时, $\chi(\boldsymbol{x}_i, \boldsymbol{x}_j) = 0$ 且 ave $\chi^2 = 0$. 特别地, 对于二水平的 U 型设计 D, 其每列中两个水平出现的次数一样多, 此时可以简单证明 $E(s^2) = $ ave χ^2(留为习题). 由此可见, χ^2 准则 (9.9) 是 $E(s^2)$ 准则的推广.

(3) $E(f_{NOD})$ 准则

类似三水平情形, Fang et al. (2003c) 引入了 $E(f_{NOD})$ 准则评价多水平和混水平的 U 型超饱和设计. 记所有的 U 型设计 $U(n; q_1, q_2, \cdots, q_m)$ 的全体为 $\mathcal{U}(n; q_1, q_2, \cdots, q_m)$. 设计矩阵的第 i 列和第 j 列的水平数分别为 q_i 和 q_j. 定义任意两列 $\boldsymbol{x}_i, \boldsymbol{x}_j (1 \leqslant i < j \leqslant m)$ 的偏差为

$$f_{NOD}^{i,j}(\boldsymbol{x}_i, \boldsymbol{x}_j) = \sum_{a=1}^{q_i} \sum_{b=1}^{q_j} \left(n_{ab}(i,j) - \frac{n}{q_i q_j} \right)^2, \tag{9.10}$$

其中 $n_{ab}(i,j)$ 表示设计矩阵的 $\boldsymbol{x}_i$ 和 $\boldsymbol{x}_j$ 两列中因子水平组合为 (a,b) 的试验次数. 这里 NOD 表示 non-orthogonality of the design. 与 (9.8) 式相比, (9.10) 式少了分母项 $\dfrac{n}{q_i q_j}$, 这种处理可以更方便寻找在该准则下的最优设计. 定义 $E(f_{NOD})$ 准则如下:

$$E(f_{NOD}) = \sum_{1 \leqslant i < j \leqslant m} f_{NOD}^{i,j} \frac{1}{C_m^2}. \tag{9.11}$$

为了得到 $E(f_{NOD})$ 准则的下界, Fang et al. (2003c) 证明了

$$E(f_{NOD}) = \frac{\sum\limits_{k,l=1, k \neq l}^{n} \lambda_{kl}^2}{m(m-1)} + \frac{nm}{m-1} - \frac{1}{m(m-1)} \left(\sum_{i=1}^{m} \frac{n^2}{q_i} + \sum_{1 \leqslant i \neq j \leqslant m} \frac{n^2}{q_i q_j} \right),$$

其中 λ_{kl} 是设计矩阵中第 k 行和第 l 行的行相遇数, 即第 k 行和第 l 行之间有相同元素的列数. 由此, Fang et al. (2003c) 得到 $E(f_{NOD})$ 准则的下界

$$E(f_{NOD}) \geqslant \frac{n \left(\sum\limits_{j=1}^{m} \frac{n}{q_j} - m \right)^2}{m(m-1)(n-1)} + \frac{nm}{m-1} - \frac{1}{m(m-1)} \left(\sum_{i=1}^{m} \frac{n^2}{q_i} + \sum_{1 \leqslant i \neq j \leqslant m} \frac{n^2}{q_i q_j} \right). \tag{9.12}$$

达到上述下界的充要条件是

$$\lambda = \frac{\sum_{j=1}^{m} \frac{n}{q_j} - m}{n-1} \tag{9.13}$$

为一个正整数, 并且除了 $k=l$ 之外所有的 λ_{kl} 都等于 λ. 满足上述充要条件的设计称为 $E(f_{NOD})$ 最优设计. 进一步地, Fang et al. (2004) 推广了 $E(f_{NOD})$ 准则的下界. 定义 $\gamma = \lfloor \lambda \rfloor$, $d_\gamma = (n-1)(\gamma + 1 - \lambda)$, $d_{\gamma+1} = (n-1)(\lambda - \gamma)$, 其中 $\lfloor \lambda \rfloor$ 表示 λ 的整数部分, 则 $E(f_{NOD})$ 的更优下界如下:

$$E(f_{NOD}) \geqslant \frac{n(n-1)}{m(m-1)} \left[(\gamma + 1 - \lambda)(\lambda - \gamma) + \lambda^2 \right] + \frac{nm}{m-1} - \frac{1}{m(m-1)} \left(\sum_{i=1}^{m} \frac{n^2}{q_i} + \sum_{1 \leqslant i \neq j \leqslant m} \frac{n^2}{q_i q_j} \right), \tag{9.14}$$

达到该下界的充要条件是: 对于设计矩阵的任一行, 该行与其他行的 $n-1$ 个行相遇数中, 有 d_γ 个为 γ, $d_{\gamma+1}$ 个为 $\gamma + 1$. 很容易看出, (9.12) 式为 (9.14) 式的一个特例. (9.14) 式的下界比 (9.12) 式的下界要紧.

由 $E(s^2)$ 准则、χ^2 准则和 $E(f_{NOD})$ 准则的定义可知, $E(f_{NOD})$ 准则可看为 $E(s^2)$ 准则和 χ^2 准则的推广. 对于 $\boldsymbol{D} \in \mathcal{U}(n; q^m)$, 它们之间存在如下的关系:

$$\text{ave } \chi^2 = q^2/n E(f_{NOD}), \quad q \text{ 水平时};$$
$$E(s^2) = 4 E(f_{NOD}), \quad 2 \text{ 水平时}.$$

因此, 可以用 $E(f_{NOD})$ 准则代替其他准则.

9.1.2 构造方法

由于二水平情形下 $E(s^2)$ 准则和 $E(f_{NOD})$ 准则等价, 因此二水平 $E(s^2)$ 最优设计也是二水平 $E(f_{NOD})$ 最优设计. 我们在二水平时考虑 $E(s^2)$ 准则, 在多水平时考虑 $E(f_{NOD})$ 准则.

(1) $E(s^2)$ 最优设计

由于二水平的超饱和设计最常用, 我们首先考虑在 $E(s^2)$ 准则下的最优设计. 构造超饱和设计的常见方法是从阿达玛矩阵出发的. 我们称一个元素均为

± 1 的 $n \times n$ 矩阵 $\boldsymbol{H}$ 为 n 阶**阿达马矩阵**, 若 $\boldsymbol{H}$ 满足 $\boldsymbol{H}'\boldsymbol{H} = n\boldsymbol{I}_n$. 例如

$$\begin{pmatrix} 1 & 1 \\ 1 & -1 \end{pmatrix}, \quad \begin{pmatrix} 1 & 1 & 1 & 1 \\ 1 & -1 & 1 & -1 \\ 1 & 1 & -1 & -1 \\ 1 & -1 & -1 & 1 \end{pmatrix}$$

分别为 2 阶和 4 阶阿达马矩阵. 可以简单证明, 若存在阿达马矩阵, 则 $n = 1, 2$ 或 4 的倍数. 关于阿达马矩阵的一个猜想是任意 4 的倍数阶阿达马矩阵都存在. 目前已证明 $n \leqslant 1000$ 时, 除了 $n = 668, 716$ 和 892, 其余情形都存在. 不失一般性, 可设阿达马矩阵 $\boldsymbol{H}$ 的第一列的元素都为 1. 令 $(\boldsymbol{h}_0, \boldsymbol{h}_1, \cdots, \boldsymbol{h}_{n-1})$ 为阿达马矩阵的 n 列, 其中 $\boldsymbol{h}_0$ 为元素都是 1 的列. 去掉 $\boldsymbol{h}_0$ 列即可得一个 $n \times (n-1)$ 的列正交的 **Plackett-Burman 设计**. 例如, 表 9.1 中 $\boldsymbol{h}_0, \boldsymbol{h}_1, \cdots, \boldsymbol{h}_{11}$ 列构成 12 阶阿达马矩阵, 而 $\boldsymbol{h}_1, \boldsymbol{h}_2, \cdots, \boldsymbol{h}_{11}$ 列构成 Plackett-Burman 设计.

表 9.1　由阿达马矩阵出发构造 $E(s^2)$ 最优超饱和设计

行 \ 列		$\boldsymbol{h}_0$	$\boldsymbol{h}_1$	$\boldsymbol{h}_2$	$\boldsymbol{h}_3$	$\boldsymbol{h}_4$	$\boldsymbol{h}_5$	$\boldsymbol{h}_6$	$\boldsymbol{h}_7$	$\boldsymbol{h}_8$	$\boldsymbol{h}_9$	$\boldsymbol{h}_{10}$	$\boldsymbol{h}_{11}$
	1	1	1	1	-1	1	1	1	-1	-1	-1	1	-1
1	2	1	1	-1	1	1	1	-1	-1	-1	1	-1	1
2	3	1	-1	1	1	1	-1	-1	-1	1	-1	1	1
	4	1	1	1	1	-1	-1	-1	1	-1	1	1	-1
3	5	1	1	1	-1	-1	-1	1	-1	1	1	-1	1
4	6	1	1	-1	-1	-1	1	-1	1	1	-1	1	1
5	7	1	-1	-1	-1	1	-1	1	1	-1	1	1	1
	8	1	-1	-1	1	-1	1	1	-1	1	1	1	-1
	9	1	-1	1	-1	1	1	-1	1	1	1	-1	-1
	10	1	1	-1	1	1	-1	1	1	1	-1	-1	-1
6	11	1	-1	1	1	-1	1	1	1	-1	-1	-1	1
	12	1	-1	-1	-1	-1	-1	-1	-1	-1	-1	-1	-1

对于一个 n 阶阿达马矩阵, 令 $(\boldsymbol{h}_0, \boldsymbol{h}_1, \cdots, \boldsymbol{h}_{n-1})$ 为该矩阵的 n 列, 其中 $\boldsymbol{h}_0$ 为元素都是 1 的列. 取出 $\boldsymbol{h}_{n-1}$ 列中元素为 $+1$ 的行, 删掉 $\boldsymbol{h}_0$ 和 $\boldsymbol{h}_{n-1}$, 则

得到一个 $\frac{n}{2} \times (n-2)$ 的超饱和设计. 这即是 Lin (1993) 提出的构造超饱和设计的方法.

例 9.2 考虑表 9.1 的 12 阶阿达马矩阵. 根据 $\boldsymbol{h}_{11}$ 这一列中取值为 1 的第 2, 3, 5, 6, 7 和 11 行, 以及第 $\boldsymbol{h}_1 \sim \boldsymbol{h}_{10}$ 列, 可得 (9.1) 式中的 6×10 的超饱和设计. 可以计算超饱和设计 $\boldsymbol{D}$ 的 $E(s^2)$ 准则值为 4, 其等于 (9.3) 式的下界. 这说明该超饱和设计是 $E(s^2)$ 最优设计.

若 n 阶阿达马矩阵 $\boldsymbol{H} = (h_{ij})$ 存在, 我们可得到一个 $\frac{n}{2} \times (n-2)$ 的超饱和设计 $\boldsymbol{D}$. 由 $E(s^2)$ 准则的下界 (9.3) 式可知, 在此情形下, 下界为 $\frac{n^2}{4(n-3)}$. 根据列正交性和二水平的特点, 我们可以证明超饱和设计 $\boldsymbol{D}$ 的 $E(s^2)$ 准则值恰好达到下界值 $\frac{n^2}{4(n-3)}$. 实际上, 令得到的超饱和设计 $\boldsymbol{D} = (\boldsymbol{d}_1, \boldsymbol{d}_2 \cdots, \boldsymbol{d}_{n-2})$, 记 d_{ij} 表示第 i 列和第 j 列的内积, $1 \leqslant i, j \leqslant n-2$, 则 $d_{ij} = \sum\limits_{k, h_{k,n-1}=1} h_{ki} h_{kj}$, 其中 $h_{k,n-1} = 1$ 表示满足 $\boldsymbol{H}$ 的第 $n-1$ 列中取值为 1 的条件. 由阿达马矩阵 $\boldsymbol{H}$ 的列正交性, $\boldsymbol{H}$ 的第 i 列和第 j 列的内积为 0, 即

$$\sum_{k, h_{k,n-1}=1} h_{ki} h_{kj} + \sum_{k, h_{k,n-1}=-1} h_{ki} h_{kj} = d_{ij} + \sum_{k, h_{k,n-1}=-1} h_{ki} h_{kj} = 0,$$

此外, 令 $J(i, j, n-1)$ 为第 i, j 和 $n-1$ 这三列的内积, 则

$$\begin{aligned}
J(i, j, n-1) &= \sum_k h_{ki} h_{kj} h_{k,n-1} \\
&= \sum_{k, h_{k,n-1}=1} h_{ki} h_{kj} - \sum_{k, h_{k,n-1}=-1} h_{ki} h_{kj} \\
&= 2d_{ij}.
\end{aligned}$$

因此 $\sum\limits_{i \leqslant j} d_{ij}^2 = \sum\limits_{i \leqslant j} J^2(i, j, n-1)/4 = (n-2)n^2/8$. 根据 $E(s^2)$ 的定义, 我们有 $E(s^2) = n^2/(4(n-3))$, 而这刚好达到了 $E(s^2)$ 的下界, 从而证明了设计 $\boldsymbol{D}$ 具有 $E(s^2)$ 最优性.

这里也可以根据 $\boldsymbol{h}_1, \boldsymbol{h}_2, \cdots, \boldsymbol{h}_{n-1}$ 中任一列作剖分, 即只保留某一列中取值都是 1 或都是 -1 的行, 并去掉该列和 $\boldsymbol{h}_0$ 列即可得另一个 $\frac{n}{2} \times (n-2)$ 的超

饱和设计. 根据前面的证明思路易知, 这些得到的设计虽不同, 但在 $E(s^2)$ 意义下都是最优的.

此外, 设 $H_1, H_2, \cdots, H_k$ 都是 n 阶阿达马矩阵, 去掉各自的全 1 列后得到 k 个 $n \times (n-1)$ 矩阵 $D_1, D_2, \cdots, D_k$, 合在一起后

$$D = (D_1, D_2, \cdots, D_k)$$

是一个 $n \times k(n-1)$ 的超饱和设计. 这是 Tang, Wu (1997) 中提出的构造方法, 并证明了 D 是 $E(s^2)$ 最优的. 该构造方法的优点是只要有足够的阿达马矩阵, 就可以构造出能够同时安排许多因子的超饱和设计, 但其缺点是很难保证它们没有两列完全混杂, 或在 $\max |s_{ij}|$ 准则下表现不一定很好, 因此 Tang, Wu (1997) 使用了分类讨论的方法进行选择.

(2) $E(f_{NOD})$ 最优设计

我们考虑构造多水平的 $E(f_{NOD})$ 最优设计. 首先考虑一个特殊的情形. 设 D 为一个 n 行、m 列、q 水平的饱和正交设计 $L_n(q^m)$, 其中 q 可以大于 2. 考虑以下两种情形:

(i) q 是质数幂, $n = q^t$, $m = (n-1)/(q-1)$, $t \geqslant 2$;

(ii) $q = 2$, $n = 4t$, $m = 4t - 1$, $t \geqslant 1$.

$$(9.15)$$

在这两种情形下, 饱和正交设计的不同行之间的汉明距离分别等于 q^{t-1} 和 $2t$. 由 (9.13) 式可知, 这两种情形下的饱和设计的行相遇数都等于一个整数, 且相应的饱和正交设计达到 $E(f_{NOD})$ 下界, 故为 $E(f_{NOD})$ 最优设计.

进一步地, 对于 $n = 4t$ 行, $t \geqslant 1$ 的阿达马矩阵, 去掉其元素全为 1 的列后即得一个饱和正交设计, 不同行之间的汉明距离为 $2t$, 行相遇数都等于 $2t - 1$. 由此可见, Lin (1993) 提出的从阿达马矩阵出发取一半行而构造的超饱和设计也满足不同行之间的汉明距离为 $2t$. 故得到的超饱和设计也是 $E(f_{NOD})$ 最优设计. 例如, 例 9.2 提供了一个 $t = 3$ 的例子, 最终得到一个 6 行、10 列的 $E(f_{NOD})$ 最优二水平超饱和设计. 一般地, 通过一个 n 阶阿达马矩阵, 由 Lin (1993) 的构造方法可以得到 $n/2$ 行、$n-2$ 列的 $E(f_{NOD})$ 最优二水平超饱和设计.

对于混合水平情形, 我们可以从一个满足条件 (9.15) 的饱和正交设计 $L_n(q^m)$ 出发, 得到 $E(f_{NOD})$ 最优设计, 其中 $m = (n-1)/(q-1)$. 具体做法如下所示:

步骤 1　对饱和正交设计 $L_n(q^m)$ 选定某一列, 按照 q 个水平把 n 行分成 q 组, 每组 n/q 行;

步骤 2　选其中 p 组, 得到 pn/q 行. 若 $p = 1$, 去掉该列得到 $m - 1$ 列的 q 水平超饱和设计 $U(n/q; q^{m-1})$; 若 $p \geqslant 2$, 则把该列的水平从小到大分别变为 1 至 p, 则得到混合水平超饱和设计 $U(pn/q; p^1 q^{m-1})$.

对于满足条件 (9.15) 的饱和正交设计 $L_n(q^m)$, 其任意不同行之间的汉明距离都是一个定值. 此外, 从饱和正交设计出发, 上面步骤 2 得到的超饱和设计都是 U 型设计, 则由 (9.13) 式可知, 得到的超饱和设计都达到 $E(f_{NOD})$ 下界, 故都为 $E(f_{NOD})$ 最优超饱和设计. Fang et al. (2003c) 提出的这种构造方法可以看成是 Lin (1993) 的构造方法的推广.

例 9.3　考虑表 9.2 的饱和正交设计 $L_{16}(4^5)$. 根据第 1 列把这 16 行分为 4 组. 考虑第 1、3 组的 8 行, 并把第 1 列中的水平 3 变为水平 2, 则得到一个的 $E(f_{NOD})$ 最优超饱和设计 $U(8; 2^1 4^4)$:

$$D = \begin{pmatrix} 1 & 1 & 1 & 1 & 1 \\ 1 & 2 & 2 & 2 & 2 \\ 1 & 3 & 3 & 3 & 3 \\ 1 & 4 & 4 & 4 & 4 \\ 2 & 1 & 3 & 4 & 2 \\ 2 & 2 & 4 & 3 & 1 \\ 2 & 3 & 1 & 2 & 4 \\ 2 & 4 & 2 & 1 & 3 \end{pmatrix}.$$

类似地, 考虑第 1、2、4 组的 12 行, 并把第 1 列中的水平 4 变为水平 3, 则得到一个 $U(12; 3^1 4^4)$ 的 $E(f_{NOD})$ 最优超饱和设计.

由 $L_{16}(4^5)$ 的前 4 行组成的超饱和设计满足任意两行之间的汉明距离等于 4, 去掉第一列全为 1 的列也满足任意两行之间的汉明距离等于 4, 则根据 (9.13), 该设计也是一个 $E(f_{NOD})$ 最优超饱和设计. 显然, 这个设计并不理想, 因为有 4 列元素都相同. 这给后续的数据分析带来困难. 这也从另一个角度说明, $E(f_{NOD})$ 最优准则不一定都是好设计, 不过我们可以在其中挑一些好的设计. 例如, 我们基于 5 ~ 8 行并去掉第一列得到的 4×4 超饱和设计也是 $E(f_{NOD})$ 最优设计, 但其没有相同的列.

表 9.2　混合水平 $E(f_{NOD})$ 超饱和设计

$U\left(12;3^14^4\right)$	$U\left(8;2^14^4\right)$	行	1	2	3	4	5
1	1	1	1	1	1	1	1
2	2	2	1	2	2	2	2
3	3	3	1	3	3	3	3
4	4	4	1	4	4	4	4
5		5	2	1	2	3	4
6		6	2	2	1	4	3
7		7	2	3	4	1	2
8		8	2	4	3	2	1
	5	9	3	1	3	4	2
	6	10	3	2	4	3	1
	7	11	3	3	1	2	4
	8	12	3	4	2	1	3
9		13	4	1	4	2	3
10		14	4	2	3	1	4
11		15	4	3	2	4	1
12		16	4	4	1	3	2

　　上述构造方法对于参数有较多的限制, 而且不能生成任意的 $q_1,q_2,\cdots,q_m$ 的混合水平的超饱和设计. 后来, 本书作者与合作者在超饱和设计的理论和构造方面取得大量而系统的成果. 构造方法包括采用克罗内克和与克罗内克积等运算、k 阶循环生成向量以及一些组合方法等, 其中 Sun et al. (2011) 对超饱和设计已有的构造方法进行了简要的回顾, 提出了混水平超饱和设计的一类新的构造方法, 并进行了细致的分析比较. 这里不再详细展开说明.

　　在超饱和设计的数据分析方面, 其试验次数远小于因子主效应数的特点决定了对这类设计的数据分析通常是基于一阶多项式模型

$$y = \beta_0 + \beta_1 x_1 + \cdots + \beta_m x_m + \varepsilon$$

进行因子主效应的筛选. 这方面针对二水平情形的变量选择已有一些方法, 但在多水平及混水平情形, 这些方法大都不再适用. Phoa et al. (2009) 利用丹齐格 (Dantzig) 方法筛选超饱和设计中的重要参数. 对超饱和设计的构造及分析方面的回顾工作可参见 Georgiou (2014).

9.2 确定性筛选设计

关于筛选试验研究的早期阶段, 设计的分辨率都是 III 和 IV 的二水平部分因子设计. Box, Hunter (1961) 提出来分辨率为 III 的筛选设计, 有一个非常不好的性质, 即主效应与两因子交互效应完全混杂在一起了. 如果混杂的效应很活跃, 则无法区分到底是主效应还是两因子交互效应显著, 因此需要增加另外的试验. 在试验之前, 如果已知某些两因子交互效应很活跃, 则可以用分辨率为 IV 的部分因子设计来进行试验, 但是其代价是试验次数大大增加. 如果两因子交互效应很活跃, 则依旧无法区分出活跃的交互因子. 这是分辨率为 III 和 IV 的部分因子设计即传统的筛选设计的一个限制. 另一个限制就是分辨率为 III 和 IV 的二水平部分因子设计也无法区分常数项和纯二次效应, 即效应的平方项. 即使增加中心点, 依然无法区分活跃的纯二次效应. 9.1 节讨论的二水平超饱和设计也只能估计线性项和交互项, 而无法估计平方项. 然而, 我们更希望一个设计可以估计整个二阶回归模型

$$y = \beta_0 + \sum_{i=1}^{m} \beta_i x_i + \sum_{i<j} \beta_{ij} x_i x_j + \sum_{i=1}^{m} \beta_{ii} x_i^2 + \varepsilon, \tag{9.16}$$

其中 $\beta_0, \beta_i, \beta_{ii}$ 和 β_{ij} 分别为截距项、线性项、平方项和交互项的参数, 以及 $\varepsilon \sim (0, \sigma^2)$. 二阶回归模型可以刻画非线性趋势. 本节将讨论 Jones, Nachtsheim (2011) 提出的确定性筛选设计, 这是一类性质优良、试验次数少的三水平设计.

9.2.1　定义

首先考虑下面的一个简单例子.

例 9.4 考虑表 9.3 的 4 因素 9 个试验点的三水平设计 D. 从这个设计表可知, 第 $2, 4, 6, 8$ 行分别是第 $1, 3, 5, 7$ 行关于中心的对称点. 记 $\mathbf{0} = (0, 0, 0, 0)$, 且

$$C = \begin{pmatrix} 0 & 1 & -1 & -1 \\ -1 & 0 & -1 & 1 \\ -1 & -1 & 0 & -1 \\ -1 & 1 & 1 & 0 \end{pmatrix}, \text{ 则 } D = \begin{pmatrix} C \\ -C \\ \mathbf{0} \end{pmatrix}.$$

表 9.3　4 因素 9 个试验点的三水平设计

试验点	x_1	x_2	x_3	x_4
1	0	1	−1	−1
2	0	−1	1	1
3	−1	0	−1	1
4	1	0	1	−1
5	−1	−1	0	−1
6	1	1	0	1
7	−1	1	1	0
8	1	−1	−1	0
9	0	0	0	0

易知, C 是一个列正交矩阵, 即 $C'C = 3I_4$. 试验次数为因素个数的两倍加 1. $-C$ 是由 C 翻转而来.

进一步地, 定义一个 m 个因素设计 D 如下:

试验点	x_1	x_2	x_3	$\cdots$	x_m
1	0	± 1	± 1	$\cdots$	± 1
2	0	∓ 1	∓ 1	$\cdots$	∓ 1
3	± 1	0	± 1	$\cdots$	± 1
4	∓ 1	0	∓ 1	$\cdots$	∓ 1
5	± 1	± 1	0	$\cdots$	± 1
6	∓ 1	∓ 1	0	$\cdots$	∓ 1
$\vdots$	$\vdots$	$\vdots$	$\vdots$		$\vdots$
$2m-1$	± 1	± 1	± 1	$\cdots$	0
$2m$	∓ 1	∓ 1	∓ 1	$\cdots$	0
$2m+1$	0	0	0	$\cdots$	0

其中, ± 1 表示取 1 或 −1, 则相应的 ∓ 1 取 −1 或 1. 把第 $1, 3, \cdots, 2m-1$ 行构成一个矩阵 C, 则 C 的每一行和每一列都只有一个 0, 其余元素都是 1 或 −1, 且

$$D = \begin{pmatrix} C \\ -C \\ 0 \end{pmatrix}, \tag{9.17}$$

这里 ± 1 的取值由某优化准则确定. 例如, 可取优化准则为最大化信息矩阵的行列式. 例 9.4 中的 4 因素设计中 C 是一个 4×4 的列正交矩阵, 而且元素都来自 $\{-1, 0, 1\}$.

由于 D 是一个翻转设计, 这在线性回归模型中将带来很大好处. 考虑设计 D 在二阶模型 (9.16) 下的性能. 令 $X = (1_n, L, B, Q)$ 为设计 D 在该模型下的模型矩阵, 其中 $n = 2m + 1$ 为试验次数, 1_t 是元素都为 1 的 t 维列向量, L, B 和 Q 分别对应于线性项、交互项和平方项. 由于 D 是一个翻转设计, 且 Q 中每一列都有 3 个 0, 其余都是 1, 不同列中 0 的位置都不一样, 则可得 $1_n' L = 0$, $1_n' Q = 2(m-1) 1_m'$, $L'B = 0$, $L'Q = 0$, $Q'Q = 2(m-2) J_m + 2 I_m$, 其中 J_m 是元素都为 1 的 $m \times m$ 矩阵, I_m 为 m 阶单位矩阵. 则信息矩阵为

$$X'X = \begin{pmatrix} n & 0 & 1_n' B & 2(m-1) 1_m' \\ 0 & L'L & 0 & 0 \\ B' 1_n & 0 & B'B & B'Q \\ 2(m-1) 1_m & 0 & Q'B & 2(m-2) J_m + 2 I_m \end{pmatrix}. \tag{9.18}$$

特别地, 若 C 是一个 m 阶的列正交矩阵, 则 L 也是列正交的, 故 $L'L = 2(m-1) I_m$, $1_n' B = 0$, 信息矩阵变为

$$X'X = \begin{pmatrix} n & 0 & 0 & 2(m-1) 1_m' \\ 0 & 2(m-1) I_m & 0 & 0 \\ 0 & 0 & B'B & B'Q \\ 2(m-1) 1_m & 0 & Q'B & 2(m-2) J_m + 2 I_m \end{pmatrix}. \tag{9.19}$$

由 (9.18) 式和 (9.19) 式可知设计 D 具有以下 5 个特点:

(1) 试验次数是因子个数的两倍加 1;

(2) 不像分辨率为 Ⅲ 的部分因子设计, 主效应和两因子交互效应是完全独立的; 由此可知, 在进行参数估计的时候, 不管两因子交互效应是否活跃, 主效应的估计都是无偏的;

(3) 不像分辨率为 Ⅳ 的部分因子设计, 两因子交互效应之间并没有完全混杂在一起;

(4) 与传统的筛选设计相比, 该设计可以估计出常数项效应、线性主效应和纯二次项效应;

(5) 纯二次效应和主效应是正交的, 并且纯二次效应并没有与交互效应完全混杂在一起.

由于设计 D 具有前面所述的优点, Jones, Nachtsheim (2011) 称该类设计为**确定性筛选设计**. 显然, 确定性筛选设计可以估计二阶模型的平方项, 且试验次数少. 对于含有常数项、线性项和平方项的模型, 其参数个数为 $2m+1$ 个, 则 DSD 是一个饱和设计. 对于存在非线性趋势的试验, DSD 是一类经济有效的筛选设计方案.

9.2.2　构造方法

在确定性筛选设计的结构下, 可以通过最大化信息矩阵 (9.18) 来确定元素 ± 1 和 ∓ 1. Jones, Nachtsheim (2011) 通过坐标变换算法得到 $m = 4 \sim 30$ 的结果. 由于算法自身的局限性, 对于因素个数较大的情形, 往往只能得到局部最优. 为了给出估计效率更高的确定性筛选设计, 当 m 为偶数时, Xiao et al. (2012) 提出可用**会议矩阵** (conference matrix) 来确定 DSD 的结构 (9.17) 中的 C, 并列出 $m = 2, 4, \cdots, 18$ 的会议矩阵. 当 m 为偶数时, 我们称一个 $m \times m$ 的矩阵 $C = (c_{ij})$ 为会议矩阵, 若 $C'C = (m-1)I_m$, $c_{ii} = 0$ 且 $c_{ij} \in \{-1, 1\}$, $i \neq j, i, j = 1, 2, \cdots, m$. 显然, 例 9.4 中的 C 是一个会议矩阵. 显然, 一个会议矩阵是列正交的. 当 m 为奇数时, 会议矩阵不存在, 因为奇数阶时不可能达到列正交的要求. 此外, 给定阶数 m 后, 会议矩阵往往不唯一. 例如, 下面的矩阵

$$C = \begin{pmatrix} 0 & 1 & 1 & 1 \\ -1 & 0 & -1 & 1 \\ -1 & 1 & 0 & -1 \\ -1 & -1 & 1 & 0 \end{pmatrix}$$

也是一个 4 阶会议矩阵. 可以简单计算, 由会议矩阵得到的确定性筛选设计比 Jones, Nachtsheim (2011) 用搜索算法得到的效果更好, 即前者的信息矩阵 (9.19) 的行列式比后者的大. 需要指出的是, m 为偶数只是存在会议矩阵的必要条件. 对于任意的偶数 m, 相应的 m 阶会议矩阵不一定存在.

对于任意 m, Phoa, Lin (2015) 提出一种有效的构造方法. 当 m 为奇数时, 令 $p = (m-1)/2$, 当 m 为偶数时, 令 $p = m/2 - 1$. 定义向量 $t = (0, t_2, t_3, \cdots, t_p)'$, $s = (s_1, s_2, \cdots, s_p)'$, $t_1 = 0$. 定义下三角形矩阵 T_l 和矩阵 S 如下:

$$T_l = \begin{pmatrix} 0 & 0 & 0 & \cdots & 0 & 0 \\ t_2 & 0 & 0 & \cdots & 0 & 0 \\ t_3 & t_2 & 0 & \cdots & 0 & 0 \\ t_4 & t_3 & t_2 & \cdots & 0 & 0 \\ \vdots & \vdots & \vdots & & \vdots & \vdots \\ t_p & t_{p-1} & t_{p-2} & \cdots & t_2 & 0 \end{pmatrix}, \quad S = \begin{pmatrix} s_1 & s_2 & s_3 & \cdots & s_{p-1} & s_p \\ s_2 & s_3 & s_4 & \cdots & s_p & s_1 \\ s_3 & s_4 & s_5 & \cdots & s_1 & s_2 \\ \vdots & \vdots & \vdots & & \vdots & \vdots \\ s_p & s_1 & s_2 & \cdots & s_{p-2} & s_{p-1} \end{pmatrix}.$$

令 $T = T_l + T_l' \delta$, 其中当 p 为奇数时, $\delta = -1$, 当 p 为偶数时, 令 $\delta = 1$. 显然, 矩阵 S 是对称矩阵且每行元素和相同; 且当 p 为偶数时, 矩阵 T 是对称矩阵, 当 p 为奇数时, T 是反称矩阵, 即 $T' = -T$. 当 m 为偶数时, 令

$$C = \begin{pmatrix} 0 & \delta & \delta' & \delta' \\ 1 & 0 & \delta' & -\delta' \\ 1_p & 1_p & T & S\delta \\ 1_p & -1_p & S & -T\delta \end{pmatrix}, \tag{9.20}$$

当 m 为奇数时, 令

$$C = \begin{pmatrix} 0 & -\delta' & -\delta' \\ 1_p & T & S\delta \\ -1_p & S & -T\delta \end{pmatrix}, \tag{9.21}$$

其中 1_p 和 δ 分别为元素都为 1 和 δ 的列向量. 易知, (9.20) 或 (9.21) 中的矩阵 C 是由列向量 t 和 s 生成的, 当 t 和 s 满足一些特殊要求时, C 可具有良好性质. 因此, 由同样的 t 和 s, 可以生成 $2p+1$ 和 $2p+2$ 的矩阵 C. 令 $t = \sum_i t_i, s = \sum_i s_i$, 则对 t 和 s 的要求如下:

(1) t 中的元素满足 $t_i = t_{p+2-i \,(\mathrm{mod}\, p)}\delta$;

(2) 当 p 为奇数时, $(s, t) = (1, 0)$; 当 p 为偶数时, $(s, t) = (0, -1)$;

(3) 对于任意整数 $k < (n+1)/2$, $\sum_i (s_i s_{i+k \,(\mathrm{mod}\, p)} + t_i t_{i+k \,(\mathrm{mod}\, p)}) = -2$.

条件 (1) 和 (3) 中的模运算是保证结果落入 $\{1, \cdots, p\}$ 之间. 对于任意 p, t 和 s 不一定都可以满足这三个条件. 例如, 当 $p = 10$ 时, 找不到满足条件 (3) 的 t 和 s. 此外, 当存在同时满足这三个条件的 t 和 s 时, 其可能也不一样. 例如, 当 $p = 5$ 时, $t = (0, 1, 1, -1, -1)'$ 和 $s = (1, 1, -1, 1, -1)'$ 满足这三个条件, 而

$t = (0, 1, -1, 1, -1)$ 和 $s = (1, 1, 1, -1, -1)'$ 也满足这三个条件.

当 $m = 2p + 2$ 为偶数且 t 和 s 满足这三个条件时, Phoa, Lin (2015) 证明 (9.20) 中的 C 恰为一个 $(2p+2) \times (2p+2)$ 的会议矩阵, 而且相应的 (9.17) 是具有最大 D-效率的 DSD, 其 D-效率为 $\left(\frac{2p+1}{2p+2}\right)^{\frac{2p+2}{2p+3}}$. 这说明当 t 和 s 满足这三个条件且 m 为偶数时, 相应的 DSD 是在 D-效率意义下最好的 DSD. 对于满足这三个条件的不同向量对 t 和 s, 得到的会议矩阵 C 虽然不同, 但相应 DSD 的 D-效率是一样的.

当 $m = 2p + 1$ 为奇数且 t 和 s 满足这三个条件时, 由 (9.21) 中的 C 可知

$$C'C = k\boldsymbol{I}_m - \begin{pmatrix} 1 & \boldsymbol{1}_p' & \boldsymbol{1}_p' \\ \boldsymbol{1}_p & \boldsymbol{J}_p & -\boldsymbol{J}_p \\ \boldsymbol{1}_p & -\boldsymbol{J}_p & \boldsymbol{J}_p \end{pmatrix}, \tag{9.22}$$

其中 $\boldsymbol{J}_p$ 是元素都为 1 的 $p \times p$ 矩阵, 相应的 DSD 具有 D-效率 $\left(\frac{|C'C|}{(2p+1)^{2p+1}}\right)^{\frac{1}{2p+2}}$. 实际上, 该 D-效率可以有改进的空间, 即当 m 为奇数时, C 的结构可以进一步改进.

例 9.5 令 $t = (0, -1, 1, -1)'$, $s = (1, 1, -1, -1)'$, 此时, $p = 4$ 是偶数, $\delta = 1$, 则 t 和 s 满足前述三个条件. 当 $m = 2p + 2$ 时, 由 (9.20) 式可知

$$C = \begin{pmatrix} 0 & 1 & 1 & 1 & 1 & 1 & 1 & 1 & 1 & 1 \\ 1 & 0 & 1 & 1 & 1 & 1 & -1 & -1 & -1 & -1 \\ 1 & 1 & 0 & -1 & 1 & -1 & 1 & 1 & -1 & -1 \\ 1 & 1 & -1 & 0 & -1 & 1 & 1 & -1 & -1 & 1 \\ 1 & 1 & 1 & -1 & 0 & -1 & -1 & -1 & 1 & 1 \\ 1 & 1 & -1 & 1 & -1 & 0 & -1 & 1 & 1 & -1 \\ 1 & -1 & 1 & 1 & -1 & -1 & 0 & 1 & -1 & 1 \\ 1 & -1 & 1 & -1 & -1 & 1 & 1 & 0 & 1 & -1 \\ 1 & -1 & -1 & -1 & 1 & 1 & -1 & 1 & 0 & 1 \\ 1 & -1 & -1 & 1 & 1 & -1 & 1 & -1 & 1 & 0 \end{pmatrix}$$

为 10 阶的会议矩阵, 其相应的最优 DSD 的 D-效率为 90.866%. 若 $m = 2p + 1$, 则由 (9.21) 式可知

$$C = \begin{pmatrix} 0 & -1 & -1 & -1 & -1 & -1 & -1 & -1 & -1 \\ 1 & 0 & -1 & 1 & -1 & 1 & 1 & -1 & -1 \\ 1 & -1 & 0 & -1 & 1 & 1 & -1 & -1 & 1 \\ 1 & 1 & -1 & 0 & -1 & -1 & -1 & 1 & 1 \\ 1 & -1 & 1 & -1 & 0 & -1 & 1 & 1 & -1 \\ -1 & 1 & 1 & -1 & -1 & 0 & 1 & -1 & 1 \\ -1 & 1 & -1 & -1 & 1 & 1 & 0 & 1 & -1 \\ -1 & -1 & -1 & 1 & 1 & -1 & 1 & 0 & 1 \\ -1 & -1 & 1 & 1 & -1 & 1 & -1 & 1 & 0 \end{pmatrix},$$

其相应的 DSD 的 D-效率为 78.405%, 该效率并不太高.

下面汇总了 $p \leqslant 15$ 的一些可行的 t 和 s, 其中生成向量中 $+$ 和 $-$ 分别表示 1 和 -1. 除了 $p = 10$ 之外, 其他的向量对 t 和 s 都满足前述三个条件; $p = 10$ 时仅仅满足前面两个条件, 因为此时找不到 t 和 s 同时满足这三个条件.

p	m	D-效率/%	生成向量
3	7	75.444	$t = (0 + -)$
	8	88.808	$s = (+ + -)$
4	9	78.405	$t = (0 - + -)$
	10	90.866	$s = (+ + - -)$
5	11	80.597	$t = (0 + + - -)$
	12	92.282	$s = (+ + - + -)$
6	13	82.313	$t = (0 + - - - +)$
	14	93.317	$s = (+ + - + - -)$
7	15	83.705	$t = (0 + + - + - -)$
	16	94.107	$s = (+ + + - + - -)$
8	17	84.863	$t = (0 + - - + - - +)$
	18	94.729	$s = (+ + + - + - - -)$
9	19	85.845	$t = (0 + + + - + - - -)$
	20	95.232	$s = (+ + - + - + + - -)$
10*	21	81.500	$t = (0 + - - + - + - - +)$
	22	90.163	$s = (+ + + - + - - - + -)$

续表

p	m	D-效率/%	生成向量
11	23	87.428	$t = (0+++-+-+---)$
	24	95.997	$s = (++-++-++---)$
12	25	88.078	$t = (0-++--+--++-)$
	26	96.293	$s = (++++-+-+----)$
13	27	88.656	$t = (0+++-++-+---)$
	28	96.550	$s = (++++-+-+-+--)$
14	29	89.174	$t = (0+----+-+---++)$
	30	96.772	$s = (+++-++-+--+--)$
15	31	89.641	$t = (0+++-++-+--+---)$
	32	96.968	$s = (+++-+---+-++++--)$

9.2.3 DSD 性质

前一小节说明当 m 为偶数且 C 为会议矩阵时, 相应的 DSD 具有最高的 D-效率. 由于 DSD 具有翻转结构, 主效应与平方项以及交互项都是相互正交的. 下面讨论平方项之间的相关性, 以及平方项和交互项之间的相关性.

对于一个有 m 个因子的 DSD, 令 $r_{qq,ss}$ 表示第 q 个因子的平方项和第 s 个因子的平方项之间的相关系数, $r_{qq,st}$ 表示第 q 个因子的平方项和第 s 个因子与第 t 个因子之间的相互项之间的相关系数. 我们有以下结论:

$$r_{qq,ss} = \frac{1}{3} - \frac{1}{m-1}, \quad s \neq q, \ m \geqslant 4.$$

这说明, 当 $m \to \infty$ 时, $r_{qq,ss} \to 1/3$. 此外, 当 $m \geqslant 4$ 为偶数, q, s, t 互不相同且 C 为列正交矩阵时,

$$r_{qq,qs} = 0,$$

$$r_{qq,st} = \pm \sqrt{\frac{2m+1}{3(m-1)(m-2)}}.$$

当 $m \to \infty$ 时, $r_{qq,st} \to 0$. 对于 m 为奇数的情形, 还没有 $r_{qq,st}$ 的显式表达式.

从上面的分析来看, DSD 方法可以用很少的试验次数, 并通过二阶回归模型进行重要因素的筛选. 由于试验次数的限制, DSD 无法同时估计二阶模型中

的所有 $(m+1)(m+2)/2$ 个参数, 但可以通过逐步回归法、向前法或 Lasso 等变量选择的方法来估计重要参数. 当 $m \geqslant 6$ 时, DSD 的试验次数不少于 13 个, 则其任何三维投影可以估计一个三因子的二阶全模型. 当重要效应比较显著时, 采用 DSD 可以很好地估计所有的一阶主效应另加一个因子的平方项或两个因子的交互项, 即估计的功效很大.

进一步地, Jones, Nachtsheim (2017) 指出, DSD 这种特殊的结构给建模带来很大的好处. 然而, 前面讨论的 DSD 只适用于定量因子. 对于同时存在定量和定性的情形, Jones, Nachtsheim (2013) 把 DSD 推广到同时存在二水平定性因子的情形, 这里不再详细讨论.

9.3 复合设计

复合设计作为一种特殊的序贯设计, 极大地促进了响应曲面法的发展. 第七章介绍的中心复合设计 (CCD, Box, Wilson(1951)) 即为常用的序贯设计方法. 中心复合设计是由二水平的正交表和一些坐标轴上的点复合而成. 一个有 m 个因素的复合设计往往用二阶回归模型 (9.16) 来拟合. 为此, 人们提出了正交表复合设计 (orthogonal-array composite design, 简称为 OACD, Xu et al. (2014)), 确定性筛选复合设计 (definitive screening composite design, 简称为 DSCD, Zhou, Xu (2017)) 和正交均匀复合设计 (orthogonal uniform composite design, 简称为 OUCD, Zhang et al. (2020)) 等新型复合设计类型. 这些复合设计比中心复合设计在不同方面都有更好的性能, 而且可以用于筛选重要因素. 本节将介绍这三类复合设计.

9.3.1 正交表复合设计

正交表复合设计的主要思想是将一个二水平的正交表和一个多水平的正交表复合而成. 一个有 n 行、m 列、q 个水平、强度为 t 的正交表记为 $OA(n, q^m, t)$. 如果强度 $t=2$, 该正交表中任两列的所有可能的水平组合出现的次数相同, 此时简记为 $OA(n, q^m)$. 则 CCD 和 OACD 等复合设计都由三部分构成: (i) d_1: n_1 个立方体的顶点 $(x_1, x_2, \cdots, x_m)$, 其中 $x_i = 1$ 或 -1; (ii) d_2: n_2 个额外点, 其中 $x_i = -\alpha, 0$ 或 $\alpha(\alpha > 0)$; (iii) n_0 个中心点, 其中 $x_i = 0$. 在 CCD 和 OACD 中, 第一部分常选取二水平完全因子设计或者部分因子设计 $OA(n_1, 2^m, t_1)$. CCD 的额外点部分是 $2m$ 个坐标轴上两两对称的点, 而 Xu et al. (2014) 提出的 OACD 的额外点部分是三水平的正交表 $OA(n_2, 3^m, t_2)$. 从形式上来看, OACD

是把 CCD 轴上的点替换为多水平的正交表. 因此, OACD 是用二水平的正交表和三水平的正交表复合而成. 显然, 从估计效果来看, 我们希望正交表的强度越大越好, 然而高强度带来的问题是需要更多的试验次数. 为了平衡试验次数和强度的矛盾, 我们往往选取高强度的二水平正交表 d_1 和低强度的三水平正交表 d_2, 即 $t_1 \geqslant 4$ 且 $t_2 \geqslant 2$. 复合设计的总试验次数为 $N = n_1 + n_2 + n_0$.

正交表复合设计在筛选试验中可以对因素的重要性做交叉验证. 首先二水平正交表 d_1 可对线性项和交互项做回归, 筛选出重要因素; 接着三水平正交表 d_2 可对线性项和平方项做回归, 也筛选出部分重要因素; 最后整个正交表复合设计可对线性项、交互项和平方项做回归, 筛选重要因素. 通过正交表复合设计, 交互项和平方项都估计了两次, 线性项估计了三次, 因此, 可以做交叉验证. 若在每一部分都认为是重要的变量, 则其是显著因素.

例 9.6 考虑表 9.4 的四因素的正交表复合设计, 其中二水平正交表 d_1 选用四因素的完全因子设计 $OA(16, 2^4)$, 三水平正交表 d_2 为 $OA(9, 3^4)$, 其中 $\alpha = 1$. 对于四因素的情形, 中心复合设计的二水平部分 d_1 也是完全因子设计 $OA(16, 2^4)$, d_2 是由 $(\pm\alpha, 0, 0, 0), (0, \pm\alpha, 0, 0), (0, 0, \pm\alpha, 0), (0, 0, 0, \pm\alpha)$ 这 8 个点构成. 此时, 除去中心点, 正交表复合设计比**中心复合设计**只多一个试验点.

表 9.4　四因素的正交表复合设计

试验点	A	B	C	D	试验点	A	B	C	D
1	-1	-1	-1	-1	14	1	1	-1	1
2	-1	-1	-1	1	15	1	1	1	-1
3	-1	-1	1	-1	16	1	1	1	1
4	-1	-1	1	1	17	-1	-1	-1	-1
5	-1	1	-1	-1	18	-1	0	0	1
6	-1	1	-1	1	19	-1	1	1	0
7	-1	1	1	-1	20	0	-1	0	0
8	-1	1	1	1	21	0	0	1	-1
9	1	-1	-1	-1	22	0	1	-1	1
10	1	-1	-1	1	23	1	-1	1	-1
11	1	-1	1	-1	24	1	0	-1	0
12	1	-1	1	1	25	1	1	0	-1
13	1	1	-1	-1					

接下来, 分析正交表复合设计 D 在二阶模型 (9.16) 下的性能. 不失一般性, 令第二部分中的 $\alpha = 1$, 即我们在 $[-1,1]^m$ 中比较不同的复合设计. 对于二阶模型 (9.16), 令 $X = (1, Q, L, B)$ 为设计 D 在该模型下的模型矩阵, 其中 1 是元素都为 1 的列向量, Q, L 和 B 分别对应于平方项、线性项和交互项. 令 $M(D) = X'X/N$ 为设计 D 的信息矩阵. D-最优准则即为最大化 $M(D)$ 的行列式 $|M(D)|$. 令 ξ^* 为 $[-1,1]^m$ 上二阶模型 (9.16) 的连续 D-最优设计, 记 $Max D = |M(\xi^*)|$. Kiefer (1961) 和 Farrell et al. (1967) 证明了

$$Max D = |M(\xi^*)| = u^m v^{m(m-1)/2} (u-v)^{m-1} (u + (m-1)v - mu^2), \quad (9.23)$$

其中

$$u = \frac{m+3}{4(m+1)(m+2)^2} \left((2m^2 + 3m + 7) + (m-1)(4m^2 + 12m + 17)^{1/2} \right),$$
$$v = \frac{m+3}{8(m+2)^3(m+1)} ((4m^3 + 8m^2 + 11m - 5) +$$
$$(2m^2 + m + 3)(4m^2 + 12m + 17)^{1/2}).$$

对于一个 m 因素的设计 D, 定义 D-效率为

$$D_{\text{eff}}(d) = \left(\frac{|M(d)|}{|M(\xi^*)|} \right)^{1/p} = \frac{1}{N} \left(\frac{|X'X|}{Max D} \right)^{1/p}, \quad (9.24)$$

其中 $p = (m+1)(m+2)/2$ 为二阶模型 (9.16) 中的参数个数. 进一步地, 我们也可以关注二阶模型中的部分项的估计. 令 s 为二阶模型的部分项, (s) 为二阶模型中除了 s 的其他项. s 可取 L, Q, B. 令 X_s 和 $X_{(s)}$ 分别是 X 中对应于 s 和不在 s 中的子矩阵, 则 $X = (X_s, X_{(s)})$, 故

$$X'X = \begin{pmatrix} X_s'X_s & X_s'X_{(s)} \\ X_{(s)}'X_s & X_{(s)}'X_{(s)} \end{pmatrix}.$$

由 (4.56) 式可知, 对于 s 的 D_s-最优设计, 即为最大化下式

$$D_s(d) = \frac{1}{N} \left| X_s'X_s - X_s'X_{(s)}(X_{(s)}'X_{(s)})^{-1} X_{(s)}'X_s \right|^{1/|s|},$$

其中 $|s|$ 是 s 中的参数个数. 由于

$$|\boldsymbol{X}'\boldsymbol{X}| = \left|\boldsymbol{X}'_{(s)}\boldsymbol{X}_{(s)}\right|\left|\boldsymbol{X}'_s\boldsymbol{X}_s - \boldsymbol{X}'_s\boldsymbol{X}_{(s)}(\boldsymbol{X}'_{(s)}\boldsymbol{X}_{(s)})^{-1}\boldsymbol{X}'_{(s)}\boldsymbol{X}_s\right|,$$

则

$$D_s(d) = \frac{1}{N}\left(\frac{|\boldsymbol{X}'\boldsymbol{X}|}{|\boldsymbol{X}'_{(s)}\boldsymbol{X}_{(s)}|}\right)^{1/|s|}, \quad s = L, Q, B.$$

Kiefer (1961) 给出了 $[-1,1]^m$ 上 $s = L, Q, B$ 的连续 D_s-最优设计, 并证明了相应的行列式分别为 $1, 1/4, 1$. 因此, $s = L, Q, B$ 的 D_s-效率分别为

$$D_{L,\text{eff}}(d) = D_L(d), \ D_{B,\text{eff}}(d) = D_B(d), \ D_{Q,\text{eff}}(d) = 4D_Q(d). \tag{9.25}$$

下面考虑中心复合设计的 D-效率和 D_s-效率, 其可作为比较正交表复合设计性能的基准. 设其中心点的个数为 n_0, 二水平正交表为 $\text{OA}(n_1, 2^m, 4)$, 当 $m \leqslant 4$ 时, 取二水平完全因子设计. 由于中心复合设计中二水平部分是强度为 4 的正交表, 可以保证其线性项、平方项和交互项都是相互正交的, 即 $\boldsymbol{Q}'\boldsymbol{L} = \boldsymbol{0}$, $\boldsymbol{Q}'\boldsymbol{B} = \boldsymbol{0}$, $\boldsymbol{L}'\boldsymbol{B} = \boldsymbol{0}$. 因此相应的信息矩阵是块对角矩阵

$$\boldsymbol{X}'\boldsymbol{X} = \begin{pmatrix} N & (n_1+2)\boldsymbol{1}'_m & & \\ (n_1+2)\boldsymbol{1}_m & n_1\boldsymbol{J}_m + 2\boldsymbol{I}_m & & \\ & & (n_1+2)\boldsymbol{I}_m & \\ & & & n_1\boldsymbol{I}_q \end{pmatrix},$$

其中 $\boldsymbol{I}_m$ 为 $m \times m$ 单位矩阵, $\boldsymbol{J}_m$ 是 $m \times m$ 元素都是 1 的矩阵, $q = m(m-1)/2$. 因此

$$|\boldsymbol{X}'\boldsymbol{X}| = n_1^q(2n_1+4)^m\left((m-1)^2n_1 + \left(\frac{mn_1}{2}+1\right)n_0\right),$$
$$|\boldsymbol{X}'_{(L)}\boldsymbol{X}_{(L)}| = 2^s n_1^q\left((m-1)^2n_1 + \left(\frac{mn_1}{2}+1\right)n_0\right),$$
$$|\boldsymbol{X}'_{(B)}\boldsymbol{X}_{(B)}| = (2n_1+4)^m\left((m-1)^2n_1 + \left(\frac{mn_1}{2}+1\right)n_0\right),$$
$$|\boldsymbol{X}'_{(Q)}\boldsymbol{X}_{(Q)}| = Nn_1^q(n_1+2)^m.$$

由 (9.24) 式和 (9.25) 式, 可得中心复合设计的 D-效率和 D_s-效率.

引理 9.1 对于一个 m 个因素、n_0 个中心点的中心复合设计, 若二水平部

分 d_1 采用 OA$(n_1, 2^m, 4)$, 则其 D-, D_L-, D_B-和 D_Q-效率分别如下所示:

$$D_{\text{eff}}(\text{CCD}) = N^{-1}\left(n_1^q(2n_1+4)^m \frac{(m-1)^2 n_1 + \left(\frac{mn_1}{2}+1\right)n_0}{Max\boldsymbol{D}}\right)^{1/p},$$

$$D_{L,\text{eff}}(\text{CCD}) = \frac{n_1+2}{N}, \tag{9.26}$$

$$D_{B,\text{eff}}(\text{CCD}) = \frac{n_1}{N}, \tag{9.27}$$

$$D_{Q,\text{eff}}(\text{CCD}) = 8N^{\frac{-(m+1)}{m}}\left((m-1)^2 n_1 + \left(\frac{mn_1}{2}+1\right)n_0\right)^{1/m}, \tag{9.28}$$

其中 $N = n_1 + 2m + n_0$, $q = \dfrac{m(m-1)}{2}$, $p = \dfrac{(m+1)(m+2)}{2}$, $Max\boldsymbol{D}$ 见 (9.23) 式.

接着, 考虑正交表复合设计的 D-效率和 D_s-效率. 由于三水平部分 d_2 往往是强度为 2 的正交表, 信息矩阵 $\boldsymbol{X}'\boldsymbol{X}$ 不再是块对角矩阵了. 当二水平部分取强度为 4 的正交表时, OACD 的 D-效率只依赖于三水平部分 d_2 的选择, 故可以考虑效率的上下界.

定理 9.1 令正交表复合设计中的 d_1 为 OA$(n_1, 2^m, 4)$, d_2 为 OA$(n_2, 3^m)$, 中心点个数为 n_0. 则其 D-效率有以下的上下界:

$$\begin{aligned} D_{\text{eff}}(\text{OACD}) &\geqslant \delta_{\text{eff}}(\text{OACD}) = \frac{1}{N}\left(\frac{LB_{oacd}}{Max\boldsymbol{D}}\right)^{1/p}, \\ D_{\text{eff}}(\text{OACD}) &\leqslant \gamma_{\text{eff}}(\text{OACD}) = \frac{1}{N}\left(\frac{UB_{oacd}}{Max\boldsymbol{D}}\right)^{1/p}, \end{aligned} \tag{9.29}$$

其中

$$LB_{oacd} = n_1^q\left(\frac{(6n_1+4n_2)n_2}{27}\right)^m\left((2m+1)n_0 + n_2 + n_1\left(\frac{9mn_0}{2n_2}+\frac{m}{2}+1\right)\right),$$

$$\begin{aligned} UB_{oacd} &= \left(n_1 + \frac{4}{9}n_2\right)^q\left(\frac{(6n_1+4n_2)n_2}{27}\right)^m \cdot \\ &\quad \left((2m+1)n_0 + n_2 + n_1\left(\frac{9mn_0}{2n_2}+\frac{m}{2}+1\right)\right), \end{aligned}$$

且 $N = n_1 + n_2 + n_0$, $q = m(m-1)/2$, $p = (m+1)(m+2)/2$, $Max\boldsymbol{D}$ 见 (9.23) 式. 当 d_2 是 OA$(n_2, 3^m, 4)$ 时, 上界 UB_{oacd} 可达到.

例 9.7 对于 $m = 4, 5, \cdots, 12$, OACD 中选择 d_1 为最小次数的 OA$(n_1, 2^m, 4)$, d_2 为具有最小次数的三水平正交表. 这里 $m = 4$ 时取完全因子设计; $m = 5 \sim 11$ 时取正规 2^{m-k} 设计, 其生成列见表 9.5 的第三列; $m = 12$ 时用 Xu (2005) 中的非正规设计 OA$(128, 2^{15}, 4)$, 因为强度为 4 的 12 列二水平正规设计至少有 256 个点. 对于三水平正交表, 我们取 "oa.9.4.3.2.txt", "oa.18.7.3.2.txt" 和 "oa.27.13.3.2.txt" 的前 m 列 (见资源). 类似地, CCD 选取同样的二水平正交表. 令 $n_0 = 0$. 表 9.5 给出 OACD 和 CCD 的 D-效率以及下界 (9.29) 式中的 δ_{eff}(OACD). 从中可知, 当 $m \geqslant 5$ 时, OACD 的 D-效率比 CCD 更高; 当 $m \geqslant 6$ 时, OACD 的 D-效率下界也比 CCD 更高.

正交表

表 9.5 $n_0 = 0$ 时 OACD、OUCD-I、OUCD-II、CCD 和 DSCD 的 D-效率比较

m d_1	生成字	OACD			CCD	DSCD	OUCD-I		OUCD-II	
		d_2	D_{eff}	δ_{eff}	D_{eff}	D_{eff}	n_2	D_{eff}	n_2	D_{eff}
4 2^4	—	OA$(9, 3^4)$	0.931	0.891	0.936	0.891	9	0.891	5	0.818
5 2^{5-1}	E=ABCD	OA$(18, 3^5)$	0.953	0.82	0.869	0.846	18	0.944	7	0.779
6 2^{6-1}	F=ABCDE	OA$(18, 3^6)$	0.966	0.881	0.868	0.837	18	0.948	7	0.777
7 2^{7-1}	G=ABCDEF	OA$(18, 3^7)$	0.945	0.903	0.853	0.821	18	0.937	11	0.752
8 2^{8-2}	G=ABCDE, H=ABCF	OA$(27, 3^8)$	0.963	0.891	0.842	0.817	27	0.957	11	0.754
9 2^{9-2}	H=ABCDE, J=ABCFG	OA$(27, 3^9)$	0.950	0.911	0.829	0.802	27	0.946	11	0.727
10 2^{10-3}	H=ABCDE, J=ABCFG, K=ABDF	OA$(27, 3^{10})$	0.952	0.916	0.830	0.808	27	0.948	11	0.738
11 2^{11-4}	H=ABCDE, J=ABCFG, K=ABDF, L=ACEG	OA $(27, 3^{11})$	0.954	0.919	0.828	0.811	27	0.949	13	0.752
12 OA$(128, 2^{12}, 4)$		OA$(27, 3^{12})$	0.953	0.921	0.825	0.811	27	0.946	13	0.757

中心点的个数 n_0 会影响 OACD 和 CCD 的 D-效率. 随着 n_0 的增加, D-效率会下降. 为了增加 OACD 的 D-效率, 可以对三水平正交表的某几列进行水平置换. 当 d_1 为 $\mathrm{OA}(n_1, 2^m, 4)$ 时, 固定二水平正交表, 而对三水平正交表进行列置换不影响其 D-效率. 若 d_1 的强度降低, 则三水平正交表的列置换会影响其 D-效率. 进一步地, Zhou, Xu (2017) 证明当 OACD 和 CCD 的二水平部分 d_1 都取相同的 $\mathrm{OA}(n_1, 2^m, 4)$, 总试验次数也相同, 则 OACD 的 D-效率比 CCD 高的一个充分条件是 $m \geqslant 5$ 且 $n_0 \leqslant 7$. 该充分条件不满足时, 例 9.7 说明 OACD 的 D-效率也可以比 CCD 更高.

对于 OACD 的 D_s-效率, 我们可以得到下面的上界和下界.

定理 9.2 令 OACD 满足定理 9.1 的条件. 则其 D_L-, D_B- 和 D_Q-效率有以下的下界:

$$D_{L,\mathrm{eff}}(\mathrm{OACD}) \geqslant \delta_{L,\mathrm{eff}}(\mathrm{OACD}) = \frac{1}{N}\left(\frac{9n_1}{9n_1 + 4n_2}\right)^{q/m}\left(n_1 + \frac{2}{3}n_2\right),$$

$$D_{B,\mathrm{eff}}(\mathrm{OACD}) \geqslant \delta_{B,\mathrm{eff}}(\mathrm{OACD}) = \frac{n_1}{N},$$

$$D_{Q,\mathrm{eff}}(\mathrm{OACD}) \geqslant \delta_{Q,\mathrm{eff}}(\mathrm{OACD}) = \frac{8n_2}{9N^{(m+1)/m}}\left(\frac{9n_1}{9n_1 + 4n_2}\right)^{q/m} \cdot$$
$$\left((2m+1)n_0 + n_2 + n_1\left(\frac{9mn_0}{2n_2} + \frac{m}{2} + 1\right)\right)^{1/m},$$

其中 $N = n_1 + n_2 + n_0$ 且 $q = m(m-1)/2$. 进一步地, 其 D_L-效率有如下的上界:

$$D_{L,\mathrm{eff}}(\mathrm{OACD}) \leqslant \gamma_{L,\mathrm{eff}}(\mathrm{OACD}) = \frac{1}{N}\left(n_1 + \frac{2}{3}n_2\right),$$

且当 d_2 的线性项与其交互项正交时, 等式成立. OACD 的 D_B-效率有上界

$$D_{B,\mathrm{eff}}(\mathrm{OACD}) \leqslant \gamma_{B,\mathrm{eff}}(\mathrm{OACD}) = \frac{1}{N}\left(n_1 + \frac{4}{9}n_2\right),$$

且当 d_2 为 $\mathrm{OA}(n_1, 3^k, 4)$ 时, 该上界可取到. OACD 的 D_Q-效率有上界

$$D_{Q,\mathrm{eff}}(\mathrm{OACD}) \leqslant \gamma_{Q,\mathrm{eff}}(\mathrm{OACD}) = \frac{4}{N}\left(\frac{2}{9}n_2\right)\left(1 + 2k + \frac{9n_1}{2n_2}k\right)^{1/k}.$$

定理 9.2 说明 n_0, n_1 和 n_2 的选择会影响 OACD 的 D_s-效率. 当 n_0 增大时, D_L-, D_B- 和 D_Q-效率会减少. 当 n_1 增大时, D_L-和 D_B-效率会增大, D_Q-效率会减小. 当 n_2 增大时, D_Q-效率会增大. 可以比较 OACD 的 D_s-效率的上下界与引理 9.1 中 CCD 的 D_s-效率的大小.

例 9.8 考虑例 9.7 中的 OACD 和 CCD, $m = 4, 5, \cdots, 12$, 比较其 D_s-效率, $s = L, B, Q$. 表 9.6 说明 OACD 的 D_L-效率比 CCD 高. 除了 $m = 8$ 的情形, OACD 有更高的 D_B-效率. 当 $m \geqslant 5$ 时, OACD 有更高的 D_Q-效率.

表 9.6　OACD 和 CCD 的 D_s-效率比较

k	D_L^o	δ_L^o	D_L^c	D_B^o	δ_B^o	D_B^c	D_Q^o	δ_Q^o	D_Q^c
4	0.841	0.63	0.75	0.714	0.64	0.667	0.351	0.281	0.522
5	0.754	0.366	0.692	0.645	0.471	0.615	0.526	0.244	0.486
6	0.836	0.504	0.773	0.761	0.64	0.727	0.37	0.219	0.295
7	0.904	0.651	0.846	0.845	0.78	0.821	0.219	0.165	0.166
8	0.865	0.494	0.825	0.797	0.703	0.8	0.286	0.171	0.158
9	0.928	0.658	0.89	0.879	0.826	0.877	0.17	0.129	0.086
10	0.925	0.629	0.878	0.874	0.826	0.865	0.164	0.122	0.083
11	0.921	0.602	0.867	0.87	0.826	0.853	0.159	0.116	0.08
12	0.918	0.575	0.855	0.866	0.826	0.842	0.152	0.11	0.077

注: D_s^o, δ_s^o, D_s^c 分别表示 $D_{s,\text{eff}}(\text{OACD})$, $\delta_{s,\text{eff}}(\text{OACD})$ 和 $D_{s,\text{eff}}(\text{CCD})$, $s = L, B, Q$.

例 9.7 和例 9.8 说明正交表复合设计比中心复合设计有更高的 D-效率和 D_s-效率. 正交表复合设计在响应曲面法和筛选试验中可以发挥更大的作用. 此外, 当二阶模型不足以估计时, Zhang et al. (2018) 给出可拟合三阶模型的正交表复合设计, 其由一个二水平正交表和一个四水平正交表复合而成. 相比其他复合设计, 该复合设计有较高的估计效率且不同的部分可以进行交叉验证.

9.3.2 确定性筛选复合设计

由 9.2 节可知, 一个 m 个因素的确定性筛选设计的试验次数为 $2m+1$, 其中还包含一个中心点. 因此除去这个中心点, 确定性筛选设计和中心复合设计的 $2m$ 轴点的次数一样多. 因此, 我们可以把中心复合设计中的轴点换为确定性筛选设计, 这样组成一个新的复合设计, 称之为确定性筛选复合设计 (DSCD). 因此, 若 DSCD 和 CCD 用相同的二水平正交表和中心点个数 n_0, 则两者的试验次数完全一样.

例 9.9 我们用表 9.5 给出的二水平正交表和 Jones, Nachtsheim (2011) 提供的 $m = 4 \sim 12$ 列的三水平确定性筛选设计复合为 DSCD, 令 $n_0 = 0$. OACD 如表 9.5 所示, CCD 有同样的二水平正交表. 图 9.1 显示了 DSCD, CCD 和 OACD 的 D-效率和 D_s-效率, $s = L, B, Q$. 从中可见, 和 OACD 和 CCD 相比, DSCD 的 D-效率和 D_Q-效率会降低, 但是有更高 D_L-效率, 而 D_B-效率差不多. 此外, 若增加中心点个数 n_0, 例如 $n_0 \geqslant 3$ 时, DSCD 的 D-效率和 CCD 的差不多.

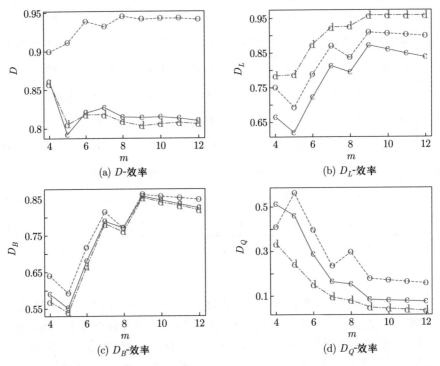

图 9.1 $n_0 = 0$ 时不同复合设计的效率比较, 其中 DSCD, CCD 和 OACD 分别用 d, c, o 表示

对于 DSCD 的 D-效率, 我们有以下的结论.

定理 9.3 对于 $m \geqslant 4$, 令 d_1 为 $OA(n_1, 2^m, 4)$, d_2 为 m-列的确定性筛选设计, 由 d_1, d_2 和 n_0 个中心点构成一个 DSCD. 则

(1) 其 D-效率有以下上界

$$D_{\text{eff}}(\text{DSCD}) \leqslant \gamma_{\text{eff}}(\text{DSCD}) = \frac{1}{N} \left(\frac{UB_{dscd}}{Max\boldsymbol{D}} \right)^{1/p}, \tag{9.30}$$

其中

$$UB_{dscd} = \big(n_1 + 2(m-2) \big)^q \big(2n_1 + 4(m-1) \big)^m \cdot$$
$$\left((m-1)^2(n_0+1) + \frac{n_1}{2}(n_0 m + m + 2) \right),$$
$$N = n_1 + (2m+1) + n_0, q = m(m-1)/2, p = (m+1)(m+2)/2,$$

$Max\boldsymbol{D}$ 见 (9.23) 式.

(2) 对于偶数 m, d_2 中的 $\boldsymbol{C}$ 是一个会议矩阵, 或对于奇数 m, $\boldsymbol{C}$ 满足 (9.21), 则 D-效率有下界

$$D_{\text{eff}}(\text{DSCD}) \geqslant \delta_{\text{eff}}(\text{DSCD}) = \frac{1}{N} \left(\frac{LB_{dscd}}{Max\boldsymbol{D}} \right)^{1/p}, \tag{9.31}$$

其中

$$LB_{dscd} = \begin{cases} n_1^q \big(2n_1 + 4(m-1) \big)^m \left((m-1)^2(n_0+1) + \right. \\ \qquad \left. \frac{n_1}{2}(n_0 m + m + 2) \right), m \text{ 为偶数}, \\ n_1^q 2^m \left((m-1)^2(n_0+1) + \frac{n_1}{2}(n_0 m + m + 2) \right)(n_1 + 2m)^{m-3} \cdot \\ \qquad (n_1 + 2)\big(n_1^2 + (4m-2)n_1 + (2m-2)^2 \big), m \text{ 为奇数}. \end{cases}$$

下面比较不同复合设计在二阶模型下的 D-效率, 即比较定理 9.3 中 DSCD 的 D-效率的上下界, CCD 的 D-效率和定理 9.1 中 OACD 的 D-效率的上下界. 当 $n_0 = 3$ 时不同复合设计的 D-效率见图 9.2. 从中可见, DSCD 的下界非常接近 CCD; 当 $m = 6 \sim 12$ 时, OACD 的下界也比 CCD 大; 当 $m = 9 \sim 12$ 时, OACD 的下界甚至比 DSCD 的上界大. 这说明在这些情形下 OACD 的 D-效率比 DSCD 和 CCD 的都大. 当 $m = 4$ 时, DSCD 和 OACD 的上下界都相同.

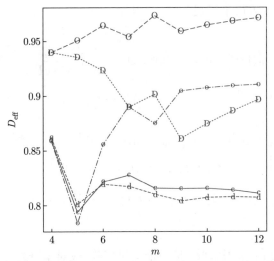

图 9.2　当 $n_0 = 3$ 时比较 $m = 4 \sim 12$ 时不同复合设计的 D-效率, 其中 c 表示 CCD 的 D-效率, D 和 d 分别表示 DSCD 的 D-效率的上下界, O 和 o 分别表示 OACD 的 D-效率的上下界

进一步地, 考虑 DSCD 的 D_s-效率.

定理 9.4　设 DSCD 中 $\boldsymbol{D} = (\boldsymbol{C}', -\boldsymbol{C}', \boldsymbol{0}')'$ 满足定理 9.3 的要求. 则

(1) D_L-效率为 $D_{L,\text{eff}}(\text{DSCD}) = N^{-1}|2\boldsymbol{C}'\boldsymbol{C} + n_1\boldsymbol{I}_m|^{1/m}$. 当 m 为偶数时, $\boldsymbol{C}$ 为会议矩阵, 当 m 为奇数时, $\boldsymbol{C}$ 满足 (9.22) 式, 则其 D_L-效率为

$$
D_{L,\text{eff}}(\text{DSCD}) = \begin{cases} N^{-1}\big(n_1 + 2(m - 1)\big), & m \text{ 为偶数}, \\[2mm] N^{-1}\Big((n_1 + 2m)^{m-3}(n_1 + 2)\cdot \\[2mm] \quad \big(n_1^2 + (4m - 2)n_1 + (2m - 2)^2\big)\Big)^{1/m} & m \text{ 为奇数}. \end{cases}
$$

$$\tag{9.32}$$

(2) D_B-效率有如下的上下界:

$$
D_{B,\text{eff}}(\text{DSCD}) \geqslant \delta_{B,\text{eff}}(\text{DSCD}) = \frac{n_1}{N}, \tag{9.33}
$$

$$
D_{B,\text{eff}}(\text{DSCD}) \leqslant \gamma_{B,\text{eff}}(\text{DSCD}) = \frac{1}{N}(n_1 + 2(m - 2)). \tag{9.34}
$$

(3) D_Q-效率有如下的上下界:

$$D_{Q,\text{eff}}(\text{DSCD}) \geqslant \delta_{Q,\text{eff}}(\text{DSCD}) = \frac{2}{N^{(m+1)/m}} \left(\frac{n_1}{n_1 + 2m - 4} \right)^{(m-1)/2} \cdot$$

$$\left((m-1)^2 (n_0 + 1) + \frac{n_1}{2}(n_0 m + m + 2) \right)^{1/m},$$
$$\tag{9.35}$$

$$D_{Q,\text{eff}}(\text{DSCD}) \leqslant \gamma_{Q,\text{eff}}(\text{DSCD}) = \frac{8}{N} \left((m-1)^2 + \frac{kn_1}{2} \right)^{1/m}. \tag{9.36}$$

分别比较 (9.26) 与 (9.32) 和 (9.27) 与 (9.33), 我们可得如下结论. 若 DSCD 和 CCD 有同样的试验次数和强度为 4 的二水平正交表, 则 DSCD 比 CCD 有更高的 D_B-效率. 此外, 当 C 为会议矩阵或满足 (9.21) 时, DSCD 比 CCD 有更高的 D_L-效率. 进一步地, 当 OACD 和 DSCD 有同样的强度为 4 的二水平正交表和中心点个数, Zhou, Xu (2017) 证明, 当偶数 $m > 4$, $n_0 \leqslant 10$ 且 C 为会议矩阵时, DSCD 的 D_L-效率比 OACD 更高. 由此可见, 当线性项比较重要时, DSCD 是最合适的复合设计.

9.3.3　正交均匀复合设计

正交表复合设计中多水平正交表的试验次数往往较高, 导致整个设计的试验次数变大. 为了减少试验次数, 并使得整个复合设计仍具有良好性能, Zhang et al. (2020) 提出正交均匀复合设计 (OUCD), 其由一个 n_1 行的二水平正交表 d_1、一个 n_2 行的均匀设计表 d_2 以及 n_0 个中心点复合而成. 中心点可用于估计纯误差方差. 由于均匀设计表的试验次数可以很灵活, OUCD 的试验个数可以比相应的 OACD 少. OUCD 不但保持 OACD 的良好特性, 试验次数更加灵活, 且比 CCD 有好的空间填充性质和估计效率.

为了便于比较, 二水平正交表中两个水平用 -1 和 1 表示, 即试验点位于超立方体 $[-1,1]^m$ 中. 作为一类特殊的均匀的 U 型设计, 第五章介绍的好格子点集或修正的好格子点集构造简单并且均匀性较好, 适宜用作 d_2. 修正的好格子点集即删除好格子点集最后一行而得到的. 而对于 n_2 水平的均匀设计表 d_2, 也可以通过映射 $f : \ell \to -1 + 2(\ell - 1)/(n_2 - 1)$, $\ell = 1, 2, \cdots, n_2$, 使得 d_2 落入区间 $[-1,1]^m$ 中. 为了方便阐述, 在构造 d_2 时仅阐述它的初始设计.

例 9.10　考虑以下两个不同的 OUCD. 第一个设计见表 9.7, 其中 d_1 为完全因子设计 OA$(8, 2^3)$, d_2 是由生成向量 $\boldsymbol{h} = (1, 2, 4)$ 构造的 5 行好格子点集, 且有 3 个中心点. 另一个设计见表 9.8, 其中 d_1 为 2^{9-3} 正规设计, $I = 127 = 348 = 13569$, d_2 是由生成向量 $\boldsymbol{h} = (2, 3, \cdots, 10)$ 构造的 10 行修正的好格子点

集, 且有 4 个中心点. 为方便起见, 表 9.8 中 d_2 的元素都乘 9. 需要指出的是, 表 9.8 的 d_1 并不是一个最小低阶混杂 OA, 而是一个最大最小距离的 OA.

表 9.7　3-因子 OUCD

部分	因子		
	1	2	3
d_1	1	1	1
	1	1	-1
	1	-1	1
	1	-1	-1
	-1	1	1
	-1	1	-1
	-1	-1	1
	-1	-1	-1
d_2	-1	-1/2	1/2
	-1/2	1/2	0
	0	-1	-1/2
	1/2	0	-1
	1	1	1
d_0	0	0	0
	0	0	0
	0	0	0

表 9.8　9-因子 OUCD

部分	因子								
	1	2	3	4	5	6	7	8	9
d_1	2^{9-3} 设计 ($I = 127 = 348 = 13569$)								
d_2	-7	-5	-3	-1	1	3	5	7	9
	-3	1	5	9	-9	-5	-1	3	7
	1	7	-9	-3	3	9	-7	-1	5
	5	-9	-1	7	-7	1	9	-5	3
	9	-3	7	-5	5	-7	3	-9	1
	-9	3	-7	5	-5	7	-3	9	-1
	-5	9	1	-7	7	-1	-9	5	-3
	-1	-7	9	3	-3	-9	7	1	-5
	3	-1	-5	-9	9	5	1	-3	-7
	7	5	3	1	-1	-3	-5	-7	-9
d_0	0	0	0	0	0	0	0	0	0
	0	0	0	0	0	0	0	0	0
	0	0	0	0	0	0	0	0	0
	0	0	0	0	0	0	0	0	0

如果降低二水平的强度, 例 9.10 中的 OUCD 的试验个数还可以再减少. 进一步, d_2 的试验个数也可以改变. 相比于 CCD 的 $2m$ 个轴点, OUCD 的 d_2 部分可以提供更多的信息, 因为其可以用于估计交互项, 而 CCD 的轴点则没有此能力.

在二阶模型 (9.16) 下, OUCD 的 D-效率和 D_s-效率没有显式表达式. 所以, 我们考虑用 T-效率去衡量 OUCD 的估计效率. T-效率为信息矩阵对角线元素的平均值. 定义一个 n 行、m 列的设计 $\boldsymbol{D}$ 的 T-效率为

$$T_{\text{eff}}(\boldsymbol{D}) = \frac{1}{p}\text{tr}(\boldsymbol{M}) = \frac{1}{np}\text{tr}(\boldsymbol{X}'\boldsymbol{X}), \tag{9.37}$$

其中 $p = (m+1)(m+2)/2$. Silvey, Titterington (1974) 证明了 T-最优设计仅由 $[-1,1]^m$ 上的顶点构成, T-效率的最大值为 1.

定理 9.5 CCD 和 OACD 的 T-效率分别为

$$T_{\text{eff}}(\text{CCD}) = \frac{2}{N_{m1}}\left[n_1 + 2m + n_0 + 2m(n_1+2) + \frac{m(m-1)}{2}n_1\right], \tag{9.38}$$

$$T_{\text{eff}}(\text{OACD}) = \frac{2}{N_{m2}}\left[n_1 + n_2 + n_0 + 2m\left(n_1 + \frac{2}{3}n_2\right) + \frac{m(m-1)}{2}\left(n_1 + \frac{4}{9}n_2\right)\right], \tag{9.39}$$

其中 $N_{m1} = (m+1)(m+2)(n_1 + 2m + n_0)$ 和 $N_{m2} = (m+1)(m+2)(n_1 + n_2 + n_0)$. 令 OUCD 的 d_2 为均匀设计 $U(n_2; 3^m)$, 则 OUCD 的 T-效率的上下界分别为

$$\delta_{\text{eff}}(\text{OUCD}) = \frac{2}{N_{m2}}\left[n_1 + n_2 + n_0 + 2m\left(n_1 + \frac{2}{3}n_2\right) + \frac{m(m-1)}{2}\left(n_1 + \frac{1}{3}n_2\right)\right], \tag{9.40}$$

$$\gamma_{\text{eff}}(\text{OUCD}) = \frac{2}{N_{m2}}\left[n_1 + n_2 + n_0 + 2m\left(n_1 + \frac{2}{3}n_2\right) + \frac{m(m-1)}{2}\left(n_1 + \frac{2}{3}n_2\right)\right]. \tag{9.41}$$

定理 9.5 的证明并不复杂, 我们留作习题. 假设所有的复合设计均有相同的 n_0、n_1 和 n_2 ($n_2 > 3$). 在定理 9.5 中, 易知 $T_{\text{eff}}(\text{OACD})$ 和 $\delta_{\text{eff}}(\text{OUCD})$ 均大于 $T_{\text{eff}}(\text{CCD})$, 即 OUCD 的 T-效率比 CCD 更高. 并且, $T_{\text{eff}}(\text{OACD})$ 落入 $[\delta_{\text{eff}}(\text{OUCD}), \gamma_{\text{eff}}(\text{OUCD})]$. 由 (9.38)—(9.41) 式可知, 随着 n_0 的增加, 所有的 $T_{\text{eff}}(\text{CCD})$、$T_{\text{eff}}(\text{OACD})$、$\delta_{\text{eff}}(\text{OUCD})$ 和 $\gamma_{\text{eff}}(\text{OUCD})$ 均减少. 给定 $n_0 = 0$, $\delta_{\text{eff}}(\text{OUCD})$ 和 $\gamma_{\text{eff}}(\text{OUCD})$ 对于 $r = n_1/n_2$ 是单调增加. 进一步地, 随着 r 增加, $T_{\text{eff}}(\text{OACD})$ 和 $\delta_{\text{eff}}(\text{OUCD})$ 之间的差异不断降低. 在 T-效率下, 我们应该选择拥有更大 r 值的 OUCD. 所以, 给定 n_1, 我们尽可能选择较小 n_2 使得 OUCD 是一个二阶设计.

进一步, 我们比较 OUCD、OACD、CCD 和 DSCD 的 D-效率和 D_s-效率, 其中 $k = 4, 5, \cdots, 12$, $s = L, B, Q$. 令这几类复合设计的中心点次数 $n_0 = 0$, 二水平的正交表都如表 9.5 所示. 对于 OUCD, 其 d_2 是三水平均匀的 $U(n_2; 3^k)$ 或者 n_2-水平 GLP 点集, 相应的 OUCD 分别记为 OUCD-I 和 OUCD-II. 令

OUCD-I 与相应的 OACD 有相同的试验个数, OUCD-II 选择使其为二阶设计的最小 GLP 点集. 利用混合偏差 MD 准则构造均匀设计表 d_2, 且每一个 d_2 与相应的 OACD 的试验次数相同. 为了构造 OUCD 的 d_2, 我们利用 Zhang et al. (2018) 开发的 R 包 "UniDOE", 其参数选择 `init="rand"`、`crit="MD2"` 和 `maxiter=100`. 在 MD 准则下, 我们找到 GLP 点集的最优生成向量以生成最优的 GLP 点集.

表 9.5 计算了这几类复合设计的 D-效率. 从中可知, 当 $m > 4$ 时, OUCD-I 比 CCD 和 DSCD 的 D-效率都高, OUCD-I 的 D-效率与 OACD 的 D-效率非常接近. 这是因为 OUCD-I 与最优设计 ξ_{opt} 类似, 其更多的试验点落在 $[-1,1]^m$ 边界上. 下面, 我们比较 OUCD、OACD、CCD 和 DSCD 的 D_s-效率, $s = L, B, Q$. 当 $m = 4, 5, \cdots, 12$ 时, OUCD-I 的 D_L-效率比 CCD 的 D_L-效率高; 当 $m = 4, 5, \cdots, 9$ 时, OUCD-I 的 D_L-效率比 OACD 的 D_L-效率高. 此外, 每一个 OUCD-II 比 CCD 的 D_L-效率要高. 对于 D_Q-效率, 除了 $m = 4, 5$, 每一个 OUCD-I 的效率比 CCD 的效率要高; 除了 $m = 4$, 每一个 OUCD-I 的效率比 DSCD 的效率要高. 对于 D_B-效率, OUCD-II 比其他设计的效率高; 且除了 $m = 8$, OUCD-I 比 DSCD 的效率高. 总的来说, OUCD 有较高的 D-效率、D_L-效率和 D_B-效率. 另外, 我们比较 OUCD、OACD、CCD 和 DSCD 的 T-效率. $\delta_{\text{eff}}(\text{OUCD-I})$ 和 $T_{\text{eff}}(\text{OUCD-II})$ 均大于 $T_{\text{eff}}(\text{CCD})$ 和 $T_{\text{eff}}(\text{UD})$. 除了 $m = 7$, 每一个 $T_{\text{eff}}(\text{OUCD-II})$ 均大于 $T_{\text{eff}}(\text{OACD})$. 每一个 $T_{\text{eff}}(\text{OUCD-I})$ 与对应的 $T_{\text{eff}}(\text{OACD})$ 都十分接近. 所以, OUCD 同样具有较高的 T-效率.

进一步地, Zhang et al. (2020) 还证明了 OUCD 具有稳健性, 即对于不同的模型该设计方法都具有较好的性能. 由于这一方面的理论较为复杂, 这里不再详细展开说明.

习 题

9.1 证明 $E(s^2)$ 准则的下界 (9.3).

9.2 对于二水平的 U 型设计 D, 其每列中两个水平出现的次数一样多, 证明 $E(s^2) = \text{ave } \chi^2$.

9.3 若 n 阶的阿达马矩阵存在, 证明 n 必定为 1, 2 或 4 的倍数. 进一步地, 若 A 为 n 阶阿达马矩阵, B 为 m 阶阿达马矩阵, 那么 $A \otimes B$ 为 mn 阶阿达马矩阵.

9.4 分析下面的超饱和设计的试验结果, 其中设计表中 + 和 − 分别表示 1 和 −1.

行	设计表	响应
1	+ + + − − + + + + − + − − + + − − + − − − +	133
2	+ − − − − + + − − + + + + − + − − + + − −	62
3	+ + − + + − − + + + + + + − − − − + + −	45
4	+ + − + − + − − + + − + − + + − + + + − − −	52
5	− − + + + + − − − + + + − − + − + + +	56
6	− − + + + + − + + + − − + + − + + + + + −	47
7	− − − + − + − + − + + + − + + + + + + − +	88
8	− + + − − + − + − + − + + − + − + + + −	193
9	− − − − − + + − − + + − + − + + − − − + +	32
10	+ + + + − − + + − + + + − + + − + − − +	53
11	− + − + − − + + − + − + − + + − − − + +	276
12	+ − − + − − + − − + − − + − + − + + + +	145
13	+ + + + − + − + − − + − − − − − + − + + − + −	130
14	− − + + − − − − + + − + − − − − + − + − −	127

9.5 对于某抗病毒药物试验, 用表 9.9 的正交表复合设计安排, 每个试验点重复两次, 得到其相应数据. 试分析该试验结果.

表 9.9 某正交表复合设计的试验结果

试验点	因素					响应	
	A	B	C	D	E	结果 1	结果 2
1	1	−1	−1	−1	−1	69.8	72.0
2	−1	1	−1	−1	−1	66.4	67.4
3	−1	−1	1	−1	−1	83.0	68.6
4	−1	−1	−1	1	−1	16.2	23.4
5	−1	−1	−1	−1	1	46.1	33.6
6	1	1	1	−1	−1	68.6	65.5
7	1	1	−1	1	−1	6.8	7.2
8	1	1	−1	−1	1	15.6	19.1
9	1	−1	1	1	−1	11.1	7.0
10	1	−1	1	−1	1	19.8	20.3

续表

试验点	因素					响应	
	A	B	C	D	E	结果 1	结果 2
11	1	−1	−1	1	1	3.7	4.7
12	−1	1	1	1	−1	5.8	3.9
13	−1	1	−1	1	1	2.6	4.0
14	−1	1	1	−1	1	42.2	23.2
15	−1	−1	1	1	1	1.8	5.2
16	1	1	1	1	1	3.1	3.4
17	−1	−1	−1	−1	−1	78.6	81.9
18	0	0	0	0	0	13.3	16.7
19	1	1	1	1	1	3.4	3.8
20	−1	−1	0	0	1	21.4	25.2
21	0	0	1	1	−1	8.6	4.4
22	1	1	−1	−1	0	18.0	27.3
23	−1	0	−1	1	0	7.3	2.4
24	0	1	0	−1	1	17.9	23.7
25	1	−1	1	0	−1	52.9	54.3
26	−1	1	1	0	0	13.2	8.8
27	0	−1	−1	1	1	2.1	4.5
28	1	0	0	−1	−1	73.4	73.9
29	−1	0	1	−1	1	19.6	14.6
30	0	1	−1	0	−1	59.1	41.7
31	1	−1	0	1	0	1.4	2.6
32	−1	1	0	1	−1	7.3	4.8
33	0	−1	1	−1	0	22.3	24.0
34	1	0	−1	0	1	14.1	18.3

9.6 编程重新计算表 9.5.

9.7 证明定理 9.5 中关于 CCD 和 OACD 的 T-效率, 以及 OUCD 的 T-效率的上下界.

9.8 编程重现图 9.2 的结果.

附录 1　正交设计表

为方便读者使用, 本附录列出了部分常用二水平正交表 $L_n(2^s)$, 其中 $n = 4, 8, 12, 16, 20, 24$. 注意, 正交表 $L_n(2^s)$ 同时也是均匀设计表, 但并不是所有二水平均匀设计表都是正交表. 当 $q > 2$ 时, 附录 2 中的 $U_n(q^s)$ 表含有常见的正交表 $L_n(q^s)$, 但它们是均匀正交表, 由于均匀正交表有更好的表现, 此处我们就不再列出标准形的正交表, 这些表及更多的正交表很容易在文献中找到, 或从由 N. J. A. Sloane 博士和 W. F. Kuhfeld 博士分别维护的正交表网站中下载.

$L_4(2^3)$

	1	2	3
1	1	1	1
2	1	1	2
3	1	2	1
4	1	2	2

$L_8(2^7)$

	1	2	3	4	5	6	7
1	1	1	1	1	1	1	1
2	1	1	1	2	2	2	2
3	1	2	2	1	1	2	2
4	1	2	2	2	2	1	1
5	2	1	2	1	2	1	2
6	2	1	2	2	1	2	1
7	2	2	1	1	2	2	1
8	2	2	1	2	1	1	2

$L_8(2^3)$: 1, 2, 4 列

$L_8(2^4)$: 1, 2, 4, 7 列

$L_8(2^5)$: 1~5 列

$L_8(2^s)$: 任取 s 列, $s \geqslant 6$

$L_{12}(2^{11})$

	1	2	3	4	5	6	7	8	9	10	11
1	2	2	1	2	2	2	1	1	1	2	1
2	1	2	2	1	2	2	2	1	1	1	2
3	2	1	2	2	1	2	2	2	1	1	1
4	1	2	1	2	2	1	2	2	2	1	1
5	1	1	2	1	2	2	1	2	2	2	1
6	1	1	1	2	1	2	2	1	2	2	2
7	2	1	1	1	2	1	2	2	1	2	2
8	2	2	1	1	1	2	1	2	2	1	2
9	2	2	2	1	1	1	2	1	2	2	1
10	1	2	2	2	1	1	1	2	1	2	2
11	2	1	2	2	2	1	1	1	2	1	2
12	1	1	1	1	1	1	1	1	1	1	1

$L_{12}(2^5)$: 1~5 列

$L_{12}(2^6)$: 1~5, 7 列

$L_{12}(2^s)$: 任取 s 列, $s \neq 5, 6$

$$L_{16}(2^{15})$$

	1	2	3	4	5	6	7	8	9	10	11	12	13	14	15
1	1	1	1	1	1	1	1	1	1	1	1	1	1	1	1
2	1	1	1	1	1	1	1	2	2	2	2	2	2	2	2
3	1	1	1	2	2	2	2	1	1	1	1	2	2	2	2
4	1	1	1	2	2	2	2	2	2	2	2	1	1	1	1
5	1	2	2	1	1	2	2	1	1	2	2	1	1	2	2
6	1	2	2	1	1	2	2	2	2	1	1	2	2	1	1
7	1	2	2	2	2	1	1	1	1	2	2	2	2	1	1
8	1	2	2	2	2	1	1	2	2	1	1	1	1	2	2
9	2	1	2	1	2	1	2	1	2	1	2	1	2	1	2
10	2	1	2	1	2	1	2	2	1	2	1	2	1	2	1
11	2	1	2	2	1	2	1	1	2	1	2	2	1	2	1
12	2	1	2	2	1	2	1	2	1	2	1	1	2	1	2
13	2	2	1	1	2	2	1	1	2	2	1	1	2	2	1
14	2	2	1	1	2	2	1	2	1	1	2	2	1	1	2
15	2	2	1	2	1	1	2	1	2	2	1	2	1	1	2
16	2	2	1	2	1	1	2	2	1	1	2	1	2	2	1

$L_{16}(2^{15})$ 的使用表

$L_{16}(2^s)$: $s \leqslant 5$, 取 1,2,4,8,15 任 s 列

$L_{16}(2^6)$: 1,2,4,7,8,11 列

$L_{16}(2^7)$: 1,2,4,7,8,11,13 列

$L_{16}(2^8)$: 1,2,4,7,8,11,13,14 列

$L_{16}(2^9)$: 1,2,4,7,8,11,13~15 列

$L_{16}(2^{10})$: 1,2,4,7,8,11~15 列

$L_{16}(2^{11})$: 1,2,4,7,8,10~15 列

$L_{16}(2^{12})$: 1,2,4,7~15 列

$$L_{20}(2^{19})$$

	1	2	3	4	5	6	7	8	9	10	11	12	13	14	15	16	17	18	19
1	2	2	1	1	2	2	2	2	1	2	1	2	1	1	1	1	2	2	1
2	2	1	1	2	2	2	2	1	2	1	2	1	1	1	1	2	2	1	2
3	1	1	2	2	2	2	1	2	1	2	1	1	1	1	2	2	1	2	2
4	1	2	2	2	2	1	2	1	2	1	1	1	1	2	2	1	2	2	1
5	2	2	2	2	1	2	1	2	1	1	1	1	2	2	1	2	2	1	1
6	2	2	2	1	2	1	2	1	1	1	1	2	2	1	2	2	1	1	2
7	2	2	1	2	1	2	1	1	1	1	2	2	1	2	2	1	1	2	2
8	2	1	2	1	2	1	1	1	1	2	2	1	2	2	1	1	2	2	2
9	1	2	1	2	1	1	1	1	2	2	1	2	2	1	1	2	2	2	2
10	2	1	2	1	1	1	1	2	2	1	2	2	1	1	2	2	2	2	1
11	1	2	1	1	1	1	2	2	1	2	2	1	1	2	2	2	2	1	2
12	2	1	1	1	1	2	2	1	2	2	1	1	2	2	2	2	1	2	1
13	1	1	1	1	2	2	1	2	2	1	1	2	2	2	2	1	2	1	2
14	1	1	1	2	2	1	2	2	1	1	2	2	2	2	1	2	1	2	1
15	1	1	2	2	1	2	2	1	1	2	2	2	2	1	2	1	2	1	1
16	1	2	2	1	2	2	1	1	2	2	2	2	1	2	1	2	1	1	1
17	2	2	1	2	2	1	1	2	2	2	2	1	2	1	2	1	1	1	1
18	2	1	2	2	1	1	2	2	2	2	1	2	1	2	1	1	1	1	2
19	1	2	2	1	1	2	2	2	2	1	2	1	2	1	1	1	1	2	2
20	1	1	1	1	1	1	1	1	1	1	1	1	1	1	1	1	1	1	1

$$L_{20}(2^{19})\ \text{的使用表}$$

$L_{20}(2^3)$: 1～3 列	$L_{20}(2^{11})$: 1～8,13,16,18 列
$L_{20}(2^4)$: 1～4 列	$L_{20}(2^{12})$: 1～10,15,18 列
$L_{20}(2^5)$: 1～5 列	$L_{20}(2^{13})$: 1～10,13,15,18 列
$L_{20}(2^6)$: 1～5,13 列	$L_{20}(2^{14})$: 1～11,13,15,18 列
$L_{20}(2^7)$: 1～5,13,16 列	$L_{20}(2^{15})$: 1～13,15,17 列
$L_{20}(2^8)$: 1～5,7,13,15 列	$L_{20}(2^{16})$: 1～13,15,17,18 列
$L_{20}(2^9)$: 1～5,8,13,15,16 列	$L_{20}(2^s)$: 任取 s 列, $s>16$
$L_{20}(2^{10})$: 1～4,6,8,13,14,16,17 列	

$$L_{24}(2^{23})$$

	1	2	3	4	5	6	7	8	9	10	11	12	13	14	15	16	17	18	19	20	21	22	23
1	2	2	2	2	2	2	2	2	2	2	2	2	2	2	2	2	2	2	2	2	2	2	2
2	2	2	2	2	2	2	2	2	2	2	1	1	1	1	1	1	1	1	1	1	1	1	1
3	2	2	1	2	2	1	2	1	1	1	1	2	2	2	1	1	1	2	1	1	2	1	2
4	2	2	1	2	2	1	2	1	1	1	1	1	1	1	2	2	2	1	2	2	1	2	1
5	2	2	1	1	1	2	1	1	2	1	2	2	2	2	1	2	2	1	2	1	1	1	1
6	2	2	1	1	1	2	1	1	2	1	2	1	1	1	2	1	1	2	1	2	2	2	2
7	2	1	2	2	1	2	1	1	1	2	1	2	2	1	2	2	1	2	1	1	1	2	1
8	2	1	2	2	1	2	1	1	1	2	1	1	1	2	1	1	2	1	2	2	2	1	2
9	2	1	2	1	1	1	2	2	2	1	1	1	2	2	1	2	1	1	1	2	2	2	1
10	2	1	2	1	1	1	2	2	2	1	1	1	1	2	1	2	2	2	1	1	1	2	2
11	2	1	1	1	2	1	1	2	1	2	2	2	2	2	1	1	1	2	1	1	2	1	2
12	2	1	1	1	2	1	1	2	1	2	2	1	1	2	2	2	1	2	2	1	2	1	1
13	1	2	2	2	1	1	1	2	1	1	2	2	1	2	2	2	1	1	1	2	1	1	2
14	1	2	2	2	1	1	1	2	1	1	2	1	2	1	1	1	2	2	2	1	2	2	1
15	1	2	2	1	2	1	1	1	2	2	1	2	1	2	2	1	2	1	1	1	2	2	1
16	1	2	2	1	2	1	1	1	2	2	1	1	2	1	1	2	1	2	2	2	1	1	2
17	1	2	1	1	1	2	2	2	1	2	1	2	1	2	1	1	1	2	2	2	1	2	1
18	1	2	1	1	1	2	2	2	1	2	1	1	2	1	2	2	2	1	1	1	2	1	2
19	1	1	2	1	2	2	2	1	1	1	2	2	1	1	2	1	2	2	2	1	1	1	2
20	1	1	2	1	2	2	2	1	1	1	2	1	2	1	2	1	1	1	2	2	2	2	1
21	1	1	1	2	2	2	1	2	2	1	1	2	1	1	1	2	2	2	1	2	2	1	1
22	1	1	1	2	2	2	1	2	2	1	1	1	2	2	2	1	1	1	2	1	1	2	2
23	1	1	1	2	1	1	2	1	2	2	2	2	1	1	1	2	1	1	2	2	2	2	2
24	1	1	1	2	1	1	2	1	2	2	2	1	2	2	2	1	2	2	1	2	1	1	1

$L_{24}(2^{23})$ 的使用表

$L_{24}(2^3)$: 1,2,12 列	$L_{24}(2^4)$: 1,2,12,15 列
$L_{24}(2^5)$: 12~16 列	$L_{24}(2^6)$: 12~17 列
$L_{24}(2^7)$: 12~18 列	$L_{24}(2^8)$: 12~19 列
$L_{24}(2^9)$: 12~20 列	$L_{24}(2^{10})$: 12~21 列
$L_{24}(2^{11})$: 12~22 列	$L_{24}(2^{12})$: 12~23 列
$L_{24}(2^{13})$: 1,12~23 列	$L_{24}(2^{14})$: 1,2,12~23 列
$L_{24}(2^{15})$: 1~3,12~23 列	$L_{24}(2^{16})$: 1~4,12~23 列
$L_{24}(2^{17})$: 1~9,13~20 列	$L_{24}(2^{18})$: 1~7,9,11,13~19,21,23 列
$L_{24}(2^{19})$: 1~9,11,13~21 列	$L_{24}(2^{20})$: 1~9,11,13~21,23 列
$L_{24}(2^s)$: 任 s 列, $s > 20$	

附录 2 均匀设计表

为了方便读者理解本书介绍的方法, 本附录选择了部分在中心化偏差意义下的均匀设计表, 更多的表可登录香港浸会大学数学系的 UniformDesign 网站下载. 新的均匀设计表将会不断地增补至上述网页之中. 本附录的均匀设计表更新了方开泰, 马长兴 (2001) 书中所附的大部分的均匀设计表, 即本附录为最新构造方法得到的均匀性更好的设计.

列于本附录的均匀设计表是用中心化偏差作为均匀性测度, 这些表分为两类, 一类为 $U_n(q^s)$, 另一类为 $U_n(n^s)$. 对于 $U_n(q^s)$ 型均匀设计表, 当 $q = 3$ 时, 本附录列出 $n = 9, 12, 15, 21, 18, 24$ 的表; 当 $q = 4$ 时, 本附录列出 $n = 8, 12, 16, 20, 24$ 的表; 当 $q = 5$ 时, 本附录列出 $n = 15, 20, 25$ 的表; 当 $q = 6$ 时, 本附录列出 $n = 12, 18, 24, 30$ 的表. 对于 $U_n(n^s)$ 型均匀设计表, 范围为 $5 \leqslant n \leqslant 30, s \leqslant 7$. 鉴于篇幅, 即使 $n \in [5, 30]$, 有些表 $U_n(n^s)$ 也没有列出. 在均匀设计表中, 每个设计第 1 列为 $1, \cdots, 1, 2, \cdots, 2, \cdots, q, \cdots, q$, 重复个数为 n/q, 例如 $U_{12}(4^s)$ 表的第 1 列为 $(1, 1, 1, 2, 2, 2, 3, 3, 3, 4, 4, 4)$, $U_{12}(12^s)$ 表的第 1 列为 $(1, 2, 3, 4, 5, 6, 7, 8, 9, 10, 11, 12)$, 该列没有列在每个表中, 读者使用这些表时, 应该加入该列.

本附录也未列出混合水平的表, 由于数量太多, 许多表尚未计算, 有待进一步开发, 尤其对于试验次数很大的情形.

$$U_9(3^s)$$

试验号	$s=2$	$s=3$	$s=4$	$s=5$	$s=6$	$s=7$	$s=8$
1	1	1 1	1 3 2	1 2 2 2	1 2 1 2 3	1 1 2 2 3 1	1 1 3 2 3 2 1
2	2	2 3	2 1 3	2 1 1 1	2 1 3 3 2	2 2 1 3 2 3	2 1 1 1 2 3 2
3	3	3 2	3 2 1	2 3 3 3	3 3 1 1 2	3 3 3 1 2 2	3 3 3 2 2 1 2
4	1	1 3	1 1 1	1 2 3 1	1 2 3 1 1	1 3 2 1 1 3	1 3 1 1 1 2 1
5	2	2 2	2 2 2	3 1 3 2	2 1 2 1 3	2 1 3 3 1 2	3 1 2 3 1 1 2
6	3	3 1	3 3 3	3 2 1 3	3 2 2 3 1	3 2 1 2 1 1	3 2 1 3 3 2 3
7	1	1 2	1 2 3	1 1 2 3	1 3 2 3 2	1 3 2 3 2 1	1 2 3 2 1 3 3
8	2	2 1	2 3 1	2 3 1 2	2 1 1 2 1	2 1 1 1 3 2	2 2 2 1 3 1 3
9	3	3 3	3 1 2	3 3 2 1	3 3 3 2 3	3 2 3 2 3 3	2 3 2 3 2 3 1

$$U_{12}(3^s)$$

试验号	$s=2$	$s=3$	$s=4$	$s=5$	$s=6$	$s=7$	$s=8$
1	1	1 2	1 2 1	1 2 2 3	1 2 2 1 3	1 3 2 3 1 2	1 2 2 3 2 2 3
2	2	2 1	2 1 3	1 3 2 1	2 3 1 3 2	2 2 3 1 1 1	2 1 2 1 3 1 1
3	2	2 3	3 2 1	2 3 3 2	3 1 2 2 1	2 3 2 2 3 3	3 2 1 1 1 3 2
4	3	3 2	3 3 2	3 1 1 2	3 2 3 3 2	3 1 1 2 2 2	3 3 3 3 2 1 2
5	1	1 1	1 2 3	1 2 3 1	1 3 3 2 1	1 1 3 3 2 3	1 1 3 1 2 3 2
6	1	1 3	1 3 2	2 1 3 3	2 1 1 3 3	1 3 1 1 2 1	1 3 3 2 1 2 1
7	3	3 1	2 1 1	2 3 1 3	2 3 3 1 3	3 2 1 1 1 3	2 1 1 2 1 1 3
8	3	3 3	3 3 3	3 2 1 1	3 2 1 1 1	3 2 3 3 3 1	2 3 1 3 3 3 1
9	1	1 2	1 1 2	1 1 1 2	1 1 1 2 2	1 1 2 1 3 2	1 2 1 2 3 1 2
10	2	2 1	2 2 3	2 1 2 1	1 2 2 3 1	2 1 2 2 1 1	2 3 2 1 2 2 3
11	2	2 3	2 3 1	3 2 3 3	2 1 3 1 2	2 2 1 3 3 2	3 1 2 3 1 2 1
12	3	3 2	3 1 2	3 3 2 2	3 3 2 2 3	3 3 3 2 2 3	3 2 3 2 3 3 3

$$U_{15}(3^s)$$

试验号	$s=2$	$s=3$	$s=4$	$s=5$	$s=6$	$s=7$	$s=8$
1	1	1 1	1 1 1	1 1 3 2	1 1 3 2 3	1 1 1 2 3 2	1 1 3 2 1 1 2
2	1	1 3	1 2 3	1 3 2 1	1 3 1 1 2	1 3 2 2 1 3	1 3 1 3 2 2 2
3	2	2 2	2 3 3	2 1 1 3	2 3 3 3 1	2 2 1 3 1 1	2 3 2 1 2 1 1
4	3	3 1	3 1 2	3 2 1 1	3 1 2 1 1	2 2 3 1 3 1	3 1 2 3 3 2 3
5	3	3 3	3 3 1	3 3 3 3	3 2 1 3 3	3 1 3 3 2 3	3 2 2 1 1 3 2
6	1	1 2	1 3 1	1 3 1 3	1 1 1 3 1	1 3 3 3 2 1	1 2 3 1 3 2 3
7	2	2 1	2 2 2	2 2 2 2	2 2 2 2 2	2 1 1 1 1 3	2 1 1 3 2 3 1
8	2	2 2	2 2 2	2 2 2 2	2 2 2 2 2	2 2 2 2 2 2	2 2 1 2 1 2 1
9	2	2 3	2 2 2	2 2 2 2	2 2 2 2 2	3 2 2 1 3 2	2 3 3 3 1 3 3
10	3	3 2	3 1 3	3 1 3 1	3 3 3 1 3	3 3 1 1 2 1	3 3 3 2 3 1 2
11	1	1 1	1 1 3	1 1 1 1	1 2 3 1 1	1 1 2 3 1 2	1 1 2 2 2 3 3
12	1	1 3	1 3 2	1 2 3 3	1 3 2 3 3	1 2 3 1 2 3	1 2 2 3 3 1 1
13	2	2 2	2 1 1	2 3 3 1	2 1 1 1 3	2 3 1 3 3 3	2 3 1 1 3 3 2
14	3	3 1	3 2 1	3 1 2 3	3 1 3 3 2	3 1 2 2 3 1	3 1 3 1 2 2 1
15	3	3 3	3 3 3	3 3 1 2	3 3 1 2 1	3 3 3 2 1 2	3 2 1 2 1 1 3

$$U_8(4^s)$$

试验号	$s=2$	$s=3$	$s=4$	$s=5$	$s=6$	$s=7$	$s=8$
1	2	2 3	2 1 2	2 4 2 3	2 1 3 2 4	2 2 2 4 1 1	2 3 3 4 1 4 3
2	3	3 1	3 4 3	4 2 3 1	3 4 2 2 1	3 2 2 2 4 4	4 2 1 2 3 1 3
3	1	1 2	1 3 1	1 2 4 4	1 3 4 4 2	1 4 3 1 1 3	1 1 3 1 4 3 2
4	4	4 4	4 2 4	3 1 1 3	4 2 1 4 3	4 3 4 2 3 1	3 4 2 1 1 2 1
5	2	1 4	1 1 3	1 3 1 1	1 2 1 1 2	1 1 4 3 3 3	1 3 4 2 2 1 4
6	3	4 2	4 4 2	3 4 4 2	4 3 4 1 3	4 1 1 1 2 2	4 2 4 3 3 4 1
7	1	2 1	2 3 4	2 1 3 2	2 4 2 3 4	2 4 1 3 4 2	2 1 1 4 2 2 2
8	4	3 3	3 2 1	4 3 2 4	3 1 3 3 1	3 3 3 4 2 4	3 4 2 3 4 3 4

$$U_{12}(4^s)$$

试验号	$s=2$	$s=3$	$s=4$	$s=5$	$s=6$	$s=7$	$s=8$
1	1	1 3	1 1 2	2 4 3 1	1 3 4 2 2	2 2 4 4 3 3	1 2 1 1 2 3 3
2	2	3 4	3 4 1	3 3 1 4	2 2 1 1 3	3 1 1 3 1 2	3 4 3 1 2 1 2
3	4	4 1	4 2 4	4 2 4 2	4 3 2 4 2	4 3 2 2 4 4	4 2 3 4 3 4 4
4	1	1 1	1 4 4	1 3 4 4	1 1 2 3 1	1 1 3 2 4 1	1 3 4 3 4 1 3
5	3	2 3	2 2 3	2 2 2 3	3 1 4 3 4	1 4 1 1 2 3	2 4 2 3 1 4 1
6	3	3 2	3 3 2	3 1 1 1	4 4 3 1 3	4 4 3 4 2 1	4 1 2 2 4 2 1
7	2	2 2	2 2 2	1 4 1 2	1 3 1 3 4	1 2 2 3 1 4	2 1 4 1 3 4 2
8	2	3 3	2 3 3	2 2 2 3	3 2 4 4 1	2 3 1 4 4 2	3 1 2 3 1 1 4
9	4	4 4	4 1 1	4 1 3 4	3 4 1 2 1	4 1 4 1 2 3	3 3 1 4 4 3 2
10	1	1 4	1 3 1	1 1 3 2	2 1 3 1 2	2 3 4 2 1 2	1 2 3 4 2 2 1
11	3	2 1	3 1 4	3 4 4 3	2 4 3 4 3	3 2 2 1 3 1	2 4 1 2 3 2 4
12	4	4 2	4 4 3	4 3 2 1	4 2 2 2 4	3 4 3 3 3 4	4 3 4 2 1 3 3

$$U_{16}(4^s)$$

试验号	$s=2$	$s=3$	$s=4$	$s=5$	$s=6$	$s=7$	$s=8$
1	1	1 1	1 4 1	1 4 2 2	2 1 3 1 2	1 2 2 3 1 1	1 3 3 3 3 1 4
2	2	2 4	2 2 3	2 1 1 4	2 4 2 4 3	2 4 3 1 2 3	2 4 2 1 4 3 2
3	3	3 3	3 3 4	3 3 3 1	3 2 1 3 1	3 1 3 4 3 2	3 1 3 1 1 2 3
4	4	4 2	4 1 2	4 2 4 3	3 3 4 2 4	4 3 2 2 4 4	4 2 2 3 2 4 1
5	1	1 3	1 1 4	1 3 4 4	1 1 4 3 3	1 1 1 2 3 3	1 1 1 2 3 4 3
6	2	2 2	2 3 2	2 2 3 2	1 4 1 2 2	2 2 4 1 4 2	2 2 4 4 1 3 4
7	3	3 1	3 2 1	3 4 1 3	4 2 3 4 4	3 3 4 4 1 3	3 3 1 4 4 2 1
8	4	4 4	4 4 3	4 1 2 1	4 3 2 1 1	4 4 1 3 2 2	4 4 4 2 2 1 2
9	1	1 4	1 3 3	1 2 1 1	1 2 2 1 4	1 4 4 3 3 4	1 2 4 1 3 2 1
10	2	2 1	2 1 1	2 3 2 3	1 3 3 4 1	2 3 1 4 4 1	2 1 1 3 1 1 2
11	3	3 2	3 4 2	3 1 4 2	4 1 1 2 3	3 2 1 1 1 4	3 4 4 3 4 4 3
12	4	4 3	4 2 4	4 4 3 4	4 4 4 3 2	4 1 4 2 2 1	4 3 1 1 2 3 4
13	1	1 2	1 2 2	1 1 3 3	2 2 4 2 1	1 3 3 2 1 2	1 4 2 4 2 2 3
14	2	2 3	2 4 4	2 4 4 1	2 3 1 3 4	2 1 2 4 2 4	2 3 3 2 1 4 1
15	3	3 4	3 1 3	3 2 2 4	3 1 2 4 2	3 4 2 1 3 1	3 2 2 2 4 1 4
16	4	4 1	4 3 1	4 3 1 2	3 4 3 1 3	4 2 3 3 4 3	4 1 3 4 3 3 2

$$U_{15}(5^s)$$

试验号	$s=2$	$s=3$	$s=4$	$s=5$	$s=6$	$s=7$	$s=8$
1	1	1 1	1 5 3	2 1 4 3	1 2 2 5 3	1 2 4 1 3 3	2 3 4 5 5 2 2
2	3	3 5	3 1 1	3 5 3 1	2 3 4 2 5	3 5 3 3 5 1	4 2 3 1 2 1 3
3	5	5 3	5 3 5	4 3 2 4	4 4 4 3 1	4 3 2 5 4 5	4 4 1 3 3 5 5
4	2	2 4	2 2 4	1 2 2 2	3 1 5 4 4	2 5 2 2 2 4	1 1 2 3 5 4 3
5	4	3 2	4 3 2	3 4 1 5	3 5 1 1 4	4 1 5 2 4 2	2 5 5 2 1 3 4
6	4	4 4	4 4 4	5 3 5 2	5 2 2 2 2	5 2 1 4 1 3	5 4 2 4 2 3 1
7	1	1 5	1 1 5	1 5 5 4	1 5 5 3 2	1 4 5 3 1 5	3 2 5 1 4 5 1
8	2	2 2	2 4 2	4 1 1 1	2 1 3 1 1	2 1 3 5 2 1	3 5 1 5 4 1 4
9	5	5 1	5 5 1	5 2 4 5	5 4 3 5 5	5 4 3 1 5 4	5 1 5 4 3 2 5
10	2	2 4	2 4 3	2 1 3 5	2 3 1 4 1	1 4 1 4 4 2	1 2 3 4 2 5 4
11	3	4 2	3 2 4	2 4 4 1	4 1 1 3 5	3 1 1 2 3 5	3 1 1 2 1 2 2
12	4	4 3	4 2 2	5 5 2 3	5 3 5 1 3	5 3 4 3 2 1	5 5 3 2 5 4 2
13	1	1 3	1 3 1	1 3 1 3	1 4 3 2 4	2 2 4 4 5 4	1 4 4 3 3 1 1
14	3	3 1	3 5 5	3 2 5 2	3 2 4 5 2	3 3 2 1 1 2	2 3 2 1 4 3 5
15	5	5 5	5 1 3	4 4 3 4	4 5 2 4 3	4 5 5 5 3 3	4 3 4 5 1 4 3

$$U_{20}(5^s)$$

试验号	s = 2	s = 3	s = 4	s = 5	s = 6	s = 7	s = 8
1	1	1 2	1 2 1	1 4 5 4	1 3 2 4 1	1 5 3 3 4 1	2 1 1 3 4 2 3
2	2	3 1	2 5 3	3 1 1 2	2 4 5 1 3	2 1 2 4 2 3	2 4 3 2 1 4 5
3	4	4 5	3 1 4	4 5 2 1	4 2 1 2 3	3 4 5 2 2 5	4 3 4 3 5 2 1
4	5	5 3	5 4 5	5 3 3 5	5 3 3 5 5	5 2 1 2 4 3	5 2 4 4 2 5 3
5	1	1 5	2 3 4	1 2 2 3	1 2 4 3 5	1 3 2 1 3 4	1 3 3 5 1 1 2
6	3	2 3	3 5 1	2 3 4 1	3 1 5 5 2	3 2 3 5 5 5	3 2 5 1 3 1 5
7	3	3 4	4 2 3	3 1 4 4	3 5 1 4 4	4 4 5 4 4 3	3 5 2 5 5 4 4
8	5	5 1	4 3 2	5 5 4 3	5 5 3 2 1	5 3 4 3 1 1	5 5 1 2 3 3 1
9	2	2 2	1 4 2	2 4 3 2	2 1 1 3 1	1 3 1 5 1 2	1 1 4 2 5 3 4
10	2	2 4	2 1 5	2 5 1 5	2 4 2 2 4	2 1 5 2 5 2	2 4 5 4 4 5 1
11	4	4 2	3 4 4	4 2 2 4	4 4 4 4 2	4 5 1 1 3 2	4 1 2 1 1 5 2
12	4	4 4	5 1 1	5 1 5 1	5 1 4 1 4	5 5 3 5 2 4	4 4 1 4 2 1 4
13	1	1 1	1 5 5	1 3 1 1	1 2 3 1 2	1 2 5 4 3 4	1 3 1 3 3 5 5
14	3	2 3	3 2 2	2 2 4 3	1 5 4 5 3	3 4 2 4 5 1	1 5 4 1 2 2 3
15	3	3 2	4 4 3	3 4 2 4	4 2 2 5 3	4 1 2 3 1 5	3 1 5 5 3 4 2
16	5	5 5	5 3 4	4 3 5 5	4 5 5 3 5	5 3 4 1 5 4	5 2 3 5 4 2 5
17	1	1 4	1 1 3	1 1 3 5	2 1 3 4 4	2 4 1 3 4 5	2 2 2 4 2 3 1
18	2	3 5	2 3 1	3 5 5 2	3 3 1 1 5	2 5 4 2 1 3	3 4 2 2 4 1 2
19	4	4 1	4 2 5	4 2 3 2	3 3 5 2 1	3 2 3 1 2 1	4 5 5 3 1 3 4
20	5	5 3	5 5 2	5 4 1 3	5 4 2 3 2	4 1 4 5 3 2	5 3 3 1 5 4 3

$$U_{18}(3^s)$$

试验号	s = 2	s = 3	s = 4	s = 5	s = 6	s = 7	s = 8
1	1	1 1	1 1 1	1 1 3 2	1 2 1 1 3	1 1 1 2 2 2	1 2 1 3 3 3 2
2	1	1 2	1 2 2	1 2 1 1	1 2 2 3 1	1 3 3 1 2 3	1 3 2 2 3 2 3
3	2	2 1	2 2 3	2 1 2 2	2 1 1 3 2	2 1 2 1 3 1	2 1 3 3 1 2 3
4	2	2 3	2 3 2	2 3 1 3	2 3 3 2 1	2 2 1 3 3 3	2 3 3 1 2 1 2
5	3	3 2	3 1 3	3 2 2 3	3 1 3 2 3	3 2 3 3 1 2	3 1 1 2 2 1 1
6	3	3 3	3 3 1	3 3 3 1	3 3 2 1 2	3 3 2 2 1 1	3 2 2 1 1 3 1
7	1	1 2	1 2 3	1 1 1 3	1 1 1 2 1	1 1 2 3 1 3	1 1 1 1 1 2 2
8	1	1 3	1 3 2	1 3 2 2	1 3 3 3 2	1 2 1 1 1 1	1 3 2 3 1 1 1
9	2	2 1	2 1 1	2 2 3 3	2 2 2 2 2	2 2 2 2 2 2	2 1 3 2 3 3 1
10	2	2 3	2 3 3	2 3 2 1	2 2 3 1 3	2 3 3 3 2 1	2 2 2 2 2 2 2
11	3	3 1	3 1 2	3 1 1 1	3 1 2 1 1	3 1 3 2 3 3	3 2 3 1 3 1 3
12	3	3 2	3 2 1	3 2 3 2	3 3 1 3 3	3 3 1 1 3 2	3 3 1 3 2 3 3
13	1	1 1	1 1 3	1 2 2 1	1 1 3 1 2	1 2 3 2 3 1	1 1 2 1 2 3 3
14	1	1 3	1 3 1	1 3 3 3	1 3 2 2 3	1 3 2 3 3 2	1 2 3 3 2 2 1
15	2	2 2	2 1 2	2 1 3 1	2 1 2 3 3	2 1 3 1 1 2	2 2 1 2 1 1 3
16	2	2 2	2 2 1	2 2 1 2	2 3 1 1 1	2 3 1 2 1 3	2 3 1 1 3 2 1
17	3	3 1	3 2 2	3 1 2 3	3 2 1 2 2	3 1 1 3 2 1	3 1 2 3 3 1 2
18	3	3 3	3 3 3	3 3 1 2	3 2 3 3 1	3 2 2 1 2 3	3 3 3 2 1 3 2

$$U_{20}(4^s)$$

试验号	$s=2$	$s=3$	$s=4$	$s=5$	$s=6$	$s=7$	$s=8$
1	1	1 3	1 3 3	1 3 4 2	1 3 2 2 4	1 3 1 4 2 2	1 2 2 3 4 4 2
2	2	2 1	2 2 1	2 2 2 1	2 1 4 3 2	2 1 4 2 2 4	2 1 1 2 3 1 3
3	2	2 3	3 1 3	2 4 3 4	2 2 1 3 1	2 2 2 1 3 1	2 4 4 2 3 3 1
4	3	3 4	3 4 4	3 1 3 3	3 4 3 4 3	3 4 3 2 4 2	3 3 3 4 1 1 2
5	4	4 2	4 3 2	4 3 1 2	4 2 3 1 3	4 2 3 3 1 3	4 4 2 1 2 2 3
6	1	1 2	1 1 4	1 1 1 3	1 4 3 2 1	1 3 3 3 4 4	1 3 1 4 2 2 1
7	2	2 4	1 3 2	1 4 2 1	2 2 1 1 4	1 4 2 1 2 3	1 3 3 1 3 4 4
8	3	3 1	2 4 1	3 3 1 4	3 1 2 4 4	3 1 1 1 1 2	2 2 4 3 1 2 4
9	4	4 1	4 1 1	4 1 3 2	3 3 4 1 1	3 1 1 4 4 3	3 1 2 1 1 4 1
10	4	4 4	4 2 4	4 2 4 4	4 4 1 3 2	4 3 4 4 2 1	4 1 4 4 4 3 3
11	1	1 1	1 2 1	1 3 3 4	1 1 3 1 2	1 1 3 3 3 1	1 2 4 1 2 1 2
12	1	1 4	2 1 3	2 1 4 1	1 3 1 4 3	2 2 2 4 1 4	3 1 3 2 4 2 1
13	2	2 2	2 3 4	3 2 1 1	2 4 4 2 4	3 4 2 3 1 1	3 4 1 4 3 4 2
14	3	3 3	3 4 2	3 4 4 2	4 1 2 2 1	4 2 4 1 4 3	3 4 3 3 4 1 4
15	4	4 3	4 4 3	4 4 2 3	4 2 4 4 2	4 4 1 2 3 4	4 2 1 2 1 3 4
16	1	1 2	1 4 3	1 2 2 2	1 2 4 3 3	1 2 4 2 1 2	1 4 3 3 1 3 3
17	2	2 3	2 1 2	2 2 4 3	2 3 2 4 1	2 3 1 2 4 1	2 1 2 4 2 3 4
18	3	3 1	3 2 4	2 4 1 3	3 1 1 2 3	2 4 4 4 3 3	2 3 1 1 4 2 3
19	3	3 4	3 3 1	3 1 2 4	3 4 2 1 2	3 3 3 1 2 4	4 2 2 3 3 1 1
20	4	4 2	4 2 2	4 3 3 1	4 3 3 3 4	4 1 2 3 3 2	4 3 4 2 2 4 2

$$U_{12}(6^s)$$

试验号	$s=2$	$s=3$	$s=4$	$s=5$	$s=6$	$s=7$	$s=8$
1	1	2 3	2 6 4	3 1 5 3	2 5 4 1 4	2 2 5 4 4 1	3 3 6 4 2 1 2
2	5	5 4	5 3 5	6 4 2 5	3 2 1 4 2	5 1 2 3 2 5	4 4 1 4 5 6 5
3	3	3 6	1 1 3	2 3 1 1	4 1 5 3 6	1 5 3 5 1 3	1 5 3 2 1 5 3
4	6	4 1	6 4 2	4 5 6 4	5 6 3 6 3	4 5 6 2 6 4	6 2 4 2 6 2 4
5	2	1 5	4 2 1	1 2 3 6	1 4 2 5 6	3 3 1 6 5 6	2 6 4 6 4 2 6
6	4	6 2	4 5 6	5 6 3 2	6 4 6 2 2	6 3 4 1 1 2	5 1 3 6 3 5 1
7	2	1 2	3 2 6	2 6 4 5	2 3 5 6 1	3 6 1 2 3 1	3 1 2 1 2 3 6
8	4	6 5	3 5 1	6 2 4 1	5 3 1 1 5	6 6 4 5 4 5	4 6 5 1 5 4 1
9	3	3 1	1 4 5	1 4 6 2	1 1 3 2 3	1 2 3 1 5 4	1 3 2 5 6 3 2
10	6	4 6	6 1 4	4 1 1 4	3 6 6 4 5	4 1 6 6 3 3	6 4 5 5 1 4 5
11	1	2 4	2 3 2	3 5 2 3	4 5 2 3 1	2 4 5 3 2 6	2 2 6 3 4 6 4
12	5	5 3	5 6 3	5 3 5 6	6 2 4 5 4	5 4 2 4 6 2	5 5 1 3 3 1 3

$$U_{24}(6^s)$$

试验号	$s=2$	$s=3$	$s=4$	$s=5$	$s=6$	$s=7$	$s=8$
1	1	1 4	1 3 1	1 4 6 5	1 5 4 2 2	2 4 6 1 3 3	3 3 5 6 4 6 5
2	3	3 6	3 4 4	3 1 3 1	3 2 3 5 4	3 1 1 5 4 4	3 6 2 3 5 2 3
3	4	4 1	4 1 6	4 3 4 4	4 3 2 4 6	5 4 4 4 1 5	5 1 3 4 4 3 1
4	6	6 3	6 6 3	6 6 1 3	6 3 6 3 3	6 6 3 3 5 2	5 4 4 2 1 1 4
5	2	2 2	2 2 2	2 2 2 6	2 1 5 1 5	1 3 5 3 2 4	1 4 5 2 6 3 4
6	2	2 5	2 5 5	2 5 5 2	2 6 2 6 3	2 3 2 2 6 5	2 2 3 1 2 5 2
7	5	5 2	5 2 5	5 2 5 2	5 4 5 5 1	4 2 2 6 3 1	4 2 1 4 3 1 6
8	5	5 5	5 5 2	5 5 2 5	6 4 1 2 4	4 5 6 5 5 6	6 5 6 3 3 6 2
9	1	1 1	1 6 6	1 3 1 1	1 1 3 3 1	1 1 4 4 6 2	1 3 2 6 1 2 3
10	3	3 3	3 1 3	3 6 4 6	3 6 4 3 6	3 6 5 6 1 3	2 6 6 5 2 3 6
11	4	4 4	4 4 1	4 4 3 3	4 5 6 6 5	5 5 1 2 2 1	3 4 1 5 6 5 1
12	6	6 6	6 3 4	6 1 6 4	5 2 2 1 2	6 2 4 1 4 6	6 2 4 1 5 4 6
13	1	1 6	1 1 4	1 1 4 3	1 3 1 5 5	1 6 1 4 3 5	1 1 2 3 5 6 4
14	3	3 4	3 6 1	3 4 1 4	3 5 1 4 1	3 2 6 3 5 1	4 1 5 5 1 4 3
15	4	4 3	4 3 3	4 6 6 1	4 6 5 1 3	4 1 3 1 1 3	4 6 5 1 4 1 1
16	6	6 1	6 4 6	6 3 3 6	5 1 4 6 4	6 4 3 6 6 4	6 5 3 5 6 2 5
17	2	2 2	2 2 5	2 2 5 5	2 4 2 1 6	1 4 2 1 4 2	1 5 4 4 2 4 1
18	2	2 5	2 5 2	2 5 2 2	3 3 6 2 1	2 2 3 6 2 6	3 1 6 2 3 2 5
19	5	5 2	5 1 1	5 2 2 2	6 2 5 4 6	4 6 5 2 6 4	5 6 2 6 3 5 4
20	5	5 5	5 5 5	5 5 5 6	6 6 3 5 2	6 3 6 5 2 2	6 3 1 2 2 3 2
21	1	1 3	1 4 3	1 6 3 4	1 4 6 4 4	2 5 4 5 4 1	2 2 4 6 5 1 2
22	3	3 1	3 3 6	3 3 6 3	2 2 4 6 2	3 5 2 3 1 6	2 5 1 1 4 4 5
23	4	4 6	4 6 4	4 1 1 5	4 1 1 3 3	5 1 5 2 3 5	4 4 3 3 1 6 6
24	6	6 4	6 2 2	6 4 4 1	5 5 3 2 5	5 3 1 4 5 3	5 3 6 4 6 5 3

$$U_{18}(6^s)$$

试验号	$s=2$	$s=3$	$s=4$	$s=5$	$s=6$	$s=7$	$s=8$
1	2	2 2	2 1 4	1 3 4 1	2 4 5 4 6	2 6 1 3 4 4	1 3 3 2 3 2 5
2	4	3 6	4 3 2	3 6 5 4	3 5 3 1 1	3 2 4 5 5 1	3 2 2 3 6 5 2
3	6	6 4	6 5 5	5 2 2 5	5 2 1 5 4	5 3 6 3 1 4	6 6 4 4 4 6 3
4	1	1 5	1 6 3	2 5 1 6	1 3 2 2 5	1 5 4 2 3 2	2 4 5 1 1 5 4
5	3	4 3	3 4 1	4 1 6 3	3 1 5 6 2	4 4 2 6 2 6	4 1 5 5 5 3 6
6	5	5 1	5 2 6	6 4 3 2	6 6 4 4 3	6 4 3 1 6 3	5 4 2 5 2 1 1
7	1	2 4	2 3 6	2 2 3 4	2 6 2 6 3	1 1 2 4 1 3	1 5 6 4 5 4 1
8	3	3 2	4 5 4	4 6 2 1	4 1 4 1 6	2 2 5 1 5 5	4 6 1 1 5 2 4
9	5	6 6	6 1 2	6 4 6 6	5 3 6 3 1	6 6 5 6 3 2	6 2 1 4 1 4 5
10	2	1 1	1 4 5	1 3 5 5	1 1 3 3 4	3 3 1 1 2 1	2 2 4 6 6 1 3
11	4	4 5	3 2 3	3 1 1 2	4 5 6 5 5	3 5 6 4 6 6	3 5 6 3 2 1 6
12	6	5 3	5 6 1	5 5 4 3	6 4 1 2 2	5 1 1 5 4 5	4 1 4 2 2 6 1
13	2	2 6	1 2 1	2 5 6 2	2 2 6 1 3	1 3 3 6 6 4	2 4 2 5 4 6 6
14	3	3 4	3 6 6	3 1 4 6	3 5 1 3 6	4 1 6 2 4 2	3 6 3 6 1 3 2
15	6	6 2	6 3 4	6 3 1 4	6 3 3 6 5	4 6 3 2 1 5	6 3 5 1 4 2 2
16	1	1 3	2 5 2	1 4 2 3	1 4 4 5 2	2 4 5 5 2 3	1 1 1 3 3 3 3
17	4	4 1	4 1 5	4 6 3 5	4 2 2 4 1	5 5 2 4 5 1	5 3 6 6 3 5 4
18	5	5 5	5 4 3	5 2 5 1	5 6 5 2 4	6 2 4 3 3 6	5 5 3 2 6 4 5

$$U_{21}(3^s)$$

试验号	$s=2$	$s=3$	$s=4$	$s=5$	$s=6$	$s=7$	$s=8$
1	1	1 1	1 2 1	1 1 3 3	1 1 3 1 2	1 1 2 1 1 2	1 2 1 3 3 2 3
2	1	1 2	1 3 2	1 2 2 1	1 2 1 3 1	1 2 3 2 2 3	1 3 2 2 2 1 1
3	2	2 1	2 1 3	2 1 1 2	1 2 2 2 3	1 3 2 2 2 1	2 1 2 1 2 3 1
4	2	2 2	2 2 1	2 2 3 1	2 3 1 2 2	2 1 1 3 3 2	2 2 3 3 1 1 2
5	2	2 3	2 3 2	2 3 2 3	2 3 3 3 3	2 2 3 1 3 1	2 3 3 1 2 2 3
6	3	3 2	3 1 2	3 2 3 2	3 1 1 2 3	3 2 2 3 1 2	3 1 3 2 3 2 2
7	3	3 3	3 2 3	3 3 1 1	3 3 2 1 1	3 3 1 2 2 3	3 3 1 2 1 3 2
8	1	1 1	1 1 3	1 1 2 1	1 2 2 1 1	1 2 1 3 1 3	1 1 2 3 1 2 1
9	1	1 2	1 2 3	1 2 1 2	1 3 1 1 3	1 3 1 1 3 2	1 2 3 2 1 3 3
10	1	1 3	1 3 1	1 3 3 2	2 1 1 1 2	2 1 3 3 1 1	1 3 2 1 3 1 2
11	2	2 3	2 1 1	2 1 1 1	2 2 3 3 2	2 3 3 1 1 3	2 1 1 1 1 1 3
12	3	3 1	3 1 2	2 3 3 3	3 1 3 3 1	3 1 3 2 3 3	2 3 3 3 3 3 1
13	3	3 1	3 3 1	3 1 2 3	3 2 2 3 3	3 2 1 1 2 1	3 2 1 3 2 1 1
14	3	3 3	3 3 3	3 2 1 3	3 3 3 2 2	3 3 2 3 3 1	3 2 2 1 3 3 3
15	1	1 2	1 1 2	1 2 3 2	1 1 2 3 3	1 1 2 2 3 1	1 1 3 2 2 1 2
16	1	1 3	1 2 2	1 3 1 3	1 3 3 2 1	1 3 3 3 2 2	1 2 1 1 2 3 2
17	2	2 1	2 1 1	2 1 2 3	2 1 2 1 2	2 1 1 1 2 3	2 1 1 2 3 2 1
18	2	2 1	2 3 2	2 3 2 1	2 1 2 2 1	2 2 2 3 3 3	2 3 1 3 1 2 2
19	2	2 3	2 3 3	3 1 3 1	2 2 1 2 1	2 3 1 2 1 1	3 1 2 3 2 3 3
20	3	3 2	3 2 1	3 2 1 2	3 2 3 1 3	3 1 2 2 1 2	3 2 3 1 1 2 1
21	3	3 2	3 2 3	3 3 2 2	3 3 1 3 2	3 2 3 1 2 2	3 3 2 2 3 1 3

$$U_{30}(6^s)$$

试验号	$s=2$	$s=3$	$s=4$	$s=5$	$s=6$	$s=7$	$s=8$
1	1	1 5	1 2 6	1 5 3 3	1 3 1 3 1	1 6 4 3 3 4	1 1 2 5 3 3 2
2	2	2 3	2 6 1	3 1 2 1	3 6 5 3 6	3 1 1 4 4 3	1 3 5 2 5 1 3
3	3	3 2	4 5 5	3 6 1 5	4 5 2 6 2	3 5 4 2 1 2	4 5 2 2 2 3 6
4	5	5 6	5 1 2	4 4 5 2	5 3 5 5 3	4 2 6 2 4 6	5 2 6 6 4 4 5
5	6	6 1	6 3 4	6 3 6 5	6 2 3 2 4	5 3 3 5 6 3	5 6 3 4 5 6 4
6	1	1 1	1 4 3	2 2 4 2	1 6 3 5 3	2 3 5 6 2 1	2 5 1 3 6 4 3
7	3	3 6	2 1 4	2 4 6 6	2 4 6 1 4	2 4 1 1 5 5	2 5 4 5 1 1 5
8	4	4 3	3 5 3	4 2 2 4	3 1 4 2 1	4 4 6 3 6 1	4 2 2 1 4 6 1
9	4	4 4	4 3 1	5 1 3 6	4 1 6 4 5	6 2 2 3 1 4	6 3 4 5 2 3 1
10	6	6 4	6 6 6	6 6 4 1	5 4 1 4 6	6 5 3 6 3 6	6 4 5 1 3 5 5
11	1	2 4	2 3 2	1 1 6 3	2 2 2 4 4	1 3 2 4 1 6	2 1 6 3 2 6 4
12	2	2 6	3 4 5	2 4 2 4	2 2 6 6 2	2 1 4 5 5 5	3 3 1 6 5 2 6
13	3	3 2	4 2 5	4 5 4 5	4 3 1 1 5	4 6 2 6 5 2	3 6 4 2 1 5 2
14	5	5 2	5 2 3	5 3 1 2	5 6 3 1 1	5 1 3 1 3 1	4 4 6 4 6 2 1
15	5	6 5	6 5 2	5 5 5 3	6 5 4 6 5	6 6 5 1 4 3	6 1 3 2 1 2 3
16	2	1 2	1 1 1	1 2 1 6	1 1 3 3 5	1 2 2 2 6 2	1 6 6 4 3 4 6
17	2	2 5	1 6 5	1 3 3 1	1 4 4 6 6	2 1 5 2 2 4	2 2 3 1 6 3 5
18	4	4 5	3 1 6	3 6 6 2	4 5 4 2 3	3 5 5 5 6 6	3 1 5 5 6 5 3
19	5	5 1	4 5 2	4 2 5 4	6 2 2 5 1	5 6 6 4 1 5	5 4 2 6 2 6 3
20	6	5 3	5 4 4	6 5 2 5	6 4 6 3 2	6 4 1 5 2 1	6 6 1 3 4 1 2
21	1	1 3	2 3 4	1 6 5 4	2 5 5 4 1	1 4 6 6 4 4	1 4 1 1 2 2 4
22	3	3 3	3 6 4	3 3 5 6	2 6 2 2 5	2 6 2 3 2 3	1 5 3 6 4 5 1
23	3	3 4	4 2 3	4 4 2 1	3 1 1 6 3	3 2 1 6 3 5	4 2 1 4 1 5 5
24	4	4 1	5 3 6	6 1 1 3	3 4 2 1 2	4 4 3 1 2 6	5 1 4 3 4 1 6
25	6	6 6	6 4 1	6 4 4 4	5 2 5 1 6	5 2 5 4 5 2	5 5 6 1 5 3 2
26	1	1 6	1 4 2	2 1 4 5	1 3 5 2 3	1 5 3 4 4 1	2 3 5 3 1 4 1
27	2	2 1	2 5 6	2 5 1 2	3 3 3 5 6	3 3 6 1 3 2	3 2 3 4 3 1 2
28	4	4 5	3 2 1	3 3 3 3	4 6 6 5 4	4 1 4 5 1 3	3 4 4 2 5 6 6
29	5	5 4	5 6 3	5 2 6 1	5 1 4 4 2	5 5 1 2 5 4	4 6 5 6 3 2 4
30	6	6 2	6 1 5	5 6 3 6	6 5 1 3 4	6 3 4 3 6 5	6 3 2 5 6 4 4

$U_{24}(3^8)$

试验号	s = 2	s = 3		s = 4			s = 5				s = 6					s = 7						s = 8							s = 9								s = 10									s = 11									
1	1	1 1	1 1 1	1 1 2 1	1 1 1 3 1	1 1 1 2 1 2	1 1 1 2 2 1 2	1 1 1 2 1 3 1 2	1 1 1 2 1 3 1 2 2	1 1 1 2 1 2 2 1 3 3
2	1	1 2	1 2 2	1 2 1 3	1 2 1 3 3	1 1 1 3 3 3	1 2 2 1 1 2 3	1 3 2 1 1 3 3 2	1 3 2 1 1 3 3 2 3	1 2 3 3 1 1 2 3 3 1
3	1	1 3	1 3 3	1 3 1 2	1 3 1 2 2	1 3 3 2 1 1	1 2 3 2 3 3 1	1 2 3 3 2 1 2 3	1 2 3 3 2 1 2 3 2	1 3 1 2 3 2 3 1 1 2
4	2	2 1	2 1 3	2 1 3 3	2 1 3 3 2	2 1 2 3 3 1	2 1 1 3 1 3 1	2 1 1 3 1 3 1 2	2 3 1 1 3 1 2 2 3	2 3 1 1 2 2 3 1 3 2
5	2	2 3	2 2 1	2 2 3 1	2 2 3 1 1	2 2 1 1 1 3	2 3 2 3 2 2 1	2 2 2 1 2 3 3 1	2 1 2 2 3 3 1 1 1	2 2 3 3 2 2 1 2 3 2
6	3	3 1	3 1 2	3 1 3 1	3 1 1 2 3	3 1 3 1 2 3	3 1 3 1 2 3 1 1	3 1 3 1 2 3 1 1 3	3 1 1 3 2 1 3 3 2	3 1 1 3 2 1 3 1 1 1
7	3	3 2	3 2 3	3 2 2 2	3 2 2 3 1	3 2 3 3 2 1	3 3 1 2 2 1 3	3 2 1 1 3 2 1 2	3 2 3 1 1 2 2 3 1	3 2 1 2 3 3 2 3 2 3
8	3	3 3	3 3 1	3 3 1 3	3 3 3 3 3	3 3 2 2 3 3	3 2 2 1 3 2 3	3 3 2 2 3 1 3 3	3 3 3 2 2 3 1 2 3	3 3 3 2 1 2 3 3 2 1
9	1	1 1	1 1 3	1 1 1 2	1 1 2 3 1	1 1 2 3 1 1	1 1 2 2 1 2 2	1 1 2 1 3 1 2 3	1 1 1 2 1 3 2 1 1	1 2 1 1 3 1 2 3 1 1
10	1	1 3	1 3 2	1 3 2 3	1 3 1 3 2	1 3 1 2 3 2	1 3 1 2 2 3 3	1 3 1 3 2 3 3 1	1 2 1 1 3 2 2 3 2	1 2 3 3 2 3 1 1 2 3
11	2	2 2	2 2 2	2 2 2 2	2 2 2 2 1	2 2 2 3 3 1	2 1 1 1 3 3 1	2 2 1 3 1 3 3 1	2 3 2 2 1 3 2 3 1	2 2 1 2 1 3 3 1 2 2
12	2	2 2	2 2 2	2 2 2 2	2 2 2 2 2	2 2 2 2 2 2	2 2 2 2 2 2 2	2 2 2 2 2 2 2 2	2 1 3 3 1 2 2 3 1	2 3 2 1 2 3 3 1 1 3
13	2	2 2	2 2 2	2 2 2 2	2 2 2 2 2	2 2 2 2 2 2	2 2 2 2 3 1 3	2 2 3 1 1 3 1 3	2 1 2 3 1 3 1 3 3	2 2 2 3 3 1 1 3 2 2
14	2	2 2	2 3 1	2 3 1 1	2 3 1 3 2	2 3 3 2 1 1	2 3 3 2 1 1 3	2 3 3 2 1 2 3 1	2 3 1 3 3 2 1 1 2	2 1 3 3 1 2 2 3 1 1
15	3	3 1	3 1 1	3 1 1 3	3 1 3 1 3	3 1 1 1 3 3	3 1 2 2 1 1 1	3 1 1 3 3 2 1 1	3 1 3 1 2 1 3 2 3	3 1 3 1 2 1 1 3 3 2
16	3	3 3	3 3 3	3 3 3 3	3 3 3 3 2	3 3 1 3 2 2	3 3 3 3 3 3 3	3 3 3 3 3 3 3 3	3 3 2 1 3 1 3 3 1	3 3 3 3 3 3 3 3 3 3
17	1	1 1	1 1 2	1 1 2 1	1 1 2 1 1	1 1 3 2 3 2	1 1 3 3 2 1 3	1 2 1 2 3 2 3 2	1 2 1 1 3 1 2 2 1	1 3 2 2 3 1 1 2 1 1
18	1	1 2	1 2 3	1 2 3 3	1 2 1 2 3	1 2 2 1 1 3	1 2 2 3 1 3 2	1 1 3 2 1 2 1 3	1 3 2 2 1 3 2 1 3	1 1 1 3 2 1 3 3 2 3
19	1	1 3	1 3 1	1 3 2 1	1 3 2 1 1	1 3 3 1 2 1	1 3 2 1 1 1 1	1 1 1 1 1 1 1 1	1 1 1 1 1 1 1 1 1	1 1 1 1 1 1 1 1 3 3
20	2	2 1	2 1 1	2 1 2 3	2 1 1 3 3	2 1 2 2 1 2	2 1 3 1 3 2 1	2 3 2 1 1 3 2 2	2 3 2 1 1 3 2 2 3	2 3 2 3 1 2 2 3 2 3
21	2	2 3	2 3 3	2 3 3 1	2 3 2 1 3	2 3 1 3 3 2	2 3 1 3 3 3 2	2 2 3 2 1 1 1 3	2 3 3 2 2 1 1 3 1	2 2 3 1 1 2 3 1 3 1
22	3	3 1	3 1 3	3 1 3 2	3 1 3 2 1	3 1 3 3 3 2	3 1 1 2 3 3 3	3 1 1 2 2 3 3 2	3 1 3 2 2 1 3 1 2	3 1 2 3 3 3 2 2 2 2
23	3	3 2	3 2 1	3 2 3 3	3 2 2 1 3	3 2 1 2 1 1	3 2 3 1 2 1 2	3 2 2 3 2 3 2 3	3 2 1 3 1 2 2 1 3	3 2 1 2 2 1 2 3 3 3
24	3	3 3	3 3 2	3 3 1 2	3 3 1 3 3	3 3 3 3 3 3	3 3 2 2 3 3 3	3 3 2 3 2 3 3 1	3 2 2 1 3 1 3 1 2	3 3 2 2 1 3 1 2 2 2

$U_{24}(4^8)$

试验号	s=2	s=3	s=4	s=5	s=6	s=7	s=8	s=9	s=10	s=11
1	1	1 2	1 1 2	1 2 3 3	1 2 4 3 2	1 2 3 2 4 2	2 1 2 3 1 4 3	1 3 1 3 1 2 4 4	1 2 2 4 3 1 1 3 1	1 1 1 3 1 2 3 1 2 3
2	2	1 3	2 3 4	2 1 1 3	1 3 2 2 1	2 3 1 3 1 4	2 1 2 3 3 1 1	3 2 4 3 2 4 3 3	2 1 4 3 4 1 2 1 2	3 2 2 4 3 2 2 1 1 4
3	2	2 4	2 4 1	2 4 4 2	2 3 4 1 3	2 3 3 1 2 3	2 2 2 1 2 3 1	3 4 2 4 4 2 2 3	2 4 2 4 3 2 2 3 4	1 1 4 2 4 2 3 1 3 1
4	3	3 1	3 1 3	3 3 3 1	3 1 2 4 2	3 1 2 4 4 1	3 4 2 3 4 2 1	1 2 4 2 2 4 4 4	4 2 4 2 3 1 3 1 4	3 4 3 1 4 2 3 4 2 2
5	3	3 4	3 2 4	3 4 2 4	3 4 1 3 3	3 4 2 4 3 3	3 4 2 1 2 3 2	3 4 2 2 3 2 4 2	3 4 1 1 2 3 4 3 1	3 4 1 2 3 4 3 2 2 4
6	4	4 2	4 3 2	4 1 3 4	4 2 3 2 4	4 2 4 3 1 2	4 1 4 4 2 3 4	1 3 4 3 3 1 1 3	4 1 3 3 1 4 1 3 2	3 3 3 4 1 4 4 1 1 1
7	1	1 1	1 2 1	1 3 4 4	1 4 2 3 2	1 4 2 1 4 1	1 1 4 2 4 3 4	2 2 2 1 2 1 1 2	1 3 4 1 3 2 2 1 1	4 1 3 2 2 3 1 4 3 3
8	1	2 2	1 4 3	1 4 2 1	2 1 4 2 1	1 1 4 3 1 4	1 3 1 3 1 1 2	4 4 2 1 4 1 3 4	1 3 2 2 2 4 4 3 3	1 2 4 1 4 1 1 3 2 1
9	2	2 3	2 2 3	2 3 1 3	2 1 3 3 4	2 2 1 3 3 3	1 3 1 3 2 4 1	3 4 1 2 1 3 4 1	2 4 1 2 1 1 3 1 2	2 3 4 2 3 1 2 3 3 2
10	3	3 3	3 3 1	3 2 4 3	3 4 4 2 3	3 4 4 1 2 3	3 3 4 1 4 2 3	1 1 3 2 4 2 1 4	3 3 4 1 4 4 2 4 3	3 3 3 1 4 4 2 3 2 3
11	4	4 1	4 1 2	4 4 4 2	4 4 3 1 4	4 4 3 2 3 1	4 2 4 2 1 4 2	3 2 4 4 2 3 1 4	4 1 4 3 1 1 3 1 1	4 4 1 2 2 2 4 4 1 3
12	4	4 4	4 4 4	4 1 3 1	4 2 1 1 1	4 1 3 4 4 4	4 4 3 4 2 1 4	4 3 1 1 3 1 1 2	4 1 3 1 2 2 1 4 2	4 1 4 3 4 1 1 1 1 1
13	1	1 1	1 1 3	1 1 3 2	1 2 4 1 3	1 1 3 4 3 4	1 4 3 3 3 4 1	2 1 4 4 2 4 3 3	1 3 2 4 3 3 4 1 3	1 1 2 3 3 2 2 4 4 1
14	1	1 4	1 3 4	1 2 2 1	1 2 3 4 4	1 3 1 2 1 1	2 1 1 4 4 2 1	2 4 3 4 3 1 4 4	1 4 1 3 4 4 2 3 1	3 4 2 1 4 1 3 3 4 1
15	2	2 2	2 3 2	2 2 4 1	2 1 3 2 4	2 3 2 1 4 2	2 4 4 3 2 3 2	3 3 4 3 1 4 2 2	2 3 3 1 3 1 4 1 2	2 1 4 3 3 4 1 4 2 2
16	3	3 2	3 4 1	3 2 1 2	3 2 1 3 2	3 2 3 3 2 3	3 3 2 4 4 1 3	4 3 4 1 3 2 1 4	3 3 1 2 1 2 4 4 3	1 2 3 4 4 1 3 3 4 2
17	4	3 3	3 4 2	4 4 4 3	4 1 4 1 3	4 4 4 2 2 3	4 2 1 4 1 2 3	1 3 2 2 4 2 2 2	4 1 4 3 2 4 2 3 1	3 4 2 3 1 3 4 3 2 2
18	4	4 4	4 2 1	4 3 1 2	4 3 1 4 2	4 2 1 4 4 1	4 3 3 2 1 4 1	3 2 4 3 2 4 4 4	4 3 3 1 1 2 1 2 3	3 2 1 4 4 2 1 1 1 1
19	1	1 3	1 4 2	1 3 1 2	1 3 2 4 2	1 3 1 4 1 4	1 2 2 4 1 3 4	3 1 3 1 4 4 3 1	2 2 4 2 2 2 3 3 2	2 2 4 1 2 4 1 4 3 3
20	2	2 1	2 1 1	2 1 2 1	2 3 4 1 1	2 2 4 1 3 4	2 3 3 1 1 2 3	4 3 1 2 2 1 3 3	2 4 3 4 1 3 1 4 4	2 3 1 2 4 2 3 3 4 4
21	2	2 4	2 2 4	2 4 3 4	2 3 4 2 4	2 3 4 3 4 1	2 3 3 3 2 4 1	2 4 4 3 1 3 1 1	2 3 2 3 3 1 4 2 2	2 4 2 1 2 4 4 2 2 2
22	3	3 1	3 2 2	3 1 4 3	3 2 1 4 3	3 1 1 3 4 2	4 3 3 4 2 1 3	1 3 1 4 3 2 4 4	3 2 1 3 3 4 1 2 2	3 2 4 2 2 2 2 1 2 1
23	3	4 2	3 4 3	3 2 1 4	3 3 3 3 4	3 2 2 1 2 3	4 3 3 1 1 2 4	2 4 4 3 2 4 2 3	3 4 2 4 1 3 2 1 2	4 1 1 4 4 3 1 2 1 1
24	4	4 3	4 3 3	4 3 3 1	4 2 3 2 1	4 3 3 2 2 2	4 3 1 2 2 3 2	4 3 3 4 3 3 4 4	4 1 3 2 3 2 2 2 2	4 3 3 1 2 1 1 1 1 1

$U_{25}(5^s)$

试验号	$s=2$	$s=3$	$s=4$	$s=5$	$s=6$	$s=7$	$s=8$	$s=9$	$s=10$	$s=11$
1	1	1 4	1 1 2	1 3 1 4	1 4 1 2 3	1 3 3 1 4 5	1 5 2 3 3 5 3	1 4 5 3 4 4 3 5	1 5 5 4 1 3 4 3 3	2 2 4 2 2 1 1 4 3 2
2	2	2 2	2 4 4	2 2 4 5	2 2 3 5 2	2 3 1 5 2 3	2 1 4 4 4 2 4	2 5 3 1 2 3 2 4	2 2 4 1 5 4 1 3 4	2 3 1 4 3 4 2 2 2 1
3	3	3 3	3 5 1	3 4 3 1	3 1 2 4 5	3 5 3 4 1 1	3 3 3 5 2 3 5	3 2 5 4 4 3 5 1	3 1 3 4 2 1 2 5 2	3 3 2 4 5 2 5 4 1 4
4	4	4 1	4 3 5	4 1 5 2	4 3 4 1 4	4 2 1 5 3 2	4 5 2 1 2 1 4	4 1 3 2 4 1 1 3	3 4 2 1 2 5 5 4 3	4 5 1 1 1 4 2 3 4 3
5	5	5 5	5 2 3	5 5 2 3	5 5 5 3 1	5 4 4 3 5 3	5 2 1 2 4 3 3	5 3 1 5 3 2 4 4	4 4 5 4 5 3 2 4 1	2 3 5 1 1 3 5 1 3 5
6	1	1 1	1 3 4	1 4 4 2	1 5 3 4 4	1 2 4 4 4 1	2 2 2 5 5 4 1	1 2 2 1 5 2 4 2	5 3 1 2 1 2 3 2 4	4 4 4 3 5 5 3 1 3 5
7	2	2 5	2 2 1	2 1 3 3	2 3 5 2 5	2 4 1 2 5 2	2 4 1 1 3 1 5	2 1 4 5 5 4 2 3	1 1 2 2 4 3 3 4 1	1 1 1 3 1 4 5 3 2 4
8	3	3 4	3 1 5	3 5 5 4	3 2 1 1 1	3 2 4 1 5 3	2 5 4 1 2 3 2	3 5 4 2 1 5 4 2	2 4 4 2 3 1 5 1 2	1 3 4 2 3 5 5 2 5 2
9	4	4 3	4 4 3	4 3 2 5	4 4 2 3 2	4 3 5 3 2 1	2 4 2 3 1 1 2	4 2 1 5 4 2 5 2	2 5 2 3 2 4 2 1 5	4 5 1 2 3 4 3 4 4 4
10	5	5 2	5 5 2	5 2 1 1	5 1 4 5 3	5 1 2 5 1 4	3 5 4 5 1 3 1	5 4 2 4 1 4 2 5	4 5 3 5 3 2 1 2 1	5 2 2 2 3 5 2 2 5 5
11	1	1 2	1 4 1	1 1 2 1	1 1 5 1 2	1 5 4 5 1 3	1 1 5 1 2 3 3	1 3 1 3 1 3 1 5	5 1 4 1 3 5 3 4 5	1 4 3 5 2 1 2 1 1 4
12	2	2 4	2 5 5	2 5 1 2	2 4 4 4 1	2 1 3 1 4 2	2 4 5 5 1 4 2	2 1 1 3 4 2 2 1	1 4 1 3 5 2 5 1 5	3 2 4 1 2 4 5 5 2 3
13	3	3 1	3 3 3	3 3 4 3	3 3 3 3 3	3 3 5 4 2 3	3 2 1 4 5 3 4	3 5 1 1 3 4 5 2	3 2 1 3 2 5 4 2 3	3 3 5 1 2 4 4 4 1 4
14	4	4 5	4 2 2	4 2 3 4	4 5 2 5 4	4 5 2 2 3 1	2 1 4 1 5 5 5	4 4 2 1 3 5 1 4	4 3 2 1 1 4 1 3 5	2 5 4 5 4 5 5 4 1 1
15	5	5 3	5 1 4	5 4 5 5	5 2 2 2 4	5 4 1 3 5 5	3 2 1 4 5 4 3	5 3 5 5 1 5 3 3	5 5 4 3 2 5 5 3 3	4 2 1 4 5 3 1 3 4 1
16	1	1 5	1 2 5	1 2 5 3	1 3 2 5 1	1 1 3 3 3 4	2 3 4 1 4 5 3	1 5 3 4 2 2 1 5	2 3 5 5 1 3 4 5 1	2 5 4 5 3 1 2 5 3 2
17	2	2 3	2 1 3	2 4 2 4	2 1 1 3 4	2 5 2 5 4 3	2 3 2 3 4 1 1	2 3 4 1 3 5 1 3	3 4 5 4 3 2 5 4 1	4 3 2 3 5 3 5 4 5 3
18	3	3 2	3 4 2	3 1 1 5	3 5 4 2 2	3 3 2 1 5 1	2 4 1 1 5 5 2	3 4 1 2 5 3 4 5	3 5 1 1 1 4 2 5 1	4 1 1 4 3 2 4 2 4 5
19	4	4 4	4 5 4	4 5 4 1	4 2 5 4 3	4 2 5 4 1 2	3 1 1 4 4 1 3	4 4 2 4 5 1 4 3	1 2 4 1 2 5 3 1 3	3 2 1 1 4 3 2 1 2 1
20	5	5 1	5 3 1	5 3 3 2	5 4 3 1 5	5 4 3 5 3 3	5 3 4 2 1 4 4	5 5 4 4 3 4 2 2	5 2 2 4 5 3 4 1 2	2 2 5 4 5 2 3 2 3 2
21	1	1 3	1 5 3	1 5 3 5	1 2 4 3 5	1 1 1 2 4 2	2 2 1 3 1 4 5	1 1 3 3 4 3 2 1	1 3 4 2 4 1 2 5 3	2 4 5 2 1 2 5 1 1 3
22	2	2 1	2 3 2	2 3 5 1	2 2 1 1 3	2 2 4 1 3 3	1 3 4 3 4 3 1	2 1 2 3 4 1 2 2	3 3 4 4 1 2 1 2 3	4 1 2 3 1 1 4 3 2 1
23	3	3 5	3 2 4	3 2 2 2	3 4 5 5 4	3 5 1 3 5 4	2 5 4 1 3 4 3	3 4 2 1 2 5 3 4	3 4 1 3 5 1 4 5 3	5 3 4 4 5 3 1 2 2 1
24	4	4 2	4 1 1	4 4 1 3	4 1 3 2 1	4 3 5 4 5 4	4 4 1 3 4 3 1	4 1 2 2 3 1 4 2	4 3 5 3 5 1 2 3 1	4 1 1 3 2 2 1 1 2 5
25	5	5 4	5 4 5	5 1 4 4	5 3 1 4 2	5 4 4 3 2 1	5 2 4 3 3 2 5	5 1 3 2 2 3 4 2	4 4 4 2 3 1 4 4 5	5 3 4 2 3 1 4 2 5

$U_5(5^s)$

试验号	s = 2	s = 3		s = 4		
1	2	2	4	4	4	4
2	5	5	2	1	2	2
3	3	1	1	3	1	5
4	1	4	5	5	3	1
5	4	3	3	2	5	3

$U_6(6^s)$

试验号	s = 2	s = 3		s = 4			s = 5			
1	4	2	3	5	2	3	3	1	4	2
2	2	4	6	2	5	5	6	4	3	6
3	6	6	2	1	3	1	1	6	5	4
4	1	1	5	6	4	6	4	5	1	1
5	5	3	1	4	6	2	2	2	2	5
6	3	5	4	3	1	4	5	3	6	3

$U_8(8^s)$

试验号	s = 2	s = 3		s = 4			s = 5				s = 6					s = 7					
1	6	3	4	5	6	2	5	3	4	8	1	4	1	5	5	8	7	6	4	3	4
2	2	7	7	3	1	5	3	8	6	4	7	6	8	4	6	3	5	1	1	6	5
3	4	5	1	7	5	8	8	4	7	2	4	2	6	1	2	4	3	8	8	7	3
4	8	1	6	1	7	6	1	2	2	3	6	7	3	7	1	6	2	2	7	2	7
5	1	8	3	8	2	3	7	7	1	6	5	1	5	8	8	2	8	3	6	4	1
6	5	4	8	2	4	1	2	5	8	7	3	8	4	2	7	1	4	7	3	1	6
7	7	2	2	6	8	4	4	6	3	1	8	3	2	3	4	7	1	4	2	5	2
8	3	6	5	4	3	7	6	1	5	5	2	5	7	6	3	5	6	5	5	8	8

$U_{25}(25^s)$

试验号	s = 2	s = 3		s = 4			s = 5				s = 6					s = 7					
1	7	14	16	8	12	6	1	9	16	13	10	4	14	6	16	14	9	25	12	15	17
2	22	6	5	17	21	16	17	19	9	21	21	17	24	17	14	4	3	13	16	4	13
3	14	22	23	21	3	12	9	11	7	3	4	24	4	13	11	17	22	11	4	22	9
4	2	11	12	3	15	22	24	17	20	6	11	7	20	20	3	18	17	4	18	7	23
5	18	18	2	13	7	20	13	5	22	23	20	8	7	9	23	7	18	17	24	18	5
6	11	3	21	23	19	3	5	24	13	9	17	19	11	1	8	22	7	8	10	12	2
7	25	20	10	10	25	13	22	3	4	16	7	21	17	24	17	10	25	21	9	10	15
8	4	9	19	4	5	2	8	13	25	17	16	3	1	15	6	8	2	5	7	19	20
9	16	24	7	19	10	25	12	21	1	12	3	13	21	2	21	24	13	20	22	2	10
10	9	5	14	15	22	8	20	8	12	1	25	14	16	12	1	1	12	16	14	24	25
11	20	16	25	6	2	18	2	16	6	24	9	15	6	19	25	13	10	2	2	3	7
12	6	2	3	25	13	17	16	1	18	10	14	9	10	25	10	21	6	10	23	23	16
13	13	13	8	1	17	10	21	25	17	18	23	25	13	7	20	3	15	24	6	8	3
14	23	25	18	18	9	4	6	6	3	7	6	10	5	5	2	25	19	14	1	13	21
15	1	8	11	7	20	24	14	20	24	8	18	2	22	21	19	2	24	3	21	14	12
16	17	12	22	11	1	9	25	12	14	25	8	23	23	8	5	19	1	22	17	16	6
17	10	21	4	22	24	21	4	2	10	19	1	1	9	11	13	12	16	6	15	25	1
18	21	1	17	14	14	1	18	23	5	4	24	12	3	23	15	16	4	18	5	6	24
19	5	17	15	2	8	15	3	15	21	2	15	20	19	14	24	6	20	9	11	1	18
20	15	10	1	24	6	7	10	18	11	15	2	16	15	22	7	15	21	23	19	20	19
21	8	23	13	12	18	19	19	7	23	14	22	5	18	3	9	9	5	7	20	9	8
22	24	7	24	5	23	5	15	10	2	20	12	18	2	4	18	23	14	1	8	17	14
23	3	15	6	16	4	23	7	22	19	22	19	22	8	18	4	5	8	19	3	21	11
24	19	4	9	20	16	11	11	4	15	5	5	6	12	16	22	20	23	15	13	5	4
25	12	19	20	9	11	14	23	14	8	11	13	11	25	10	12	11	11	12	25	11	22

$$U_9(9^s)$$

试验号	s = 2	s = 3		s = 4			s = 5				s = 6					s = 7					
1	4	6	3	3	4	3	3	3	2	5	1	3	5	2	4	5	3	7	8	3	2
2	7	2	8	8	8	7	6	7	9	3	8	6	7	8	3	6	9	3	1	4	5
3	2	9	6	5	1	6	9	4	7	8	3	9	1	6	6	7	1	5	5	8	9
4	9	3	1	1	7	5	2	9	5	7	6	1	9	5	7	1	7	8	4	9	4
5	5	5	5	7	2	1	7	1	4	2	7	7	4	1	9	2	4	1	6	1	7
6	1	7	9	6	6	9	5	6	1	9	5	2	3	7	1	8	6	2	7	7	1
7	8	1	4	4	9	2	1	5	6	1	4	8	8	3	2	9	5	9	3	2	6
8	3	8	2	2	3	8	8	8	3	4	2	5	6	9	8	4	8	6	9	5	8
9	6	4	7	9	5	4	4	2	8	6	9	4	2	4	5	3	2	4	2	6	3

$$U_{12}(12^s)$$

试验号	s = 2	s = 3		s = 4			s = 5				s = 6					s = 7					
1	6	6	4	10	4	7	7	10	6	3	11	9	3	5	7	9	12	8	8	4	8
2	10	10	8	5	11	3	12	4	5	7	7	4	9	12	9	7	6	1	1	7	3
3	2	2	11	1	7	9	3	7	11	11	3	2	6	2	4	5	4	12	10	10	5
4	8	8	1	6	1	5	4	2	2	5	5	10	10	7	1	3	2	3	5	2	9
5	4	4	7	11	10	11	10	12	9	9	1	6	2	9	10	12	7	10	4	8	12
6	12	12	10	9	8	1	1	5	8	1	9	11	8	1	11	2	11	6	6	11	1
7	1	3	2	4	5	12	8	6	1	12	10	1	12	8	6	11	8	4	11	1	4
8	9	9	6	2	3	2	9	3	12	4	4	12	4	11	5	1	5	7	12	6	11
9	5	7	12	7	12	8	2	11	4	8	8	5	1	3	2	10	3	5	3	12	7
10	11	1	5	12	6	4	11	8	3	2	2	8	11	4	8	4	9	11	2	3	6
11	3	11	3	8	2	10	6	1	7	10	12	7	7	10	3	6	10	2	9	9	10
12	7	5	9	3	9	6	5	9	10	6	6	3	5	6	12	8	1	9	7	5	2

$$U_{20}(20^s)$$

试验号	s = 2	s = 3		s = 4			s = 5				s = 6					s = 7					
1	9	9	15	6	10	16	12	13	5	9	7	8	16	15	5	18	11	8	3	16	10
2	18	17	8	13	16	6	6	10	13	6	16	18	10	5	15	3	5	6	12	8	16
3	2	3	4	18	7	11	15	5	18	16	12	3	1	10	10	15	17	19	8	6	7
4	13	15	19	3	3	5	10	18	11	20	2	12	13	12	20	10	14	13	17	19	18
5	6	7	11	9	19	19	1	7	8	12	18	10	4	16	12	6	3	12	4	10	2
6	16	12	1	15	12	2	19	15	16	2	5	15	8	1	9	13	10	4	18	3	4
7	11	2	17	11	1	15	14	3	2	4	17	5	19	7	2	5	16	1	15	13	12
8	4	20	12	1	13	9	5	14	1	14	10	19	6	19	3	20	6	14	10	1	13
9	20	5	6	19	17	14	8	20	20	11	9	1	14	4	17	12	20	16	1	11	17
10	7	13	14	8	6	1	20	9	6	19	13	14	20	18	18	2	7	15	20	15	5
11	14	19	3	14	5	20	4	1	15	8	1	6	5	6	6	16	2	3	7	14	19
12	1	6	20	4	15	12	9	6	10	1	20	17	15	13	7	8	19	5	9	18	3
13	17	10	7	20	9	4	17	19	3	7	4	4	9	20	14	9	1	20	16	5	11
14	10	14	10	12	20	10	2	12	17	18	14	13	3	3	4	1	15	9	5	2	9
15	5	1	9	2	8	18	18	2	12	13	3	20	18	8	11	19	13	17	13	12	1
16	15	18	16	16	2	8	3	17	7	3	19	7	7	9	19	17	18	7	19	9	15
17	8	8	2	5	18	3	13	16	14	15	15	2	12	17	8	4	9	18	6	17	14
18	19	11	18	17	14	17	7	4	4	17	8	16	2	14	16	11	8	2	2	7	6
19	3	16	5	7	4	13	11	8	19	5	11	9	17	2	13	14	4	10	14	20	8
20	12	4	13	10	11	7	16	11	9	10	6	11	11	11	1	7	12	11	11	4	20

$$U_{18}(18^s)$$

试验号	s=2	s=3		s=4			s=5				s=6					s=7					
1	11	13	8	5	9	7	12	6	6	11	10	7	7	1	5	6	8	13	6	2	13
2	4	3	15	16	16	10	2	14	12	14	11	12	13	15	17	14	18	10	16	11	11
3	17	7	2	13	5	17	9	3	15	5	4	16	3	12	8	9	2	5	1	10	6
4	7	18	11	9	4	1	17	16	4	7	3	4	16	6	11	4	14	16	9	17	7
5	14	11	18	2	14	15	7	9	8	1	17	9	15	11	3	18	10	6	10	6	16
6	2	5	6	18	11	4	14	10	17	17	15	18	9	5	14	11	12	1	13	14	3
7	9	15	3	7	1	13	4	4	3	16	14	5	4	18	9	1	3	11	15	5	8
8	15	9	13	4	17	5	5	18	10	4	1	13	11	8	1	12	5	8	5	18	18
9	6	1	9	11	6	9	18	1	11	9	8	1	1	10	15	13	11	17	4	4	2
10	12	16	16	14	12	12	10	12	1	12	9	17	17	17	6	2	16	3	3	8	15
11	1	10	5	1	7	3	1	7	18	8	5	10	5	3	18	17	6	14	18	9	4
12	18	4	12	10	18	16	15	13	14	2	16	2	12	4	7	8	1	18	11	13	14
13	10	12	1	15	2	6	8	15	7	18	18	14	6	13	12	7	17	7	12	1	5
14	5	6	17	6	10	18	13	5	2	3	6	3	8	14	2	5	9	4	17	16	12
15	13	17	7	12	15	2	6	2	13	13	13	6	18	9	16	16	15	12	2	15	9
16	3	2	4	3	3	11	11	17	16	10	7	15	14	2	10	15	4	2	8	3	10
17	16	14	14	17	8	14	3	11	5	6	2	8	10	16	13	10	13	15	14	7	17
18	8	8	10	8	13	8	16	8	9	15	12	11	2	7	4	3	7	9	7	12	1

$$U_{24}(24^s)$$

试验号	s=2	s=3		s=4			s=5				s=6					s=7					
1	15	15	13	3	13	14	11	5	13	5	15	9	9	4	11	15	14	9	14	5	1
2	4	6	19	20	18	5	19	17	5	15	13	14	17	24	8	8	20	17	11	20	19
3	22	22	4	11	2	21	6	23	18	11	4	19	5	14	19	18	4	23	19	10	15
4	8	4	8	16	7	9	16	10	20	22	18	6	23	17	20	13	11	3	4	16	23
5	18	19	23	8	23	18	2	12	7	2	7	5	3	9	5	5	2	12	17	19	8
6	11	12	16	24	10	17	23	3	9	18	24	24	15	10	12	24	17	5	10	9	13
7	2	9	2	4	5	2	13	15	24	9	8	12	18	8	24	2	9	19	5	3	11
8	20	24	11	13	16	11	8	20	12	24	19	17	7	19	2	11	23	13	22	6	21
9	13	2	21	17	20	24	20	8	2	8	2	1	12	20	13	20	6	14	7	23	4
10	6	13	5	7	15	6	4	4	23	14	12	20	22	3	3	1	18	4	20	15	5
11	24	17	18	19	4	15	22	18	16	1	17	13	2	1	15	21	21	22	2	13	9
12	9	7	6	14	22	1	5	14	1	21	10	23	10	22	22	9	5	1	12	1	17
13	16	21	15	1	9	23	12	24	8	16	21	2	20	7	9	14	16	20	24	24	14
14	1	1	12	10	11	10	18	1	19	6	1	15	24	12	16	23	8	8	18	18	22
15	19	10	24	22	1	7	1	7	15	19	23	8	4	23	17	6	24	15	8	11	3
16	12	18	1	5	17	20	15	22	3	4	11	4	14	15	1	12	3	6	3	7	6
17	5	16	9	23	24	12	10	16	17	17	3	22	8	6	7	4	15	21	16	8	24
18	23	5	17	9	8	4	24	11	11	10	20	18	13	5	21	22	12	16	21	2	7
19	14	11	10	15	6	19	7	2	4	12	5	10	21	21	6	3	13	10	1	22	16
20	7	23	20	2	21	8	21	21	22	20	14	3	6	11	23	17	22	2	15	21	10
21	17	3	3	21	14	22	9	9	21	3	9	16	1	16	10	16	1	18	9	14	20
22	3	14	22	6	3	13	14	6	6	23	16	21	19	18	14	10	10	24	13	17	2
23	21	20	7	18	12	3	3	19	10	7	6	7	16	2	18	19	19	11	6	4	18
24	10	8	14	12	19	16	17	13	14	13	22	11	11	13	4	7	7	7	23	12	12

$$U_{15}(15^s)$$

试验号	s = 2	s = 3		s = 4			s = 5				s = 6					s = 7					
1	7	5	9	8	6	12	6	12	6	12	8	9	1	7	14	11	4	10	12	12	10
2	13	14	5	2	12	6	10	1	13	8	7	4	13	13	6	2	10	3	7	2	8
3	2	10	12	12	3	2	1	9	11	5	13	8	9	1	2	8	12	12	2	9	2
4	10	3	2	15	9	9	15	6	4	9	4	14	11	9	12	15	1	5	9	7	5
5	4	7	15	4	8	15	12	14	8	2	1	2	6	4	8	5	7	6	3	15	13
6	15	12	7	9	15	4	4	5	9	15	10	13	5	15	4	4	6	15	15	5	6
7	8	2	13	6	1	7	7	3	1	3	14	3	3	11	11	13	15	9	4	4	12
8	5	9	1	13	13	14	13	11	15	13	3	11	14	5	3	6	14	1	11	13	4
9	12	15	10	1	4	10	3	13	3	7	11	5	12	3	15	7	2	13	8	1	14
10	1	6	4	7	10	1	5	7	14	1	15	15	7	6	7	10	11	4	14	10	15
11	11	1	6	14	5	5	11	8	2	14	5	6	2	10	1	1	3	8	5	11	3
12	6	13	14	5	14	11	14	4	10	6	2	7	8	14	13	14	9	14	6	14	7
13	14	8	8	10	2	13	8	15	12	10	12	10	15	12	9	12	8	7	13	3	1
14	3	11	3	3	7	3	2	2	7	11	6	12	4	2	10	9	5	2	1	6	9
15	9	4	11	11	11	8	9	10	5	4	9	1	10	8	5	3	13	11	10	8	11

$$U_{30}(30^s)$$

试验号	s = 2	s = 3		s = 4			s = 5				s = 6					s = 7					
1	12	18	9	11	20	15	14	19	22	16	8	2	17	16	19	29	7	14	19	8	20
2	26	5	27	15	5	27	8	16	11	26	12	21	8	4	7	2	16	10	5	21	22
3	3	24	19	26	12	3	23	26	18	6	21	20	27	20	26	24	30	18	25	19	11
4	21	12	4	4	27	11	21	3	4	19	24	15	5	27	10	8	5	25	10	13	5
5	16	28	13	19	17	19	2	11	26	9	3	29	21	11	17	11	18	3	16	3	8
6	9	7	16	10	1	8	28	8	13	24	15	11	20	24	2	17	25	27	15	25	28
7	29	20	29	27	26	28	11	29	8	13	18	7	2	7	24	14	11	1	27	16	25
8	5	2	6	7	13	24	16	13	6	1	27	24	24	6	14	22	23	22	3	4	17
9	18	15	21	23	9	12	26	23	25	29	4	5	11	21	8	21	9	7	22	26	3
10	23	25	2	17	29	4	18	6	30	14	29	13	13	12	30	5	1	17	13	29	15
11	7	13	23	5	8	21	3	22	2	23	14	26	14	30	12	1	14	21	30	11	13
12	14	10	14	22	21	23	10	1	15	5	22	9	28	10	6	26	20	8	9	12	27
13	27	30	25	1	16	6	30	15	17	12	6	23	6	18	29	13	27	13	1	15	1
14	1	4	11	30	6	16	7	27	29	20	10	16	29	1	20	15	3	28	24	5	21
15	20	21	7	14	23	18	19	17	1	7	28	6	22	29	22	30	13	29	6	20	9
16	10	8	30	20	4	1	4	5	20	28	19	30	12	15	1	7	28	5	20	27	19
17	24	27	17	3	18	29	24	20	9	21	2	12	4	5	15	6	21	15	23	1	29
18	15	16	1	29	24	7	27	9	24	3	1	18	16	25	23	19	2	4	4	10	12
19	4	1	18	8	11	13	5	24	12	2	25	4	15	2	4	27	15	23	28	28	23
20	30	22	22	12	30	22	13	10	7	30	26	28	3	23	18	3	22	26	18	18	4
21	11	9	8	25	2	25	20	30	21	10	13	3	25	14	28	12	8	20	2	24	26
22	19	17	26	16	14	10	15	2	23	22	7	25	26	26	5	18	26	9	29	7	6
23	6	29	5	6	22	2	1	18	16	15	20	1	7	19	13	28	24	2	12	23	14
24	25	14	12	18	10	30	29	25	5	17	16	27	18	3	27	25	10	19	14	2	2
25	17	3	24	21	28	14	22	14	28	25	9	17	1	13	3	10	29	24	11	9	24
26	2	19	15	2	3	17	6	7	3	11	30	19	19	17	9	9	6	12	26	22	10
27	28	26	28	24	19	9	12	21	27	4	11	10	9	28	25	23	4	11	17	17	30
28	13	6	3	9	25	26	25	4	10	8	5	8	23	8	11	4	12	6	8	6	18
29	8	23	10	13	7	5	17	28	14	27	23	22	10	9	21	16	19	16	7	30	7
30	22	11	20	28	15	20	9	12	19	18	17	14	30	22	16	20	17	30	21	14	16

$$U_{16}(16^s)$$

试验号	s = 2	s = 3		s = 4			s = 5				s = 6					s = 7					
1	10	12	7	10	4	6	10	13	6	13	1	9	12	6	5	8	10	14	5	14	7
2	3	6	12	4	13	15	5	3	14	8	15	7	3	14	9	12	5	8	11	7	1
3	15	4	4	13	10	10	15	9	10	2	8	16	5	7	11	4	15	10	13	5	11
4	6	14	15	8	7	1	1	6	7	10	6	2	9	12	16	5	3	2	1	9	9
5	8	9	1	6	1	12	8	15	3	5	13	10	8	3	1	14	14	3	9	11	14
6	13	1	10	15	15	4	7	10	16	15	12	12	16	10	14	6	6	16	8	1	13
7	1	16	5	1	11	7	12	2	1	6	3	4	4	2	7	3	8	4	15	15	4
8	12	8	16	16	8	14	2	12	12	3	9	5	14	16	2	11	13	12	2	3	3
9	5	5	8	3	3	3	14	5	8	16	5	13	1	11	3	10	1	11	14	13	15
10	16	11	13	7	16	9	13	16	13	11	16	3	11	5	12	16	2	5	6	4	6
11	4	2	2	11	5	16	6	4	5	1	7	14	13	1	8	1	11	7	4	6	16
12	9	15	11	12	12	2	3	8	2	14	2	11	7	15	13	15	12	15	16	8	8
13	11	7	6	2	6	11	11	7	15	4	11	1	6	9	4	7	16	6	7	12	2
14	2	13	3	14	2	8	16	11	4	9	10	8	2	4	15	13	7	9	3	16	12
15	14	3	14	9	14	13	9	1	11	12	14	15	10	13	6	2	4	13	10	10	5
16	7	10	9	5	9	5	4	14	9	7	4	6	15	8	10	9	9	1	12	2	10

$$U_{27}(27^s)$$

试验号	s = 2	s = 3		s = 4			s = 5				s = 6					s = 7					
1	12	17	20	22	13	21	8	17	17	8	7	23	18	16	9	2	19	17	14	24	12
2	23	8	5	6	23	15	16	12	24	24	14	14	7	3	23	24	15	10	10	3	5
3	3	25	13	9	6	2	18	22	3	3	26	10	9	18	12	17	12	23	26	19	20
4	17	4	24	18	19	7	5	5	10	20	9	7	21	24	18	14	3	12	4	16	26
5	8	20	2	13	8	26	27	9	15	13	18	18	24	6	4	9	21	2	21	7	17
6	26	10	16	24	26	18	13	26	25	14	6	4	3	10	6	12	26	27	8	13	10
7	15	14	9	4	4	12	24	20	8	17	20	20	13	27	21	26	2	19	20	12	15
8	5	22	26	15	15	10	11	2	4	10	11	26	16	11	27	15	11	3	17	26	2
9	21	1	11	26	11	4	2	21	19	23	23	2	14	1	15	6	10	20	7	2	23
10	10	12	22	2	21	25	23	4	22	4	1	16	8	13	14	22	24	5	12	21	24
11	19	27	7	19	1	16	20	15	13	27	21	5	25	20	7	4	4	9	23	20	9
12	1	7	18	12	25	6	1	11	7	6	13	24	6	23	2	18	25	13	27	8	8
13	25	18	15	10	18	20	17	27	12	11	5	12	26	8	25	21	7	22	2	22	7
14	14	3	3	25	5	24	7	10	27	18	25	22	2	5	19	1	14	4	1	11	19
15	6	24	23	1	12	8	22	7	2	22	2	3	11	21	22	20	18	26	16	5	27
16	22	16	6	17	9	14	10	14	20	1	27	13	19	14	1	10	1	16	13	6	1
17	9	9	27	21	22	1	9	25	5	25	15	27	27	17	16	27	17	14	6	27	14
18	18	21	10	7	3	22	19	1	18	16	16	11	1	25	10	5	27	15	19	15	22
19	4	5	14	8	27	11	21	19	26	7	3	21	20	2	11	13	8	6	25	1	13
20	27	11	1	20	16	27	4	16	1	15	19	6	5	15	26	7	22	7	5	18	4
21	13	26	19	14	2	5	15	8	11	2	10	8	12	4	3	8	5	25	11	25	18
22	7	13	12	27	20	13	26	23	21	21	24	17	22	22	24	23	20	21	22	17	3
23	20	2	21	3	10	19	12	3	16	26	4	15	15	26	5	25	6	8	15	9	21
24	16	23	4	5	17	3	6	24	14	5	12	1	23	12	13	16	23	18	3	4	16
25	2	15	25	16	24	23	25	13	6	9	22	25	10	9	8	3	13	24	18	10	6
26	24	6	8	23	7	9	3	6	23	12	8	19	4	19	17	11	16	11	24	23	25
27	11	19	17	11	14	17	14	18	9	19	17	9	17	7	20	19	9	1	9	14	11

参 考 文 献

方开泰, 刘璋温. 1976. 极差在方差分析中的运用 [J]. 数学的实践与认识, 1: 37–51.

方开泰. 1980. 均匀设计 [J]. 应用数学学报, 3: 363–372.

王元, 方开泰. 1981. 均匀分布和实验设计的一点注记 [J]. 科学通报, 26: 485–489.

华罗庚. 1981. 优选法 [M]. 北京: 科学出版社.

陈希孺, 王松桂. 1987. 近代回归分析 [M]. 合肥: 安徽教育出版社.

陈希孺. 1987. 数理统计引论 [M]. 北京: 科学出版社.

方开泰, 全辉, 陈庆云. 1988. 实用回归分析 [M]. 北京: 科学出版社.

关颖男. 1990. 混料试验设计 [M]. 上海: 上海科学技术出版社.

江泽坚, 孙善利. 1994. 泛函分析 [M]. 北京: 高等教育出版社.

方开泰, 李久坤. 1994. 均匀设计的一些新结果 [J]. 科学通报, 39: 1921–1924.

方开泰. 1994. 均匀设计与均匀设计表 [M]. 北京: 科学出版社.

孙尚拱. 1999. 均匀设计在有重复试验的统计分析 [J]. 均匀设计理论及其应用研讨会, 香港浸会大学: 91–103.

马长兴, 方开泰. 1999. 重复试验在试验设计中的探讨 [J]. 均匀设计理论及其应用研讨会, 香港浸会大学: 104–114.

方开泰, 马长兴. 2001. 正交与均匀试验设计 [M]. 北京: 科学出版社.

程云鹏. 2002. 矩阵论 [M]. 西安: 西北工业大学出版社.

吴建福, 滨田. 2003. 试验的设计与分析及参数优化 [M]. 张润楚, 等, 译. 北京: 中国统计出版社.

茆诗松, 周纪芗, 陈颖. 2004. 试验设计 [M]. 北京: 中国统计出版社.

王万中, 茆诗松, 曾林蕊. 2004. 试验的设计与分析 [M]. 北京: 高等教育出版社.

刘文卿. 2004. 六西格玛过程改进技术 [M]. 北京: 中国人民大学出版社.

刘文卿. 2005. 实验设计 [M]. 北京: 清华大学出版社.

陈魁. 2005. 试验设计与分析 [M]. 2 版. 北京: 清华大学出版社.

宁建辉. 2008. 混料均匀试验设计 [D]. 武汉: 华中师范大学.

AI M Y, HE Y Z, LIU S M. 2012. Some new classes of orthogonal Latin hypercube designs [J]. J. Stat. Plan. Infer, 142: 2809–2818.

AI M Y, YANG G J, ZHANG R C. 2006. Minimum aberration blocking of regular mixed factorial designs [J]. J. Stat. Plan. Infer, 136: 1493–1511.

ARONSZAJN M. 1950. Theory of Reproducing Kernels [J]. T. Am. Math. Soc., 68: 337–404.

ATKINSON A, DONEV A. 1992. Optimum Experimental Designs [M]. Oxford: Oxford Science Publications.

BEATTIE S D, LIN D K J. 2004. Rotated factorial designs for computer experiments [J]. J. Chin. Statist. Assoc., 42: 289–308.

BINGHAM D, SITTER R R, TANG B. 2009. Orthogonal and nearly orthogonal designs for computer experiments [J]. Biometrika, 96: 51–65.

BOOTH K H V, COX D R. 1962. Some systematic supersaturated designs [J]. Technometrics, 4: 489–495.

BORKOWSKI J, PIEPEL G. 2009. Space-Filling Designs for Highly-Constrained Mixture Experiments [J]. Journal of Quality Technology, 41: 35–47.

BOX G E P, DRAPER N R. 1987. Empirical Model-Building and Respose Surfaces [M]. New York: Wiley.

BOX G E P, HUNTER J S. 1957. Multifactor experimental designs for exploring response surfaces[J]. Ann. Math. Statist., 28: 195–241.

BOX G E P, HUNTER J S. 1961a. The 2^{k-p} fractional factorial designs I [J]. Technometrics, 3: 311–351.

BOX G E P, HUNTER J S. 1961b. The 2^{k-p} fractional factorial designs II [J]. Technometrics, 3: 449–458.

BOX G E P, HUNTER W G, HUNTER J S. 1978. Statistics for Experimenters, An Introduction to Design, Data Analysis, and Model Building [M]. New York: Wiley.

BOX G E P, WILSON K B. 1951. On the experimental attainment of optimum conditions [J]. J. Royal Stat. Soc. B, 13: 1–45.

BOX M J, DRAPER N R. 1971. Factorial designs, the $|F'F|$ ceiterion and some related matters [J]. Technometrics, 13: 731–742.

BROWN L, CAI T. 1997. Wavelet Regression For Random Uniform Design [R]. Department of Statistics, Purdue University.

CAI T, BROWN L. 1998. Wavelet shrinkage for nonequispaced samples [J]. Annals of Statistics, 26 (5): 1783–1799.

CAO R, LIU M Q. 2015. Construction of second-order orthogonal sliced Latin hypercube designs [J]. J. Complexity, 31: 762–772

CHAN L Y. 2000. Optimal designs for experiments with mixtures; a survey [J]. Commu. Statist.- Theory and Methods, 29: 2281–2312.

CHAN L Y, FANG K T. 2005. A sequential procedure for experiments [C]//2005 International Symposium on Uniform Design. Beijing: 25–36.

CHANG F, YEH Y. 1998. Exact A-optimal designs for quadratic regression [J]. 中国统计学报, 42 (4): 383–402.

CHEN B J, LI P F, LIU M Q, ZHANG R C. 2006. Some results on blocked regular 2-level factorial designs with clear effects [J]. J. Sta. Plan. Infer, 136: 4436–4449.

CHEN H, HUANG H Z, LIN D K J, et al. 2016. Uniform sliced Latin hypercube designs [J]. Appl. Stoch. Model. Bus., 32: 574–584.

CHEN J, SUN D X, WU C F J. 1993. A catalogue of two-level and three-level fractional factorial designs with small runs [J]. Int. Stat. Rev., 61: 131–145.

CIOPPA T M, LUCAS T W. 2007. Efficient nearly orthogonal and space-filling Latin hypercubes[J]. Technometrics, 49: 45–55.

CONSTANTINE K, LIM Y, STUDDEN W. 1987. Admissible and optimal exact designs for polynomial regression [J]. J. Stat. Plan. Infer, 16: 15–32.

CORNELL J A. 1975. Some comments on designs for Cox's mixture polynomial [J]. Technometrics, 17: 25–35.

CORNELL J A. 2002. Experiments with Mixtures, Designs, Models and the Analysis of Mixture Data [M]. 3ed. New York: Wiley.

CORNELL J A, GOOD I. 1970. The mixture problem for categorized componednts [J]. Journal of the American Statistical Association, 65: 339–355.

CROSIER R. 1984. Mixture experiments: geometry and pseudocomponents [J]. Technometrics, 26: 209–216.

D'AGOSTINO R, STEPHENS M. 1986. Goodness-of-Fit Techniques [M]. New York: Marcel Dekker.

DAVID H. 1951. Further Applications of Range to the Analysis of Variance [J]. Biometrika, 38: 393–409.

DENG L Y, TANG B. 1999. Generalized resolution and minimum aberration criteria for Plackett-Burman and other nonregular factorial designs [J]. Statist. Sinica, 9: 1071–1082.

DENG X, HUNG Y, LIN C D. 2015. Design for computer experiments with qualitative and quantitative factors [J]. Statist. Sinica, 25: 1567–1581.

DRAPER N, LIN D. 1996. Response Surface Design[M]//. Ghosh S, Rao C R. Handbook of Statistics. Amsterdam: Elsevier Science B. V., 13: 343–375.

DROR H, STEINBERG D. 2006. Robust Experimental Design for Multivariate Generalized Linear Models [J]. Technometrics, 48(4): 520–529.

DROR H, STEINBERG D. 2008. Sequential Experimental Designs for Generalized Linear Models [J]. Journal of the American Statistical Association, 88: 149–170.

DUCKWORTH W M. 2000. Some binary maximin distance design [J]. Journal of Statistical Planning and Inference, 88: 149–170.

DUECK G, SCHEUER T. 1990. Threshold Accepting: A General Purpose Optimization Algorithm Appearing Superior to Simulated Annealing [J]. J. Computational Physics, 90: 161–175.

ELSAWAH A M, QIN H. 2016a. An efficient methodology for constructing optimal foldover designs in terms of mixture discrepancy [J]. J. Korean Stat. Soc., 45: 77–88.

ELSAWAH A M, QIN H. 2016b. An effective approach for the optimum addition of runs to three-level uniform designs [J]. J. Korean Stat. Soc., 45: 610–622.

EUBANK R. 1988. Spline Smoothing and Nonparametric Regression [M]. New York: Marcel Dekker.

FAN J, GIJBELS I. 1996. Local Polynomial Modeling and Its Applications[M]. London: Chapman and Hall.

FANG K T. 2006. Uniform designs [M]. Encyclopedia of Statistics, 2nd Edition, Wiley, New York, 14: 8841–8850.

FANG K T, CHAN L Y. 2006. Uniform design and its industrial applications [M]. in "Springer Handbook of Engineering Statistics", 229–247, Springer.

FANG K T, LI R, SUDJIANTO A. 2005a. Design and Modeling for Computer Experiments [M]. New York: Chapman and Hall/CRC.

FANG K T, LIU M Q, QIN H, et al. 2018. Theory and Application of Uniform Experimental Designs [M]. Singapore and Beijing: Springer and Science Press.

FANG K T, MA C X. 2001. Wrap-Around L_2-Discrepancy of Random Sampling, Latin Hypercube and Uniform Designs [J]. J. Complexity, 17: 608–624.

FANG K T, MUKERJEE R. 2000. A Connection between Uniformity and Aberration in Regular Fractions of Two-level Factorials [J]. Biometrika, 87: 1993–1998.

FANG K T, WANG Y. 1990. A sequential algorithm for optimization and its applications to regression analysis [C]//Lecture Notes in Contemporary Mathematics. Beijing: Science Press: 17–28.

FANG K T, WANG Y. 1994. Number-Theoretic Methods in Statistics [M]. London: Chapman and Hall.

FANG K T, WANG Y, BENTLER P. 1994. Some applications of number-theoretic methods in statistics [J]. Statistical Science, 9: 416–428.

FANG K T, YANG Z H. 2000. On Uniform Design of Experiments with Restricted Mixtures and Generation of Uniform Distribution on Some Domains [J]. Statist. & Prob. Letters, 46: 113–120.

FANG K T, LIN D K J, WINKER P, ZHANG Y. 2000. Uniform Design: Theory and Applications [J]. Technometrics, 42: 237–248.

FANG K T, MA C X, WINKER P. 2002a. Centered L_2-Discrepancy of Random Sampling and Latin Hypercube Design, and Construction of Uniform Designs [J]. Math. Computation, 71: 275–296.

FANG K T, MA C X, MUKERJEE R. 2002b. Uniformity in Fractional Factorials [C]//. FANG K T, HICKERNELL F J, NIEDERREITER H. Monte Carlo and Quasi-Monte Carlo Methods 2000. Springer: 232–241.

FANG K T, GE G N, LIU M Q, QIN H. 2003a. Construction on Minimum Generalized Aberration Designs [J]. Metrika, 57: 37–50.

FANG K T, GE G N, LIU M Q, QIN H. 2004. Construction of optimal supersaturated designs by the packing method [J]. Sci. China Ser. A, 47: 128–143.

FANG K T, KE X, ELSAWAH A M. 2017. Construction of uniform designs via an adjusted threshold accepting algorithm [J]. J. Complexity, 23: 740–751.

FANG K T, LU X, WINKER P. 2003b. Lower bounds for centered and wrap-around L_2-discrepancies and construction of uniform [J]. J. Complexity, 20: 268–272.

FANG K T, LIN D K J, LIU M Q. 2003c. Optimal Mixed-Level Supersaturated Design [J]. Metrika, 58: 279–291.

FANG K T, TANG Y, YIN J. 2005b. Lower bounds for wrap-around L_2-discrepancy and constructions of symmetrical uniform designs [J]. J. Complexity, 21: 757–771.

FANG K T, MARINGER D, TANG Y, WINKER P. 2006. Lower Bounds and stochastic optimization algorithms for uniform designs with three or four levels [J]. Math. Computation, 75: 859–878.

FANG K T, TANG Y, YIN J. 2008. Lower bounds of various criteria in experimental designs [J]. J. Statist. Plan. Infer., 138: 184–195.

FARRELL R, KIEFER J, WALBRAN A. 1967. Optimum multivariate designs [C]//Proc. 5th Berkeley Symp. University of Calfornia Press, Berkeley, CA: 1: 113–138.

FEDEROV V V. 1972. Theory of Optimal Experiments [M]. New York: Academic Press.

FRIES A, HUNTER W G. 1980. Minimum Aberration 2^{k-p} Designs [J]. Technometrics, 22: 601–608.

GAFFKE N, HEILIGERS B. 1995a. Algorithms for Optimal Design with Application to Multiple Polynomial Regression [J]. Metrika, 42: 173–190.

GAFFKE N, HEILIGERS B. 1995b. Optimal and robust invariant designs for cubic multiple regression [J]. Metrika, 42: 29–48.

GASSER T, MULLER H G. 1979. Kernel estimation of regression functions [C]// Smoothing Technique for Curve Estimation. New York: Springer-Verlag. Lecture Notes in Mathematics, vol. 757.

GENTLE J E. 2003. Random number generation and Monte Carlo methods [M]. New York: Springer.

GEORGIOU S D. 2014. Supersaturated designs: A review of their construction and analysis [J]. J. Stat. Plan. Infer, 144: 92–109.

GHOSH S, RAO C R. 1996. Handbook of Statistics, 13 [M]. New York: North-Holland.

GREEN P, SILVERMAN B. 1994. Nonparametric Regression and Generalized Linear Models: a Roughness Penalty Approach [M]. London: Chapman and Hall.

GUEST P. 1958. The spacing of observations in polynomial regression [J]. Ann. Math. Statist., 29: 294–299.

HAINES L M. 1987. The application of the annealing algorithm to the construction of exact D-optimum designs for linear-regression models [J]. Technometrics, 29: 439–447.

HARTLEY H. 1950. The Use of Range in Analysis of Variance [J]. Biometrika, 37: 271–280.

HE X. 2017. Rotated sphere packing designs [J]. J. Am. Stat. Assoc., 112: 1612–1622.

HE Y, LIN C D, SUN F. 2017a. On construction of marginally coupled designs [J]. Statist. Sinica, 27: 665–683.

HE Y, LIN C D, SUN F. 2019. Construction of marginally coupled designs by subspace theory [J]. Bernoulli, 25: 2163–2182.

HE Y, LIN C D, SUN F, LV B J. 2017b. Marginally coupled designs for two-level qualitative factors [J]. J. Stat. Plan. Infer, 187: 103–108.

HEDAYAT A S, SLOANE N J A, STUFKEN J. 1999. Orthogonal Arrays: Theory and Applications[M]. New York: Springer.

HEILIGERS B. 1992. Admissible experimental designs in multiple polynomial regression [J]. J. Stat. Plan. Infer, 31: 219–233.

HEILIGERS B. 1994. E-Optimal Designs in Weighted Polynomial Regression [J]. Ann. Statist., 22 (2): 917–929.

HICKERNELL F J. 1998a. A Generalized Discrepancy and Quadrature Error Bound [J]. Math. Comp., 67: 299–322.

HICKERNELL F J. 1998b. Lattice Rules: How Well Do They Measure Up? [M]//. HELLEKALEK P, LARCHER G. Random and Quasi-Random Point Sets. Springer-Verlag: 106–166.

HICKERNELL F J, LIU M Q. 2002. Uniform Designs Limit Aliasing [J]. Biometrika, 89: 893–904.

HOCHBERG Y, TAMHANE A. 1987. Multiple comparison procedures [M]. New York: John Wiley & Sons.

HUA L K, WANG Y. 1981. Applications of Number Theory to Numerical Analysis [M]. Berlin and Beijing: Springer and Science Press.

HUANG H Z, YANG J F, LIU M Q. 2014. Construction of sliced (nearly) orthogonal Latin hypercube designs [J], J. Complexity, 30: 355–365.

HUANG H Z, YU, H S, LIU M Q, WU D H. 2021. Construction of uniform designs and complex-structured uniform designs via Partitionable t-Designs [J]. Statist. Sinica, online.

HUDA S. 1991. On some D_s-optimal designs in spherical regions [J]. Communications in Statistics - Theory and Methods, 20(9): 2965–2985.

IMHOF L. 1998. A-optimum exact designs for quadratic regression [J]. Journal of Mathematical Analysis and Applications, 228(1): 157–165(9).

JOHN P W, JOHNSON M E, MOORE L M, YLVISAKER D. 1995. Maximin distance designs in two-level factorial experiments [J]. Journal of Statistical Planning and Inference, 44: 249–263.

JOHNSON M E, MOORE L M, YLVISAKER D. 1990. Minimax and maxmin Distance Designs [J]. J. Statist. Plan. and Infer., 26: 131–148.

JONES B, NACHTSHEIM C J. 2011. A class of three-level designs for definitive screening in the presence of second-order effects [J]. J. Qual. Tech., 43: 1–15.

JONES B, NACHTSHEIM C J. 2013. Definitive Screening Designs with Added Two-Level Categorical Factors [J]. J. Qual. Tech., 45: 121–129.

JONES B, NACHTSHEIM C J. 2017. Effective Design-Based Model Selection for Definitive Screening Designs [J]. Technometrics, 59: 319–329.

KERNIGHAN B, LIN S. 1970. An efficient heuristic procedure for partitioning graphs [J]. Bell Systems Tech. J., 49: 291–308.

KHATTREE R, RAO C R. 2003. Handbook of Statistics 22: Statistics in Industry [M]. Amsterdam, Netherlands: Elsevier Science.

KIEFER J. 1959. Optimaml experimental designs (with discussion) [J]. J. Roy. Statist. Soc. Ser. B, 21: 272–319.

KIEFER J. 1961. Optimum designs in regression problems II [J]. Ann. Math. Statist., 32: 298–325.

KIEFER J. 1975. Optimal design: variation in structure and performance under change of criterion [J]. Biometrika, 62: 277–288.

KOEHLER J R, OWEN A B. 1996. Computer Experiments [M]//. GHOSH S, R. RAO C. Handbook of Statistics. Amsterdam: Elsevier Science B. V., 13: 261–308.

KOEPF W. 1998. Hypergeometric Summation: An Algorithmic Approach to Summation and Special Function Identities [M]. Braunschweig, Germany: Vieweg.

KOROBOV N M. 1959. The Approximate Computation of Multiple Integrals [J]. Dokl. Akad. Nauk. SSSR, 124: 1207–1210.

KUROTURI I. 1966. Experiments with mixtures of components having lower bounds [J]. Ind. Quality Control, 22: 592–596.

LI J, QIAN P Z G. 2013. Construction of nested (nearly) orthogonal designs for computer experiments [J]. Statist. Sinica, 23: 451–466.

LI P F, CHEN B J, LIU M Q, ZHANG R C. 2006. $2^{(n_1+n_2)-(k_1+k_2)}$ fractional factorial split-plot designs containing clear effects [J]. J. Stat. Plan. Infer, 136: 4450–4458.

LIM Y, STUDDEN W. 1986. Efficient D_s-optimal designs for multivariate polynomial regression on q-cube [R]. Department of Statistics, Purdue University.

LIN D K J. 1993. A new class of supersaturated designs [J]. Technometrics 35, 28–31.

LIN D K J, MUKERJEE R, Tang B. 2009. Construction of orthogonal and nearly orthogonal Latin hypercubes [J]. Biometrika, 96: 243–247.

LIU M Q. 2002. Using Discrepancy to Evaluate Fractional Factorial Designs [C]//.

Fang K T, HICKERNELL F J, NIEDERREITER H. Monte Carlo and Quasi-Monte Carlo Methods 2000. Berlin: Springer-Verlag: 357–368.

LIU M Q, HICKERNELL F J. 2002. $E(s^2)$-Optimality and Minimum Discrepancy in 2-Level Supersaturated Designs [J]. Statistica Sinia, 12: 931–939.

LIU M Q, QIN H, XIE M Y. 2005. Discrete discrepancy and its application in experimental design [C]//. FAN J Q, LI G. Contemporary Multivariate Analysis and Experimental Designs. Singapore: World Scientific Publishing: 357–368.

LIU M Q, FANG K T, HICKERNELL F J. 2006. Connections among Different Criteria for Asymmetrical Fractional Factorial Designs [J]. Statistica Sinica, 16: 1285–1297.

MA C X, FANG K T. 1998. Applications of Uniformity to Orthogonal Fractional Factorial Designs [R]. Hong Kong Baptist University.

MA C X, FANG K T. 1999. Some connections between uniformity orthogonality and aberration in regular fractional factorial designs [R]. Hong Kong Baptist University.

MA C X, FANG K T. 2001. A Note on Generalized Aberration in Factorial Designs [J]. Metrika, 53: 85–93.

MA C X, FANG K T. 2004. A new approach to construction of nearly uniform designs [J]. International Journal of Materials and Product Technology, 20: 115–126.

MARIN O, NOTZ W, SANTNER T J. 2003. An empirical comparison of several popular designs for computer experiments [C]//2003 Experimental Design Workshop. Taipei.

MATHEW T, SINHA B. 2001. Optimal Designs for Binary Data Under Logistic Regression [J]. Journal of Statistical Planning and Inference, 93: 295–307.

McKAY M, BECKMAN R, CONOVER W. 1979. A Comparison of Three Methods for Selecting Values of Input Variables in the Analysis of Output from a Computer Code [J]. Technometrics, 21: 239–245.

MCLEAN R, ANDERSON V. 1966. Extreme vertices design of mixture experiments [J]. Technometrics, 8: 447–454.

MILLER R G. 1981. Simultaneous Statistical Inference [M]. 2ed. New York: Springer-Verlag.

MONTGOMERY D C. 2005. Design and Analysis of Experiments [M]. 6ed. New York: John Wiley & Sons.

MORRIS M D, MITCHELL T J. 1995. Exploratory Design for computational experiments [J]. J. Statist. Plan. and Infer., 43: 381–402.

MORRIS M D, MITCHELL T J, YLVISAKER D. 1993. Bayesian Design and Analysis of Computer Experiments: Use of Derivatives in Surface Prediction [J]. Technometrics, 35: 243–255.

MUKERJEE R, WU C F J. 2006. A Modern Theory of Factorial Designs [M]. New York: Springer.

MURTY J, DAS M. 1968. Design and Analysis of experiments with mixture [J]. Ann.

Math. Stat., 39: 1517–1539.

MYERS R H. 1990. Classical and Modern Regression with applications [M]. Amsterdam: Duxbury Classic Series.

NADARAYA E A. 1964. On estimating regression [J]. Theory Prob. Appl., 9: 141–142.

NIEDERREITER H. 1992. Random Number Generation and Quasi-Monte Carlo Methods [C]//SIAM CBMS-NSF Regional Conference. Philadelphia: Applied Mathematics.

NIGAM A K, GUPTA S, GUPTA S. 1983. A new algorithm for extreme vertices designs for linear mixture models [J]. Technometrics, 25: 367–371.

NGUYEN N K. 1996. An algorithmic approach to constructing supersaturated designs [J]. Technometrics, 38: 69–73.

OWEN A B. 1992a. A Central Limit Theorem for Latin Hypercube Sampling [J]. J. R. Statist. Soc. B, 54: 541–551.

OWEN A B. 1992b. Randomly Orthogonal Arrays for Computer Experiments, Integration and Visualization [J]. Statist. Sinica, 2: 439–452.

PANG F, LIU M Q. 2010. Indicator function based on complex contrasts and its application in general factorial designs [J]. J. Stat. Plan. Infer, 140: 189–197.

PANG F, LIU M Q, LIN D K J. 2009. A construction method for orthogonal Latin hypercube designs with prime power levels [J]. Statist. Sinica, 19: 1721–1728.

PARK J S. 1994. Optimal Latin-hypercube designs for computer experiments [J]. J. Statist. Plan. and Infer., 39: 95–111.

PATNAIK P. 1950. The Use of Mean Range As an Estimator of Variance in Statistical Tests [J]. Biometrika, 37: 78–87.

PHOA F K H and LIN D K J. 2015. A systematic approach for the construction of definitive screening designs [J]. Statistica Sinica, 25: 853–861.

PHOA F K H, PAN Y H, XU H. 2009. Analysis of Supersaturated Designs via the Dantzig Selector [J]. J. Stat. Plan. Infer, 139(7): 2362–2372.

PIEPEL G. 1988. Programs for generating extreme vertices and centroids of linearly constrained experimental regions [J]. J. Quality Technology, 20: 125–139.

PUKELSHEIM F. 1993. Optimum Design of Experiments [M]. New York: Wiley.

PUKELSHEIM F, STUDDEN W. 1993. E-Optimal Designs for Polynomial Regression [J]. The Annals of Statistics, 21 (1): 402–415.

PUKELSHEIM F, TORSNEY B. 1991. Optimal weights for experimental designs on linearly independent support points [J]. The Annals of Statistics, 19 (3): 1614–1625.

QI Z F, ZHANG X R, ZHOU Y D. 2018. Generalized good lattice point sets [J]. Computation. Stat., 33(2): 887–901.

QIAN P Z G. 2009. Nested Latin hypercube designs [J]. Biometrika, 96: 957–970.

QIAN P Z G. 2012. Sliced Latin hypercube designs [J]. J. Amer. Statist. Assoc., 107(497): 393–399.

QIAN P Z G, AI M Y, WU C F J. 2009. Construction of nested space-filling designs [J]. Ann. Statist 37: 3616–3643.

QIAN P Z G, TANG B, WU C F J. 2009. Nested space-filling designs for computer experiments with two levels of accuracy [J]. Statist. Sinica 19: 287–300.

QIAN P Z G. and WU C F J. (2009). Sliced space-filling designs [J]. Biometrika, 96: 945–956.

QIN H, FANG K T. 2004. Discrete discrepancy in factorial designs [J]. Metrika, 58.

ROMAN S. 1992. Coding and Information Theory [M]. New York: Wiley.

ROMERO V R, ZÙNICA L, ROMERO R, ZÙNICA. 2007. D_s-optimal experimental plans for robust parameter design [J]. Journal of Statistical Planning and Inference, 137 (4): 1488–1495.

SACKS J, SCHILLER S B, WELCH W J. 1989. Designs for computer experiments [J]. Technometrics, 31: 41–47.

SAITOH S. 1988. Theory of Reproducing Kernels and Its Applications [M]. Essex, England: Longman Scientific and Technical.

SANTNER T, WILLIAMS B, NOTZ W. 2003. The Design and Analysis of Computer Experiments [M]. New York: Springer.

SAXENA S K, NIGAM A K. 1977. Restricted exploration of mixture by symmetric-simplex design[J]. Technometrics, 19: 47–52.

SCHEFFÈ H. 1953. A method of judging all contrasts in the analysis of variance [J]. Biometrika, 40: 87–104.

SCHEFFÈ H. 1958. Experiments with mixtures [J]. J. Royal. Statist. Soc. B., 20: 344–360.

SCHEFFÈ H. 1963. The simplex-centroid design for experiments with mixtures [J]. J. Royal. Statist. Soc. B., 25: 235–263.

SEBER G. 1977. Linear regression analysis [M]. New York: Wiley.

SEN A, SRIVASTAVA M. 1990. Regression analysis: theory, methods, and applications [M]. New York: Springer.

SHAH K S, SINHA B K. 1989. Theory of Optimal Designs [M]. New York: Springer.

SHAW J E H. 1988. A Quasirandom Approach to Integration in Bayesian Statistics [J]. Ann. Statist., 16: 859–914.

SIDÁK Z. 1968. On multivariate normal probabilities of rectangles: their dependence on correlations [J]. Ann Math Statist, 39: 1425–1434.

SIDÁK Z. 1971. On probabilities of rectangles in multivariate normal Student distributions: their dependence on correlations [J]. Ann Math Statist, 41: 169–175.

SILVEY S D, TITTERINGTON D M. 1974. A Lagrangian approach to optimal design [J]. Biometrika, 61: 299–302.

SIMPSON T W, LIN D K J, CHEN W. 2001. Sampling Strategies for Computer Experiments: Design and Analysis [J]. International Journal of Reliability and Applications, 23: 209–240.

SNEE R. 1979. Experimental designs for mixture systems with multicomponent constraints [J]. Commun. Stat., 8: 303–326.

SNEE R, MARQUARDT D. 1974. Extreme vertices designs for linear mixture models [J]. Technometrics, 16: 399–408.

SO A. 2005. Sequential Uniform Design and Its Application to Quality Improvement in the Manufacture of Smartcards [R]. The University of Hong Kong.

STEIN M. 1987. Large sample properties of simulations using Latin hypercube sampling [J]. Technometrics, 29: 143–151.

STEINBERG D M, LIN D K J. 2006. A construction method for orthogonal Latin hypercube designs [J]. Biometrika, 93: 279–288.

STUDDEN W. 1979. D_s-Optimal Designs for Polynomial Regression using Continued Fractions [R]. Department of Statistics, Purdue University.

SUN D X. 1993. Estimation capacity and related topics in experimental designs [R]. [S.l.]: University of Waterloo.

SUN F S, LIU M Q, HAO W R. 2009a. An algorithmic approach to finding factorial designs with generalized minimum aberration [J]. J. Complexity, 25: 75–84.

SUN F S, LIU M Q, LIN D K J. 2009b. Construction of orthogonal Latin hypercube designs [J]. Biometrika, 96: 971–974.

SUN F S, LIU M Q, LIN D K J. 2010. Construction of orthogonal Latin hypercube designs with flexible run sizes [J]. J. Stat. Plan. Infer, 140: 3236–3242.

SUN F S, LIN D K J, LIU M Q. 2011. On construction of optimal mixed-level supersaturated designs [J]. Ann. Statist., 39(2): 1310–1333.

TANG B. 1993. Orthogonal Array-Based Latin Hypercubes [J]. J. Am. Stat. Assoc., 88: 1392–1397.

TANG B. 2007. Construction results on minimum aberration blocking schemes for 2^m designs [J]. J. Stat. Plan. Infer, 137: 2355–2361.

TANG B, DENG L Y. 1999. Minimum G_2-Aberration for Nonregular Fractional Designs [J]. Ann. Statist., 27: 1914–1926.

TANG B, WU C F J. 1997. A method for constructing supersaturated designs and its $E(s^2)$ optimality [J]. Canad. J. Statist., 25: 191–201.

TUKEY J. 1951. Reminder sheets for "Discussion of paper on multiple comparisons by Henry Scheffè." [C]//The Collected Works of John W. Tukey VIII. Multiple Comparisons, 1948–1983, 469–475.

VAN DAM E R, HUSSLAGE B, DEN HERTOG D, MELISSEN H. 2007. Maximin Latin Hypercube Designs in Two Dimensions [J]. Oper. Res, 55(1): 158–169.

WAHBA G. 1990a. Spline Models for Observational Data [M]. Philadelphia, PA, USA:

SIAM.

WAHBA G. 1990b. Spline Models for Observational Data [M]. Philadelphia: SIAM.

WANG L, XIAO Q, XU H. 2018a. Optimal Maximin L_1-Distance Latin Hypercube Designs Based On Good Lattice Point Designs [J]. Ann. Statist., 46: 3741–3766.

WANG L, WANG Z. 2005. Sequential uniform design [J]. Application of Statist. and Management, 24: 103–108.

WANG Y, FANG K T. 1981. A note on uniform distribution and experimental design [J]. KeXue TongBao, 26: 485–489.

WANG Y, FANG K T. 1990. Number Theoretic Methods in Applied Statistics (II) [J]. Chinese Ann. Math. Ser. B., 11: 41–55.

WANG Y, FANG K T. 1996. Uniform Design of Experiments with Mixtures [J]. Science in China (Series A), 39: 264–275.

WANG Y P, YANG J F, XU H. 2018b. On the connection between maximin distance designs and orthogonal designs [J]. Biometrika, 105: 471–477.

WARNOCK T T. 1972. Computational Investigations of Low Discrepancy Point Sets [C]//. Zaremba S K. Applications of Number Theory to Numerical Analysis. New York: Academic Press: 319–343.

WATSON G S. 1964. Smooth regression analysis [J]. Sankhyā Ser. A, 26: 359–372.

WINKER P, FANG K T. 1997. Application of Threshold Accepting to the Evaluation of the Discrepancy of a Set of Points [J]. SIAM Numer. Analysis, 34: 2038–2042.

WU C F J. 1993. Construction of supersaturated designs through partially aliased interactions [J]. Biometrika, 80, 661–669.

WU C F J, CHEN Y. 1992. A graph-aided method for planning two-level experiments when certain interactions are important [J]. Technometrics, 34: 162–175.

WU C F J, HAMADA M. 2000. Experiments: Planning, Analysis, and Parameter Design Optimization [M]. New York: John Wiley and Sons.

XIAO L, LIN D K J, BAI F. (2012), Constructing Definitive Screening Designs Using Conference Matrices [J]. J. Qual. Tech, 44: 2–8.

XU H. 2003. Minimum Moment Aberration for Nonregular Designs and Supersaturated Designs [J]. Statist. Sinica, 13: 691–708.

XU H. 2005. Some nonregular designs from the Nordstrom and Robinson code and their statistical properties [J]. Biometrika, 92: 385–397.

XU H. 2006. Blocked regular fractional factorial designs with minimum aberration [J]. Ann. Statist., 34: 2534–2553.

XU H, JAYNES J, DING X. 2014. Combining two-level and three-level orthogonal arrays for factor screening and response surface exploration [J]. Statistica Sinica, 24: 269–289.

XU H, WU C F J. 2001. Generalized Minimum Aberration for Asymmetrical Fractional Factorial Designs [J]. Ann. Statist., 29: 1066–1077.

Xu Q S, Liang Y Z, Fang K T. 2000. The Effects of Different Experimental Designs on Parameter Estimation in the Kinetics of a Reversible Chemical Reaction [J]. Chemometrics and Intelligent Laboratory Systems, 52: 155–166.

Xu Q S, Xu Y D, Li L, Fang K T. 2018. Uniform experimental design in Chemometrics [J]. J. Chemometrics, 32(11): e3020.

Yamada S, Lin D K J. 1999. Three-level supersaturated designs [J]. Statist. Probab. Lett., 45: 31–39.

Yang F, Zhou Y D, Zhang X R. 2017. Augmented uniform designs [J]. J. Stat. Plan. Infer. 182: 61–73.

Yang F, Zhou Y D, Zhang A J. 2019. Mixed-Level Column Augmented Uniform Designs [J], J. Complexity, 53: 23–39.

Yang J F, Li P F, Liu M Q, Zhang R C. 2006. A note on minimum aberration and clear criteria [J]. Statist. Probab. Lett., 76: 1007–1011.

Yang J F, Lin C D, Qian P Z G, Lin D K J. 2013. Construction of sliced orthogonal Latin hypercube designs [J], Statist. Sinica, 23: 1117–1130.

Yang J F, Liu M Q, Zhang R C. 2009. Some results on fractional factorial split-plot designs with multi-level factors [J]. Comm. Statist. Theory Methods, 38: 3623–3633.

Yang J F, Zhang R C, Liu M Q. 2007. Construction of fractional factorial split-plot designs with weak minimum aberration [J]. Statist. Probab. Lett., 77: 1567–1573.

Yang J Y, Liu M Q. 2012. Construction of orthogonal and nearly orthogonal Latin hypercube designs from orthogonal designs [J]. Statist. Sinica, 22: 433–442.

Yang J Y, Liu M Q, Lin D K J. 2012. Construction of nested orthogonal Latin hypercube designs [J]. Statist. Sinica, 24: 211–219.

Yang L Q, Liu M Q, Zhou Y D. 2021. Maximin distance designs based on densest packings [J]. Metrika, 10.1007/s00184-020-00788-w.

Yang X, Chen H, Liu M Q. 2014. Resolvable orthogonal array-based uniform sliced Latin hypercube designs [J]. Statist. Probab. Lett. 93: 108–115.

Ye Q. 1998. Orthogonal column Latin hypercubes and their application in computer experiments [J]. J. Ammer. Statist. Assoc., 93: 1430–1439.

Yin Y, Lin D K J, Liu M Q. 2014. Sliced Latin hypercube designs via orthogonal arrays [J], J. Stat. Plan. Infer, 149: 162–171.

Zhang A, Fang K T, Li R, Sudjianto A. 2005. Majorization Framework for Balanced Lattice Designs [J]. Ann. Statist., 33: 2837–2853.

Zhang Q H, Wang, Z H, Hu J W, Qin H. 2015. A new lower bound for wrap-around L2-discrepancy on two and three mixed level factorials [J]. Statist. Probab. Lett. 96: 133–140.

Zhang R C, Li P, Zhao S, Ai M. 2008. A general minimum lower-order confounding criterion for two-level regular designs [J]. Statist. Sinica, 18: 1689–1705.

ZHANG X R, QI Z F, ZHOU Y D, YANG F. 2018. Orthogonal-array Composite Design for the Third-Order Model [J]. Comm. Stat. Theor. M., 47: 3488–3507.

ZHANG X R, LIU M Q, ZHOU Y D. 2020. Orthogonal uniform composite designs [J]. J. Statist. Plan. Infer., 206: 100–110.

ZHAO S L, ZHANG R C, LIU M Q. 2008. Some results on $4^m 2^n$ designs with clear two-factor interaction components [J]. Sci. China Ser. A, 51: 1297–1314.

ZHOU Y D, FANG K T, NING J H. 2013. Mixture discrepancy for quasi-random point sets [J]. J. Complexity, 29:283–301.

ZHOU Y D, NING J H. 2008. Lower Bounds of wrap-around L2-discrepancy and Relationships between MLHD and Uniform Design with a Large Size [J]. Journal of Statistical Planning Inference, 138: 2330–2339.

ZHOU Y D, NING J H, SONG X B. 2008. Lee Discrepancy and Its Applications in Experimental Designs [J]. Statistical Probability Letters, 78: 1933–1942.

ZHOU Y D, XU H. 2014. Space-Filling Fractional Factorial Designs [J]. J. Amer. Statist. Assoc., 109: 1134–1144.

ZHOU Y D, XU H. 2015. Space-filling properties of good lattice point sets [J]. Biometrika, 102: 959–966.

ZHOU Y D, XU H. 2017. Composite designs based on orthogonal arrays and definitive screening designs [J]. J. Amer. Statist. Assoc. 112: 1675–1683.

ZI X M, ZHANG R C, LIU M Q. 2006. Bounds on the maximum numbers of clear two-factor interactions for $2^{(n_1+n_2)-(k_1+k_2)}$ fractional factorial split-plot designs [J]. Sci. China Ser. A, 49: 1816–1829.

ZI X M, LIU M Q, ZHANG R C. 2007. Asymmetrical designs containing clear effects [J]. Metrika, 65: 123–131.

索　引

读者意见反馈

为收集对教材的意见建议,进一步完善教材编写并做好服务工作,读者可将对本教材的意见建议通过如下渠道反馈至我社。

咨询电话 400-810-0598

反馈邮箱 hepsci@pub.hep.cn

通信地址 北京市朝阳区惠新东街4号富盛大厦1座
　　　　　高等教育出版社理科事业部

邮政编码 100029